平法钢筋识图与算量

双色图解 + 视频教学

杨霖华　赵小云　主编

化学工业出版社

·北京·

内容简介

本书依据22 G101图集和18 G901图集，对建筑中各重点部位和构件平法钢筋识图及算量逐一进行讲解。本书共13章，内容包括平法钢筋算量的基本知识、独立基础、条形基础、筏形基础、与基础有关的其他构造、桩基础、框架结构中构件、剪力墙构件、柱构件、梁构件、板构件、无梁楼盖部分、楼梯等。本书在讲解过程中采用双色和图表结合的形式，形式新颖、设计合理，在整体知识点的讲解布局上清晰而详细，同时，对重点、难点内容配有视频讲解，读者可以一目了然地理解相关知识点。

本书可作为工程施工技术人员、管理人员和相关岗位人员的学习用书，也可作为施工人员操作的参考书籍，同时还可作为大中专院校建筑专业师生参考用书。

图书在版编目（CIP）数据

平法钢筋识图与算量：双色图解+视频教学 / 杨霖华，赵小云主编. —北京：化学工业出版社，2022.9（2024.9重印）
ISBN 978-7-122-41843-2

Ⅰ. ①平… Ⅱ. ①杨…②赵… Ⅲ. ①钢筋混凝土结构-建筑构图-识图②钢筋混凝土结构-结构计算 Ⅳ. ①TU375

中国版本图书馆CIP数据核字（2022）第123835号

责任编辑：彭明兰　　装帧设计：刘丽华
责任校对：边　涛

出版发行：化学工业出版社（北京市东城区青年湖南街13号　邮政编码100011）
印　　装：河北京平诚乾印刷有限公司
787mm×1092mm　1/16　印张21　字数533千字　2024年9月北京第1版第3次印刷

购书咨询：010-64518888　　售后服务：010-64518899
网　　址：http：//www.cip.com.cn
凡购买本书，如有缺损质量问题，本社销售中心负责调换。

定　　价：98.00元

本书编写人员名单

主　编：杨霖华　赵小云

副主编：陈　俊　卢留洋　吴　振

参　编：肖振威　尹凯凯　孙超阳

李芳燕　张　洋　房梦思

王亚娟　周梦迪　李　晨

前言

平法钢筋识图与算量在工程造价中是学习的一大难点，特别是对于新入行或者初学者，繁杂的钢筋排布和计算让人看着头皮发麻，翻看图集也是看得一头雾水，为了让广大基础薄弱的初学者快速准确地上手并掌握该部分知识，我们特编写了本书。

本书依据22 G101-1、22 G101-2、22 G101-3、18 G901-1、18 G901-2、18 G901-3六本图集，在紧扣规范的基础上，首先讲解各部件的平法识图学习方法，然后是重点部位或构件的钢筋排布构造讲解，最后结合实际案例，计算钢筋的算量。在讲解过程中采用双色和图表结合的形式，形式新颖、设计合理，在整体知识点的讲解布局上清晰而详细，读者可以一目了然地理解讲解的内容。每处讲解都配图且通过拉线形式详细地在图中指出正文中难以理解的部位，图文并茂的讲解形式使读者更容易接受也更容易理解。相比于同类图书，本书具有以下特色。

（1）系统化学习平法钢筋识图与构造。从耳熟能详的基础构件开始，从基础到主体再到单构件，结合最新平法钢筋规范与图集，从识图到构造再到实操案例讲解，层层叠进，清晰不紊乱。

（2）采用二维码视频讲解的模式。基础识图、构件介绍、构件说明、构造识图、钢筋排布规则、钢筋构造形式、钢筋排布构造、节点组成、节点构造、钢筋工程量计算等采用三维模型实景图，结合相应视频讲解和案例解读，解决重点难点轻而易举。

（3）图文串讲，可图视化。采用图片加拉线对节点解释的形式，突出明显，别出心裁。识图部分采用从分部件到总构件，从节点组成到构件组成，由小到大，所谓“因小见大”就是从局部来看整体，小细部清晰明了，大构件自然水到渠成。

（4）配套案例实训讲解，对工程中的一些典型的案例进行讲解，针对知识的重点难点进行各个击破，针对性强，个性化问题处理得简单易懂。

（5）超值现场结算图纸，随书附赠 5 套工程图纸以供读者练习，帮助读者在实践中提高，在提高中检验。

（6）创建在线答疑 QQ 群，跟踪答疑服务，全程贴心指导，不懂即问，有问必答。

本书在编写过程中得到了有关高等院校、建设单位、工程咨询单位、设计单位、施工单位等方面的领导和工程技术、管理人员，以及对本书提供宝贵意见和建议的学者、专家的大力支持，在此向他们表示由衷的感谢！

由于编者水平有限和时间紧迫，书中难免有不妥之处，望广大读者批评指正。如有疑问，可发邮件至 zjyjr1503@163.com 或是申请加入 QQ 群 909591943 与编者联系。

编　者

2022 年 4 月

扫码获取图纸

5 套工程图纸

目录

1 平法钢筋算量的基本知识

1.1 钢筋基本知识 …… 1
1.1.1 钢筋的分类 …… 1
1.1.2 钢筋的等级与区分 …… 3
1.1.3 钢筋的计算工作 …… 7
1.1.4 钢筋计算的常用数据 …… 8
1.2 平法基础知识 …… 9
1.2.1 平法的概念 …… 9
1.2.2 平法的特点 …… 10
1.2.3 平法制图与传统图示方法的区别 …… 10
1.3 22 G101 系列与 16 G101 系列图集之间的区别 …… 11
1.3.1 22G101 系列图集的内容和适用情况 …… 11
1.3.2 22 G101 系列与 16 G101 系列图集之间的联系 …… 12

2 独立基础

2.1 独立基础平法识图 …… 13
2.1.1 一般构造要求 …… 13
2.1.2 独立基础平法识图内容 …… 14
2.2 独立基础钢筋构造 …… 27
2.2.1 独立基础的钢筋种类 …… 27
2.2.2 独立基础 DJ_J、DJ_Z、BJ_J、BJ_Z 底板钢筋排布构造 …… 28
2.2.3 双柱普通独立基础底部与顶部钢筋排布构造 …… 30
2.2.4 设置基础梁的双柱普通独立基础钢筋排布构造 …… 32
2.2.5 独立基础底板配筋长度减短 10% 的钢筋排布构造 …… 34
2.2.6 杯口独立基础钢筋排布构造 …… 35
2.3 独立基础钢筋计算实例 …… 36
2.3.1 独立基础底板底部钢筋 …… 36
2.3.2 多柱独立基础底板顶部钢筋 …… 41

3 条形基础

3.1 条形基础平法识图 …… 42
3.1.1 条形基础平法识图学习方法 …… 42
3.1.2 条形基础基础梁平法识图 …… 43
3.1.3 条形基础底板的平法识图 …… 49
3.2 条形基础钢筋构造 …… 51
3.2.1 梁下条形基础底板钢筋排布构造 …… 51
3.2.2 基础梁下条形基础底板钢筋排布剖面图 …… 53
3.2.3 条形基础底板配筋长度减短 10% 的钢筋排布构造 …… 54

3.2.4 墙下条形基础底板钢筋排布构造……54
3.2.5 条形基础底板不平时的底板钢筋排布构造……56
3.2.6 基础梁纵向钢筋连接位置……58
3.2.7 基础次梁纵向钢筋连接位置……61
3.3 条形基础钢筋计算实例……61
3.3.1 条形基础梁钢筋计算实例……61
3.3.2 条形基础底板钢筋计算实例……62

4 筏形基础

4.1 筏形基础平法识图……64
4.1.1 ▶筏形基础平法识图学习方法……64
4.1.2 ▶基础主 / 次梁平法识图……68
4.1.3 平板式筏形基础识图……70
4.1.4 筏形基础相关构件平法识图……74
4.2 筏形基础钢筋构造……76
4.2.1 梁板式筏形基础平板 LPB 钢筋排布构造……76
4.2.2 梁板式筏形基础平板外伸部位钢筋排布构造……78
4.2.3 ▶梁板式筏形基础平板端部无外伸部位钢筋排布构造……81
4.2.4 梁板式筏形基础平板变截面部位钢筋排布构造……82
4.2.5 平板式筏形基础柱下板带 ZXB 和跨中板带 KZB 纵向钢筋排布构造……84
4.2.6 平板式筏形基础平板 BPB 钢筋排布构造……84
4.3 筏形基础钢筋计算实例……89
4.3.1 基础主梁 JL 钢筋计算实例……89
4.3.2 基础次梁 JCL 钢筋计算实例……92
4.3.3 梁板式筏形基础平板 LPB 钢筋计算实例……93

5 与基础有关的其他构造

5.1 与基础有关的各个细部构件的识图……96
5.1.1 基础联系梁 JLL 钢筋排布构造……96
5.1.2 搁置在基础上的非框架梁钢筋排布构造……97
5.1.3 基础底板后浇带 HJD 钢筋排布构造……98
5.1.4 基础梁后浇带 HJD 钢筋排布构造……99
5.1.5 后浇带 HJD 下抗水压垫层钢筋排布构造……100
5.1.6 后浇带 HJD 超前止水钢筋排布构造……101
5.2 相应钢筋计算实例……103
5.2.1 独立基础……103
5.2.2 条形基础……105
5.2.3 筏形基础……109

6 桩基础

6.1 桩基础构件平法识图……111
6.1.1 桩基础构件平法识图学习方法……111
6.1.2 ▶桩基础平法识图……113
6.2 桩基础构件钢筋构造……119

6.2.1 矩形承台阶形截面 CT_J 底板钢筋排布构造……119
6.2.2 矩形承台单阶形截面 CT_J 底板钢筋排布构造……120
6.2.3 矩形承台锥形截面 CT_Z 底板钢筋排布构造……120
6.2.4 等边三桩承台 CT_J 钢筋排布构造…123
6.2.5 等腰三桩承台 CT_J 钢筋排布构造…124
6.2.6 六边形承台 CT_J 钢筋排布构造……125
6.3 桩基础钢筋计算实例 …… 128

7 框架结构中构件

7.1 框架梁 …… 129
7.1.1 框架梁纵向钢筋连接示意图……129
7.1.2 非框架梁纵向钢筋连接示意图与不伸入支座的梁下部纵向钢筋断点位置……130
7.1.3 框架梁箍筋、拉筋排布构造详图……130
7.1.4 梁横截面纵向钢筋与箍筋排布构造详图……133
7.1.5 梁复合箍筋排布构造详图……134
7.2 框架柱…… 135
7.2.1 框架柱纵向钢筋连接位置……135
7.2.2 框架柱纵向钢筋连接位置地下一层增加钢筋在嵌固部位的锚固构造……136
7.2.3 柱箍筋沿柱纵向排布构造详图……137
7.2.4 柱横截面复合箍筋排布构造详图……140
7.3 框架节点 …… 141
7.3.1 框架节点钢筋排布规则总说明……141
7.3.2 框架中间层端节点钢筋排布构造详图……143
7.3.3 框架中间层中间节点钢筋排布构造详图……144
7.3.4 框架柱变截面处节点钢筋排布构造详图……145
7.3.5 框架顶层端节点钢筋排布构造详图……146
7.3.6 框架顶层中间节点钢筋排布构造详图……147

8 剪力墙构件

8.1 剪力墙构件平法识图 …… 152
8.1.1 剪力墙构件平法识图学习方法……152
8.1.2 剪力墙构件平法识图内容……153
8.2 剪力墙构件钢筋构造 …… 154
8.2.1 剪力墙竖向钢筋连接构造详图……154
8.2.2 剪力墙水平分布钢筋搭接、锚固构造详图……157
8.2.3 剪力墙水平分布钢筋构造详图……158
8.2.4 有端柱时剪力墙水平分布钢筋构造详图……161
8.2.5 剪力墙竖向钢筋构造详图……163
8.2.6 剪力墙约束边缘构件钢筋排布立面图……166
8.2.7 剪力墙约束边缘构件（转角墙）钢筋排布构造详图……167
8.2.8 剪力墙约束边缘构件（翼墙）钢筋排布构造详图……170
8.2.9 剪力墙约束边缘构件（暗柱）钢筋排布构造详图……174
8.2.10 剪力墙约束边缘构件（端柱）钢筋排布构造详图……176
8.2.11 剪力墙构造边缘构件钢筋排布构造详图……178
8.3 剪力墙构件钢筋计算实例 …… 180

8.3.1 剪力墙柱钢筋计算……180
8.3.2 剪力墙身钢筋计算……181
8.3.3 剪力墙梁钢筋计算……181

9 柱构件

9.1 柱构件平法识图……183
9.1.1 柱构件平法识图学习方法……183
9.1.2 ▶柱构件平法识图内容……183
9.2 柱构件钢筋构造……189
9.2.1 基础内柱插筋构造……189
9.2.2 地下室框架柱钢筋构造……191
9.2.3 中间层柱钢筋构造……198
9.2.4 顶层柱钢筋构造……200
9.2.5 ▶框架柱箍筋构造……205
9.3 柱构件钢筋计算实例……206
9.3.1 柱纵筋变化钢筋计算……206
9.3.2 柱箍筋计算……209
9.3.3 梁上柱插筋计算……214
9.3.4 墙上柱插筋计算……216
9.3.5 顶层中柱钢筋计算……217
9.3.6 顶层边角柱纵筋计算……218
9.3.7 地下室框架柱钢筋计算……220

10 梁构件

10.1 梁构件平法识图……221
10.1.1 ▶梁构件基础知识……221
10.1.2 梁构件平法识图内容……222
10.2 梁构件钢筋构造……224
10.2.1 ▶梁构件的钢筋骨架……224
10.2.2 楼层框架梁钢筋构造……227
10.2.3 屋面框架梁 WKL 钢筋构造……230
10.2.4 非框架梁 L 及井字梁 JZL 钢筋构造……232
10.3 梁构件钢筋计算实例……235
10.3.1 楼层框架梁钢筋计算……235
10.3.2 屋面框架梁钢筋计算……239
10.3.3 非框架梁钢筋计算……243
10.3.4 框支梁钢筋计算……244
10.3.5 悬挑梁钢筋计算……246

11 板构件

11.1 板构件平法识图……248
11.1.1 ▶板构件平法识图学习方法……248
11.1.2 ▶有梁楼盖板平法识图……250
11.2 现浇板（楼板/屋面板）钢筋构造……257
11.2.1 现浇板纵向钢筋连接接头允许范围……257
11.2.2 不等跨板上部贯通纵向钢筋连接排布构造……258
11.2.3 现浇板钢筋在支座部位的锚固构造……259
11.2.4 楼板、屋面板下部钢筋排布构造……260
11.2.5 楼板、屋面板上部钢筋排布构造……261
11.2.6 悬挑板阴角钢筋排布构造……263

11.2.7 悬挑板阳角钢筋排布构造…………266
11.3 板构件钢筋计算实例………271
11.3.1 板底筋计算实例………………………271
11.3.2 板顶筋计算实例………………………273
11.3.3 支座负筋计算实例……………………275

12 无梁楼盖部分

12.1 无梁楼盖钢筋排布规则总说明……………………………278
12.2 无梁楼盖构造识图…………282
12.2.1 无梁楼盖柱上板带 ZSB 与跨中板带 KZB 纵向钢筋连接区示意图………286
12.2.2 有暗梁板带下部钢筋排布平面示意图…………………………………289
12.2.3 有暗梁板带上部钢筋排布平面示意图…………………………………289
12.2.4 无暗梁板带下部钢筋排布平面示意图…………………………………289
12.2.5 无暗梁板带上部钢筋排布平面示意图…………………………………289
12.2.6 板带钢筋在端部的排布平面示意图…………………………………289
12.3 无梁楼盖计算实例…………296

13 楼梯

13.1 楼梯平法识图…………………297
13.1.1 楼梯平法识图学习方法……………297
13.1.2 楼梯平法识图内容…………………299
13.2 不同楼梯截面形状与支座位置示意图……………………………301
13.2.1 AT、BT、CT 型楼梯截面形状与支座位置示意图……………………301
13.2.2 DT、ET 型楼梯截面形状与支座位置示意图……………………………302
13.2.3 FT、GT 型楼梯截面形状与支座位置示意图……………………………303
13.2.4 ATa、ATb、ATc 型楼梯截面形状与支座位置示意图……………………303
13.2.5 CTa、CTb 型楼梯截面形状与支座位置示意图……………………………305
13.3 楼梯构造识图…………………305
13.3.1 AT 型楼梯梯板钢筋构造……………305
13.3.2 BT 型楼梯梯板钢筋构造……………307
13.3.3 CT 型楼梯梯板钢筋构造……………308
13.3.4 DT 型楼梯梯板钢筋构造……………310
13.3.5 ET 型楼梯梯板钢筋构造……………313
13.3.6 ATa 型楼梯梯板钢筋构造…………316
13.3.7 ATb 型楼梯梯板钢筋构造…………318
13.3.8 ATc 型楼梯梯板钢筋构造…………320
13.4 楼梯钢筋计算实例……………322

参考文献

1 平法钢筋算量的基本知识

1.1 钢筋基本知识

扫码看视频

钢筋的分类

1.1.1 钢筋的分类

1.1.1.1 钢筋按生产工艺分

钢筋按生产工艺分为热轧钢筋、冷拉钢筋，冷拔钢丝、冷拔螺旋钢筋、热处理钢筋、光面钢丝、螺旋肋钢丝、刻痕钢丝和钢绞线、冷轧扭钢筋、冷轧带肋钢筋。

① 热轧钢筋　是由低碳钢普通低合金钢在高温状态下轧制而成，在轧制过程中，钢筋强度提高，塑性降低。热轧钢筋分为光圆钢筋和带肋钢筋两种，月牙肋钢筋表面及截面形状如图 1-1 所示。

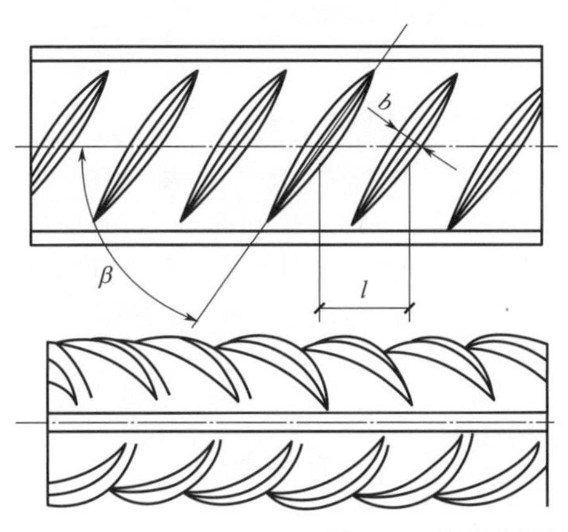

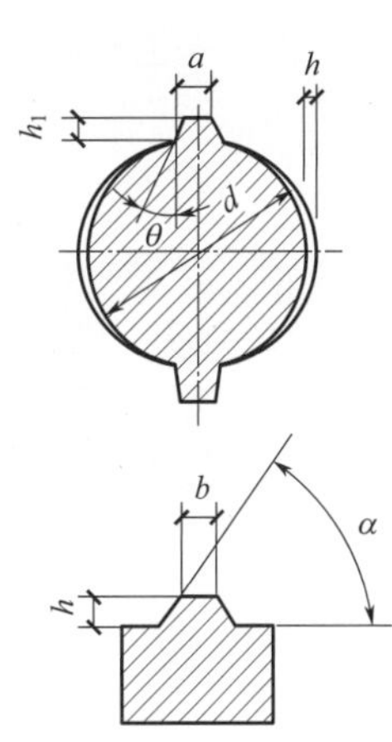

图 1-1　月牙肋钢筋表面及截面形状

a—纵肋顶宽；b—横肋顶宽；d—钢筋直径；h—横肋高度；h_1—纵肋高度；α—横肋斜角；β—横肋与轴线夹角；l—横肋间距；θ—纵肋斜角

② 冷轧带肋钢筋　外形肋呈月牙形，横肋沿钢筋截面周圈上均匀分布，其中三面肋钢筋

有一面肋的倾角必须与另两面反向，二面肋钢筋有一面肋的倾角必须与另一面反向。横肋中心线和钢筋轴线夹角 β 为 40° ～ 60°。肋两侧面和钢筋表面斜角 α 不得小于 45°，横肋与钢筋表面呈弧形相交。横肋间隙的总和应不大于公称周长的 20%，如图 1-2 所示。

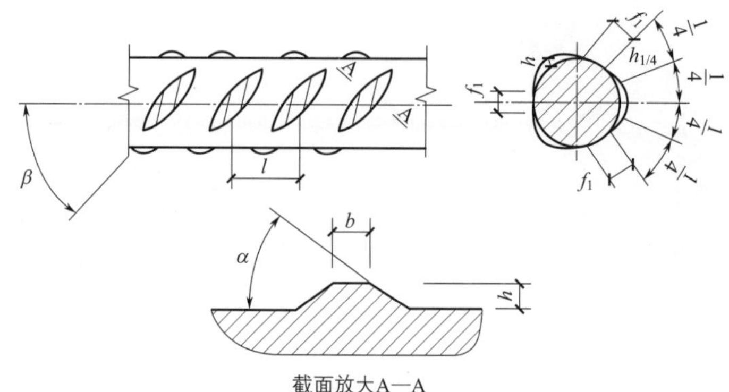

图 1-2　冷轧带肋钢筋表面及截面形状

α—横肋斜角；b—横肋顶宽；β—横肋与钢筋轴线夹角；h—横肋高度；$h_{1/4}$—横肋高度的 1/4；l—横肋间距；f_1—横肋间隙

③ 冷轧扭钢筋　用低碳钢钢筋（含碳量低于 0.25%）经冷轧扭工艺制成的，其表面呈连续螺旋形，如图 1-3 所示。这种钢筋具有较高的强度，而且有足够的塑性，与混凝土黏结性能优异，代替 HPB300 级钢筋可节约钢材约 30%。一般用于预制钢筋混凝土圆孔板、叠合板中的预制薄板以及现浇钢筋混凝土楼板等结构中。

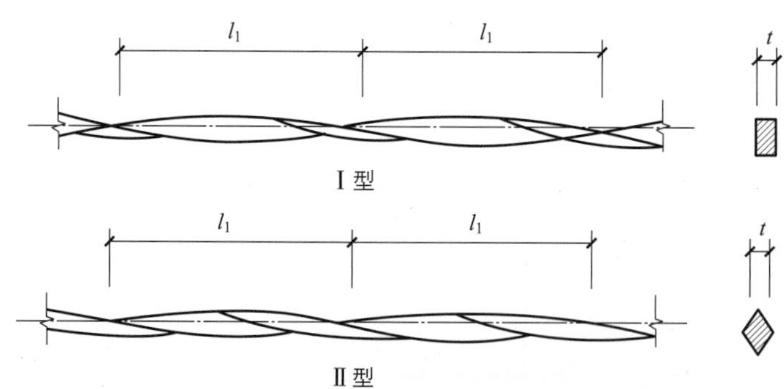

图 1-3　冷轧扭钢筋表面及截面形状

t—轧扁厚度　l_1—节距

④ 冷拔螺旋钢筋　热轧圆盘条经冷拔后在表面形成连续螺旋槽的钢筋。冷拔螺旋钢筋的外形如图 1-4 所示。该钢筋具有强度适中、握裹力强、塑性好、成本低等优点，可用于钢筋混凝土构件中的受力钢筋，以节约钢材；用于预应力空心板可提高延性，改善构件使用性能。

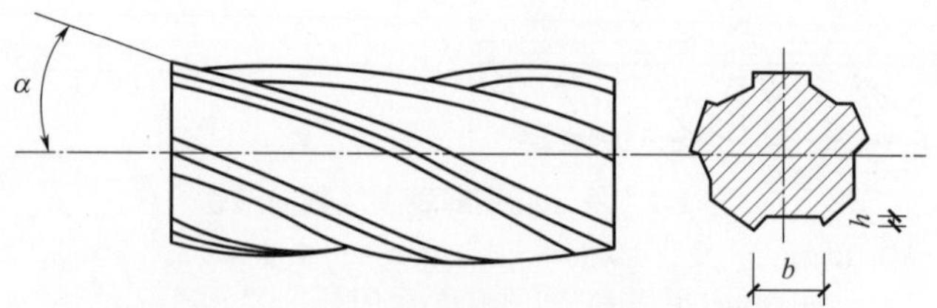

图 1-4　冷拔螺旋钢筋表面及截面形状

α—横肋斜角；b—横肋间距；h—横肋中点高度

⑤ 钢绞线　由沿一根中心钢丝呈螺旋形绕在一起的公称直径相同的钢丝构成，如图 1-5 所示。常用的有 1×3 和 1×7 标准型。

预应力钢筋宜采用预应力钢绞线、钢丝，也可采用热处理钢筋。

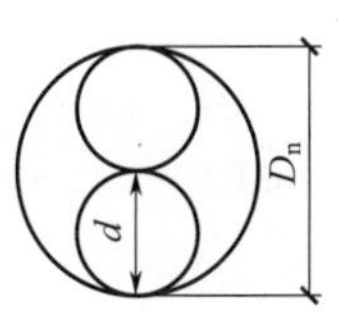

(a) 1×2结构钢绞线

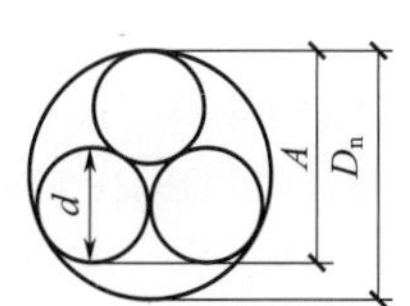

(b) 1×3结构钢绞线

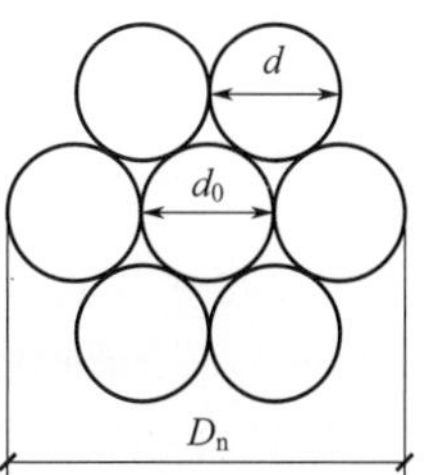

(c) 1×7结构钢绞线

图 1-5　钢绞线构造示意图

A—1×3 结构钢绞线测量尺寸；D_n—钢绞线直径；d_0—中心钢丝直径；d—外层钢丝直径

1.1.1.2　按直径大小分

钢筋按直径可分为钢丝（3 ～ 5mm）、细钢筋（6 ～ 12mm）、粗钢筋（＞12mm）。对于直径小于 12mm 的钢丝或细钢筋，出厂时一般做成盘圆状，使用时需调直。对于直径大于 12mm 的粗钢筋，为了便于运输，出厂时一般做成直条状，每根 6 ～ 12m。如需特长钢筋，可与厂方协商。

1.1.1.3　按强度等级分类

钢筋按强度等级分可分为Ⅱ级钢筋（屈服强度标准值为 335N/mm²、极限强度标准值为 455N/mm²）、Ⅲ级钢筋（屈服强度标准值为 400N/mm²、极限强度标准值为 540N/mm²）、Ⅳ级钢筋（屈服强度标准值为 500N/mm²、极限强度标准值为 630N/mm²），级别越高，其强度及硬度越高，塑性越低。Ⅱ级钢（HRB335）、Ⅲ级钢（HRB400）钢筋表面都是变形的（轧制成人字形）；Ⅳ级钢筋表面有一部分做成光圆的，有一部分做成变形的（轧制成螺旋形及月牙形）。

1.1.1.4　按在结构中的作用分

钢筋按在结构中的作用可分为受力钢筋、架立钢筋、分布钢筋、箍筋等。配置在钢筋混凝土结构中的钢筋，按其作用可分为下几种。

① 受力钢筋　承受拉、压应力的钢筋。

② 架立钢筋　用于固定梁内箍筋的位置，构成梁内的钢筋骨架。

③ 分布钢筋　用于屋面板、楼板内，与板的受力筋垂直布置，将承受的重量均匀地传给受力筋，并固定受力筋的位置，同时可以抵抗热胀冷缩所引起的温度变形。

④ 箍筋　承受一部分斜拉应力，并固定受力筋的位置，多用于梁和柱内。

⑤ 其他　因构件构成要求或施工安装需要而配置的构造筋，如腰筋，预埋锚固筋，预应力筋、环等。

1.1.2　钢筋的等级与区分

1.1.2.1　钢筋的等级

热轧钢筋按照屈服强度标准值进行分级，可分为以下三级。

① HRB335（20MnSi）　该钢筋的屈服强度标准值 335MPa，直径 6 ～ 50mm，弹性模量

200GPa。

② HRB400（20MnSiV、20MnSiNb、20MnTi） 该钢筋的屈服强度标准值400MPa，直径6～50mm，弹性模量200GPa。

③ RRB400（K20MnSi） 该钢筋的屈服强度标准值与HRB400钢筋相同，也是400MPa，直径8～40mm，弹性模量200GPa。

纵向受力普通钢筋宜采用HRB400、HRBF400、HRB500、HRBF500级钢筋，也可采用HRB300、HRB335、HRBF335、RRB400级钢筋。

梁、柱纵向受力普通钢筋应采用HRB400、HRBF400、HRB500、HRBF500级钢筋。

箍筋宜采用HPB300、HRB400、HRBF400、HRB500、HRBF500级钢筋，也可采用HRB335、HRBF335级钢筋。

1.1.2.2 钢筋的区分

钢筋有受力筋、分布筋、构造筋、箍筋、架立筋、贯通筋、负筋、拉结筋、腰筋等种类。

① 受力筋 也称为主筋，是指在混凝土结构中，对受弯、压、拉等基本构件配置的主要用来承受由荷载引起的拉应力或者压应力的钢筋，其作用是使构件的承载力满足结构功能要求。受力筋示意图如图1-6所示。

扫码看视频

钢筋的区分

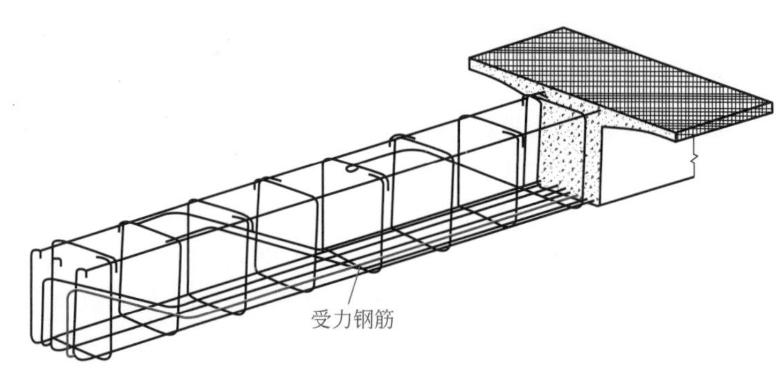

图1-6 受力筋示意图

② 分布筋 分布筋用于屋面板、楼板内，与板的受力筋垂直布置，是将承受的荷载均匀地传给受力筋，并固定受力筋的位置，以及抵抗热胀冷缩所引起的变形。分布筋大部分都是出现在楼板上的，只要有板筋就有分布筋，分布筋与上层筋或负弯矩筋成90°连接在一起的，并起固定受力钢筋位置的作用，同时将板上的荷载分散到受力钢筋上，也能防止因混凝土的收缩和温度变化等原因，在垂直于受力钢筋方向产生的裂缝。在剪力墙上，墙梁与墙柱之外的墙体纵筋横筋亦称作分布筋。分布筋示意图如图1-7所示。

③ 构造筋 是指钢筋混凝土构件内考虑各种难以计量的因素而设置的钢筋，就是按国家建筑结构设计规范的强制要求布设、不用经设计人员重新计算的配筋，如单向受力板中长向配筋、柱子核心区加密。构造筋示意图如图1-8所示。

④ 箍筋 是用来满足斜截面抗剪强度，并联结受拉主钢筋和受压区混凝土使其共同工作，此外，用来固定主钢筋的位置而使梁内各种钢筋构成钢筋骨架的钢筋。它是梁和柱抵抗剪力配置的环形（当然有圆形的和矩形的）钢筋，将上部和下部的钢筋固定起来，同时抵抗剪力。箍筋示意图如图1-9所示。

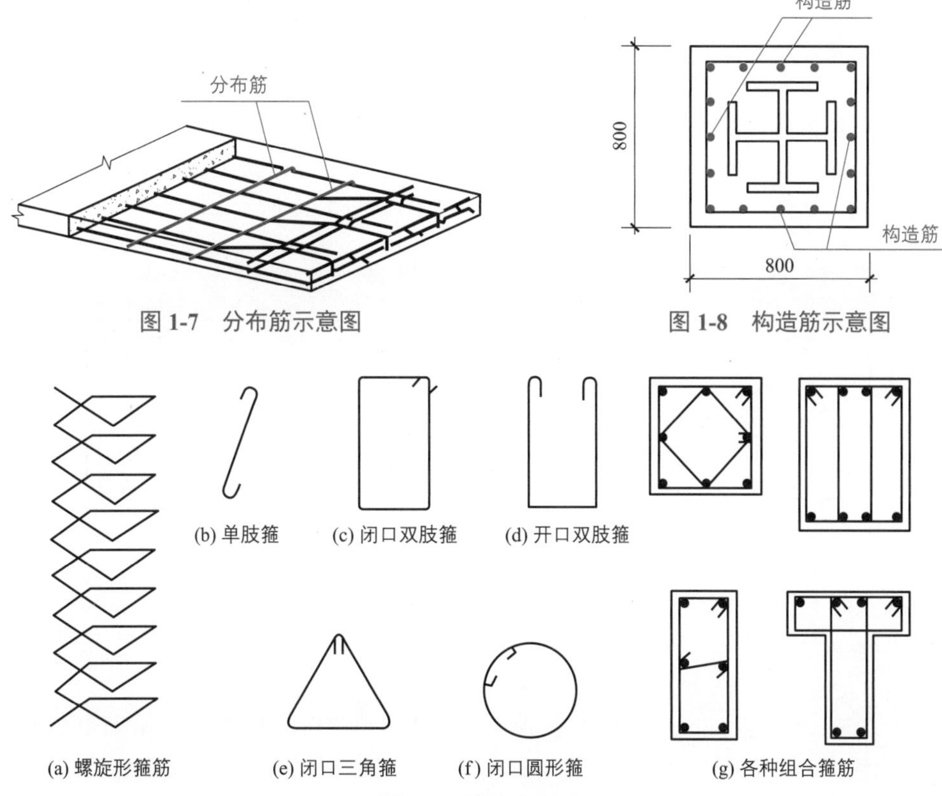

图 1-7 分布筋示意图

图 1-8 构造筋示意图

图 1-9 箍筋示意图

⑤ 架立筋 是指梁上部的钢筋，只起一个结构作用，没实质意义，但在梁的两端则上部的架立筋抵抗负弯矩，不能缺少。架立钢筋设置在梁的受压区外边缘两侧，用来固定箍筋和形成钢筋骨架。如受压区配有纵向受压钢筋时，则可不再配置架立钢筋。架立钢筋的直径与梁的跨度有关。架立筋示意图如图 1-10 所示。

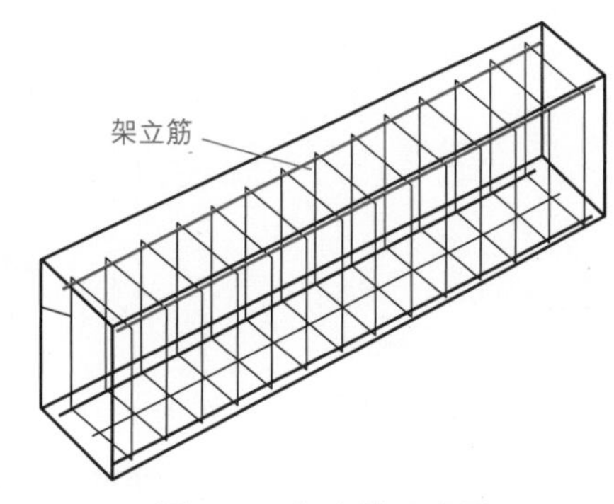

图 1-10 架立筋示意图

⑥ 贯通筋 是指贯穿于构件（如梁）整个长度的钢筋，中间既不弯起也不中断，当钢筋过长时可以搭接或焊接，但不改变直径。贯通筋示意图如图 1-11 所示。

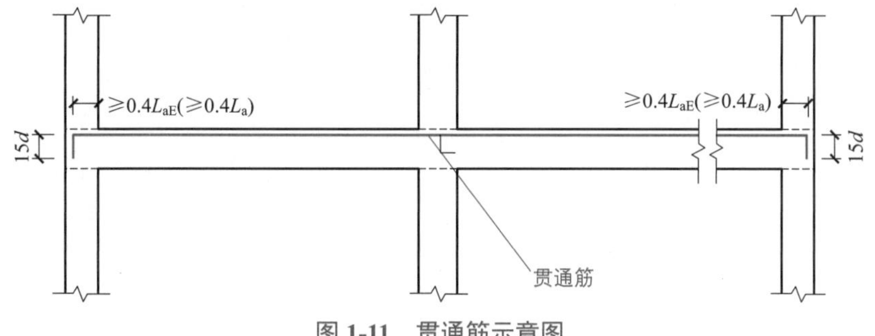

图 1-11 贯通筋示意图

⑦ 负筋　就是负弯矩钢筋，弯矩的正负定义是下部受拉为正，而梁板位置的上层钢筋在支座位置根据受力一般为上部受拉，也就是承受负弯矩，所以叫负弯矩钢筋（支座有负筋，是相对而言的，一般是指梁的支座部位用以抵消负弯矩的钢筋，俗称担担筋。一般结构构件受力弯矩分正弯矩和负弯矩，抵抗负弯矩所配备的钢筋称为负筋，一般指板、梁的上部钢筋，有些上部配置的构造钢筋习惯上也称为负筋。当梁、板的上部钢筋通长时，大家也习惯地称之为上部钢筋，梁或板的面筋就是负筋）。负筋示意图如图 1-12 所示。

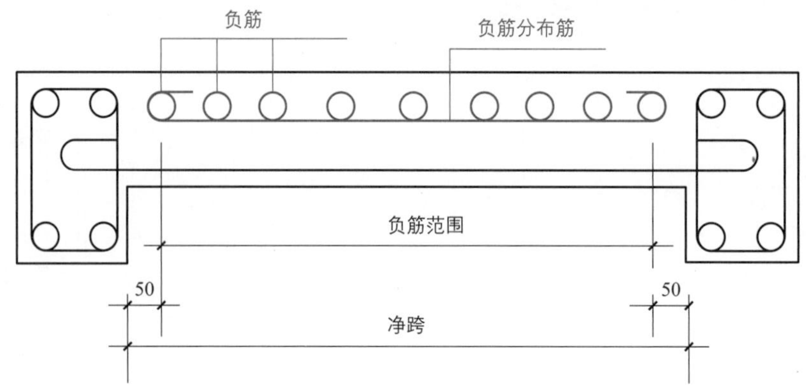

图 1-12　负筋示意图

⑧ 拉结筋　在无法同时施工的两个或多个构件之间预留的起拉结作用的钢筋就是拉结筋。它是加强框架填充墙与柱连接的受力钢筋，提高了填充墙稳定性和抗震能力。拉结筋示意图如图 1-13 所示。

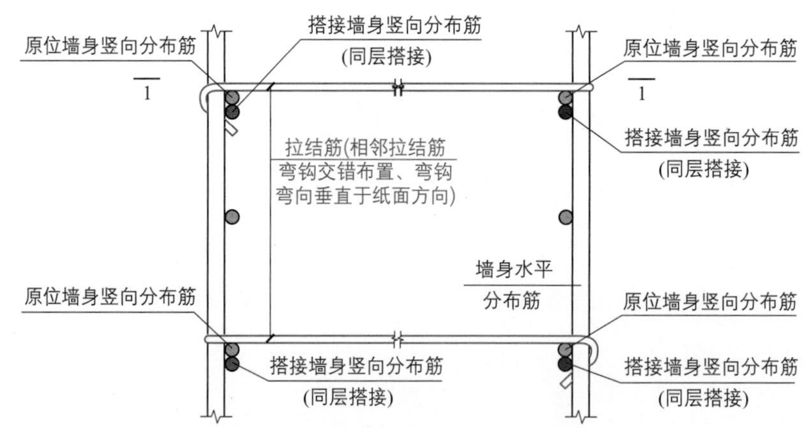

(a) 拉结筋一侧135° 弯钩，一侧90° 弯钩(弯折后直段长度均为5d)

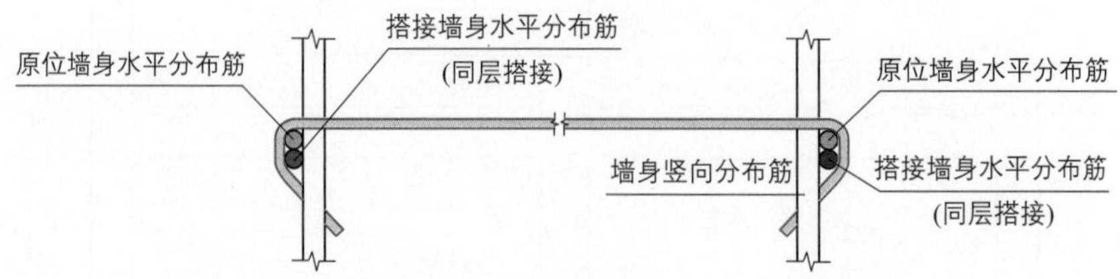

(b) 拉结筋转角处的钢筋搭接位置(墙身水平分布钢筋)

图 1-13　拉结筋示意图

⑨ 腰筋　腰筋又称“腹筋”，它得此名是因为它的位置一般位于梁两侧中间部位，是梁中部构造钢筋，主要是因为有的梁太高，需要在箍筋中部加条连接筋（梁侧的纵向构造钢筋实际中又称为腰筋）。腰筋示意图如图 1-14 所示。

图 1-14　腰筋示意图

1.1.3　钢筋的计算工作

扫码看视频

钢筋的计算工作

1.1.3.1　阅读和审查图纸的一般要求

我们现在所说的图纸是指土建施工图纸。施工图一般分为“建施”和“结施”，“建施”就是建筑施工图，“结施”就是结构施工图。钢筋计算主要使用结构施工图。如果房屋结构比较复杂，单纯看结构施工图不容易看懂时，可以结合建筑施工图的平面图、立面图和剖面图，以便于我们理解某些构件的位置和作用。

看图纸一定要注意阅读最前面的“设计说明”，里面有许多重要的信息和数据，还包含在具体构件图纸上没有画出的一些工程做法。对于钢筋计算来说，设计说明中的重要信息和数据有：房屋设计中采用哪些设计规范和标准图集、抗震等级（以及抗震设防烈度）、混凝土强度等级、钢筋的类型、分布钢筋的直径和间距等。认真阅读设计说明，可以对整个工程有一个总体的印象。

要认真阅读图纸目录，根据目录对照具体的每一张图纸，看看手中的施工图纸有无缺漏。然后，浏览每一张结构平面图。首先，明确每张结构平面图所适用的范围：是几个楼层合用一张结构平面图，还是每一个楼层分别使用一张结构平面图；再对比不同的结构平面图，看看它们之间有什么联系和区别；各楼层之间的结构有哪些是相同的，有哪些是不同的，等等，以便于我们划分“标准层”，制定钢筋计算的计划。

现在平法施工图主要是通过结构平面图来表示。但是对于某些复杂的或者特殊的结构或构造，设计师会给出构造详图，在阅读图纸时要注意观察和分析。

在阅读和检查图纸的过程中，要注意把不同的图纸进行对照和比较，要善于读懂图纸，更要善于发现图纸中的问题。设计师也难免会出错，而施工图是进行施工和工程预算的依据，如果图纸出错了，后果将是严重的。在将结构平面图、建筑平面图、立面图和剖面图对照比较的过程中，要注意平面尺寸的对比和标高尺寸的对比。

1.1.3.2　阅读和审查平法施工图的注意事项

现在的施工图纸都采用平面设计，所以在阅读和检查图纸的过程中，尤其要结合平法技术的要求进行图纸的阅读和审查。

① 构件编号的合理性和一致性。

② 平法梁集中标注信息是否完整和正确。

③ 平法梁原位标注是否完整和正确。

④ 关注平法柱编号的一致性问题。

⑤ 柱表中的信息是否完整和正确。

1.1.3.3　钢筋工程量计算步骤

① 确定构件混凝土的强度等级和抗震级别。

② 确定钢筋保护层的厚度。

③ 计算钢筋的锚固长度 l_a、抗震锚固长度 l_{ae}、钢筋的搭接长度 l_l、抗震搭接长度 l_{lE}。

④ 计算钢筋的下料长度和质量。

⑤ 按不同直径和钢种分别汇总现浇构件钢筋质量。

⑥ 计算或查用标准图集确定预制构件钢筋质量。

⑦ 按不同直径和钢种分别汇总预制构件钢筋质量。

1.1.3.4 钢筋工程量基本计算规则及公式

① 计算规则　钢筋工程量应区分不同钢筋类别、钢种和直径分别以吨（t）计算其质量。

② 计算公式

钢筋工程量＝钢筋下料长度（m）× 相应钢筋每米质量（kg/m）

式中，钢筋下料长度（m）＝构件图示尺寸－混凝土保护层厚度＋钢筋弯钩增加长度＋弯起钢筋弯起部分的增加长度－量度差（钢筋弯曲调整值）＋图中已经注明的搭接长度。

计算钢筋工程量时，设计已规定钢筋搭接长度的，按规定搭接长度计算；自然接头损耗及下料损耗已包括在钢筋的损耗率之内，不得另计。钢筋的电渣压力焊、套筒挤压等接头，以“个”计算。

1.1.4 钢筋计算的常用数据

1.1.4.1 钢筋的保护层

钢筋保护层的最小厚度如表 1-1 所示。

表 1-1　钢筋保护层的最小厚度　　单位：mm

环境类别	板、墙	梁、柱
一	15	20
二 a	20	25
二 b	25	35
三 a	30	40
三 b	40	50

1.1.4.2 受拉钢筋的基本锚固长度

受拉钢筋的基本锚固长度 l_{ab}、l_{abE} 如表 1-2 所示。

表 1-2　受拉钢筋的基本锚固长度 l_{ab}、l_{abE}

钢筋种类	抗震等级	混凝土强度等级		
		C20	C25	C30
HRB335、HRBF335	一、二级（l_{abE}）	44d	38d	33d
	三级（l_{abE}）	40d	35d	31d
	四级（l_{abE}）、非抗震（l_{ab}）	38d	33d	29d
HRB400、HRBF400、RRB400	一、二级（l_{abE}）		46d	40d
	三级（l_{abE}）		42d	37d
	四级（l_{abE}）、非抗震（l_{ab}）		40d	35d

续表

钢筋种类	抗震等级	混凝土强度等级		
		C20	C25	C30
HRB500、HRBF500	一、二级（l_{abE}）		55*d*	49*d*
	三级（l_{abE}）		50*d*	45*d*
	四级（l_{abE}）、非抗震（l_{ab}）		48*d*	43*d*

1.1.4.3　常用的计算数据

钢筋的公称直径、公称截面面积及理论质量如表 1-3 所示。

表 1-3　钢筋的公称直径、公称截面面积及理论质量

公称直径 /mm	不同根数钢筋的计算截面面积 /mm^2									单根钢筋的理论质量 /（kg/m）
	1	2	3	4	5	6	7	8	9	
6	28.3	57	85	113	142	170	198	226	255	0.222
8	50.3	101	151	201	252	302	352	402	453	0.395
10	78.5	157	236	314	393	471	550	628	707	0.617
12	113.1	226	339	452	565	678	791	904	1017	0.888
14	153.9	308	461	615	769	923	1077	1231	1385	1.21
16	201.1	402	603	804	100	1206	1407	1608	1809	1.58
18	254.5	509	763	1017	1272	1527	1781	2036	2290	2.00（2.11）
20	314.2	628	942	1256	1570	1884	2199	2513	2827	2.47
22	380.1	760	1140	1520	1900	2281	2661	3041	3421	2.98
25	490.9	982	1473	1964	2454	2945	3436	3927	4418	3.85（4.10）
28	615.8	1232	1847	2463	3079	3695	4310	4926	5542	4.83
32	804.2	1609	2413	3217	4021	4826	5630	6434	7238	6.31（6.65）
36	1017.9	2036	3054	4072	5089	6107	7125	8143	9161	7.99
40	1256.6	2513	3770	5027	6283	7540	8796	10053	11310	9.87（10.34）
50	1963.5	3928	5892	7856	9820	11784	13748	15712	17676	15.4（16.28）

注：括号内为预应力螺纹钢筋的数值。

1.2　平法基础知识

1.2.1　平法的概念

平法，即“建筑结构施工图平面整体表示方法”的简称，是将结构构件尺寸、配筋等，按照平面整体表示方法的制图规则，整体直接表达在各类构件的结构平面布置图上，再与标准构造详图相配合，构成一套完整的结构施工图的方法。它简化了配筋详图的绘制，就是把

结构构件的尺寸和配筋等，按照平面整体表示方法制图规则，整体直接表达在各类构件的结构平面布置图上，再与标准构造详图相配合，即构成一套新型完整的结构设计。把钢筋直接表示在结构平面图上，并附之以各种节点构造详图，设计师可以用较少的元素，准确地表达丰富的设计意图。这是一种科学合理、简洁高效的结构设计方法，具体体现在：图纸的数量少、层次清晰；识图、记忆、查找、校对、审核、验收较方便；图纸与施工顺序一致；对结构易形成整体概念。平法是对结构设计技术方法的理论化、系统化，是对传统设计方法的一次深刻变革。

平法将结构设计分为创造性设计内容与重复性（非创造性）设计内容两部分。设计师采用制图规则中标准符号、数字来体现其设计内容，属于创造性的设计内容；传统设计中大量重复表达的内容，如节点详图、搭接、锚固值、加密范围等，属于重复性通用性设计内容。重复性设计内容部分（主要是节点构造和构件构造）以“广义标准化方式”编制成国家建筑标准构造设计有其现实合理性，符合现阶段的中国国情。

1.2.2 平法的特点

平法是把结构构件的尺寸、标高和配筋等，按照平面整体表示方法的制图规则，整体直接表示在各类构件的结构布置平面图上，再与标准构造详图相配合，结合成了一套新型完整的结构设计表示方法。改变了传统的将构件从结构平面设计图中索引出来，再逐个绘制模板详图和配筋详图的烦琐办法。

平法是一种通行的语言，直接在结构平面图上把构件的信息（钢筋、截面、跨度、编号等）标在旁边，使平法施工图与构造详图一一对应。同时必须根据具体工程，按照各类构件的平法制图规则，在按结构层（标准层）绘制的平面布置图上直接表示各构件的尺寸和配筋。出图时，宜按基础、柱、剪力墙、梁、板、楼梯及其他构件的顺序排列。

1.2.3 平法制图与传统图示方法的区别

平法施工图可节约图纸数量。一个柱或一根梁的信息，按照平面整体表示方法的制图规则，把结构构件的尺寸和配筋等，整体直接地表示在各类构件的结构布置平面图上，再与标准构造详图配合，结合成了一套新型完整的结构设计表示方法。改变了传统的那种将构件（柱、剪力墙、梁）从结构平面设计图中索引出来，再逐个绘制模板详图和配筋详图的烦琐办法。平法适用的结构构件为柱、剪力墙、梁三种。内容包括两大部分，即平面整体表示图和标准构造详图。在平面布置图上表示各种构件尺寸和配筋方式。表示方法分平面注写方式、列表注写方式和截面注写方式三种。平法就是用平面来表达结构尺寸、标高、构造、配筋等的绘图方法，是用在结构施工图中。

如框架图中的梁和柱，在平法制图中的钢筋图示方法，施工图中只绘制梁、柱平面图，不绘制梁、柱中配置钢筋的立面图（梁不画截面图，而柱在其平面图上，只按编号不同各取一个在原位放大画出带有钢筋配置的柱截面图）。而传统的框架图中的梁和柱，既画梁、柱平面图，同时也绘制梁、柱中配置钢筋的立面图及其截面图。但在平法制图中的钢筋配置，省略不画这些图，而是去查阅《混凝土结构施工图平面整体表示方法制图规则和构造详图》（22 G101-1）。

传统的混凝土结构施工图，可以直接从其绘制的详图中读取钢筋配置尺寸，而平法制图则需要查找相应的详图——《混凝土结构施工图平面整体表示方法制图规则和构造详图》（22 G101-1）中相应的详图，而且钢筋的大小尺寸和配置尺寸均以“相关尺寸”（跨度钢筋直径、搭接长度、锚固长度等）为变量的函数来表达，而不是具体数字，借此用来实现其标准图的通用性。概括地说，平法制图使混凝土结构施工图的内容简化了。柱与剪力墙的平法制图均以施工图列表注写方式表达其相关规格与尺寸。

平法制图中的突出特点表现在梁的原位标注和集中标注上。原位标注分两种：标注在柱子附近处，且在梁上方，是承受负弯矩的箍筋直径和根数，其钢筋布置在梁的上部；标注在梁中间且下方的钢筋，是承受正弯矩的，其钢筋布置在梁的下部。集中标注是从梁平面图的梁处引铅垂线至图的上方，注写梁的编号、挑梁类型、跨数、截面尺寸、箍筋直径、箍筋肢数、箍筋间距、梁侧面纵向构造钢筋或受扭钢筋的直径和根数、通长筋的直径和根数等。如果集中标注中有通长筋时，则原位标注中的负筋数包含通长筋的数。

在传统混凝土结构施工图中，计算斜截面的抗剪强度等级时，在梁中配置 45° 或 60° 的弯起钢筋。而在平法制图中，梁不配置这种弯起钢筋，而是由加密的箍筋来承受其斜截面的抗剪强度。

1.3　22 G101 系列与 16 G101 系列图集之间的区别

1.3.1　22 G101 系列图集的内容和适用情况

1.3.1.1　22 G101-1 图集

22 G101-1 图集是对《混凝土结构施工图平面整体表示方法制图规则和构造详图（现浇混凝土框架、剪力墙、梁、板）》（16 G101-1）的修编，也是对 16 G101-1 图集构造内容、施工时钢筋排布构造的深化设计，对图集原有内容进行了系统的梳理和修订，同时考虑实际工程应用以及与 16 G101 系列图集的协调统一。

22 G101-1 图集适用于抗震设防烈度为 6 ～ 9 度地区的现浇钢筋混凝土框架、剪力墙、框架 - 剪力墙、筒体等结构的梁、柱、墙、板以及抗震设防烈度为 6 ～ 8 度地区的板柱 - 剪力墙结构的梁、柱、墙、板，可供建筑施工、设计、监理等人员使用，指导施工人员进行钢筋施工排布设计、钢筋翻样计算和现场安装。

22 G101-1 图集包括现浇钢筋混凝土框架结构、剪力墙结构、框架 - 剪力墙结构、筒体结构、板柱框架结构、板柱 - 剪力墙结构的梁、柱、墙、板施工钢筋排布规则与构造详图。

1.3.1.2　22 G101-2 图集

22 G101-2 图集是对《混凝土结构施工图平面整体表示方法制图规则和构造详图（现浇混凝土板式楼梯）》（16 G101-2）的修编，也是对 16 G101-2 图集构造内容、施工时钢筋排布构造的深化设计，对图集原有内容进行了系统的梳理、修订，同时考虑实际工程应用以及与 16 G101 系列图集的协调统一。

22 G101-2 图集适用于抗震设防烈度为 6 ～ 9 度地区的现浇钢筋混凝土板式楼梯，可供建筑施工、设计、监理等人员使用，指导施工人员进行钢筋施工排布设计、钢筋翻样计算和现场安装。图集中包括现浇钢筋混凝土板式楼梯的施工钢筋排布规则与构造详图。

1.3.1.3　22 G101-3 图集

22 G101-3 图集是对《混凝土结构施工图平面整体表示方法制图规则和构造详图（独立基础、条形基础、筏形基础、桩基础）》（16 G101-3）的修编，也是对 16 G101-3 图集构造内容、施工时钢筋排布构造的深化设计，对图集原有内容进行了系统的梳理、修订，同时考虑实际工程应用以及与 16 G101 系列图集的协调统一。

22 G101-3 图集适用于独立基础、条形基础、筏形基础、桩基础的施工钢筋排布及构造，可供建筑施工、设计、监理等人员使用，指导施工人员进行钢筋施工排布设计、钢筋翻样计算和现场安装。图集中包括现浇钢筋混凝土独立基础、条形基础、筏形基础（分为梁板式和平板式）、桩基础钢筋排布规则与构造详图。

1.3.2　22 G101 系列与 16 G101 系列图集之间的联系

22 G101 系列图集是对《混凝土结构施工图平面整体表示方法制图规则和构造详图》（16 G101）系列图集构造内容、施工时钢筋排布构造的深化设计，可有效地指导施工人员进行钢筋施工排布设计、钢筋翻样计算和现场安装。

22 G101 系列图集与 16 G101 系列图集的面向对象相同，22 G101 系列图集的主要使用对象是施工企业的技术人员和施工现场一线工人，定位于提供目前国内常用且较为成熟的钢筋排布与构造详图，可有效地指导施工人员进行钢筋施工排布设计、钢筋翻样计算和现场安装，确保施工时钢筋排布规范有序，使实际施工建造满足规范规定和设计要求，并可辅助设计人员进行合理的构造方案选择，实现设计与施工的有机衔接，全面保证工程设计与施工质量。

22 G101 系列图集在 16 G101 系列图集内容的基础上，结合实际工程应用以及多年来一线使用者的反馈进行了系统的梳理、修订，在与 16 G101 系列图集协调统一的同时又是 16 G101 系列图集的深化设计与构造做法详解。

2 独立基础

2.1 独立基础平法识图

2.1.1 一般构造要求

轴心受压基础一般采用正方形，偏心受压基础应采用矩形，长边与弯矩作用方向平行，长、短边边长之比一般在 1.5 ～ 2.0 之间，最大不应超过 3.0。

锥形基础的边缘高度不宜小于 200mm，也不宜大于 500mm；阶梯形基础的每阶高度宜为 300 ～ 500mm，基础高度为 500 ～ 900mm 时用两阶，大于 900mm 时用三阶，基础长、短边相差过大时，短边方向可减少一阶。柱基础下通常要做混凝土垫层，垫层的混凝土强度等级应为 C10，厚度不宜小于 70mm，一般是 70 ～ 100mm，每边伸出基础 50 ～ 100mm。

底板钢筋的面积按计算确定。底板钢筋一般采用 HPB300、HRB335 级钢筋。钢筋保护层厚度，有垫层时不小于 35mm，无垫层时不小于 70mm。混凝土强度等级不应低于 C20，当位于潮湿环境时不应低于 C25。底板配筋宜沿长边和短边方向均匀布置，且长边钢筋放置在下排。钢筋直径不宜小于 10mm，间距不宜大于 200mm，也不宜小于 100mm。

钢筋混凝土基础下通常设素混凝土垫层，垫层高度不宜小于 70mm，垫层两边各伸出基础底板 50mm。当柱下钢筋混凝土独立基础的边长大于或等于 2.5m 时，底板受力筋的长度可取边长或宽度的 90%，并宜交错布置。现浇钢筋混凝土柱和剪力墙纵向受力钢筋在基础内的锚固长度应依据一、二级抗震等级 $l_{aE}=1.15l_a$、三级抗震等级 $l_{aE}=1.05l_a$、四级抗震等级 $l_{aE}=1.0l_a$ 取用。

钢筋混凝土独立柱基础的插筋的钢种、直径、根数及间距应与上部柱内的纵向钢筋相同；插筋的锚固与柱纵向受力钢筋的搭接长度，应符合《混凝土结构设计规范》（GB 50010—2010）（2015 年版）和《建筑抗震设计规范》（GB 50011—2010）（2016 年版）的要求；箍筋直径与上部柱内的箍筋直径相同，在基础内应不少于两个箍筋；在柱内纵筋与基础纵筋搭接范围内，箍筋的间距应加密且不大于 100mm；基础的插筋应伸至基础底面，用光圆钢筋（末端有弯钩）时放在钢筋网上。

基础底面的附加应力要小于地基承载力。如果上部荷载有偏心，则要考虑基础底面应力的不均匀性。

验算附加应力传递至持力层以下那层土时，应验算下卧层承载力是否大于传至持力层的附加应力。即验算建筑物基础传递到软弱下卧层顶面的附加应力和上覆土的自重应力之和不超过软弱下卧层的承载力，如果验算不能满足变形要求，那么就要考虑采取地基处理措施，或者考虑采用桩基础。

地基土变形即沉降，是指在附加应力作用下，土体的压缩变形。沉降有总沉降量和不均匀沉降，在验算时都要满足相关要求。

基础的内力计算，即计算基础的抗弯强度、抗剪强度、抗冲切强度等。

有些设计中，柱的混凝土强度等级会大于基础的混凝土强度等级，此时，就需要验算基础混凝土的局部承压情况。

2.1.2 独立基础平法识图内容

2.1.2.1 独立基础平法施工图的表示方法

独立基础平法施工图，有平面注写、截面注写和列表注写三种表达方式，设计者可根据具体工程情况选择一种，或两种方式相结合进行独立基础的施工图设计。

当绘制独立基础平面布置图时，应将独立基础平面与基础所支承的柱一起绘制。当设置基础联系梁时，可根据图面的疏密情况，将基础联系梁与基础平面布置图一起绘制，或将基础联系梁布置图单独绘制。

在独立基础平面布置图上应标注基础定位尺寸。当独立基础的柱中心线或杯口中心线与建筑轴线不重合时，应标注其定位尺寸。编号相同且定位尺寸相同的基础，可仅选择一个进行标注。

2.1.2.2 独立基础编号

各种独立基础的编号如表 2-1 所示。

表 2-1 独立基础的编号

类型	基础底板截面形状	代号	序号
普通独立基础	阶形	DJ_j	××
	锥形	DJ_z	××
杯口独立基础	阶形	BJ_j	××
	锥形	BJ_z	××

注：1. 下标 j 表示阶形，下标 z 表示锥形。

2. 单阶截面即为平板独立基础。

设计时应注意：当独立基础截面形状为锥形时，其锥面应采用能保证混凝土浇筑、振捣密实的较缓坡度；当采用较陡坡度时，应要求施工采用在基础顶部锥面加模板等措施，以确保独立基础的锥面浇筑成型、振捣密实。

2.1.2.3 独立基础的平面注写方式

独立基础的平面注写方式分为集中标注和原位标注两部分内容，分别如图 2-1、图 2-2 所示。

扫码看视频

独立基础的平面注写方式

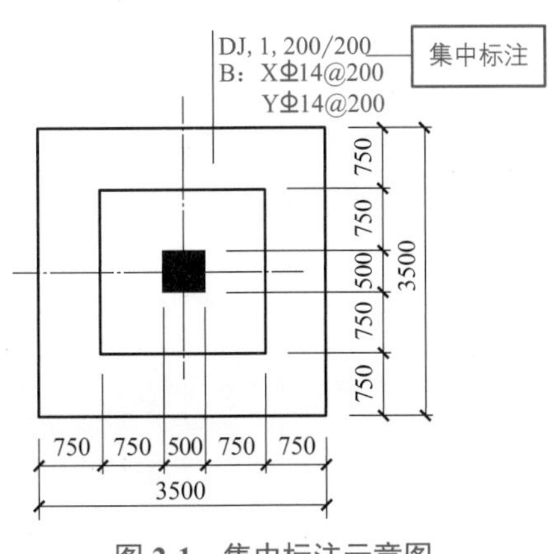

图 2-1 集中标注示意图

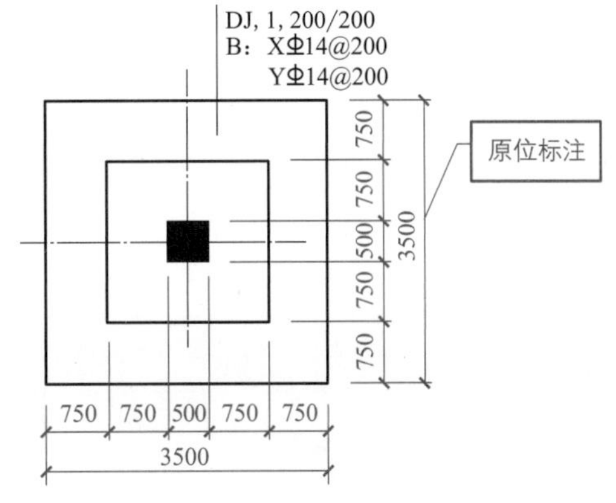

图 2-2 原位标注示意图

普通独立基础和杯口独立基础的集中标注系在基础平面图上集中引注基础编号、截面竖向尺寸、配筋三项必注内容，以及基础底面标高（与基础底面基准标高不同时）和必要的文字注解两项选注内容，三项必注内容如图 2-3 ～图 2-5 所示。

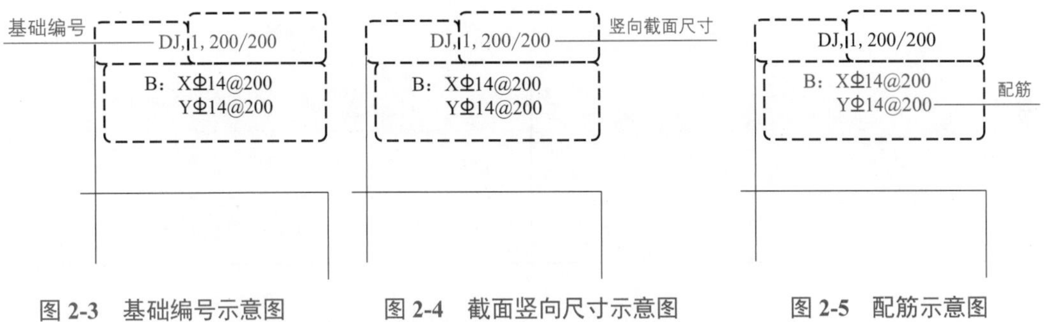

图 2-3 基础编号示意图　　图 2-4 截面竖向尺寸示意图　　图 2-5 配筋示意图

图 2-6 是一个独立基础的 BJ_J1 平法施工图，通过阅读可以得到这些信息：BJ 表示阶形杯口基础，1200/300 表示杯口内自上而下的尺寸（mm），800/700 表示杯口外自下而上的尺寸（mm）。再结合原位标注的平面尺寸，就可以想象出该独立基础的剖面形状尺寸，剖面示意如图 2-7 所示。

图 2-7 不是平法施工图上绘制的，是识图得到的，所以独立基础的平面注写方式只绘制基础平面图，这就要求识图时根据制图规则来形成该构件的全貌。

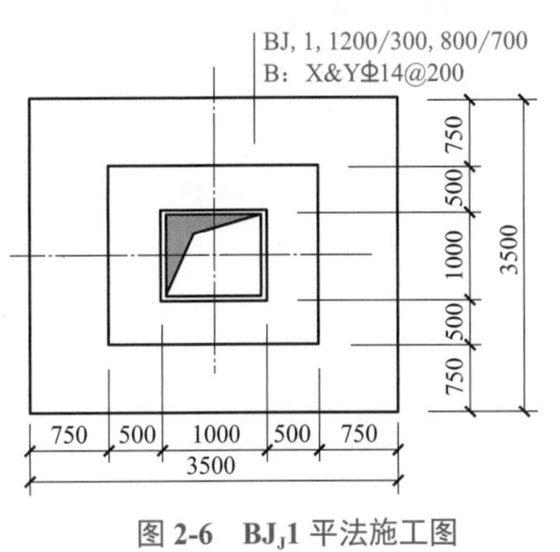

图 2-6 BJ_J1 平法施工图

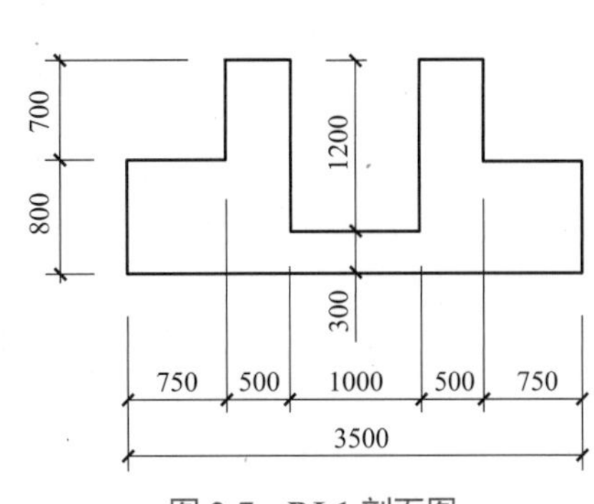

图 2-7 BJ_J1 剖面图

独立基础配筋是独立基础集中标注的第三项必注内容是配筋，如图 2-8 所示。

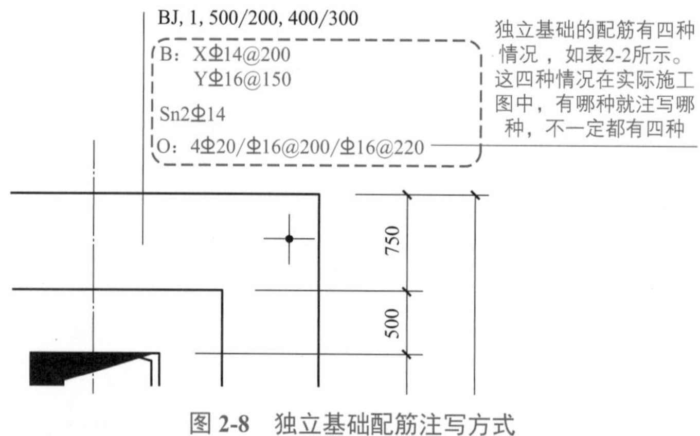

图 2-8　独立基础配筋注写方式

表 2-2　独立基础配筋情况

独立基础配筋（独立基础集中标注第三项）	独立基础底板底部配筋
	杯口独立基础顶部焊接钢筋网
	高杯口独立基础侧壁外侧和短柱配筋
	多柱独立基础底板顶部配筋

2.1.2.4　独立基础的集中标注

（1）独立基础编号（必注内容）

独立基础的编号可参照表 2-1 所示。独立基础底板的截面形状通常有以下两种：

① 阶形截面编号加下标“J”，如 DJ_J××、BJ_J××；

② 锥形截面编号下标“Z”，如 DJ_z××、BJ_z××。

（2）注写独立基础截面竖向尺寸（必注内容）

① 当基础为阶形截面时注写 $h_1/h_2/\cdots$，具体标注如图 2-9 所示。

② 当阶形截面普通独立基础 DJ_J×× 的竖向尺寸注写为 400/300/300 时，表示 $h_1=400mm$、$h_2=300mm$、$h_3=300mm$，基础底板总高度为 1000mm。

③ 当基础为锥形截面时，注写为“h_1/h_2”，如图 2-10 所示。

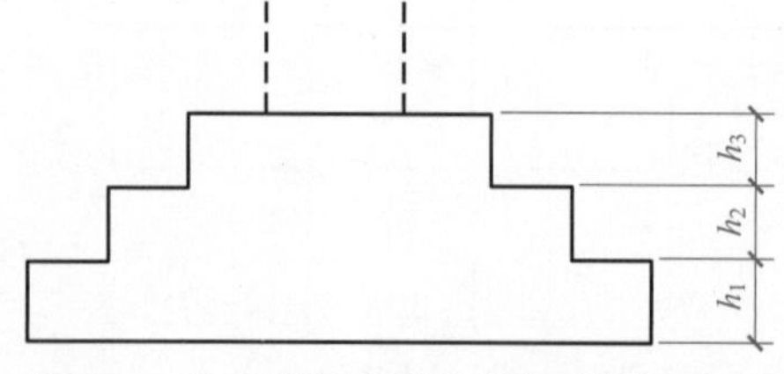

图 2-9　阶形截面普通独立基础竖向尺寸

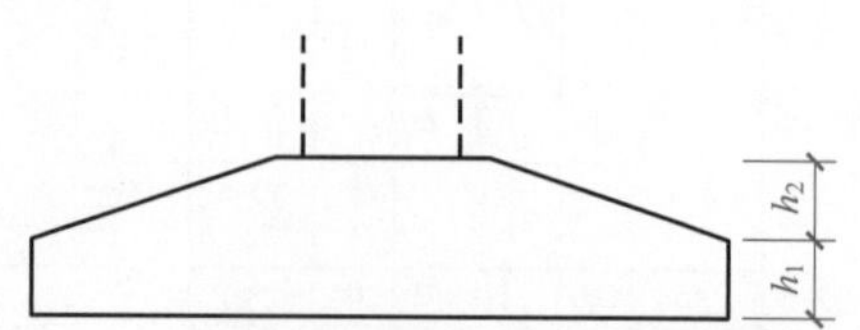

图 2-10　锥形截面普通独立基础竖向尺寸

④ 当阶形截面普通独立基础 DJ_J×× 的竖向尺寸注写为 400/300/300 时，表示 h_1 = 400mm、h_2 = 300mm、h_3 = 300mm，基础底板总高度为 1000mm。

⑤ 对于普通独立基础而言，当其为阶形截面时，若为单阶，其竖向尺寸仅为一个，即为基础总高度，如图 2-11 所示。若为多阶时，各阶尺寸自下而上用“/”分隔顺写，如图 2-12 所示。

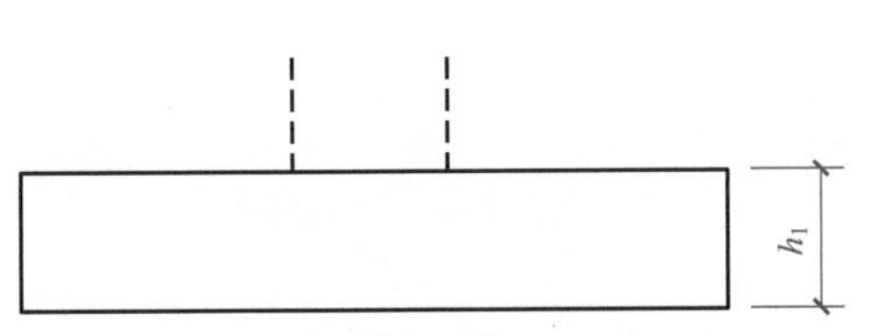

图 2-11　单阶普通独立基础竖向尺寸

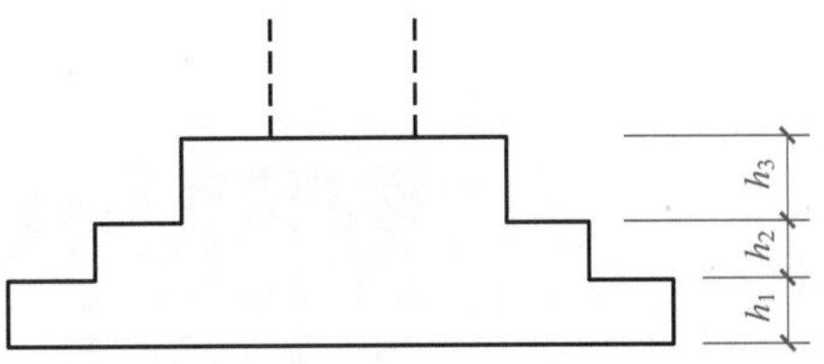

图 2-12　三阶普通独立基础竖向尺寸

⑥ 当为锥形截面时，注写为，a_0/a_1，$h_1/h_2/h_3\cdots$，锥形截面低杯口独立基础竖向尺寸具体如图 2-13 所示。锥形截面高杯口独立基础竖向尺寸具体如图 2-14 所示。

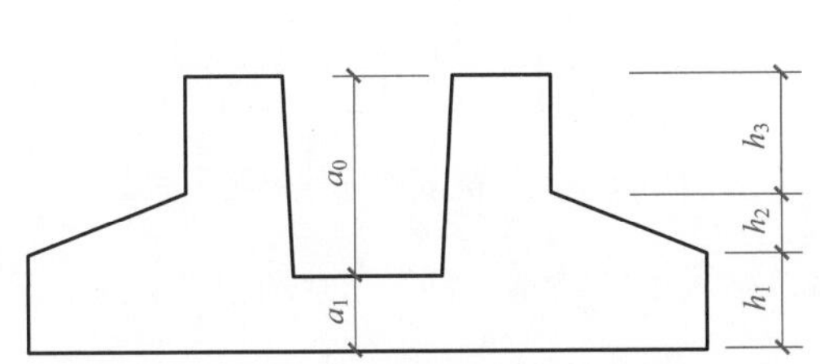

图 2-13　锥形截面低杯口独立基础竖向尺寸

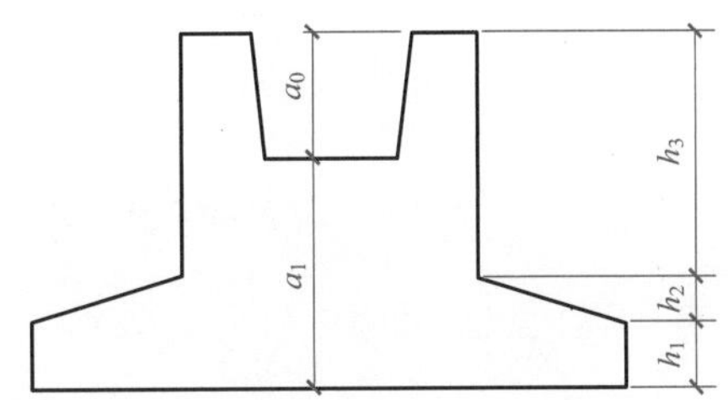

图 2-14　锥形截面高杯口独立基础竖向尺寸

⑦ 对于杯口独立基础而言，当为阶形截面时，其竖向尺寸分两组，一组表达杯口内，另一组表达杯口外，两组尺寸以“，”分隔，注写为：a_0/a_1，$h_1/h_2/h_3\cdots$，其中杯口深度 a_0 为柱插入杯口的尺寸加 50mm。阶形截面杯口独立基础竖向尺寸如图 2-15 所示。阶形截面高杯口独立基础竖向尺寸如图 2-16 所示。

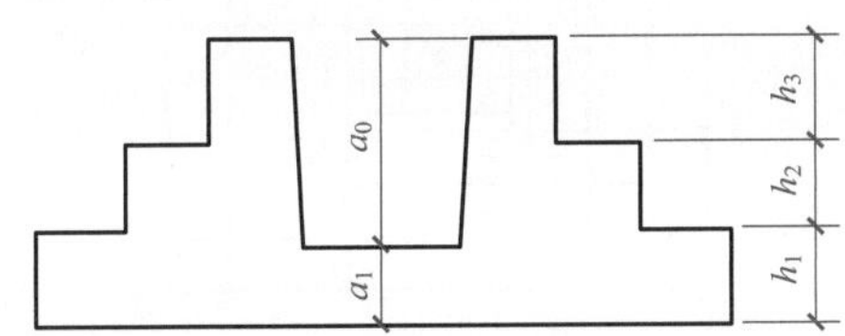

(a) 阶形截面杯口独立基础竖向尺寸1

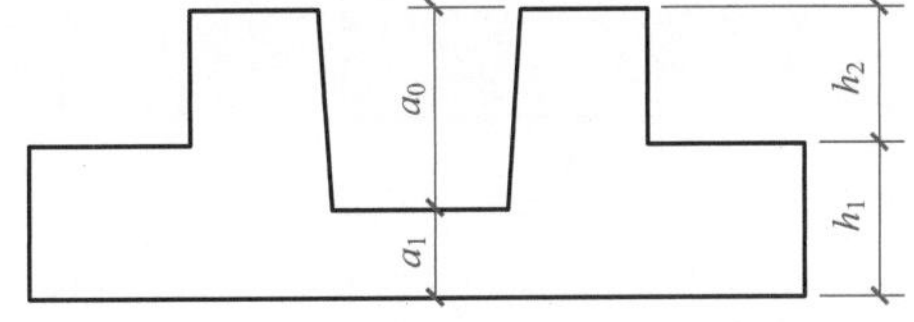

(b) 阶形截面杯口独立基础竖向尺寸2

图 2-15　阶形截面杯口独立基础竖向尺寸

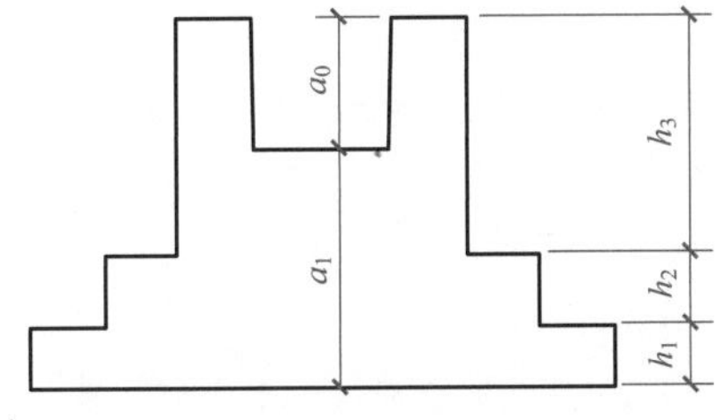

(a) 阶形截面高杯口独立基础竖向尺寸1

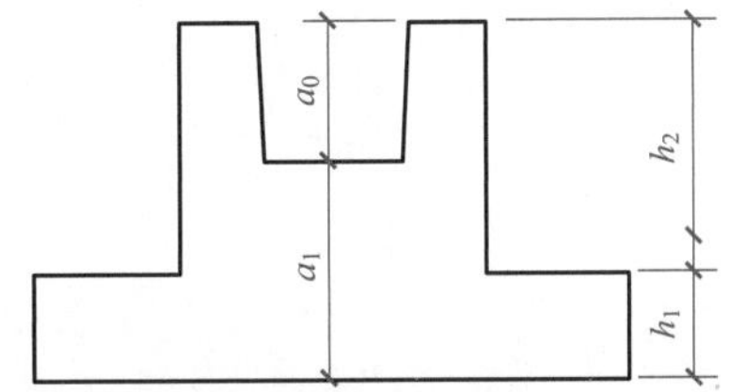

(b) 阶形截面高杯口独立基础竖向尺寸2

图 2-16　阶形截面高杯口独立基础竖向尺寸

（3）注写独立基础配筋（必注内容）

① 注写独立基础底板配筋　普通独立基础和杯口独立基础的底部双向配筋注写规定：以 B 代表各种独立基础底板的底部配筋；*X* 向配筋以 X 打头、*Y* 向配筋以 Y 打头注写。

a. 当两向配筋不同时，*X* 向配筋以 X 打头、*Y* 向配筋以 Y 打头注写，如图 2-17 所示，钢筋示意图如图 2-18 所示。

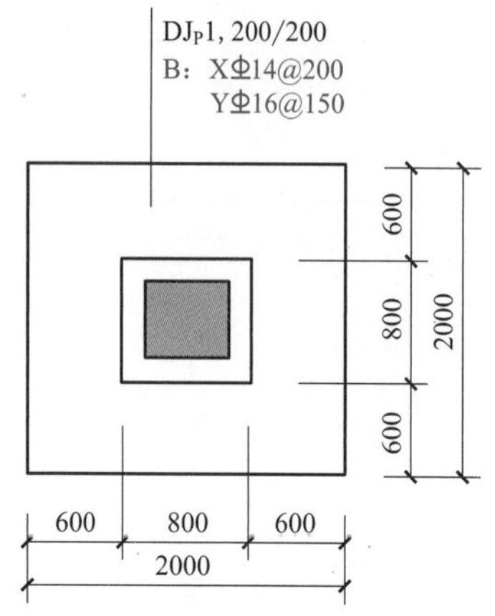

图 2-17　两向配筋不同的平面示意图

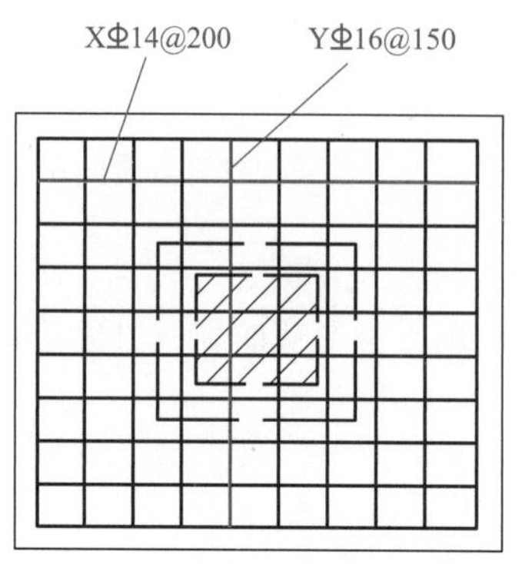

图 2-18　两向配筋不同的钢筋示意图

b. 当两向配筋相同时，则以 X&Y 打头注写，如图 2-19 所示，钢筋示意图如图 2-20 所示。

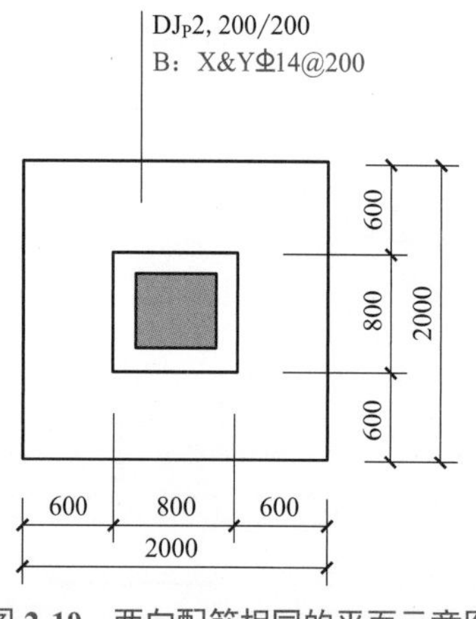

图 2-19　两向配筋相同的平面示意图

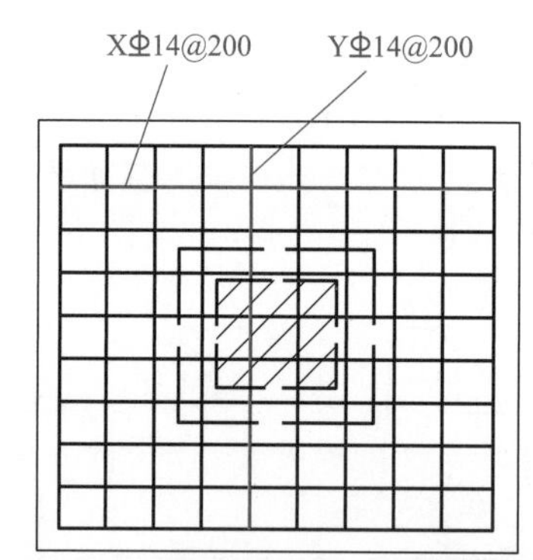

图 2-20　两向配筋相同的钢筋示意图

c. 当圆形独立基础采用双向正交配筋时，以 X&Y 打头注写，如图 2-21 所示，钢筋示意图如图 2-22 所示。

d. 当采用圆形独立基础放射状配筋时以 Rs 打头，先注写径向受力钢筋（间距以径向排列钢筋的最外端度量），并在“/”后写环向配筋，如图 2-23 所示，钢筋示意图如图 2-24 所示。

e. 当矩形独立基础底板底部的短向钢筋采用两种配筋值时，先注写较大配筋，在“/”后再注写较小配筋，如图 2-25 所示，钢筋示意图如图 2-26 所示。

f. 当（矩形）独立基础底板配筋标注为 B：XΦ16@150，YΦ16@200 时，表示基础底板底部配置 HRB335 级钢筋，*X* 向直径为 16mm，分布间距为 150mm；*Y* 向直径为 16mm，分布间距为 200mm。

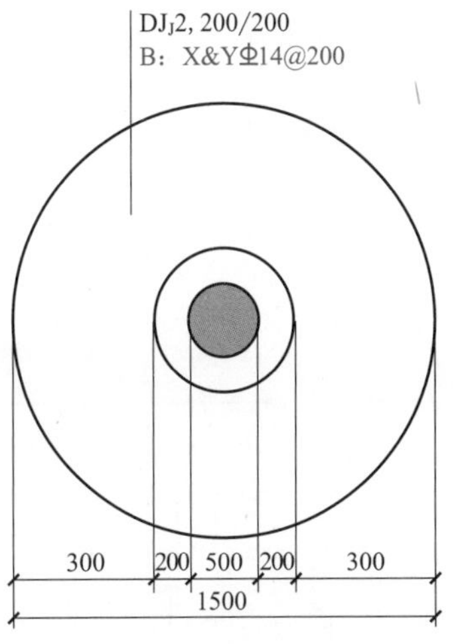

图 2-21 圆形独立基础双向正交配筋平面示意图

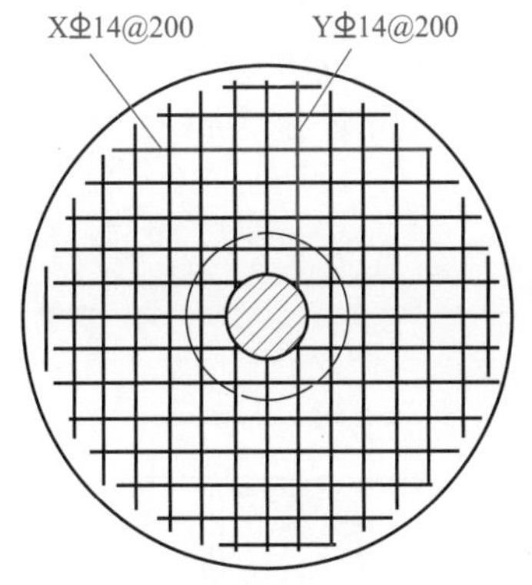

图 2-22 圆形独立基础双向正交钢筋示意图

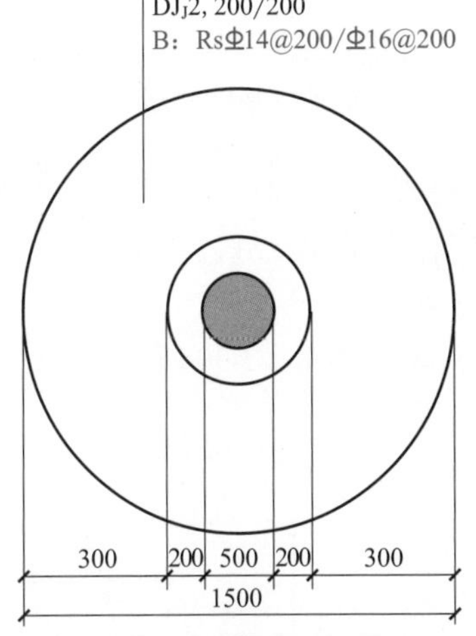

图 2-23 圆形独立基础放射状配筋平面示意图

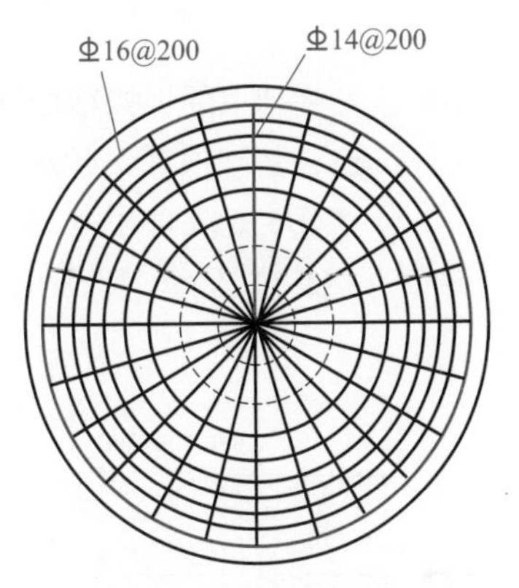

图 2-24 圆形独立基础放射状钢筋示意图

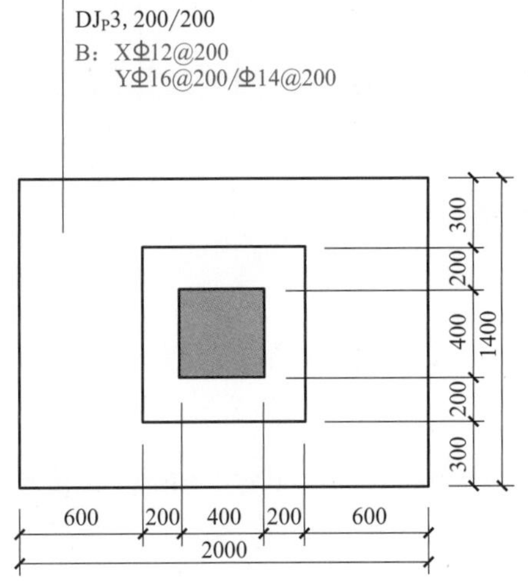

图 2-25 矩形独立基础底板底部的短向配筋平面示意图

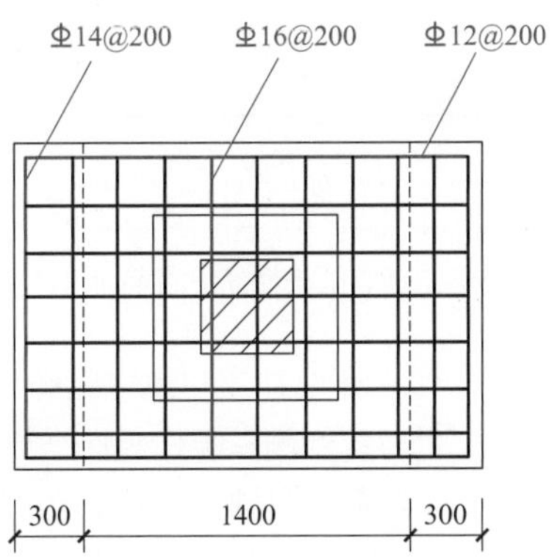

图 2-26 矩形独立基础底板底部的短向钢筋示意图

② 注写杯口独立基础顶部焊接钢筋网　以 Sn 打头引注杯口顶部焊接钢筋网的各边钢筋。

a. 单杯口独立基础顶部焊接钢筋网示意图如图 2-27 所示。

b. 当杯口独立基础顶部钢筋网标注为 Sn2Φ14，表示杯口顶部每边配置 2 根 HRB335 级直径为 14mm 的焊接钢筋网。

c. 双杯口独立基础顶部焊接钢筋网示意图如图 2-28 所示。

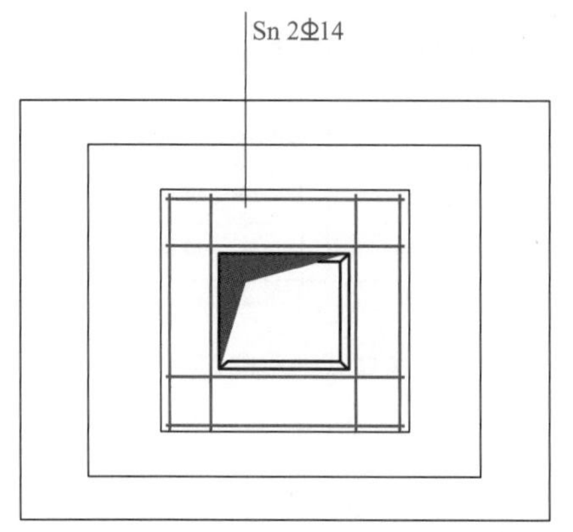

图 2-27　单杯口独立基础顶部焊接钢筋网示意图

Sn 2Φ16

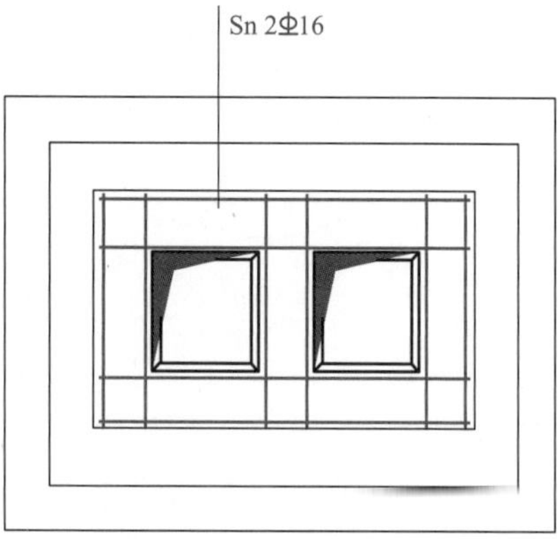

图 2-28　双杯口独立基础顶部焊接钢筋网示意图

d. 高杯口独立基础顶部焊接钢筋网示意图如图 2-29 所示。

e. 当高杯口独立基础顶部钢筋网标注为 Sn2Φ16 时，表示杯口每边和双杯口中间杯壁的顶部均配置 2 根 HRB335 级直径为 16mm 的焊接钢筋网。

③ 注写高杯口独立基础的杯壁外侧和短柱配筋　注写规定如图 2-30 所示。

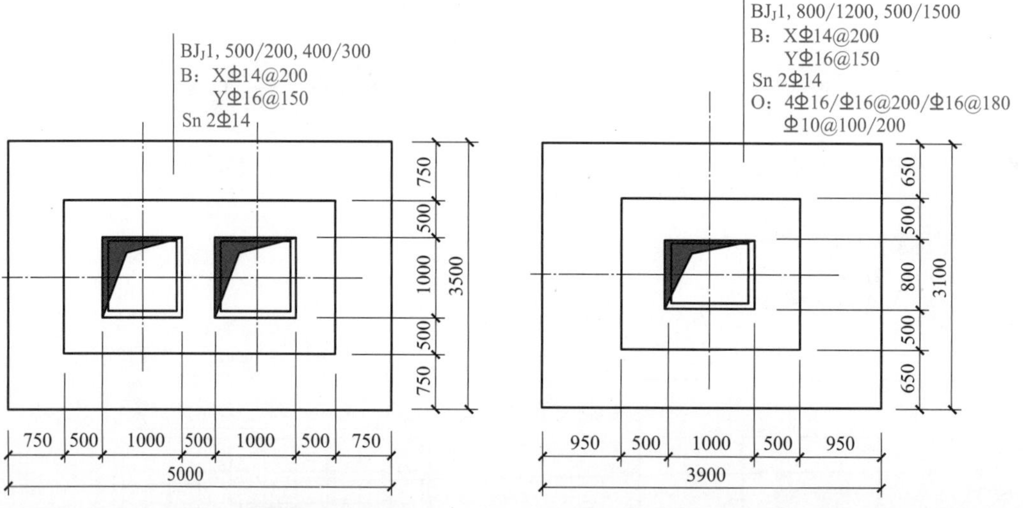

图 2-29　高杯口独立基础顶部配筋平面示意图　图 2-30　高杯口独立基础的杯壁外侧和短柱配筋注写示意图

a. 以 O 代表杯壁外侧和短柱配筋。

b. 先注写杯壁外侧和短柱竖向纵筋，再注写横向箍筋。注写格式为：“角筋 / 长边中部筋 / 短边中部筋，箍筋（两种间距）”；当杯壁水平截面为正方形时，注写格式为：“角筋 /*X* 边中部筋 /*Y* 边中部筋，箍筋（两种间距）”。

c. 高杯口独立基础的杯壁外侧和短柱配筋标注如图 2-31 所示。“O：4Φ20/Φ16@220/Φ16@200，ϕ10@150/300”表示高杯口独立基础的杯壁外侧和短柱配置 HRB400 级竖向钢筋和 HPB300 级箍筋。竖向钢筋包括：4Φ20 角筋、Φ16@220 长边中部筋和Φ16@200 短边中部筋；箍筋直径为 10mm，杯口范围间距 150mm，短柱范围间距 300mm（抗震设防烈度为 8 度及以上时为 150mm）。

d. 对于双杯口独立基础的短柱配筋，注写形式与单高杯口相同，如图 2-32 所示（本图只表示基础短柱纵筋与矩形箍筋）。

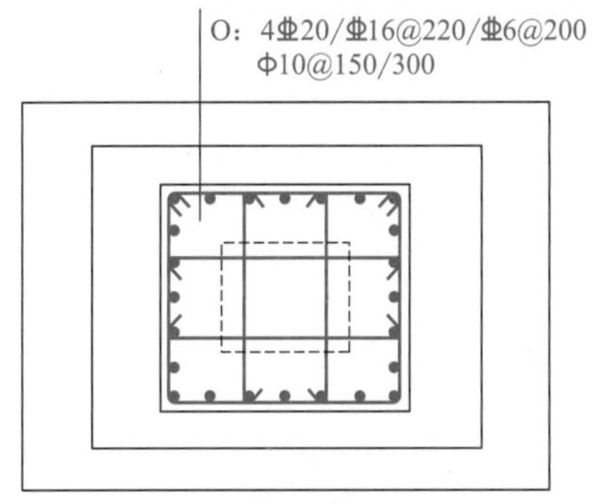

图 2-31　高杯口独立基础杯壁配筋示意图

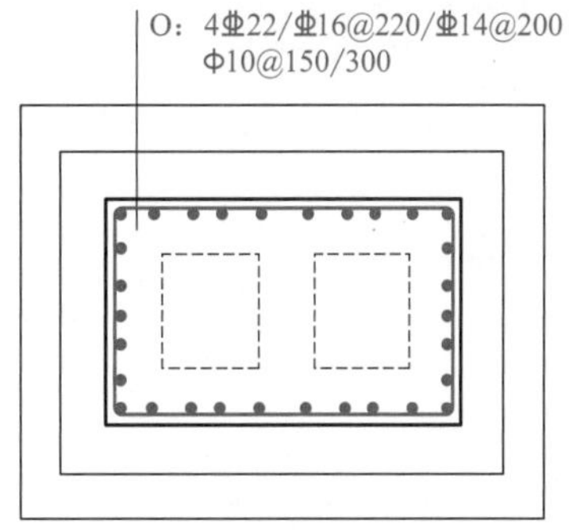

图 2-32　双杯口独立基础短柱配筋示意图

④ 注写普通独立基础带短柱竖向尺寸及钢筋　当独立基础埋深较大，设置短柱时，短柱配筋应注写在独立基础中。具体注写规定如下。

a. 以 DZ 代表普通独立基础短柱，如图 2-33 所示。

b. 当短柱配筋标注为“DZ：4Φ20/5Φ18，ϕ10@100，－2.500～－0.050m”时，表示独立基础的短柱设置在－2.500～－0.050m 高度范围内，配置 HRB400 级竖向钢筋和 HPB300 级箍筋。竖向钢筋包括：4Φ20 角筋、5Φ18 X 边中部筋和Φ18Y 边中部筋；其箍筋直径为 10mm，间距为 100mm。

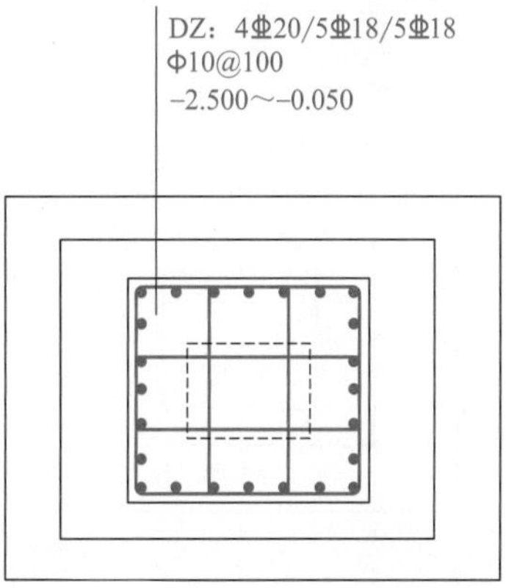

DZ：4Φ20/5Φ18/5Φ18
ϕ10@100
−2.500～−0.050

图 2-33　独立基础短柱配筋示意图

c. 先注写短柱纵筋，再注写箍筋，最后注写短柱标高范围。注写格式为：角筋 / 长边中部筋 / 短边中部筋，箍筋，短柱标高范围；当短柱水平截面为正方形时，注写格式为：角筋 /X 边中部筋 /Y 边中部筋，箍筋，短柱标高范围。

（4）注写基础底面标高（选注内容）

当独立基础的底面标高与基础底面基准标高不同时，应将独立基础标高直接注写在“（　）”内。

（5）必要的文字注解（选注内容）

当独立基础的设计有特殊要求时，宜增加必要的文字注解。例如，基础底板配筋长度是否采用缩短方式等，可在该项注明。

2.1.2.5　钢筋混凝土和素混凝土独立基础的原位标注

该标注法系在基础平面布置图上标注独立基础的平面尺寸。对相同编号的基础，可选择一个进行原位标注；当平面图形较小时，可将所选定进行原位标注的基础按比例放大；其他相同编号者仅注编号。原位标注的具体内容规定如下。

① 普通独立基础原位标注 x、y，x_c、y_c（或圆柱直径 d_c），x_i、y_i，$i=1, 2, 3, \cdots$。其中，x、y 为普通独立基础两向边长，x_c、y_c 为柱截面尺寸，x_i、y_i 为阶宽或锥形平面尺寸（当设置短柱时，尚应标注短柱的截面尺寸）。

② 对称阶形截面普通独立基础的原位标注如图 2-34 所示；非对称阶形截面普通独立基础的原位标注如图 2-35 所示；设置短柱独立基础的原位标注如图 2-36 所示。

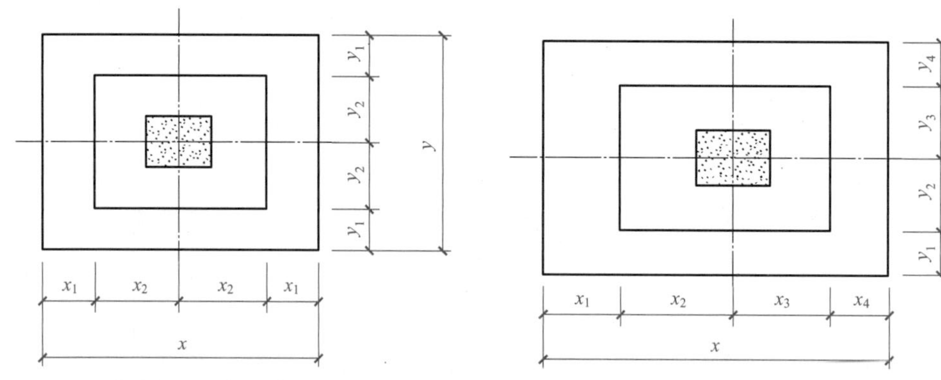

图 2-34　对称阶形截面普通独立基础的原位标注　　图 2-35　非对称阶形截面普通独立基础的原位标注

③ 对称锥形截面普通独立基础的原位标注如图 2-37 所示；非对称锥形截面普通独立基础的原位标注如图 2-38 所示。

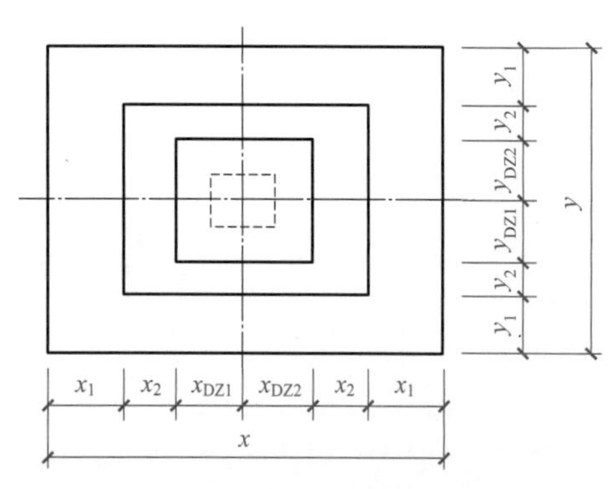

图 2-36　带短柱独立基础的原位标注

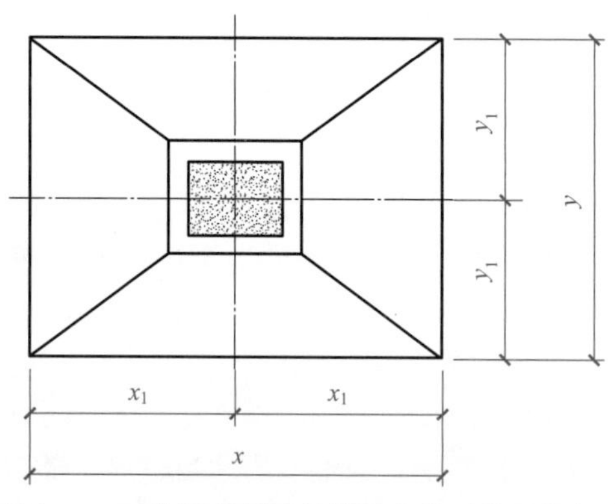

图 2-37　对称锥形截面普通独立基础的原位标注

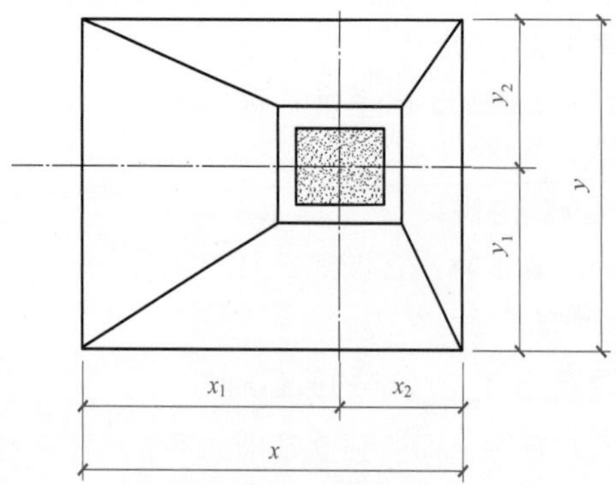

图 2-38　非对称锥形截面普通独立基础的原位标注

④ 杯口独立基础原位标注 x、y，x_u、y_u，x_{ui}、y_{ui}，t_i，x_i、y_i，$i=1, 2, 3, \cdots$。其中，x、y 为基础两向边长，x_u、y_u 为杯口上口尺寸，x_{ui}、y_{ui} 为杯口上口边到轴线的尺寸，t_i 为杯壁厚度，下口厚度为 $t_i + 25\text{mm}$，x_i、y_i 为阶宽或锥形截面尺寸。

a. 杯口，上杯口下口尺寸 x_u、y_u，按柱截面边长两侧双向各加 75mm；按标准构造详图（为插入杯口的相应柱截面边长尺寸，每边各加 50mm）设计不注。

b. 阶形截面杯口独立基础的原位标注，如图 2-39 所示。高杯口独立基础原位标注与杯口独立基础完全相同。

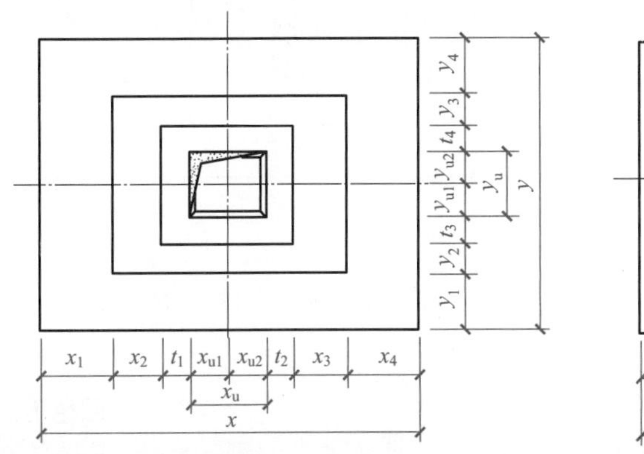

(a) 阶形截面杯口独立基础的原位标注1

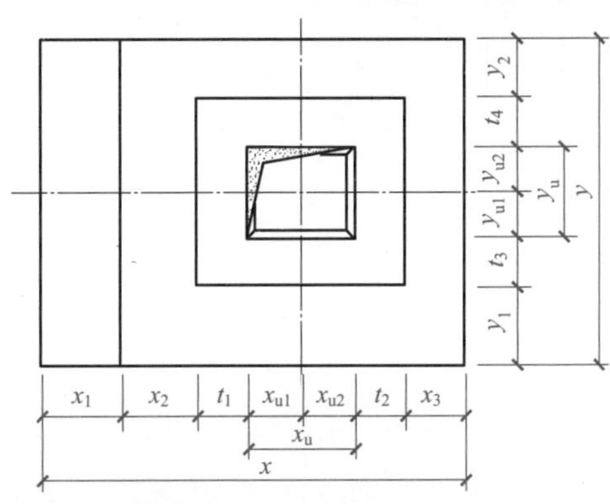

(b) 阶形截面杯口独立基础的原位标注2

图 2-39　阶形截面杯口独立基础的原位标注

c. 锥形截面杯口独立基础的原位标注如图 2-40 所示。高杯口独立基础的原位标注与杯口独立基础完全相同。

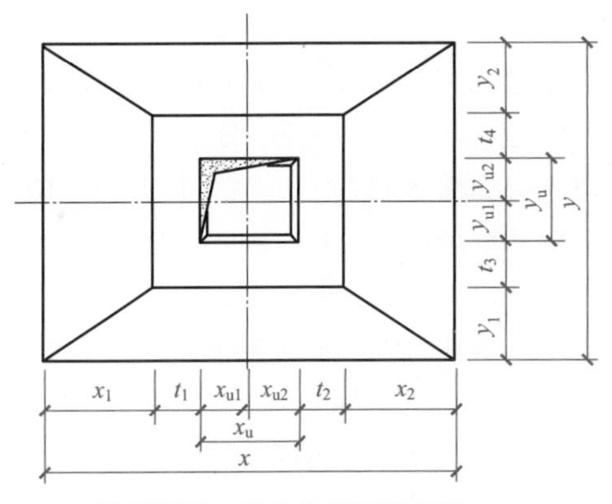

(a) 锥形截面杯口独立基础的原位标注1

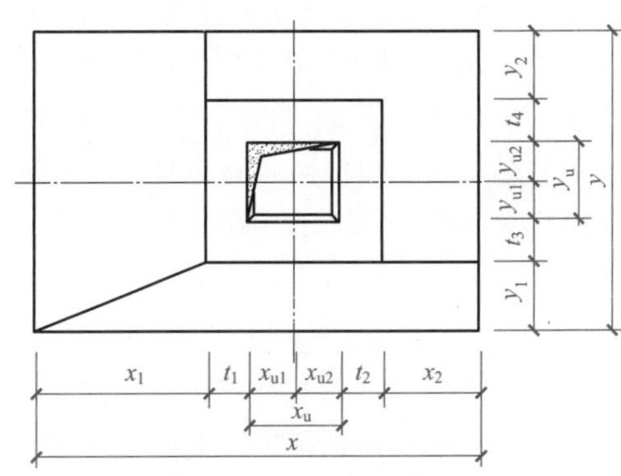

(b) 锥形截面杯口独立基础的原位标注2

图 2-40　锥形截面杯口独立基础的原位标注

设计时应注意：当设计为非对称锥形截面独立基础且基础底板的某边不放坡时，在采用双比原位放大绘制的基础平面图上，或在圈引出来放大绘制的基础平面图上，应按实际放坡情况绘制放坡线。

2.1.2.6　普通独立基础平面注写的集中标注和原位标注

普通独立基础平面注写方式示意如图 2-41 所示。

设置短柱独立基础采用平面注写方式的集中标注和原位标注综合设计表达示意如图 2-42

所示。

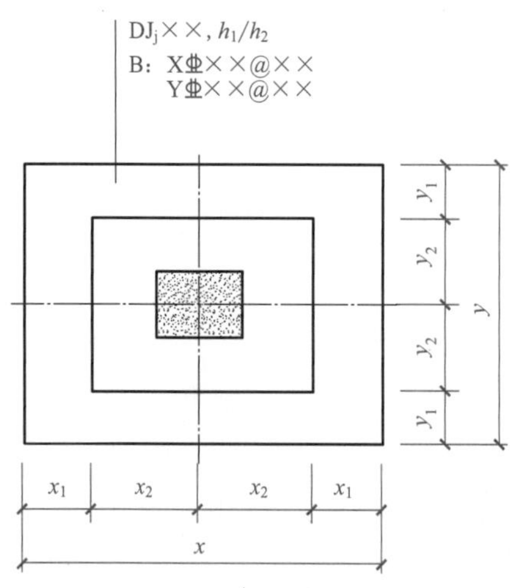

图 2-41　普通独立基础平面注写方式

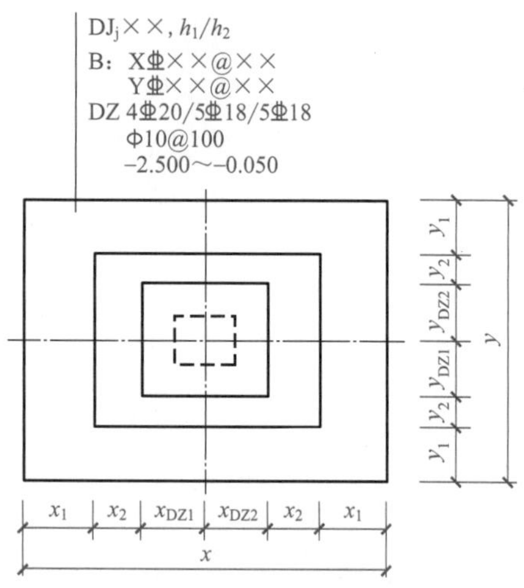

图 2-42　短柱独立基础采用平面注写方式

2.1.2.7　独立基础为单柱或多柱时的注写

扫码看视频

独立基础为单柱或多柱时的注写

独立基础也可为多柱独立基础（双柱或四柱等）。多柱独立基础的编号、几何尺寸和配筋的标注方法与单柱独立基础相同。

当为双柱独立基础且柱距较小时，通常仅配置基础底部钢筋；当柱距较大时，除基础底部配筋外，尚需在两柱间配置基础顶部钢筋或设置基础梁；当为四柱独立基础时，通常可设置两道平行的基础梁，需要时可在两道基础梁之间配置基础顶部钢筋。

双柱独立基础顶部配筋和基础梁的注写方法规定如下。

① 注写双柱独立基础底板顶部配筋　双柱独立基础的顶部配筋，通常对称分布在双柱中心线两侧。以大写字母“T”打头，注写格式为：双柱间纵向受力钢筋 / 分布钢筋。当纵向受力钢筋在基础底板顶面非满布时，应注明其总根数。如图 2-43 所示，“T：11 ⏀ 18@100/ Φ 10@200”表示独立基础顶部配置纵向受力钢筋为 HRB400 级，直径为 18mm，钢筋根数为 11 根，间距为 100mm；分布筋为 HPB300 级，直径为 10mm，间距为 200mm。

② 注写双柱独立基础的基础梁配筋　当双柱独立基础为基础底板与基础梁相结合时，注写基础梁的编号、几何尺寸和配筋。如 JL××（1）表示该基础梁为 1 跨，两端无外伸；JL××（1A）表示该基础梁为 1 跨，一端有外伸；JL××（1B）表示该基础梁为 1 跨，两端均有外伸。

通常情况下，双柱独立基础宜采用端部有外伸的基础梁，基础底板则采用受力明确、构造简单的单向受力配筋与分布筋。基础梁宽度宜比柱截面宽出不小于 100mm（每边不小于 50mm）。

基础梁的注写规定与条形基础的基础梁注写规定相同，注写示意图如图 2-44 所示。

③ 注写双柱独立基础的底板配筋　双柱独立基础底板配筋的注写，可以按条形基础底板的规定注写，也可以按独立基础底板的规定注写。

④ 注写配置两道基础梁的四柱独立基础底板顶部配筋　当四柱独立基础已设置两道平行的基础梁时，根据内力需要可在双梁之间及梁的长度范围内配置基础顶部钢筋，注写格式为：

“梁间受力钢筋 / 分布钢筋”。

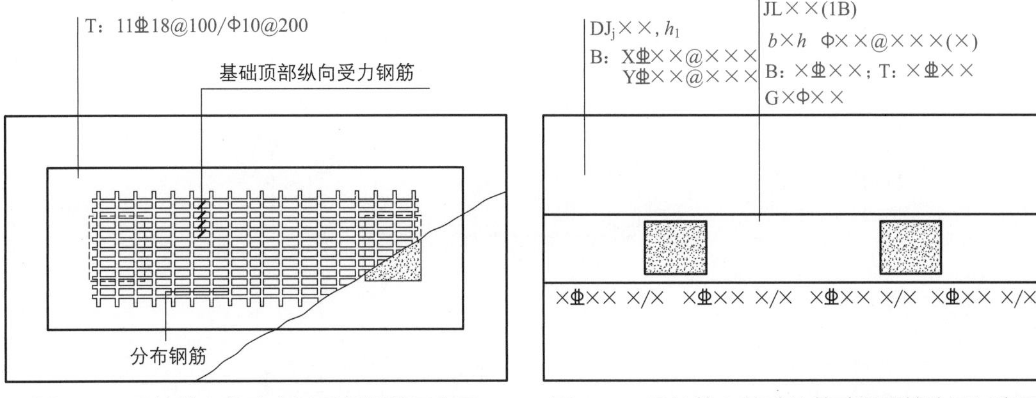

图 2-43　双柱独立基础底板顶部配筋示意图　　**图 2-44**　双柱独立基础的基础梁配筋注写示意图

⑤ 平行设置两道基础梁的四柱独立基础底板配筋　可按双梁条形基础底板配筋的规定注写。如图 2-45 所示，“T：⏀16@120/Φ10@200”表示在四柱独立基础顶部两道基础梁之间配置受力钢筋为 HRB335 级，直径为 16mm，间距为 120mm；分布筋为 HPB300 级，直径为 10mm，分布间距为 200mm。

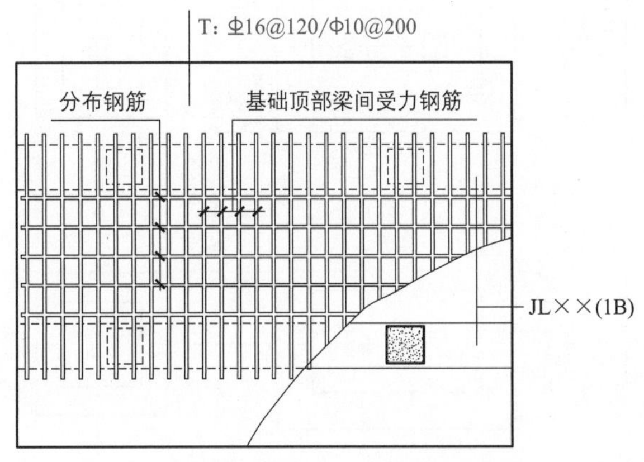

图 2-45　四柱独立基础底板顶部基础梁间配筋注写示意图

采用平面注写方式表达的独立基础平法施工示意如图 2-46 所示。

2.1.2.8　独立基础的截面注写方式

独立基础的截面注写方式可分为截面标注和列表注写两种表达方式。采用截面注写方式，应在基础平面布置图上对所有基础进行编号，基础的编号规定参照表 2-1 所示。

对单个基础进行截面标注的内容和形式与传统的单构件正投影表示方法基本相同。对于已在基础平面布置图上原位标注清楚的该基础的平面几何尺寸，在截面图上可不再重复表达。

对多个同类基础可采用列表注写的方式进行集中表达。表中内容为基础截面的几何数据和配筋等，在截面示意图上应标注与表中栏目相对应的代号。普通独立基础列表集中注写栏目如下。

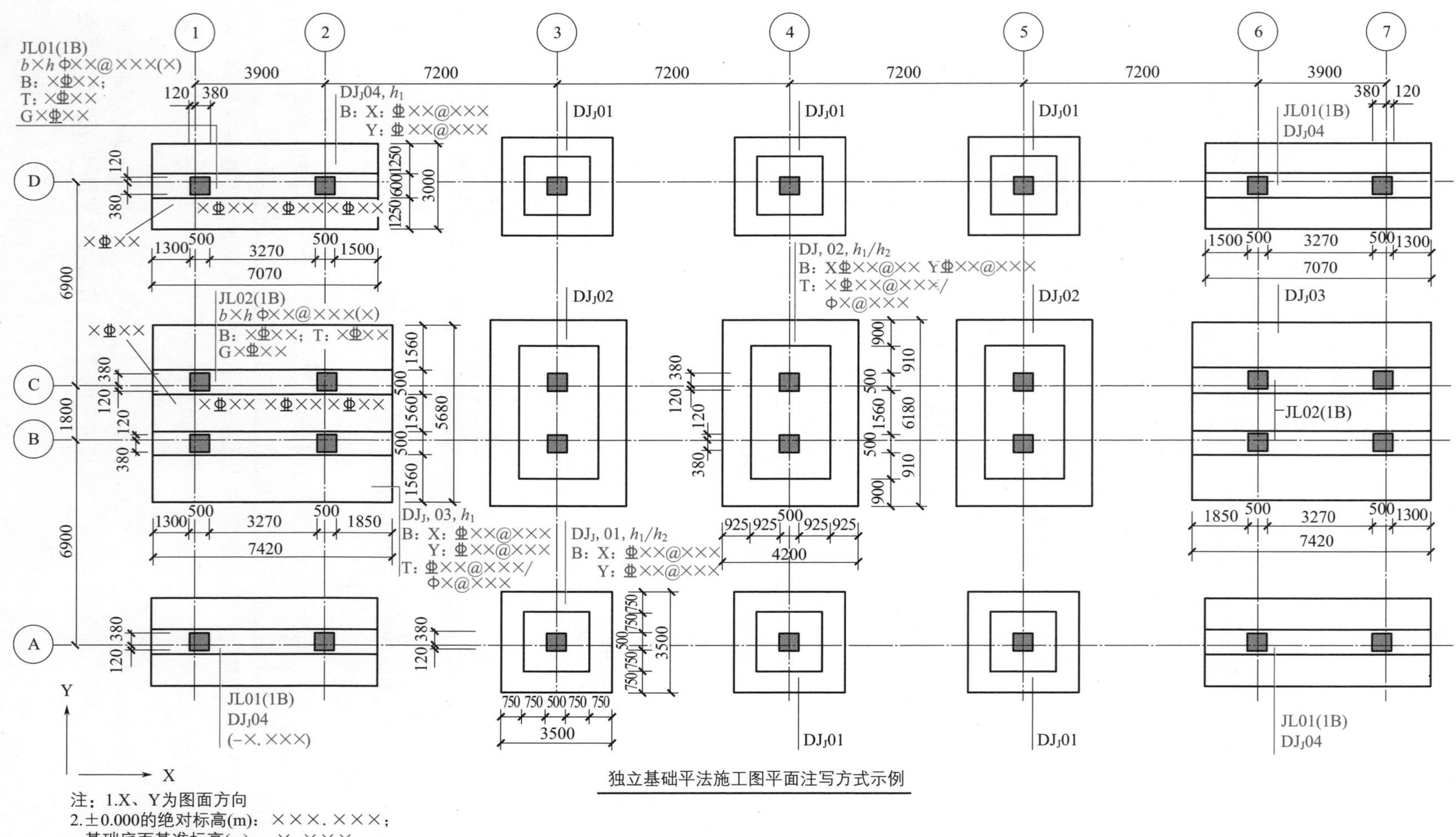

图 2-46　独立基础平法施工图平面注写方式示例

① 普通独立基础　普通独立基础列表中注写栏目如下。

a. 编号：阶形截面编号为 DJ_J××，锥形截面编号为 DJ_z××。

b. 几何尺寸：水平 x、y，x_c、y_c（或圆柱直径 d_c），x_i、y_i，$i=1,2,3\cdots$；竖向尺寸 a_0/a_1、$h_1/h_2/h_3\cdots$

c. 配筋：B：X：C××@×××，Y：C××@×××。

普通独立基础列表格式如表 2-3 所示。

表 2-3　普通独立基础编号

基础编号 / 截面号	截面几何尺寸				底部配筋（B）	
	x、y	x_i、y_i	h_1	h_2	X 向	Y 向

注：可根据实际情况增加表中栏目。例如，当基础底面标高与基础底面基准标高不同时，加注基础底面标高：当为双柱独立基础时，加注基础顶部配筋或基础梁几何尺寸和配筋；当设置短柱时增加短柱尺寸及配筋等。

② 杯口独立基础　杯口独立基础列表集中注写栏目如下。

a. 编号：阶形截面编号为 BJ_J××，锥形截面编号为 DJ_z××。

b. 几何尺寸：水平尺寸 x、y，x_u、y_u，x_{ui}、y_{ui}、t_i，x_i、y_i，i=1,2,3⋯；竖向尺寸 a_0、a_1，$h_1/h_2/h_3\cdots$

c. 配筋　B：X：C××@×××，Y：C××@×××，Sn×C××，

O：×C××/C××@×××/C××@×××，Φ××@×××/×××。

杯口独立基础列表格式如表 2-4 所示。

表 2-4　杯口独立基础几何尺寸和配筋表

基础编号 / 截面号	截面几何尺寸								底部配筋（B）		杯口顶部钢筋网（Sn）	短柱配筋（O）	
	x	y	x_i	y_i	a_0	a_1	h_1	h_2	x 向	y 向		角筋 /x 边中部筋 /y 边中部筋	杯口壁箍筋 / 其他部位箍筋

注：1. 表中可根据实际情况增加栏目。如当基础底面标高与基础底面基准标高不同时，加注基础底面标高或增加说明栏目等。

2. 短柱配筋适用于高杯口独立基础，并适用于杯口独立基础杯壁有配筋的情况。

2.2　独立基础钢筋构造

2.2.1　独立基础的钢筋种类

独立基础也称单独基础，是柱下基础的主要类型。当建筑物承重体系为梁、柱组成的框

架、排架或其他类似结构时，其柱下基础常采用的基础形式为独立基础。独立基础主要采用柔性基础。

独立基础的钢筋种类根据独立基础的构造类型可分为四种情况，如表 2-5 所示，并不是每个独立基础都有这四种钢筋，而是各种独立基础可能出现的钢筋为这四种情况。实际工程中，根据平法施工图标注，有哪种就计算哪种。杯口独立基础一般用于工业厂房，民用建筑一般采用普通独立基础。

表 2-5　独立基础钢筋种类

独立基础钢筋的种类	独立基础底板底部配筋
	杯口独立基础顶部焊接钢筋网
	高杯口独立基础侧壁外侧和短柱钢筋
	多柱独立基础底板顶部钢筋

2.2.2　独立基础 DJ_J、DJ_Z、BJ_J、BJ_Z 底板钢筋排布构造

扫码看视频

独立基础 DJ_J、DJ_Z、BJ_J、BJ_Z 底板钢筋排布构造

独立基础 DJ_J、DJ_Z、BJ_J、BJ_Z 底板钢筋排布构造如图 2-47 所示。

独立基础钢筋三维示意图如图 2-48 所示。

① 独立基础在基础中是最简单的基础，独立基础的钢筋有单层网片、双层网片。独立基础钢筋长方向在下，短方向钢筋在上。

② 独立基础钢筋注写方式各符号含义：B 表示底板，T 表示顶部，X 表示横向，Y 表示竖向。

③ 独立基础底板的双向交叉钢筋，长向设置在下，短向设置在上。

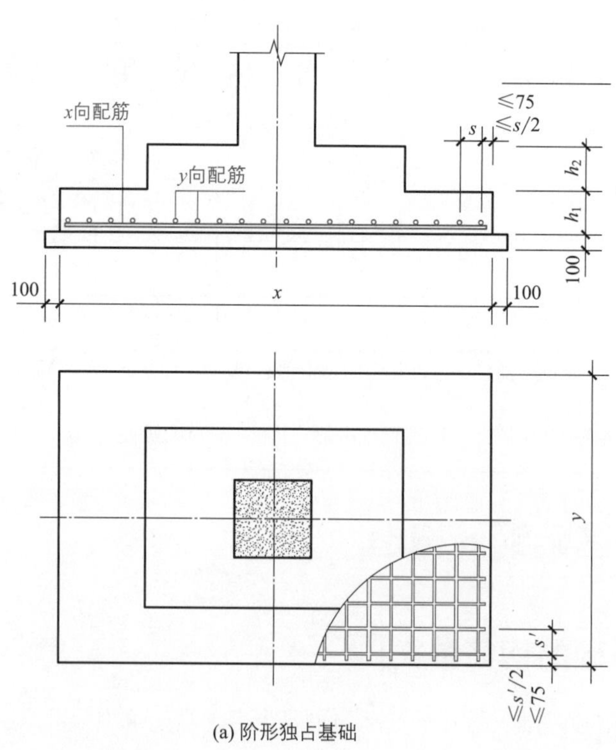

(a) 阶形独占基础

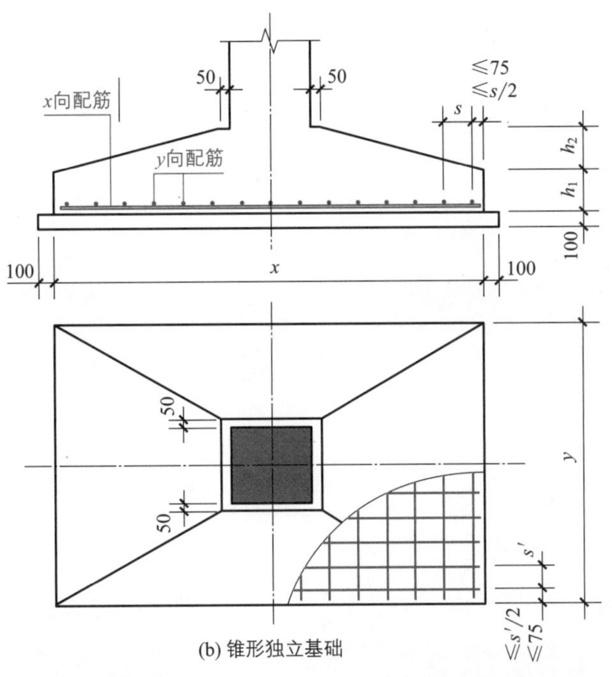

(b) 锥形独立基础

图 2-47　独立基础 DJ_J、DJ_Z、BJ_J、BJ_Z 底板钢筋排布构造

s—y 向配筋之间的分布间距；s' － x 向配筋之间的分布间距；h_1,h_2—截面竖向尺寸

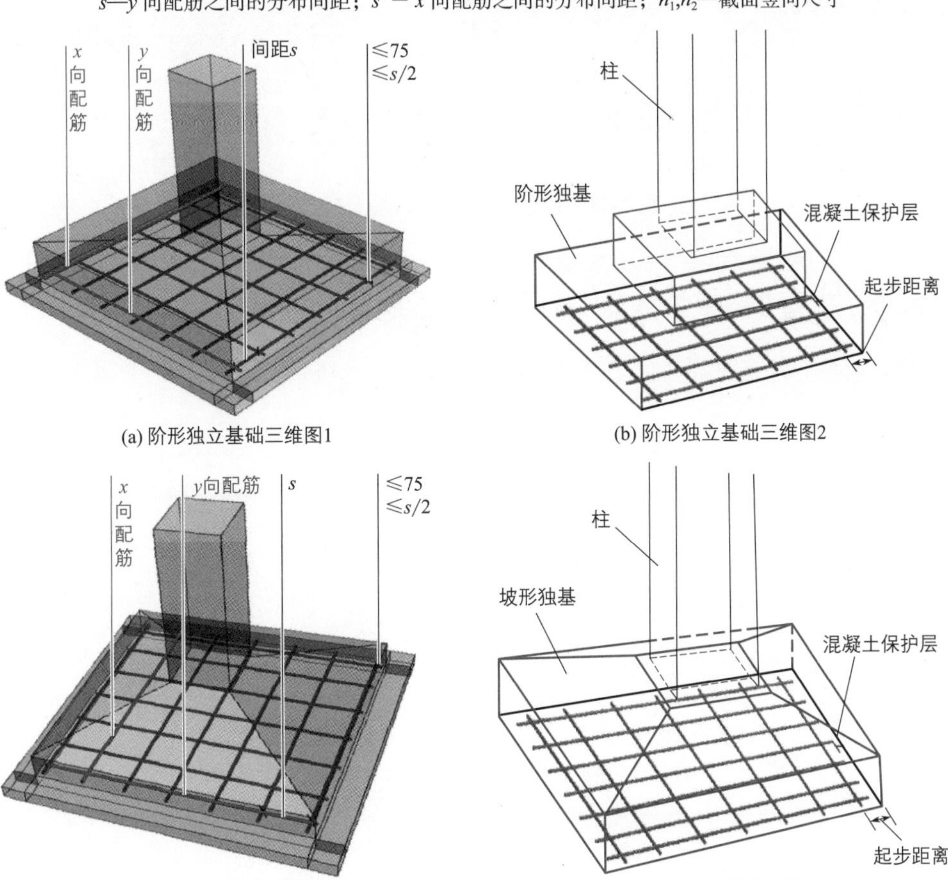

(a) 阶形独立基础三维图1

(b) 阶形独立基础三维图2

(c) 锥形独立基础三维图1

(d) 锥形独立基础三维图2

图 2-48

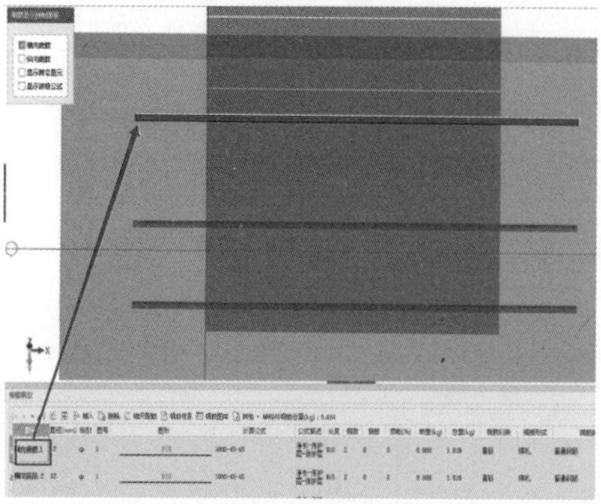

(e) 横向底筋1

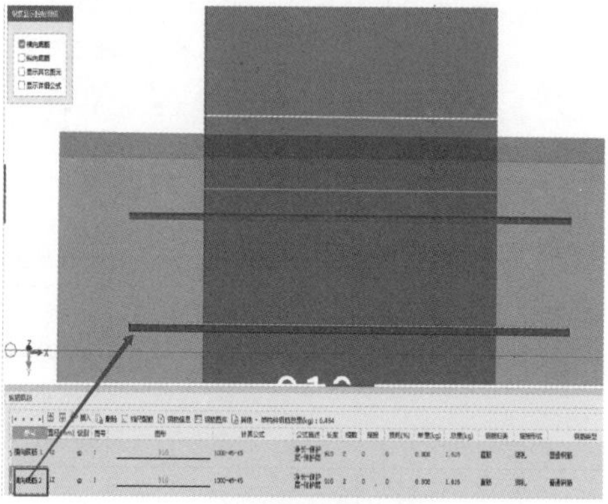

(f) 横向底筋2

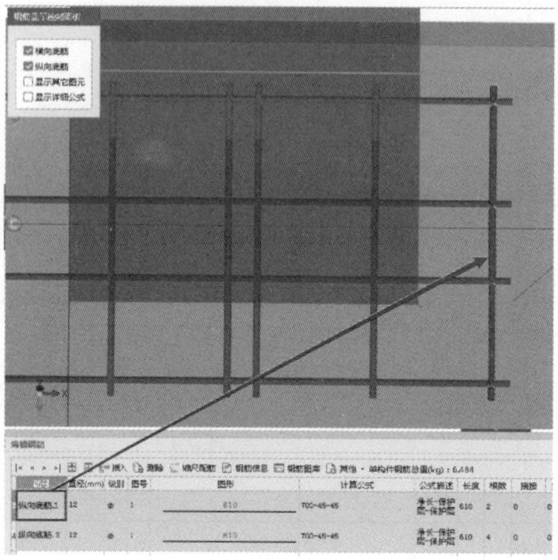

(g) 纵向底筋1

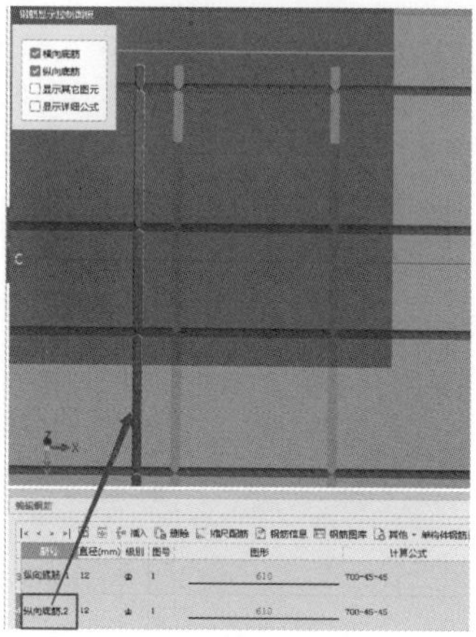

(h) 纵向底筋2

图 2-48　独立基础阶形、锥形三维图

2.2.3　双柱普通独立基础底部与顶部钢筋排布构造

双柱普通独立基础底部与顶部钢筋排布构造如图 2-49 所示。

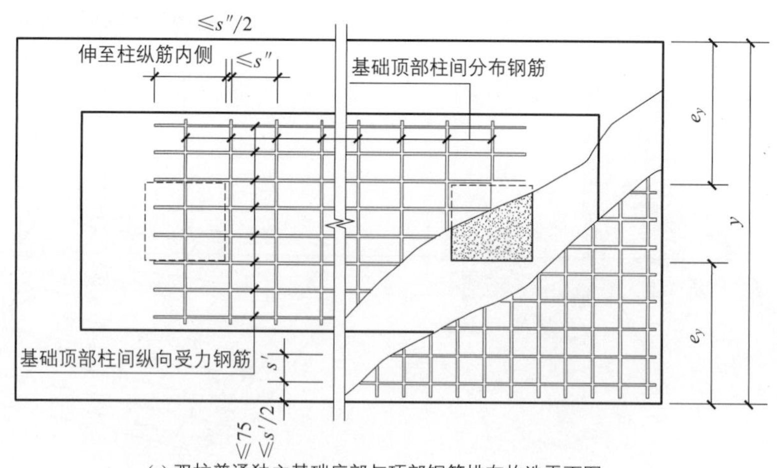

(a) 双柱普通独立基础底部与顶部钢筋排布构造平面图

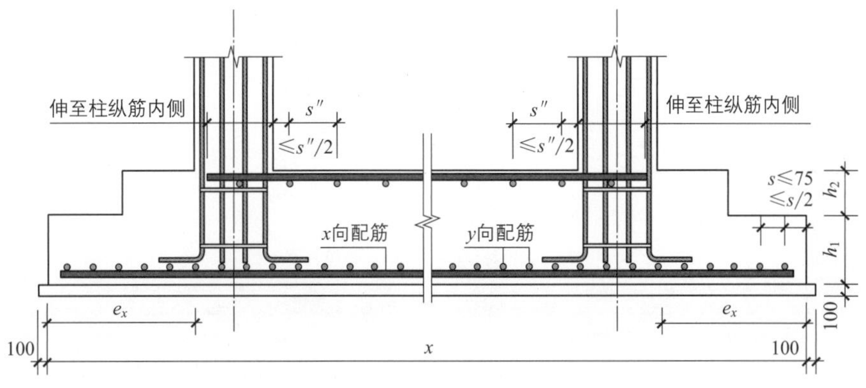

(b) 1—1剖面图

图 2-49 双柱普通独立基础底部与顶部钢筋排布构造

①双柱普通独立基础底板的截面形状可为阶形截面 DJ_J 或锥形截面 DJ_Z；②几何尺寸和配筋按具体结构设计和构造确定；③双柱普通独立基础底部双向交叉钢筋，根据基础两个方向从柱外缘至基础外缘的伸出长度 e_x 和 e_y 的大小，较大者方向的钢筋设置在下，较小者方向的钢筋设置在上

双柱普通独立基础钢筋三维示意图如图 2-50 所示。

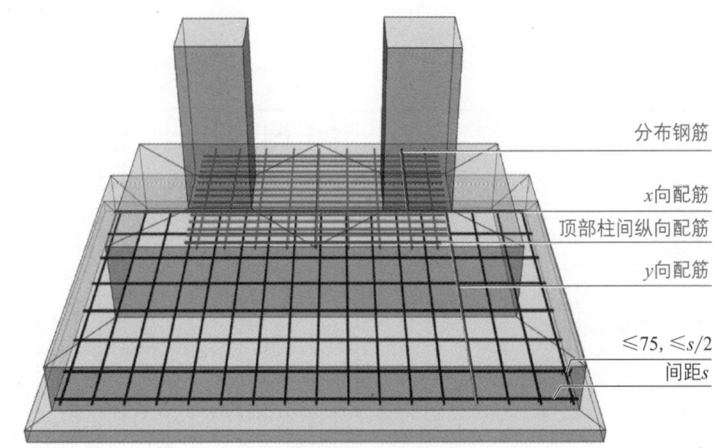

(a) 双柱普通基础三维图

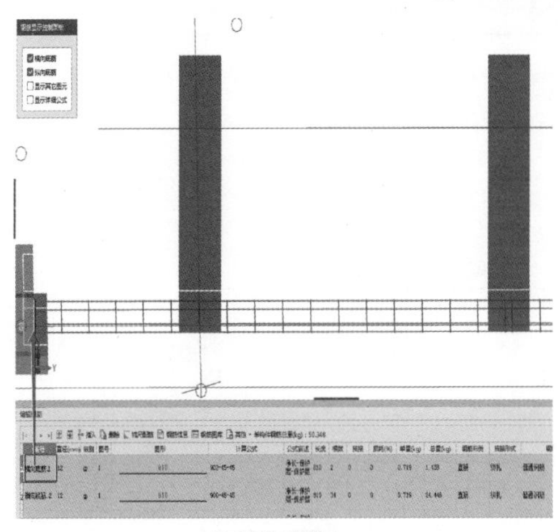

(b) 横向底筋1

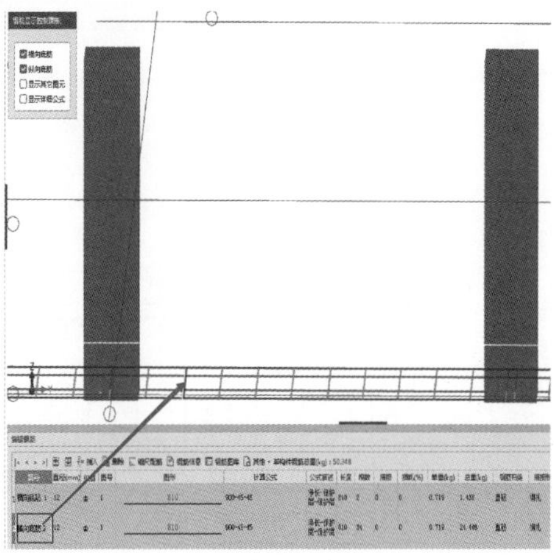

(c) 横向底筋2

图 2-50

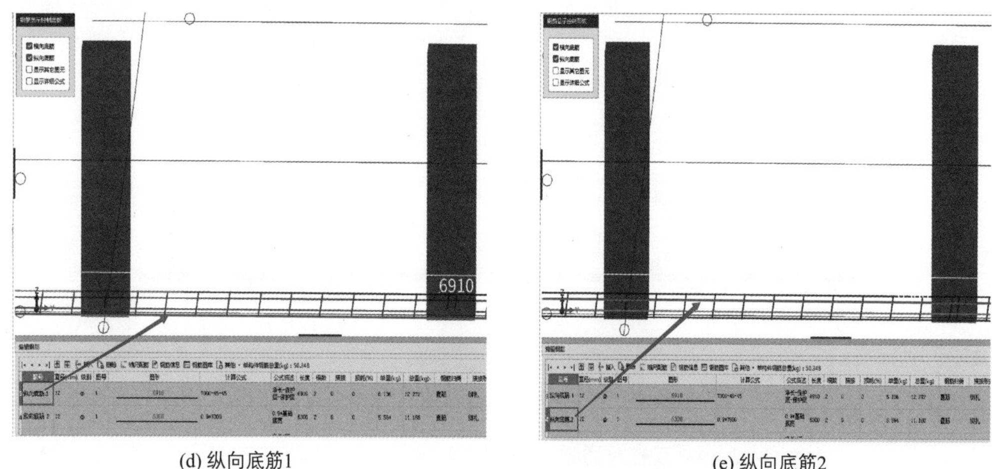

(d) 纵向底筋1　　(e) 纵向底筋2

图 2-50　双柱普通独立基础钢筋三维图

2.2.4　设置基础梁的双柱普通独立基础钢筋排布构造

基础梁的双柱普通独立基础钢筋排布构造如图 2-51 所示。

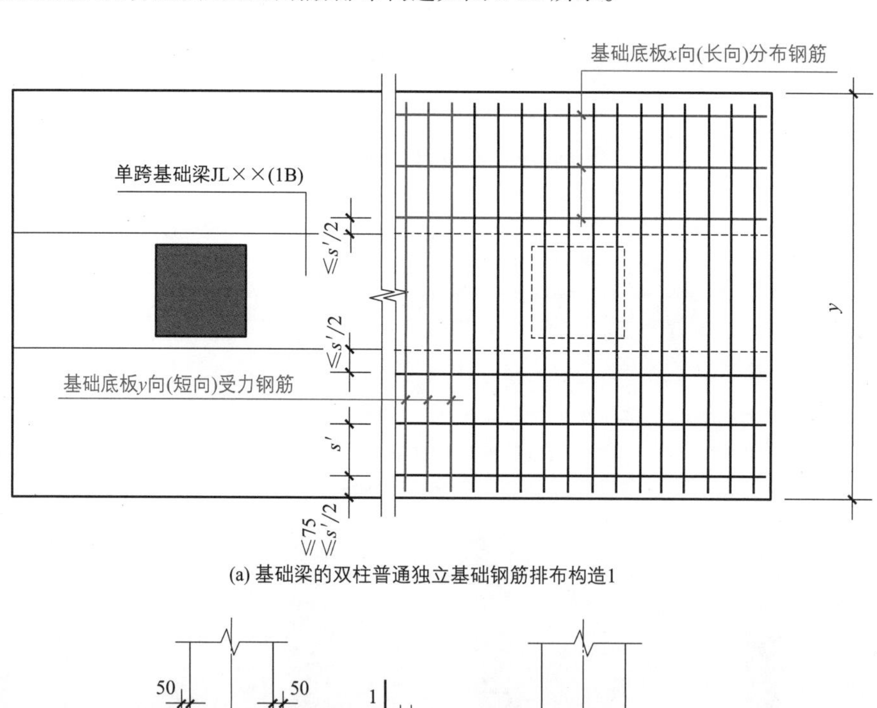

(a) 基础梁的双柱普通独立基础钢筋排布构造1

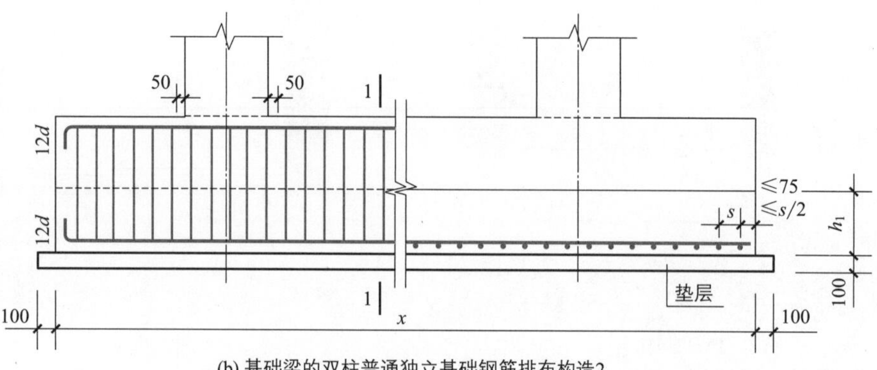

(b) 基础梁的双柱普通独立基础钢筋排布构造2

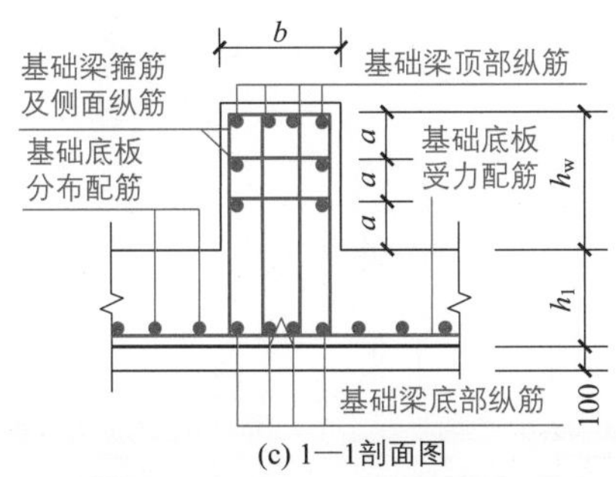

(c) 1—1剖面图

图 2-51　基础梁的双柱普通独立基础钢筋排布构造

① 双柱普通独立基础底板的截面形状，可为阶形截面 DJ_J 或锥形截面 DJ_z；

② 几何尺寸和配筋按具体结构设计和图 2-51 构造确定。

③ 双柱独立基础底部短向受力钢筋设置在基础梁纵筋之下，与基础梁箍筋的下水平段位于同一层面。

④ 基础梁有底部和顶部纵筋，以及箍筋和侧面纵筋。

⑤ 双柱独立基础所设置的基础梁宽度，宜比柱截面宽度≥ 100mm（每边≥ 50mm）。

⑥ 基础梁应伸至端部后弯折，底部和顶部纵筋均弯锚 12d。

基础梁的双柱普通独立基础钢筋三维示意图如图 2-52 所示。

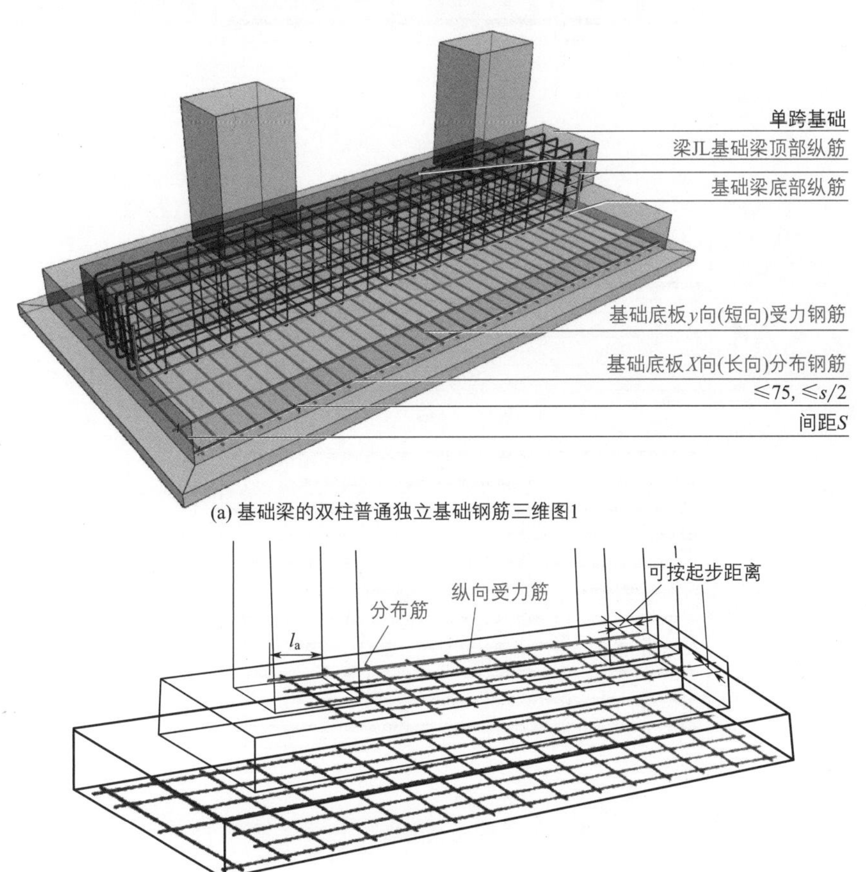

(a) 基础梁的双柱普通独立基础钢筋三维图1

(b) 基础梁的双柱普通独立基础钢筋三维图2

图 2-52　基础梁的双柱普通独立基础钢筋三维图

2.2.5 独立基础底板配筋长度减短 10% 的钢筋排布构造

独立基础底板配筋长度减短 10% 的钢筋排布构造如图 2-53 所示。

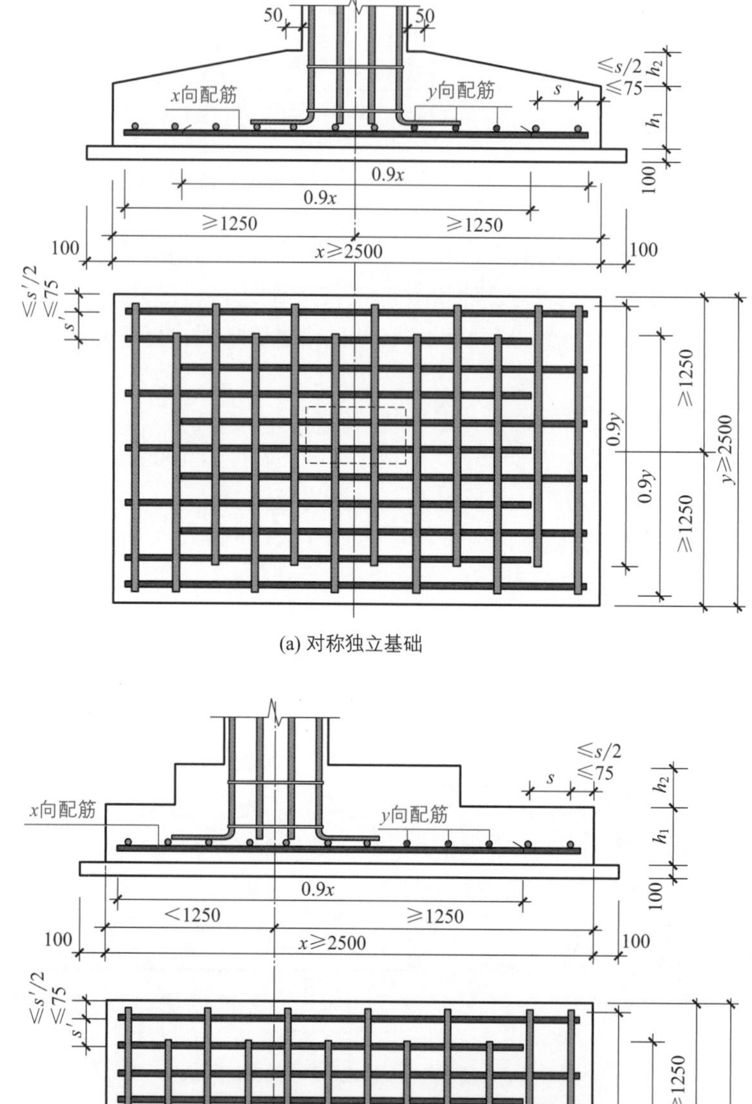

(a) 对称独立基础

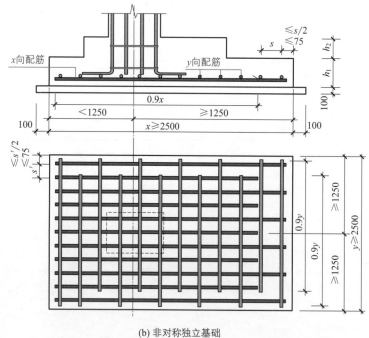

(b) 非对称独立基础

图 2-53　独立基础底板配筋长度减短 10% 的钢筋排布构造

独立基础底板配筋长度减短 10% 的钢筋三维示意图如图 2-54 所示。

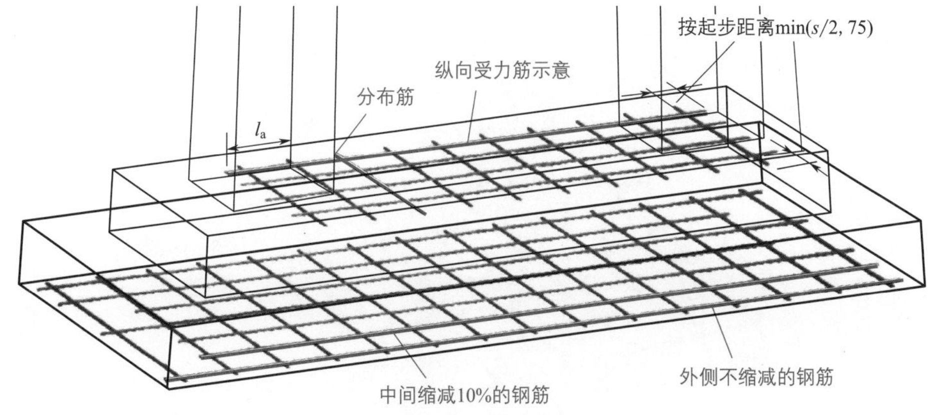

图 2-54 独立基础底板配筋长度减短 10% 的钢筋三维图

① 当对称独立基础底板长度＞ 2500mm 时，除外侧钢筋外，底板配筋长度可减短 10%，交错布置缩短后的钢筋必须伸过阶形基础的第一个台阶。

② 当非对称独立基础底板长度＞ 2500mm，但该基础某侧从柱中心至基础底板边缘的距离＜1250mm 时，钢筋在该侧不应减短。

2.2.6 杯口独立基础钢筋排布构造

杯口独立基础底板底部的钢筋排布构造详见图 2-55。

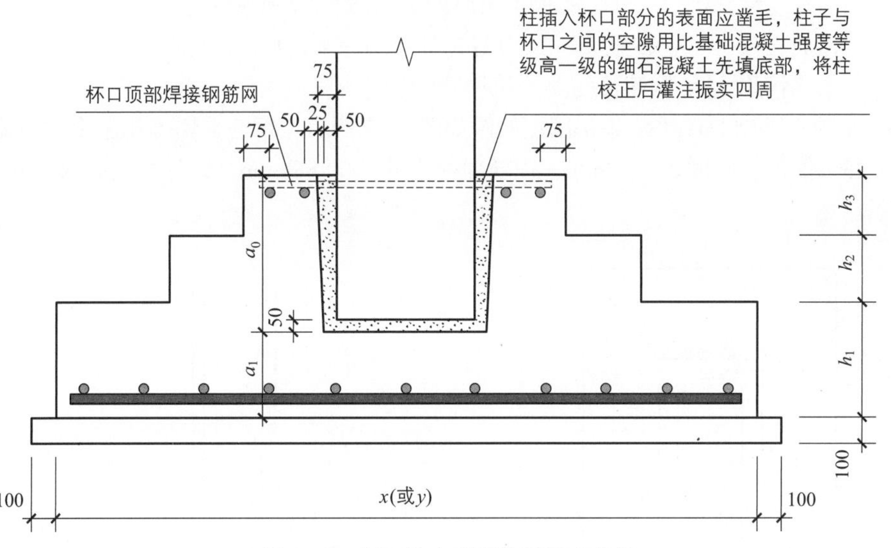

图 2-55 杯口独立基础钢筋排布构造

杯口独立基础底板底部的钢筋三维示意图如图 2-56 所示。

① 杯口独立基础底板的截面形状可以为阶形截面 DJ_J 或锥形截面 BJ_Z。当为坡形截面且坡度较大时，应在坡面上安装顶部模板，以确保混凝土能够浇筑成型、振捣密实。

② 杯口独立基础注写的水平尺寸和竖向尺寸及配筋按具体结构设计。

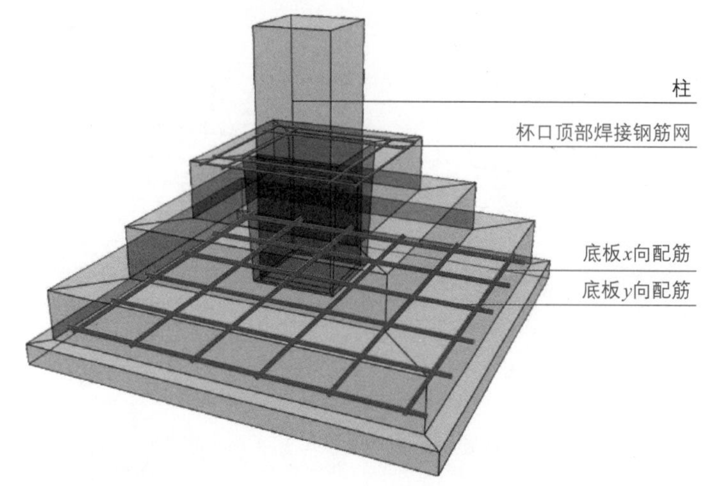

图 2-56　杯口独立基础底板底部的钢筋三维示意图

2.3　独立基础钢筋计算实例

2.3.1　独立基础底板底部钢筋

基础底部受力钢筋理论质量计算公式如下：

钢筋长度＝基础长度－ 2× 保护层厚度＋ 6.25×2× 钢筋直径

钢筋根数＝（基础宽度－ 2× 保护层厚度）/ 钢筋间距＋ 1

钢筋质量＝钢筋长度 × 钢筋根数 × 钢筋理论质量

【例 2-1】 某独立基础 DJ1 平法施工图配筋图如图 2-57 所示。钢筋采用绑扎连接，混凝土强度等级为 C25，保护层厚度 c ＝ 20mm，钢筋理论质量为 0.888kg/m，试计算钢筋的长度、根数和钢筋质量。

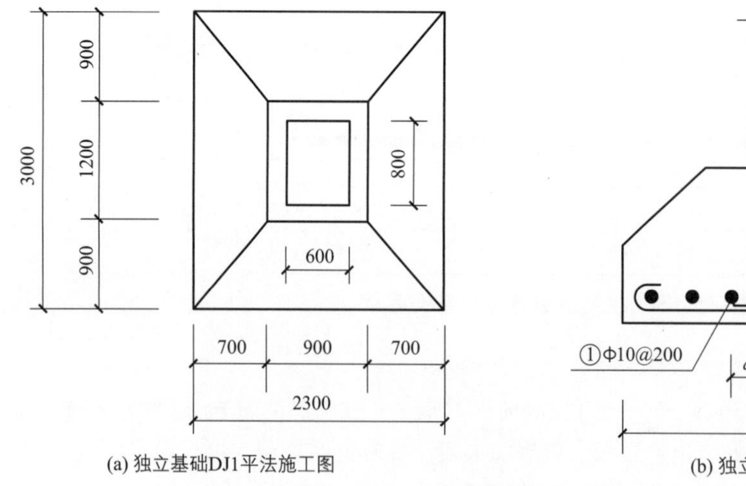

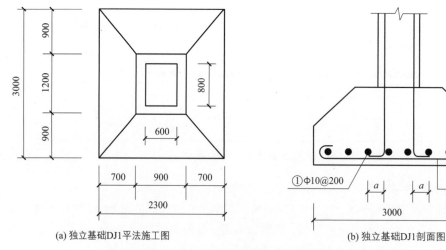

(a) 独立基础DJ1平法施工图　　(b) 独立基础DJ1剖面图

图 2-57　独立基础 DJ1 配筋图

【解】（1）①号受力钢筋

从图 2-57 中可以看出：钢筋直径为 10mm，钢筋间距为 200mm，则

①号钢筋长度＝基础长度－ 2× 保护层厚度＋ 6.25×2× 钢筋直径

＝ 2.3 － 2×0.02 ＋ 6.25×2×0.010 ＝ 2.385（m）

①号钢筋根数＝（基础宽度－2× 保护层厚度）/ 钢筋间距＋ 1

＝（3.0 － 2×0.02）/0.2 ＋ 1 ≈ 16（根）

①号钢筋质量＝钢筋长度 × 钢筋根数 × 钢筋理论质量

＝ 2.385×16×0.888 ≈ 33.89（kg）

（2）② 号受力钢筋

钢筋长度＝基础宽度－ 2× 保护层厚度＋ 6.25×2× 钢筋直径

＝ 3.0 － 2×0.02 ＋ 6.25×2×0.010 ＝ 3.085（m）

箍筋根数＝（基础长度－ 2× 保护层厚度）/ 钢筋间距＋ 1

＝（2.3 － 2×0.02）/0.2 ＋ 1 ≈ 13（根）

钢筋质量＝钢筋长度 × 钢筋根数 × 钢筋理论质量

＝ 3.085×13×0.888 ＝ 35.61（kg）

【例 2-2】 某独立基础 DJ_J1 平法施工图如图 2-58 所示，其两阶高度为 200mm/200mm，保护层厚度 c ＝ 20mm，钢筋理论质量为 1.208kg/m，试计算钢筋的长度、根数和钢筋质量。

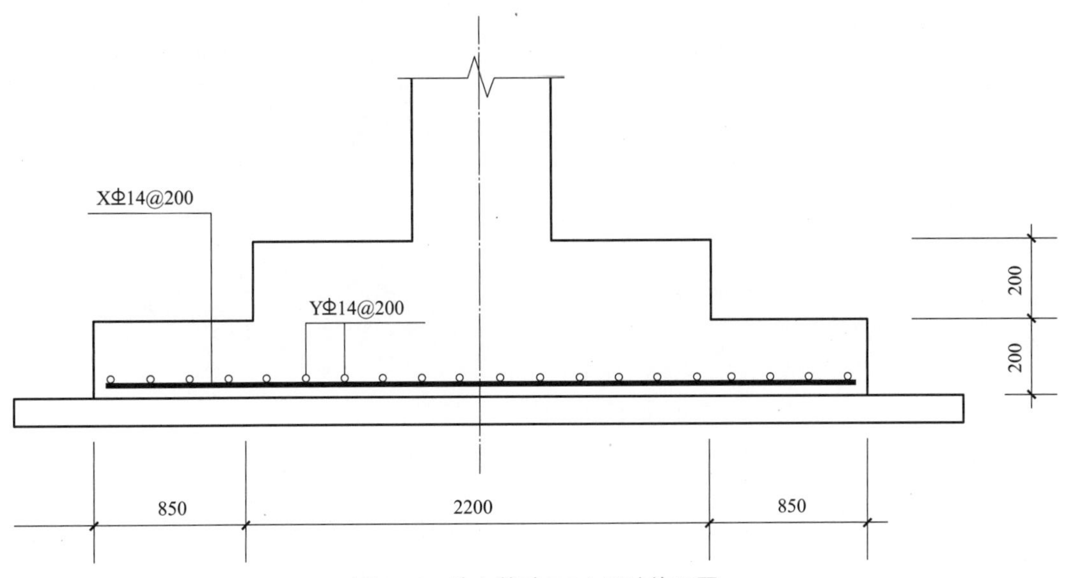

图 2-58 独立基础 DJ_J1 平法施工图

【解】（1）X 向钢筋的计算

钢筋长度＝基础长度－ 2× 保护层厚度＋ 6.25×2× 钢筋直径

＝ 3.9 － 2×0.02 ＋ 6.25×2×0.014 ＝ 4.035（m）

钢筋根数＝（基础宽度－ 2× 保护层厚度）/ 钢筋间距＋ 1

＝（3.9 － 2×0.075）/0.2 ＋ 1 ≈ 20（根）

钢筋质量＝钢筋长度 × 钢筋根数 × 钢筋理论质量

＝ 4.035×20×1.208 ≈ 97.49（kg）

（2）Y 向钢筋的计算

钢筋长度＝基础长度－ 2× 保护层厚度＋ 6.25×2× 钢筋直径

＝ 3.9 － 2×0.02 ＋ 6.25×2×0.014 ＝ 4.035（m）

钢筋根数＝（基础宽度－ 2× 保护层厚度）/ 钢筋间距＋ 1

＝（3.9 － 2×0.075）/0.2 ＋ 1 ≈ 20（根）

钢筋重量＝钢筋长度 × 钢筋根数 × 钢筋理论质量

＝ 4.035×20×1.208 ≈ 97.49（kg）

【例 2-3】 某短向采用两种配筋独立基础 DJ_z1 平法施工图如图 2-59 所示，钢筋的保护层厚度 c ＝ 40mm，试计算该独立基础的钢筋的长度、根数和钢筋的起步距离。

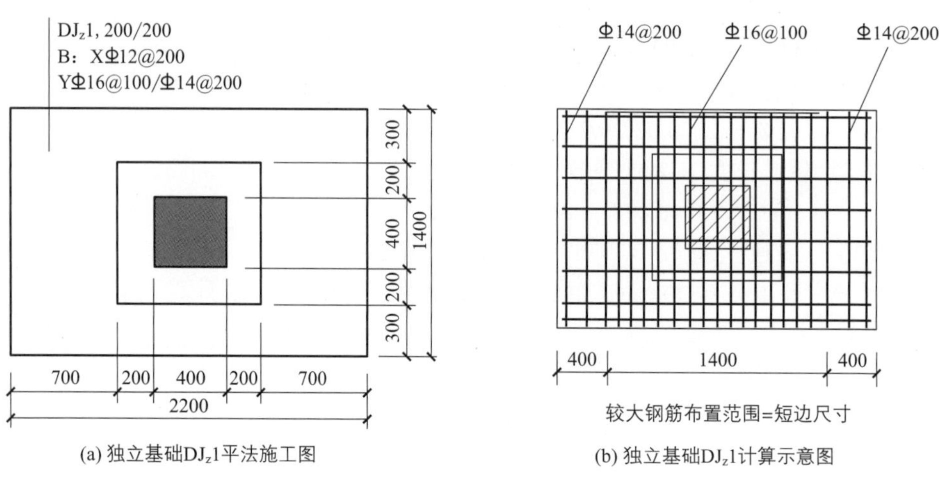

(a) 独立基础DJ_z1平法施工图　　(b) 独立基础DJ_z1计算示意图

图 2-59　独立基础 DJ_z1 平法施工图

【解】 （1）计算公式

长度＝基础边长－ 2c

根数＝［布置范围－两端起步距离 min（75，s/2）］/s ＋ 1

（2）长度计算过程

X 向钢筋长度＝ 2200 － 2×40 ＝ 2120（mm）

Y 向钢筋长度＝ 1400 － 2×40 ＝ 1320（mm）

（3）根数的计算过程

钢筋的保护层厚度 c ＝ 40mm

间距 s：X 向钢筋 s ＝ 200mm，中部较大钢筋 s ＝ 100mm，两端钢筋 s ＝ 200mm

起步距离 min（75，s/2）＝ 75mm

短向钢筋（Y 向）Φ 16@100 布置范围＝短边长度＝ 1400mm

短向钢筋（Y 向）Φ 14@200 布置范围两侧各＝（2200 － 1400）/2 ＝ 400（mm）

X 向钢筋根数＝（1400 － 2×75）/200 ＋ 1 ≈ 8（根）

Y 向钢筋：

Φ 16@100 根数＝ 1400/100 ＋ 1 ＝ 15（根）

Φ 14@200 根数＝ 2×（400 － 75）/200 ≈ 4(根)（注：在计算 Φ 16@100 中间钢筋根数加了 1 根，故此处不再加 1）

【例 2-4】 某长度缩减 10% 对称配筋独立基础 DJ_z2 平法施工图如图 2-60 所示，钢筋的

保护层厚度 $c=40$mm，试计算该独立基础钢筋的长度和根数。

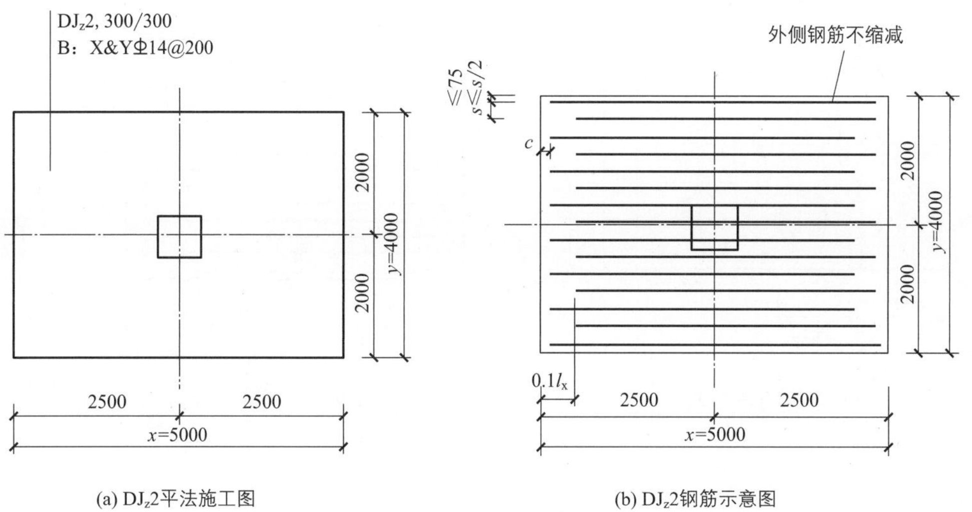

(a) DJ_z2平法施工图　　(b) DJ_z2钢筋示意图

图 2-60　DJ_z2 平法施工图

【解】（1）计算公式

外侧钢筋长度＝基础边长－ $2c=x-2c$

其余钢筋长度＝基础边长－ c － 0.1× 基础边长＝ $x-c-0.1l_x$

根数＝（布置范围－两端起步距离）/ 间距＋ 1 ＝［$y-2\times\min(75, s/2)$］/ $s+1$

（2）根数计算过程

保护层厚度 $c=40$mm；间距 $s=200$mm

起步距离 min（75，$s/2$）＝ 75mm

x 向钢筋缩减 10% ＝ $0.1l_x=0.1\times5000=500$（mm）

x 向外侧钢筋长度＝ $x-2c=5000-2\times40=4920$（mm）

x 向外侧钢筋根数＝ 2 根（一侧各一根）

x 向其余钢筋长度＝ $x-c-0.1l_x=5000-40-500=4460$（mm）

x 向其余钢筋根数＝［$y-2\times\min(75, s/2)$］/$s-1$

＝（4000 － 2×75）/200 － 1

＝ 18.25（根）≈ 19 根

y 向钢筋缩减 10% ＝ $0.1l_y=0.1\times4000=400$（mm）

y 向外侧钢筋长度＝ $y-2c=4000-2\times40=3920$（mm）

y 向外侧钢筋根数＝ 2 根（一侧各一根）

y 向其余钢筋长度＝ $y-c-0.1l_y=4000-40-400=3560$（mm）

y 向其余钢筋根数＝［$x-2\times\min(75, s/2)$］/$s-1$

＝（5000 － 2×75）/200 － 1

＝ 23.25（根）≈ 24 根

【例 2-5】 某长度缩减 10% 非对称配筋独立基础 DJ_z3 平法施工图如图 2-61 所示，钢筋的保护层厚度 $c=40$mm，试计算该独立基础钢筋的长度和根数。

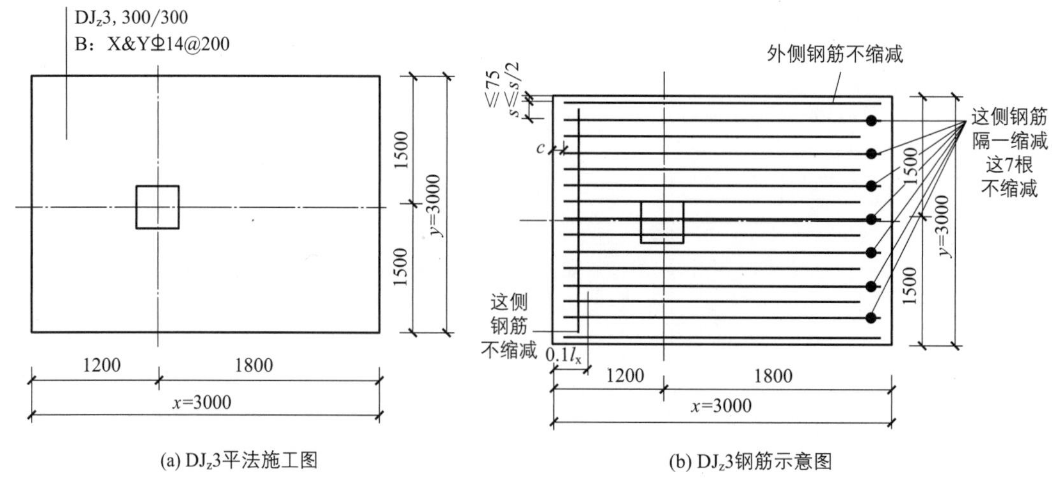

(a) DJ_z3平法施工图　　(b) DJ_z3钢筋示意图

图 2-61　DJ_z3 平法施工图

【解】（1）计算公式

外侧钢筋长度＝基础边长－ $2c$ ＝ $x-2c$

其余钢筋中两侧均不缩减的，长度与外侧钢筋相同＝基础边长－ $2c$ ＝ $x-2c$

其余钢筋长中右侧缩减的钢筋，长度＝基础边长－ c － 0.1× 基础边长＝ $x-c-0.1l_x$

根数＝（布置范围－两端起步距离）/ 间距＋ 1

＝ $[y-2\times\min(75,\ s/2)]/s+1$

（2）根数计算过程

保护层厚度 c ＝ 40mm；间距 s ＝ 200mm

起步距离 min（75，$s/2$）＝ 75mm

x 向钢筋缩减 10% ＝ $0.1l_x$ ＝ 0.1×3000 ＝ 300（mm）

x 向外侧钢筋长度＝ $x-2c$ ＝ 3000 － 2×40 ＝ 2920（mm）

x 向外侧钢筋根数＝ 2 根（一侧各一根）

x 向其余钢筋（两侧均不缩减）长度＝ $x-2c$ ＝ 3000 － 2×40 ＝ 2920（mm）

根数＝ $\{[y-2\times\min(75,\ s/2)]/s-1\}/2$

＝ [（3000 － 2×75)/200 － 1] /2

＝ 6.625（根）≈ 7 根（右侧隔一缩减）

x 向其余钢筋（两侧均不缩减）长度＝ $x-c-0.1l_x$ ＝ 3000 － 40 － 300 ＝ 2660（mm）

根数＝ 7 － 1 ＝ 6（根）（因为隔一缩减，所以比另一种少一根）

y 向钢筋缩减 10% ＝ $0.1l_y$ ＝ 0.1×3000 ＝ 300（mm）

y 向外侧钢筋长度＝ $y-2c$ ＝ 3000 － 2×40 ＝ 2920（mm）

y 向外侧钢筋根数＝ 2 根（一侧各一根）

y 向其余钢筋（两侧均不缩减）长度＝ $y-2c$ ＝ 3000 － 2×40 ＝ 2920（mm）

根数＝ $\{[x-2\times\min(75,\ s/2)]/s-1\}/2$

＝ [（3000 － 2×75)/200 － 1] /2

＝ 6.625（根）≈ 7 根（右侧隔一缩减）

y 向其余钢筋（两侧均不缩减）长度＝ $y-c-0.1l_x$ ＝ 3000 － 40 － 300 ＝ 2660（mm）

根数＝ 7 － 1 ＝ 6（根）（因为隔一缩减，所以比另一种少一根）

2.3.2 多柱独立基础底板顶部钢筋

【例 2-6】 DJ_z1 平法施工图如图 2-62 所示，混凝土强度为 C30，保护层厚度为 40mm，$l_a=30d$，试计算钢筋的长度和根数。

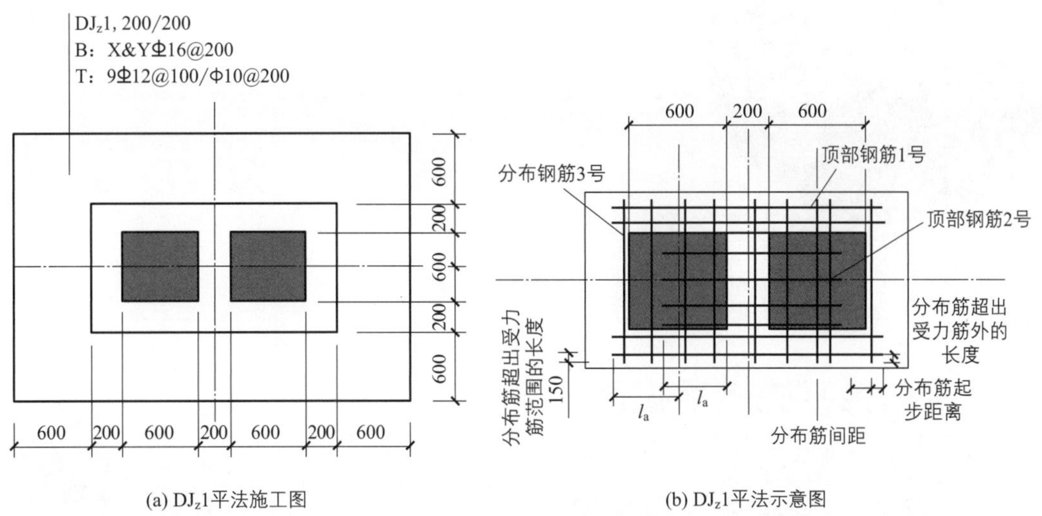

(a) DJ_z1平法施工图　　(b) DJ_z1平法示意图

图 2-62 DJ_z1 平法施工图

【解】 (1) 2 号筋根数＝(柱宽－两侧起步距离)/100 + 1

$=(600-50\times2)/100+1$

$=6$（根）

(2) 2 号筋长度＝$200+2\times30d=200+2\times30\times12=920$（mm）

(3) 1 号筋根数＝（总根数－ 2 号筋根数）$=9-6=3$（根）

(4) 1 号筋长度＝$250+200+250+2\times30d$

$=250+200+250+2\times30\times12=1420$（mm）

(5) 分布筋长度（3 号筋）＝（纵向受力筋布置范围长度＋两端超出受力筋外的长度）

$=(600+2\times150)+2\times150=1200$（mm）

(6) 分布筋根数＝$(1420-2\times100)/200+1=7.1$（根）≈ 8 根

3 条形基础

3.1 条形基础平法识图

扫码看视频

条形基础平法识图学习方法

3.1.1 条形基础平法识图学习方法

3.1.1.1 条形基础的定义

条形基础是指基础长度远远大于宽度的一种基础形式，一般基础的长度大于或等于 10 倍基础的宽度。条形基础的特点是布置在一条轴线上且与两条以上轴线相交，有时也和独立基础相连，但截面尺寸与配筋不尽相同。另外，条形基础的横向配筋为主要受力钢筋，纵向配筋为次要受力钢筋或者是分布钢筋，且主要受力钢筋布置在下面。

3.1.1.2 条形基础的分类

条形基础整体可分为两类，一类是梁板式条形基础，另一类是板式条形基础。

（1）梁板式条形基础

该类条形基础适用于钢筋混凝土框架结构、框架 - 剪力墙结构、部分框支剪力墙结构和钢结构。平法施工图将梁板式条形基础分解为基础梁和条形基础底板分别进行表示。梁板式条形基础分阶形基础和坡形基础。阶形基础如图 3-1 所示。

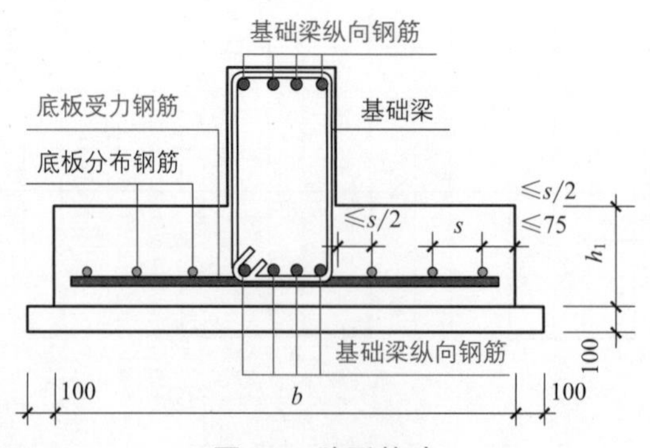

图 3-1　阶形基础

s—底板分布钢筋的分布间距；h_1—阶形基础底板截面竖向尺寸；b—阶形基础底板截面宽度

（2）板式条形基础

该类条形基础适用于钢筋混凝土剪力墙结构和砌体结构。平法施工图仅表达条形基础底板。板式条形基础也分为阶形基础和坡形基础，而坡形条形基础还分两种情况，一种是上面是砖墙，另一种是上面是混凝土墙。坡形基础如图 3-2 所示。

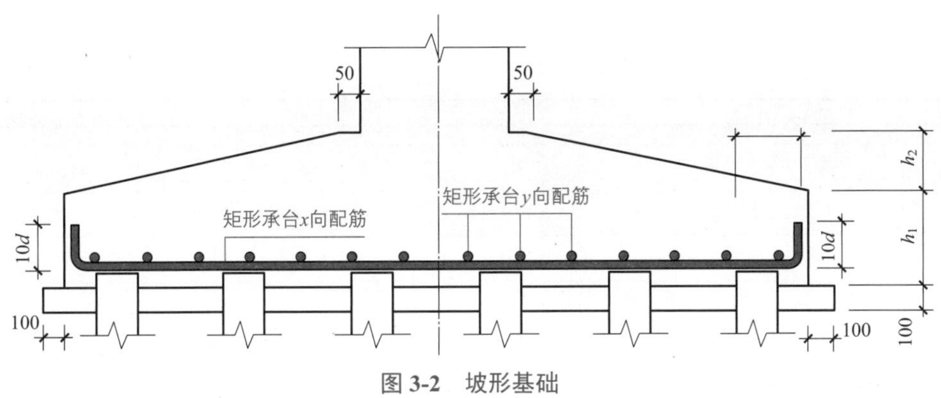

图 3-2 坡形基础

3.1.1.3 条形基础钢筋骨架

条形基础钢筋骨架分为条形基础底板和基础梁两部分。

条形基础底板是由受力筋和分布筋组成网片式的钢筋骨架，顺着条形基础底板长向的是分布筋，顺着条形基础断面方向的是受力筋，如图 3-3 所示。

基础梁是由梁板式条形基础纵筋和箍筋组成钢筋骨架，此时，条形基础底板的分布筋在基梁及宽度范围内不布置，如图 3-4 所示。

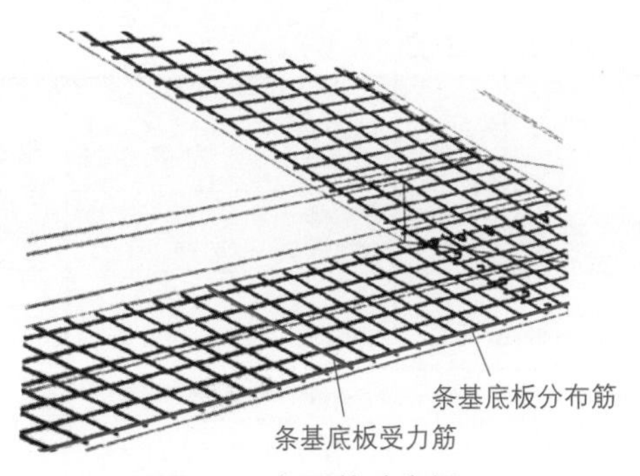

图 3-3 条形基础底板

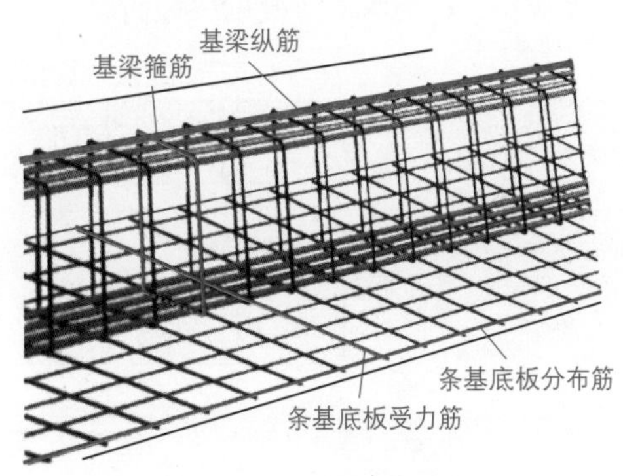

图 3-4 条形基础梁

3.1.2 条形基础基础梁平法识图

3.1.2.1 条形基础平法施工图的表示方法

条形基础平法施工图有平面注写和截面注写两种表达方式，设计者可根据具体工程情况选择一种，或将两种方式相结合进行条形基础的施工图设计。

当绘制条形基础平面布置图时，应将条形基础平面与基础所支承的上部结构的柱、墙一起绘制。当基础底面标高不同时，需注明与基础底面基准标高不同之处的范围和标高。

当梁板式基础梁中心或者是梁板式条形基础板中心与建筑定位轴线不重合时，应标注其定位尺寸。对于编号相同的条形基础，可仅选择一个进行标注。

3.1.2.2 条形基础梁的集中标注

条形基础梁的集中标注由“代号”“序号”“跨数及有无外伸”三项组成。条形基础梁编号如表 3-1 所示。

表 3-1 条形基础梁编号

类型		代号	序号	跨数及有无外伸
基础梁		JL	××	（××）端部无外伸
条形基础底板	坡形	TJB_p	××	（××A）一端有外伸
	阶形	TJB_j	××	（××B）两端有外伸

注：条形基础通常采用坡形截面或单阶形截面。

3.1.2.3 基础梁的平面注写方式

基础梁 JL 的平面注写方式分集中标注和原位标注两部分内容。

基础梁的集中标注内容为：基础梁编号、截面尺寸、配筋三项必注内容，以及基础梁底面标高（与基础底面基准标高不同时）和必要的文字注解两项选注内容。具体规定如下。

（1）注写基础梁编号（必注内容）

基础梁的编号注写如表 3-1 所示。

（2）注写基础梁截面尺寸（必注内容）

注写形式为 $b \times h$，表示梁截面宽度与高度。当为加腋梁时，用 $b \times h$、$Yc_1 \times c_2$ 表示，其中 c_1 为腋长，c_2 为腋高。基础梁截面尺寸如图 3-5 所示。

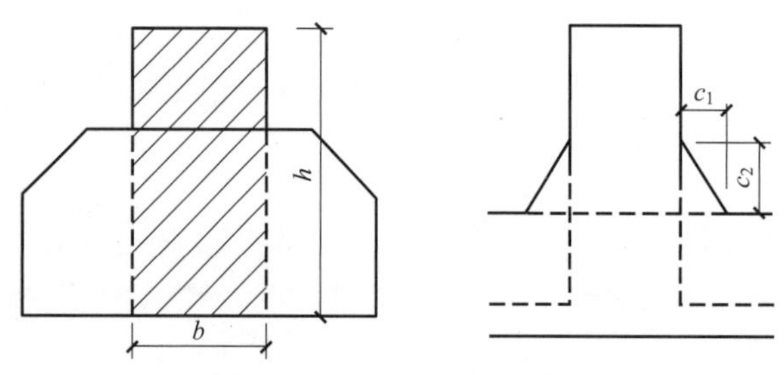

图 3-5 基础梁截面尺寸

（3）注写基础梁配筋（必注内容）

注写基础梁配筋有三项内容：箍筋、底部及顶部贯通纵筋。

① 箍筋 主要作用是承受剪力以及固定主筋，与其他钢筋通过绑扎或焊接形成一个良好的空间骨架，一般垂直于纵向受力钢筋。

a. 当具体设计采用一种箍筋间距时，仅需注写钢筋级别、直径、间距与肢数（肢数写在括号内），如图 3-6 所示。

b. 当具体设计采用两种箍筋间距时，用“/”分隔不同的箍筋，按照从基础梁两端向跨中的顺序注写，先注写第一段箍筋（在前面加注箍筋道数），在斜线后再注写第二段箍筋（不再注写箍筋道数），如图 3-7 所示。

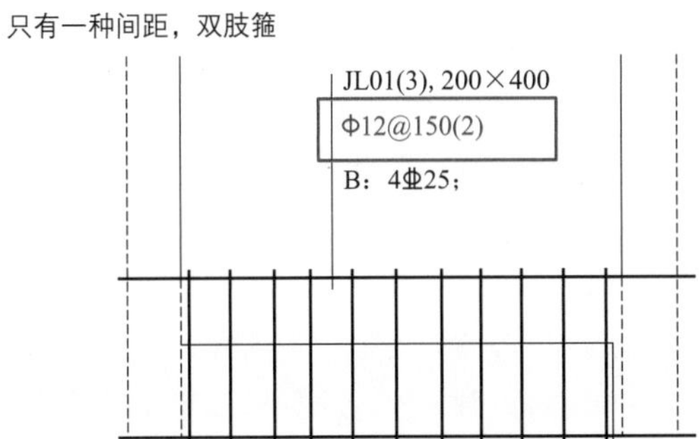

图 3-6　只有一种间距的箍筋的注写

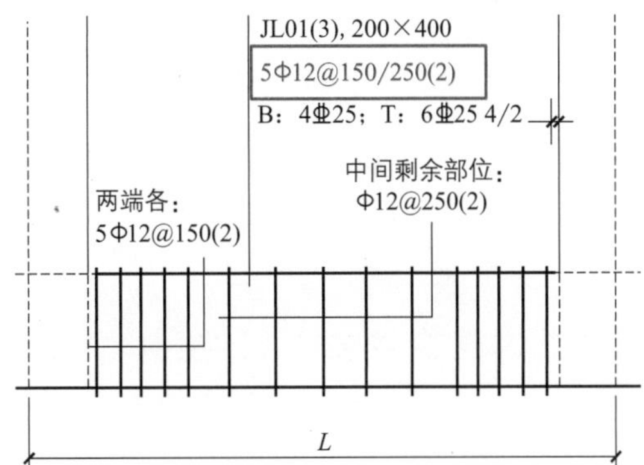

图 3-7　两种箍筋间距的注写方式

例如，“9⌀16@100/⌀16@200（6）”，表示配置两种 HRB400 级箍筋，直径为 16mm，从梁两端起向跨内按间距 100mm 设置 9 道，梁其余部位的间距为 200mm，均为 6 肢箍。

施工时应注意：两向基础梁相交的柱下区域，应有一向截面较高的基础梁按梁端箍筋贯通设置；当两向基础梁高度相同时，任选一向基础梁箍筋贯通设置。

c. 当具体设计采用三种箍筋间距时　用“/”分隔不同箍筋，按照从基础梁两端向跨中的顺序注写。先注写第一段箍筋（在前面加注箍筋道数），在斜线后再注写第二段箍筋（在前面加注箍筋道数），最后注写的是中间剩余部位的钢筋，如图 3-8 所示。

d. 当具体设计采用两种肢数时　用“/”分隔不同箍筋，按照从基础梁两端向跨中的顺序注写。先注写第一段箍筋（在前面加注箍筋道数），在斜线后再注写第二段箍筋（不再注写箍筋道数），如图 3-9 所示。

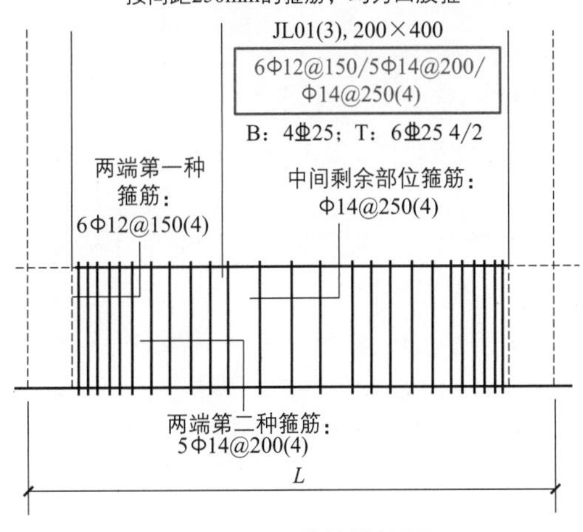

图 3-8　三种箍筋间距

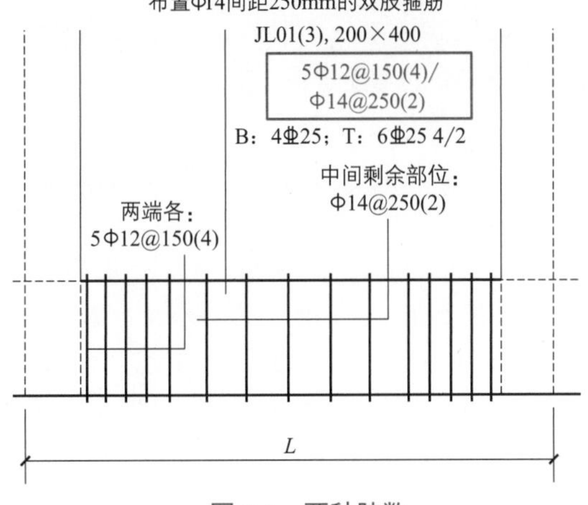

图 3-9　两种肢数

② 底部及顶部贯通纵筋

a.“B”注写梁底部贯通纵筋（不应少于梁底部受力钢筋总面积的 1/3）。当跨中所注根数少于箍筋肢数时，需要在跨中增设梁底部架立筋以固定箍筋，采用“＋”将贯通纵筋与架立筋相连，架立筋注写在加号后面的括号内，如图 3-10 所示。

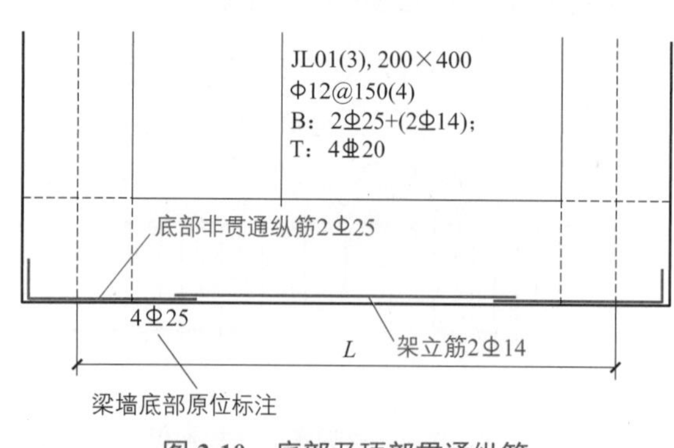

图 3-10　底部及顶部贯通纵筋

b.“T”注写梁顶部贯通纵筋。注写时用分号“；”将底部和顶部贯通纵筋分隔开，如有个别跨与其不同者按原位注写的规定处理。

c. 当梁底部或顶部贯通纵筋多于一排时，用“/”将各排纵筋自上而下分开。

例如，“B：4⌀25；T：12⌀25 7/5”表示梁底部配置贯通纵筋为 4⌀25；梁顶部配置贯通纵筋上一排为 7⌀25，下一排为 5⌀25，共 12⌀25。

注：1. 基础梁的底部贯通纵筋，可在跨中 1/3 净跨长度范围内采用搭接连接、机械连接或焊接；

2. 基础梁的顶部贯通纵筋，可在距柱根 1/4 净跨长度范围内采用搭接连接，或在柱根附近采用机械连接或焊接，且应严格控制接头百分率。

d. 底部及顶部贯通纵筋的区别。底部贯通纵筋根据需要多一种带架立筋的表示方法。

e. 以大写字母 G 打头注写梁两侧面对称设置的纵向构造钢筋的总配筋值（当梁腹板净高 h_w 不小于 450mm 时，根据需要配置）。例如，“G：8⌀14”表示梁每个侧面配置纵向构造钢筋 4⌀14，共配置 8⌀14。

（4）注写基础梁底面标高（选注内容）

当条形基础的底面标高与基础底面基准标高不同时，将条形基础底面标高注写在“（　）”内。

（5）必要的文字注解（选注内容）

当基础梁的设计有特殊要求时，宜增加必要的文字注解。

① 架立筋　固定箍筋保证其正确位置，并形成一定刚度的钢筋骨架，同时还能承受因温度变化和混凝土收缩而产生的应力，防止裂缝的产生。一般平行于纵向受力钢筋，放置在梁的受压区箍筋内的两侧，且一般出现在梁的上部，由于梁多为下部受拉，上部受压，所以上部钢筋较下部少，采用多肢箍筋时上部无法固定，需加设钢筋与箍筋绑扎，架立筋不做受力考虑，例如，梁下部 4 根筋，上部 2 根筋，绑箍筋时上部要加两根。

② 底部带架立筋时　先注写梁底部贯通纵筋（B 打头）的规格与根数。当跨中所注根数少于箍筋肢数时，需要在跨中加设架立筋以固定箍筋，注写时，用“＋”号将贯通纵筋与架立筋相连，架立筋注写在“＋”号后面的括号内。当梁底部或顶部贯通纵筋多于一排时，用斜线“/”将多排纵筋自上而下分开。

3.1.2.4　原位标注的识图

（1）底部非贯通纵筋和集中标注的底部贯通纵筋

① 当基础梁端或梁在柱下区域的底部全部纵筋多于一排时，用“/”将各排纵筋自上而下分开，如图 3-11 所示。

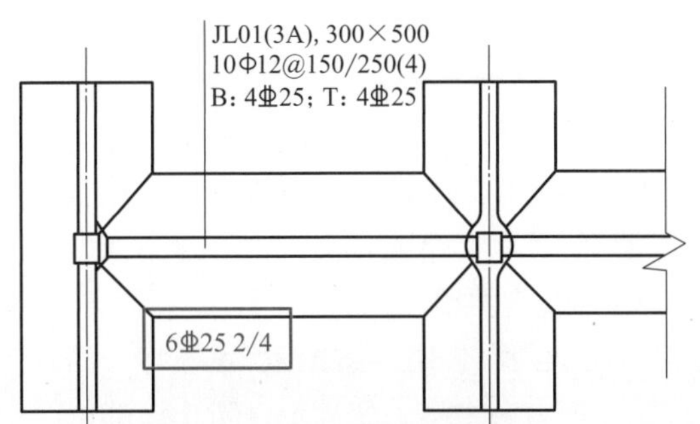

图 3-11 梁端部及柱下区域底部全部纵筋多于一排时的标注方法

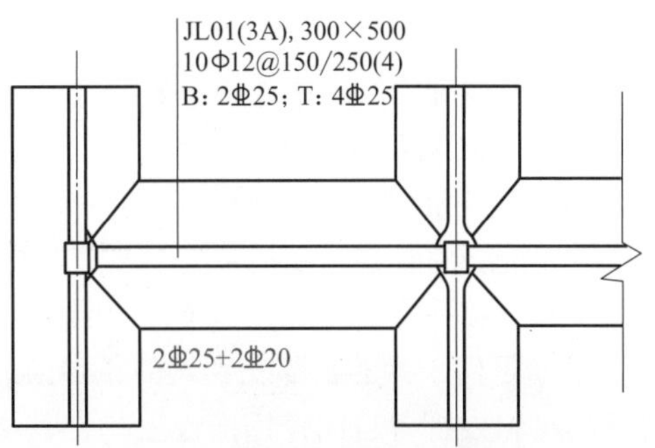

图 3-12 梁端部及柱下区域底部全部纵筋有两种直径时的表示方法

② 当同排纵筋有两种直径时，用“＋”号将两种直径的纵筋相连，注写时角筋写在前面，如图 3-12 所示。

③ 当梁中间支座两边的底部纵筋配置不同时，需在支座两边分别标注；当梁中间支座两边的底部纵筋相同时，可仅在支座一边标注，如图 3-13 所示。

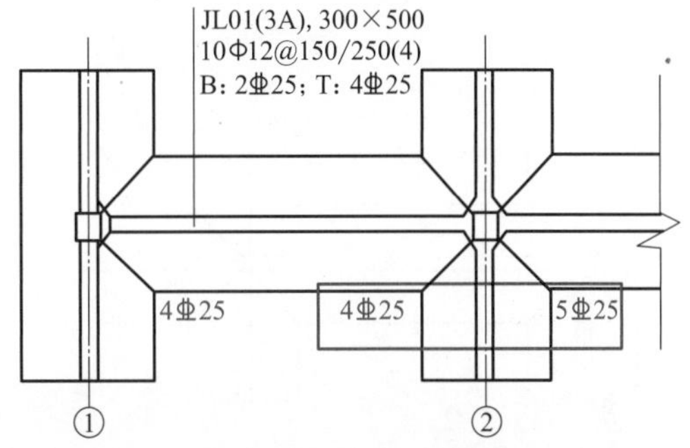

图 3-13 梁端部及柱下区域底部全部纵筋配置不同时的表示方法

④ 中间支座柱下两侧底部配筋不同时。如图 3-13 所示，②轴左侧 4⏀25 其中 2 根为集中标注的底部贯通筋，另 2 根为底部非贯通纵筋；②轴右侧 5⏀25，其中 2 根为集中标注的底部贯通纵筋，另 3 根为底部非贯通纵筋。②轴左侧为 4 根，右侧为 5 根，它们直径相同，只是根数不同，则其中 4 根贯穿②轴，右侧多出的 1 根进行锚固。

⑤ 当梁支座底部全部纵筋与集中注写过的底部贯通纵筋相同时　可不再重复原位标注，如图 3-14 所示。

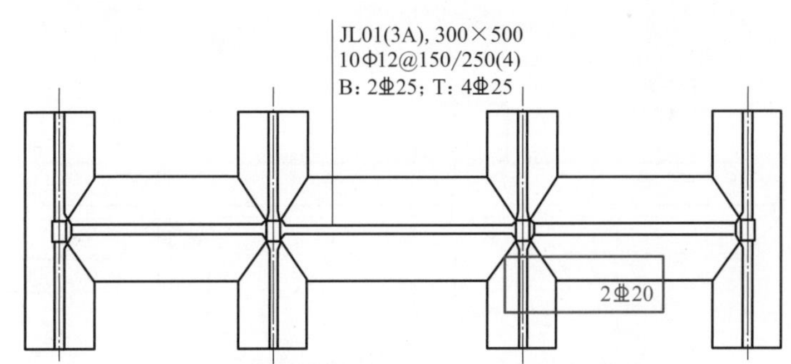

图 3-14 梁端部及柱下区域底部全部纵筋相同时的表示方法

设计时应注意：当对底部一平（“底部一平”为“柱下两边的梁底部在同一个平面上”的简称）的梁支座（柱下）两边的底部非贯通纵筋采用不同配筋值时，应先按较小一边的配筋值选配相同直径的纵筋贯穿支座，再将较大一边的配筋差值选配适当直径的钢筋锚入支座，避免造成支座两边大部分钢筋直径不相同的不合理配置结果。

施工及预算时应注意：当底部贯通纵筋经原位注写修正出现两种不同配置的底部贯通纵

筋时，应在两毗邻跨中配置较小一跨的跨中连接区域进行连接（即配置较大一跨的底部贯通筋需伸出至毗邻跨的跨中连接区域）。

（2）附加箍筋或吊筋

将附加箍筋或（反扣）吊筋直接画在平面图中的条形基础主梁上，原位直接引注总配筋值（附加箍筋的肢数注在括号内）。当多数附加箍筋或（反扣）吊筋相同时，可在条形基础平法施工图上统一注明。少数与统一注明值不同时，在原位直接引注。

吊筋是由于梁的某部受到大的集中荷载作用，为了使梁体不产生局部严重破坏，同时使梁体的材料发挥各自的作用而设置的，其主要布置在剪力有大幅突变部位，防止该部位产生过大的裂缝而引起结构的破坏，总而言之，吊筋作用对抗剪有利，如图 3-15 所示。

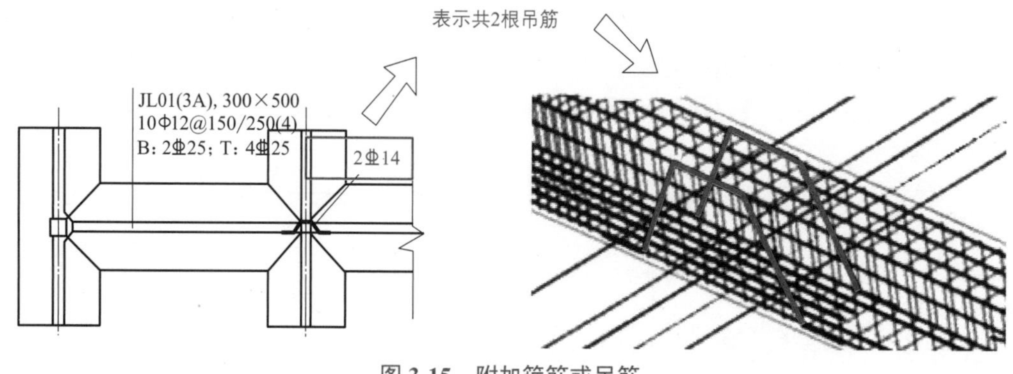

图 3-15　附加箍筋或吊筋

施工时应注意：附加箍筋或（反扣）吊筋的几何尺寸应按照标准构造详图，结合其所在位置的主梁的截面尺寸确定。

（3）外伸部位的变截面高度尺寸

基础梁外伸部位如果有变截面，应注写变截面高度尺寸。当基础梁外伸部位采用变截面高度时，在该部位原位注写 $b\times h_1/h_2$，h_1 为根部截面高度。h_2 为尽端截面高度，如图 3-16 所示。

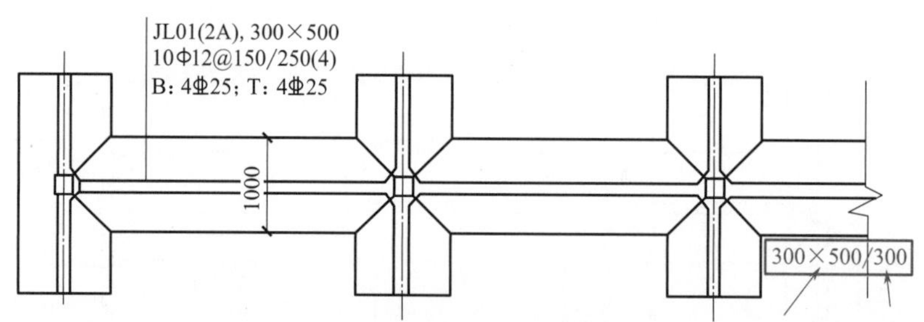

图 3-16　外伸部位的变截面高度尺寸

（4）原位注写修正内容

当在基础梁上集中标注的某项内容（如截面尺寸、箍筋、底部与顶部贯通纵筋或架立筋、梁侧面纵向构造钢筋、梁底面标高等）不适用于某跨或某外伸部位时，将其修正内容原位标注在该跨或该外伸部位，施工时原位标注取值优先。

当在多跨基础梁的集中标注中已注明加腋，而该梁某跨根部不需要加腋时，则应在该跨

原位标注截面尺寸 $b \times h$，以修正集中标注中的加腋要求。

3.1.2.5 基础梁底部非贯通纵筋的长度规定

为方便施工，凡基础梁柱下区域底部非贯通纵筋的伸出长度 a_0 值，当配置不多于两排时，在标准构造详图中统一取值为自柱边向跨内伸出至 $l_n/3$ 位置；当非贯通纵筋配置多于两排时，从第三排起向跨内的伸出长度值应由设计者注明。l_n 的取值规定为边跨边支座的底部非贯通纵筋，l_n 取本边跨的净跨长度值；对于中间支座的底部非贯通纵筋，l_n 取支座两边较大一跨的净跨长度值。

基础梁外伸部位底部第一排纵筋伸出至梁端头并全部上弯；其他排钢筋伸至梁端头后截断。

设计者在执行底部非贯通纵筋伸出长度的统一取值规定时，应注意按《混凝土结构设计规范》(GB 50010—2010)(2015 年版)、《建筑地基基础设计规范》(GB 50007—2011)和《高层建筑混凝土结构技术规程》(JGJ 3—2010)的相关规定进行校核，若不满足时应另行变更。

扫码看视频

条形基础底板的平法识图

3.1.3 条形基础底板的平法识图

条形基础底板的平面注写方式分集中标注和原位标注两部分内容。

3.1.3.1 集中标注内容

集中标注内容包括条形基础底板编号、截面竖向尺寸、配筋三项必注内容，及条形基础底板底面标高（与基础底面基准标高不同时）和必要的文字注解两项选注内容。混凝土条形基础底板的集中标注，除无底板配筋内容外与钢筋混凝土条形基础底板相同。具体规定如下。

（1）注写条形基础底板编号（必注内容）

条形基础底板的编号如表 3-1 所示。

（2）注写条形基础底板截面竖向尺寸（必注内容）

① 当条形基础底板为坡形截面时注写为 h_1/h_2，如图 3-17 所示。条形基础底板为坡形截面时表示为 TJB_P××，若截面竖向尺寸注写为 300/250 时，表示 $h_1 = 300mm$、$h_2 = 250mm$，基础底板根部总厚度为 550mm。

② 当条形基础底板为阶形截面时，其竖向尺寸注写方式如图 3-18 所示。条形基础底板为阶形截面时表示为 TJB_J××，若截面竖向尺寸注写为 300 时，表示 $h_1 = 300mm$，且为基础底板总厚度。

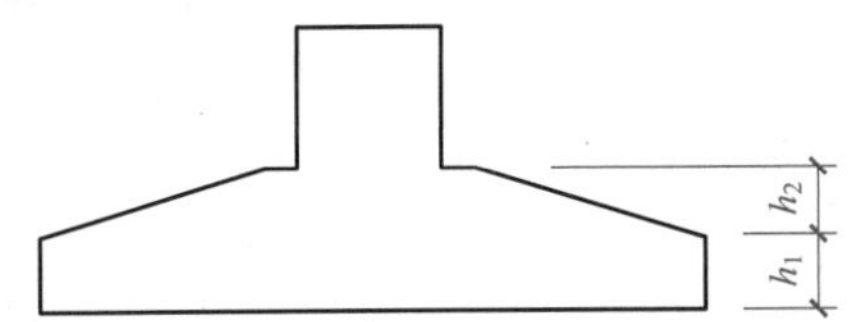

图 3-17 条形基础底板为坡形截面竖向尺寸

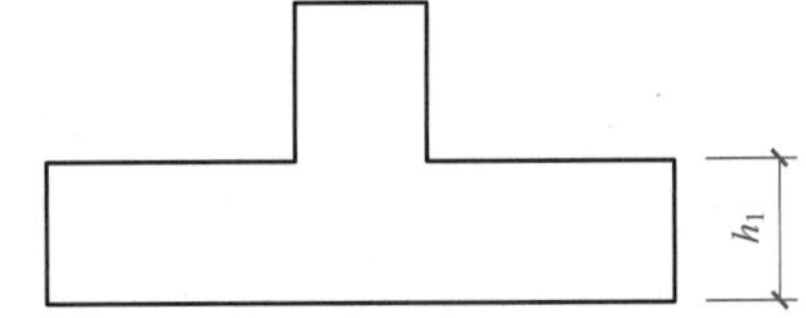

图 3-18 条形基础底板为阶形截面竖向尺寸

（3）注写条形基础底板底部及顶部配筋（必注内容）

以 B 打头，注写条形基础底板底部的横向受力钢筋；以 T 打头，注写条形基础底板顶部的横向受力钢筋。注写时，用“/”分隔条形基础底板的横向受力钢筋与纵向分布钢筋。

例如，当条形基础底板配筋标注为“B：Φ14@150/Φ8@250”时，表示条形基础底板底部配置HRB400级横向受力钢筋，直径为14mm，分布间距为150mm；配置HPB300级构造钢筋，直径为8mm，分布间距为250mm。

（4）注写条形基础底板底面标高（选注内容）

当条形基础底板的底面标高与条形基础底面基准标高不同时，应将条形基础底板底面标高注写在“（　）”内。

（5）必要的文字注解（选注内容）

当条形基础底板有特殊要求时，应增加必要的文字注解。

3.1.3.2　原位标注的内容

原位标注的标注内容包括基础底板的平面尺寸 b，及某项内容在某跨不同于集中标注的修正内容。

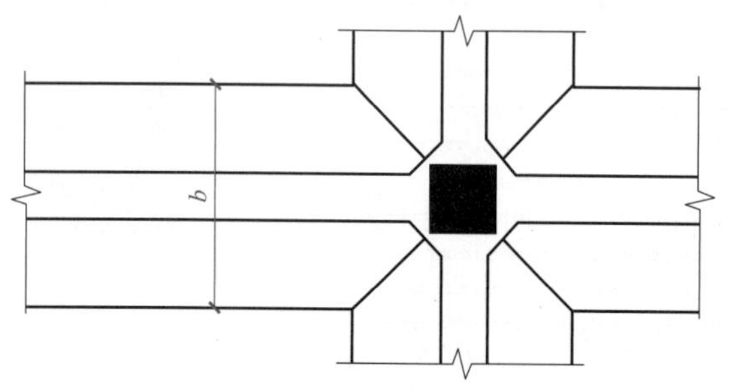

图 3-19　条形基础底板平面尺寸原位标注表示方法

① 原位注写条形基础底板的平面尺寸　原位标注 b、b_i，$i=1$，2，…。其中 b 为基础底板总宽度，b_i 为基础底板台阶的宽度。当基础底板采用对称于基础梁的坡形截面或单阶形截面时，b_i 可不注，如图 3-19 所示。

② 原位注写修正内容　当在条形基础底板上集中标注的某项内容，如底板截面竖向尺寸底板配筋、底板底面标高等，不适用于条形基础底板的某跨或某外伸部分时，可将其修正内容原位标注在该跨或该外伸部位，施工时原位标注取值优先。

3.1.3.3　条形基础的截面注写方式

条形基础的截面注写方式，又可分为截面注写和列表注写（结合截面示意图）两种表达方式。采用截面注写方式，应在基础平面布置图上对所有条形基础进行编号，如表 3-1 所示。

对条形基础进行截面标注的内容和形式，与传统“单构件正投影表示方法”基本相同。对于已在基础平面布置图上原位标注清楚的该条形基础梁和条形基础底板的水平尺寸，可不在截面图上重复表达，具体表达内容可参照《混凝土结构施工钢筋排布规则与构造详图（独立基础、条形基础、筏形基础及桩基础）》（18 G901-3）图集中的规定。

对多个条形基础可采用列表注写（结合截面示意图）的方式进行集中表达。表中内容为条形基础截面的几何数据和配筋，截面示意图上应标注与表中栏目相对应的代号。列表的具体内容规定如下。

（1）基础梁列表集中注写

① 编号　注写 JL××（××）、JL××（××A）或 JL××（××B）。

② 几何尺寸　梁截面宽度与高度 $b\times h$。当为加腋梁时，注写格式为 $b\times h\ Yc_1\times c_2$。

③ 配筋　注写基础梁底部贯通纵筋＋非贯通纵筋、顶部贯通纵筋、箍筋。

当设计为两种箍筋时，箍筋注写格式为：第一种箍筋 / 第二种箍筋，第一种箍筋为梁端部箍筋，注写内容包括箍筋的箍数、钢筋级别、直径、间距与肢数。

基础梁列表格式如表 3-2 所示。

表 3-2 基础梁几何尺寸和配筋表

基础梁编号截面号	截面几何尺寸		配筋	
	$b \times h$	加腋 $c_1 \times c_2$	底部贯通纵筋＋非贯通纵筋，顶部贯通纵筋	第一种箍筋，第二种箍筋

注：表中可根据实际情况增加栏目，如增加基础梁底面标高等。

（2）条形基础底板列表集中注写

条形基础底板列表集中注写栏目包括以下几种。

① 编号 坡形截面编号为 TJB_P××、TJB_P××（××A）或 TJB_P××（××B），阶形截面编号为 TJB_J××、TJB_J××（××A）或 TJB_J××（××B）。

② 几何尺寸 水平尺寸 b、b_i，$i=1$，2，…；竖向尺寸 h_1/h_2。

③ 配筋 B：C××@×××/C××@×××。条形基础底板列表格式如表 3-3 所示。

表 3-3 条形基础底板几何尺寸和配筋表

基础底板编号截面号	截面几何尺寸		底部配筋（B）		
	b	h	h_1/h_2	横向受力钢筋	纵向受力钢筋

注：表中可根据实际情况增加栏目，如增加上部配筋、基础底板底面标高（与基础底板底面基准标高不一致时）等。

3.1.3.4 其他

与条形基础相关的基础联系梁、后浇带的平法施工图设计，详见《混凝土结构施工钢筋排布规则与构造详图（独立基础、条形基础、筏形基础及桩基础）》（18G901-3）图集中的规定。

3.2 条形基础钢筋构造

3.2.1 梁下条形基础底板钢筋排布构造

梁下条形基础底板钢筋排布构造如图 3-20 所示。

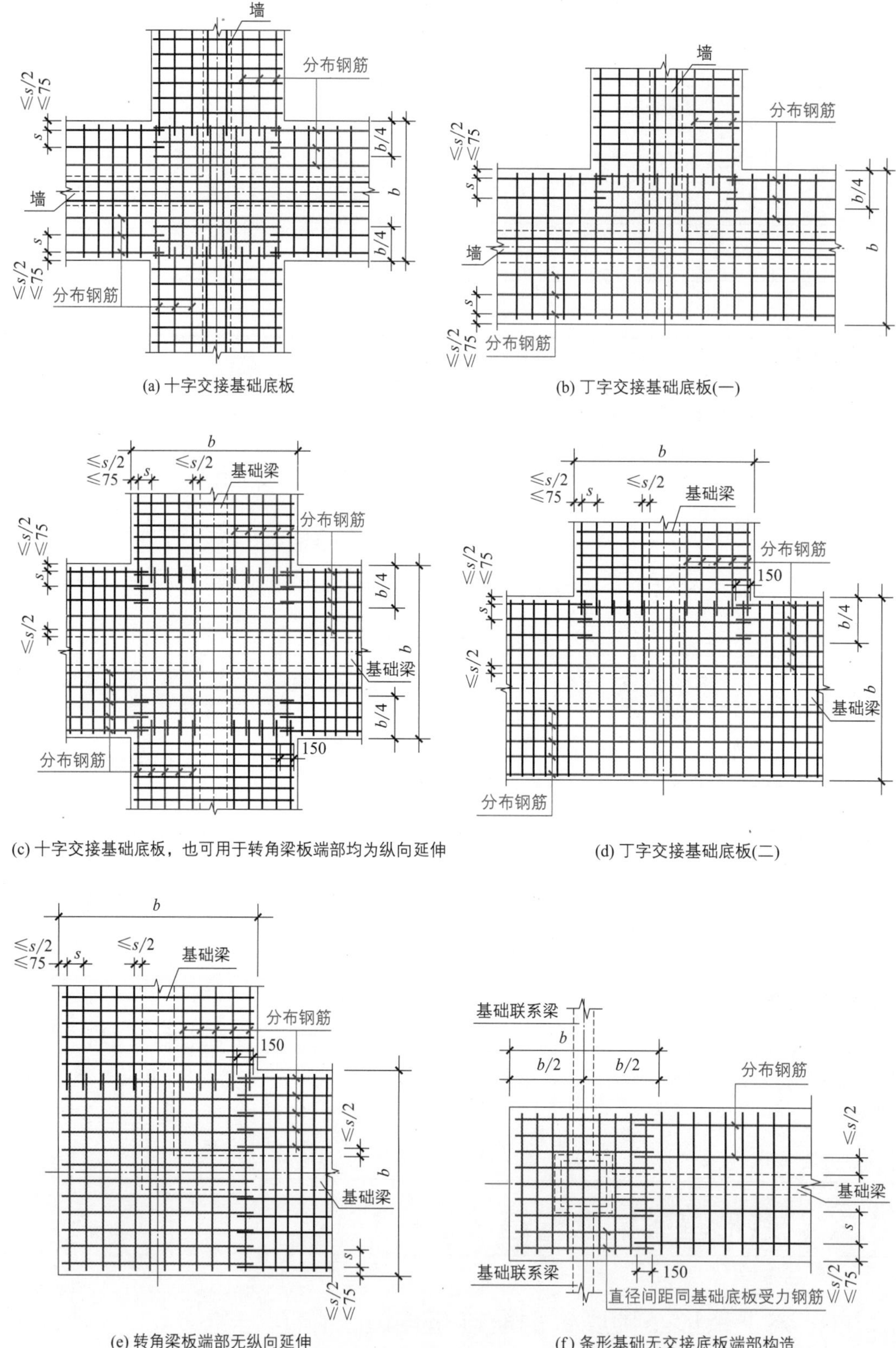

(a) 十字交接基础底板

(b) 丁字交接基础底板(一)

(c) 十字交接基础底板，也可用于转角梁板端部均为纵向延伸

(d) 丁字交接基础底板(二)

(e) 转角梁板端部无纵向延伸

(f) 条形基础无交接底板端部构造

图 3-20　梁下条形基础底板钢筋排布构造

梁下条形基础底板钢筋三维示意图如图 3-21 所示。

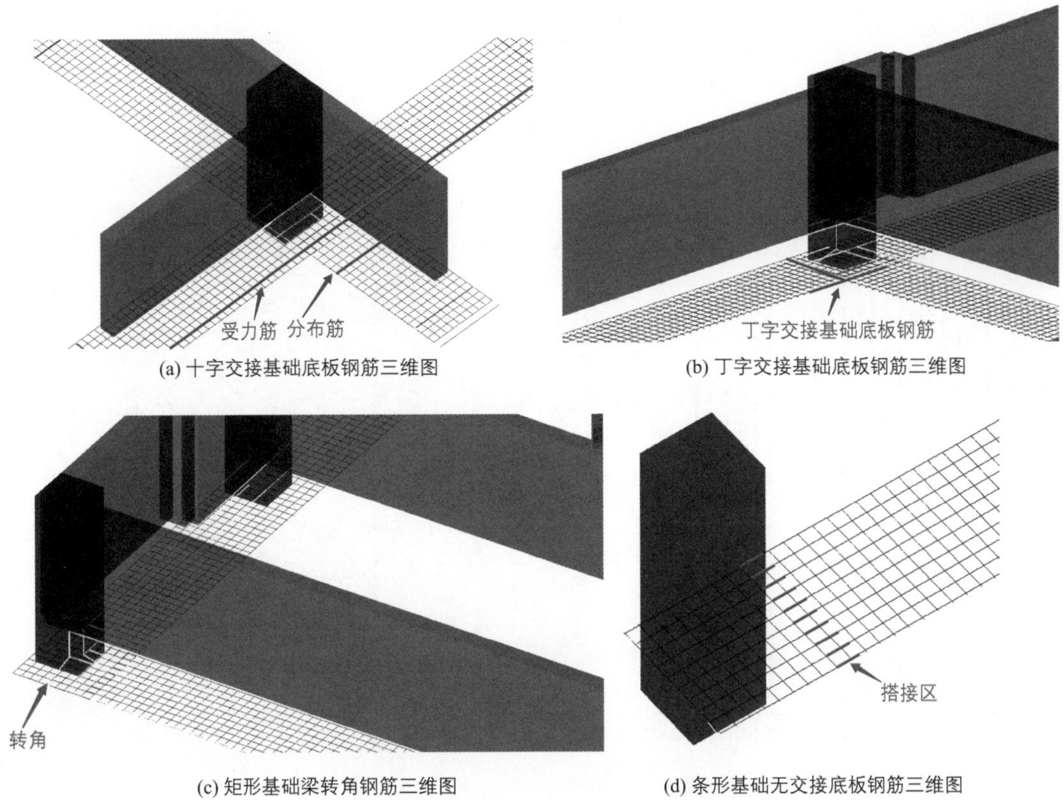

(a) 十字交接基础底板钢筋三维图　(b) 丁字交接基础底板钢筋三维图

(c) 矩形基础梁转角钢筋三维图　(d) 条形基础无交接底板钢筋三维图

图 3-21　梁下条形基础底板钢筋三维图

注：1. 基础的配筋及几何尺寸详见具体结构设计。

2. 实际工程与本图不同时，应由设计者设计。如果要求施工参照本图构造施工时，设计应给出相应的变更说明。

3. 在两向受力钢筋交接处的网状部位，分布钢筋与同向受力钢筋的搭接长度为 150mm

3.2.2　基础梁下条形基础底板钢筋排布剖面图

基础梁下条形基础底板钢筋排布剖面图如图 3-22 所示。

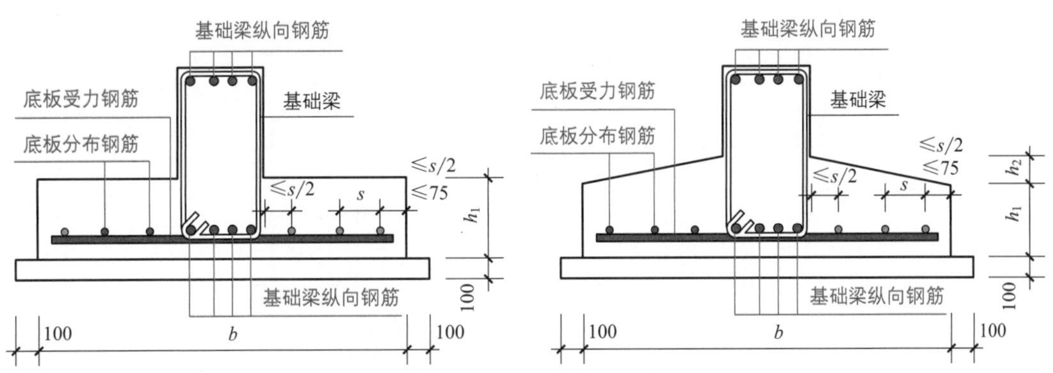

图 3-22　基础梁下条形基础底板钢筋排布剖面图

注：1. 基础的配筋及几何尺寸详见具体结构设计。

2. 基础底板的分布钢筋在梁宽范围内不设置

3.2.3 条形基础底板配筋长度减短 10% 的钢筋排布构造

条形基础底板配筋长度减短 10% 的钢筋排布构造如图 3-23 所示。

条形基础底板配筋长度减短 10% 的钢筋三维示意图如图 3-24 所示。

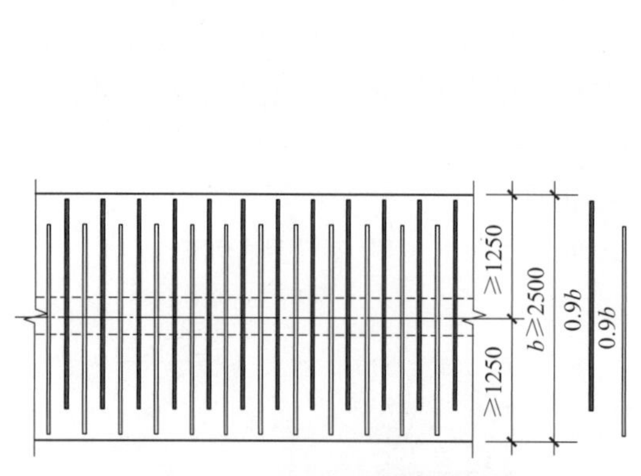

图 3-23 条形基础底板配筋长度减短 10% 的钢筋排布构造

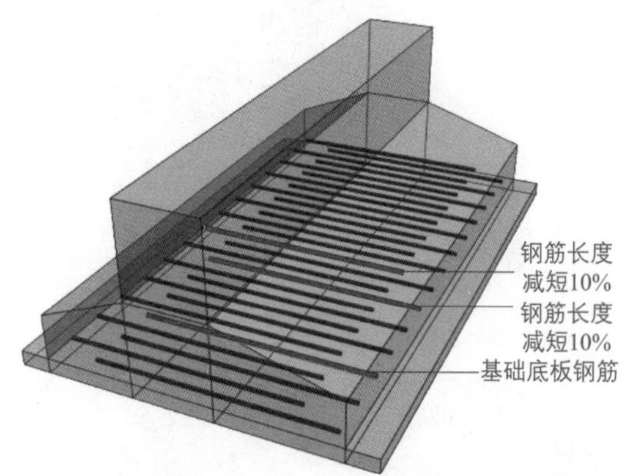

图 3-24 条形基础底板配筋长度减短 10% 的钢筋三维图

注：1. 基础的配筋及几何尺寸详见具体结构设计。

2. 基础底板的分布钢筋在梁宽范围内不设置

3.2.4 墙下条形基础底板钢筋排布构造

墙下条形基础底板钢筋排布构造如图 3-25 所示。

墙下条形基础底板受力筋三维示意图如图 3-26 所示。

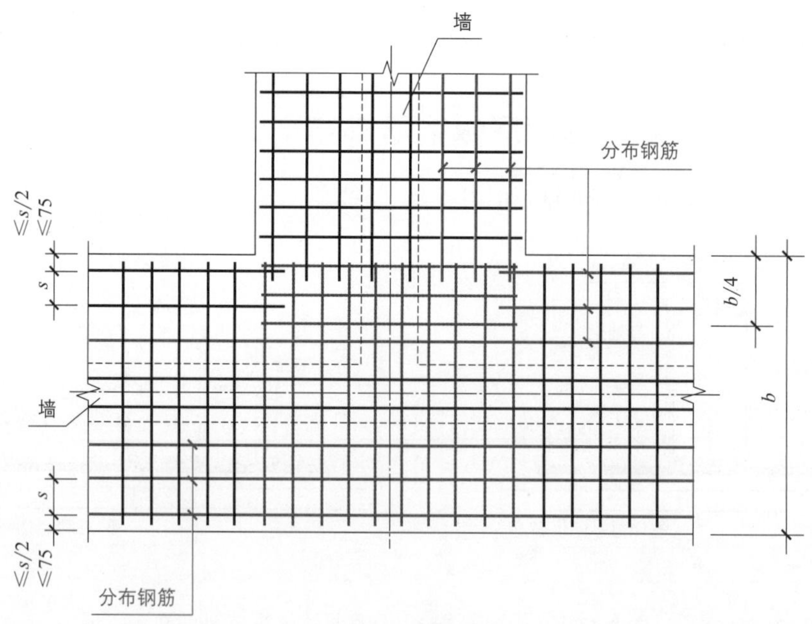

(a) 丁字交接基础底板

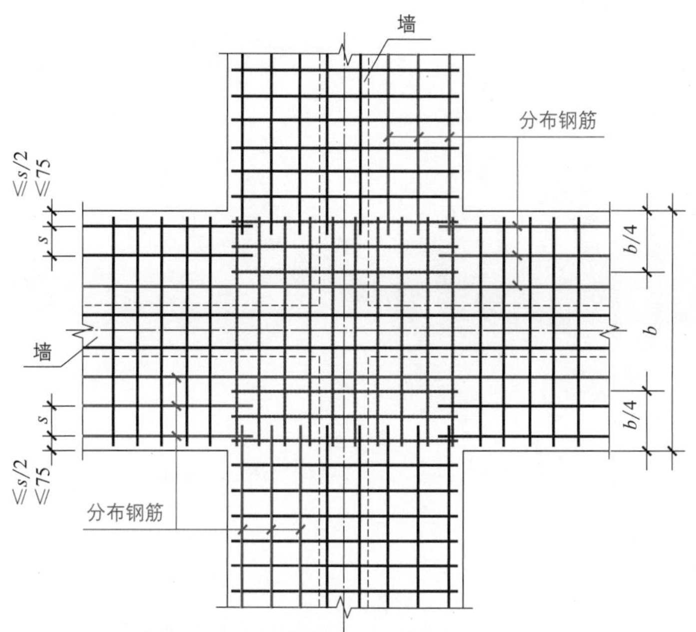

(b) 十字交接基础底板

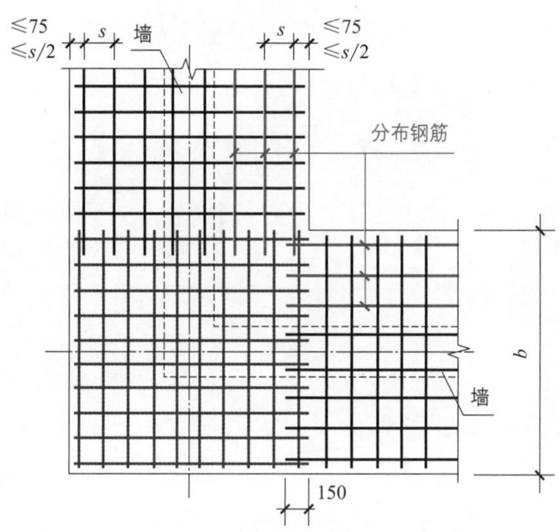

(c) 转角处墙基础底板

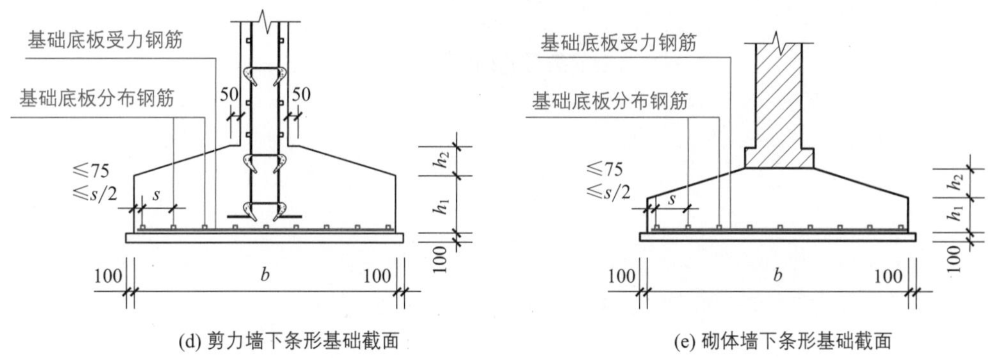

(d) 剪力墙下条形基础截面　　(e) 砌体墙下条形基础截面

图 3-25　墙下条形基础底板钢筋排布构造

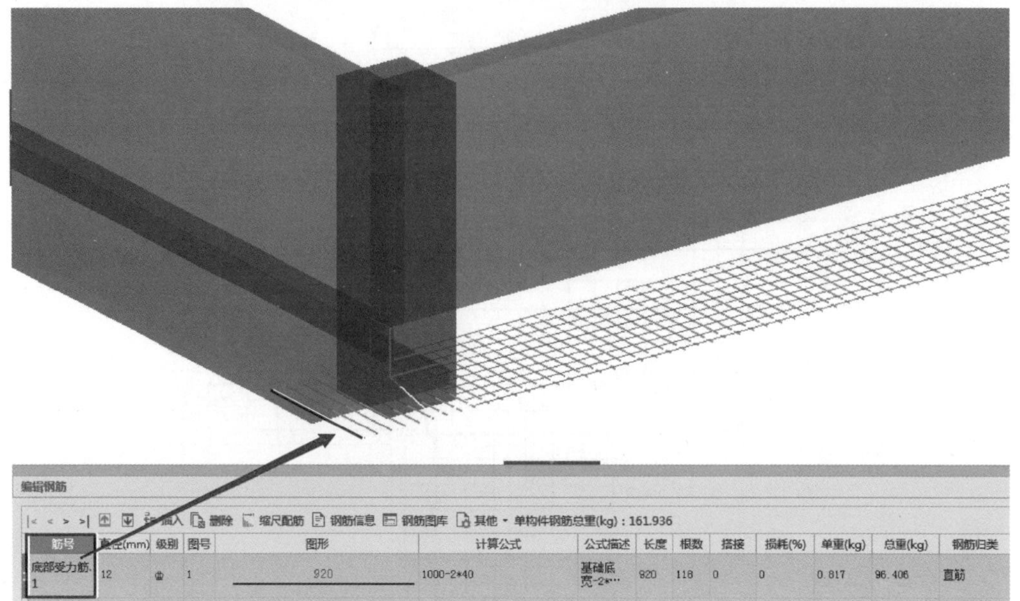

图 3-26　墙下条形基础底板受力筋三维图

墙下条形基础底板分布筋三维示意图如图 3-27 所示。

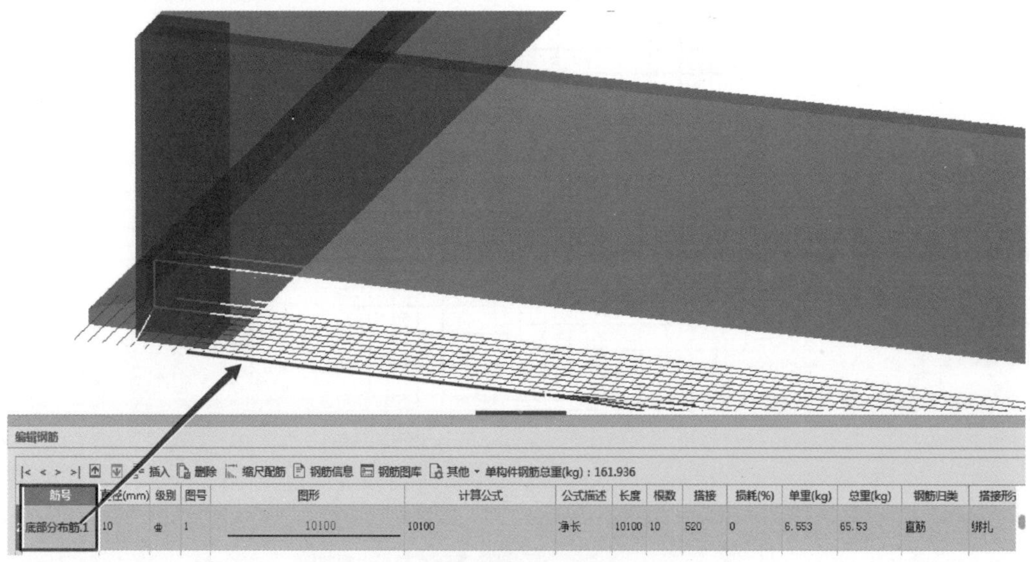

图 3-27　墙下条形基础底板分布筋三维图

注：1. 基础的配筋及几何尺寸详见具体结构设计。

2. 实际工程与本图不同时，应由设计者设计。如果要求施工参照本图构造施工时，设计应给出相应的变更说明。

3. 在两向受力钢筋交接处的网状部位，分布钢筋与同向受力钢筋的搭接长度为 150mm

3.2.5　条形基础底板不平时的底板钢筋排布构造

条形基础底板不平时的底板钢筋排布构造如图 3-28 所示。

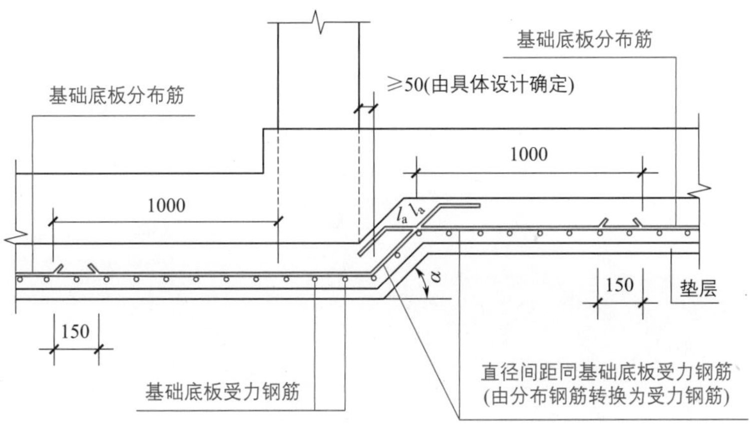

(a) 条形基础底板不平时的底板钢筋排布构造(一)

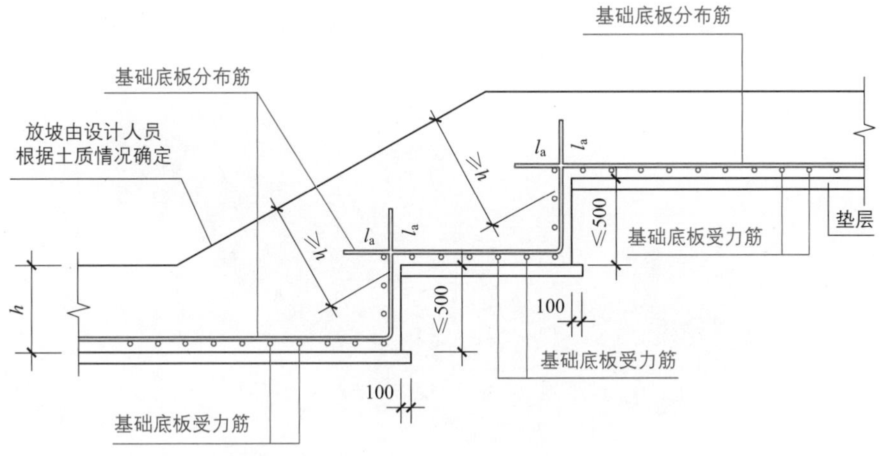

(b) 条形基础底板不平时的底板钢筋排布构造(二)

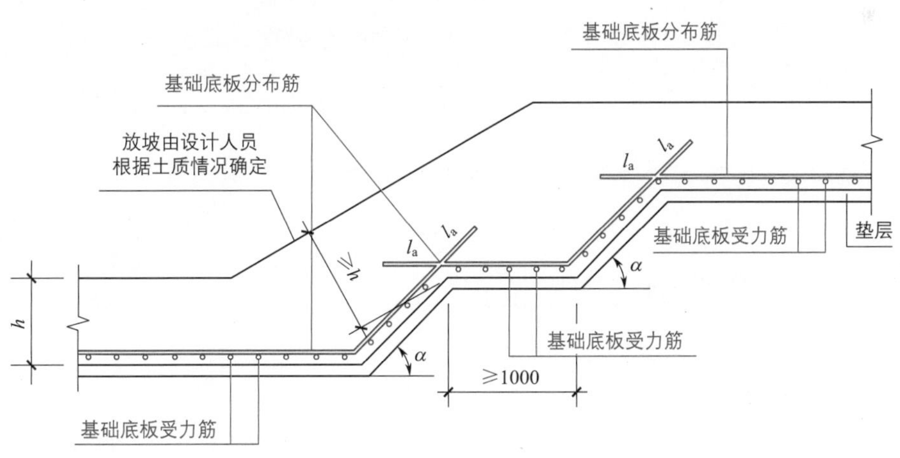

(c) 条形基础底板不平时的底板钢筋排布构造(三)

图 3-28 条形基础底板不平时的底板钢筋排布构造

板式条形基础底板不平时的底部钢筋三维示意图如图 3-29 所示。

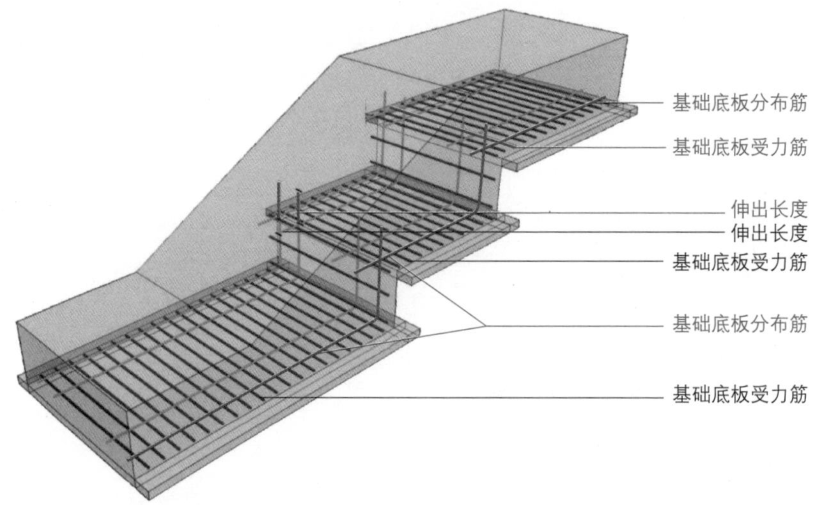

(a) 条形基础底板不平时的底板钢筋三维图(板式条形基础)(一)

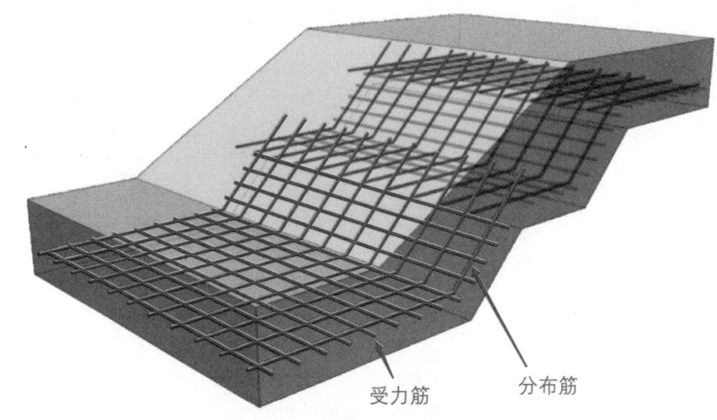

(b) 条形基础底板不平时的底板钢筋三维图(板式条形基础)(二)

图 3-29　板式条形基础底板不平时的底部钢筋三维图

注：1. 基础的配筋及几何尺寸详见具体结构设计。
2. 实际工程与本图不同时，应由设计者设计。如果要求施工参照本图构造施工时，设计应给出相应的变更说明。
3. 各阶放阶宜等分，放阶由设计人员根据土质情况确定。
4. 板底高差坡度 α 取 45° 或由设计确定

3.2.6　基础梁纵向钢筋连接位置

基础梁纵向钢筋连接位置如图 3-30 所示。

基础梁纵筋三维示意图如图 3-31 所示。

① 跨度值 l_n 为左跨 l_{ni} 和右跨 l_{ni+1} 之较大值，其中 $i = 1，2，3，\cdots$（边跨端部计算用 l_n 取边跨跨度值）。

② 当两毗邻跨的底部贯通纵筋配置不同时，应将配置较大一跨的底部贯通纵筋越过其标注的跨数终点或起点，伸至配置较小的毗邻跨的跨中连接区进行连接。

③ 顶部纵筋全部贯通，且不宜在端跨支座附近连接。

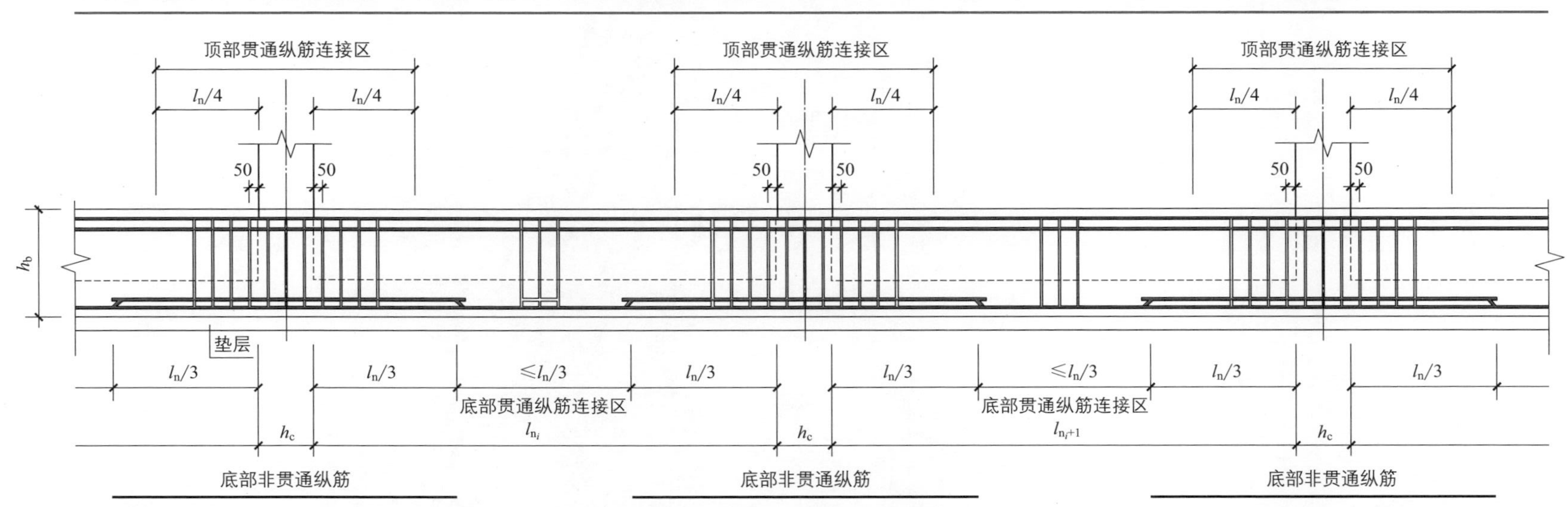

图 3-30　基础梁纵向钢筋连接位置

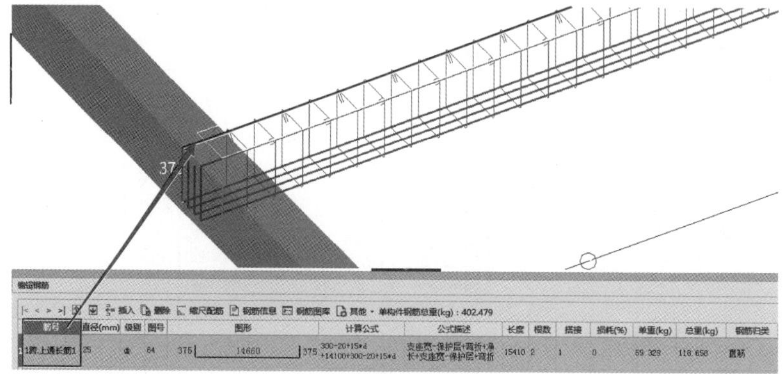

(a) 基础梁通长筋

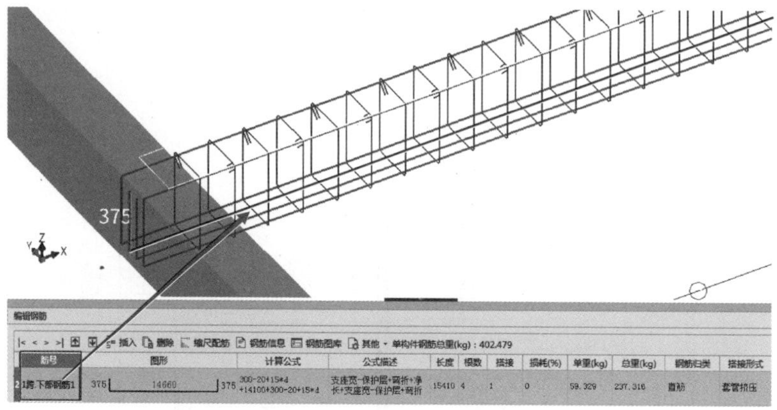

(b) 基础梁下部通长筋

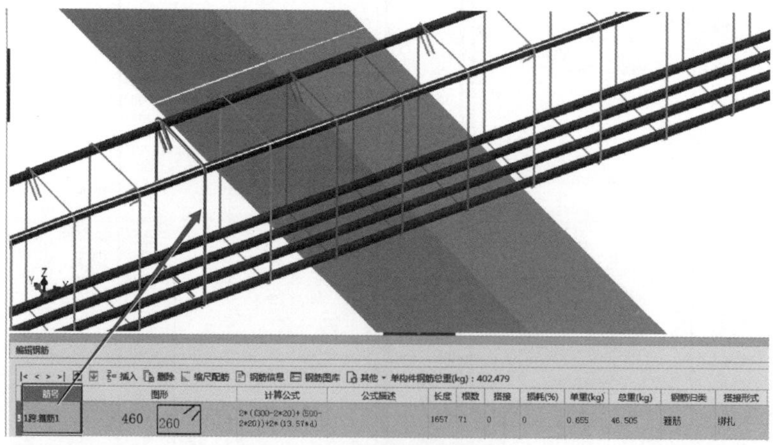

(c) 基础梁箍筋

图 3-31 基础梁纵筋三维图

④ 当底部纵筋多于两排时，从第三排起非贯通纵筋向跨内的伸出长度值应由设计注明。

⑤ 基础梁内通长设置的纵向钢筋在同一连接区段内相邻连接接头应相互错开，位于同一连接区段内的纵向钢筋接头面积百分率不应大于 50%。

⑥ 梁的同一根纵向钢筋在同一跨内设置连接接头不得多于一个。基础梁的外挑部分不得

设置连接接头。

⑦ 具体工程中，基础梁纵向钢筋的连接方式及位置应以设计要求为准注明。

3.2.7 基础次梁纵向钢筋连接位置

基础次梁纵向钢筋连接位置如图 3-32 所示。

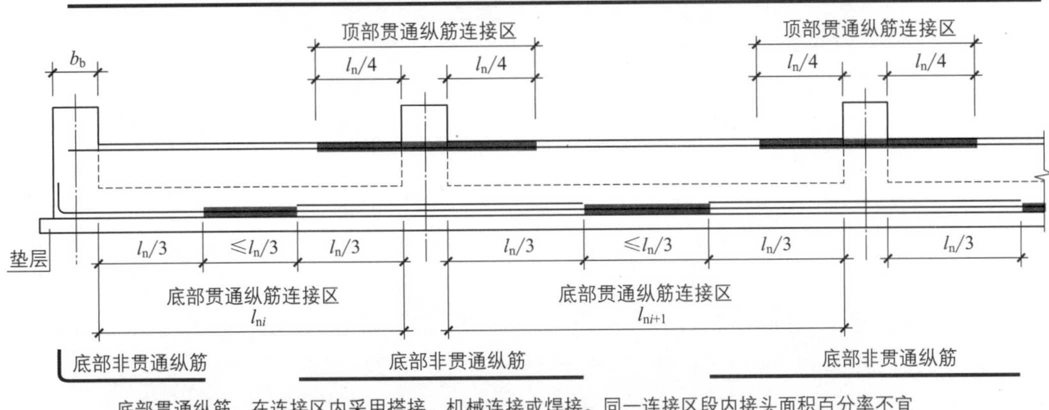

图 3-32 基础次梁纵向钢筋连接位置

① 跨度值 l_n 为左跨 l_{ni} 和右路 l_{ni+1} 之较大值，其中 $i=1，2，3，\cdots$（边跨端部计算用 l_n 取边跨跨度值）。

② 当两毗邻跨的底部贯通纵筋配置不同时，应将配置较大一跨的底部贯通纵筋越过其标注的跨数终点或起点，伸至配置较小的毗邻跨的跨中连接区进行连接。

③ 顶部纵筋全部贯通，且不宜在端跨支座附近连接。

④ 当底部纵筋多于两排时，从第三排起非贯通纵筋向跨内的伸出长度值应由设计注明。

⑤ 基础梁内通长设置的纵向钢筋在同一连接区段内相邻连接接头应相互错开，位于同一连接区段内的纵向钢筋接头面积百分率不应大于 50%。

⑥ 梁的同一根纵向钢筋在同一跨内设置连接接头不得多于一个。基础梁的外挑部分不得设置连接接头。

⑦ 具体工程中，基础梁纵向钢筋的连接方式及位置应以设计要求为准注明。

3.3 条形基础钢筋计算实例

3.3.1 条形基础梁钢筋计算实例

【例 3-1】 条形基础梁的平法施工图如图 3-33 所示。保护层厚度 $c=25\text{mm}$，梁包柱侧腋 $=50\text{mm}$，试计算该钢筋的工程量。

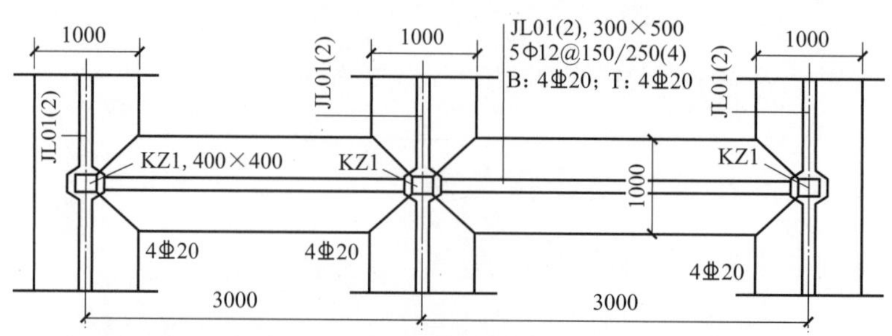

图 3-33　条形基础梁的平法施工图

【解】 （1）顶部贯通纵筋 4 Φ 20

顶部贯通纵筋长度＝梁长（含梁包柱侧腋）－ c ＋弯折 15d

＝（3000×2 ＋ 200×2 ＋ 50×2）－ 2×25 ＋ 2×15×20 ＝ 7050（mm）

（2）底部贯通纵筋 4 Φ 20

底部贯通纵筋长度＝梁长（含梁包柱侧腋）－ c ＋弯折 15d

＝（3000×2 ＋ 200×2 ＋ 50×2）－ 2×25 ＋ 2×15×20 ＝ 7050（mm）

（3）箍筋长度

外大箍筋长度＝（300 － 2×25）×2 ＋（500 － 2×25）×2 ＋ 2×11.9×12 ＝ 1686（mm）

内小箍筋长度＝［(300 － 2×25 － 20 － 24)/3 ＋ 20 ＋ 24］×2 ＋（500 － 2×25）×2 ＋ 2×11.9×12 ＝ 1411（mm）

（4）箍筋根数

梁第一跨箍筋根数＝ 5×2 ＋ 6 ＝ 16（根）

中间箍筋根数＝（3000 － 200×2 － 50×2 － 150×5×2)/250 － 1 ＝ 3（根）

梁第二跨箍筋根数同梁第一跨，为 16 根。

节点内箍筋根数＝ 400/150 ＝ 2.66（根）≈ 3 根

JL01 箍筋总根数为：

外大箍筋根数＝ 16×2 ＋ 3×3 ＝ 41（根）

内小箍筋根数＝ 41 根

注：JL 箍筋不是从梁边布置，而是从柱边起布置。

3.3.2 条形基础底板钢筋计算实例

【例 3-2】 条形基础底板底部钢筋（直转角）TJP$_p$01 平法施工图如图 3-34 所示。保护层厚度为 c ＝ 40mm，分布筋与同向受力筋搭接长度为 150mm，起步间距为 s/2 ＝ 75mm，试计算受力筋及分布筋。

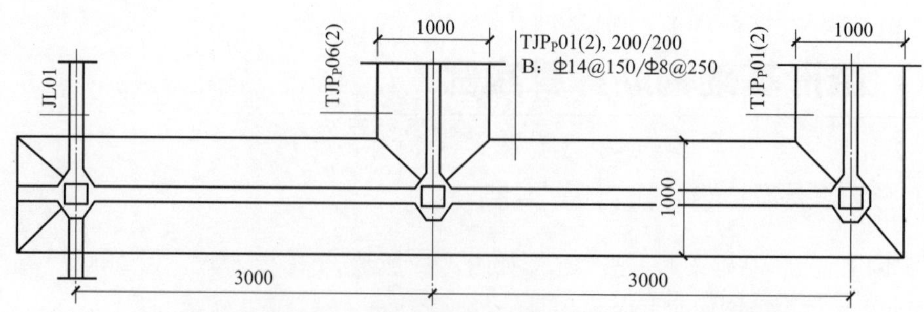

图 3-34　条形基础底板底部钢筋（直转角）TJP$_p$01 平法施工图

【解】 计算简图如图 3-35 所示。

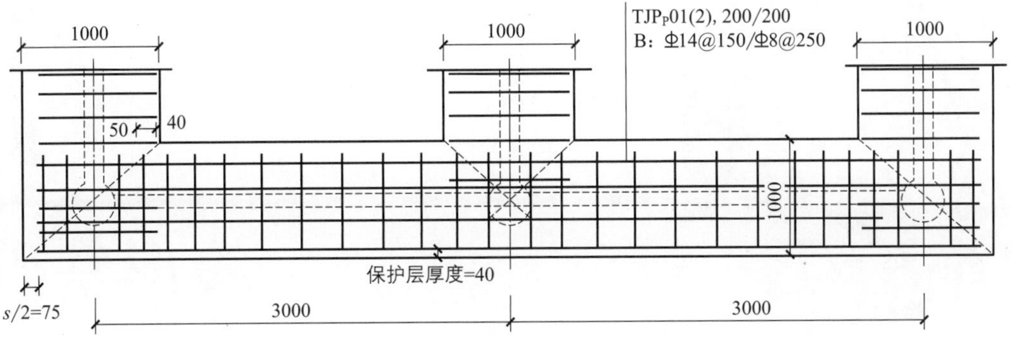

图 3-35 条形基础底板底部钢筋（直转角）TJP_p01 计算简图

（1）受力筋为Φ 14@150

受力筋长度＝条形基础底板宽度－ $2c$ = 1000 － 2×40 = 920（mm）

受力筋根数＝（3000×2 ＋ 2×500 － 2×75)/150 ＋ 1 ≈ 47（根）

（2）分布筋为Φ 8@250

分布筋长度＝ 3000×2 － 2×500 ＋ 2×40 ＋ 2×150 = 5380（mm）

分布筋单侧的根数＝（500 － 150 － 2×125)/250 ＋ 1 = 1.4（根）≈ 2 根

4 筏形基础

4.1 筏形基础平法识图

4.1.1 筏形基础平法识图学习方法

4.1.1.1 筏形基础的概念

筏形基础是当建筑物上部荷载较大而地基承载能力又比较弱时，用简单的独立基础或条形基础已不能适应地基变形的需要，这时常将墙或柱下基础连成一片，使整个建筑物的荷载承受在一块整板上，这种满堂式的板式基础称筏形基础。

筏形基础由于其底面积大，故可减小基底压强，同时也可提高地基土的承载力，并能更有效地增强基础的整体性，调整不均匀沉降。

4.4.1.2 筏形基础的分类

筏形基础分为平板式筏形基础和梁板式筏形基础，一般根据地基土质、上部结构体系、柱距、荷载大小及施工条件等确定。

（1）平板式筏形基础

平板式筏形基础的底板是一块厚度相等的钢筋混凝土平板，板厚一般在0.5～2.5m之间。平板式筏形基础适用于柱荷载不大、柱距较小且等柱距的情况，其特点是施工方便、建造快，但混凝土用量大。底板的厚度可以按升一层加50mm初步确定，然后校核板的抗冲切强度。底板厚度一般不得小于200mm。通常5层以下的民用建筑，板厚不小于250mm；6层以上民用建筑的板厚不小于300mm。平板式筏形基础如图4-1所示。

平板式筏形基础A—A剖面图如图4-2所示。平板式筏形基础三维示意图如图4-3所示。

（2）梁板式筏形基础

当柱网间距较大时，一般采用梁板式筏形基础。根据肋梁的设置分为单向肋和双向肋两种形式。单向肋梁板式筏形基础是将两根或两根以上的柱下条形基础中间用底板连接成一个整体，以扩大基础的底面积并加强基础的整体刚度。双向肋梁板式筏形基础是在纵、横两个方向上的柱下都布置肋梁，有时也可在柱网之间再布置次肋梁以减少底板的厚度，如图4-4所示。

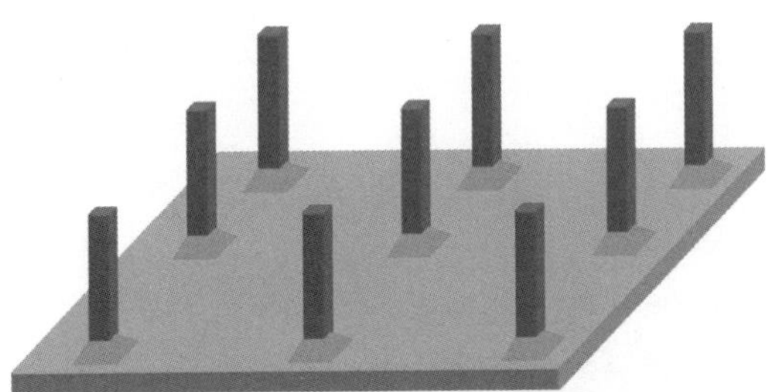

图 4-1 平板式筏形基础

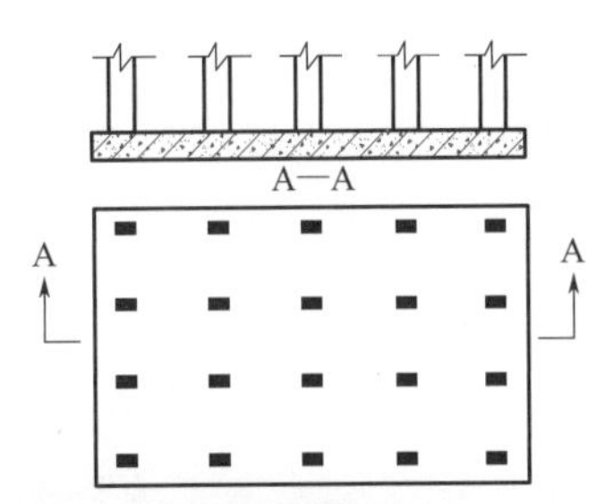

图 4-2 平板式筏形基础 A—A 剖面图

图 4-3 平板式筏形基础三维图

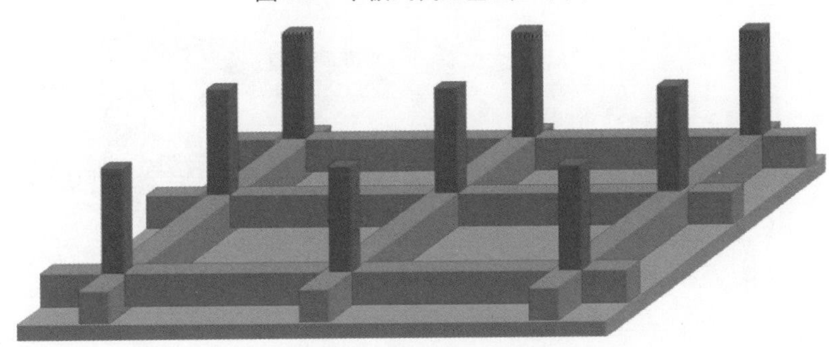

图 4-4 梁板式筏形基础

梁板式筏形基础分为单向肋筏形基础，即仅在一个方向的柱下布置肋梁；双向肋筏形基础，即在纵、横两个方向的柱下都布置肋梁。单向肋筏形基础如图 4-5（a）所示，双向肋筏形基础如图 4-5（b）所示。

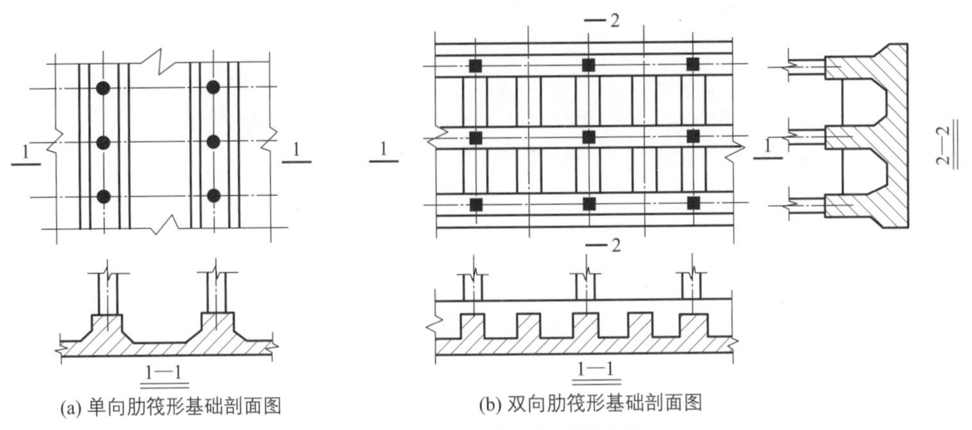

图 4-5 梁板式筏形基础剖面图

梁板式筏形基础三维示意图如图 4-6 所示。

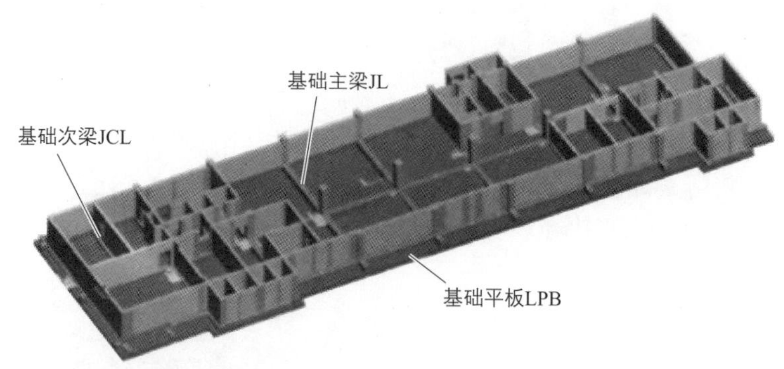

图 4-6　梁板式筏形基础三维图

4.1.1.3　筏形基础中包括的钢筋骨架

筏形基础包括基础主梁、基础次梁、筏基平板。

基础主梁三维示意图如图 4-7 所示。

扫码看视频

筏形基础中包括的钢筋骨架

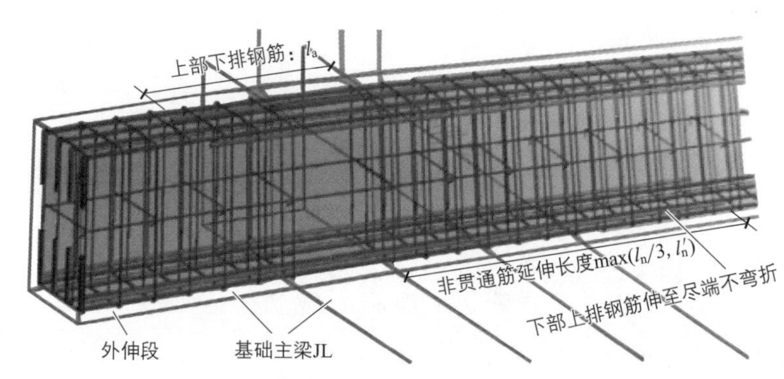

图 4-7　基础主梁三维图

基础次梁三维示意图如图 4-8 所示。

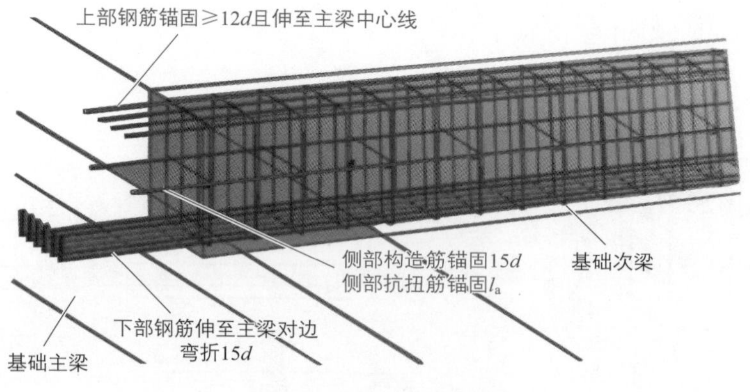

图 4-8　基础次梁三维图

筏基平板三维示意图如图 4-9 所示。

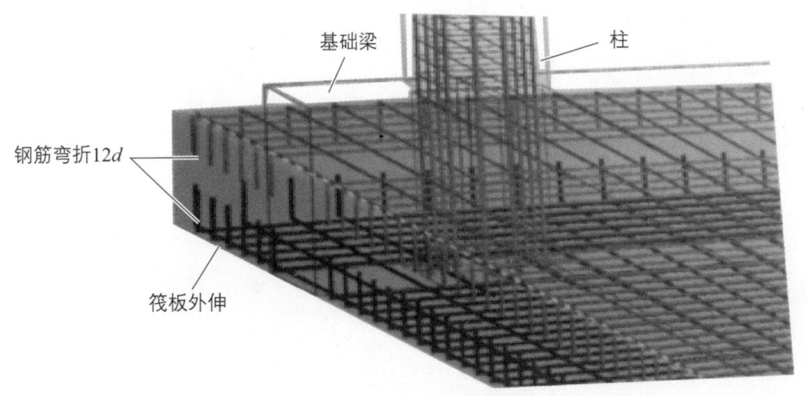

图 4-9 筏基平板三维图

4.1.1.4 梁板式筏形基础的特点

梁板式筏形基础由基础主梁 JL、基础次梁 JCL、基础平板 LPB 构成。

① 基础主梁 JL 就是具有框架柱插筋的基础梁。

② 基础次梁 JCL 就是以基础主梁为支座的基础梁。

③ 基础平板 LPB 就是基础梁之间部分及外伸部分的平板。

由于基础平板与基础梁之间的相对位置不同，《混凝土结构施工钢筋排布规则与构造详图（独立基础、条形基础、筏形基础及桩基础）》（18 G901-3）图集又把梁板式筏形基础分为低板位、高板位和中板位三种。

低板位、高板位和中板位示意图如图 4-10 所示。

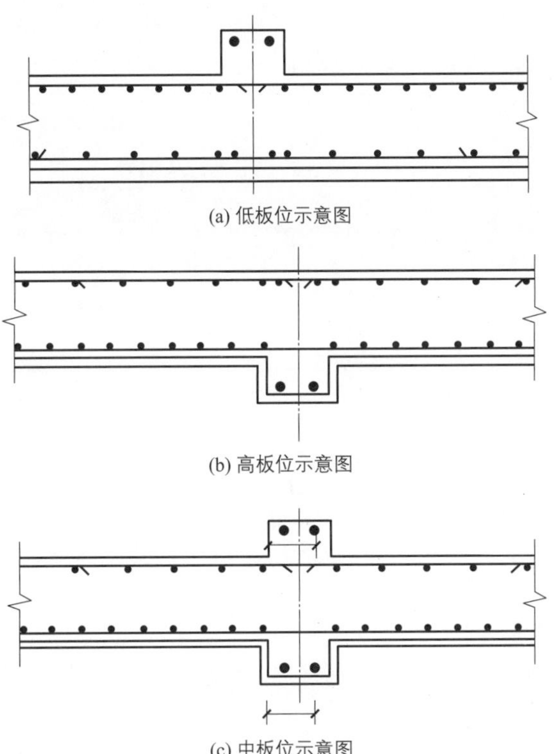

(a) 低板位示意图
(b) 高板位示意图
(c) 中板位示意图

图 4-10 梁板式筏形基础板位示意图

低板位的基础梁底与基础板底一平。高板位的基础梁顶与基础板顶一平。中板位的基础平板位于基础梁的中部。

低板位的筏形基础较为多见，习惯称之为正筏板，即基础梁高于基础平板的筏形基础。高板位的筏形基础习惯称之为倒筏板，在工程中也时有发生，其形状就好比把正筏板倒过来一样。

4.1.1.5 平板式筏形基础的特点

当按板带进行设计时，平板式筏形基础由柱下板带 ZXB、跨中板带 KZB 构成。所谓按板带划分，就是把筏板基础按纵向和横向切开成许多条板带，其中，柱下板带 ZXB 就是含有框架柱插筋的那些板带；跨中板带 KZB 就是相邻两条柱下板带之间所夹着的那条板带。

当设计不分板带时，平板式筏形基础则可按基础平板 BPB 进行表达。基础平板 BPB 就是把整个筏板基础作为一块平板来进行处理。

扫码看视频

基础主梁与基础次梁的平面注写方式

4.1.2 基础主/次梁平法识图

4.1.2.1 基础主梁与基础次梁的平面注写方式

（1）基础主梁 JL 与基础次梁 JCL 的平面注写方式

分集中标注与原位标注两部分内容。当集中标注中的某项数值不适用于梁的某部位时，则将该项数值采用原位标注，施工时，原位标注优先。

（2）基础主梁 JL 与基础次梁 JCL 的集中标注内容

包括基础梁编号、截面尺寸、配筋三项必注内容，基础梁底面标高高差（相对于筏形基础平板底面标高）一项选注内容。具体规定如下。

① 注写基础梁的编号，如表 4-1 所示。

表 4-1 梁板式筏形基础梁编号

构件类型	代号	序号	跨数及有无外伸
基础主梁（柱下）	JL	××	（××）或（××A）或（××B）
基础次梁	JCL	××	（××）或（××A）或（××B）
梁板式筏形基础平板	LPB	××	

注：1.（××A）为一端有外伸，（××B）为两端有外伸，外伸不计入跨数。

2. 梁板式筏形基础平板跨数及是否有外伸分别在 X、Y 两向的贯通纵筋之后表达，图面从左至右为 X 向，从下至上为 Y 向。

3. 梁板式筏形基础主梁与条形基础梁编号与标准构造详图一致。

② 注写基础梁的截面尺寸。以 $b \times h$ 表示梁截面宽度与高度；当为竖向加腋梁时，用 $b \times h \& C_1 \times C_2$ 表示，其中 C_1 为腋长，C_2 为腋高。

（3）注写基础梁配筋

① 当采用一种箍筋间距时，注写钢筋种类、直径、间距与肢数（写在括号内）。

② 当采用两种箍筋时，用“/”分隔不同箍筋，按照从基础梁两端向跨中的顺序注写。先注写第一段箍筋（在前面加注肢数），在斜线后再注写第二段箍筋（不再加注肢数）。

例如，“9Φ16@100/200（6）”表示箍筋是 9 根直径为 16mm 的Ⅰ级钢筋，从梁端向跨内按间距为100mm设置9道，其余间距为200mm，均为六肢箍。

施工时应注意：两向基础主梁相交的柱下区域，应有一向截面较高的基础主梁按梁端箍筋贯通设置；当两向基础主梁高度相同时，任选一向基础主梁箍筋贯通设置。

（4）注写基础梁的顶部、底部和侧向纵筋钢筋

① 以B打头，先注写梁底部贯通纵筋（不应少于底部受力钢筋总截面的1/3）。当跨中所注根数少于箍筋肢数，需要在跨中加设架立筋以固定箍筋，注写时，用“＋”号将贯通纵筋与架立筋相连，架立筋注写在“＋”号后面的括号内。

② 以T打头，注写梁顶贯通纵筋值。注写时用分号“；”将底部与顶部纵筋分隔开。

③ 梁顶部贯通纵筋注写如下：B：4⏀32；T：7⏀32，表示梁的底部配置4⏀32的贯通纵筋，梁的顶部配置7⏀32的贯通纵筋。

④ 梁底部或顶部贯通纵筋多于一排时，用“/”将各排自上而下地分开。

注：1. 基础主梁与基础次梁的底部贯通纵筋，可在跨中1/3净跨长度范围内采用搭接连接、机械连接或焊接。

2. 基础主梁与基础次梁的顶部贯通纵筋，可在距支座1/4净跨长度范围内采用搭接连接，或在支座附近采用机械连接或焊接（均应严格控制接头百分率）。

⑤ 以大写字母G打头注写基础梁两侧面对称设置的纵向构造钢筋的总配筋值（当梁腹板高度h_w不小于450mm时，根据需要配置）。

⑥ 当需要配置抗扭纵向钢筋时，梁两个侧面设置的抗扭纵向钢筋以N打头。

注：1. 当为梁侧面构造钢筋时，其搭接与锚固长度可取为15d。

2. 当为梁侧面受扭纵向钢筋时，其锚固长度为l_a，搭接长度为l_l；其锚固方式同基础梁上部纵筋。

（5）注写基础梁底面标高高差（系指相对于筏形基础平板底面标高的高差值）

该项为选注值。有高差时需将高差写入括号内（如高板位与中板位基础梁的底面与基础平板底面标高的高差值），无高差时不注（如低板位筏形基础的基础梁）。

4.1.2.2 基础主梁与基础次梁的原位注写方式

（1）注写梁端支座区域的底部全部纵筋

注写梁端支座区域的底部全部纵筋系指包含贯通纵筋与非贯通纵筋在内的所有纵筋。

① 当梁端底部纵筋多于一排时，用“/”将各排纵筋自上而下分开。梁端（支座）区域底部纵筋注写如下：10⏀25 4/6，则表示上一排纵筋为4⏀25，下一排纵筋为6⏀25。

② 当同排纵筋有两种直径时，用“＋”号将两种直径的纵筋相连。梁端（支座）区域底部纵筋注写如下：4⏀28＋2⏀25，表示一排纵筋由两种不同直径钢筋组合。

③ 当梁中间（支座）两边的底部纵筋配置不同时，需在支座两边分别标注；当梁中间支座两边的底部纵筋相同时，可仅在支座的一边标注配筋值。

④ 当梁端（支座）区域的底部全部纵筋与集中注写过的贯通纵筋相同时，可不再重复做原位标注。

⑤ 竖向加腋梁加腋部位钢筋，需在设置加腋的支座处以Y打头注写在括号内。

设计时应注意：当对底部一平的梁支座两边的底部非贯通纵筋采用不同配筋值时，应先按较小一边的配筋值选配相同直径的纵筋贯穿支座，再将较大一边的配筋差值选配适当直径的钢筋锚入支座，避免造成两边大部分钢筋直径不相同的不合理配置结果。

施工及预算方面应注意：当底部贯通纵筋经原位修正注写后，两种不同配置的底部贯通

纵筋应在两个邻跨中配置较小一跨的跨中连接区域连接（即配置较大一跨的底部贯通纵筋需越过其跨数终点或起点伸至邻跨的跨中连接区域。具体位置参见标准构造详图）。

（2）注写基础梁的附加箍筋或（反扣）吊筋

将其直接画在平面图中的主梁上，用线引注总配筋值（附加箍筋的肢数注在括号内），当多数附加箍筋或（反扣）吊筋相同时，可在基础梁平法施工图上统一注明，少数与统一注明值不同时，再原位引注。

施工时应注意：附加箍筋或（反扣）吊筋的几何尺寸应按照标准构造详图，结合其所在位置的主梁和次梁的截面尺寸确定。

（3）当基础梁外伸部位为变截面高度时

在该部位原位注写 $b \times h$、h_1/h_2，h_1 为根部截面高度，h_2 为尽端截面高度。

（4）注写修正内容

当在基础梁上集中标注的某项内容（如梁截面尺寸、箍筋、底部与顶部贯通纵筋或架立筋、梁侧面纵向构造钢筋、梁底面标高高差等）不适用于某跨或某外伸部分时，则将其修正内容原位标注在该跨或该外伸部位，施工时原位标注优先。

当在多跨基础梁的集中标注中已注明竖向加腋，而该梁某跨根部不需要竖向加腋时，则应在该跨原位标注等截面的 $b \times h$，以修正集中标注中的加腋信息。

4.1.3 平板式筏形基础识图

4.1.3.1 平板式筏形基础平法施工图的表示方法

平板式筏形基础平法施工图系在基础平面布置图上采用平面注写方式表达。

当绘制基础平面布置图时，应将平板式筏形基础与其所支承的柱、墙一起绘制。当基础底面标高不同时，需注明与基础底面基准标高不同之处的范围和标高。

4.1.3.2 平板式筏形基础构件的类型与编号

平板式筏形基础的平面注写表达方式有以下两种。

① 划分为柱下板带和跨中板带进行表达。

② 按基础平板进行表达。

平板式筏形基础构件编号如表 4-2 所示。

表 4-2 平板式筏形基础构件编号

构件类型	代号	序号	跨数及有无外伸
柱下板带	ZXB	××	（××）或（××A）或（××B）
跨中板带	KZB	××	（××）或（××A）或（××B）
平板式筏形基础平板	BPB	××	

注：1.（××A）为一端有外伸，（××B）为两端有外伸，外伸不计入跨数。

2. 平板式筏形基础平板，其跨数及是否有外伸分别在 X，Y 两向的贯通纵筋之后表达。图面从左至右为 X 向，从下至上为 Y 向。

4.1.3.3 柱下板带、跨中板带的平面注写方式

柱下板带 ZXB（视其为无箍筋的宽扁梁）与跨中板带 KZB 的平面注写，分集中标注与

原位标注两部分内容。

柱下板带与跨中板带标注说明如表 4-3 所示。

表 4-3 柱下板带 ZXB 与跨中板带 KZB 标注说明

集中标注说明：集中标注应在第一跨引出		
注写形式	表达内容	附加说明
ZXB×××（×B）或 KZB××（×B）	柱下板带或跨中板带编号，具体包括：代号、序号（跨数及外伸状况）	（×A）：一端有外伸；（×B）：两端均有外伸；无外伸则仅注跨数（×）
b=××××	板带宽度（在图注中应注明板厚）	板带宽度取值与设置部位应符合规范要求
BΦ××@×××； TΦ××@×××	底部贯通纵筋强度等级、直径、间距；顶部贯通纵筋强度等级、直径、间距	底部纵筋应有不少于 1/3 贯通全跨，注意与非贯通纵筋组合设置的具体要求，详见制图规则
板底部附加非贯通纵筋原位标注说明		
注写形式	表达内容	附加说明
ⓐΦ××@××× ×××× 柱下板带：ⓐΦ××@××× ×××× 跨中板带：ⓑΦ××@××× ××××	底部非贯通纵筋编号、强度等级、直径、间距；自柱中线分别向两边跨内的伸出长度值	同一板带中其他相同非贯通纵筋可仅在中粗虚线上注写编号。向两侧对称伸出时，可只在一侧注写伸出长度值。向外伸部位的伸出长度与方式按标准构造，设计不注。与贯通纵筋组合设置时的具体要求详见相应制图规则
修正内容原位注写	某部位与集中标注不同的内容	原位标注的修正内容取值优先

柱下板带与跨中板带的集中标注，应在第一跨（X 向为左端跨，Y 向为下端跨）引出。具体规定如下。

① 平板式筏形基础构件编号如表 4-2 所示。

② 注写截面尺寸。注写 b = ×××× 表示板带宽度（在图注中注明基础平板厚度）。确定柱下板带宽度应根据规范要求与结构实际受力需要。当柱下板带宽度确定后，跨中板带宽度亦随之确定（即相邻两平行柱下板带之间的距离）。当柱下板带中心线偏离柱中心线时，应在平面图上标注其定位尺寸。

③ 注写底部与顶部贯通纵筋，具体内容为：注写底部贯通纵筋（B 打头）与顶部贯通纵筋（T 打头）的规格与间距，用分号“；”将其分隔开来。对于柱下板带的柱下区域，通常在其底部贯通纵筋的间隔内插空设有（原位注写的）底部附加非贯通纵筋。

例如，某底部与顶部贯通纵筋标注为“B：Φ22@300；T：Φ25@150”表示板带底部配置Φ22 间距为 300mm 的贯通纵筋，板带顶部配置Φ25 间距为 150mm 的贯通纵筋。

注：1. 柱下板带与跨中板带的底部贯通纵筋，可在跨中 1/3 净跨长度范围内采用搭接连接、机械连接或焊接。

2. 柱下板带及跨中板带的顶部贯通纵筋，可在柱网轴线附近 1/4 净跨长度范围内采用搭接连接、机械连接或焊接。

施工及预算方面应注意：当柱下板带的底部贯通纵筋配置从某跨开始改变时，两种不同配置的底部贯通纵筋应在两毗邻跨中配置较小跨的跨中连接区域连接（即配置较大跨的底部贯通纵筋需越过其跨数终点或起点伸至毗邻跨的跨中连接区域。具体位置参见标准构造详图）。

柱下板带与跨中板带原位标注的内容，主要为底部附加非贯通纵筋。具体规定如下。

① 注写内容。以一段与板带同向的中粗虚线代表附加非贯通纵筋；柱下板带贯穿其柱下区域绘制；跨中板带横贯柱中线绘制。在虚线上注写底部附加非贯通纵筋的编号（如①、②等）、钢筋级别、直径、间距，以及自柱中线分别向两侧跨内的伸出长度值。当向两侧对称伸出时，长度值可仅在一侧标注，另一侧不注。外伸部位的伸出长度与方式按标准构造，设计不注。对同一板带中底部附加非贯通筋相同者，可仅在一根钢筋上注写，其他可仅在中粗虚线上注写编号。

② 原位注写的底部附加非贯通纵筋与集中标注的底部贯通纵筋，宜采用“隔一布一”的方式布置，即柱下板带或跨中板带与底部贯通纵筋相同（两者实际组合的间距为各自标注间距的 1/2）。

例如，某柱下区域注写底部附加非贯通纵筋标注为“③ ⌀22@300”，集中标注的底部贯通纵筋为“B：⌀22@300”，则表示在柱下区域实际设置的底部纵筋为 ⌀22@150，其他部位与③号筋相同的附加非贯通纵筋仅注编号③。

例如，某柱下区域注写底部附加非贯通纵筋标注为“② ⌀25@300”，集中标注的底部贯通纵筋为“B：⌀22@300”，则表示在柱下区域实际设置的底部纵筋为 ⌀25 和 ⌀22 间隔布置，彼此之间间距为 150mm。

当跨中板带在轴线区域不设置底部附加非贯通纵筋时，则不做原位注写。具体规定如下。

① 注写修正内容。当在柱下板带、跨中板带上集中标注的某些内容（如截面尺寸、底部与顶部贯通纵筋等）不适用于某跨或某外伸部分时，则将修正的数值原位标注在该跨或该外伸部位，施工时原位标注取值优先。

② 设计时应注意：对于支座两边不同配筋值的（经注写修正的）底部贯通纵筋，应按较小一边的配筋值选配相同直径的纵筋贯穿支座，较大一边的配筋差值选配适当直径的钢筋锚入支座，避免造成两边大部分钢筋直径不相同的不合理配置结果。

柱下板带 ZXB 与跨中板带 KZB 的注写规定，同样适用于平板式筏形基础上局部有剪力墙的情况。

4.1.3.4 平板式筏形基础平板 BPB 的平面注写方式

平板式筏形基础平板 BPB 的平面注写分集中标注与原位标注两部分内容。当仅设置底部与顶部贯通纵筋而未设置底部附加非贯通纵筋时，则仅做集中标注。

基础平板 BPB 的平面注写与柱下板带 ZXB、跨中板带 KZB 的平面注写虽是不同的表达方式，但可以表达同样的内容。当整片板式筏形基础配筋比较规律时，宜采用 BPB 表达方式。

平板式筏形基础平板 BPB 标注说明如图 4-4 所示。

表 4-4 平板式筏形基础平板 BPB 标注说明

集中标注说明：集中标注应在双向均为第一跨引出		
注写形式	表达内容	附加说明
BPB×××	基础平板编号，包括代号和序号	为平板式筏形基础的基础平板
h=××××	基础平板厚度	

续表

集中标注说明：集中标注应在双向均为第一跨引出		
注写形式	表达内容	附加说明
X：B⏀××@×××； T⏀××@×××；(4B) Y：B⏀××@×××； T⏀××@×××；(3B)	X或Y向底部与顶部贯通纵筋强度级别、直径、间距（跨数及外伸情况）	底部纵筋应有不少于1/3贯通全跨，注意与非贯通纵筋组合设置的具体要求，详见制图规则。顶部纵筋应全跨贯通。用B引导底部贯通纵筋，用T纵筋，用T引导顶部贯通纵筋。(×A)：一端有外伸；(×B)：两端均有外伸；无外伸则仅注跨数至右为X向，从下至上为Y向
板底部附加非费通筋的原位标注说明：原位标注应在基础梁下相同配筋跨的第一跨下注写		
注写形式	表达内容	附加说明
Ⓧ⏀××@×××(×、×A、×B) ×××× 柱中线	底部附加非贯通纵筋编号、强度等级、直径、间距（相同配筋横向布置的跨数及有无布置到外伸部位）；自梁中心线分别向两边跨内的伸出长度值	当向两侧对称伸出时，可只在一侧注写伸出长度值。外伸部位一侧的伸出长度与方式按标准构造，设计不注。相同非贯通纵筋可只注写一处，其他仅在中粗虚线上注写编号。与贯通纵筋组合设置时的具体要求详见相应制图规则
注写修正内容	某部位与集中标注不同的内容	原位标注的修正内容取值优先

（1）平板式筏形基础平板BPB的集中标注

当某向底部贯通纵筋或顶部贯通纵筋的配置，在跨内有两种不同间距时，先注写内两端的第一种间距，并在前面加注纵筋根数（以表示其分布的范围）：再注写跨中部的第二种间距（不需加注根数），两者用“/”分隔。

例如，“X：B：12⏀22@150/200；T：10⏀20@150/200”表示基础平板X向底部配置⏀22的贯通纵筋，跨两端间距为150mm，配12根，跨中间距为200mm；X向顶部配置⏀20的贯通纵筋，跨两端间距为150mm，配10根，跨中间距为200mm（纵向总长度略）。

（2）平板式筏形基础平板BPB原位标注

① 主要表达横跨柱中心线下的底部附加非贯通纵筋。注写规定如下：原位注写位置及内容。在配置相同的若干跨的第一跨，垂直于柱中线绘制一段中粗虚线代表底部附加非贯通纵筋，在虚线上的注写内容与之前讲的相同。当柱中心柱下的底部附加非贯通纵筋（与柱中心线正交）沿柱中心线连续若干配置相同时。则在该连续跨的第一跨下原位注写，且将同规格配筋连续布置的跨数注在括号内，当有些跨配置不同时，则应分别原位注写。外伸部位的底部附加非贯通纵筋应单独注写（当与跨内某筋相同时仅注写钢筋编号）。

② 当底部附加非贯通纵筋横向布置在跨内有两种不同间距的底部贯通纵筋区域时，其间距应分别对应为两种，其注写形式应与贯通纵筋保持一致，即先注写跨内两端的第一种间距，并在前面加注纵筋根数；再注写跨中部的第二种间距（不需加注根数），两者用“/”分隔。

③ 当某些柱中心线下的基础平板底部附加非贯通纵筋横向配置相同时（其底部、顶部的贯通纵筋可以不同），可仅在一条中心线下做原位注写，并在其他柱中心线上注明“该柱中心

线下基础平板底部附加非贯通纵筋同 ×× 柱中心线”。

平板式筏形基础平板 BPB 的平面注写规定，同样适用于平板式筏形基础上局部有剪力墙的情况。

4.1.4 筏形基础相关构件平法识图

4.1.4.1 梁板式筏形基础平法施工图的表示方法

梁板式筏形基础平法施工图，是在基础平面布置图上采用平面注写方式进行表达。

当绘制基础平面布置图时，应将梁板式筏形基础与其所支承的柱、墙一起绘制。梁板式筏形基础以多数相同的基础平板底面标高作为基础底面基准标高。当基础底面标高不同时，需注明与基础底面基准标高不同之处的范围和标高。

通过选注基础梁底面与基础平板底面的标高高差来表达两者间的位置关系，可以明确其高板位（梁顶与板顶一平）、低板位（梁底与板底一平）以及中板位（板在梁的中部）三种不同位置组合的筏形基础，方便设计表达。

对于轴线未居中的基础梁，应标注其定位尺寸。

4.1.4.2 梁板式筏形基础构件的类型与编号

梁板式筏形基础由基础主梁、基础次梁、基础平板构成，编号如表 4-5 所示。

表 4-5 梁板式筏形基础构件编号

构件类型	代号	序号	跨数及有无外伸
基础主梁（柱下）	JL	××	（××）或（××A）或（××B）
基础次梁	JCL	××	（××）或（××A）或（××B）
梁板式筏形基础平板	LPB	××	

注：1.（××A）为一端有外伸，（××B）为两端有外伸，外伸不计入跨数。

2. 平板式筏形基础平板，其跨数及是否有外伸分别在 X、Y 两向的贯通纵筋之后表达。图面从左至右为 X 向，从下至上为 Y 向。

3. 梁板式筏形基础主梁与条形基础梁编号与标准构造详图一致。

4.1.4.3 梁板式筏形基础平板的平面注写方式

（1）梁板式筏形基础平板 LPB 的平面注写

分板底部与顶部贯通纵筋的集中标注与板底部附加非贯通纵筋的原位标注两部分内容。当仅设置贯通纵筋而未设置附加非贯通纵筋时，则仅做集中标注。

（2）梁板式筏形基础平板 LPB 贯通纵筋的集中标注

应在所表达的板区双向均为第一跨（X 与 Y 双向首跨）的板上引出（图面从左至右为 X 向，从下至上为 Y 向）。

① 板区划分条件。板厚相同、基础平板底部与顶部贯通纵筋配置相同的区域为同板区。集中标注的内容规定如下。

a. 注写基础平板的编号如表 4-1 所示。

b. 注写基础平板的截面尺寸。注写 h = ××× 表示板厚。

c. 注写基础平板的底部与顶部贯通纵筋及其跨数及外伸情况。先注写 *X* 向底部（B 打头）贯通纵筋与顶部（T 打头）贯通纵筋及纵向长度范围；再注写 *Y* 向底部（B 打头）贯通纵筋与顶部（T 打头）贯通纵筋及其跨数及外伸情况（图面从左至右为 *X* 向，从下至上为 *Y* 向）。

d. 贯通纵筋的跨数及外伸情况注写在括号中，注写方式为“跨数及有无外伸”，其表达形式为：(××)（无外伸）、(××A)（一端有外伸）或（××B）（两端有外伸）。

e. 例如，“X：B⌀22@150；T⌀20@150；(5B)；Y：B⌀20@200；T⌀18@200；(7A)”表示基础平板 *X* 向底部配置 ⌀22 间距为 150mm 的贯通纵筋，顶部配置 ⌀20 间距为 150mm 的贯通纵筋，纵向总长度为 5 跨两端有外伸；*Y* 向底部配置 ⌀20 间距为 200mm 的贯通纵筋，顶部配置 ⌀18 间距为 200mm 的贯通纵筋，共 7 跨，一端有外伸。

注：基础平板的跨数以构成柱网的主轴线为准；两组轴线之间无论有几道辅助轴线（例如框架结构中混凝土内筒中的多道墙体）均可按一跨考虑。

f. 当贯通筋采用两种规格钢筋“隔一布一”方式时，表达为Φ *xx/yy*@×××，表示直径 *xx* 的钢筋和直径 *yy* 的钢筋之间的间距为 ×××，直径为 *xx* 的钢筋、直径为 *yy* 的钢筋间距分别为 ××× 的 2 倍。

施工及预算方面应注意：当基础平板分板区进行集中标注，且相邻板区板底一平时，两种不同配置的底部贯通纵筋应在两毗邻板跨中配筋较小板跨的跨中连接区域连接（即配置较大板跨的底部贯通纵筋需越过板区分界线伸至毗邻板跨的跨中连接区域）。

② 集中标注的内容主要表达板底部附加非贯通筋。具体规定如下。

a. 原位注写位置及内容。板底部原位标注的附加非贯通纵筋，应在配置相同跨的第一跨表达（当在基础梁悬挑部位单独配置时则在原位表达）。在配置相同跨的第一跨（或基础梁外伸部位），垂直于基础梁绘制一段中粗虚线（当该筋通长设置在外伸部位或短跨板下部时，应画至对边或贯通短跨），在虚线上注写编号（如①、②等）、配筋值、横向布置的跨数及是否布置到外伸部位。

注：(××) 为横向布置的跨数，(××A) 为横向布置的跨数及一端基础梁的外伸部位，(××B) 为横向布置的跨数及两端基础梁外伸部位，板底部附加非贯通纵筋向两边跨内的伸出长度值注写在线段的下方位置。当该筋向两侧对称伸出时，可仅在一侧标注，另一侧不注，当布置在边梁下时，向基础平板外伸部位侧的伸出长度与方式按标准构造，设计不注底部附加非贯通筋相同者，可仅注写一处，其他只注写编号横向连续布置的跨数及是否布置到外伸部位，不受集中标注贯通纵筋的板区限制。

b. 板底部附加非贯通纵筋向两边跨内的伸出长度值注写在线段的下方位置。当该筋向两侧对称伸出时，可仅在一侧标注，另一侧不注；当布置在边梁下时，向基础平板外伸部位一侧的伸出长度与方式按标准构造，设计不注。底部附加非贯通筋相同者，可仅注写一处，其他只注写编号。

c. 横向连续布置的跨数及是否布置到外伸部位，不受集中标注贯通纵筋的板区限制。

d. 在基础平板第一跨原位注写底部附加非贯通纵筋如“⌀18@300 (4A)”，则表示在第一跨至第四跨板且包括基础梁外伸部位横向配置 ⌀18@300 底部附加非贯通纵筋。伸出长度值略。

e. 原位注写的底部附加非贯通纵筋与集中标注的底部贯通钢筋，宜采用“隔一布一”的方式布置，即基础平板（*X* 向或 *Y* 向）底部附加非贯通纵筋与贯通纵筋间隔布置，其标注间距与底部贯通纵筋相同（两者实际组合后的间距为各自标注间距的 1/2）。

f. 原位注写的基础平板底部附加非贯通纵筋如为“⑤ ⌀22@300（3）”，则表示该 3 跨范围集中标注的底部贯通纵筋为 B ⌀22@300，在该 3 跨支座处实际横向设置的底部纵筋合计为 ⌀22@150。其他与⑤号筋相同的底部附加非贯通纵筋可仅注编号⑤。

g. 原位注写的基础平板底部附加非贯通纵筋如为“② ⌀25@300@（4）”，则表示该 4 跨范围集中标注的底部贯通纵筋为 B ⌀22@300，表示该 4 跨支座处实际横向设置的底部纵筋为 ⌀25 和 ⌀22 间隔布置，彼此间距为 150mm。

③ 注写修正内容。当集中标注的某些内容不适用于梁板式筏形基础平板某板区的某一板跨时，应由设计者在该板跨内注明，施工时应按注明内容取用。

④ 当若干基础梁下基础平板的底部附加非贯通纵筋配置相同时（其底部、顶部的贯通纵筋可以不同），可仅在一根基础梁下做原位注写，并在其他梁上注明“该梁下基础平板底部附力筋同 ×× 基础梁”。

⑤ 梁板式筏形基础平板 LPB 的平面注写规定，同样适用于钢筋混凝土墙下的基础平板。

4.1.4.4 其他

与梁板式筏形基础相关的后浇带、下柱墩、基坑（沟）等构造的平法施工图设计的相关规定。应在图中注明的其他内容如下。

① 当在基础平板周边沿侧面设置纵向构造钢筋时，应在图中注明。

② 应注明基础平板外伸部位的封边方式，当采用 U 形钢筋封边时应注明其规格、直径及间距。

③ 当基础平板外伸变截面高度时，应注明外伸部位。

④ 当基础平板厚度大于 2m 时，应注明具体构造要求。

⑤ 当在基础平板外伸阳角部位设置放射筋时，应注明放射筋的强度等级、直径、根数以及设置方式等。

⑥ 当在板的分布范围内采用拉筋时，应注明拉筋的强度等级、直径、双向间距等。

⑦ 应注明混凝土垫层厚度与强度等级。

⑧ 结合基础主梁交叉纵筋的上下关系，当基础平板同一层面的纵筋相交叉时，应注明哪根纵筋在下，哪根纵筋在上。

⑨ 设计需注明的其他内容。

4.2 筏形基础钢筋构造

4.2.1 梁板式筏形基础平板 LPB 钢筋排布构造

梁板式筏形基础平板 LPB 钢筋排布构造如图 4-11 所示。

梁板式筏形基础平板 LPB 钢筋三维示意图如图 4-12 所示。

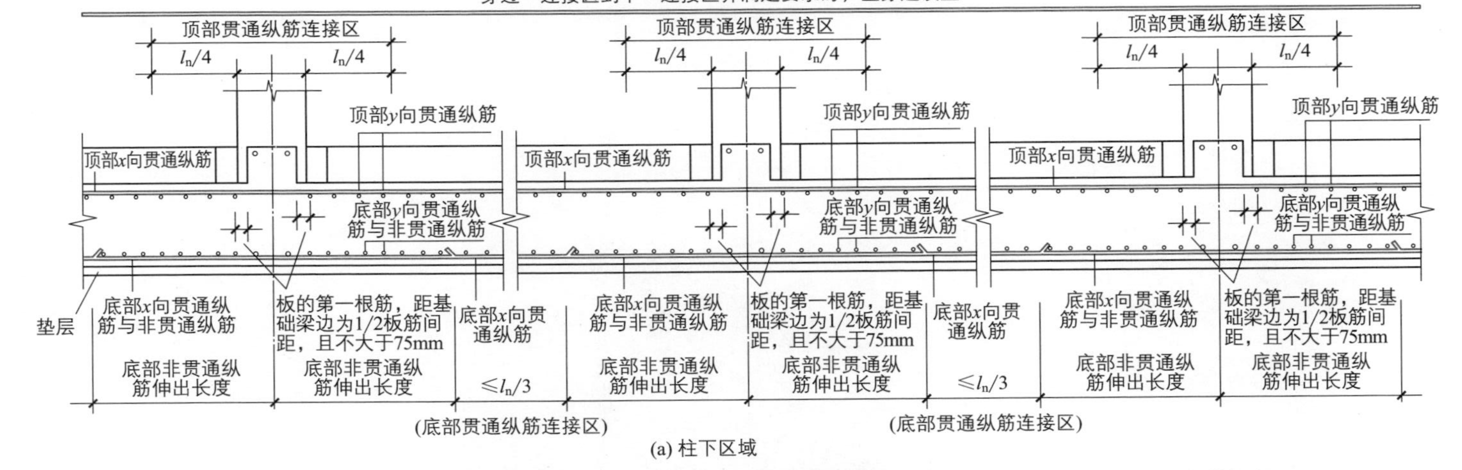

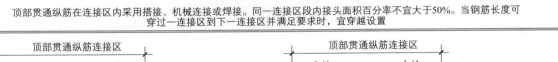

(a) 柱下区域

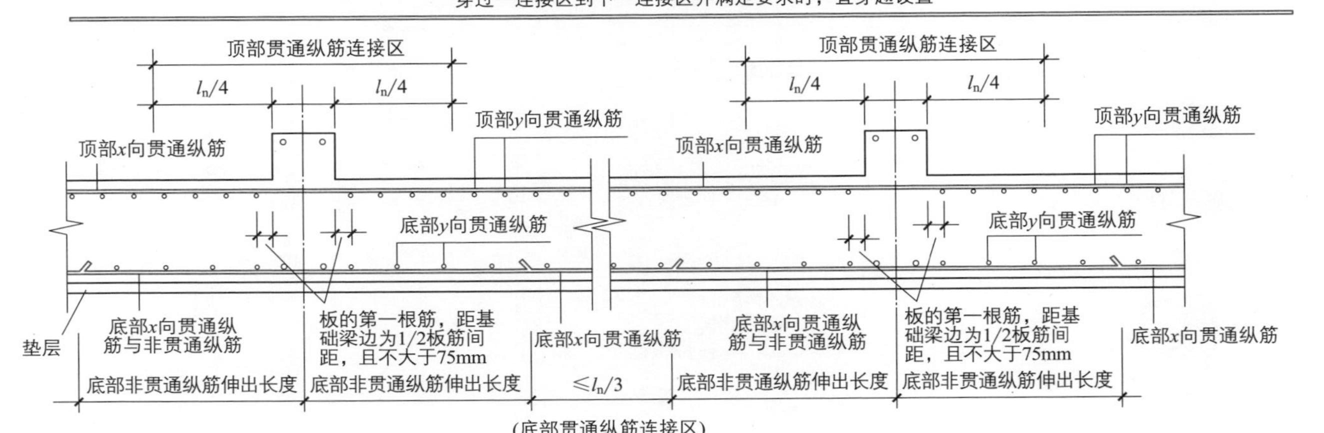

(b) 跨中区域

图 4-11　梁板式筏形基础平板 LPB 钢筋排布构造

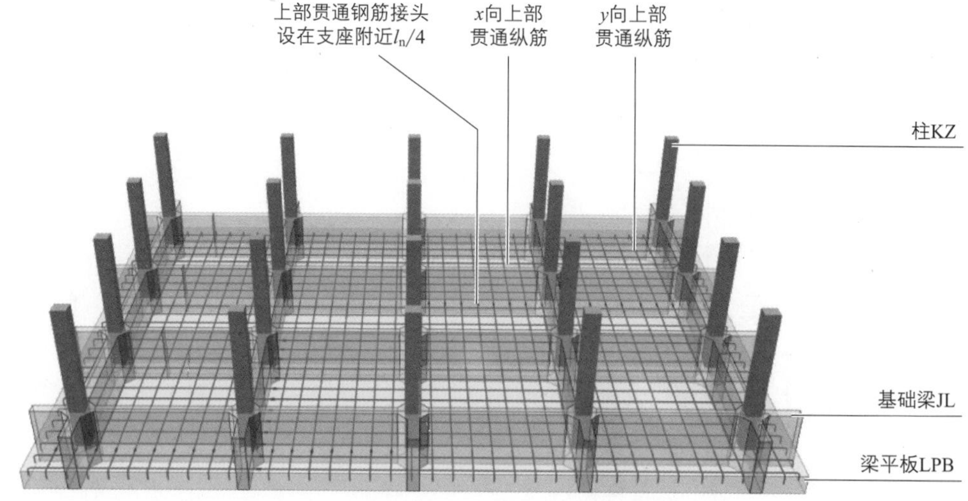

(a) 梁板式筏形基础上部配筋三维示意图1

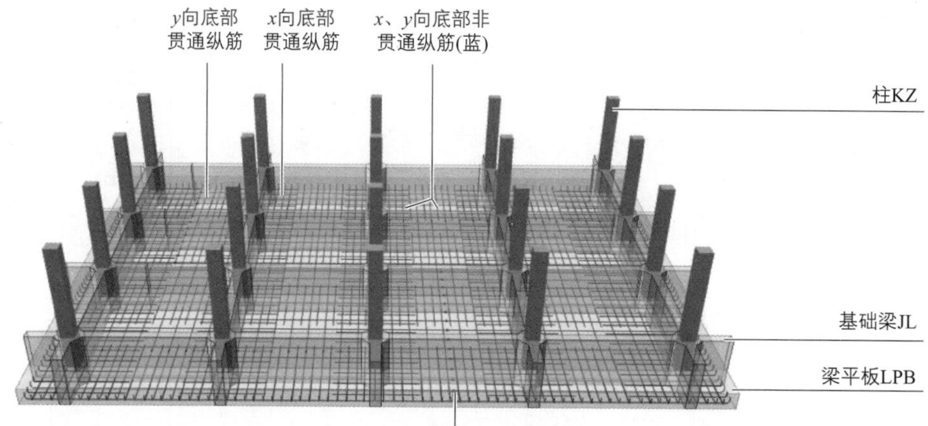

(b) 梁板式筏形基础下部配筋三维示意图2

图 4-12　梁板式筏形基础平板 LPB 钢筋三维图

注：在图 4-11 和图 4-12 中有如下规定。

1. 基础平板同一层面的交叉纵筋，上下位置关系应按具体设计说明。

2. 对于顶部纵筋，l_n 为支座两侧净跨度的较大值，边支座为边跨净跨度；对于底部纵筋，l_n 为板的净跨度。

3. 基础平板（X 向或 Y 向）底部附加非贯通纵筋与贯通纵筋“隔一布一”，即间隔布置，其标注间距与底部贯通纵筋相同（两者实际组合后的间距为各自标注间距的 1/2）。

4. 顶部贯通纵筋在连接区内采用搭接、机械连接或焊接。同一连接区段内接头面积百分率不宜大于 50%。当钢筋长度可穿过一连接区到下一连接区并满足要求时，宜穿越设置。

4.2.2　梁板式筏形基础平板外伸部位钢筋排布构造

梁板式筏形基础平板外伸部位钢筋排布构造如图 4-13 所示。

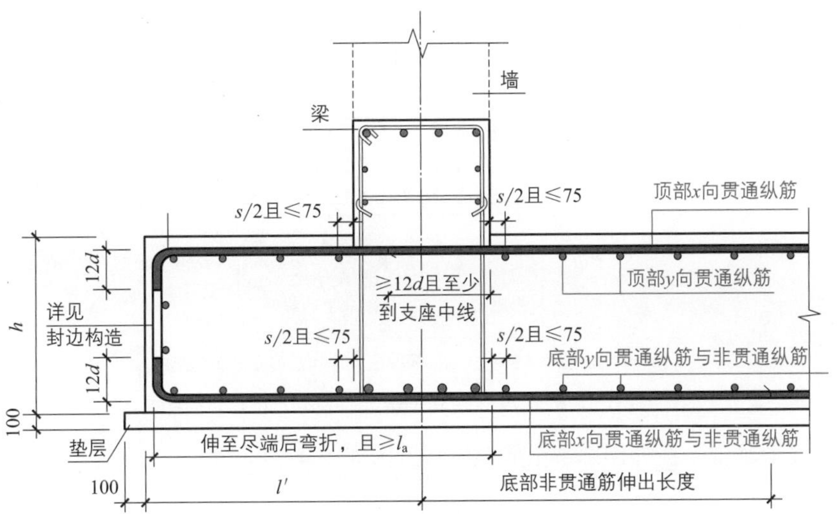

(a) 梁板式筏形基础平板端部等截面外伸部位钢筋排布构造1

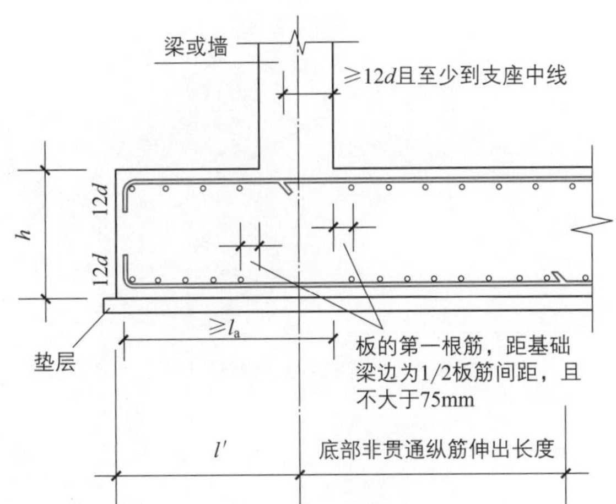

(b) 梁板式筏形基础平板端部等截面外伸部位钢筋排布构造2

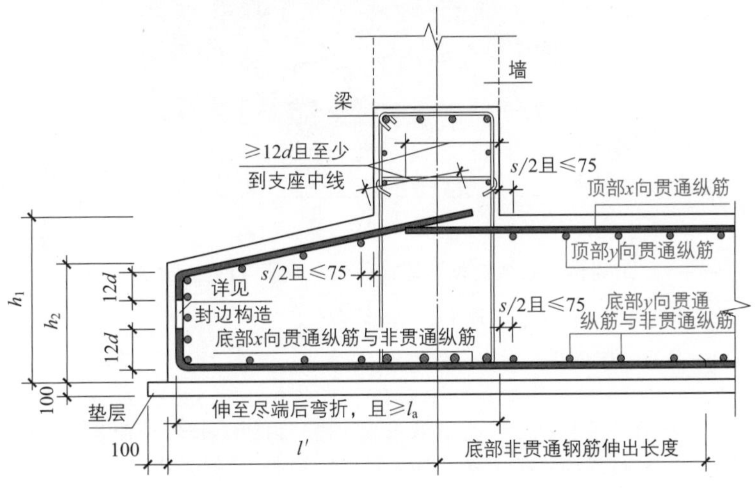

(c) 梁板式筏形基础平板端部变截面外伸部位钢筋排布构造1

图 4-13

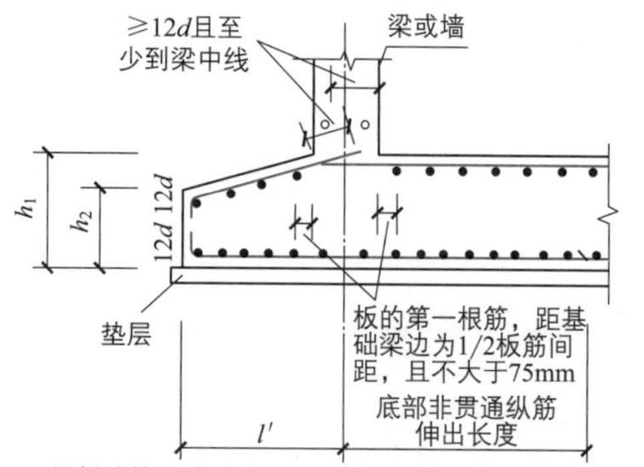

(d) 梁板式筏形基础平板端部等截面外伸部位钢筋排布构造2

图 4-13　梁板式筏形基础平板外伸部位钢筋排布构造

梁板式筏形基础平板外伸部位钢筋三维示意图如图 4-14 所示。

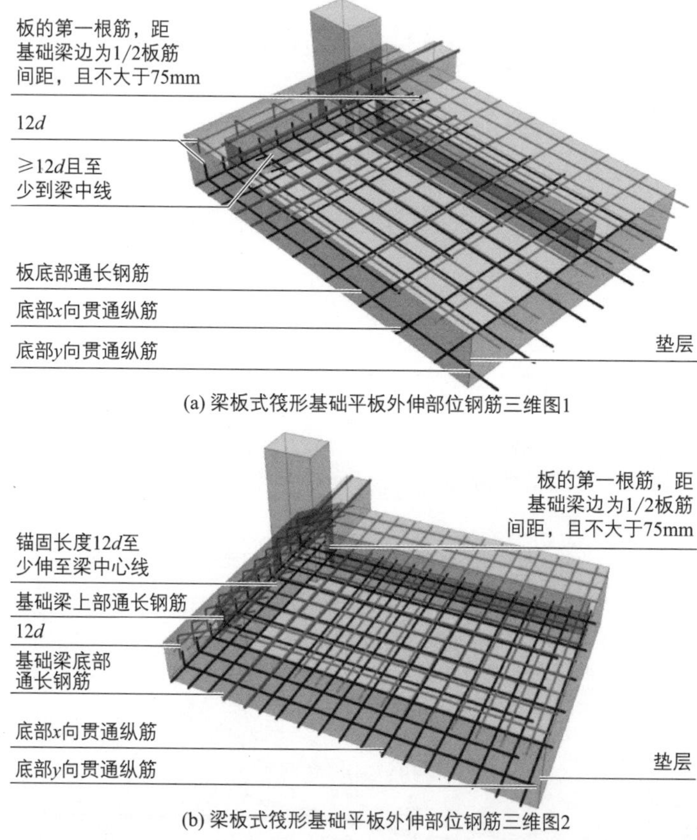

(a) 梁板式筏形基础平板外伸部位钢筋三维图1

(b) 梁板式筏形基础平板外伸部位钢筋三维图2

图 4-14　梁板式筏形基础平板外伸部位钢筋三维图

注：在图 4-13 和图 4-14 中有如下规定。

1. 基础平板同一层面的交叉纵筋，哪个方向的钢筋在上、哪个方向的钢筋在下，应按具体设计说明。当设计未做说明时，应按板跨长度将短跨方向的钢筋置于板厚外侧，另一方向的钢筋置于板厚内侧。

2. 端部等（变）截面外伸构造中，当从基础梁（墙）内边算起的外伸长度不满足直锚要求时，基础平板下部钢筋应伸至端部后弯折 15d，且从梁（墙）内边算起水平段长度应不小于 0.6l_{ab}。

3. 当基础板厚＞2000mm 时，宜在板厚方向间距不超过 1000mm 设置与板面平行的构造钢筋网片，且按设计设置。

4. s 为板钢筋间距

4.2.3 梁板式筏形基础平板端部无外伸部位钢筋排布构造

梁板式筏形基础平板端部无外伸部位钢筋排布构造如图 4-15 所示。

扫码看视频

梁板式筏形基础平板端部无外伸部位钢筋排布构造

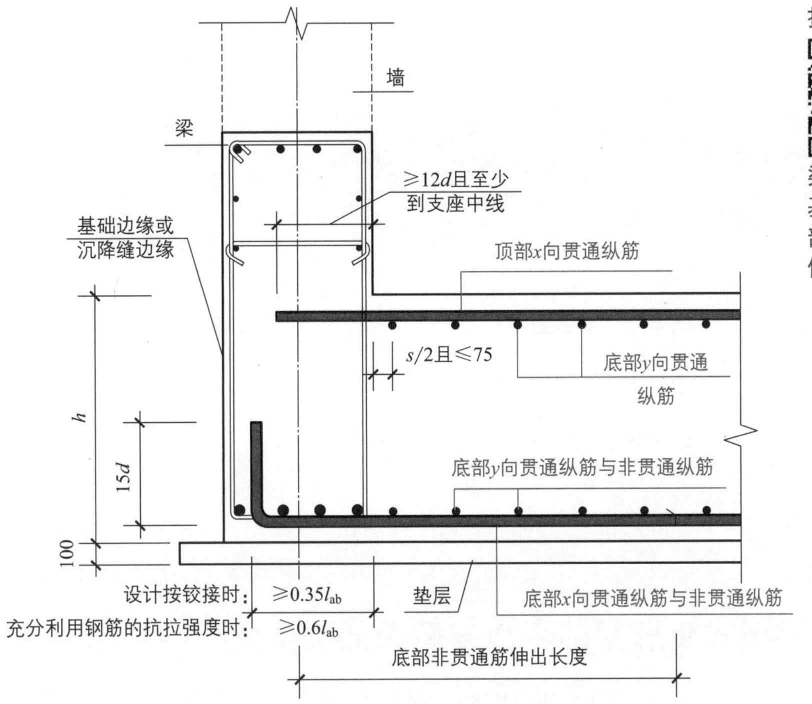

(a) 梁板式筏形基础平板端部无外伸部位钢筋排布构造1

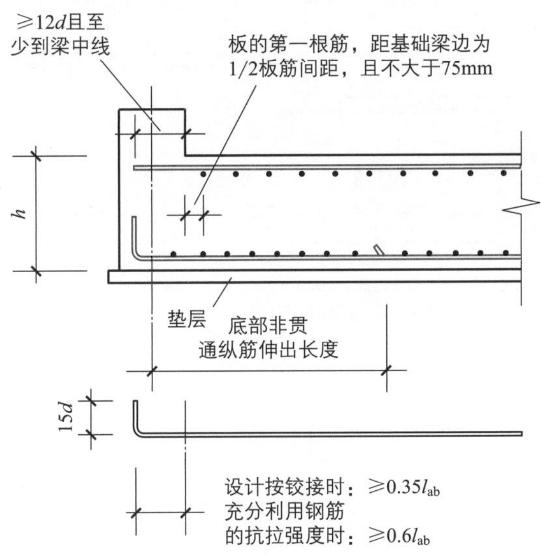

(b) 梁板式筏形基础平板端部无外伸部位钢筋排布构造2

图 4-15 梁板式筏形基础平板端部无外伸部位钢筋排布构造

梁板式筏形基础平板端部无外伸部位钢筋三维示意图如图 4-16 所示。

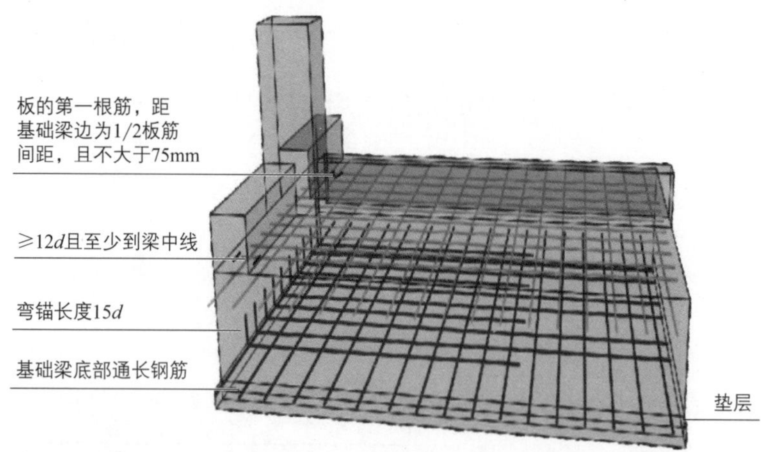

图 4-16　梁板式筏形基础平板端部无外伸部位钢筋三维图

注：在图 4-15 和图 4-16 中有如下规定。

1. s 为板钢筋间距。

2. 基础平板同一层面的交叉钢筋，哪个方向的钢筋在上、哪个方向的钢筋在下，应按具体设计说明。当设计未做说明时，应按板跨长度将短跨方向的钢筋置于板厚外侧，另一方向的钢筋置于板厚内侧。

3. 当基础板厚＞ 2000mm 时，宜在板厚方向间距不超过 1000mm 设置与板面平行的构造钢筋网片，且按设计设置。

4.2.4　梁板式筏形基础平板变截面部位钢筋排布构造

梁板式筏形基础平板变截面部位钢筋排布构造如图 4-17 所示。

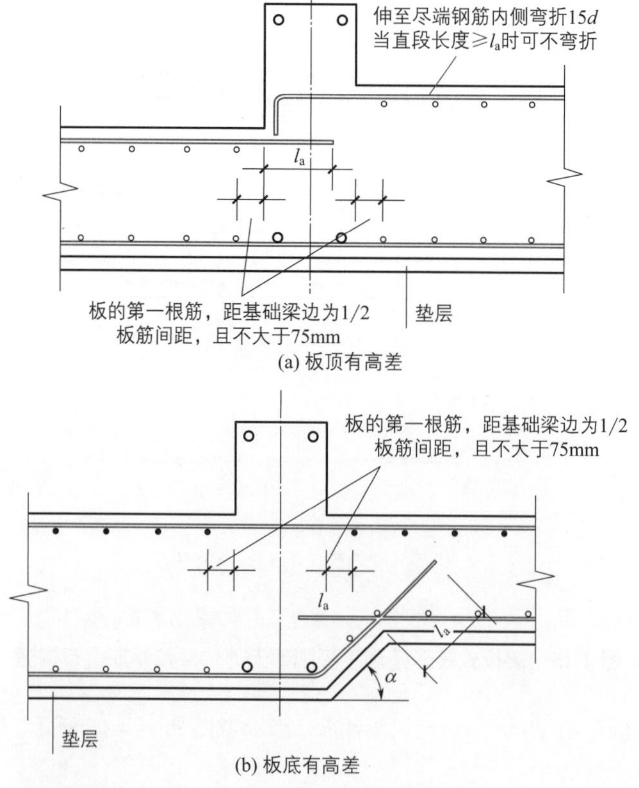

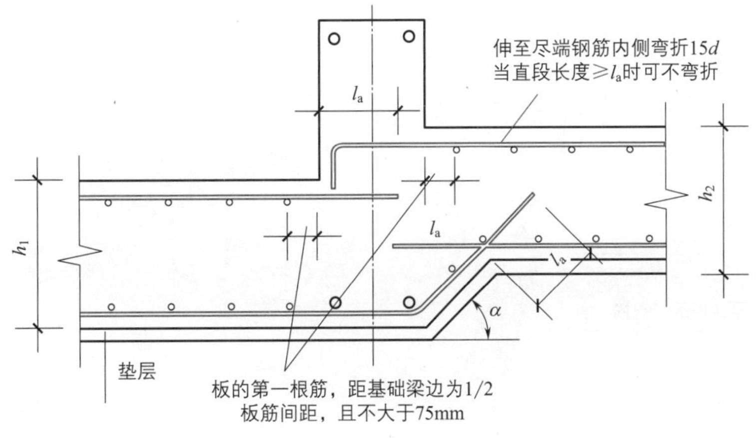

(c) 板顶、板底均有高差

图 4-17　梁板式筏形基础平板变截面部位钢筋排布构造

梁板式筏形基础平板变截面部位钢筋三维示意图如图 4-18 所示。

图 4-17 和图 4-18 中：

① 基础平板同一层面的交叉钢筋，何向钢筋在上、何向钢筋在下，应按具体设计说明，当设计未做说明时，应按板跨长度将短跨方向的钢筋置于板厚外侧，另一方向的钢筋置于板厚内侧处理；

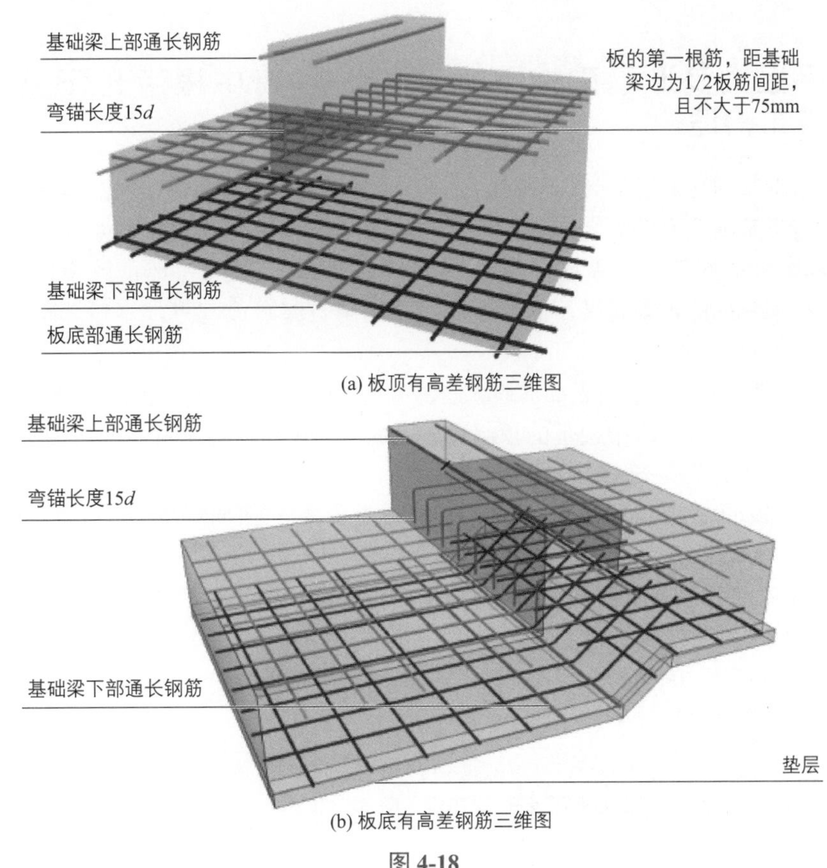

(a) 板顶有高差钢筋三维图

(b) 板底有高差钢筋三维图

图 4-18

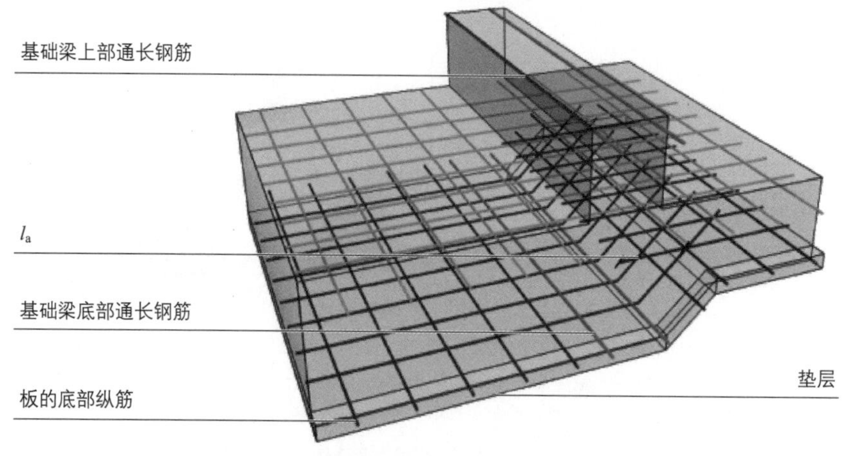

(c) 板顶、板底均有高差三维图

图 4-18　梁板式筏形基础平板变截面部位钢筋三维图

② 当基础板厚＞ 2000mm 时，宜在板厚方向间距不超过 1000mm 设置与板面平行的构造钢筋网片，且按设计设置；

③ 当实际工程的梁板式筏形基础平板与本图不同时，其构造应由设计者设计；当要求施工参照本图构造施工时，应提供相应变更说明；

④ 板底高差坡度 α 由设计指定。

4.2.5　平板式筏形基础柱下板带 ZXB 和跨中板带 KZB 纵向钢筋排布构造

平板式筏形基础柱下板带 ZXB 和跨中板带 KZB 纵向钢筋排布构造如图 4-19 所示。

平板式筏形基础柱下板带 ZXB 和跨中板带 KZB 纵向钢筋三维图如图 4-20 所示。

① 不同配置的底部贯通纵筋，应在两相毗邻跨中配置较小一跨的跨中连接区域连接（即配置较大一跨的底部贯通纵筋需越过其标注的跨数终点或起点伸至毗邻跨的跨中连接区域）。

② 柱下板带与跨中板带的底部贯通纵筋，可在跨中 1/3 净跨长度范围内搭接连接、机械连接或焊接；柱下板带及跨中板带的顶部贯通纵筋，可在柱网轴线附近 1/4 净跨长度范围内采用搭接连接、机械连接或焊接。

③ 基础平板同一层面的交叉纵筋，何向纵筋在上、何向纵筋在下，应按具体设计说明。

④ 柱下板带或跨中板带底部附加非贯通纵筋与贯通纵筋“隔一布一”，即交错插空布置，其标注间距与底部贯通纵筋相同（两者实际组合后的间距为各自标注间距的 1/2）。

⑤ 当基础板厚＞ 2000mm 时，宜在板厚方向间距不超过 1000mm 设置与板面平行的构造钢筋网片，且按设计设置。

4.2.6　平板式筏形基础平板 BPB 钢筋排布构造

平板式筏形基础平板 BPB 钢筋排布构造如图 4-21 所示。

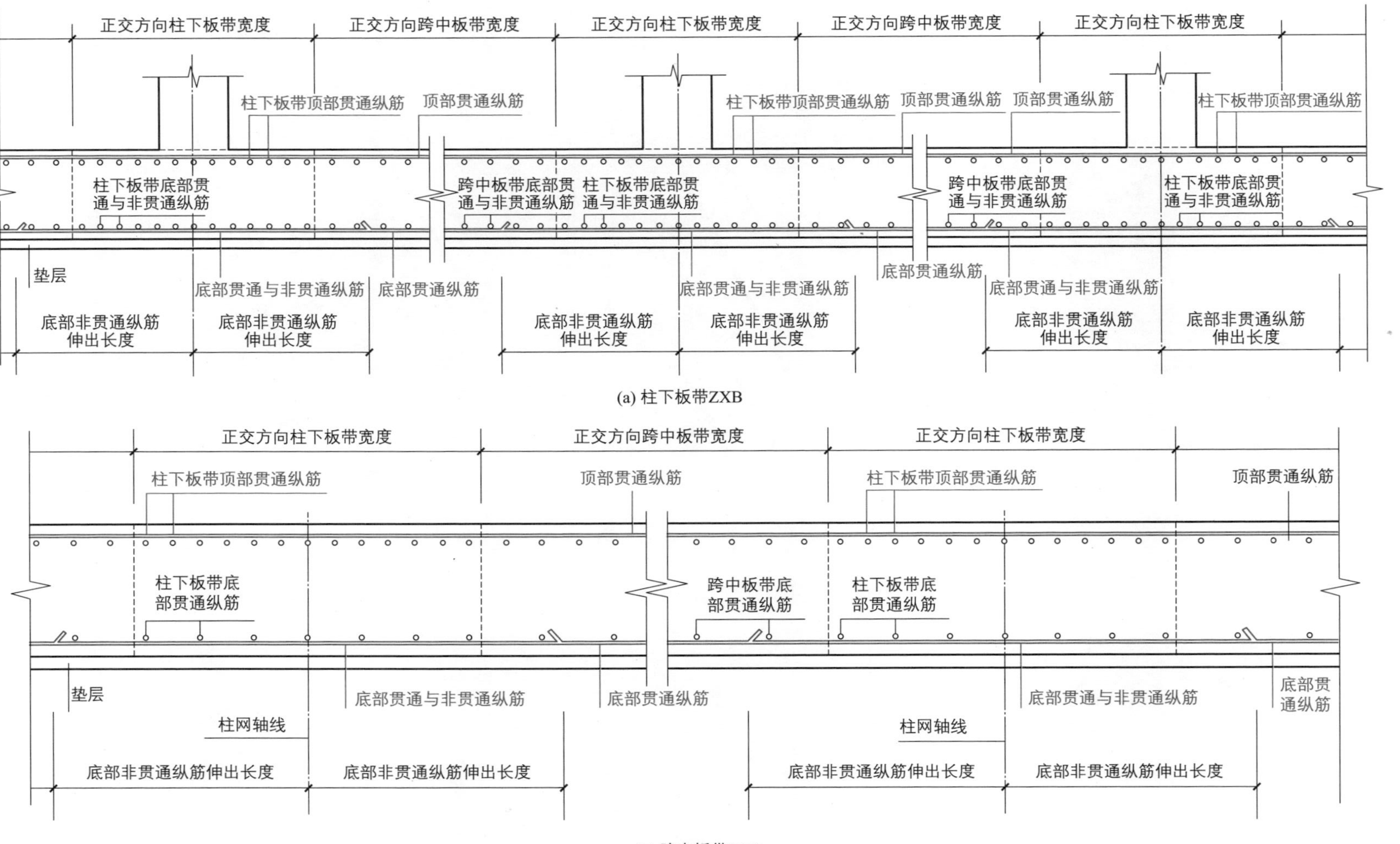

(a) 柱下板带ZXB

(b) 跨中板带KZB

图 4-19　平板式筏形基础柱下板带 ZXB 和跨中板带 KZB 纵向钢筋排布构造

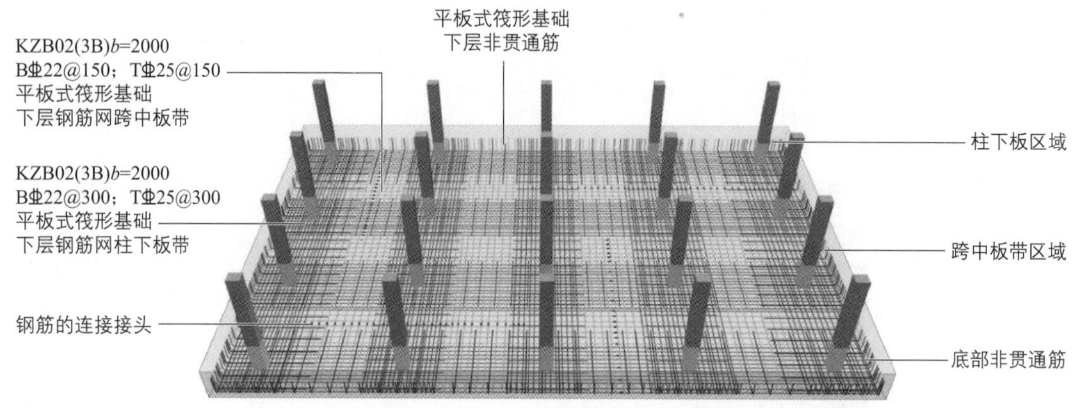

(a) 平板式筏形基础柱下板带ZXB和跨中板带KZB纵向钢筋三维图

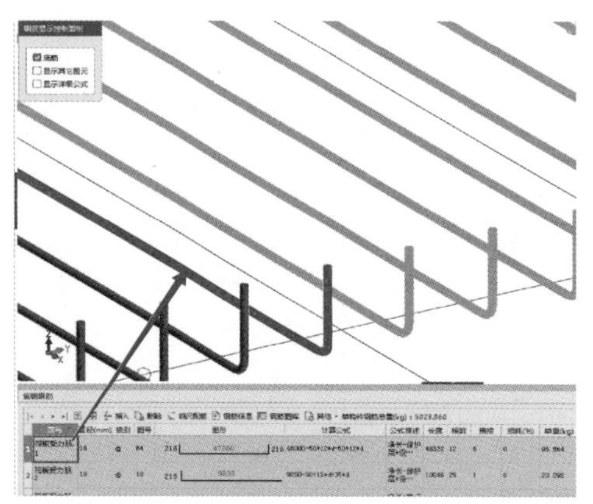

(b) 筏板受力筋1

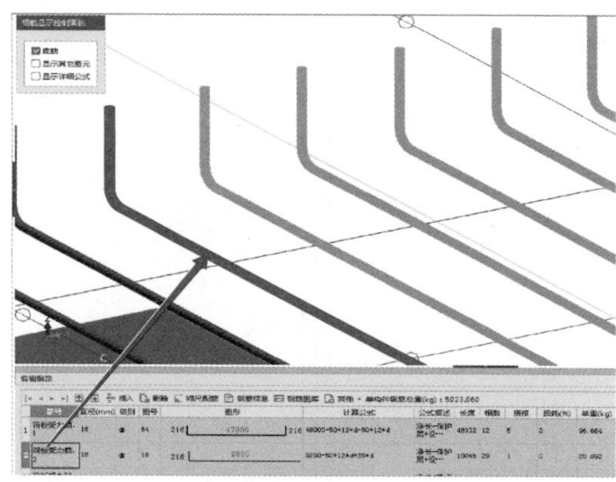

(c) 筏板受力筋2

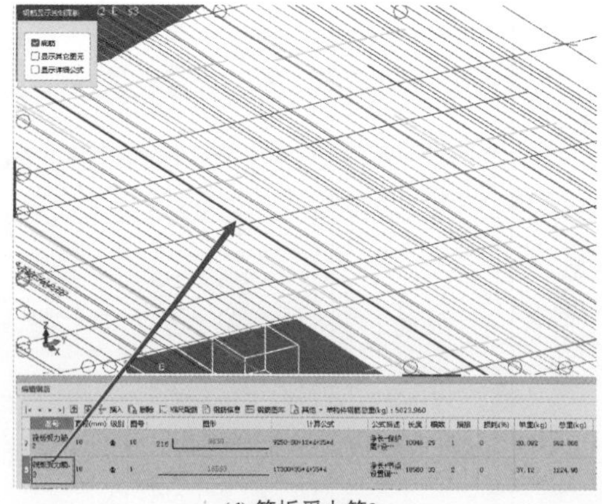

(d) 筏板受力筋3

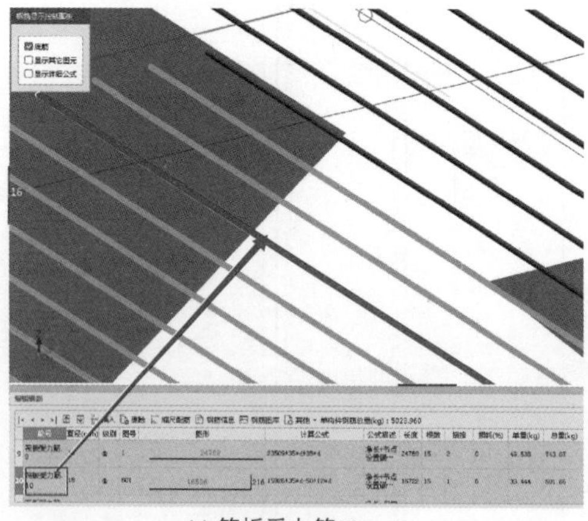

(e) 筏板受力筋10

图 4-20　平板式筏形基础柱下板带 ZXB 和跨中板带 KZB 纵向钢筋三维图

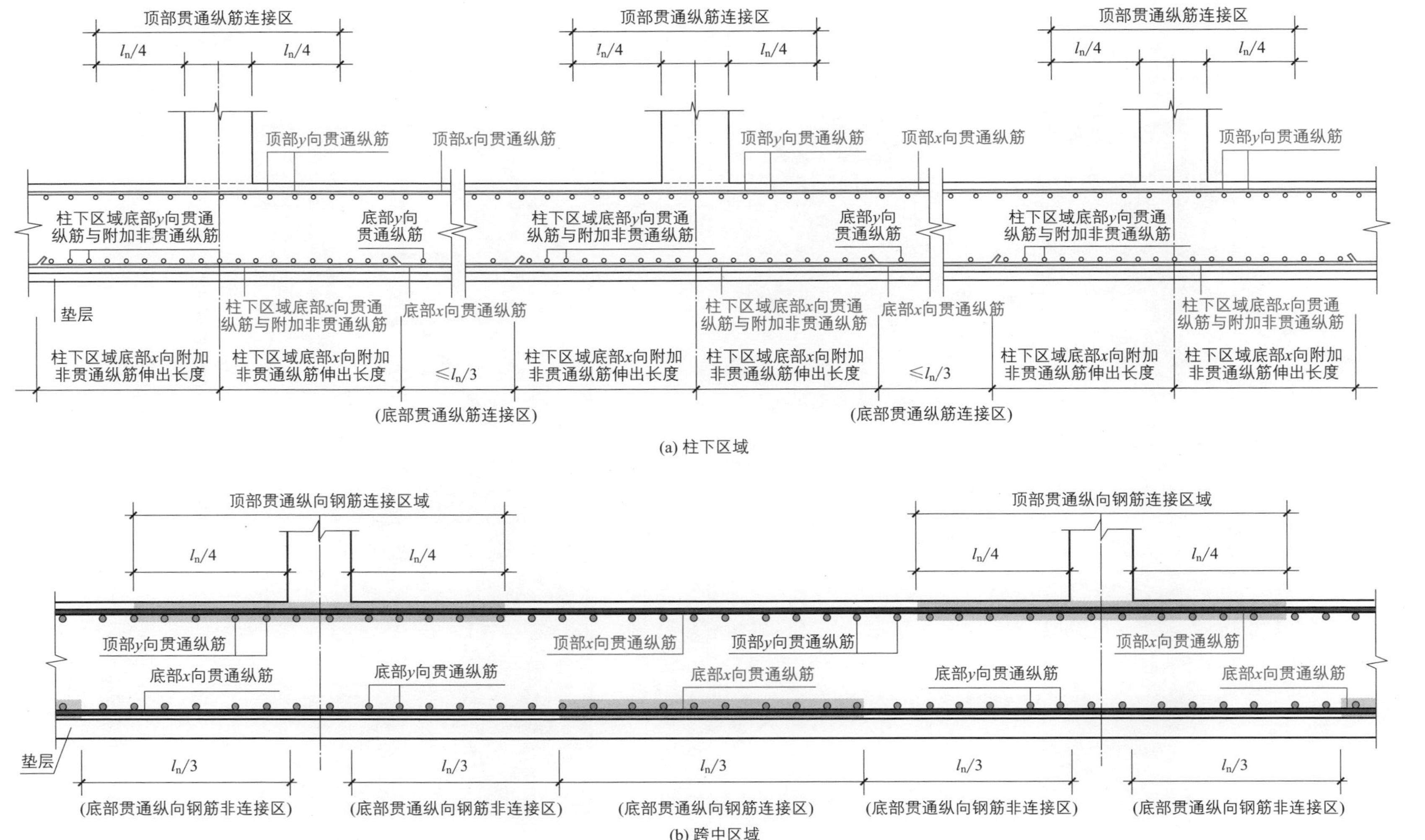

(a) 柱下区域

(b) 跨中区域

图 4-21 平板式筏形基础平板 BPB 钢筋排布构造

平板式筏形基础平板 BPB 钢筋三维示意图如图 4-22 所示。

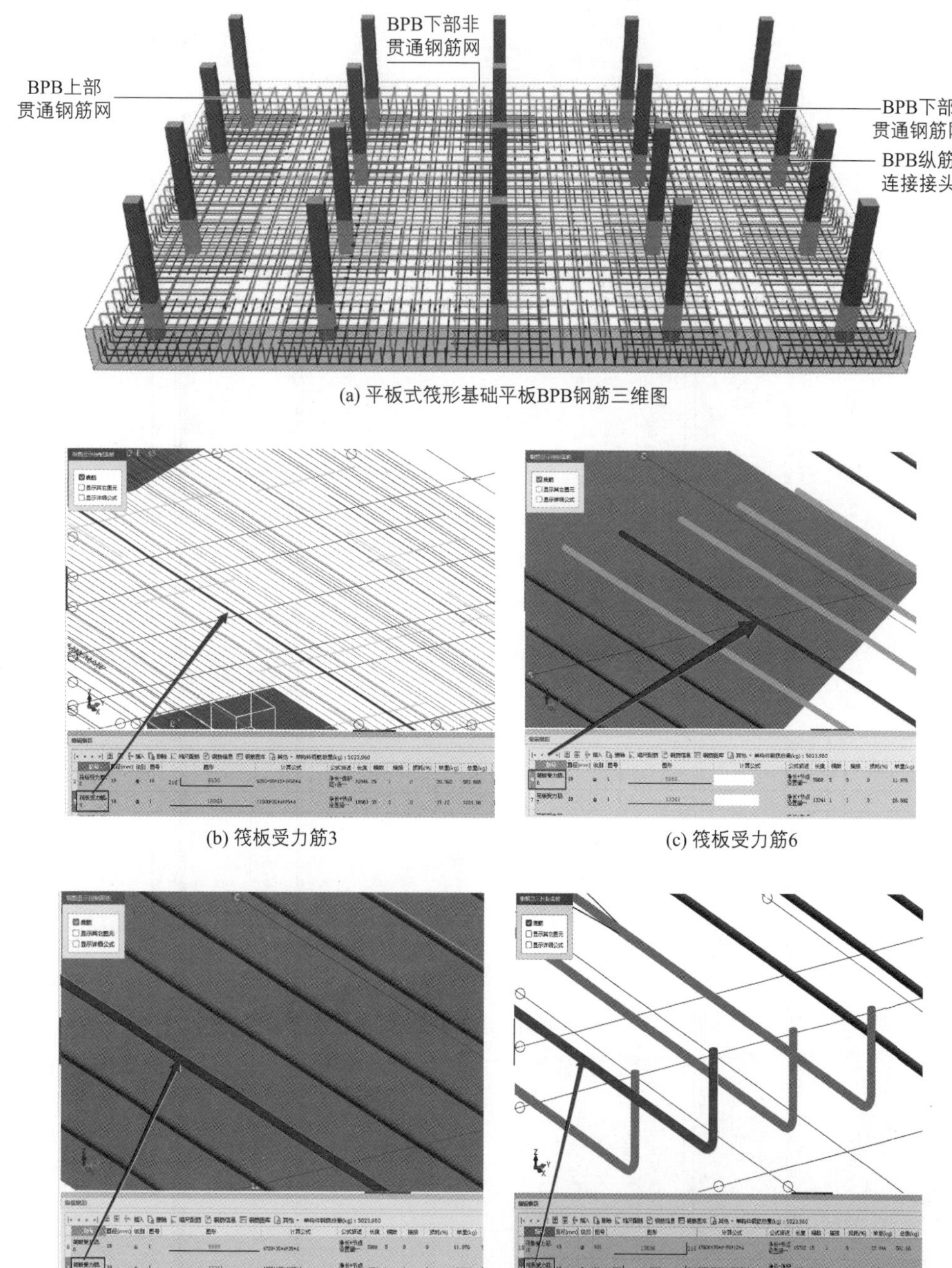

(a) 平板式筏形基础平板BPB钢筋三维图

(b) 筏板受力筋3

(c) 筏板受力筋6

(d) 筏板受力筋7

(e) 筏板受力筋11

图 4-22　平板式筏形基础平板 BPB 钢筋三维图

① 基础平板（x 向或 y 向）底部附加非贯通纵筋与贯通纵筋“隔一布一”，即间隔布置，其标注间距与底部贯通纵筋相同（两者实际组合后的间距为各自标注间距的 1/2）。

② l_n 为支座两侧净跨度的较大值，边支座为边跨跨度。

③ 基础平板同一层面的交叉纵筋，何向纵筋在下、何向纵筋在上，应按设计具体说明。

4.3 筏形基础钢筋计算实例

4.3.1 基础主梁 JL 钢筋计算实例

【例 4-1】 基础主梁 JL01 平法施工图如图 4-23 所示。混凝土强度等级为 C30，保护层厚度 $c = 25$mm，$l_a = 29d$，钢筋的定尺长度为 9000mm，箍筋起步距离为 50mm，试计算图 4-23 中钢筋工程量的长度和根数。

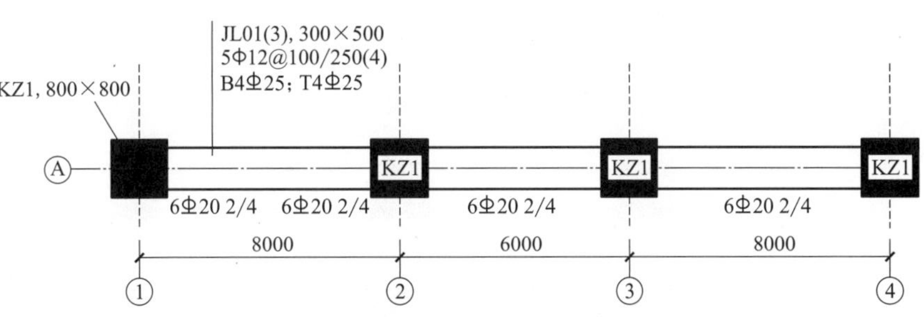

图 4-23 基础主梁 JL01 平法施工图

【解】（1）顶部及底部贯通纵筋计算

长度＝梁长－保护层厚度 ×2 ＝ 8000 ＋ 6000 ＋ 8000 ＋ 800 － 25×2 ＝ 22750（mm）

接头个数＝ 22750/9000 － 1 ≈ 2（个）

（2）支座 1、4 底部非贯通纵筋 2Φ25

长度＝自柱边缘向跨内的延伸长度＋柱宽＋梁包柱侧腋－保护层厚度＋ 15d

$= l_n/3 + h_c + 50 - c + 15d$

$= (8000 - 800)/3 + 800 + 50 - 25 + 15\times25 = 3600$（mm）

（3）支座 2、3 底部非贯通筋 2Φ25

长度＝ 2× 自柱连缘向跨内的延伸长度＋柱宽

$= 2l_n/3 + h_c = 2\times[(8000 - 800)/3] + 800 = 5600$（mm）

（4）箍筋长度

外大箍筋长度＝（300－2×25）×2＋（500－2×25）×2＋2×11.9×12 ≈ 1686（mm）

内小箍筋长度＝[(300 － 2×25 － 25 － 24)/3 ＋ 25 ＋ 24] ×2 ＋（500 － 2×25）×2 ＋ 2×11.9×12 ≈ 1418（mm）

（5）第 1、3 净跨箍筋根数

每边有 5 根间距为 100mm 的箍筋，两端共 10 根。

跨中箍筋根数＝（8000 － 800 － 550×2)/200 － 1 ＝ 29.5（根）≈ 30 根

总根数＝ 10 ＋ 30 ＝ 40（根）

（6）第 2 净跨箍筋根数

每边有 5 根间距为 100mm 的箍筋，两端共 10 根。

跨中箍筋根数＝（6000 － 800 － 550×2)/200 － 1 ＝ 19.5（根）≈ 20 根

总根数＝ 10 ＋ 20 ＝ 30（根）

（7）支座 1、2、3、4 内箍筋（节点内按跨端第一种箍筋规格布置）

根数＝（800 － 100)/100 ＋ 1 ＝ 8（根）

四个支座共计箍筋：4×8 = 32（根）

（8）总梁总箍筋根数

总梁总箍筋根数= 40×2 + 30 + 32 = 142（根）

计算中的“550”是指梁端 5 根箍筋共 500mm 宽，再加 50mm 的起步距离。

【例 4-2】 基础主梁有外伸不同的 JZL02 平法施工图如图 4-24 所示。混凝土强度等级为 C30，抗震等级为一级，混凝土保护层厚度底面为 c = 40mm，其他面为 c = 20mm，$l_a = 30d$，钢筋的定尺长度为 9000mm，连接方式采用对焊连接，箍筋起步距离为 50mm，试计算图 4-24 中钢筋工程量的延伸长度和根数。

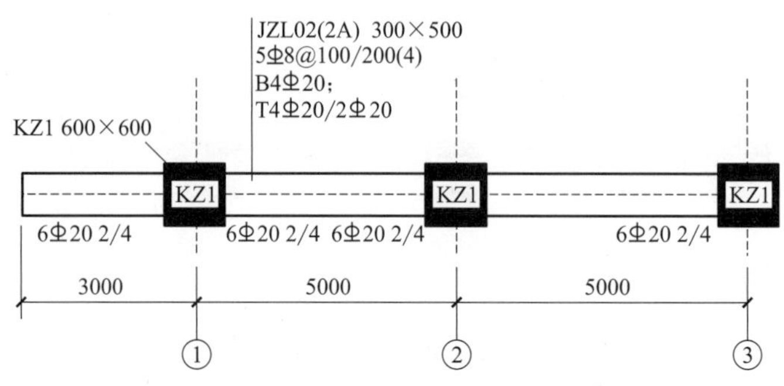

图 4-24　基础主梁有外伸 JZL02 平法施工图

【解】（1）底部和顶部第一排贯通纵筋 4Φ20

计算公式：无外伸端，顶部与底部贯通纵筋成对连通；外伸端，伸至端部弯折 $12d$。

长度= 2×（梁长－保护层）+（梁高－保护层）+ 2×12d

= 2×（5000×2 + 300 + 3000 − 60）+（500 − 60）+ 2×12×20

= 27400（mm）

接头个数= 27400/9000 − 1 ≈ 3（个）

（2）支座 1 底部非贯通纵筋 2Φ20

计算公式：自柱中心线向跨内的延伸长度+外伸端长度

自柱中心线向跨内的延伸长度= max（$l_0/3$，$1.2l_a + h_b + 0.5h_e$）

= max（5000/3，1.2×30×20 + 500 + 300）

= 1666（mm）

外伸端长度= 3000 − 30 = 2970（mm）（位于上排，外伸端不弯折）

总长度= 2970 + 1666 = 4636（mm）

（3）支座 2、3 底部非贯通筋 2Φ20

计算公式=两端延伸长度

长度= 2×max（$l_0/3$，$1.2l_a + h_b + 0.5h_e$）

= 2×max（5000/3，1.2×30×20 + 500 + 300）

= 2×1666 = 3332（mm）

【例 4-3】 基础主梁变截面高差不同的计算。JZL04 平法施工图如图 4-25 所示。混凝土强度等级为 C30，抗震等级为一级，混凝土保护层厚度底面为 c = 40mm，其他面为 c = 20mm，$l_a = 30d$，钢筋的定尺长度为 9000mm，连接方式采用对焊连接，箍筋起步距离为 50mm，试计算图 4-25 中钢筋工程量的延伸长度和根数。

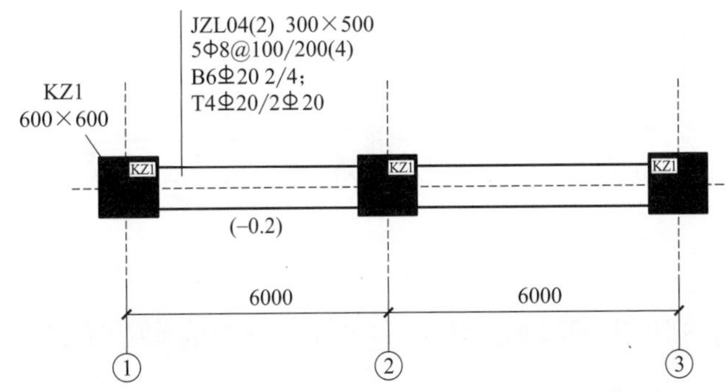

图 4-25 JZL04 平法施工图（基础主梁变截面高差）

【解】（1）底部 4⏀20 钢筋

上段＝6000－300＋l_a＋300－c＝6000－300＋30×20＋300－40＝6560（mm）

侧段＝500－80＝420（mm）

下段＝6000＋2×300－2c＋$\sqrt{200^2+200^2}$＋l_a

＝6000＋2×300－2×40＋$\sqrt{200^2+200^2}$＋30×20

≈7402（mm）

总长＝6560＋420＋7402＝14382（mm）

接头个数＝1 个

（2）底部 2⏀20 钢筋

上段＝6000－300＋l_a＋300－c＝6000－300＋30×20＋300－40＝6560（mm）

侧段＝500－80＝420（mm）

下段＝6000－c＋max（l_a，h_c）＝6000－40＋30×20＝6560（mm）

总长＝6560＋420＋6560＝13540（mm）

接头个数＝1 个

（3）顶部 4⏀20 钢筋

上段＝6000＋600－2×c＋200＋l_a＝6000＋600－40＋200＋30×20＝7360（mm）

侧段＝500－40＝460（mm）

下段＝6000－c＋l_a＝6000－20＋30×20＝6580（mm）

总长＝7360＋460＋6580＝14400（mm）

接头个数＝1 个

（4）顶部 2⏀20 钢筋

上段＝6000－c＋max（h_c，l_a）＝6000－20＋30×20＝6580（mm）

侧段＝500－40＝460（mm）

下段＝6000－c＋l_a＝6000－20＋30×20＝6580（mm）

总长＝6580＋460＋6580＝13620（mm）

接头个数＝1 个

【例 4-4】 基础主梁变截面梁宽度不同的计算。JZL04 平法施工图如图 4-26 所示。混凝土强度等级为 C30，抗震等级为一级，混凝土保护层厚度底面为 c＝40mm，其他面为 c＝20mm，l_a＝30d，钢筋的定尺长度为 9000mm，连接方式采用对焊连接，箍筋起步距离为 50mm，试计算图 4-26 中钢筋工程量的延伸长度和根数。

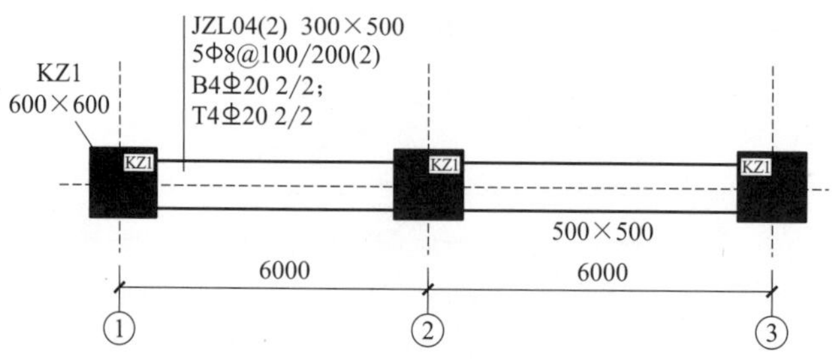

图 4-26 **JZL04** 平法施工图（基础主梁变截面梁宽度）

【解】 （1）1 号钢筋 4⌀20

上段＝6000＋600－2×c＝6000＋600－2×20＝6560（mm）

侧段＝500－40＝460（mm）

下段＝6000＋600－2×c＝6000＋600－2×40＝6520（mm）

总长＝6520＋2×460＋6560＝14000（mm）

接头个数＝1 个

（2）2 号钢筋 4⌀20

上段＝6000－c＋max（h_c，l_a）＝6000－20＋30×20＝6580（mm）

侧段＝500－40＝460（mm）

下段＝6000－c＋max（h_c，l_a）＝6000－20＋30×20＝6580（mm）

总长＝6580＋460＋6580＝13620（mm）

接头个数＝1 个

4.3.2 基础次梁 JCL 钢筋计算实例

【例 4-5】 基础次梁的计算。JCL01 平法施工图如图 4-27 所示。混凝土保护层厚 c＝25mm，l_a＝29d。箍筋起步距离为 50mm，试计算图 4-27 中钢筋工程量的长度和根数。

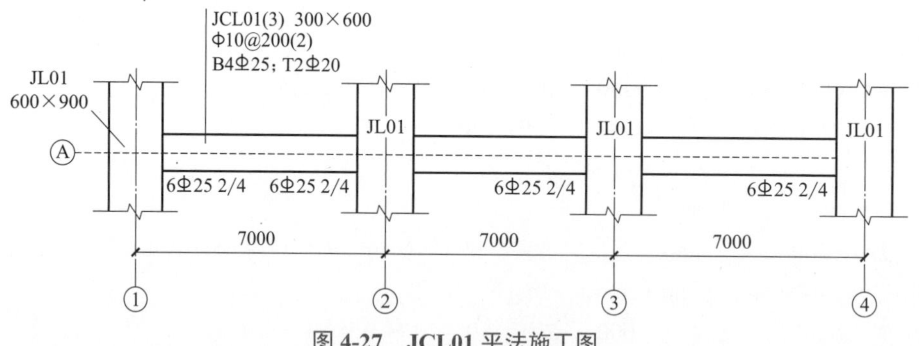

图 4-27 **JCL01** 平法施工图

【解】 （1）顶部贯通纵筋 2⌀20

锚固长度＝max（0.5h_c，12d）＝max（300，12×20）＝300（mm）

长度＝净长＋两端锚固长度＝7000×3－600＋2×300＝21000（mm）

接头个数＝21000/9000－1≈2（个）

（2）底部贯通纵筋 4⌀25

长度＝净长＋两端锚固长度＝ 7000×3 － 600 ＋ 29×25 ＋ 0.35×29×25 ≈ 21379（mm）

接头个数＝ 21379/9000 － 1 ≈ 2（个）

（3）支座 4 底部非贯通筋 2 Φ 25

支座外延伸长度＝（7000 － 600）/3 ≈ 2134(mm)

长度＝ b_b － c ＋支座外延伸长度＝ 600 － 25 ＋ 2134 ＝ 2709（mm）（b_b 为支座宽度）

（4）支座 2、3 底部非贯通筋 2 Φ 20

计算公式＝ 2× 延伸长度＋ b_b ＝ 2×［(7000 － 600)/3］＋ 600 ≈ 4867（mm）

（5）箍筋长度

长度＝ 2×［(300 － 60) ＋ (600 － 60)］＋ 2×11.9×10 ＝ 1798（mm）

（6）箍筋根数

三跨总箍筋根数＝ 3×［(6400 － 100)/200 ＋ 1］≈ 98（根）

【例 4-6】 基础次梁变截面有高差的计算。JCL02 平法施工图如图 4-28 所示。混凝土保护层厚 c ＝ 30mm，l_a ＝ 30d。箍筋起步距离为 50mm，试计算图 4-28 中钢筋工程量的长度和根数。

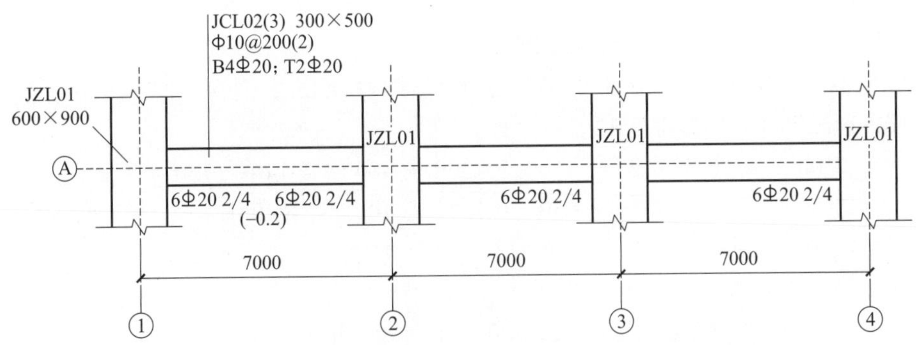

图 4-28 基础次梁变截面有高差的 JCL02 平法施工图

【解】（1）第 1 跨顶部贯通筋 2 Φ 20

计算公式＝净长＋两端锚固

锚固长度＝ max（0.5h_c，12d）＝ max（300，12×20）＝ 300（mm）

长度＝ 6400 ＋ 2×300 ＝ 7000（mm）

（2）第 2 跨顶部贯通筋 2 Φ 20

计算公式＝净长＋两端锚固

锚固长度＝ max（0.5h_c，12d）＝ max（300，12×20）＝ 300（mm）

长度＝ 6400 ＋ 2×300 ＝ 7000（mm）

（3）下部通长筋

同基础主梁 JZL 梁顶梁底有高差的情况。

4.3.3 梁板式筏形基础平板 LPB 钢筋计算实例

【例 4-7】 梁板式筏形基础平板 LPB01 平法施工图如图 4-29 所示。钢筋保护层厚度为 c ＝ 40mm，纵筋起步距离为 s/2。试求筏板基础平板部分的钢筋长度和根数。

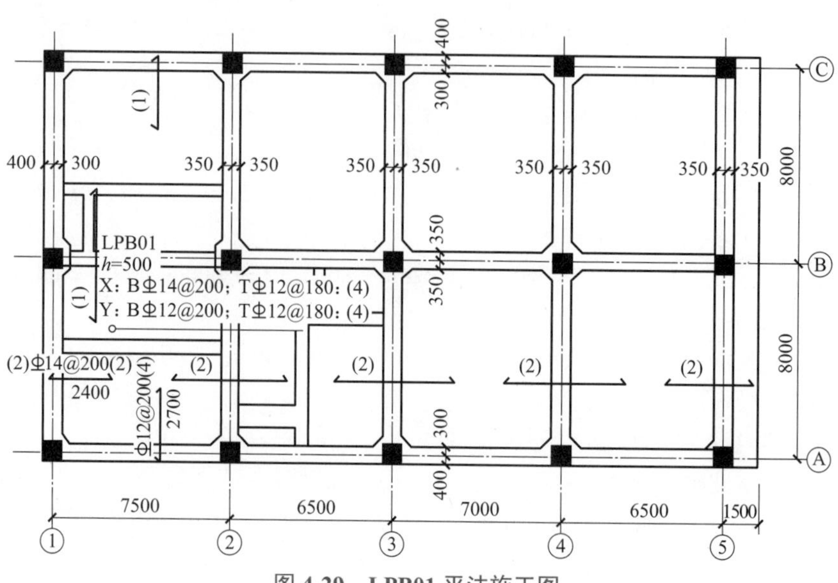

图 4-29 LPB01 平法施工图

【解】（1）X 向板底贯通纵筋 ⌀ 14@200

计算依据：左端无外伸，底部贯通纵筋伸至端部弯折 15d；右端外伸，采用 U 形封边方式，底部贯通纵筋伸至端部弯折 12d。

长度 $= 7500 + 6500 + 7000 + 6500 + 1500 + 400 - 2\times40 + 15d + 12d$

$= 7500 + 6500 + 7000 + 6500 + 1500 + 400 - 2\times40 + 15\times14 + 12\times14$

$= 29698$（mm）

接头个数 $= 29698/9000 - 1 \approx 3$（个）

根数 $=（8000\times2 + 800 - 100\times2）/200 + 1 = 84$（根）

注：取配置较大方向的底部贯通纵筋，即 X 向贯通纵筋满铺，计算根数时不扣基础梁所占宽度。

（2）Y 向板底贯通纵筋 ⌀ 12@200

计算依据：两端无外伸，底部贯通纵筋伸至端部弯折 15d

长度 $= 8000\times2 + 2\times400 - 2\times40 + 2\times15d$

$= 8000\times2 + 2\times400 - 2\times40 + 2\times15\times12 = 17080$（mm）

接头个数 $= 17080/9000 - 1 \approx 1$（个）

根数 $=（7500 + 6500 + 7000 + 6500 + 1500 - 2750）/200 + 1 \approx 133$（根）

（3）X 向板顶贯通纵筋 ⌀ 12@180

计算依据：左端无外伸，顶部贯通纵筋锚入梁内 max（12d，0.5 梁宽）；右端外伸，采用 U 形封边方式，底部贯通纵筋伸至端部弯折 12d。

长度 $= 7500 + 6500 + 7000 + 6500 + 1500 + 400 - 2\times40 + \max（12d，350）+ 12d$

$= 7500 + 6500 + 7000 + 6500 + 1500 + 400 - 2\times40 + \max\{12\times12，350\} + 12\times12$

$= 29814$（mm）

接头个数 $= 29814/9000 - 1 \approx 3$（个）

根数 $=（8000\times2 - 600 - 700）/180 + 1 \approx 83$（根）

（4）Y 向板顶贯通纵筋 ⌀ 12@180

计算依据：长度与 Y 向板底部贯通纵筋相同；两端无外伸，底部贯通纵筋伸至端部弯折 $15d$。

长度＝ 8000×2 ＋ 2×400 － 2×40 ＋ 2×15d

　　＝ 8000×2 ＋ 2×400 － 2×40 ＋ 2×15×12 ＝ 17080（mm）

接头个数＝ 17080/9000 － 1 ≈ 1（个）

根数＝（7500 ＋ 6500 ＋ 7000 ＋ 6500 ＋ 1500 － 2750）/180 ＋ 1 ≈ 147（根）

（5）（1）号板底部非贯通纵筋 Φ14@200（①轴）

计算依据：左端无外伸，底部贯通纵筋伸至端部弯折 15d。

长度＝ 2400 ＋ 400 － 40 ＋ 15d

　　＝ 2400 ＋ 400 － 40 ＋ 15×14 ＝ 2970(mm)

根数＝（8000×2 ＋ 800 － 100×2）/200 ＋ 1 ＝ 84(根)

（6）（2）号板底部非贯通纵筋 Φ14@200（②～④轴）

长度＝ 2400×2 ＝ 4800(mm)

根数＝（8000×2 ＋ 800 － 100×2）/200 ＋ 1 ＝ 84(根)

(7)（2）号板底部非贯通纵筋 Φ12@200（⑤轴）

计算依据：右端外伸，采用 U 形封边方式，底部贯通纵筋伸至端部弯折 12d。

长度＝ 2400 ＋ 1500 － 40 ＋ 12d ＝ 2400 ＋ 1500 － 40 ＋ 12×12 ＝ 4004（mm）

根数＝（8000×2 ＋ 800 － 100×2）/200 ＋ 1 ＝ 84（根）

（8）（1）号板底部非贯通纵筋 Φ12@200（Ⓐ、Ⓑ轴）

长度＝ 2700 ＋ 400 － 40 ＋ 15d ＝ 2700 ＋ 400 － 40 ＋ 15×12 ＝ 3240（mm）

根数＝（7500 ＋ 6500 ＋ 7000 ＋ 6500 ＋ 1500 － 2750）/200 ＋ 1 ≈ 133（根）

（9）（1）号板底部非贯通纵筋 Φ12@200（Ⓑ轴）

长度＝ 2700×2 ＝ 5400（mm）

根数＝（7500 ＋ 6500 ＋ 7000 ＋ 6500 ＋ 1500 － 2750）/200 ＋ 1 ≈ 133（根）

（10）U 形封边筋 Φ20@300

长度＝板厚－上下保护层厚度＋ 2×15d

　　＝ 500 － 2×40 ＋ 2×15×20 ＝ 1020（mm）

根数＝（8000×2 ＋ 800 － 2×40）/300 ＋ 1 ≈ 57（根）

（11）U 形封边侧部构造筋 4Φ8

长度＝ 8000×2 ＋ 400×2 － 2×40 ＝ 16720（mm）

构造搭接个数＝ 16720/9000 － 1 ≈ 1（个）

构造搭接长度＝ 150mm

5 与基础有关的其他构造

5.1 与基础有关的各个细部构件的识图

5.1.1 基础联系梁 JLL 钢筋排布构造

基础联系梁 JLL 钢筋排布构造如图 5-1 所示。

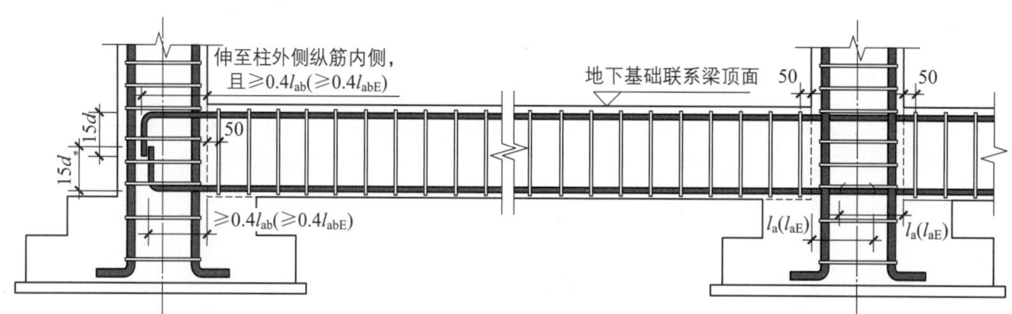

(a) 基础联系梁JLL钢筋排布构造(一)

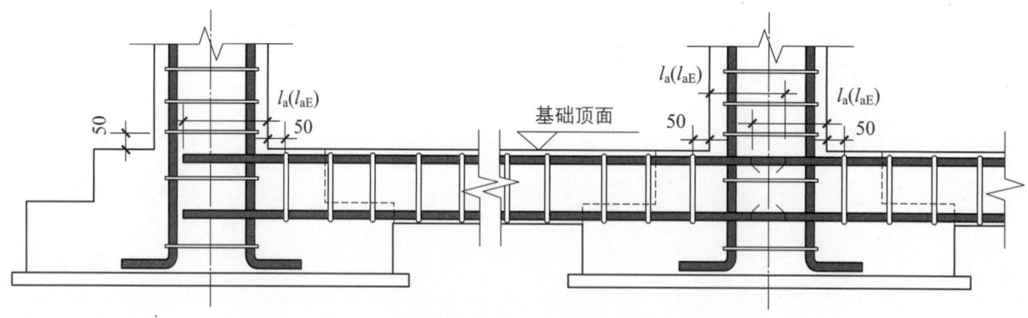

(b) 基础联系梁JLL钢筋排布构造(二)

图 5-1　基础联系梁 JLL 钢筋排布构造

注：图中括号内数值用于抗震设计

① 基础联系梁 JLL 的第一道箍筋距柱边缘 50mm 开始设置。

② 当框架柱两边的基础联系梁纵筋交错锚固时，宜采用非接触锚固方式，以确保混凝土浇筑密实，使钢筋锚固效果达到强度要求。

③ 图 5-1（b）中基础联系梁上、下部纵筋采用直锚形式时，锚固长度不小于 l_a（l_{aE}）且伸过柱中心线长度不应小于 $5d$，d 为梁纵筋直径。

④ 锚固区横向钢筋应满足≥ $d/4$（d 为插筋最大直径），间距≤ $5d$（d 为插筋最小直径）且＜ 100mm 的要求。

⑤ 基础联系梁用于独立基础、条形基础及桩基础。

⑥ 当建筑基础形式采用桩基础时，桩基承台均设置联系梁能够起到传递并分布水平荷载、减小上部结构传至承台弯矩的作用，增强各桩基之间的共同作用和基础的整体性。

a. 一柱一桩时，应在桩顶两个主轴方向上设置联系梁。当桩与柱的截面直径之比大于 2 时，可不设联系梁。

b. 两桩桩基的承台，应在短向设置联系梁。

c. 有抗震设防要求的柱下桩基承台，宜沿两个主轴方向设置联系梁。

d. 桩基承台间的联系梁顶面宜与承台顶面位于同一标高。

⑦ 当建筑物基础形式采用柱下独立基础时，为了增强基础的整体性，调节相邻基础的不均匀沉降，也会设置联系梁，联系梁顶面宜与独立基础顶面位于同一标高。有些工程中，设计人员将基础联系梁设置在基础顶面以上，也可能兼做其他的功用，只要该梁在设计中起到联系梁的作用，就定义为基础联系梁按照联系梁的构造进行施工。当独立基础埋置深度较大，设计人员仅为了降低底层柱的计算高度，也会设置与柱相连的梁（不同时作为联系梁设计）。此时设计应将该梁定义为框架梁 KL，按框架梁 KL 的构造要求进行施工。有些情况，设计为了布置上部墙体而设置了一些梁（不同时作为联系梁设计），可视为直接以独立基础或桩基承台为支座的非框架梁，应标注为 L，按非框架梁进行施工。

基础联系梁 JLL 的剖面示意图如图 5-2 所示。

基础联系梁 JLL 的三维图如图 5-3 所示。

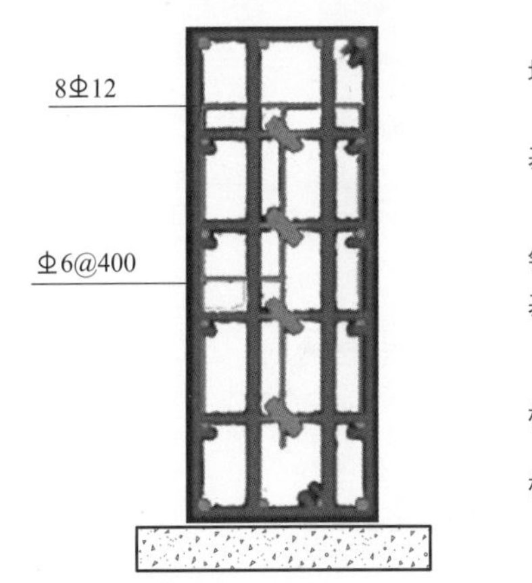

图 5-2　基础联系梁 JLL 的剖面示意图

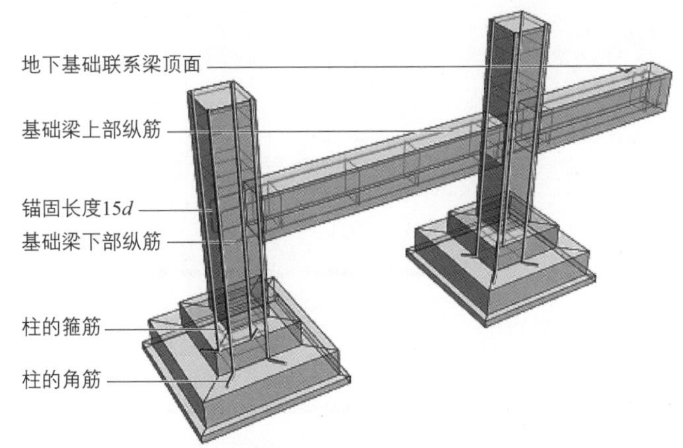

图 5-3　基础联系梁 JLL 的三维图

5.1.2　搁置在基础上的非框架梁钢筋排布构造

搁置在基础上的非框架梁钢筋排布构造如图 5-4 所示。

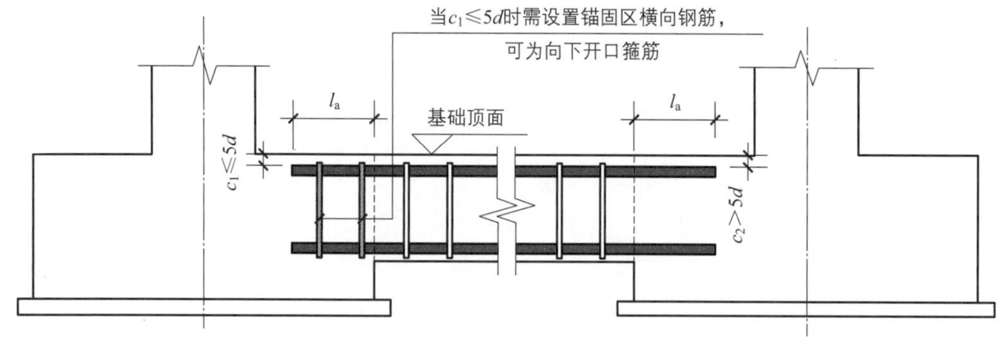

图 5-4　搁置在基础上的非框架梁钢筋排布构造（不作为基础连系梁）

d—锚固纵筋直径

搁置在基础上的非框架梁三维图如图 5-5 所示。

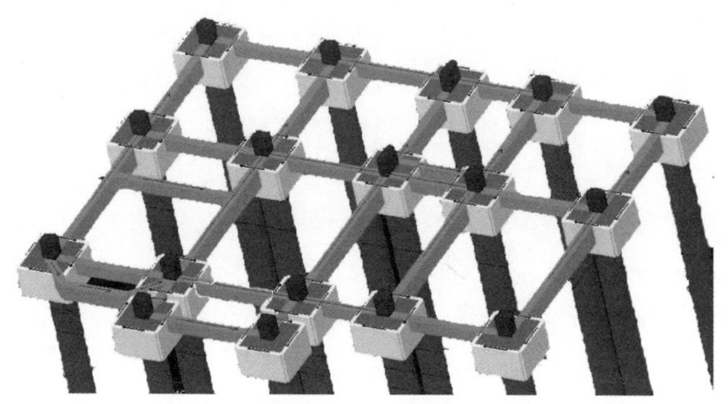

图 5-5　搁置在基础上的非框架梁三维图

5.1.3　基础底板后浇带 HJD 钢筋排布构造

基础底板后浇带 HJD 钢筋排布构造如图 5-6 所示。

① 后浇带混凝土的浇筑时间及其他要求应按具体工程的设计要求。

② 后浇带两侧可采用钢筋支架单层钢丝网或单层钢板网隔断。当后浇混凝土时，应将其表面浮浆剔除。

③ 后浇带下设抗水压垫层、后浇带超前止水构造见图 5-6。

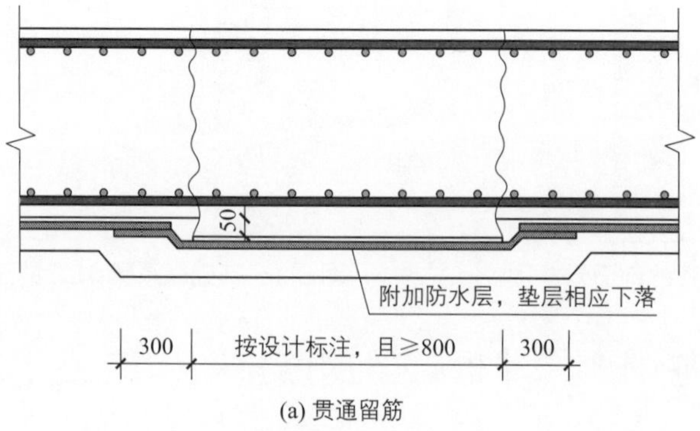

(a) 贯通留筋

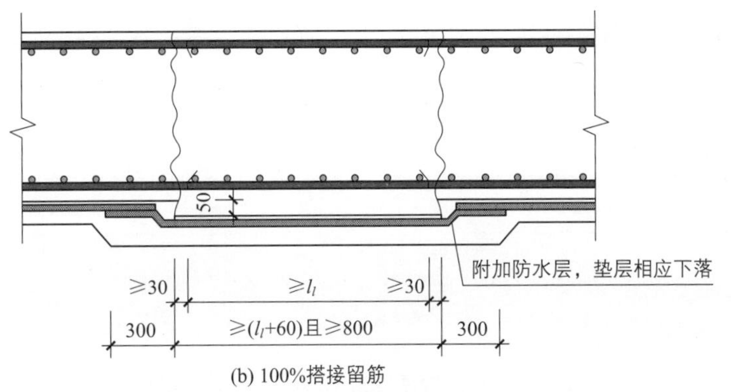

(b) 100%搭接留筋

图 5-6　基础底板后浇带 HJD 钢筋排布构造

④ 施工工艺流程：混凝土垫层施工 → 基础底板防水施工 → 防水保护层施工 → 底板钢筋绑扎止水 → 钢板定位安装 → 后浇带钢丝网及模板安装 → 混凝土浇筑 → 后浇带立面模板拆除、清理、凿毛、保护 → 后浇带混凝土浇筑。

⑤ 根据筏板厚度及止水钢板位置，沿止水钢板长度方向中心点焊 Φ12 附加钢筋，间距 500mm。将附加筋与底板上下皮钢筋连接以固定止水钢板。根据止水钢板位置及筏板厚度裁剪钢丝网。在止水钢板上下安装固定钢丝网。

⑥ 钢丝网外侧支模，在木板上口根据钢筋间距锯出槽口，控制好钢筋保护层及钢筋间距。支撑木方间距不大于 500mm。

⑦ 后浇带两侧混凝土浇筑完成后，拆除后浇带模板，并将混凝土凿毛直至漏出石子为止，冲洗干净。清理完成后采用竹胶板覆盖，竹胶板宽度宜宽出后浇带边缘 100mm。采用钢钉固定。

⑧ 为确保后浇带施工质量，应把混凝土强度提高一个等级。

⑨ 后浇带位置下卧位置除底板防水及附加层施工外，另增设防水卷材一道，卷材空铺用以调整结构沉降变形。

基础底板后浇带 HJD 三维图如图 5-7 所示。

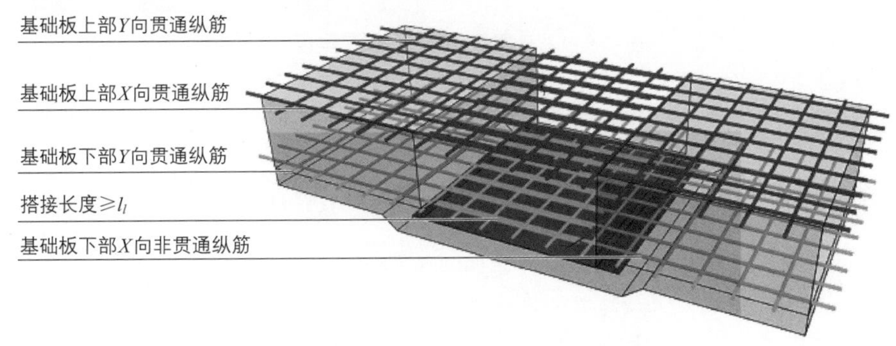

图 5-7　基础底板后浇带 HJD 三维图

l_l—纵向受拉钢筋搭接长度

5.1.4　基础梁后浇带 HJD 钢筋排布构造

基础梁后浇带 HJD 钢筋排布构造如图 5-8 所示。

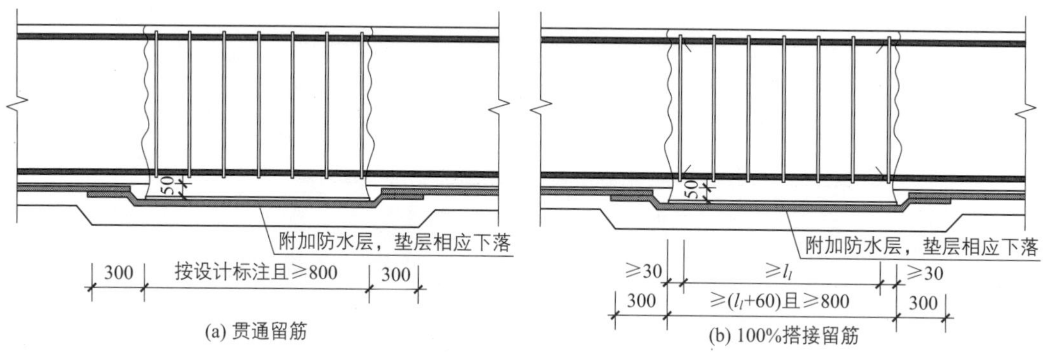

图 5-8　基础梁后浇带 HJD 钢筋排布构造

l_l—纵向受拉钢筋搭接长度

① 后浇带混凝土的浇筑时间及其他要求应按具体工程的设计要求。

② 后浇带两侧可采用钢筋支架单层钢丝网或单层钢板网隔断。当后浇混凝土时，应将其表面浮浆剔除。

③ 后浇带下设抗水压垫层、后浇带超前止水构造见图 5-8。

基础梁后浇带 HJD 三维图如图 5-9 所示。

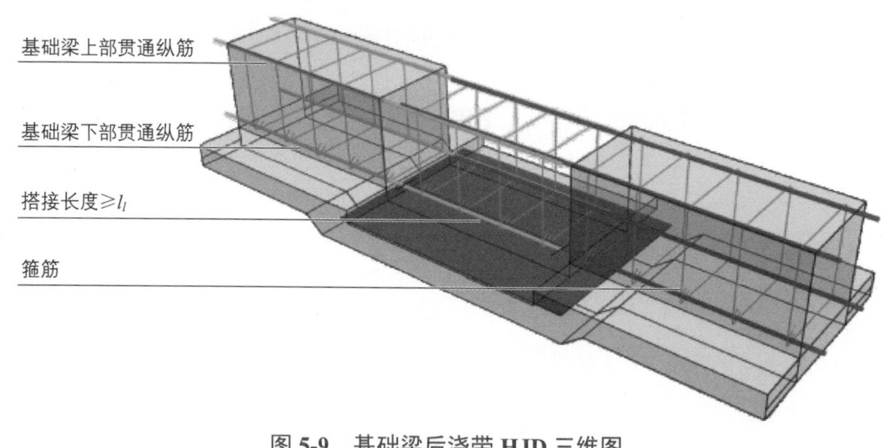

图 5-9　基础梁后浇带 HJD 三维图

l_l—纵向受拉钢筋搭接长度

5.1.5　后浇带 HJD 下抗水压垫层钢筋排布构造

后浇带 HJD 下抗水压垫层钢筋排布构造如图 5-10 所示。

后浇带 HJD 内的留筋方式及宽度要求应满足图 5-8 的要求。

在施工的过程中，应该采用胎膜施工工艺原理对其进行全方位的处理，在地下室外墙后浇带的外侧位置加设钢筋混凝土预制板，同时还要将预制板的后浇带和钢筋紧密连接在一起，这样也就形成了一个更加安全也更加可靠的一个胎体结构，从而也更好地保证了室外的防水系统和建筑自身的保温性能，在施工中也大大减少了侧向压力。

后浇带的作用：解决高层主体与低层裙房的差异沉降、钢筋混凝土收缩变形、混凝土温度应力。

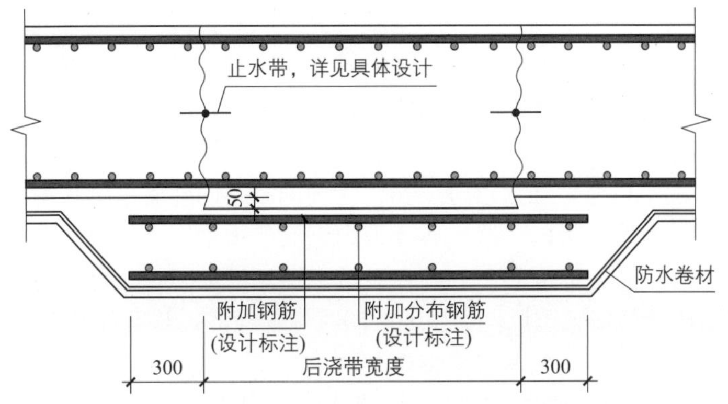

图 5-10 后浇带 HJD 下抗水压垫层钢筋排布构造

外墙后浇带做法如下。

① 外墙后浇带两侧须按施工缝做法预埋钢板止水带，浇筑外墙混凝土前在后浇带两侧安装具有一定强度的阻挡混凝土流失的密目钢板网，钢板网与钢板止水带焊接并固定牢固。

② 外墙后浇带外部须设防水附加层，防水附加层宽度需在两边各大出后浇带 300mm 以上。

③ 外墙后浇带模板应加固牢靠，防止胀模及漏浆。

④ 外墙后浇带混凝土应尽可能与地下室顶板后浇带混凝土同时浇筑。

⑤ 墙体表面缺陷处理及螺杆孔封闭处理后，施工防水附加层，附加层验收合格后，再施工防水层。

⑥ 为及时进行地下室外墙侧回填土施工，可先完成大面外墙防水施工后，在后浇带两侧各 1m 位置先砌 240mm 厚实心砖墙分隔。待外墙后浇带混凝土完成后，后浇带位置外墙防水与大面先行施工的防水在分隔墙内做好搭接。

后浇带 HJD 下抗水压垫层三维图如图 5-11 所示。

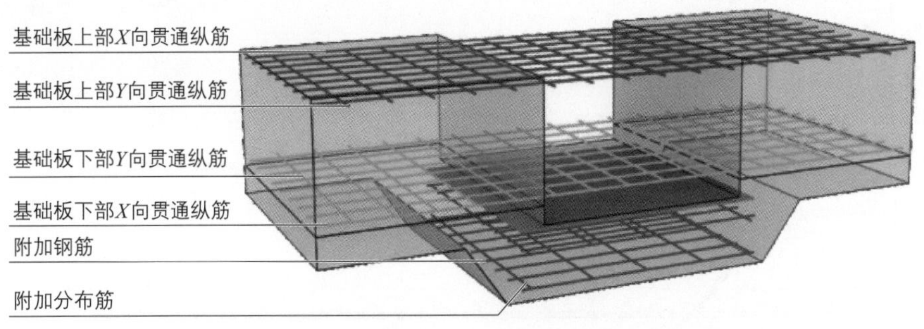

图 5-11 后浇带 HJD 下抗水压垫层三维图

5.1.6 后浇带 HJD 超前止水钢筋排布构造

超前止水后浇带技术适用于所有基础底板、外墙的后浇带。尤其适用于基础位于地下水位以下的高层建筑或主体施工时间较长的基础后浇带工程，也适用于须留设后浇带但基础不能长时间暴露需立即进行基础土方回填的工程，同时适用于施工场地狭小或工期紧需进行砌体等后续工序穿插的工程。

传统的后浇带留设方式，是在主体结构施工完成以后再浇筑后浇带混凝土。这就必须持续进行降水，以保证地下水位保持在基础 500mm 以下，待主体结构完成后，再浇筑后浇带混凝土且待混凝土强度达到设计要求时，才能停止降水，总体施工时间较长。而后浇带超前止水施工做法是指提前将底板后浇带施工完毕，再进行底板混凝土整体施工。

后浇带在封闭前不可避免地会落进杂物，清理困难，同时后浇带封闭前雨水和施工用水容易进入地下室及基础后浇带内，造成后浇带内钢筋严重生锈，形成质量隐患，加大施工难度，从而影响正常施工及钢筋混凝土的内在质量，针对以上问题，可采用后浇带超前止水构造的做法，使得后浇带的施工质量得到保证的同时综合经济效益也有很大的提高。

（1）后浇带超前止水施工技术工法特点

① 与传统的后浇带施工技术相比，后浇带超前止水施工技术可以大大缩短基坑降水时间，节约降水的动力费用，便于地下室土方尽早回填，解除基坑周边的安全隐患。

② 采用了多道防水构造措施，能充分保证混凝土的防水效果，防水质量满足规范及设计要求。

③ 当进行土方回填后，可以进行砌体装饰等后续工序的施工，更加合理地进行工序穿插及交叉作业，缩短工期，提高文明施工管理水平。

（2）工艺原理

地下室底板超前止水带施工，土方开挖时在后浇带位置挖深 250mm，两边各挖宽 300mm。随后进行混凝土垫层施工、防水卷材铺贴、混凝土防水保护层施工，然后在超前止水带中间留置伸缩缝 50mm，伸缩缝内填挤塑聚苯板，中部设置外贴式橡胶止水带，其宽度为 300mm、厚度为 6mm，并在超前止水带设置钢筋结构架。将底板超前止水后浇带先行施工，当施工完善后，将伸缩缝中挤塑聚苯板取出，用防水油膏嵌缝，随后进行底板钢筋绑扎，然后进行底板混凝土整体施工。

（3）工艺流程

混凝土垫层施工 → 防水卷材铺贴 → 混凝土防水保护层 → 外贴式橡胶止水带 → 超前止水带钢筋绑扎 → 聚苯板填充 → 超前止水带混凝土施工 → 防水油膏嵌缝 → 底板钢筋绑扎 → 底板混凝土施工。

后浇带 HJD 超前止水钢筋排布构造如图 5-12 所示。

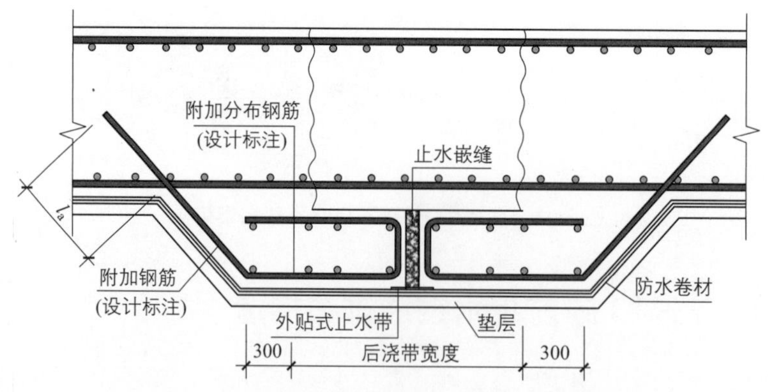

图 5-12 后浇带 HJD 超前止水钢筋排布构造

后浇带 HJD 内的留筋方式及宽度要求应满足图 5-8 的要求。

后浇带 HJD 超前止水三维图如图 5-13 所示。

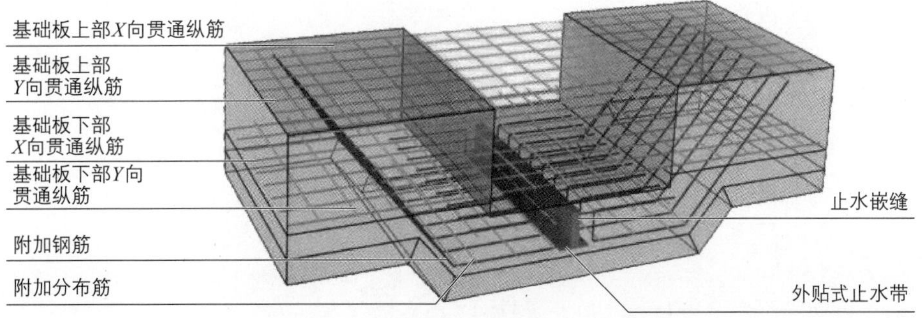

图 5-13　后浇带 HJD 超前止水三维图

5.2 相应钢筋计算实例

5.2.1 独立基础

【例 5-1】 某普通阶形独立基础 DJ_J1 平法施工图如图 5-14 所示。两阶高度为 500mm/300mm，其剖面示意图如图 5-15 所示。试计算该独立基础的钢筋量。

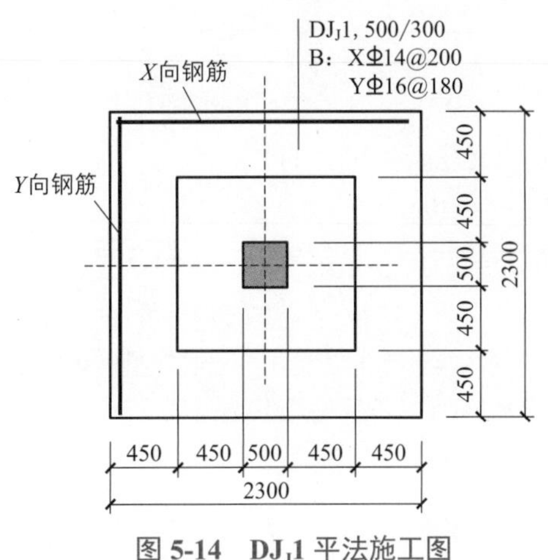

图 5-14　DJ_J1 平法施工图

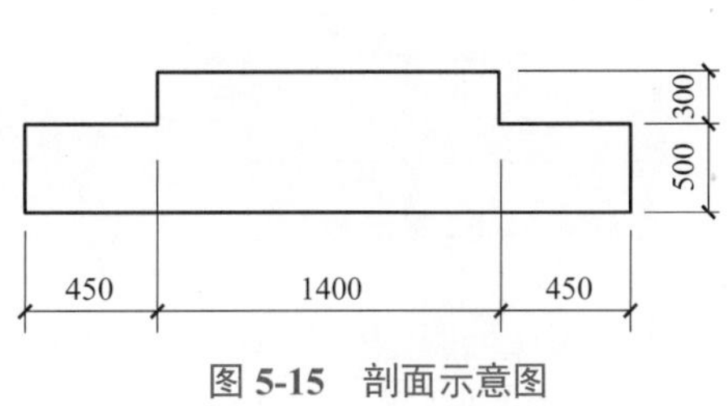

图 5-15　剖面示意图

【解】（1）X 向钢筋

① X 向钢筋长度计算

计算公式 $= x - 2c$

保护层 $c = 40\text{mm}$

基础 X 方向宽度 $= 2300\text{mm}$

X 向钢筋长度 $= 2300 - 2\times40 = 2220$（mm）

② X 向钢筋根数计算

计算公式 $= [y - 2\times\min(75, s/2)]/s + 1$

起步距离 $\min(75, s/2) = 75$（mm）

基础 Y 方向宽度＝2300mm

钢筋间距 s＝200mm

X 向钢筋根数＝（2300－2×75）/200＋1＝11.75（根）≈12 根

（2）Y 向钢筋

① Y 向钢筋长度计算

计算公式＝$y-2c$

保护层 c＝40mm

基础 Y 方向宽度＝2300mm

Y 向钢筋长度＝2300－2×40＝2220（mm）

② Y 向钢筋根数计算

计算公式＝［x－2×min（75，s/2）］/s＋1

起步距离 min（75，s/2）＝75（mm）

基础 X 方向宽度＝2300mm

钢筋间距 s＝180mm

计算结果＝（2300－2×75）/180＋1≈13（根）

【例 5-2】 DJ_J2 平法施工图如图 5-16 所示。试计算独立基础的钢筋量。

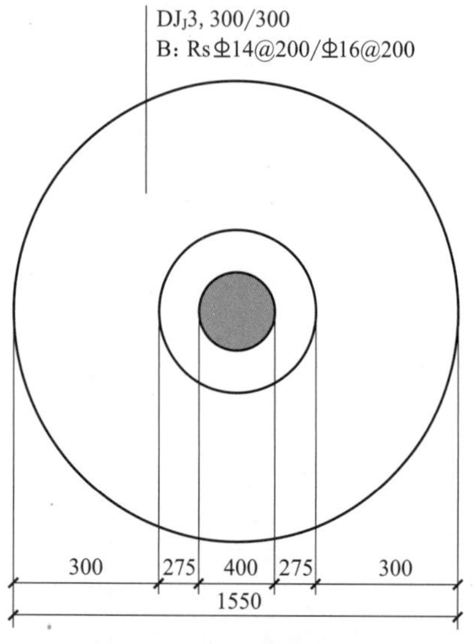

图 5-16 DJ_J2 平法施工图

【解】 （1）径向钢筋长度及根数计算

计算公式如下。

长度＝$D-2c$

根数＝π（$R-c$）/s（注：按半圆周长计算根数，另一半是这些钢筋延伸过去的）

保护层 c＝40mm

径向钢筋的间距度量位置 $R-c$＝775－40＝735（mm）

长度＝$D-2c$＝1550－2×40＝1470（mm）

根数＝π（$R-c$）/s＝3.14×（775－40）/200≈12（根）

钢筋示意图如图 5-17 所示。

（2）环向钢筋长度及根数计算

计算公式如下。

根数＝［R－min（75，s/2）］/s

最外侧环向钢筋长度＝π（$R-c$），往里“R”依次减小

保护层 c＝40mm；R＝775mm；π＝3.14。

最外侧（第 1 根）钢筋长度＝π（$R-c$）＝3.14×（775－40）≈2308（mm）

第 2 根钢筋长度＝π（$R-c$）＝3.14×（575－40）≈1680（mm）

第 3 根钢筋长度＝π（$R-c$）＝3.14×（375－40）≈1052（mm）

第 4 根钢筋长度＝π（$R-c$）＝3.14×（175－40）≈424（mm）

钢筋示意图如图 5-18 所示。

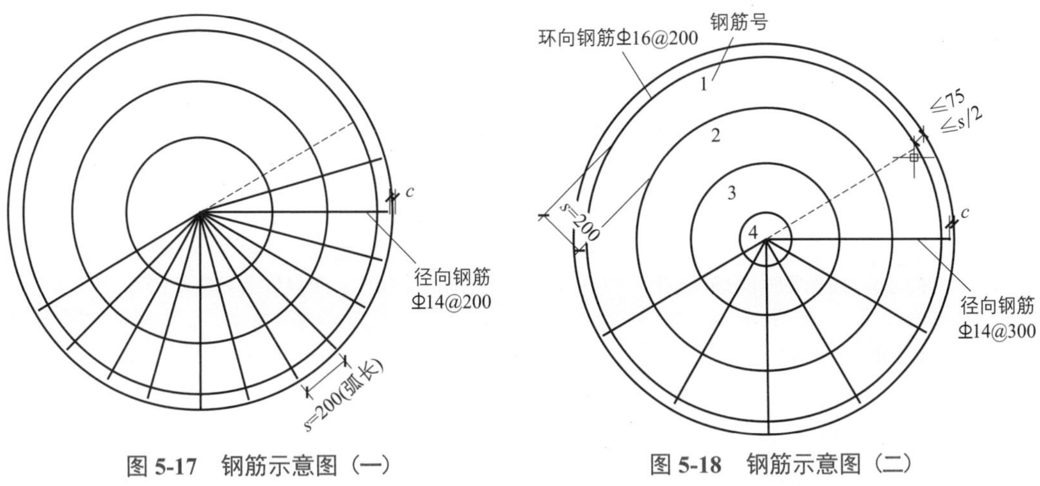

图 5-17 钢筋示意图（一） 图 5-18 钢筋示意图（二）

5.2.2 条形基础

【例 5-3】 普通基础梁 JL 钢筋的计算

某普通基础梁 JL 的平法施工图如图 5-19 所示。保护层厚度 c = 25mm，梁包柱侧腋＝50mm，试计算 JL 梁中的钢筋的工程量。

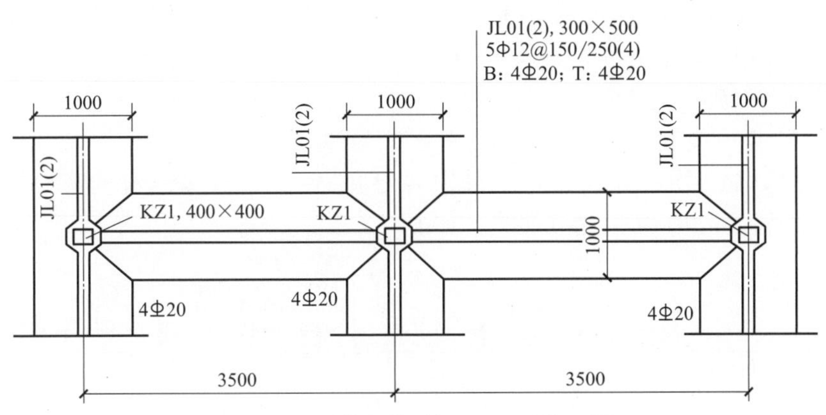

图 5-19 某普通基础梁 JL 平法施工图

【解】 （1）顶部贯通纵筋 4Φ20 的计算

顶部贯通纵筋示意图如图 5-20 所示。

顶部贯通纵筋长度＝梁长（含梁包柱侧腋）－ c ＋弯折长度 15d

$$=(3500\times2+200\times2+50\times2)-2\times25+2\times15\times20$$

$$=8050\text{（mm）}$$

（2）底部贯通纵筋 4Φ20 的计算

底部贯通纵筋示意图如图 5-21 所示。

底部贯通纵筋长度＝梁长（含梁包柱侧腋）－ c ＋弯折长度 15d

$$=(3500\times2+200\times2+50\times2)-2\times25+2\times15\times20$$

$$=8050\text{（mm）}$$

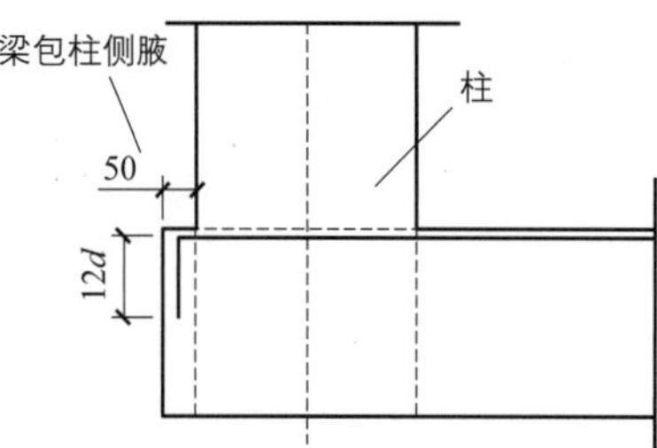

图 5-20　顶部贯通纵筋示意图

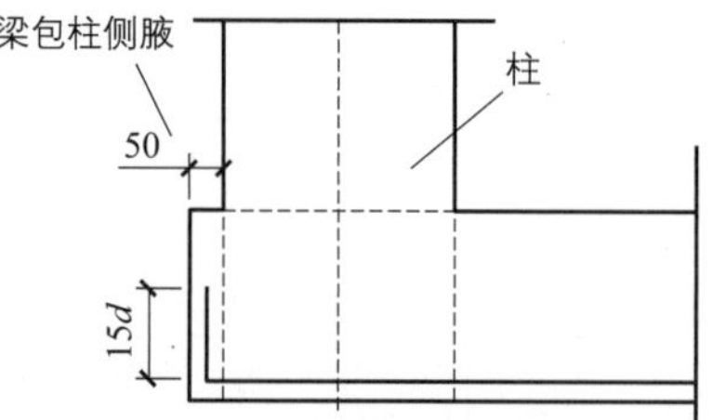

图 5-21　底部贯通纵筋示意图

（3）箍筋的计算

① 长度计算

外大箍筋长度＝（300 － 2×25）×2 ＋（500 － 2×25）×2 ＋ 2×11.9×12

≈ 1686（mm）

内小箍筋长度＝［（300 － 2×25 － 20 － 24)/3 ＋ 20 ＋ 24］＋（500 － 2×25）×2 ＋ 2×11.9×12 ＝ 1298（mm）

② 箍筋根数计算

梁第一跨箍筋根数＝ 5×2 ＋ 6 ＝ 16（根）

中间箍筋根数＝（3500 － 200×2 － 50×2 － 150×5×2)/250 － 1 ＝ 5（根）

梁第二跨箍筋根数＝ 5×2 ＋ 6 ＝ 16（根）

节点内箍筋根数＝ 400/150 ≈ 3（根）

外大箍筋总根数＝ 16×2 ＋ 3×3 ＝ 41（根）

内小箍筋总根数＝ 41（根）

【例 5-4】 基础梁 JL 底部非贯通筋、架立筋的计算

某 JL 的平法施工图如图 5-22 所示。保护层厚度 c ＝ 25mm，梁包柱侧腋＝ 50mm，试计算图 5-22 中的底部非贯通筋、架立筋的工程量。

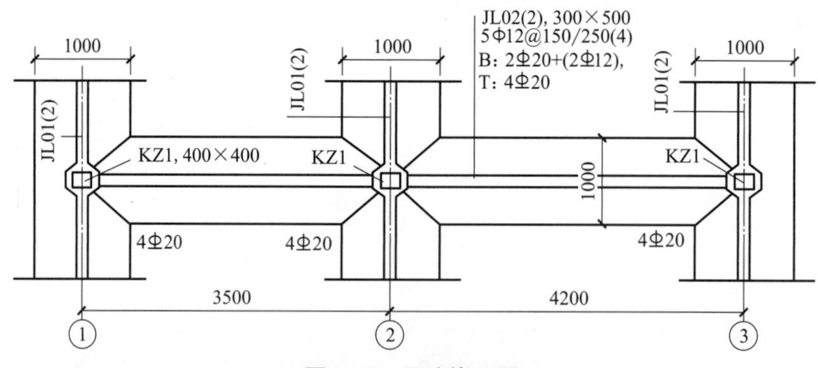

图 5-22　平法施工图

【解】（1）顶部贯通纵筋 4 Φ 20 的计算

顶部贯通纵筋长度＝（3500 ＋ 4200 ＋ 200×2 ＋ 50×2）－ 2×25 ＋ 2×15×20

＝ 8750（mm）

（2）底部贯通纵筋 2 Φ 20 的计算

底部贯通纵筋长度＝（3500 ＋ 4200 ＋ 200×2 ＋ 50×2）－ 2×25 ＋ 2×15×20

＝ 8750（mm）

（3）箍筋的计算

① 长度的计算

外大箍筋长度＝（300－2×25）×2＋（500－2×25）×2＋2×11.9×12≈1686（mm）

内小箍筋长度＝［（300 － 2×25 － 20 － 24)/3 ＋ 20 ＋ 24］×2＋(500 － 2×25)×2＋2×11.9×12 ≈ 1411（mm）

② 箍筋根数的计算

第一跨箍筋根数＝ 5×2 ＋ 5 ＝ 15（根）

中间箍筋根数＝（3500 － 200×2 － 50×2 － 150×5×2)/250 － 1 ＝ 5（根）

第二跨箍筋根数＝ 5×2 ＋ 8 ＝ 18（根）

中间箍筋根数＝（4200 － 200×2 － 50×2 － 150×5×2)/250 － 1 ≈ 8（根）

节点内箍筋根数＝ 400/150 ≈ 3（根）

外大箍筋总根数＝ 15 ＋ 18 ＋ 3×3 ＝ 42（根）

内小箍筋总根数＝ 42（根）

（4）底部端部非贯通筋 2⏀20 的计算

底部端部非贯通筋长度＝延伸长度 l_n/3 ＋支座宽度 h_c ＋梁包柱侧腋－保护层厚度 c ＋弯折长度 15d ＝（4200 － 400)/3 ＋ 400 ＋ 50 － 25 ＋ 15×20 ≈ 1992（mm）

（5）底部中间柱下区域非贯通筋 2⏀20 的计算

底部中间柱下区域非贯通筋长度＝ 2l_n/3 ＋ h_c ＝ 2×(4200 － 400)/3 ＋ 400 ≈ 2934（mm）

（6）底部架立筋 2⏀12 的计算

第一跨底部架立筋长度＝（3500 － 400）－（3500 － 400)/3 －（4200 － 400)/3 ＋ 2×150 ＝ 1100（mm）

第二跨底部架立筋长度＝（4200 － 400）－ 2×［（4200 － 400)/3］＋ 2×150 ≈ 1567（mm）

（7）拉筋的计算

拉筋（⏀8）间距为最大箍筋间距的 2 倍

第一跨拉筋根数＝［3500 － 2×(200 ＋ 50)］/500 ＋ 1 ＝ 7（根）

第二跨拉筋根数＝［4200 － 2×(200 ＋ 50)］/500 ＋ 1 ≈ 9（根）

【例 5-5】 某 JL 的平法施工图如图 5-23 所示，保护层厚度 c ＝ 20mm，l_a ＝ 30d，梁包柱侧腋＝ 50mm。试计算钢筋的工程量。

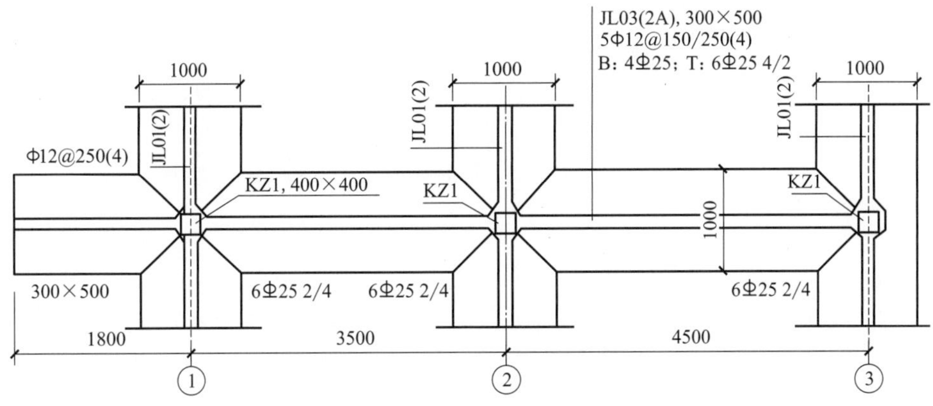

图 5-23　JL 的平法施工图

【解】 （1）贯通钢筋长度计算

底部贯通纵筋 4Φ25 的长度＝（3500＋4500＋1800＋200＋50）－2×30＋2×15×25
＝10740（mm）

顶部贯通纵筋上排 4Φ25 的长度＝（3500＋4500＋1800＋200＋50）－2×30＋2×12×25
＝10590（mm）

顶部贯通纵筋下排 2Φ25 的长度＝3500＋4500＋（200＋50－30＋12d）－200＋30d
＝3500＋4500＋（200＋50－30＋12×25）－200＋30×25
＝9070（mm）

顶部贯通纵筋下排示意图如图 5-24 所示。

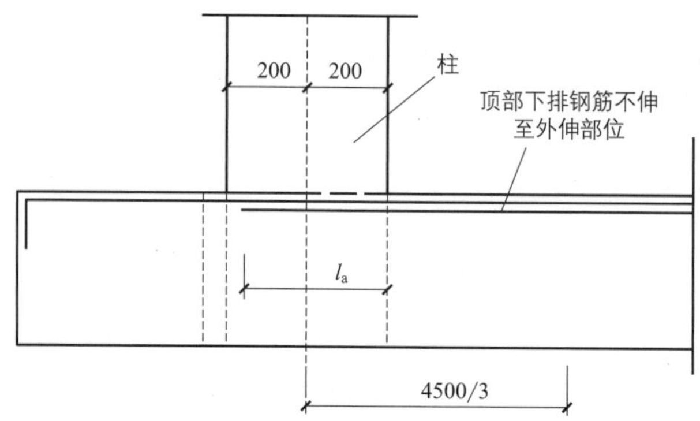

图 5-24 顶部贯通纵筋下排示意图

箍筋示意图如图 5-25 所示。

外大箍长度＝（300－2×30＋12）×2＋(500－2×30＋12)×2＋2×11.9×12
≈1694（mm）

内小箍长度＝[(300－2×30－25)/3＋25＋12]×2＋(500－2×30＋12)×2＋2×11.9×12≈1047（mm）

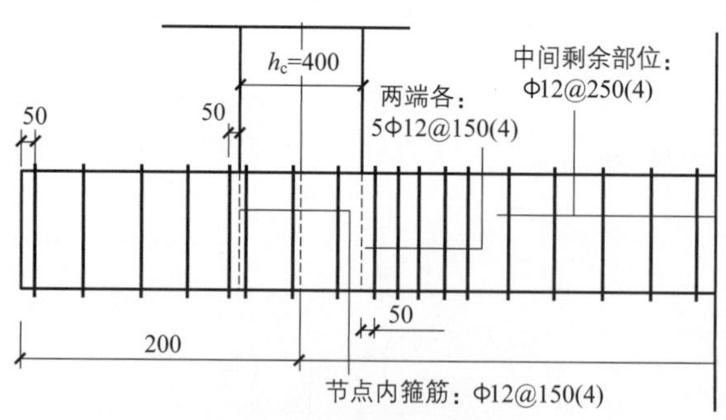

图 5-25 箍筋示意图

（2）箍筋根数的计算

第一跨：5×2＋6＝16（根）

两端各 5Φ12；

中间箍根数＝（3500－200×2－50×2－150×5×2)/250－1＝5（根）

第二跨：5×2＋9＝19（根）

两端各 5Φ12；

中间箍根数=（4500 − 200×2 − 50×2 − 150×5×2）/250 − 1 = 9（根）

节点内箍筋根数= 400/150 ≈ 3（根）

外伸部位箍筋根数=（1800 − 200 − 2×50）/250 − 1 = 5（根）

JL 箍筋总根数为：

外大箍筋根数= 16 + 19 + 3×3 + 5 = 49（根）

内小箍筋根数= 49 根

（3）非贯通筋长度计算

① 底部外伸端非贯通筋 2Φ25（位于上排）（图 5-26）的计算

长度计算公式=延伸长度 $l_0/3$ +伸至端部

底部外伸端非贯通筋的长度= 4500/3 + 1800 − 30 = 3270（mm）

② 底部中间柱下区域非贯通筋 2Φ25（位于上排）（图 5-27）的计算

长度计算公式= $2×l_0/3$

底部中间柱下区域非贯通筋的长度= 2×4500/3 = 3000（mm）

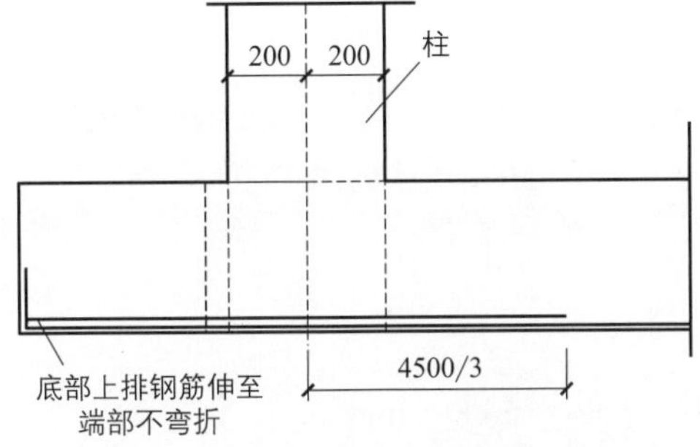

图 5-26　底部外伸端非贯通筋示意图

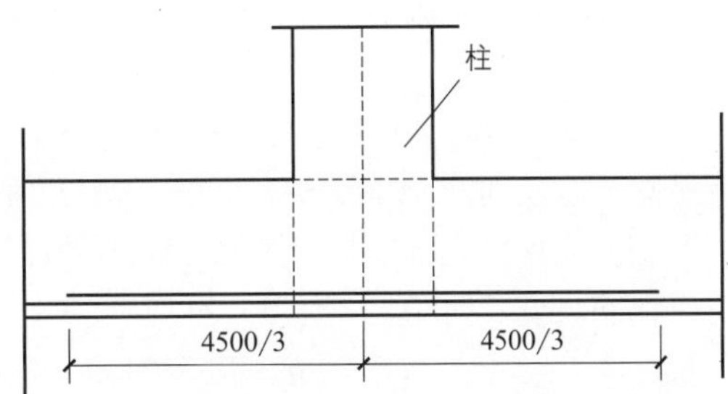

图 5-27　底部中间柱下区域非贯通筋示意图

③ 底部右端（非外伸端）非贯通筋 2Φ25（图 5-28）的计算

长度计算公式=延伸长度 $l_0/3$ +伸至端部

底部右端（非外伸端）非贯通筋的长度= 4500/3 + 200 + 50 − 30 + 15d

= 4500/3 + 200 + 50 − 30 + 15×25 = 2095（mm）

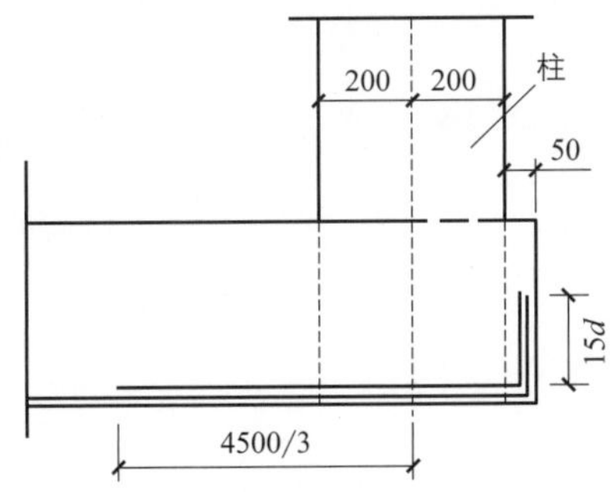

图 5-28　底部右端（非外伸端）非贯通筋示意图

5.2.3　筏形基础

【例 5-6】 JL02 的平法施工图如图 5-29 所示。保护层厚度 c = 50mm，试计算该钢筋的工程量。

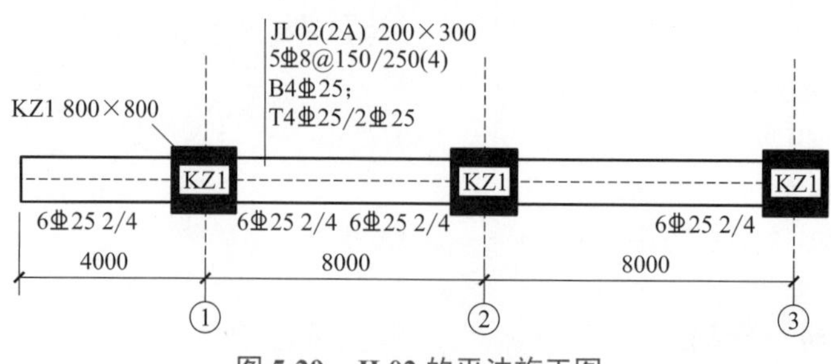

图 5-29 JL02 的平法施工图

【解】（1）底部和顶部第一排贯通纵筋 4⌀25 的计算

钢筋长度＝（梁长－保护层）＋ 12d ＋ 15d

＝（8000×2 ＋ 400 ＋ 4000 ＋ 50 － 50）＋ 12×25 ＋ 15×25

＝ 21075（mm）

（2）支座①底部非贯通纵筋 2⌀25 的计算

钢筋长度＝自柱边缘向跨内的延伸长度＋外伸端长度＋柱宽

自柱边缘向跨内的延伸长度＝ max（l_n/3，l'_n）

＝ max［（8000 － 800)/3，(4000 － 400)］＝ 3600（mm）

外伸端长度＝ 4000 － 400 － 25 ＝ 3575（mm）（位于上排，外伸端不弯折）

总长度＝ 3600 ＋ 3575 ＋ 800 ＝ 7975（mm）

（3）支座②底部非贯通纵筋 2⌀25 的计算

钢筋长度＝两端延伸长度＋柱宽

＝ 2×l_n/3 ＋ h_c ＝ 2×(8000 － 800)/3 ＋ 800 ＝ 5600（mm）

（4）支座③底部非贯通纵筋 2⌀25。

钢筋长度＝自柱边缘向跨内的延伸长度＋(柱宽＋梁包柱侧腋－ c）＋ 15d

自柱边缘向跨内的延伸长度＝ l_n/3 ＝（8000 － 800)/3 ＝ 2400（mm）

钢筋长度＝自柱边缘向跨内的延伸长度＋（柱宽＋梁包柱侧腋－ c）＋ 15d

＝ 2400 ＋ 800 ＋ 50 － 25 ＋ 15×25 ＝ 3600（mm）

6 桩基础

6.1 桩基础构件平法识图

6.1.1 桩基础构件平法识图学习方法

6.1.1.1 桩基础的概念

桩基础由基桩和连接于桩顶的承台共同组成。若桩身全部埋于土中，承台底面与主体接触，则称为低承台桩基；若桩身上部露出地面而承台底位于地面以上，则称为高承台桩基。建筑桩基通常为低承台桩基础，广泛应用于高层建筑、桥梁等工程。

桩是竖直或为倾斜的基础构件，它的横截面尺寸比长度小得多。设置在岩土中的桩是通过桩侧摩阻力和桩端阻力将上部结构的荷载传递到地基，或是通过桩身将横向荷载传给侧向土体，如图 6-1 所示。桩基础实物图如图 6-2 所示，桩基础三维示意图如图 6-3 所示。

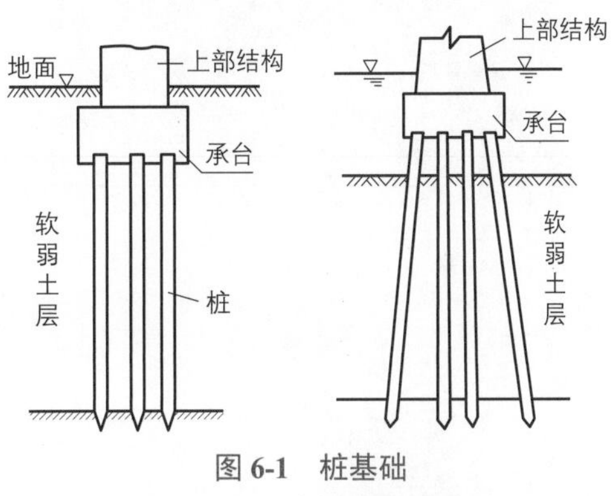

图 6-1　桩基础

图 6-2　桩基础实物图

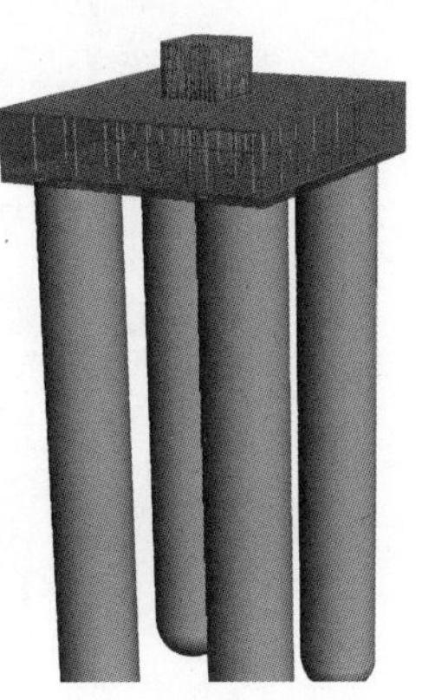

图 6-3　桩基础三维图

6.1.1.2　采用桩基础的原因

天然地基承载力不能满足上部结构的荷载要求，且经过简单的人工处理也无法满足要求的情况下，此时需采用桩基础。

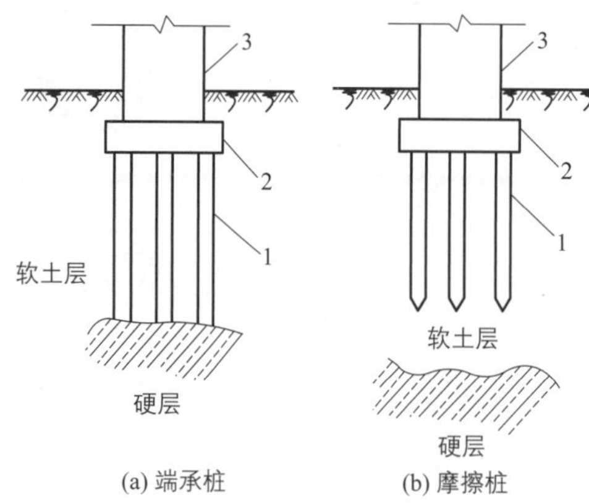

(a) 端承桩　(b) 摩擦桩

图 6-4　桩基础的传力途径

1—桩；2—承台；3—上部结构

很多情况下，特别是一些沿海沿湖地区，近地表土层的土质情况很差且有高压缩性，比如淤泥、淤泥质土、暗浜、较厚的杂填土等，这时候常常直接采用桩基础。

6.1.1.3　桩基础的传力途径

桩基础的传力途径如图 6-4 所示。

6.1.1.4　桩承台基础的分类与其钢筋骨架

（1）桩承台的基础分类

桩承台分为普通承台、笼式承台（图 6-5）、承台梁（图 6-6），普通承台又分为矩形承台、三桩承台（等腰、等边）、多边形承台，如图 6-7 所示。

图 6-5　笼式承台

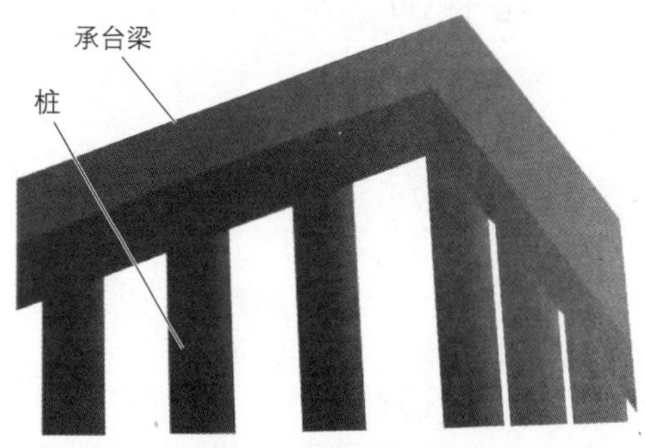

图 6-6　承台梁示意图

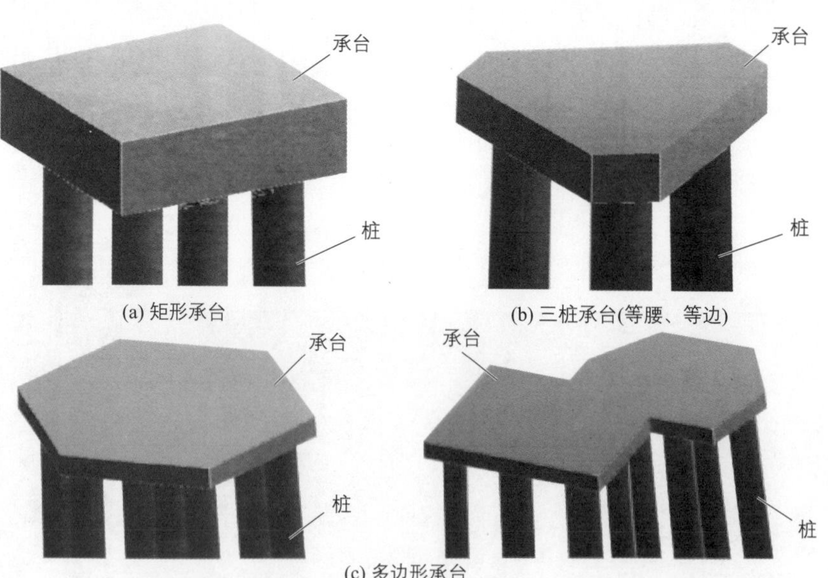

(a) 矩形承台　(b) 三桩承台(等腰、等边)

(c) 多边形承台

图 6-7　普通承台示意

（2）桩承台基础中的钢筋骨架

矩形独立承台、三桩独立承台、六边形独立承台、笼式独立承台、承台梁的钢筋骨架如图 6-8 所示。

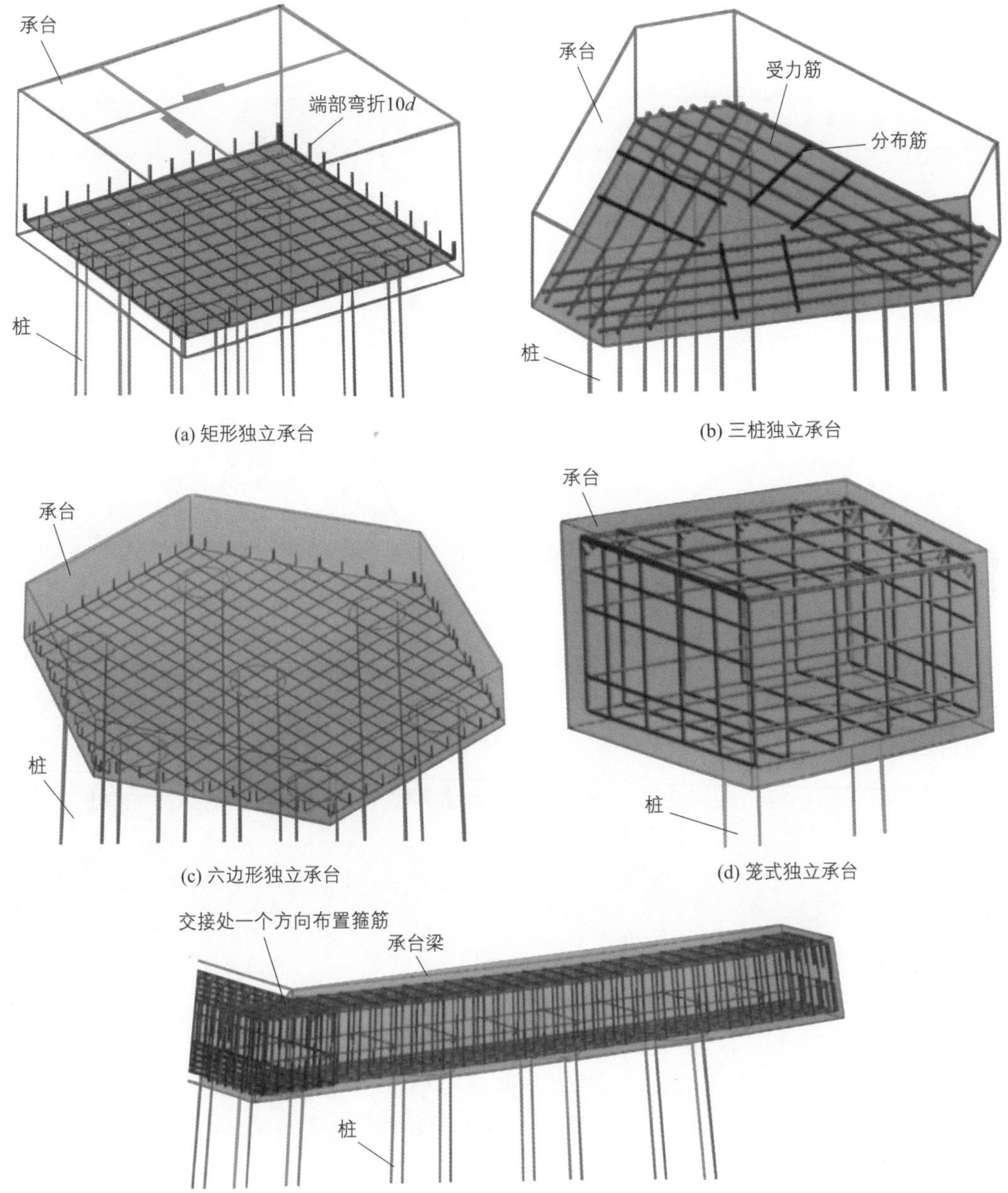

(a) 矩形独立承台

(b) 三桩独立承台

(c) 六边形独立承台

(d) 笼式独立承台

(e) 承台梁

图 6-8　桩承台基础的钢筋骨架示意图

扫码看视频

灌注桩列表注写方式

6.1.2　桩基础平法识图

6.1.2.1　灌注桩列表注写方式

① 列表注写方式：在灌注桩平面布置图定位尺寸；在桩表中注写桩编号、桩尺寸、纵

筋、螺旋箍筋、桩顶标高、单桩竖向承载力特征值。

② 桩表注写内容规定如下：注写桩编号，桩编号由类型和序号组成，如表 6-1 所示。

表 6-1　桩编号

类型	代号	序号
灌注桩	GZH	××
扩底灌注桩	GZHk	××

③ 注写桩尺寸，包括桩径 $D\times$ 桩长 L，当为扩底灌注桩时，还应在括号内注写扩底端尺寸 $D_0/h_b/h_c$ 或 $D_0/h_b/h_{c1}/h_{c2}$，其中 D_0 表示扩底端直径，h_b 表示扩底端锅底形矢高，h_c 表示扩底端高度，如图 6-9 所示。

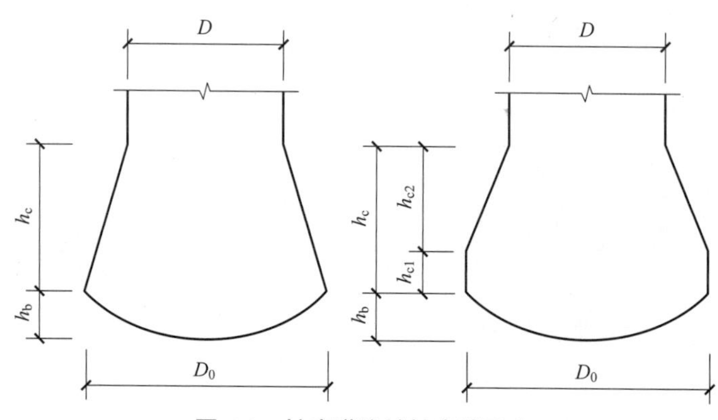

图 6-9　扩底灌注桩扩底端示意

④ 注写桩纵筋，包括桩周均布的纵筋根数、钢筋种类、从桩顶起算的纵筋配置长度。

a. 通长等截面配筋：注写全部纵筋，如 ××Φ××。

b. 部分长度配筋：注写桩纵筋，如 ××Φ××/L_1，其中 L_1 表示从桩顶起算的入桩长度。

c. 通长变截面配筋：注写桩纵筋包括通长纵筋 ××Φ××、非通长纵筋 ××Φ××/L_1，其中 L_1 表示从桩顶起算的入桩长度。通长纵筋与非通长纵筋沿桩周间隔均匀布置。

⑤ 以大写字母 L 打头。注写桩螺旋箍筋，包括钢筋种类、直径与间距。

a. 用斜线“/”区分桩顶箍筋加密区与桩身箍筋非加密区长度范围内箍筋的间距。22 G101-3 图集中箍筋加密区为桩顶以下 $5D$（D 为桩身直径），若与实际工程情况不同，需设计者在图中注明。

b. 当桩身位于液化土层范围内时，箍筋加密区长度应由设计者根据具体工程情况注明，或者箍筋全长加密。

⑥ 注写桩顶标高。

⑦ 注写单桩竖向承载力特征值，单位以 kN 计。

注：当钢筋笼长度超过 4m 时，应每隔 2m 设一道直径为 12mm 的焊接加劲箍；桩顶进入承台的高度 h：桩径＜ 800mm，h = 50mm；桩径≥ 800mm，h = 100mm。

⑧ 灌注桩列表注写的格式，如表 6-2 所示。

表 6-2 灌注桩列表注写

桩号	桩径 *D*× 桩长 *L* /（mm×m）	通长纵筋	非通长纵筋	箍筋	桩顶标高 /m	单桩竖向承载力特征值 /kN
GZH1	800×16.700	16 ⌀ 18	—	L ⌀ 8 @100/200	－3.400	2400
GZH2	800×16.700	—	16 ⌀ 18/6000	L ⌀ 8 @100/200	－3.400	2400
GZH3	800×16.700	10 ⌀ 18	10 ⌀ 20/6000	L ⌀ 8 @100/200	－3.400	2400

注：1. 表中可根据实际情况增加栏目。例如，当采用扩底灌注桩时，增加扩底端尺寸。

2. 当为通长等截面配筋方式时，非通长纵筋一栏不注，如表中 GZH1；当为通长变截面配筋方式时，通长纵筋和非通常纵筋均应注写，如表中 GZH3。

6.1.2.2 灌注桩平面注写方式

平面注写方式如图 6-10 所示。该平面注写展示灌注桩 1 的桩径为 800mm，桩长 16.700m，通长等截面配筋纵筋为 10 ⌀ 18，箍筋为 ⌀ 8@100/200，桩顶标高为－3.400m。

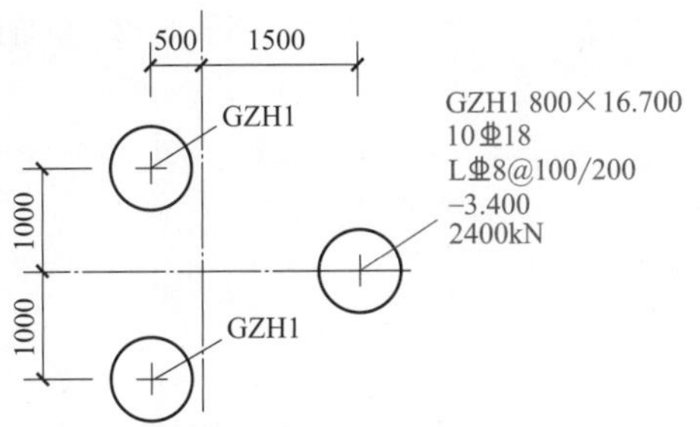

图 6-10 平面注写

6.1.2.3 桩基承台的编号

桩基承台分为独立承台和承台梁。其编号如表 6-3、表 6-4 所示。

表 6-3 独立承台编号

类型	独立承台截面形状	代号	序号	说明
独立承台	阶形	CT_j	××	单阶截面即为平板式独立承台
	坡形	CT_p	××	

表 6-4 承台梁编号

类型	代号	序号	跨数及有无外伸
承台梁	CTL	××	（××）端部无外伸，（××A）一端有外伸，（××B）两端有外伸

6.1.2.4 独立承台平法施工图的注写方式

（1）承台的注写

独立承台的平面注写方式分为集中标注和原位标注两部分内容。

① 独立承台的集中标注系在承台平面上集中引注独立承台编号、截面竖向尺寸、配筋三项必注内容，以及承台板底面标高（与承台底面基准标高不同时）和必要的文字注解两项选注内容。具体规定如下。

a. 注写独立承台编号（必注内容）。独立承台的截面形式通常有两种：阶形截面，编号加下标“J”，如 CT_J××；锥形截面，编号加下标“z”，如 CT_z××。

b. 注写独立承台截面竖向尺寸（必注内容），即注写 $h_1/h_2/\cdots$，具体标注为：当独立承台为阶形截面时，当为多阶时各阶尺寸自下而上用“/”分隔顺写；当阶形截面独立承台为单阶时，截面竖向尺寸仅为一个，且为独立承台总高度，如图 6-11、图 6-12 所示。当独立承台为锥形截面时，截面竖向尺寸注写 h_1/h_2，如图 6-13 所示。

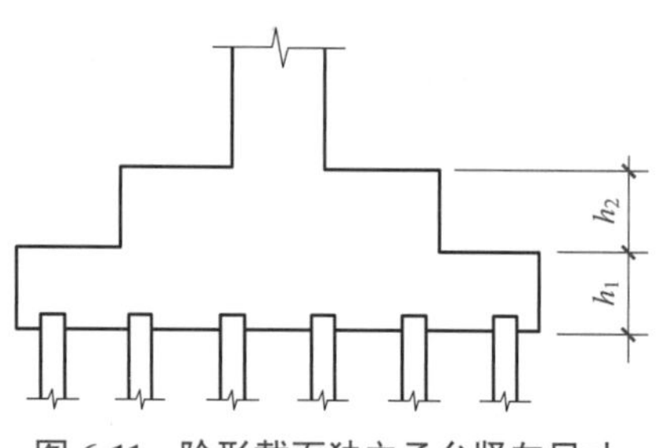

图 6-11　阶形截面独立承台竖向尺寸

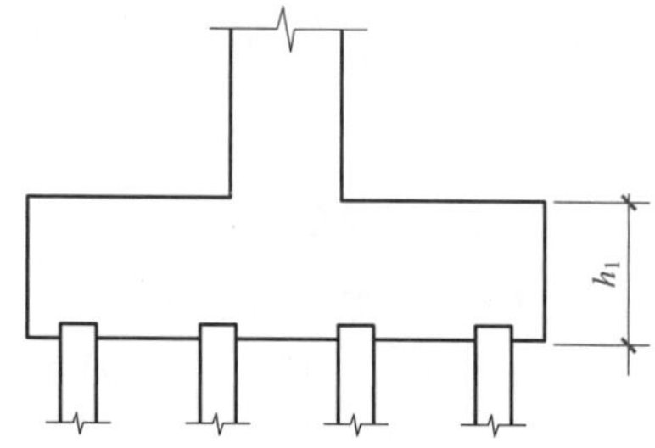

图 6-12　单阶截面独立承台竖向尺寸

c. 注写独立承台配筋（必注内容）。底部与顶部双向配筋应分别注写，顶部配筋仅用于双柱或四柱等独立承台。当独立承台顶部无配筋时则不注顶部，注写规定如下：以 B 打头注写底部配筋，以 T 打头注写顶部配筋；矩形承台 X 向配筋以 X 打头，Y 向配筋以 Y 打头；当两向配筋相同时，则以 X&Y 打头，如图 6-14 所示。

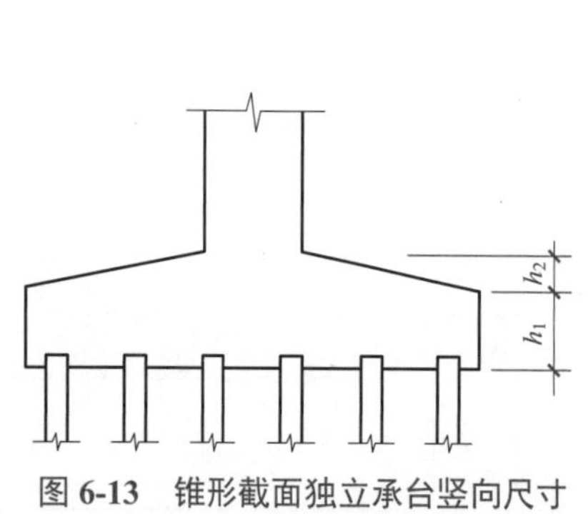

图 6-13　锥形截面独立承台竖向尺寸

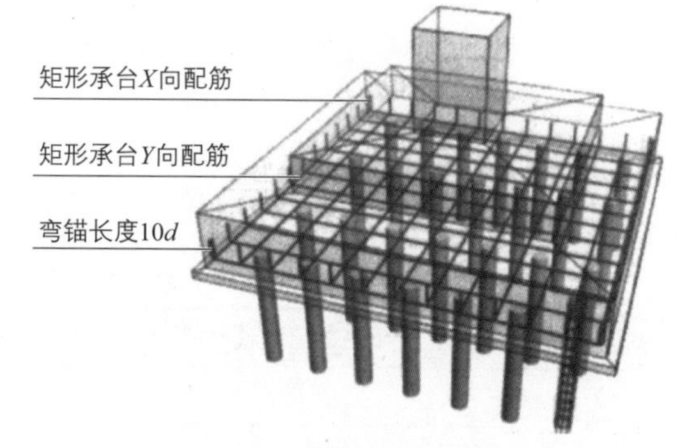

图 6-14　独立承台配筋

当为等边三桩承台时，以“s”打头，注写三角布置的各边受力钢筋（注明根数并在配筋值后注写“×3”），在“/”后注写分布钢筋，不设分布钢筋时可不注写。

当为等腰三桩承台时，以“s”打头注写，等腰三角形底边的受力钢筋＋两对称斜边的受力钢筋（注明根数并在两对称配筋值后注写“×2”），在“/”后注写分布钢筋，不设分布钢筋时可不注写。

当为多边形（五边形或六边形）承台或异形独立承台，且采用 X 向和 Y 向正交配筋时，注写方式与矩形独立承台相同。

② 独立承台的原位标注系在桩基承台平面布置图上标注独立承台的平面尺寸，相同编号的独立承台，可仅选择一个进行标注，其他仅注编号。注写规定如下。

a. 矩形独立承台。原位标注 x、y，x_i、y_i、a_i、b_i（$i=1, 2, 3, \cdots$），其中，x、y 为独立承台两向边长，x_i、y_i 为阶宽或锥形平面尺寸，a_i、b_i 为桩的中心距及边距（a_i、b_i 根据具体情况可不注）。如图 6-15 所示。

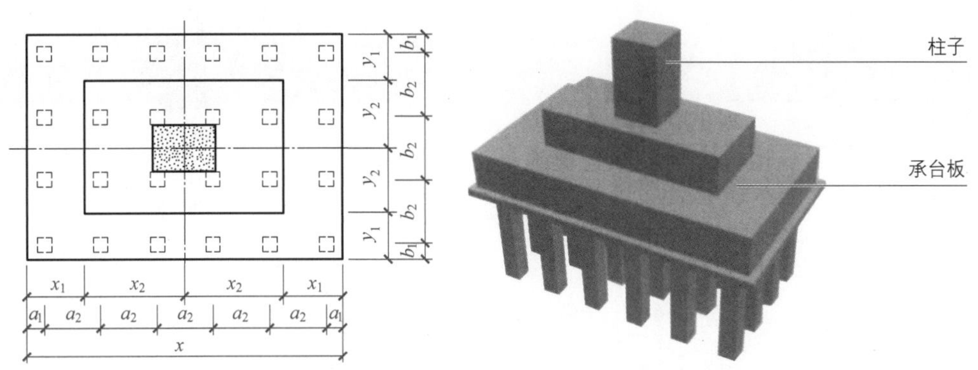

图 6-15　矩形独立承台平面原位标注

b. 三桩承台。结合 x、y 双向定位，原位标注 x 或 y，x_i、y_i（$i=1, 2, \cdots, a_0$），其中，x 或 y 为三桩独立承台平面垂直于底边的高度，x_c、y_c 为柱截面尺寸，x_i、y_i 为承台分尺寸和定位尺寸，a 为桩中心距切角边缘的距离。等边三桩独立承台平面原位标注如图 6-16 所示。等腰三桩独立承台平面原位标注，如图 6-17 所示。

c. 多边形独立承台。结合 X、Y 双向定位，原位标注 x 或 y，x_c、y_c（或圆柱直径 d_c），x_i、y_i，a_i（$i=1, 2, 3, \cdots$），具体设计时，可参照矩形独立承台或三桩独立承台的原位标注规定。

（2）承台梁的注写方式

承台梁平法施工图的注写方式分为平面注写方式和截面注写方式两种。

① 承台梁的平面注写方式。

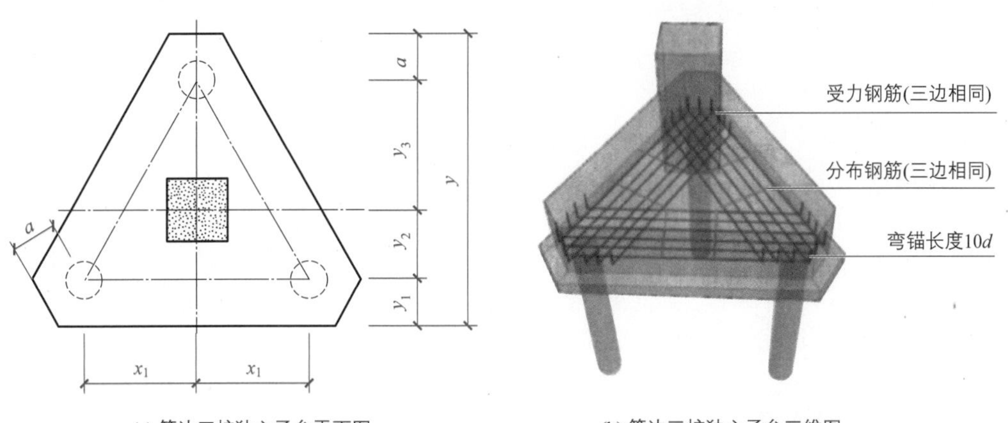

(a) 等边三桩独立承台平面图　　(b) 等边三桩独立承台三维图

图 6-16　等边三桩独立承台平面原位标注

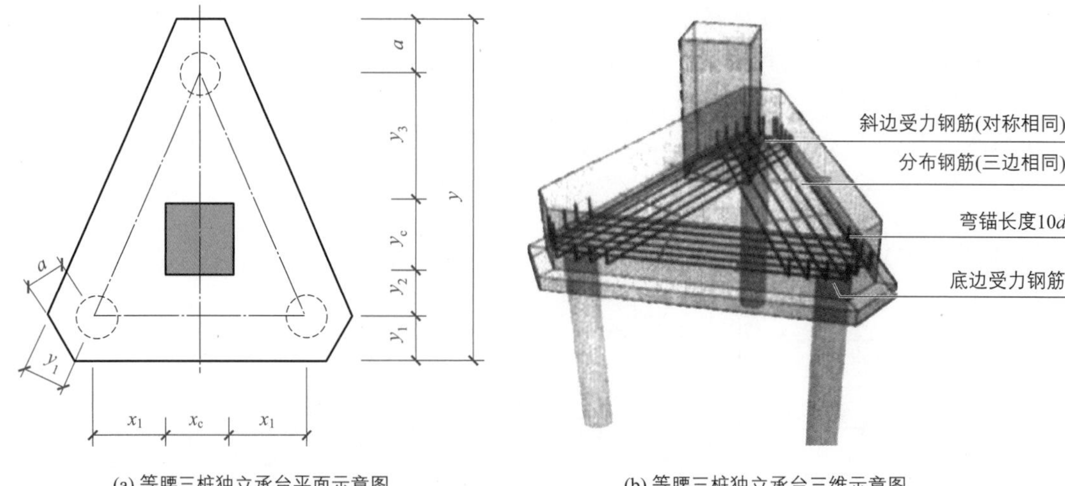

(a) 等腰三桩独立承台平面示意图

(b) 等腰三桩独立承台三维示意图

图 6-17　等腰三桩独立承台平面原位标注

a. 承台梁 CTL 的平面注写方式，分集中标注和原位标注两部分内容。承台梁的集中标注内容为：承台梁编号、截面尺寸、配筋三项必注内容，以及承台梁底面标高（与承台底面基准标高不同时）、必要的文字注解两项选注内容。具体规定如下：注写承台梁编号（必注内容）；注写承台梁截面尺寸（必注内容）。即注写 $b\times h$，表示梁截面宽度与高度；注写承台梁配筋（必注内容）。

b. 注写承台梁箍筋。当具体设计仅采用一种箍筋间距时，注写钢筋种类、直径、间距与肢数（箍筋肢数写在括号内，下同）；当具体设计采用两种箍筋间距时，用“/”分隔不同箍筋的间距。此时，设计应指定其中一种箍筋间距的布置范围。

c. 注写承台梁底部、顶部及侧面纵向钢筋。以 B 打头：注写承台梁底部贯通纵筋；以 T 打头，注写承台梁顶部贯通纵筋；当梁底部或顶部贯通纵筋多于一排时，用“/”将各排纵筋自上而下分开；以大写字母 G 打头注写承台梁侧面对称设置的纵向构造钢筋的总配筋值（当梁腹板高度≥ 450mm 时，根据需要配置）。

d. 注写承台梁底面标高（必注内容）。当承台梁底面标高与桩基承台底面基准标高不同时，将承台梁底面标高注写在括号内。

e. 必要的文字注解（必注内容）。当承台梁的设计有特殊要求时，宜增加必要的文字注解。

f. 承台梁的原位标注规定如下。原位标注承台梁的附加箍筋或（反扣）吊筋。当需要设置附加箍筋或（反扣）吊筋时，将附加箍筋或（反扣）吊筋直接画在平面图中的承台梁上，原位直接引注总配筋值（附加箍筋的肢数注在括号内）。当多数梁的附加箍筋或（反扣）吊筋相同时，可在桩基承台平法施工图上统一注明，少数与统一注明值不同时，在原位直接引注；原位注写修正内容。当在承台梁上集中标注的某项内容（如截面尺寸、箍筋、底部与顶部贯通纵筋或架立筋、梁侧面纵向构造钢筋、梁底面标高等）不适用于某跨或某外伸部位时，将其修正内容原位标注在该跨或该外伸部位，施工时原位标注取值优先。

② 承台梁的截面注写方式。

a. 桩基承台的截面注写方式，可分为截面标注和列表注写（结合截面示意图）两种表达方式。采用截面注写方式，应在桩基平面布置图上对所有桩基承台进行编号，如表 6-3 独立承台编号和表 6-4 承台梁编号所示。

b. 桩基承台的截面注写方式，可参照独立基础及条形基础的截面注写方式进行设计施工图的表达。

6.2 桩基础构件钢筋构造

6.2.1 矩形承台阶形截面 CT_J 底板钢筋排布构造

矩形承台阶形截面 CT_J 底板钢筋排布构造如图 6-18 所示。

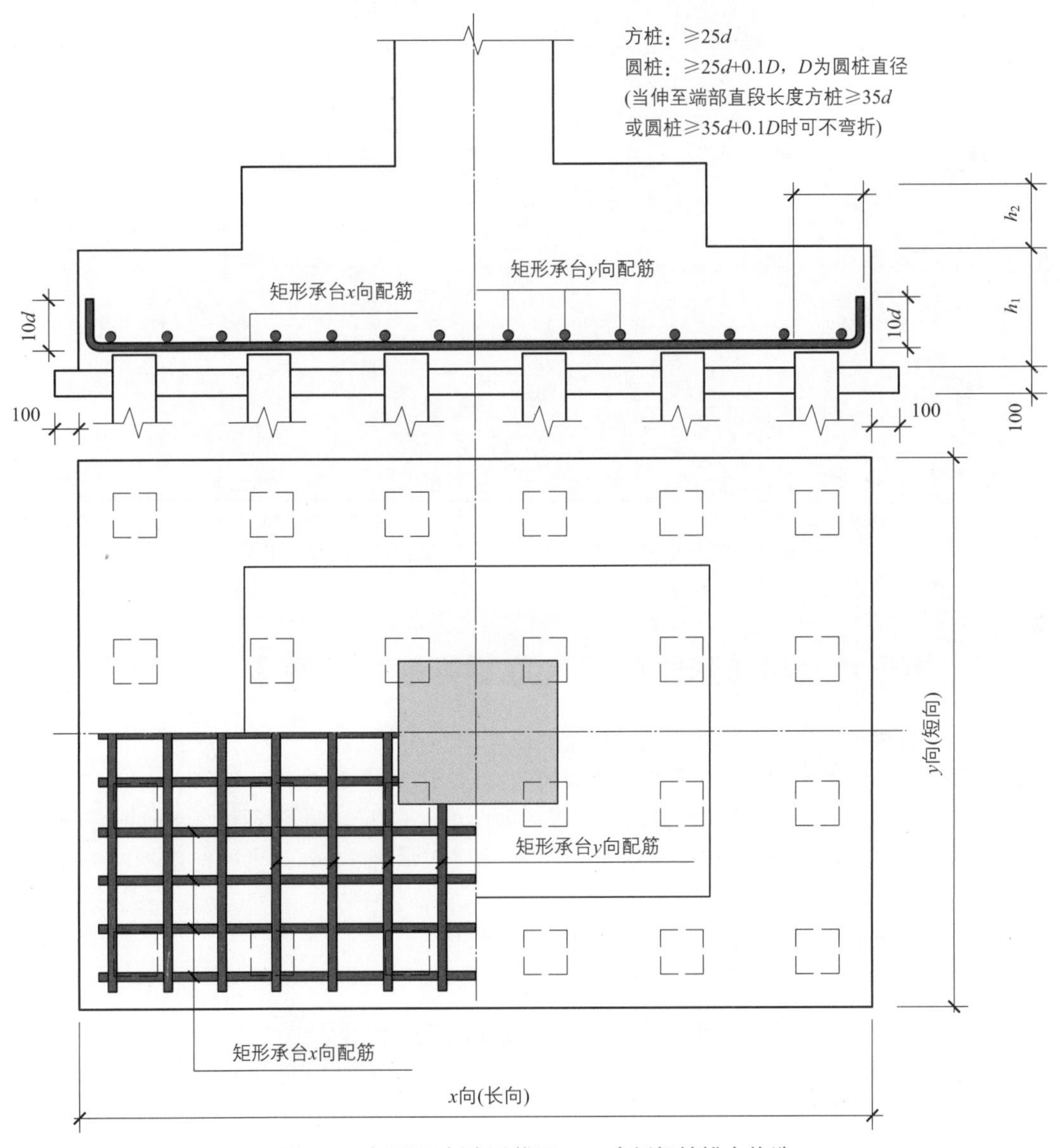

图 6-18 矩形承台阶形截面 CT_J 底板钢筋排布构造

6

矩形承台阶形截面 CT_J 底板钢筋排布构造三维图如图 6-19 所示。

① 图 6-18 适用于阶形截面承台 CT_J 和锥形截面承台 CT_z，阶形截面可为单阶或多阶。

② 当桩直径或桩截面边长＜ 800mm 时，桩顶嵌入承台 50mm；当桩直径≥ 2800mm 时，桩顶嵌入承台 100mm。

③ 矩形承台的长向为哪个方向详见具体工程设计。

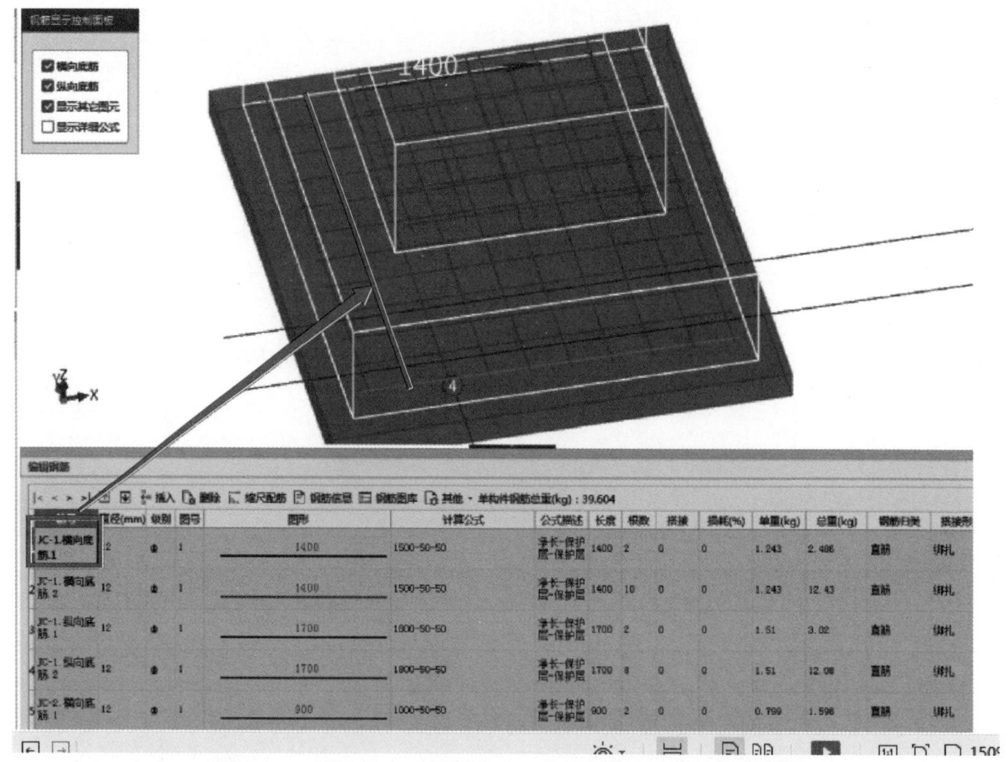

图 6-19　矩形承台阶形截面 CT_J 底板钢筋排布构造三维图

6.2.2　矩形承台单阶形截面 CT_J 底板钢筋排布构造

矩形承台单阶形截面 CT_J 底板钢筋排布构造如图 6-20 所示。

矩形承台单阶形截面 CT_J 底板钢筋排布构造三维图如图 6-21 所示。

① 图 6-20 适用于阶形截面承台 CT_J 和锥形截面承台 CT_z，阶形截面可为单阶或多阶。

② 当桩直径或桩截面边长＜ 800mm 时，桩顶嵌入承台 50mm；当桩直径≥ 800mm 时，桩顶嵌入承台 100mm。

③ 矩形承台的长向为哪个方向详见具体工程设计。

6.2.3　矩形承台锥形截面 CT_z 底板钢筋排布构造

矩形承台锥形截面 CT_z 底板钢筋排布构造如图 6-22 所示。

矩形承台锥形截面 CT_z 底板钢筋排布构造三维图如图 6-23 所示。

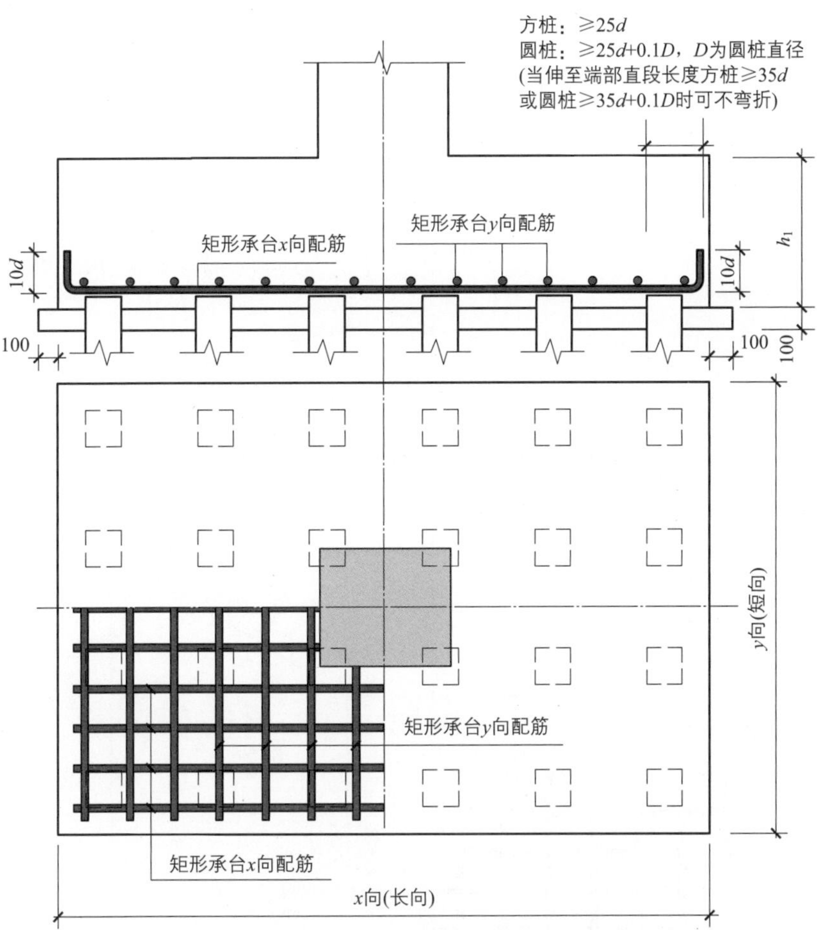

图 6-20 矩形承台单阶形截面 CT_J 底板钢筋排布构造

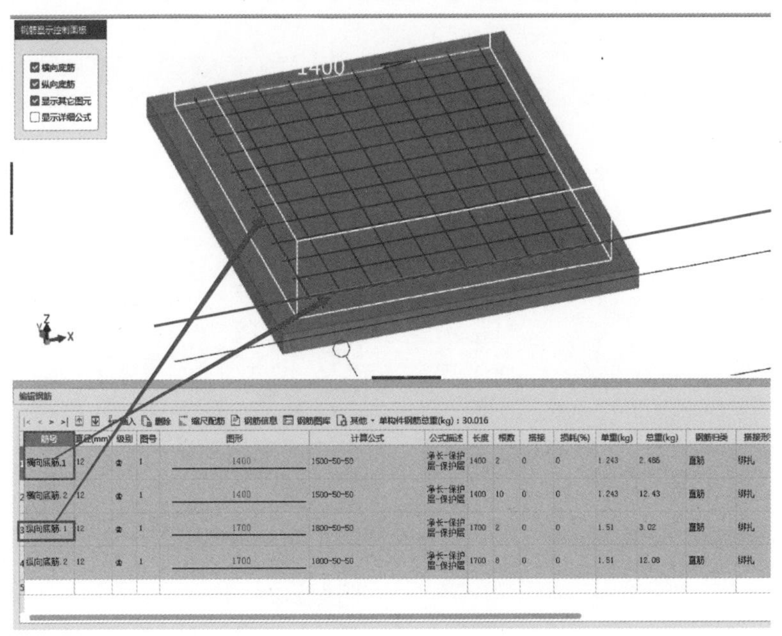

图 6-21 矩形承台单阶形截面 CT_J 底板钢筋排布构造三维图

① 图 6-22 适用于阶形截面承台 CT_J 和锥形截面承台 CT_z，阶形截面可为单阶或多阶。

② 当桩直径或桩截面边长＜ 800mm 时，桩顶嵌入承台 50mm；当桩直径＞ 800mm 时，桩顶嵌入承台 100mm。

③ 矩形承台的长向为哪个方向详见具体工程设计。

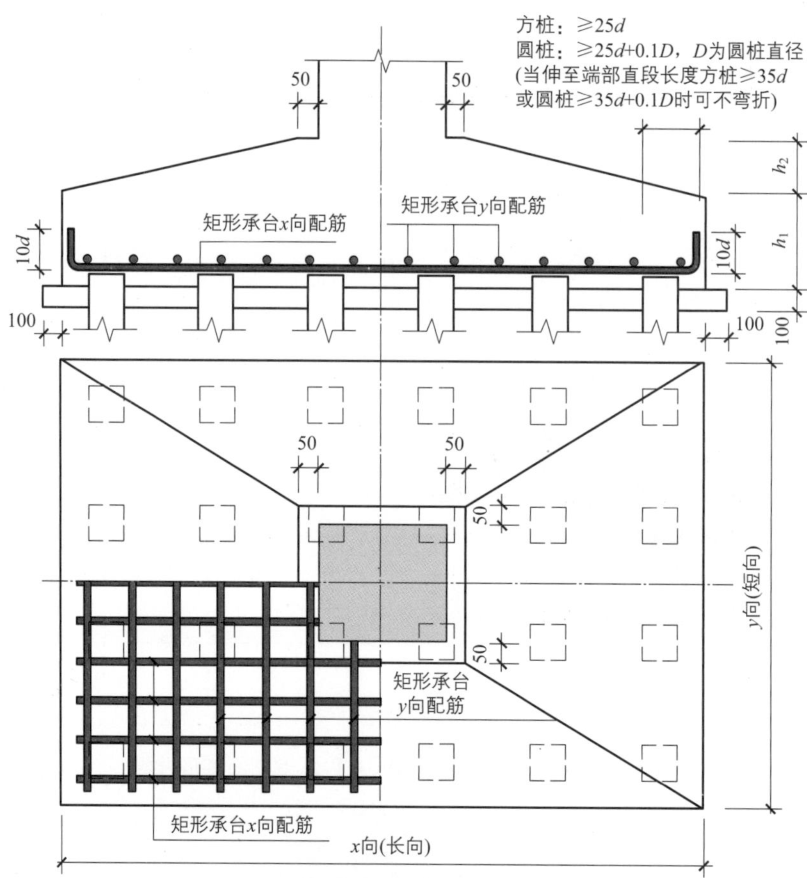

图 6-22　矩形承台锥形截面 CT_Z 底板钢筋排布构造

h_1，h_2—坡形截面矩形承台的竖向尺寸

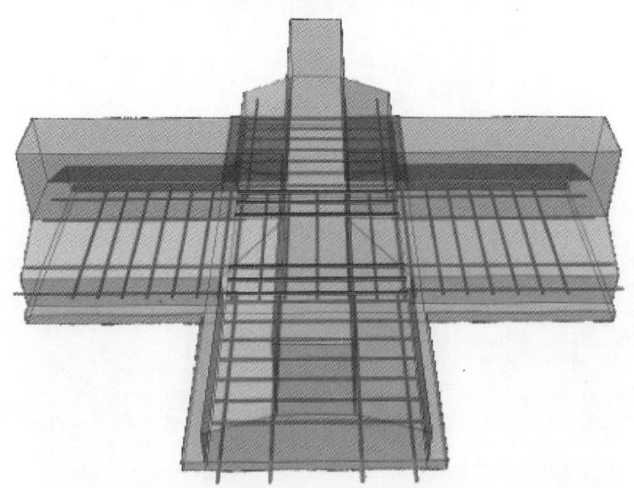

图 6-23　矩形承台锥形截面 CT_z 底板钢筋排布构造三维图

6.2.4 等边三桩承台 CT_J 钢筋排布构造

等边三桩承台 CT_J 钢筋排布构造如图 6-24 所示。

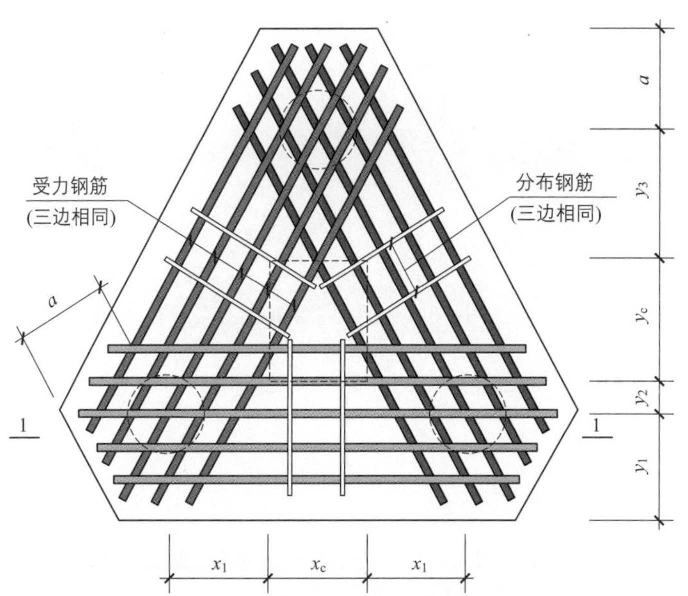

图 6-24 等边三桩承台 CT_J 钢筋排布构造

a—桩中心距切角边缘的距离；x_1—承台分尺寸；y_1—承台定位尺寸；x_c，y_c—柱截面尺寸；y_z—钢筋间距；y_3—桩中心距柱子之间的距离

等边三桩承台 CT_J 钢筋排布构造 1—1 剖面图如图 6-25 所示。

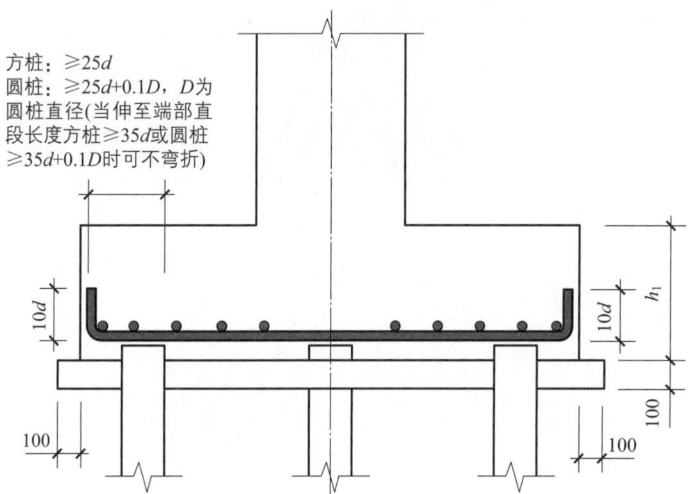

图 6-25 等边三桩承台 CT_J 钢筋排布构造 1—1 剖面图

等边三桩承台 CT_J 钢筋排布构造三维图如图 6-26 所示。

① 当桩直径或桩截面边长＜ 800mm 时，桩顶嵌入承台 50mm；当桩直径≥ 800mm 时，桩顶嵌入承台 100mm。

② 等边三桩承台的底边方向，详见具体工程设计。

③ 三桩承台最里侧的三根钢筋围成的三角形应在柱截面范围内。

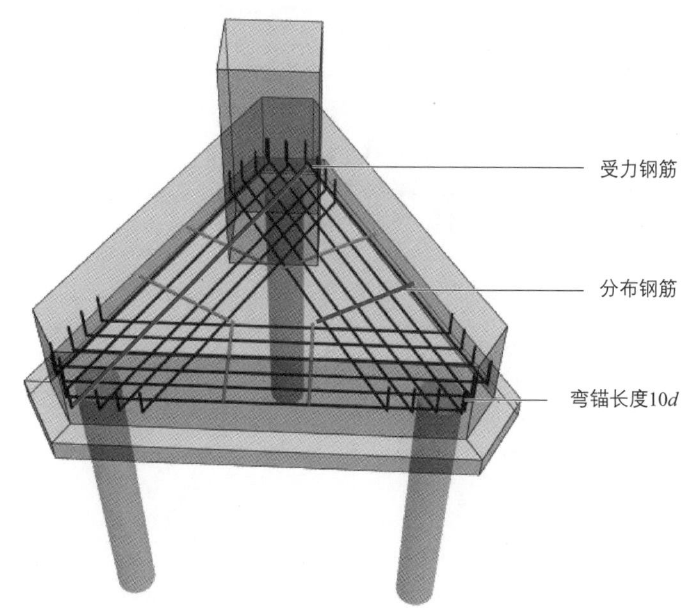

图 6-26　等边三桩承台 CT_J 钢筋排布构造三维图

6.2.5　等腰三桩承台 CT_J 钢筋排布构造

等腰三桩承台 CT_J 钢筋排布构造如图 6-27 所示。

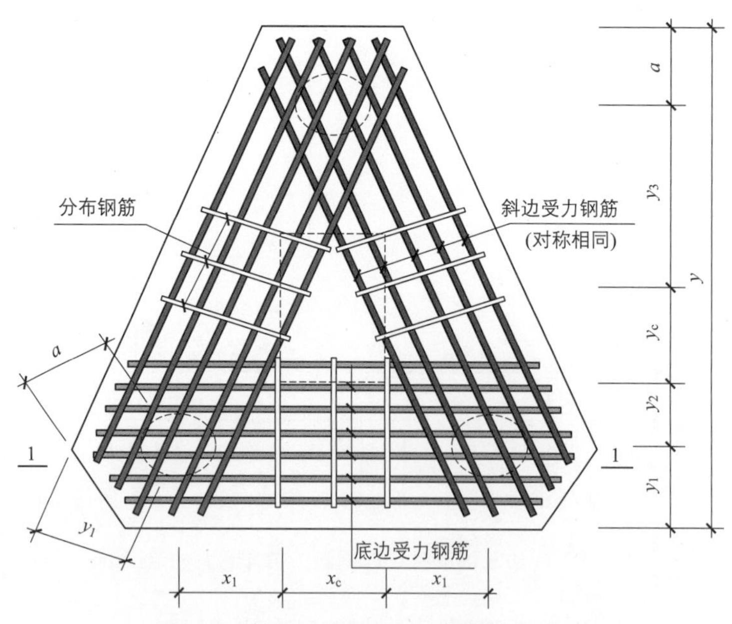

图 6-27　等腰三桩承台 CT_J 钢筋排布构造

a—桩中心距切角边缘的距离；x_1—承台分尺寸；y_1—承台定位尺寸；x_c，y_c—柱截面尺寸

等腰三桩承台 CT_J 钢筋排布构造 1—1 剖面图如图 6-28 所示。

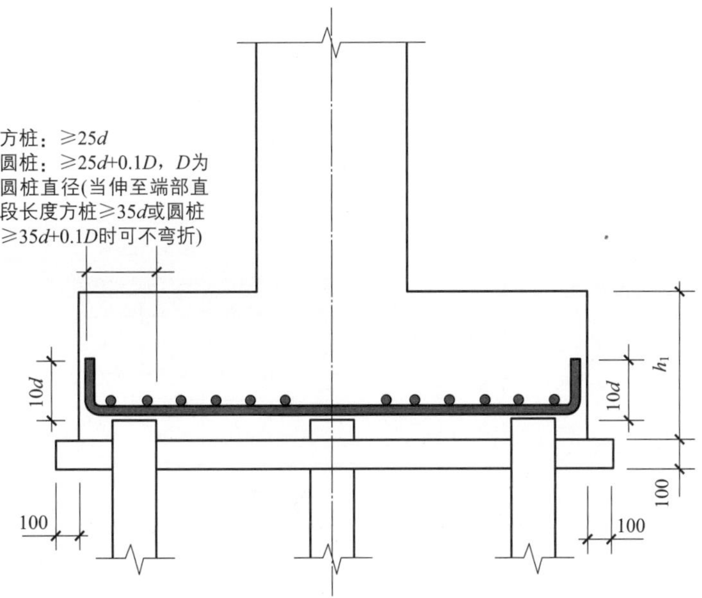

图 6-28　等腰三桩承台 CT_J 钢筋排布构造 1—1 剖面图

等腰三桩承台 CT_J 钢筋排布构造三维图如图 6-29 所示。

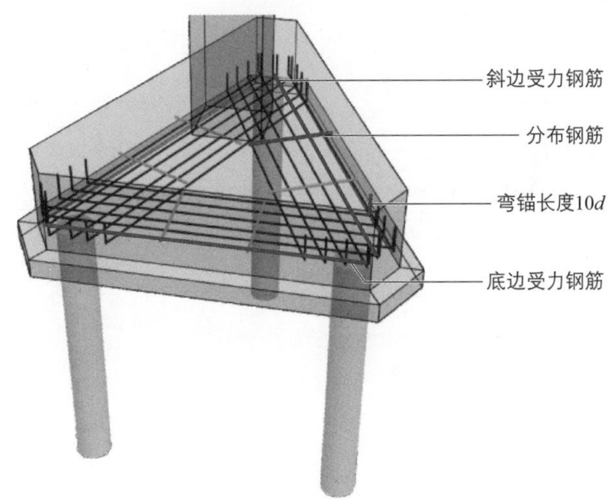

图 6-29　等腰三桩承台 CT_J 钢筋排布构造三维图

① 当桩直径或桩截面边长＜ 800mm 时，桩顶嵌入承台 50mm；当桩直径＞ 800mm 时，桩顶嵌入承台 100mm。

② 等腰三桩承台的底边方向，详见具体工程设计。

③ 三桩承台最里侧的三根钢筋围成的三角形应在柱截面范围内。

④ 三桩承台受力钢筋端部排布构造做法如图 6-24 所示。

6.2.6　六边形承台 CT_J 钢筋排布构造

六边形承台 CT_J 钢筋排布构造（一）如图 6-30 所示。

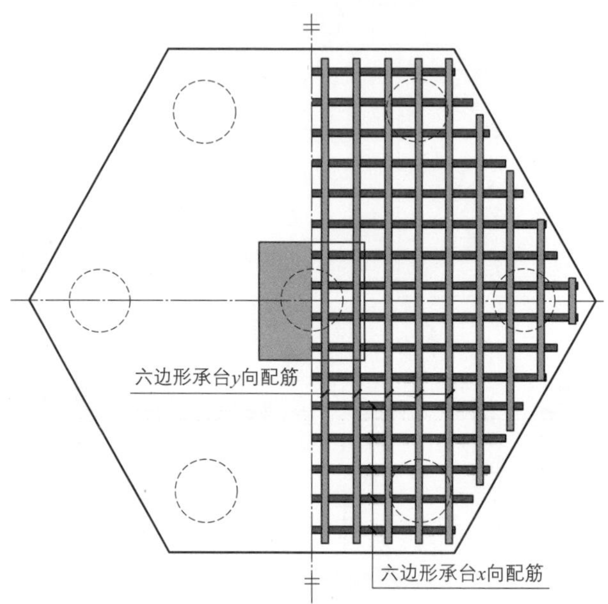

(a) 六边形承台配筋图

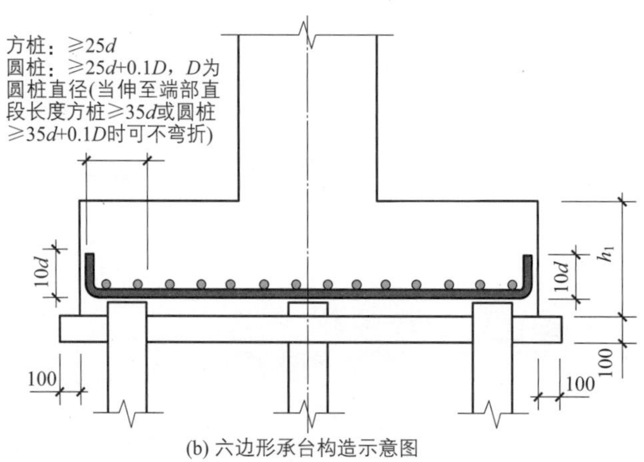

(b) 六边形承台构造示意图

图 6-30　六边形承台 CT_J 钢筋排布构造（一）

六边形承台 CT_J 钢筋排布构造（一）三维图如图 6-31 所示。

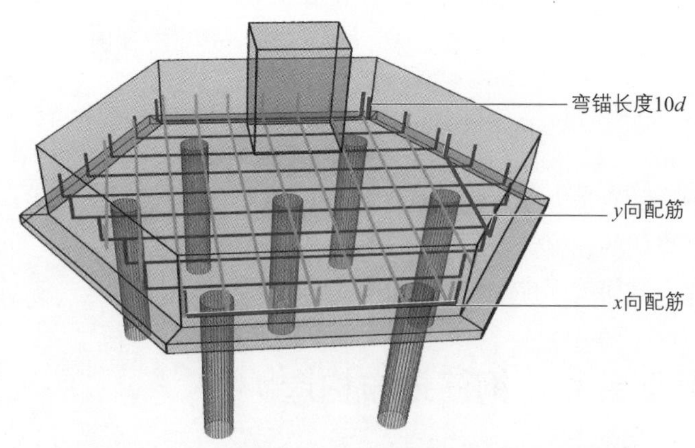

图 6-31　六边形承台 CT_J 钢筋排布构造（一）三维图

六边形承台 CT_J 钢筋排布构造（二）如图 6-32 所示。

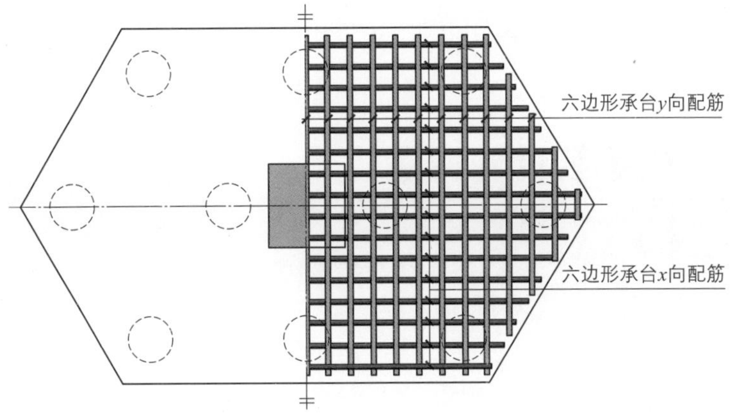

(a) 六边形承台配筋图

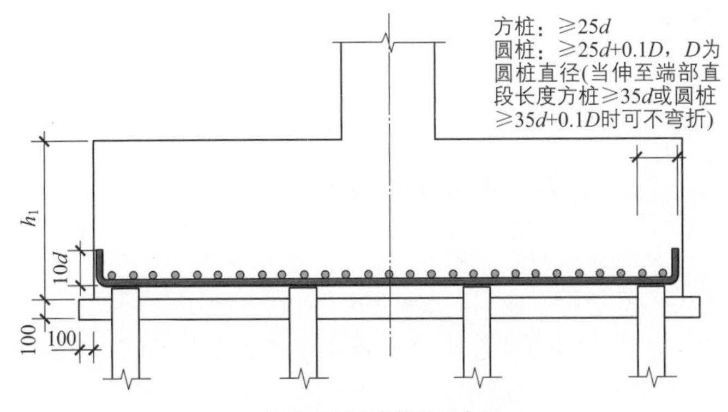

(b) 六边形承台构造示意图

图 6-32　六边形承台 CT_J 钢筋排布构造（二）

六边形承台 CT_J 钢筋排布构造（二）三维图如图 6-33 所示。

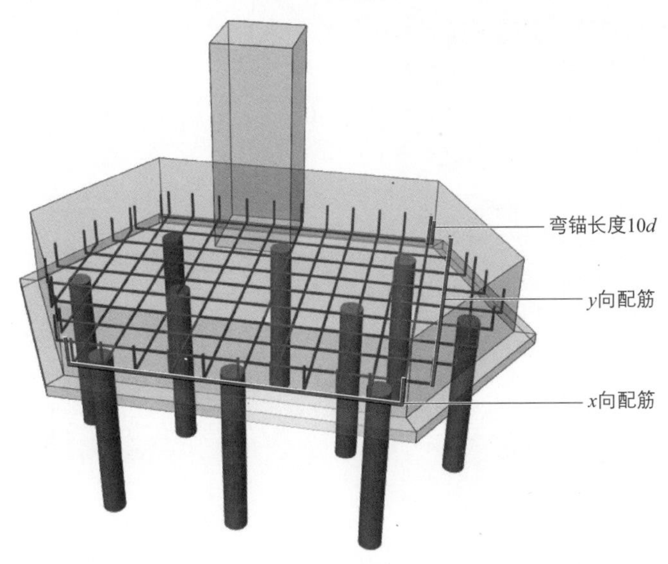

图 6-33　六边形承台 CT_J 钢筋排布构造（二）三维图

① 当桩直径或桩截面边长＜ 800mm 时，桩顶嵌入承台 50mm；当桩直径≥ 800mm 时，桩顶嵌入承台 100mm。

② 几何尺寸和配筋按具体结构设计和图 6-33 中的构造施工。

6.3 桩基础钢筋计算实例

【例 6-1】 桩基础 JL01 平法施工图如图 6-34 所示。桩基础保护层厚度为 40mm，桩宽度为 800mm。试求 JL01 的顶部及底部配筋。

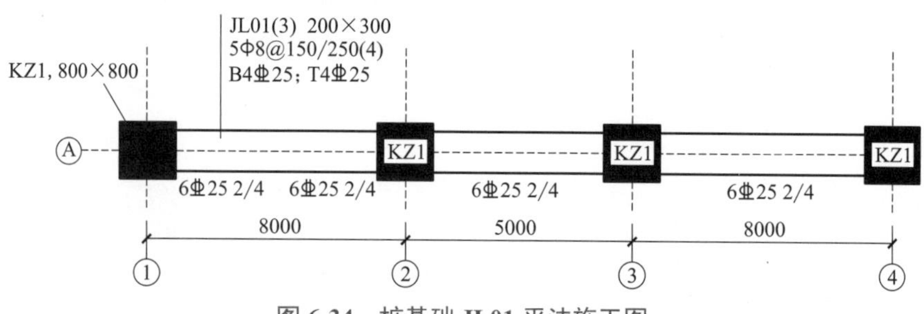

图 6-34 桩基础 JL01 平法施工图

【解】 （1）底部及顶部贯通筋 4 Φ 25

长度＝ 2×（梁长－保护层厚度）＋ 2×15d

＝ 2×（8000×2 ＋ 5000 ＋ 2×50 ＋ 800 － 40）＋ 2×15×25 ＝ 44470（mm）

（2）支座①、④底部非贯通纵筋 2 Φ 25

长度＝自柱边缘向跨内的延伸长度＋柱宽＋梁包柱侧腋－ c ＋ 15d

自柱边缘向跨内的延伸长度＝ l_n/3 ＝（8000 － 800)/3 ＝ 2400（mm）

总长度＝ 2400 ＋ h_c ＋梁包柱侧腋－ c ＋ 15d

＝ 2400 ＋ 800 ＋ 50 － 20 ＋ 15×25 ＝ 3605（mm）

（3）支座②、③底部非贯通纵筋 2 Φ 25

长度＝柱边缘向跨内延伸长度 ×2 ＋柱宽

＝ 2×（8000 － 800)/3 ＋ 800 ＝ 2×2400 ＋ 800 ＝ 5600（mm）

7 框架结构中构件

7.1 框架梁

7.1.1 框架梁纵向钢筋连接示意图

框架梁纵向钢筋连接示意图如图 7-1 所示。

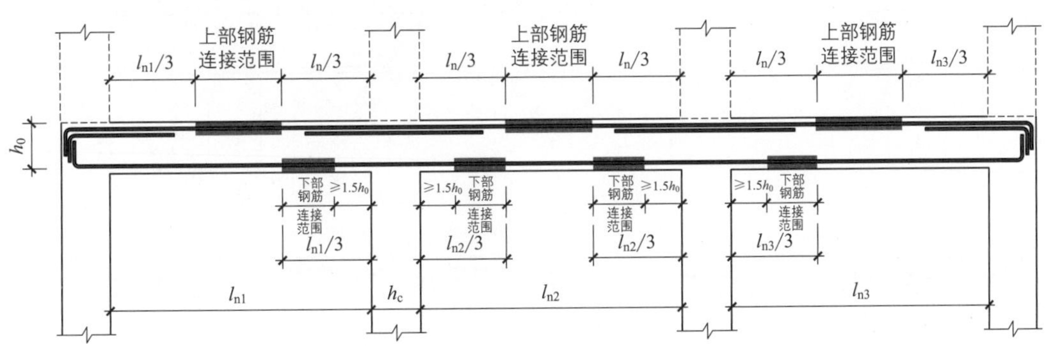

图 7-1 框架梁纵向钢筋连接示意图

识图内容与规定如下。

① 跨度值 l_{ni} 为净跨长度，l_n 为支座处左跨 l_{ni} 和右跨 l_{ni+1} 之较大值，其中 $i=1$，2，3。

② 框架梁上部通长钢筋与非贯通钢筋直径相同时，纵筋连接位置宜位于跨中 $l_{ni}/3$ 范围内。

③ 框架梁上部第二排非通长钢筋从支座边伸出至 $l_n/4$ 位置处。

④ 框架梁下部钢筋宜贯穿节点或支座，可延伸至相邻跨内箍筋加密区以外搭接连接，连接位置宜位于支座 $l_{ni}/3$ 范围内，且距离支座外边缘不应小于 $1.5h_0$。

⑤ 框架梁下部纵向钢筋应尽量避免在中柱内锚固，宜本着“能通则通”的原则来保证节点核心区混凝土的浇筑质量。当必须锚固时，锚固做法详见图 7-1 中框架梁下部纵筋在支座处锚固详图。

⑥ 框架梁纵向受力钢筋连接位置宜避开梁端箍筋加密区。如必须在此连接，应采用机械

7

连接或焊接。

⑦ 在连接范围内相邻纵向钢筋连接接头应相互错开，且位于同一连接区段内纵向钢筋接头面积百分率不宜大于 50%。

7.1.2 非框架梁纵向钢筋连接示意图与不伸入支座的梁下部纵向钢筋断点位置

非框架梁纵向钢筋连接示意图与不伸入支座的梁下部纵向钢筋断点位置如图 7-2 所示。

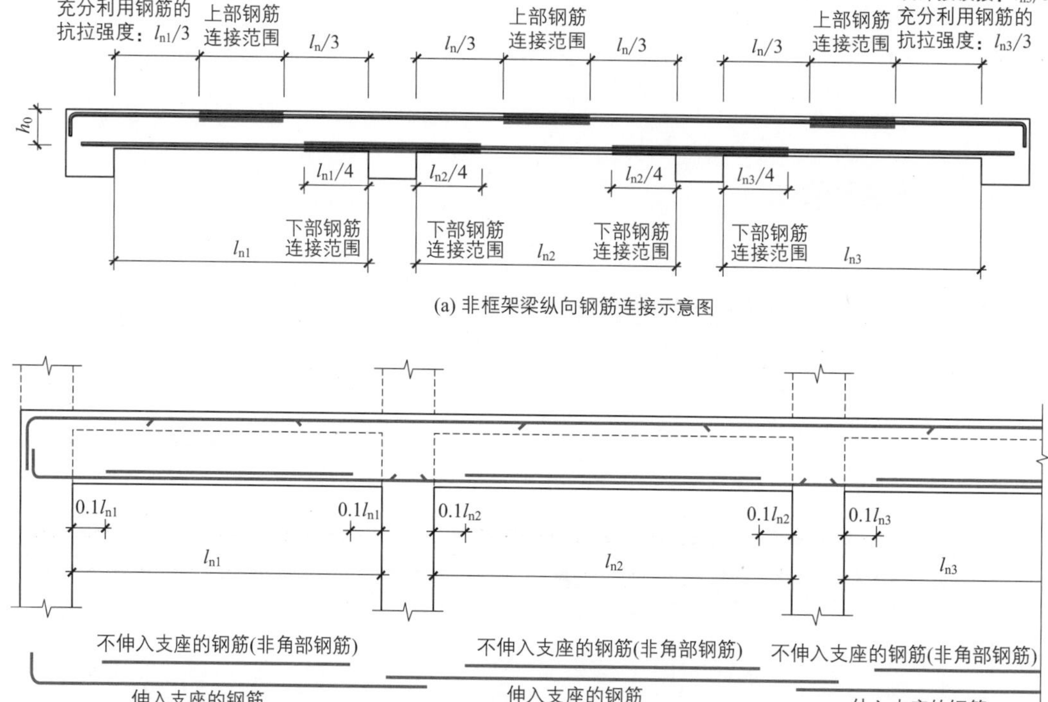

(a) 非框架梁纵向钢筋连接示意图

(b) 不伸入支座的梁下部纵向钢筋断点位置

图 7-2 非框架梁纵向钢筋连接示意图与不伸入支座的梁下部纵向钢筋断点位置

识图内容与规定如下。

① 跨度值 l_{ni} 为净跨长度，l_n 为支座处左跨 l_{ni} 和右跨 $l_{n(i+1)}$ 之较大值，其中 $i=1,2,3,\cdots$

② 当非框架梁上部有通长钢筋时，连接位置宜位于跨中 $l_{ni}/3$ 范围内；梁下部钢筋连接位置宜位于支座 $l_{ni}/4$ 范围内。

③ 代号为 L 的非框架梁用于支座处“设计按交接”时；代号为 Lg 的非框架梁用于支座处“充分利用钢筋的抗拉强度时”。L、Lg 由设计指定。

④ 梁下部纵筋不伸入支座的做法需由设计指定后方可采用。

扫码看视频

框架梁箍筋、拉筋排布构造详图

7.1.3 框架梁箍筋、拉筋排布构造详图

框架梁箍筋、拉筋排布构造详图（一）如图 7-3 所示。

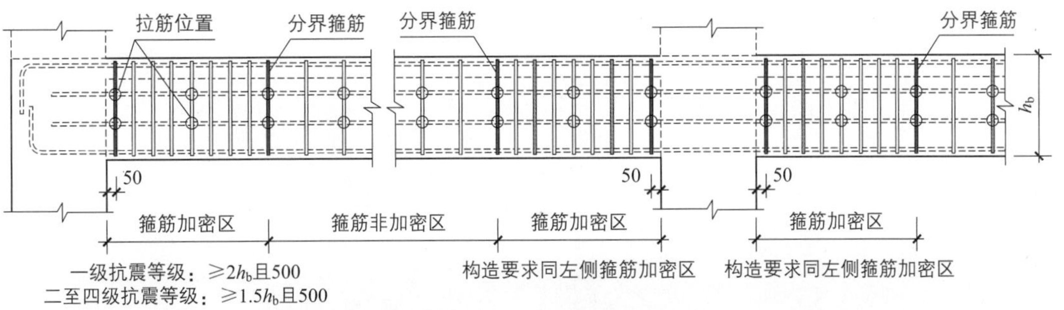

图 7-3 框架梁箍筋、拉筋排布构造详图（一）

框架梁箍筋、拉筋排布构造详图（二）如图 7-4 所示。

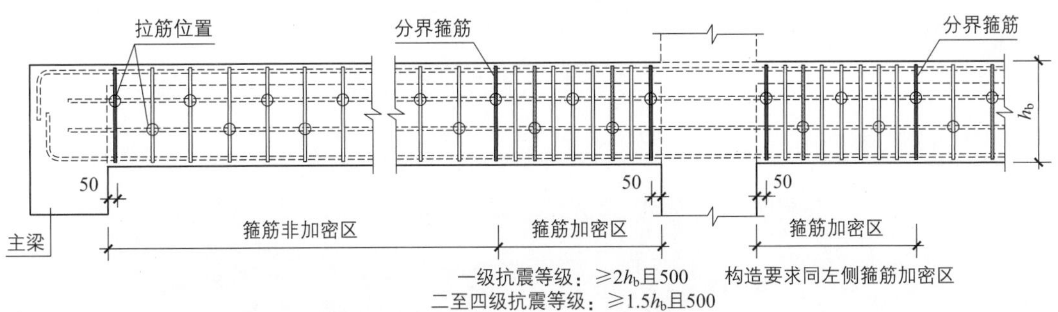

图 7-4 框架梁箍筋、拉筋排布构造详图（二）

纵筋搭接区箍筋排布构造（一）如图 7-5 所示。

纵筋搭接区箍筋排布构造（二）如图 7-6 所示。

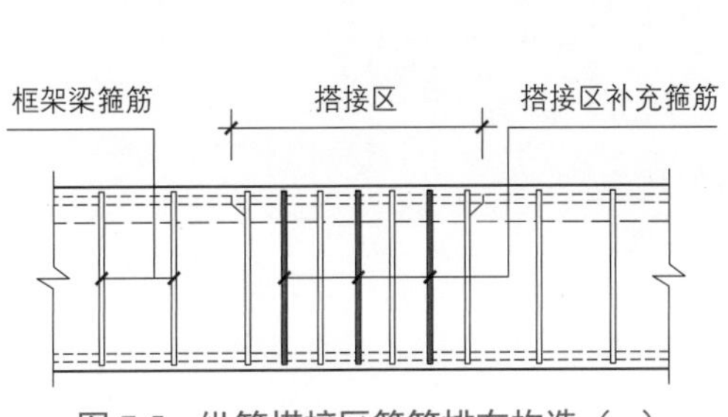

图 7-5 纵筋搭接区箍筋排布构造（一）

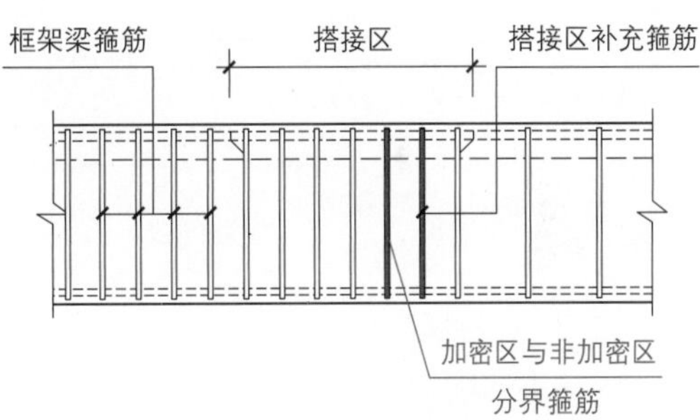

图 7-6 纵筋搭接区箍筋排布构造（二）

纵筋搭接区箍筋排布构造（三）如图 7-7 所示。

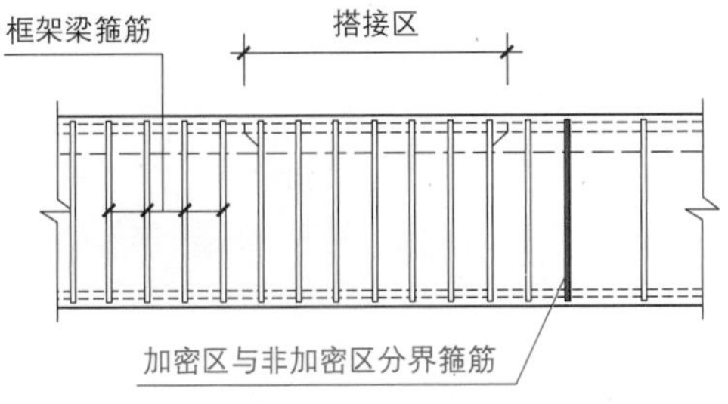

图 7-7 纵筋搭接区箍筋排布构造（三）

框架梁拉筋排布构造三维图如图 7-8 所示。

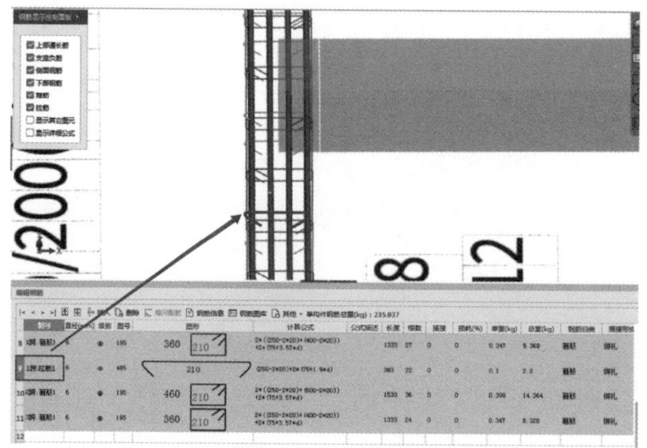

图 7-8　框架梁拉筋排布构造三维图

框架梁箍筋排布构造三维图如图 7-9 所示。

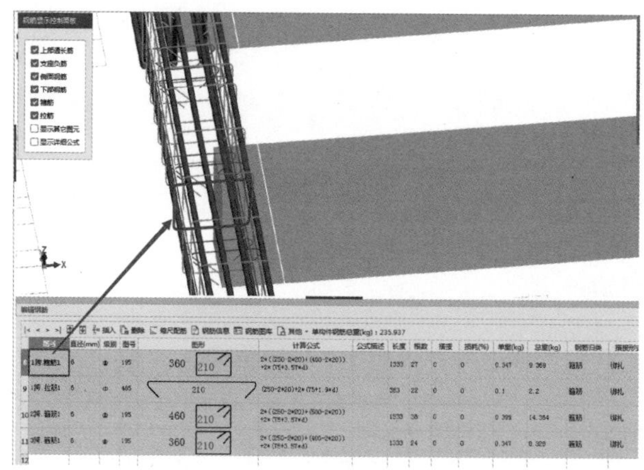

图 7-9　框架梁箍筋排布构造三维图

识图内容与规定如下。

① 在不同配置要求的箍筋区域分界处应设置一道分界箍筋，分界箍筋应按相邻区域配置要求较高的箍筋配置。

② 梁端第一道箍筋距柱支座边缘为 50mm。

③ 梁两侧腰筋用拉筋联系，拉筋可同时勾住外圈封闭箍筋和腰筋，也可紧靠箍筋并勾住腰筋。梁宽≤ 350mm 时，拉筋直径为 6mm；梁宽＞ 350mm 时，拉筋直径为 8mm；拉筋间距为非加密区箍筋间距的 2 倍。拉筋可采用框架梁（KL、WKL）箍筋、拉筋排布构造详图（一）、（二）（图 7-3、图 7-4）中的任一种做法。

④ 弧形梁箍筋加密区范围按梁宽度中心线展开计算，箍筋间距按凸面量度。

⑤ 搭接区内的箍筋直径不应小于 $d/4$（d 为搭接钢筋的最大直径），间距不应大于 100mm 及 5d（d 为钢筋的最小直径）。当框架梁原有箍筋不满足此要求时，需在搭接区补充箍筋。

⑥ 具体工程中，梁箍筋加密区的设置、纵向钢筋搭接区箍筋的配置应以设计要求为准。当设计未给出箍筋加密区范围时，可按图 7-3 ～图 7-7 相关规定取值。

⑦ 纵筋搭接区范围内的补充箍筋可采用开口箍或封闭箍。封闭箍的弯钩设置同框架梁箍筋，开口箍的开口方向不应设在纵筋的搭接位置处。

7.1.4　梁横截面纵向钢筋与箍筋排布构造详图

梁横截面纵向钢筋与箍筋排布构造详图如图 7-10 所示。

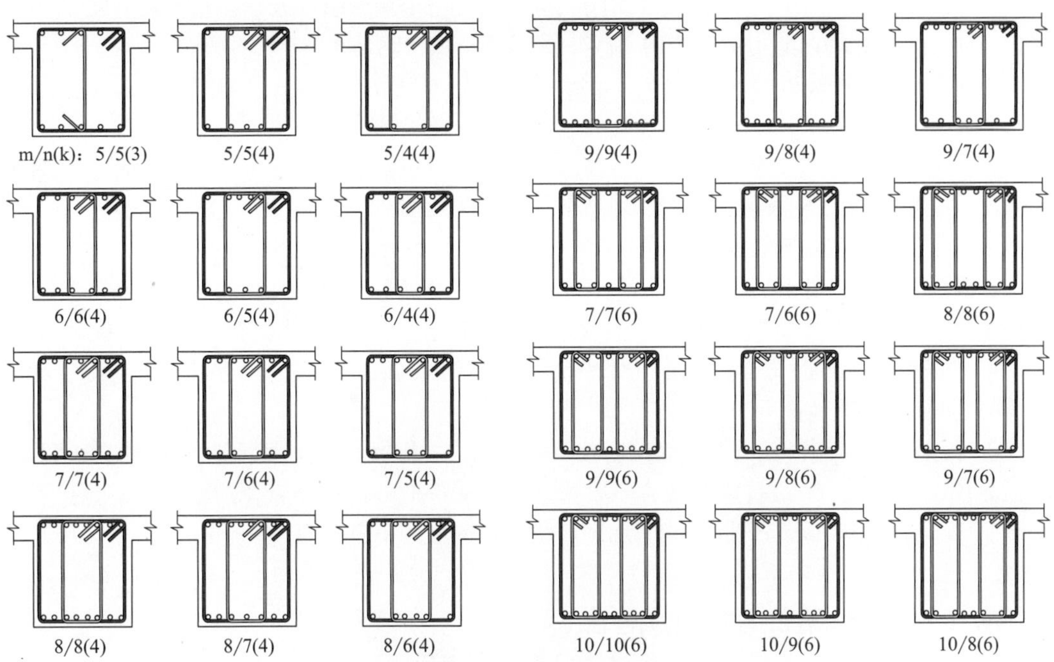

图 7-10　梁横截面纵向钢筋与箍筋排布构造详图

梁横截面纵向钢筋与箍筋排布构造三维图如图 7-11 所示。

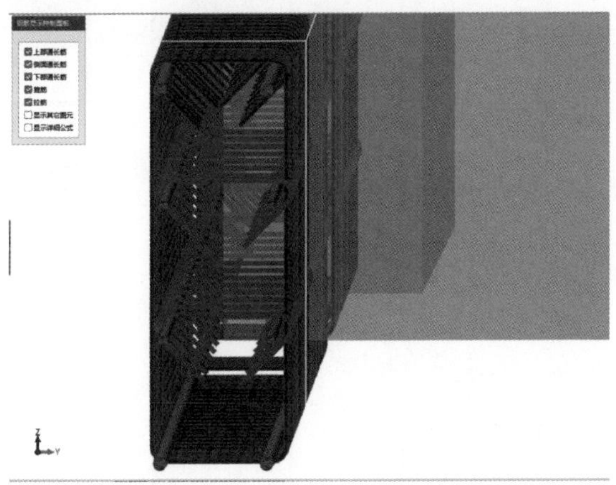

图 7-11　梁横截面纵向钢筋与箍筋排布构造三维图

识图内容与规定如下。

① 图 7-10 中标注 *m*/*n*（*k*）说明：*m* 为梁上部第一排纵筋根数，*n* 为梁下部第一排纵筋

根数，k 为梁箍筋肢数。图中为 $m \geqslant n$ 时的钢筋排布方案；当 $m < n$ 时，可根据排布规则将图 7-10 中纵筋上下换位后应用。

② 当梁箍筋为双肢箍时，梁上部纵筋、下部纵筋及箍筋的排布无关联，各自独立排布；当梁箍筋为复合箍时，梁上部纵筋、下部纵筋及纵筋的排布有关联，钢筋排布应按以下规则综合考虑。

a. 梁上部纵筋、下部纵筋及复合箍筋排布时应遵循对称均匀原则。

b. 梁复合箍筋应采用截面周边外封闭大箍加内封闭小箍的组合方式（大箍套小箍）。内部复合箍筋可采用相邻两肢形成一个内封闭小箍的形式。

c. 梁复合箍筋肢数宜为双数，当复合箍筋的肢数为单数时，设一个单肢箍。单肢箍筋宜紧靠箍筋并勾住纵筋。

d. 梁箍筋转角处应有纵向钢筋，当箍筋上部转角处的纵向钢筋未能贯通全跨时，在跨中上部可设置架立筋（架立筋的直径按设计标注，与梁纵向钢筋搭接长度为 150mm）。

e. 梁上部通长筋应对称设置，通长筋宜置于箍筋转角处。

f. 梁同一跨内各组箍筋的复合方式应完全相同，当同一组内复合箍筋各肢位置不能满足对称性要求时，此跨内每相邻两组箍筋各肢的安装绑扎位置应沿梁纵向交错对称排布。

g. 梁横截面纵向钢筋与箍筋排布时，除考虑本跨内钢筋排布关联因素外，还应综合考虑相邻跨之间的关联影响。

③ 框架梁箍筋加密区长度内的钢筋肢距：一级抗震等级，不宜大于 200mm 和 20 倍箍筋直径的较大值；二、三级抗震等级，不宜大于 250mm 和 20 倍箍筋直径的较大值；各抗震等级下，均不宜大于 300mm，框架梁非加密区内的箍筋肢距不宜大于 300mm。

7.1.5 梁复合箍筋排布构造详图

梁复合箍筋排布构造详图如图 7-12 所示。

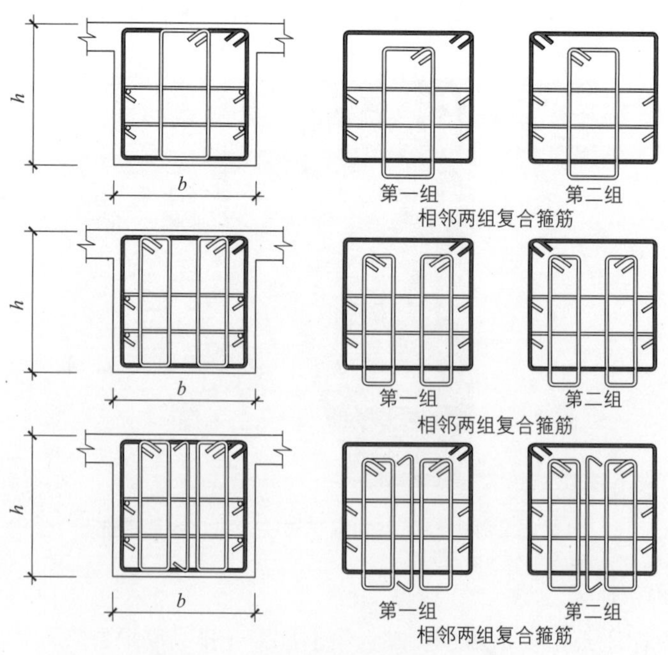

图 7-12　梁复合箍筋排布构造详图

① 内部复合箍筋应紧靠外封闭箍筋一侧绑扎。当有水平拉筋时，拉筋在外封闭箍筋的另一侧绑扎。

② 封闭箍筋弯钩位置：当梁顶部有现浇板时，弯钩位置设置在梁顶；当梁底部有现浇板时，弯钩位置设置在梁底；当梁顶部或底部均无现浇板时，封闭箍筋弯钩应沿纵向受力钢筋方向错开布置。相邻两组复合箍筋平面及弯钩位置沿梁纵向对称排布。

7.2 框架柱

7.2.1 框架柱纵向钢筋连接位置

框架柱纵向钢筋的连接形式，根据施工工艺的不同，常分为三种形式：绑扎连接、机械连接、焊接连接。框架柱纵向钢筋连接位置示意图如图 7-13 所示。

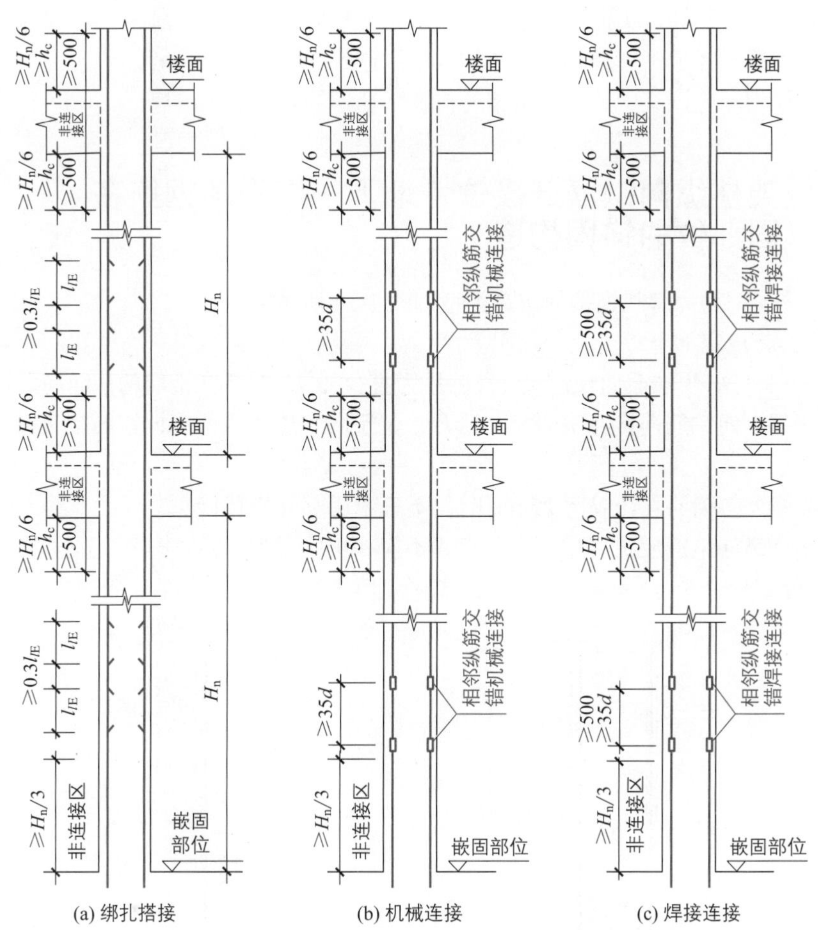

图 7-13 框架柱纵向钢筋连接位置示意图

绑扎连接是指两根钢筋相互有一定的重叠长度，用铁丝绑扎的连接方法，适用于较小直径的钢筋连接。一般用于混凝土内的加强筋网，纵向和横向均匀排列，不用焊接，只需铁丝固定。当受拉钢筋的直径 $d > 25$mm 及受压钢筋直径 $d > 28$mm 时，不宜采用绑扎搭接接头。

机械连接被称为继绑扎、电焊之后的“第三代钢筋接头”，具有接头强度高于钢筋母材、速度比电焊快 5 倍、无污染、节省钢材 20% 等优点。钢筋机械连接接头试件实测抗拉强度应不小于被连接钢筋抗拉强度标准值，且具有高延性及反复拉压性能。

焊接是通过加热、加压，或两者并用，使同性或异性两工件产生原子间结合的加工工艺和连接方式。焊接应用广泛，既可用于金属，也可用于非金属。焊接技术主要应用在金属母材上，常用的有电弧焊、氩弧焊、CO_2 保护焊、氧气 - 乙炔焊、激光焊接、电渣压力焊等多种，塑料等非金属材料亦可进行焊接。

框架柱纵向钢筋连接位置应符合以下规定。

① 单跨梁板的纵向受力筋接头不宜设在跨中 1/2 范围内。

② 一般的框架柱接头位置应高出楼面混凝土面 500mm、1/6 柱净高、柱的长边尺寸，三者取较大值。同截面内接头百分率不能大于 50%。

③ 接头位置应避开箍筋加密区，如果是基础框架柱，加密区为 1/3 柱净高，所以接头位置距地面高度应大于 1/3 柱净高，无法避开时应采用机械连接。

④ 相邻接头间距和接头面积百分率必须满足要求。

⑤ 上柱钢筋直径大于下柱钢筋时应伸入下层连接。

⑥ 钢筋接头不应该集中，要尽量错开位置，让薄弱环节分散开来。

扫码看视频

框架柱纵向钢筋连接位置地下一层增加钢筋在嵌固部位的锚固构造

7.2.2 框架柱纵向钢筋连接位置地下一层增加钢筋在嵌固部位的锚固构造

框架柱纵向钢筋为绑扎连接的构造类型如图 7-14 所示。

识图内容与规定如下。

① 图 7-14 中 h_c 为柱截面长边尺寸（圆柱为直径），H_n 为所在楼层的柱净高。

② 柱相邻纵向钢筋连接接头应相互错开，位于同一连接区段纵向钢筋接头面积百分率不宜大于 50%。

③ 框架柱纵向钢筋直径 $d > 25$mm 时，不宜采用绑扎搭接接头。

④ 框架柱纵向钢筋应贯穿中间层节点，不应在中间各层节点内截断，钢筋接头应设在节点核心区以外。

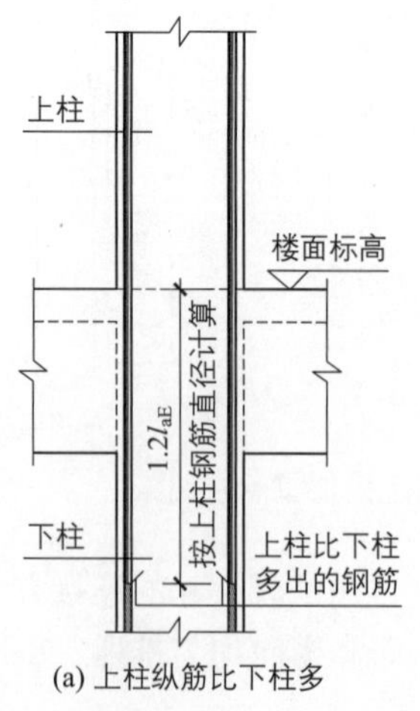

(a) 上柱纵筋比下柱多

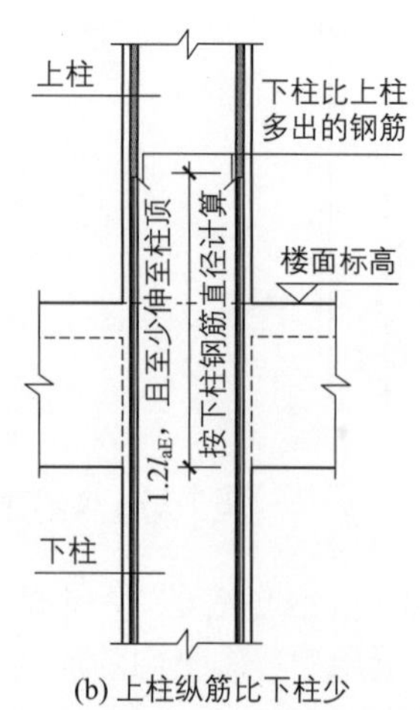

(b) 上柱纵筋比下柱少

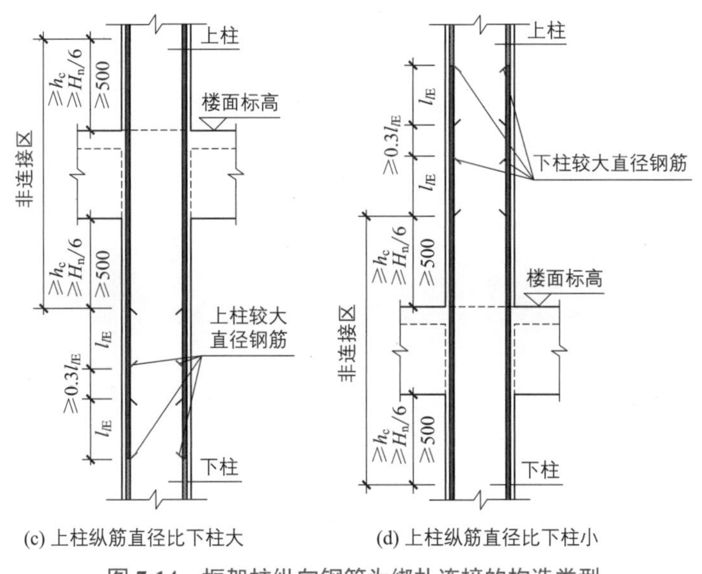

(c) 上柱纵筋直径比下柱大

(d) 上柱纵筋直径比下柱小

图 7-14 框架柱纵向钢筋为绑扎连接的构造类型

地下一层增加钢筋在嵌固部位的锚固构造示意图如图 7-15 所示。

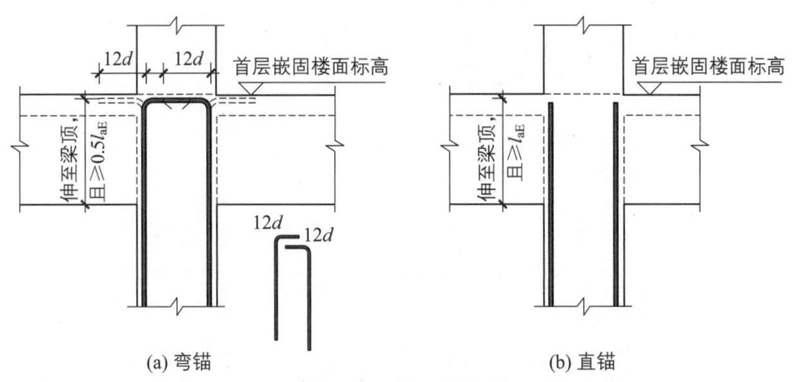

(a) 弯锚

(b) 直锚

图 7-15 地下一层增加钢筋在嵌固部位的锚固构造示意图

⑤ 框架柱纵向钢筋连接接头位置应避开柱端箍筋加密区；当无法避开时（节点核心区不应采用任何形式的接头），应采用接头等级为Ⅰ级或Ⅱ级的机械连接，且钢筋接头面积百分率不宜大于 50%。

⑥ 框架柱纵向钢筋为绑扎连接的构造类型图中表示的均为绑扎连接，也可采用机械连接或焊接连接。

⑦ 轴心受拉及小偏心受拉柱内的纵向钢筋不得采用绑扎搭接接头，轴心受拉及小偏心受拉柱由设计指定。

⑧ 机械连接和焊接接头的类型及质量应符合国家现行有关标准的规定。

⑨ 具体工程中，框架柱的嵌固部位详见设计图纸标注。

7.2.3 柱箍筋沿柱纵向排布构造详图

纵筋搭接区箍筋排布构造类型详图如图 7-16 所示。

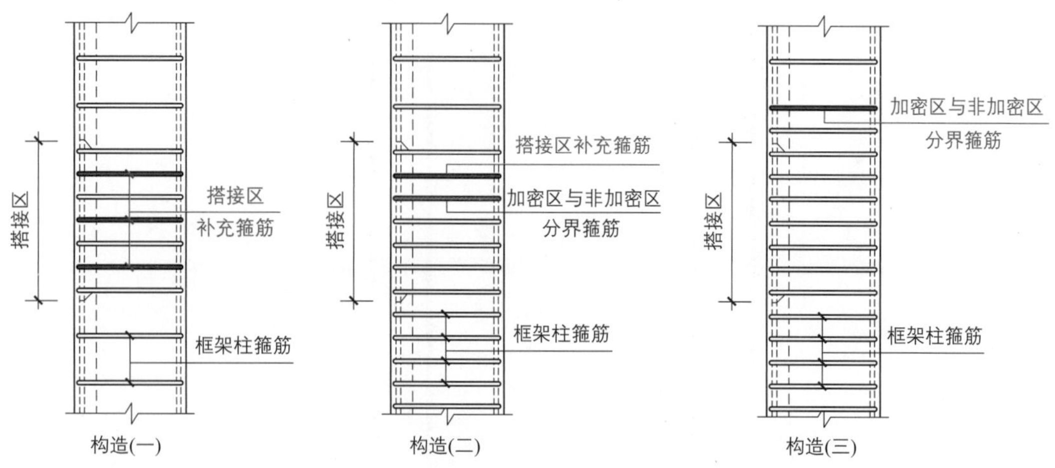

图 7-16　纵筋搭接区箍筋排布构造类型详图

柱箍筋排布构造详图如图 7-17 所示。

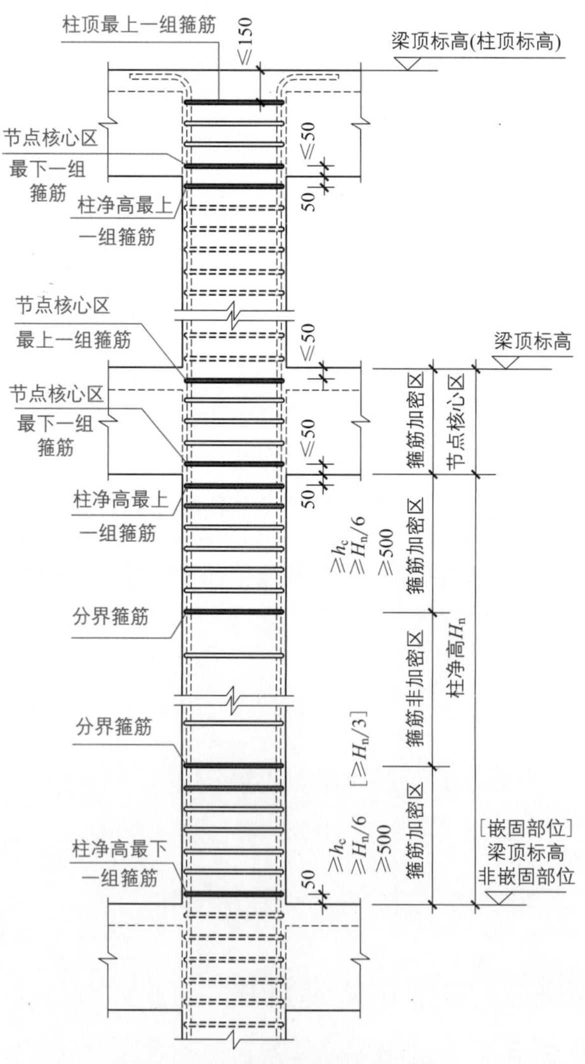

图 7-17　柱箍筋排布构造详图

柱箍筋排布构造三维图如图 7-18 所示。

柱箍筋排布构造实物图如图 7-19 所示。

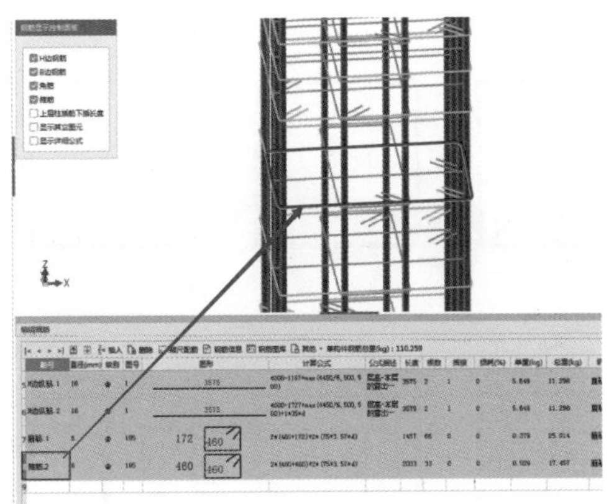

图 7-18 柱箍筋排布构造三维图

图 7-19 柱箍筋排布构造实物图

箍筋用来满足斜截面抗剪强度，并联结受力主筋和受压区混凝土骨架的钢筋，分单肢箍筋、开口矩形箍筋、封闭矩形箍筋、菱形箍筋、多边形箍筋、井字形箍筋和圆形箍筋等。

施工缝位置箍筋排布构造详图如图 7-20 所示。

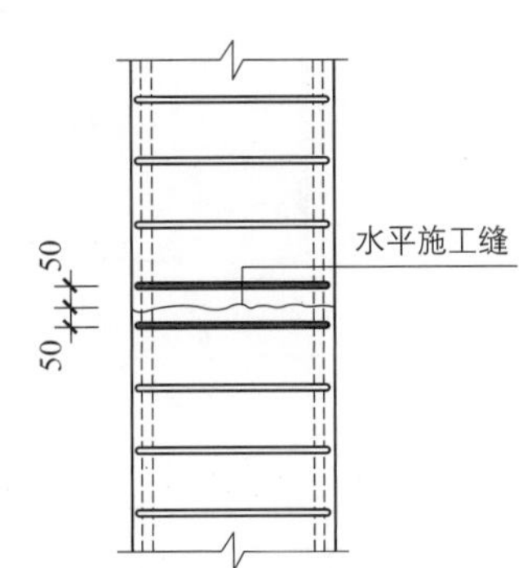

图 7-20 施工缝位置箍筋排布构造详图

识图内容与规定如下。

① h_c 为柱长边尺寸（圆柱直径）。除具体工程设计标注有箍筋全高加密的柱外，柱箍筋加密区按图 7-16、图 7-17 中所示。

② 在不同配置要求的箍筋区域分界处应设置一道分界箍筋，分界箍筋应按相邻区域配置要求较高的箍筋配置。

③ 柱净高范围最下一组箍筋距底部梁顶 50mm，最上一组箍筋距顶部梁底 50mm。节点区最下、最上一组箍筋距节点区梁底、梁顶不大于 50mm；当顶层柱顶与梁顶标高相同时，节点区最上一组箍筋距梁顶不大于 150mm。

④ 当受压钢筋直径大于 25mm 时，尚应在搭接接头两个断面外 100mm 范围内各设置两道箍筋。

⑤ 节点区内部柱箍筋间距依据设计要求并综合考虑节点区梁纵向钢筋排布位置设置。

⑥ 当柱在某楼层各向均无梁且无板连接时，计算箍筋加密区采用的 H_n 按该跃层柱的总净高取用。

⑦ 当柱在某楼层单方向无梁且无板连接时，应该两个方向分别计算箍筋加密区范围，并取较大值，无梁方向箍筋加密区范围同⑥。

⑧ 搭接区内的箍筋直径不小于 $d/4$（d 为搭接钢筋的最大直径），间距不应大于 100mm 及 $5d$（d 为钢筋的最小直径）。

⑨ 纵筋搭接区范围内的补充箍筋可采用开口箍或封闭箍。封闭箍的弯钩设置同框架柱箍筋，开口箍的开口方向不应设在纵筋的搭接位置处。

⑩ 具体工程中，框架柱的嵌固部位详见设计图纸标注。

7.2.4 柱横截面复合箍筋排布构造详图

柱横截面复合箍筋排布构造详图如图 7-21 所示。

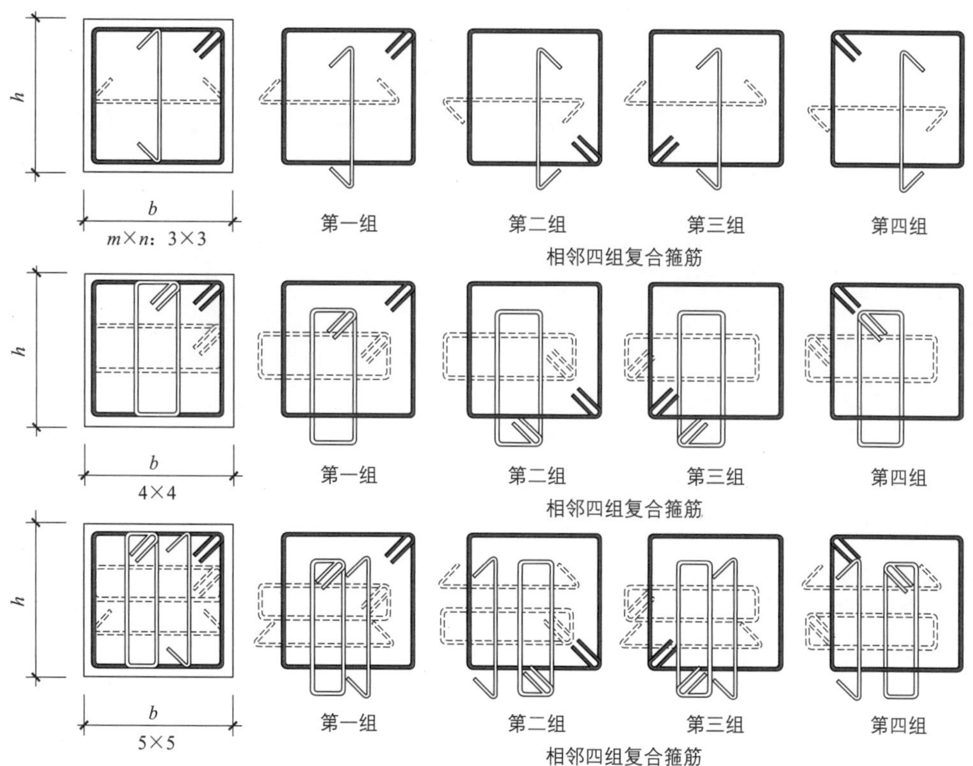

图 7-21 柱横截面复合箍筋排布构造详图

柱横截面复合箍筋排布构造三维图如图 7-22 所示。

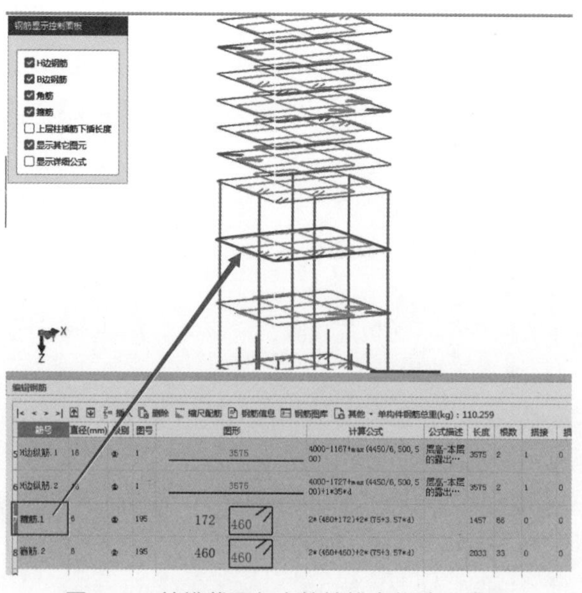

图 7-22 柱横截面复合箍筋排布构造三维图

识图内容与规定如下。

① 图 7-21 中柱箍筋复合方式标注 $m \times n$ 说明：m 为柱截面横向箍筋肢数；n 为柱截面竖向箍筋肢数。图 7-21 中为 $m = n$ 时的柱截面箍筋排布方案；当 $m \neq n$ 时，可根据图 7-21 中所示排布规则确定柱截面横向、竖向箍筋的具体排布方案。

② 柱纵向钢筋、复合箍筋排布应遵循对称均匀原则，箍筋转角处应有纵向钢筋。

③ 柱复合箍筋应采用截面周边外封闭大箍加内封闭小箍的组合方式（大箍套小箍），内部复合箍筋的相邻两肢形成一个内封闭小箍，当复合箍筋的肢数为单数时，设一个单肢箍。沿外封闭箍筋周边箍筋局部重叠不宜多于两层。

④ 图 7-21 所示单肢箍为紧靠箍筋并勾住纵筋，也可以同时勾住纵筋和箍筋。

⑤ 若在同一组内复合箍筋各肢位置不能满足对称性要求，钢筋绑扎时，沿柱竖向相邻两组箍筋位置应交错对称排布。

⑥ 柱横截面内部横向复合箍筋应紧靠外封闭箍筋一侧（图 7-21 中为下侧）绑扎，竖向复合箍筋应紧靠外封闭箍筋另一侧（图 7-21 中为上侧）绑扎。

⑦ 柱封闭箍筋（外封闭大箍与内封闭小箍）弯钩位置应沿柱，竖向按顺时针方向（或逆时针方向）顺序排布。

⑧ 箍筋对纵筋应满足隔一拉一的要求。

⑨ 框架柱箍筋加密区内的箍筋肢距：一级抗震等级，不宜大于 200mm；二、三级抗震等级，不宜大于 250mm 和 20 倍箍筋直径的较大值；四级抗震等级，不宜大于 300mm。

7.3 框架节点

7.3.1 框架节点钢筋排布规则总说明

框架节点钢筋排布规则总说明如下。

① 节点处平面交叉的框架梁顶标高相同时，一方向梁上部纵向钢筋将排布于另一方向同排梁，上部纵向钢筋之下。排于下方的梁上部纵筋顶部保护层厚度增加，增加的厚度为另一方向梁上部第一排纵筋直径（当第一排纵筋直径不同时，取较大值）。

② 节点处平面交叉的框架梁底部标高相同时，可以采取钢筋弯折躲让（如图 7-23 所示）或钢筋整体上（下）移躲让（如图 7-24 所示）的两种构造方式。

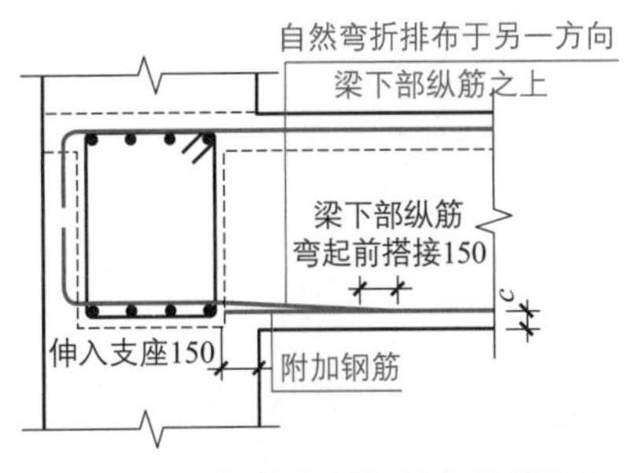

图 7-23 钢筋弯折躲让构造详图

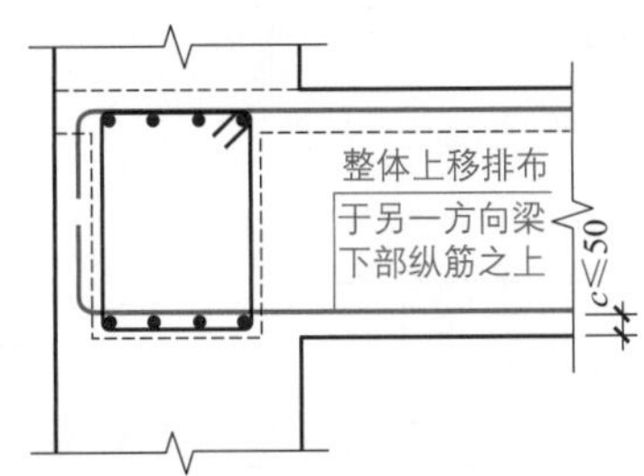

图 7-24 钢筋整体上移躲让构造详图（一）

a. 钢筋弯折躲让：将一方向的梁下部纵向钢筋在支座处自然弯折排布于另一方向梁下部同排

纵向钢筋之上，保护层厚度不变，在梁下部纵向钢筋自然弯起位置沿梁纵向设置附加钢筋。附加钢筋直径为 6mm，间距不大于 150mm，伸入支座 150mm，与梁下部纵筋弯起前搭接 150mm。

b. 钢筋整体上移躲让：将一方向梁下部纵向钢筋整体上移排布于另一方向梁下部同排纵向钢筋之上。梁下部纵向钢筋保护层加厚，增加的厚度为另一方向第一排梁下部纵筋直径。

当一方向梁下部纵向钢筋整体上移躲让之后其保护层厚度不大于 50mm 时，不需增设防裂构造措施。

当一方向梁下部纵向钢筋整体上移躲让之后其保护层厚度大于 50mm 时，则需对保护层采取防裂、防剥落的构造措施（如图 7-25 所示）。

当一方向梁下部纵向钢筋整体上移躲让之后其保护层厚大于 50mm，经设计同意可同时将梁底部抬高，抬高的距离为梁下部纵向钢筋整体上移的尺寸（如图 7-26 所示）。

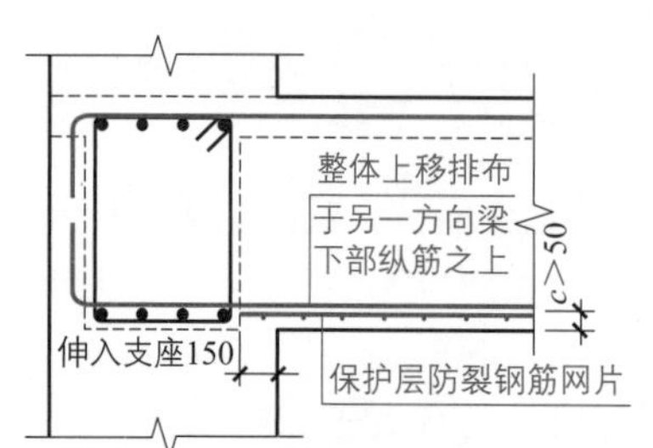

图 7-25　钢筋整体上移躲让构造详图（二）

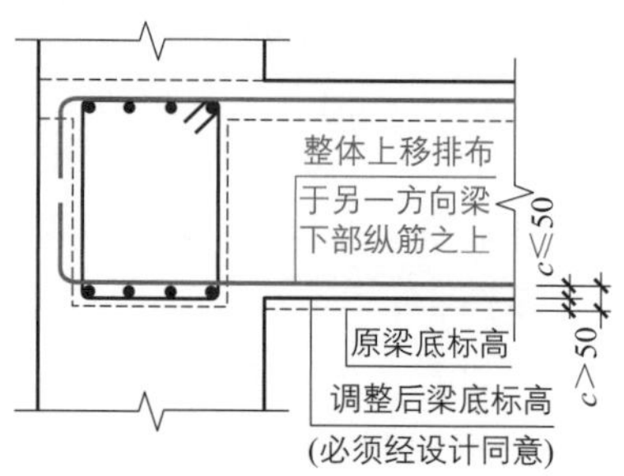

图 7-26　钢筋整体上移躲让构造详图（三）

③ 钢筋排布躲让时，梁上部纵筋向下（或梁下部纵筋向上）竖向位移距离为需躲让的纵筋直径。

④ 梁纵向钢筋在节点处排布躲让时，对于同一根梁，其上部纵筋向下躲让与下部纵筋向上躲让不应同时进行；当无法避免时，应由设计单位对该梁按实际截面有效高度进行复核计算。

⑤ 梁纵向钢筋支座处弯折锚固时的构造要求如下。

a. 弯折锚固的梁各排纵向钢筋均应满足包括弯钩在内的水平投影长度要求，并应在考虑排布躲让因素后，伸至能达到的最长位置处。

b. 节点处弯折锚固的框架梁纵向钢筋的竖向弯折段，如需与相交叉的另一方向框架梁纵向钢筋排布躲让时，当框架柱、框架梁纵筋较少时，可伸至紧靠柱箍筋内侧位置；当梁纵筋较多且无法满足伸至紧靠柱箍筋内侧要求时，可仅将框架梁纵筋伸至柱外侧纵筋内侧，且梁纵筋最外排竖向弯折段与柱外侧纵向钢筋净距宜为 25mm。

c. 当梁截面较高，梁上、下部纵筋弯折段无重叠时，梁上部（或下部）的各排纵筋竖向弯折段之间宜保持净距 25mm，如图 7-27（a）所示。

d. 当梁上、下部纵筋弯折段有重叠时，梁上部与下部纵筋的竖向弯折段宜保持净距 25mm，如图 7-27（b）所示，也可贴靠，如图 7-27（c）所示。

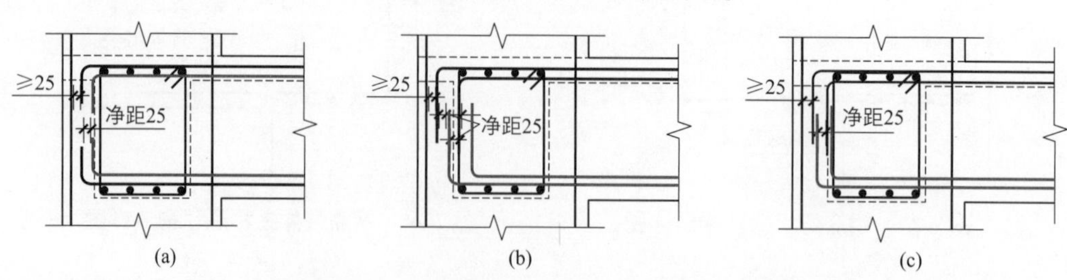

图 7-27　梁纵向钢筋支座处弯折锚固构造详图

⑥ 梁侧面纵筋构造要求如下。

a. 当梁侧面纵筋为构造钢筋时，其伸入支座的锚固长度为15d，如图7-28所示。当在跨内采用搭接连接时，在该搭接位置至少应有一道箍筋同搭接的两根钢筋绑扎。

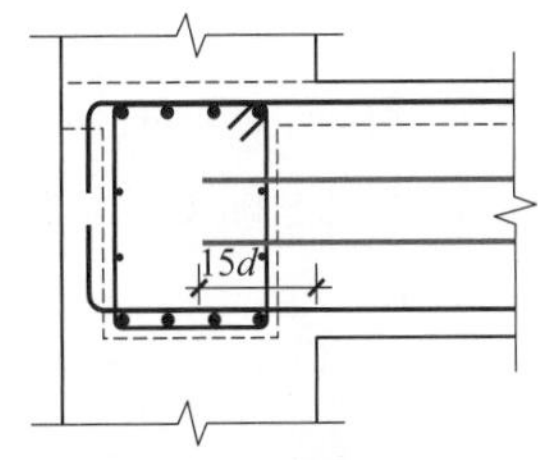

图 7-28　梁侧面构造钢筋构造详图

b. 当梁侧面纵筋为受扭钢筋时，其伸入支座的锚固长度与方式同梁下部纵筋。

满足直锚条件时，梁侧面受扭纵筋可直锚 l_{aE}（l_a）。不满足直锚条件时，弯折锚固的梁侧面纵筋应伸至柱外侧纵向钢筋内侧向横向弯折，如图7-29所示。当梁上部或下部纵筋也弯折锚固时，梁侧面纵筋应伸至上部或下部弯折锚固纵筋的内侧横向弯折。

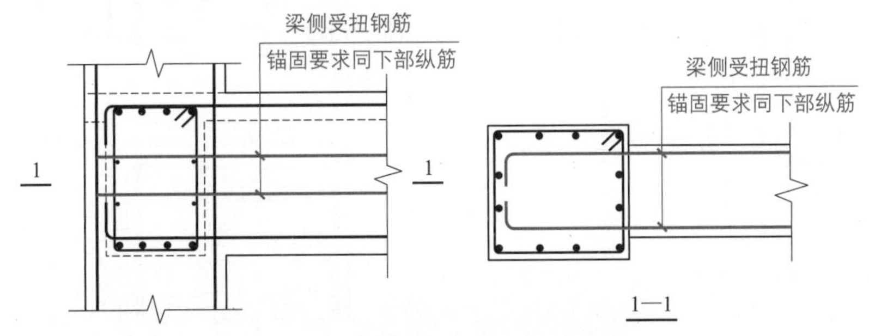

图 7-29　梁侧面受扭钢筋构造详图

梁侧面受扭纵筋的搭接长度为 l_{lE}（l_l）。

⑦ 当梁宽≤350mm时，拉筋的直径为6mm；当梁宽≥350mm时，拉筋直径为8mm。拉筋间距为非加密区箍筋间距的2倍。

⑧ 梁下部纵向钢筋宜贯穿中间节点，也可在中间节点处锚固；柱纵向钢筋应贯穿中间层节点区。

⑨ 当梁、柱中纵向受力钢筋的混凝土保护层厚度大于50mm时，宜对保护层采取有效的防裂、防剥落构造措施；若梁顶部保护层厚度大于50mm且梁顶部有现浇板钢筋配置通过时，可视同已采取防裂构造措施。

⑩ 框架顶层端节点外角需设置角部附加钢筋。角部附加钢筋每边不少于3Φ10，间距不大于150mm。角部附加钢筋应与柱箍筋及柱纵筋可靠绑扎。

⑪ 节点处平面相交叉的框架梁不同方向纵向钢筋排布躲让时，钢筋上下排布位置设置应提请设计单位确认。

7.3.2　框架中间层端节点钢筋排布构造详图

框架中间层端节点钢筋排布构造详图如图7-30所示。

识图内容与规定如下。

① 框架梁上、下主筋锚入柱内直锚 l_{aE} 且≥$0.5h_c$（h_c 为柱宽）+5d 或弯锚≥$0.4l_{abE}$+15d 弯折。弯折前需伸至柱对边。

② 梁上、下层主筋在端部弯折段可以紧贴，也可以分开。

③ 纵横梁相交时，可将一方向梁纵筋自然弯曲排布于另一方向梁筋之上（或之下），也

可整体上移，排布于另一方向梁筋之上，前提是需设计单位同意。

④ 当框架梁纵向钢筋采用弯折锚固时，除图 7-30 中做法外，也可伸至紧靠柱箍筋内侧位置。

⑤ 当梁上部（或下部）纵向钢筋多于一排时，其他排纵筋在节点内的构造要求与第一排纵筋相同。

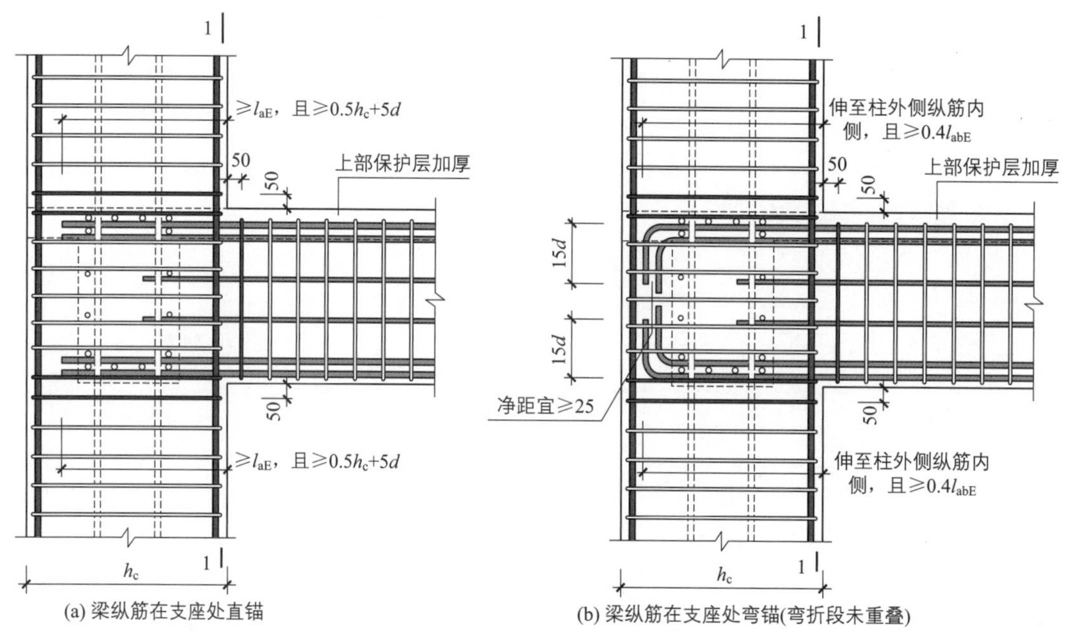

图 7-30 框架中间层端节点构造

7.3.3 框架中间层中间节点钢筋排布构造详图

框架中间层中间节点钢筋排布构造详图如图 7-31 所示。

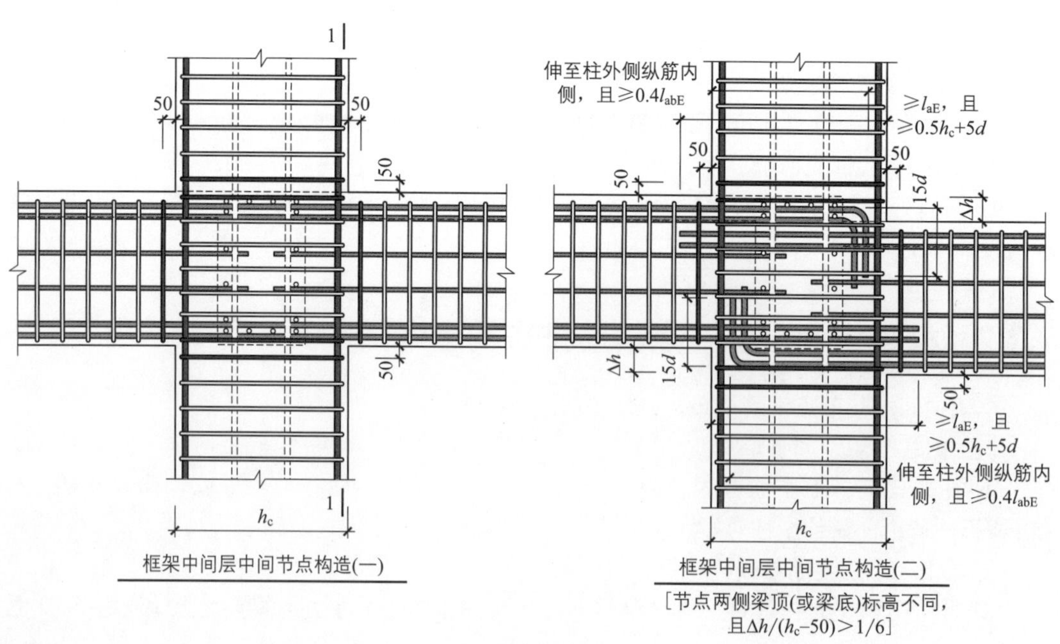

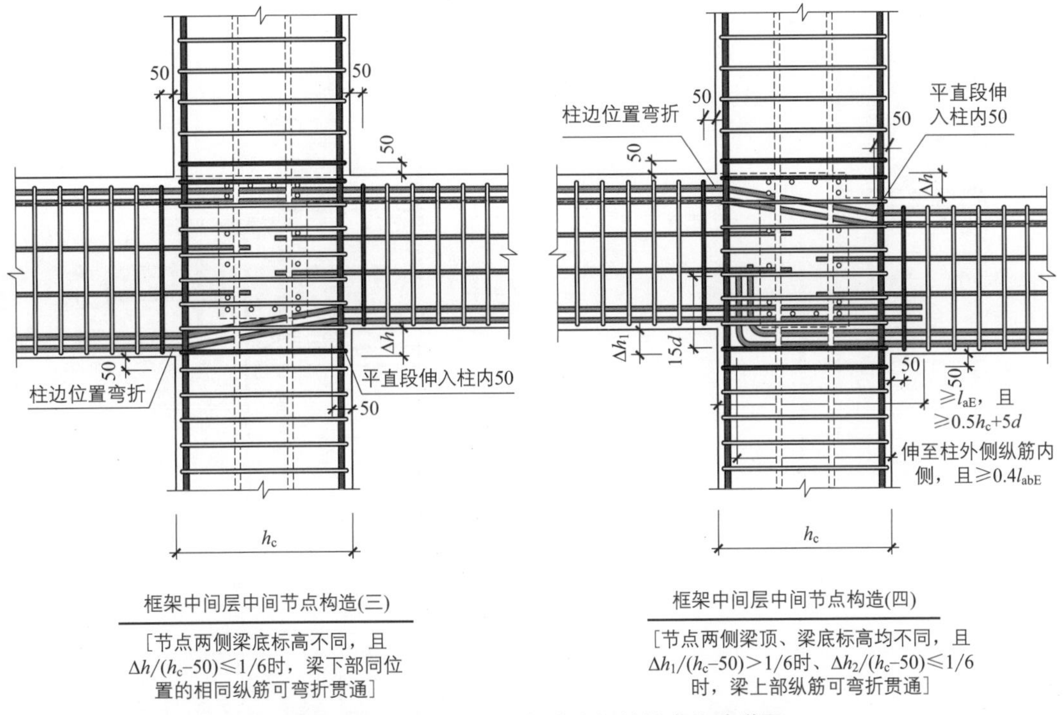

框架中间层中间节点构造(三)

[节点两侧梁底标高不同，且$\Delta h/(h_c-50)\leqslant 1/6$时，梁下部同位置的相同纵筋可弯折贯通]

框架中间层中间节点构造(四)

[节点两侧梁顶、梁底标高均不同，且$\Delta h_1/(h_c-50)>1/6$时、$\Delta h_2/(h_c-50)\leqslant 1/6$时，梁上部纵筋可弯折贯通]

图 7-31　框架中间层中间节点钢筋排布构造详图

识图内容与规定如下。

① 当梁为连跨时，上排筋连续通过，下排筋在柱内锚固或连续通过。在柱内锚固的条件是伸入柱内且 $l_{aE} \geqslant 0.5h_c + 5d$，即过柱中。

② 中间节点柱两侧梁底标高不同时，方法为：能直接通过去的锚入对面 l_{aE} 且 $> 0.5h_c + 5d$。不能通过去的弯折锚固于柱内，弯锚直线段 $\geqslant 0.4l_{aE}$ ＋弯折 15d，且伸至对边柱主筋内侧。

③ 柱两侧梁高不同时，高差在 1/6（记为坡度）以内时梁上、下筋可以弯折贯通连续通过。

④ 柱上、下层断面不同（变截面）时，上柱筋锚入下柱 12 倍 l_{aE}，下柱筋伸至顶端弯折 12d。

⑤ 上、下层柱断面不同时，但变化在 1/6 以内的，可弯折通过。

7.3.4　框架柱变截面处节点钢筋排布构造详图

框架柱变截面处节点钢筋排布构造详图如图 7-32 所示。

识图内容与规定如下。

① 当梁上部（或下部）纵向钢筋多于一排时，其他排纵筋在节点内的构造要求与第一排纵筋相同。

② 框架梁下部钢筋宜贯穿节点或支座，可延伸至相邻跨内箍筋加密区以外搭接连接，应尽量避免在中柱内锚固。

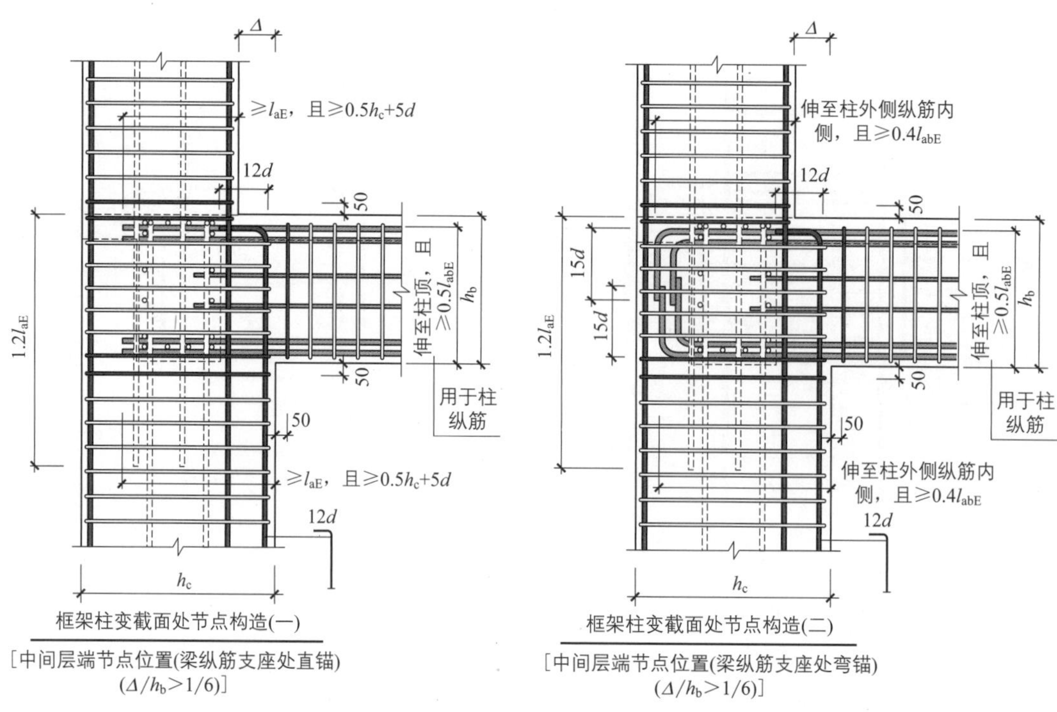

图 7-32　框架柱变截面处节点钢筋排布构造详图

7.3.5　框架顶层端节点钢筋排布构造详图

框架顶层端节点钢筋排布构造详图如图 7-33 所示。

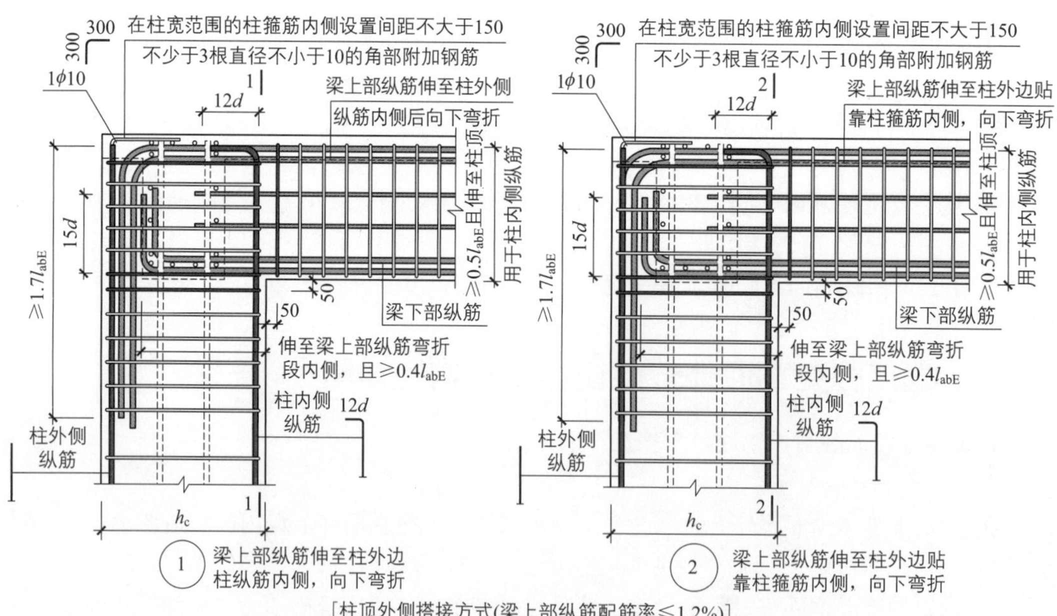

图 7-33　框架顶层端节点钢筋排布构造详图

框架顶层端节点钢筋排布构造三维图如图 7-34 所示。

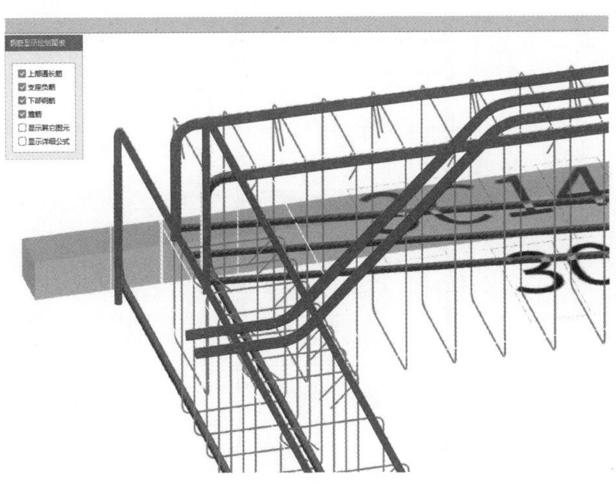

图 7-34 框架顶层端节点钢筋排布构造三维图

识图内容与规定如下。

(1) 梁包柱

① 图中 l_{aE} 为受拉钢筋抗震锚固长度；l_{abE} 为受拉钢筋基本锚固长度；d 为钢筋直径。

② 梁端的上筋：梁的上筋与柱外侧纵筋搭接 $1.7l_{aE}$。当梁上排纵筋配筋率＞1.2% 时分两批截断，截断点距离 $20d$。

③ 梁端的下筋：伸至柱内≥ $0.4l_{abE}$ ＋弯折 $15d$（伸至对边）。

④ 梁端弯折段是否分开或贴靠与中间层要求一致。

⑤ 柱外侧纵筋伸至柱顶，内侧柱筋锚入梁内伸至柱顶。当不满足直锚时，弯锚 $0.5l_{abE}+12d$。

(2) 柱包梁

① 外侧柱主筋与梁上排纵筋搭接 $1.5l_{aE}$，且柱顶弯折至少 $15d$。

② 外侧柱主筋未与梁筋搭接的伸至柱内侧再向下弯折 $8d$，或伸至板内。

③ 柱内侧纵筋够直锚的，直锚入梁顶。否则弯锚 $0.5l_{abE}+12d$。

④ 梁的上筋弯折至梁底，梁的下筋直线段入柱 $0.4l_{abE}$ ＋弯折 $15d$ 且伸至对边。

⑤ 框架顶层端节点设角部附加筋防止混凝土开裂。

⑥ 柱外侧纵筋配筋率＞1.2% 时，分两批截断，断点间距 $20d$。柱外侧主筋伸入梁内的数量＞65%，其余外侧柱筋伸入柱内侧向下弯折 $8d$。

⑦ 当为角柱时，柱两侧的梁、柱纵筋连接方式相同。

⑧ 柱顶现浇板厚度＞100mm 时，梁宽范围以外的柱筋端部可向外弯折。

注意：柱内侧的纵筋弯锚的弯折长度为 $12d$，但平直段长度为 $0.5l_{abE}$。此处与梁弯锚入柱平直段长度 $0.4l_{abE}$ 再弯折 $15d$ 不同。即梁入柱的直线段短，但弯折段长。柱弯锚的直线段长，但弯折段短。

7.3.6 框架顶层中间节点钢筋排布构造详图

框架顶层中间节点钢筋排布构造详图（一）如图 7-35 所示。

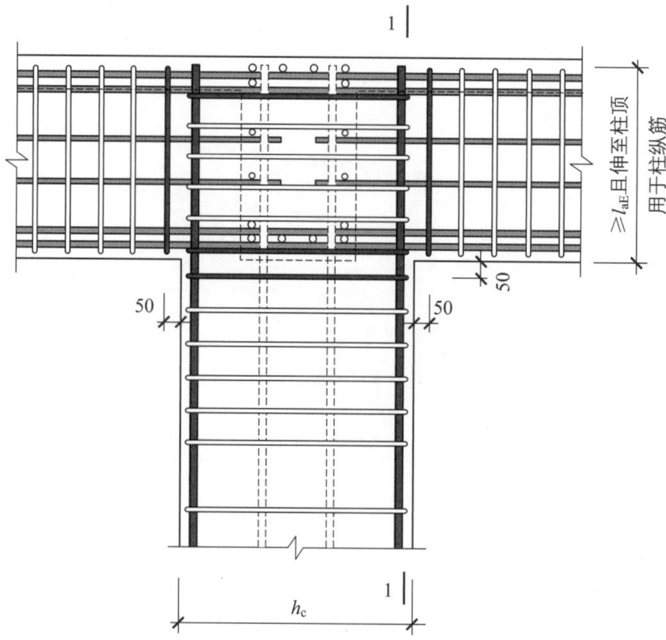

图 7-35　框架顶层中间节点钢筋排布构造详图（一）

框架顶层中间节点钢筋排布构造详图（二）如图 7-36 所示。

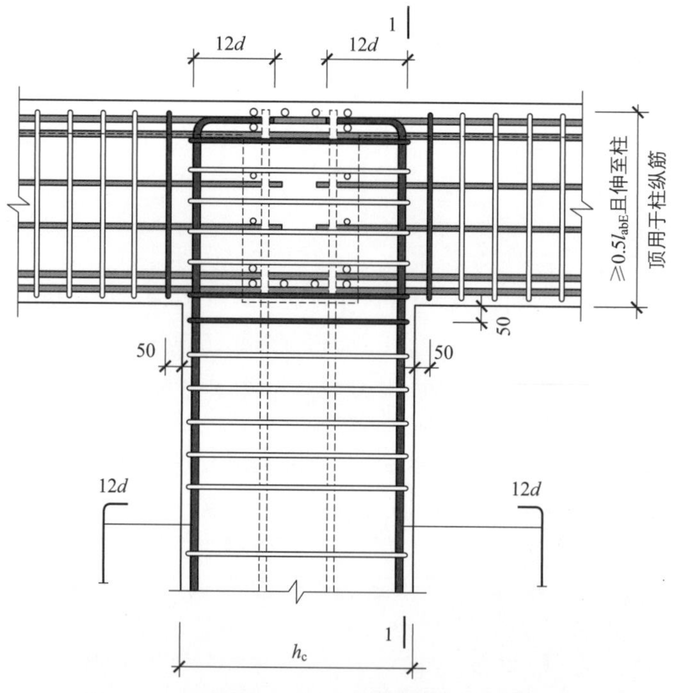

图 7-36　框架顶层中间节点钢筋排布构造详图（二）

框架顶层中间节点钢筋排布构造详图（三）如图 7-37 所示。

框架顶层中间节点钢筋排布构造详图（一）～（三）1—1 剖面图如图 7-38 所示。

框架顶层中间节点钢筋排布构造详图（四）如图 7-39 所示。

框架顶层中间节点钢筋排布构造详图（五）如图 7-40 所示。

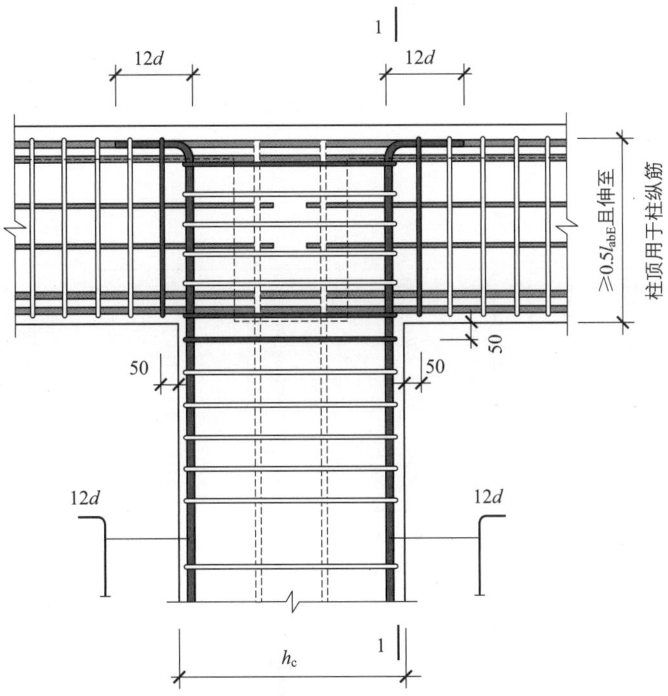

图 7-37　框架顶层中间节点钢筋排布构造详图（三）

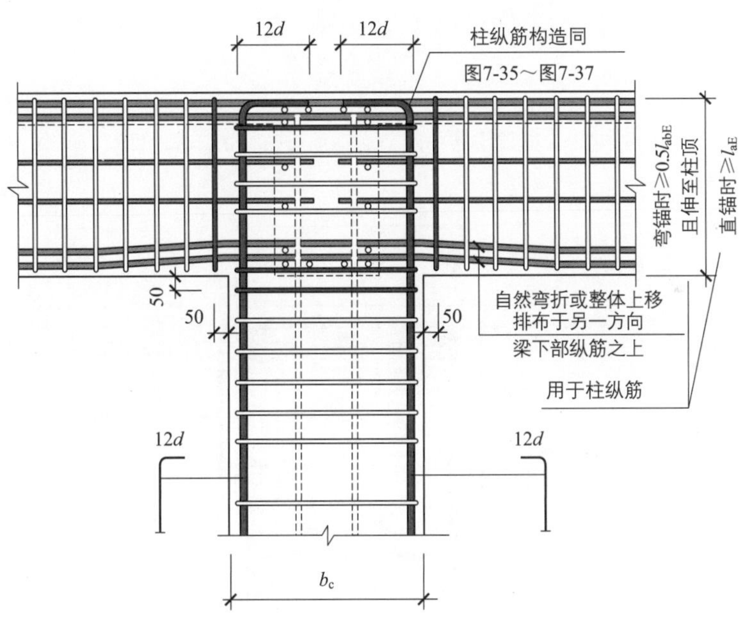

图 7-38　框架顶层中间节点钢筋排布构造详图（一）～（三）1—1 剖面图

框架顶层中间节点钢筋排布构造三维图如图 7-41 所示。

对图 7-35 ～图 7-41 的识图内容与规定如下。

① 梁上部（或下部）纵向钢筋多于一排时，其他排纵筋在节点内的构造要求与第一排纵筋相同。

② 框架梁下部钢筋宜贯穿节点或支座，可延伸至相邻跨内箍筋加密区以外搭接连接，应尽量避免在中柱内锚固。

③ 图 7-40 构造（五）中框架梁下部钢筋宜贯穿节点或支座，可延伸至相邻跨内箍筋加密区以外搭接连接，应尽量避免在中柱内锚固。

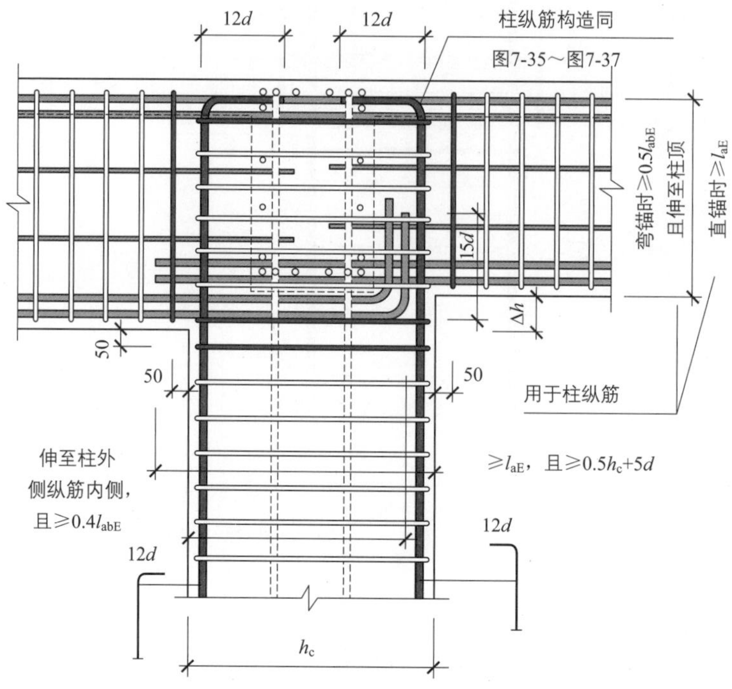

图 7-39　框架顶层中间节点钢筋排布构造详图（四）

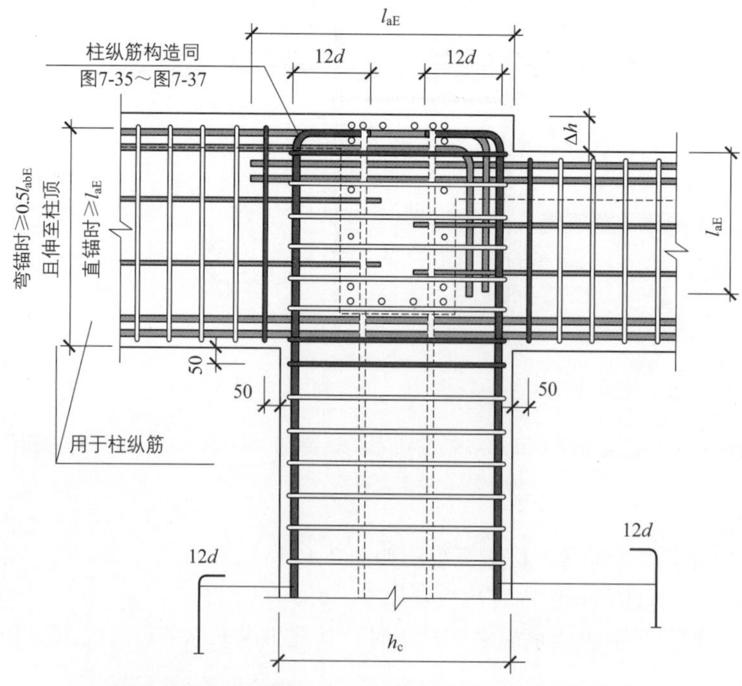

图 7-40　框架顶层中间节点钢筋排布构造详图（五）

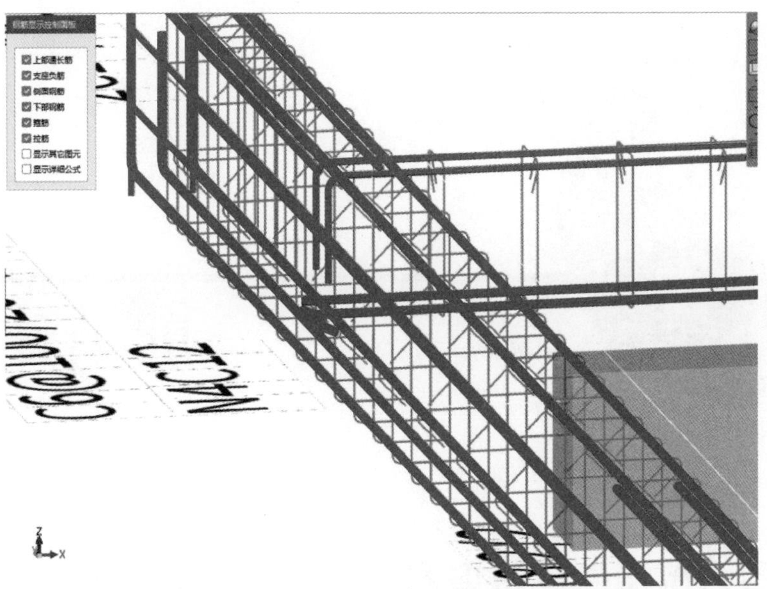

图 7-41　框架顶层中间节点钢筋排布构造三维图

8

剪力墙构件

8.1 剪力墙构件平法识图

8.1.1 剪力墙构件平法识图学习方法

剪力墙结构是由钢筋混凝土墙体构成的承重体系。竖向是钢筋混凝土墙板，水平方向仍然是钢筋混凝土的楼板搭在墙上。另外，框架结构中有时把框架梁柱之间的矩形空间设置成现浇钢筋混凝土墙，用以加强框架的空间刚度和抗剪能力，这样的结构称为框架 - 剪力墙结构。在钢筋混凝土结构中，部分剪力墙因建筑要求不能落地，直接落在下层框架梁上，再由框架梁将荷载传至框架柱上，这样的梁就叫框支梁，柱就叫框支柱，上面的墙就叫框支剪力墙。

剪力墙结构包含“一墙、二柱、三梁”，也就是说包含一种墙身、两种墙柱、三种墙梁。一种墙身是指剪力墙的墙身就是一道混凝土墙，常见厚度在 200mm 以上，一般配置两排钢筋网。两种墙柱是指剪力墙柱分为两大类：暗柱和端柱，暗柱的宽度等于墙的厚度，所以暗柱隐藏在墙内看不见。端柱的宽度比墙厚度要大，图集中把暗柱和端柱统称为“边缘构件”，这是因为这些构件被设置在墙肢的边缘部位。边缘构件又分为两大类：构造边缘构件（简称 GBZ）和约束边缘构件（简称 YBZ）。三种墙梁是指连梁、暗梁和边框梁。连梁其实是一种特殊的墙身，它是上下楼层窗（门）洞口之间的那部分窗间墙，暗梁与暗柱有些共同性，因为它们都是隐藏在墙身内部看不见的构件，它们都是墙身的一个组成部分。事实上，剪力墙的暗梁和砖混结构的圈梁有共同之处，它们都是墙身的一个水平性“加强带”，一般设置在楼板之下。边框梁是指框架边梁与剪力墙的特殊构造，可以是两边都无板的形式，如楼梯间、电梯井等。

在剪力墙构件平法识图学习中，需要注意以下几点。

① 剪力墙平面布置图可采用适当比例单独绘制，也可与柱或梁平面布置图合并绘制。当剪力墙较复杂或采用截面注写方式时，应按标准层分别绘制剪力墙平面布置图。

② 在剪力墙平法施工图中，应按相应规则规定注明各结构层的楼面标高、结构层高及相应的结构层号，尚应注明上部结构嵌固部位位置。

③ 对于轴线未居中的剪力墙 (包括端柱)，应标注其偏心定位尺寸。

④ 在剪力墙平法施工图中应注明底部加强部位高度范围，以便使施工人员明确在该范围内应按照加强部位的构造要求进行施工。

⑤ 当剪力墙中有偏心受拉墙肢时，无论采用何种直径的竖向钢筋，均应采用机械连接或焊接接长，设计者应在剪力墙平法施工图中加以注明。

⑥ 抗震等级为一级的剪力墙，水平施工缝处需设置附加竖向插筋时，设计应注明构件位置，并注写附加竖向插筋规格、数量及间距。竖向插筋沿墙身均匀布置。

扫码看视频

剪力墙平法识图内容

8.1.2 剪力墙构件平法识图内容

剪力墙平法施工图系在剪力墙平面布置图上采用列表注写方式或截面注写方式表达。

列表注写方式系分别在剪力墙柱表、剪力墙身表和剪力墙梁表中，对应于剪力墙平面布置图上的编号，用绘制截面配筋图并注写几何尺寸与配筋具体数值的方式，来表达剪力墙平法施工图。

剪力墙墙柱编号，由墙柱类型、代号和序号组成，具体见表 8-1。

表 8-1 剪力墙墙柱编号

墙柱类型	代号	序号
约束边缘构件	YBZ	××
构造边缘构件	GBZ	××
非边缘暗柱	AZ	××
扶壁柱	FBZ	××

剪力墙墙梁编号，由墙梁类型、代号和序号组成，表达形式见表 8-2。

表 8-2 剪力墙墙梁编号

墙梁类型	代号	序号
连梁	LL	××
连梁（对角暗撑配筋）	LL（JC）	××
连梁(交叉斜筋配筋)	JJ（JX）	××
连梁（集中对角斜筋配筋）	LL（DX）	××
连梁（跨高比不小于 5）	LLK	××
暗梁	AL	××
边框梁	BKL	××

在剪力墙身表中需要表达的内容如下。

① 注写墙身编号（含水平与竖向分布钢筋的排数）。

② 注写各段墙身起止标高，自墙身根部往上以变截面位置或截面未变但配筋改变处为界分段注写。

③ 注写水平分布钢筋、竖向分布钢筋和拉结筋的具体数值。注写数值为一排水平分布钢筋和竖向分布钢筋的规格与间距，具体设置几排已经在墙身编号后面表达。

④ 拉结筋应注明布置方式为“矩形”或“梅花”布置，用于剪力墙分布钢筋的拉结如图 8-1 所示。

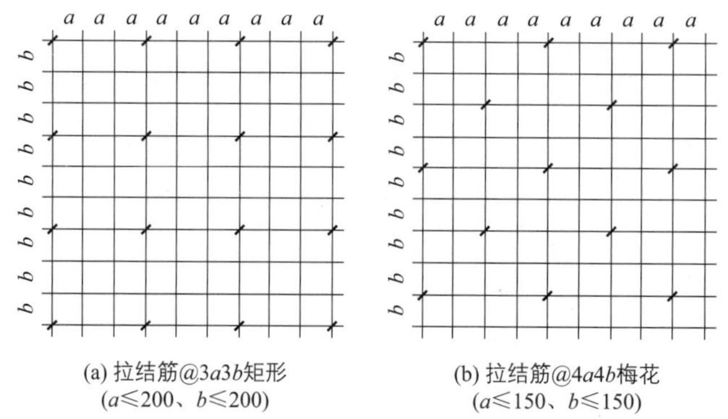

(a) 拉结筋@3*a*3*b*矩形
(*a*≤200、*b*≤200)

(b) 拉结筋@4*a*4*b*梅花
(*a*≤150、*b*≤150)

图 8-1　拉结筋设置示意

a—竖向分布钢筋间距；*b*—水平分布钢筋间距

截面注写方式规定如下。

① 截面注写方式系在分标准层绘制的剪力墙平面布置图上，以直接在墙柱、墙身、墙梁上注写截面尺寸和配筋具体数值的方式来表达剪力墙平法施工图。

② 在剪力墙身的截面注写方式中，可从相同编号的墙身中选择一道墙身，按顺序引注的内容为：墙身编号（应包括注写在括号内墙身所配置的水平与竖向分布钢筋的排数）；墙厚尺寸；水平分布钢筋、竖向分布钢筋和拉筋的具体数值。

8.2 剪力墙构件钢筋构造

8.2.1 剪力墙竖向钢筋连接构造详图

剪力墙身竖向分布钢筋连接构造详图如图 8-2 所示。

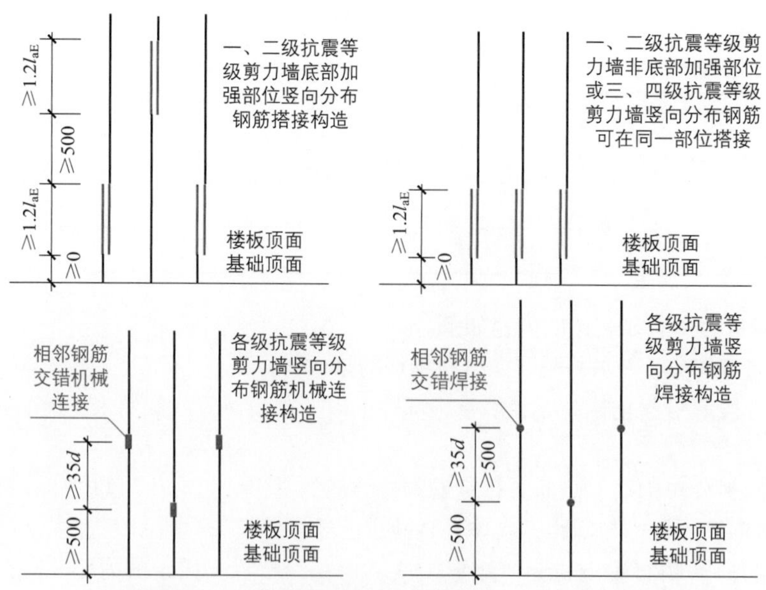

图 8-2　剪力墙身竖向分布钢筋连接构造详图

剪力墙身竖向分布钢筋连接构造三维图如图 8-3 所示。

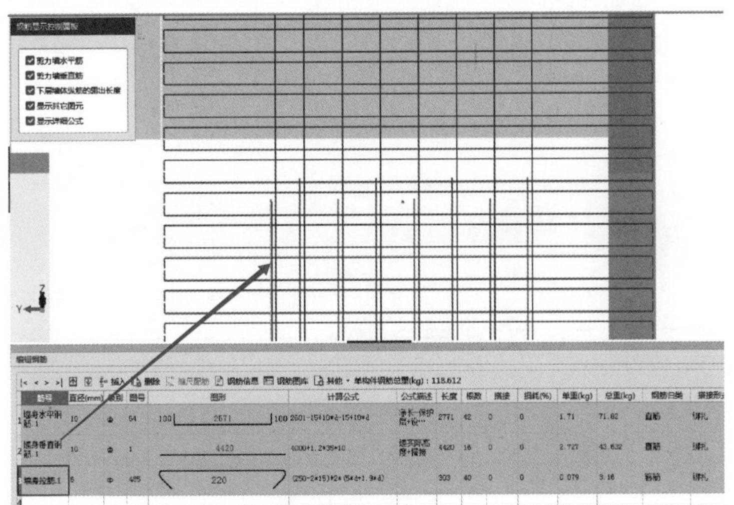

图 8-3　剪力墙身竖向分布钢筋连接构造三维图

剪力墙边缘构件纵向钢筋连接构造详图如图 8-4 所示。

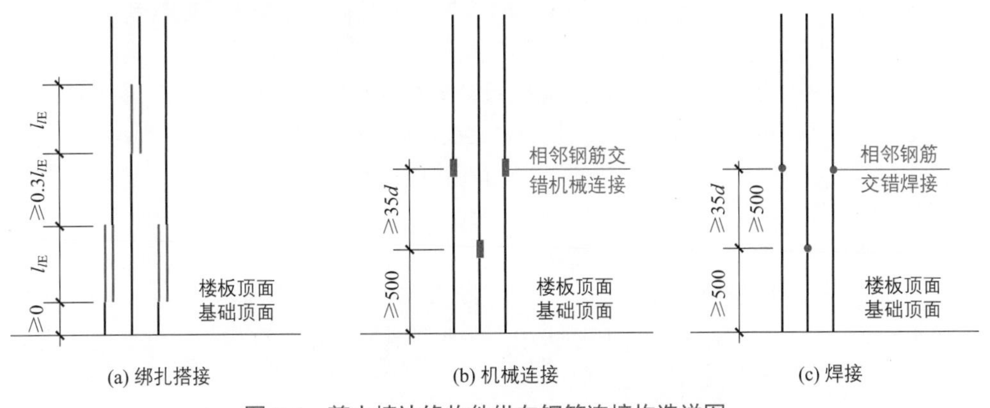

图 8-4　剪力墙边缘构件纵向钢筋连接构造详图

图 8-4 剪力墙边缘构件纵向钢筋连接构造详图适用于约束边缘构件阴影部分和构造边缘构件的纵向钢筋，需要注意以下几点。

① h 为楼板厚度、暗梁或边框梁高度的较大值。剪力墙竖向钢筋应连续通过 h 高度范围。

② 图 8-4 中纵向钢筋连接的相关要求如下。

a. 纵向钢筋的连接可采用绑扎搭接、机械连接或焊接。

b. 混凝土结构中受力钢筋的连接接头宜设置在受力较小处。在同一根受力钢筋上宜少设接头。抗震设计时需避开梁端、柱端箍筋加密区范围，如必须在该区域连接则应采用机械连接或焊接。

c. 在同一跨度或同一层高内的同一受力钢筋上宜少设连接接头，不宜设置 2 个或 2 个以上接头。

d. 当受拉钢筋直径＞ 25mm 及受压钢筋直径＞ 28mm 时，不宜采用绑扎搭接。

当采用绑扎搭接时，应注意以下几点。

第一，同一构件中相邻纵向受力钢筋的绑扎搭接接头宜相互错开。钢筋绑扎搭接接头连接区段长度为 1.3 倍搭接长度，凡搭接接头中点位于该连接区段长度内的搭接接头均属于同一连接区段，如图 8-5 所示。同一连接区段内纵向钢筋搭接接头面积百分率，为该区段内有连接接头的纵向受力钢筋截面面积与全部纵向钢筋截面面积的比值。

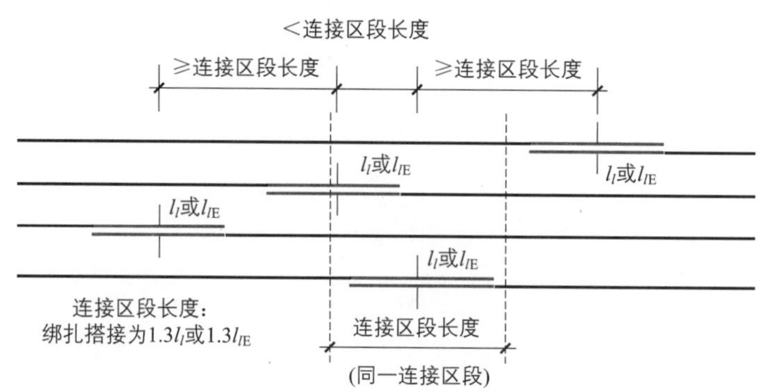

图 8-5　同一连接区段内纵向受拉钢筋绑扎搭接接头

第二，不同直径钢筋搭接时，需按较小钢筋直径计算搭接长度及接头面积百分率。

第三，同一构件纵向受力钢筋直径不同时，按较大直径计算连接区段长度。

第四，位于同一连接区段内的受拉钢筋搭接接头面积百分率不宜大于 50%。

第五，并筋采用绑扎搭接连接时，应按每根单筋错开搭接的方式连接。接头百分率应按同一连接区段内所有的单根钢筋计算。并筋中钢筋的搭接长度应按单筋分别计算。

第六，梁、柱类构件的纵向受力钢筋采用绑扎搭接时，在纵向受力钢筋搭接长度范围内应配置横向构造钢筋。

当采用机械连接时，应注意以下几点。

第一，纵向受力钢筋的机械连接接头宜相互错开。钢筋机械连接区段的长度为 35d，d 为相互连接两根钢筋中较小直径。凡接头中点位于该连接区段长度内的机械连接接头均属于同一连接区段，如图 8-6 所示。

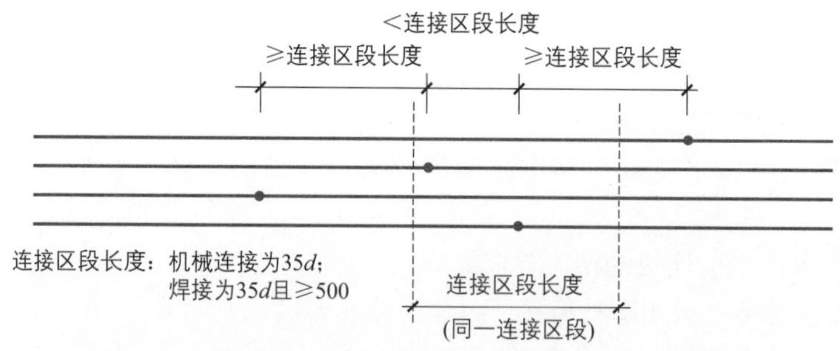

图 8-6　同一连接区段内纵向受拉钢筋机械连接、焊接接头

第二，不同直径钢筋机械连接时，接头面积百分率按较小直径计算。同一构件纵向受力钢筋直径不同时，按较大直径计算连接区段长度。

第三，位于同一连接区段内的纵向受拉钢筋接头面积百分率不宜大于 50%。

第四，机械连接接头的类型及质量应符合《钢筋机械连接技术规程》（JGJ 107—2016）

的有关规定。

当采用焊接时，应注意以下几点：

第一，纵向受力钢筋的焊接接头应相互错开。钢筋焊接接头连接区段的长度为35d且不小于500mm，d为相互连接两根钢筋中较小直径。凡接头中点位于该连接区段长度内的焊接接头均属于同一连接区段。

第二，不同直径钢筋焊接时，接头面积百分率按较小直径计算。同一构件纵向受力钢筋直径不同时，按较大直径计算连接区段长度。

第三，位于同一连接区段内的纵向受拉钢筋接头面积百分率不宜大于50%。

第四，焊接接头的类型及质量应符合《钢筋焊接及验收规程》（JGJ 18—2012）的有关规定。

③ 当相邻竖向钢筋连接接头位置要求高低错开时，位于同一连接区段竖向钢筋接头面积百分率不大于50%。

④ 端柱竖向钢筋和箍筋的构造与框架柱相同。矩形截面独立墙肢，当截面高度不大于截面厚度的4倍时，其竖向钢筋和箍筋的构造要求与框架柱相同或按设计要求设置。

⑤ 约束边缘构件阴影部分。构造边缘构件、扶壁柱及非边缘暗柱的纵筋搭接长度范围内，箍筋直径应不小于纵向搭接钢筋最大直径的25%，箍筋间距不大于100mm。

8.2.2 剪力墙水平分布钢筋搭接、锚固构造详图

剪力墙水平分布钢筋搭接、锚固构造详图以转角墙构造和剪力墙水平分布钢筋交错搭接为例，转角墙构造（一）如图8-7所示。

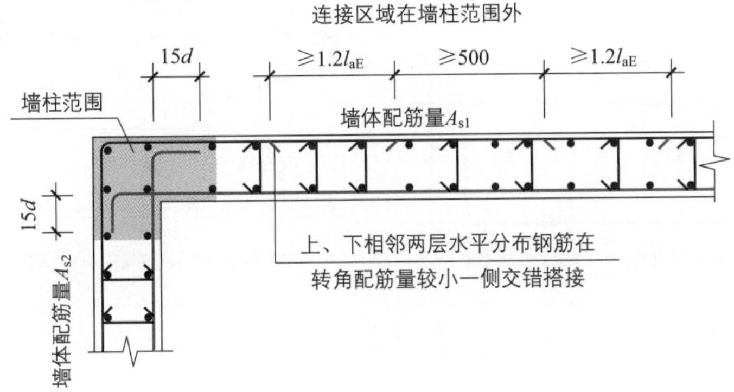

图8-7 转角墙构造（一）

在图8-7中，外侧水平分布钢筋连续通过转弯，其中$A_{s1} \leqslant A_{s2}$。

转角墙构造（二）如图8-8所示。

在图8-8中，外侧水平分布钢筋连续通过转弯，其中$A_{s1} = A_{s2}$。

转角墙构造（三）如图8-9所示。

在图8-9中，外侧水平分布钢筋在转角处搭接。

剪力墙水平分布钢筋三维图如图8-10所示。

剪力墙水平分布钢筋交错搭接如图8-11所示。

需要注意以下几点。

① 构件的具体尺寸及钢筋配置详见设计标注。

② 剪力墙分布钢筋配置多于两排时，中间排水平分布钢筋端部构造同内侧钢筋。

③ 水平分布筋宜均匀放置，竖向分布钢筋在保持相同配筋率条件下外排筋直径宜大于内排筋直径。

④ 以上图中仅表达剪力墙水平分布钢筋的搭接和锚固构造，其余钢筋如边缘构件内的箍筋、拉筋以及墙体拉结筋等均未示意。

⑤ 拉结筋应与剪力墙每排的竖向分布钢筋和水平分布钢筋绑扎。

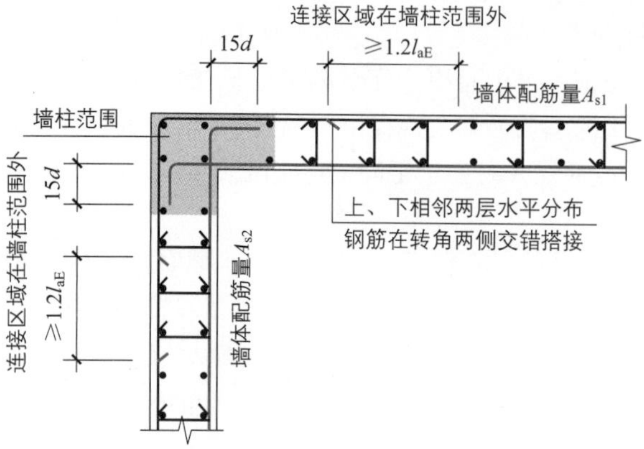

图 8-8　转角墙构造（二）

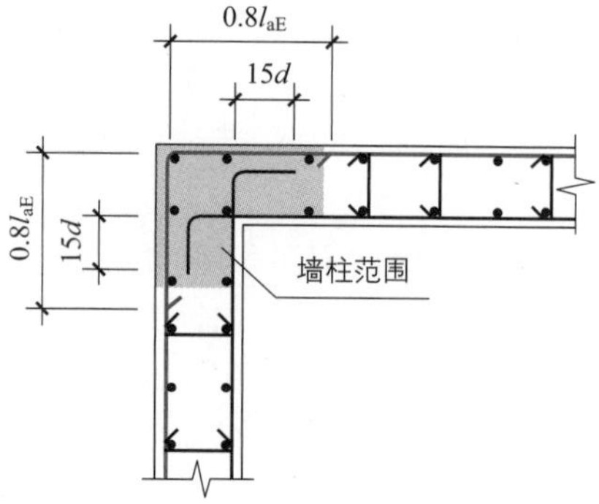

图 8-9　转角墙构造（三）

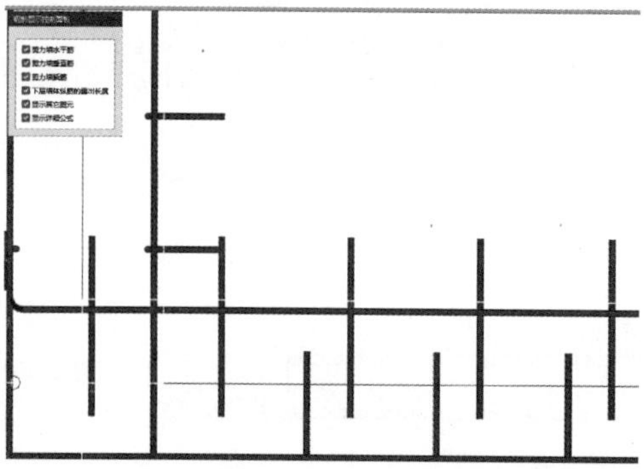

图 8-10　剪力墙水平分布钢筋三维图

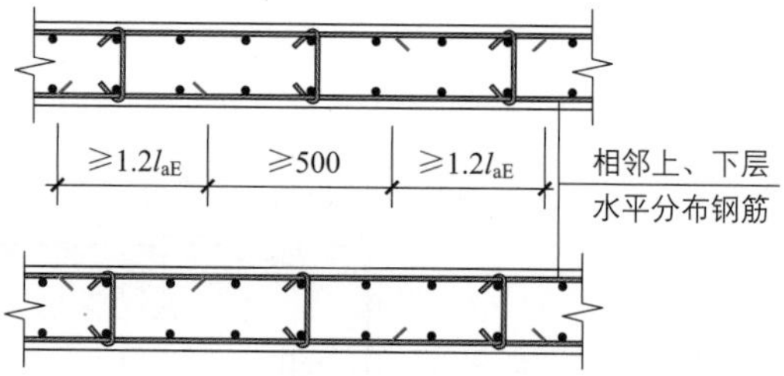

图 8-11　剪力墙水平分布钢筋交错搭接

8.2.3　剪力墙水平分布钢筋构造详图

剪力墙端部各种情况下水平分布钢筋端部做法如图 8-12 所示。

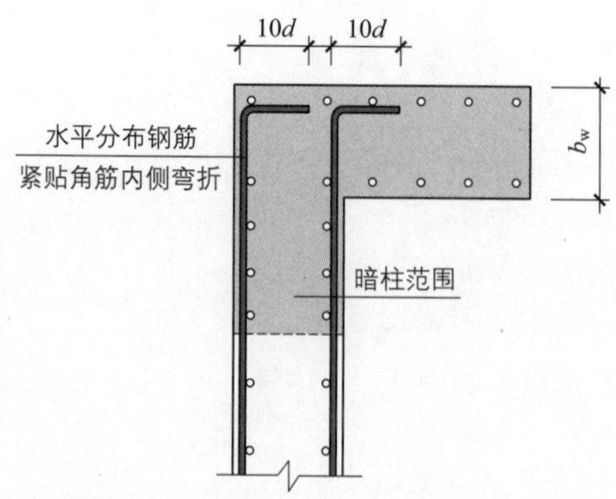

(a) 端部有L形暗柱时剪力墙水平分布钢筋端部做法

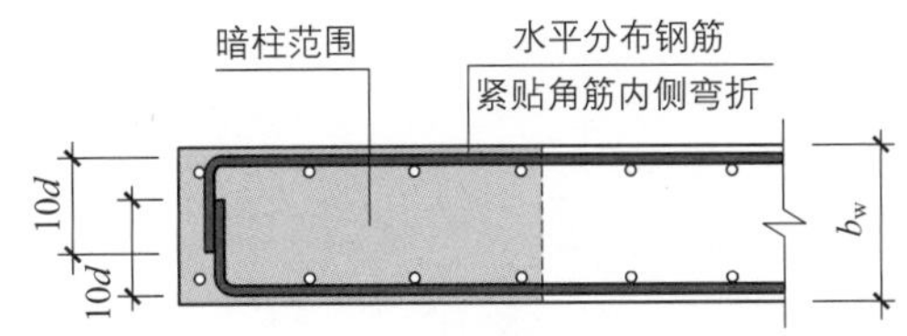

(b) 端部有暗柱时剪力墙水平分布钢筋端部做法

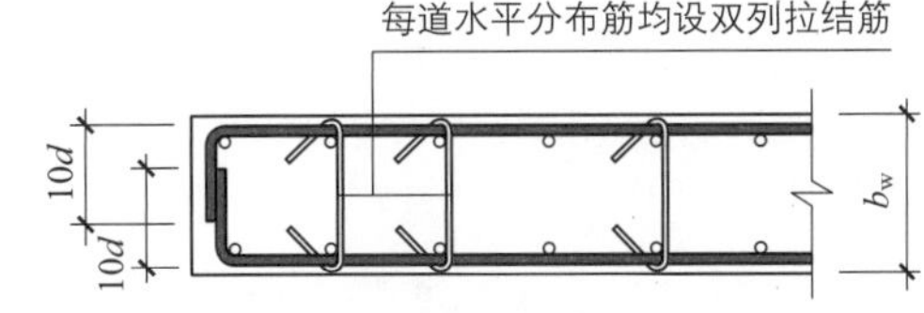

(c) 端部无暗柱时剪力墙水平分布钢筋端部做法

图 8-12　剪力墙端部各种情况下水平分布钢筋端部做法

端部有暗柱时剪力墙水平分布钢筋端部做法三维图如图 8-13 所示。

端部无暗柱时剪力墙水平分布钢筋端部做法三维图如图 8-14 所示。

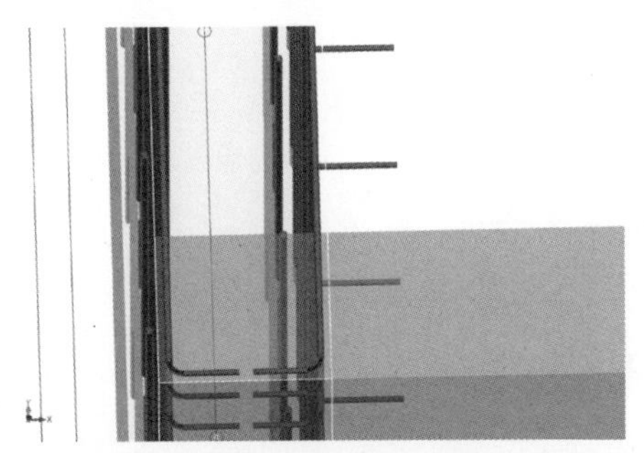

图 8-13　端部有暗柱时剪力墙水平分布钢筋端部做法三维图

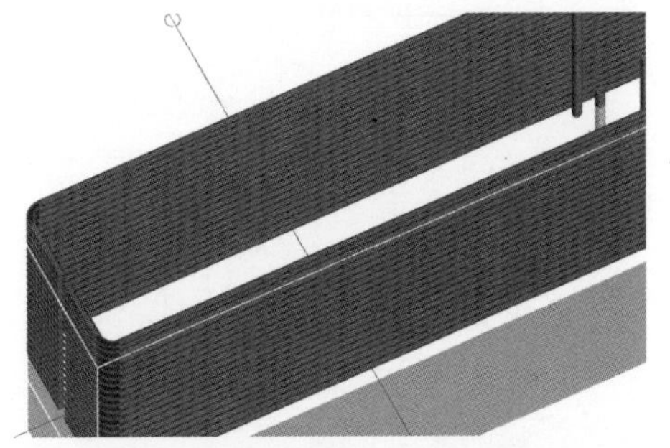

图 8-14　端部无暗柱时剪力墙水平分布钢筋端部做法三维图

斜交翼墙水平分布钢筋构造如图 8-15 所示。

斜交转角墙水平分布钢筋构造如图 8-16 所示。

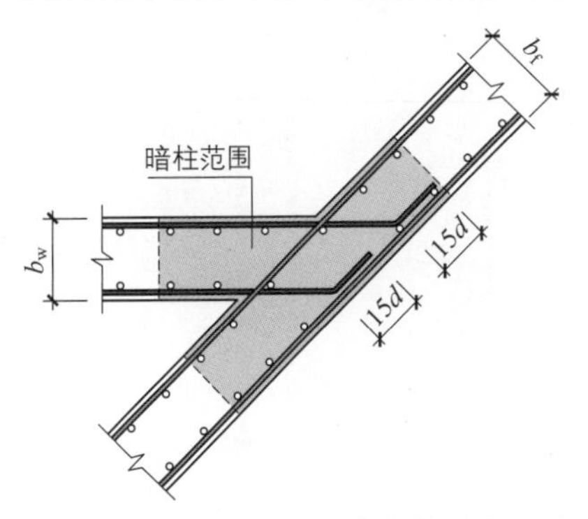

图 8-15　斜交翼墙水平分布钢筋端部做法

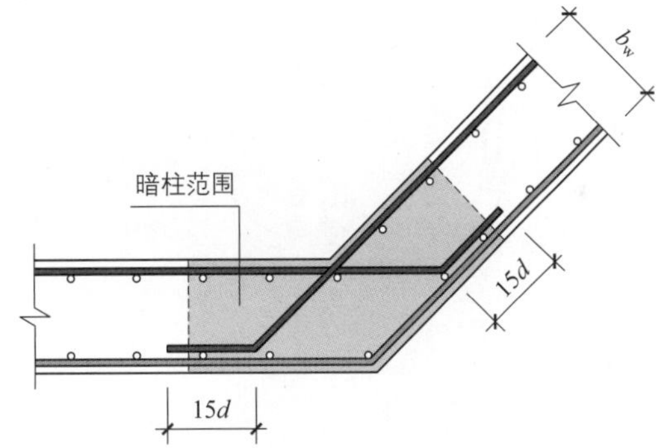

图 8-16　斜交转角墙水平分布钢筋端部做法

斜交转角墙水平分布钢筋构造三维图如图 8-17 所示。

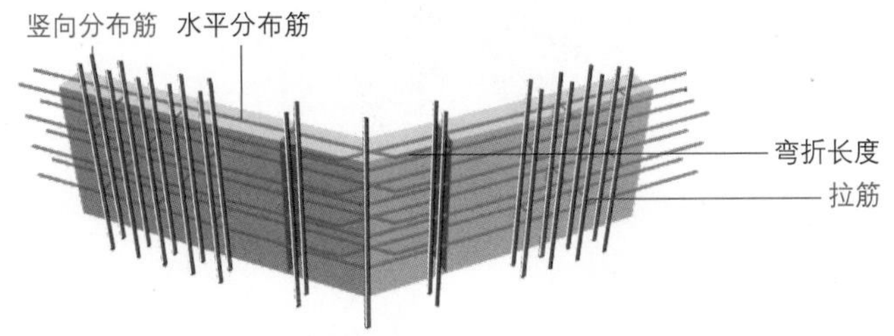

图 8-17　斜交转角墙水平分布钢筋构造

翼墙水平分布钢筋构造如图 8-18 所示。

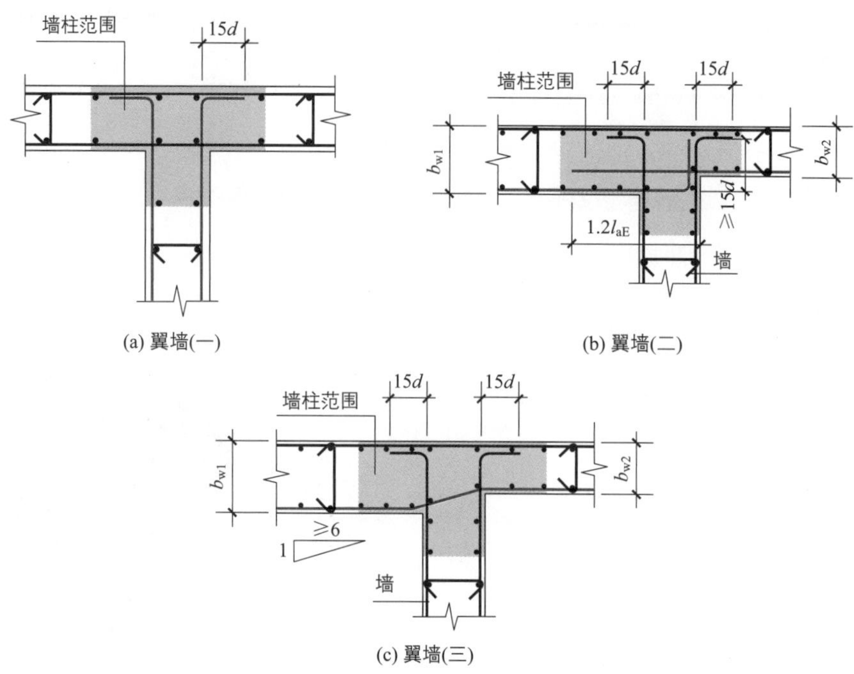

图 8-18　翼墙水平分布钢筋构造

翼墙水平分布钢筋构造三维图如图 8-19 所示。

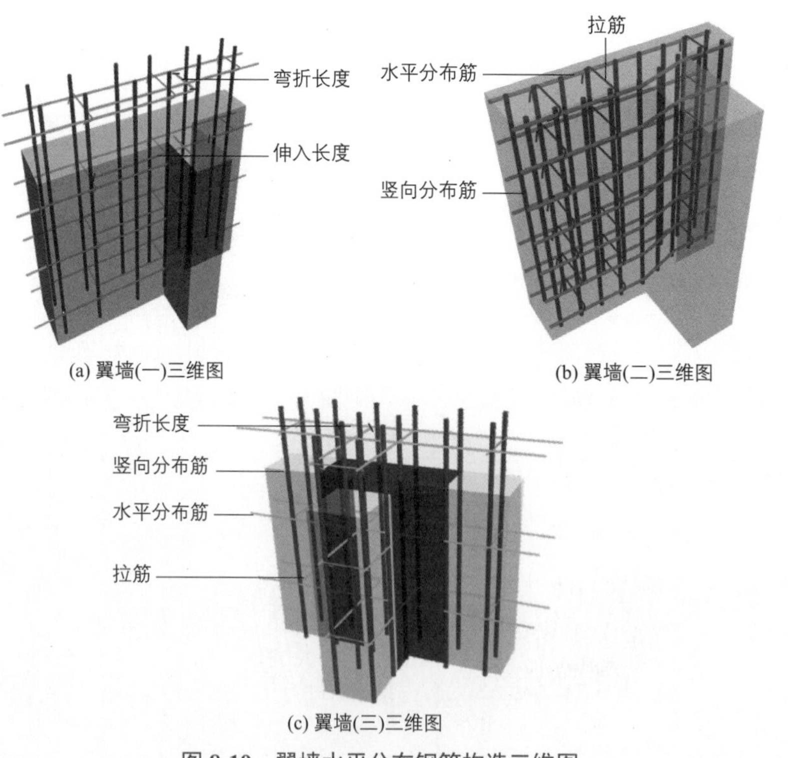

图 8-19　翼墙水平分布钢筋构造三维图

需要注意以下几点。

① 构件的具体尺寸及钢筋配置详见设计标注。

② 剪力墙钢筋配置多于两排时，中间排水平分布筋端部构造同内侧水平分布筋。

③ 以上图中阴影区仅示意约束边缘构件；当为构造边缘构件时，除阴影区范围不同，墙体水平分布钢筋构造做法与图 8-12、图 8-15、图 8-16 和图 8-18 中相同。

④ 以上图中仅表达剪力墙水平分布钢筋的搭接和锚固构造，其余钢筋如边缘构件内的箍筋、拉筋以及墙体拉结筋等均未示意。

⑤ 拉结筋应与剪力墙每排的竖向分布钢筋和水平分布钢筋绑扎。

8.2.4 有端柱时剪力墙水平分布钢筋构造详图

端柱转角墙水平分布钢筋构造详图如图 8-20 所示。

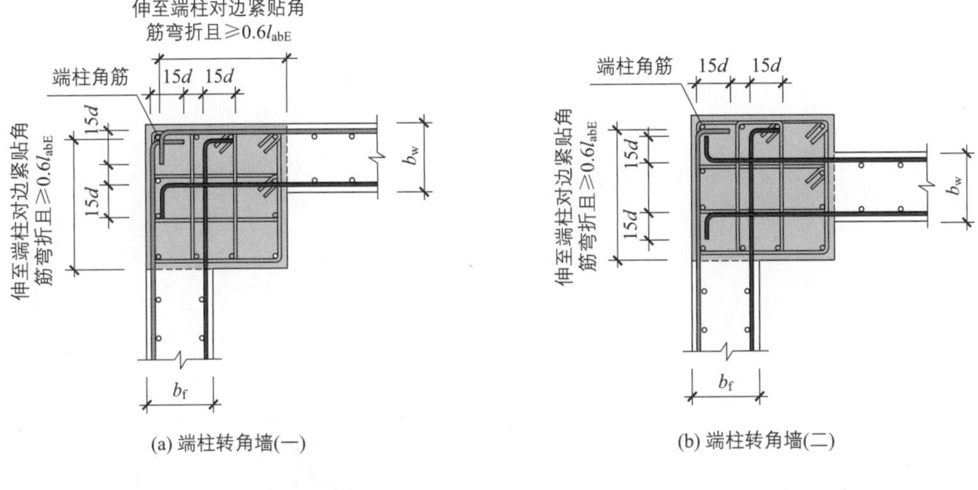

(a) 端柱转角墙(一)

(b) 端柱转角墙(二)

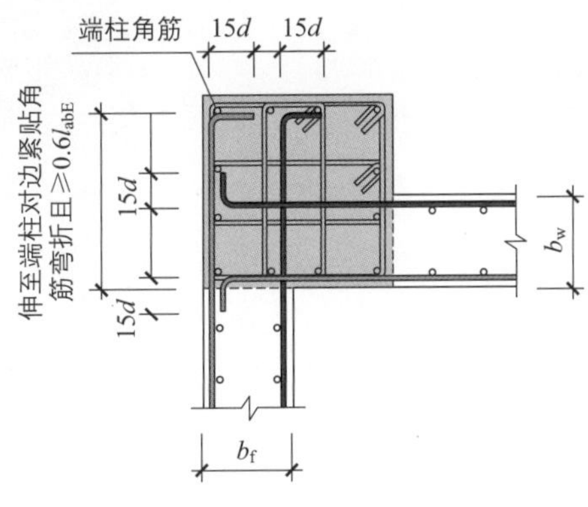

(c) 端柱转角墙(三)

图 8-20 端柱转角墙水平分布钢筋构造详图

端柱翼墙水平分布钢筋构造详图如图 8-21 所示。

端柱翼墙水平分布钢筋构造三维图如图 8-22 所示。

端柱端部墙水平分布钢筋构造详图如图 8-23 所示。

端柱端部墙水平分布钢筋构造三维图如图 8-24 所示。

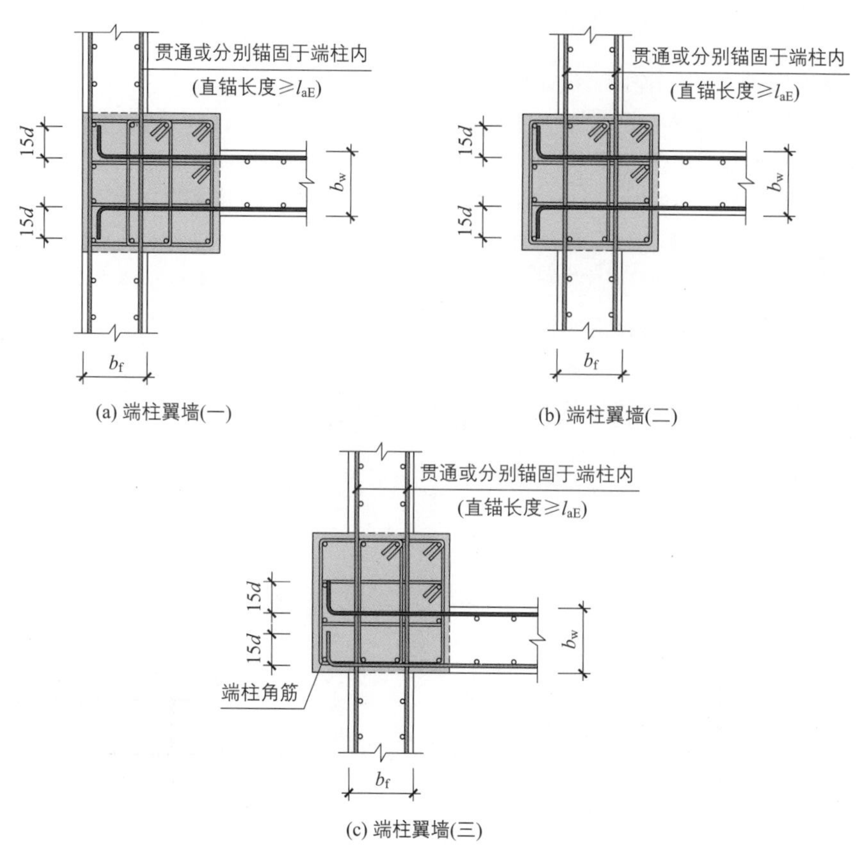

图 8-21　端柱翼墙水平分布钢筋构造详图

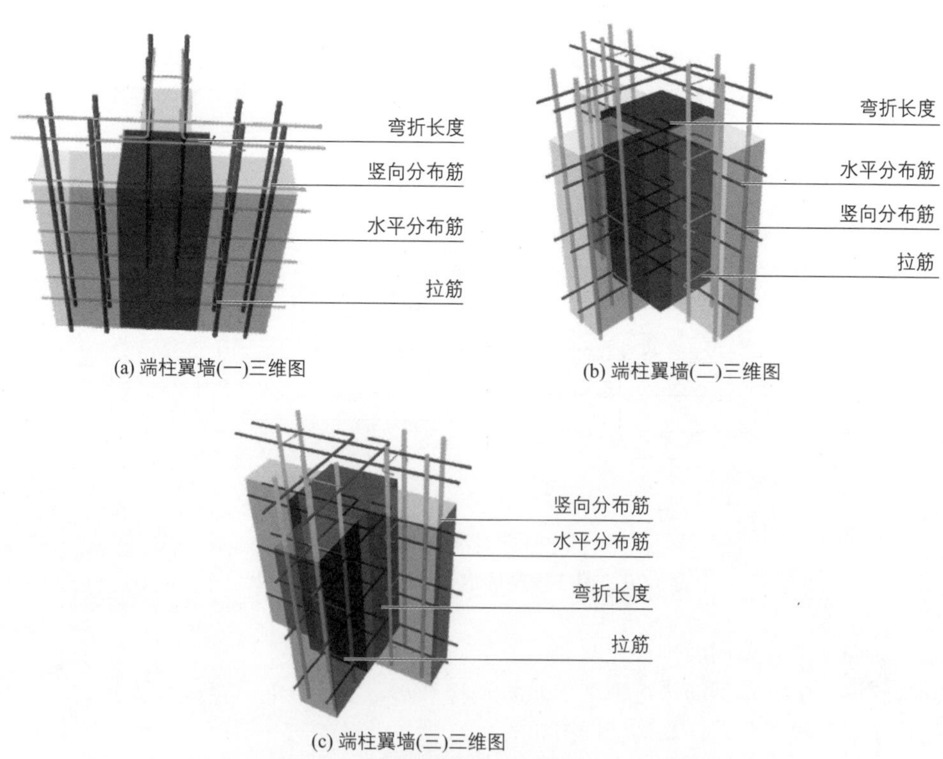

图 8-22　端柱翼墙水平分布钢筋构造三维图

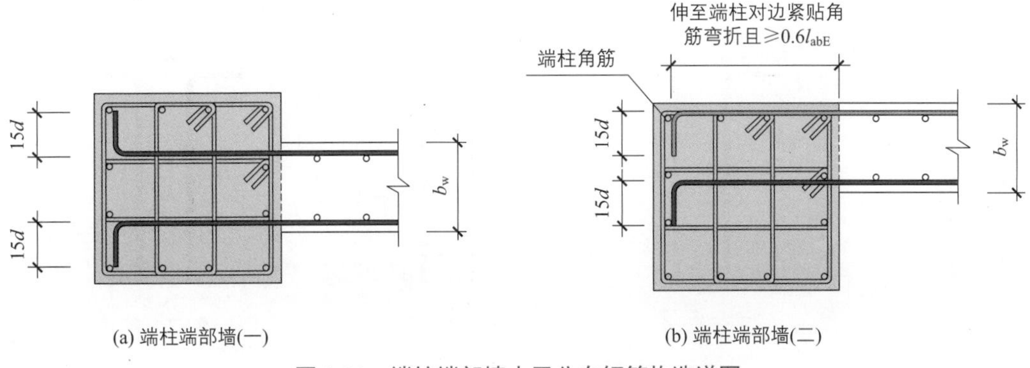

(a) 端柱端部墙(一)　　(b) 端柱端部墙(二)

图 8-23　端柱端部墙水平分布钢筋构造详图

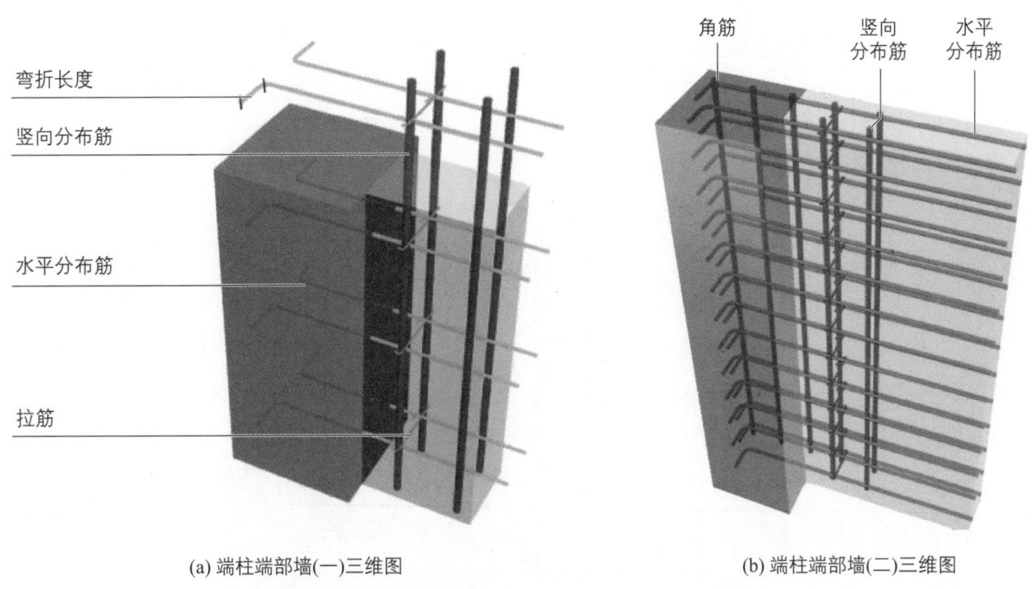

(a) 端柱端部墙(一)三维图　　(b) 端柱端部墙(二)三维图

图 8-24　端柱端部墙水平分布钢筋构造三维图

需要注意以下几点。

① 构件的具体尺寸及钢筋配置详见设计标注。

② 图 8-21、图 8-23 中剪力墙水平分布筋［除端柱翼墙（一）、（二）中的贯通纵筋］应伸至端柱对边紧贴角筋弯折，弯折长度详见图中标注。

③ 位于柱端纵向钢筋内侧的墙水平分布钢筋（图中带颜色墙体水平分布钢筋）伸入端柱的长度≥ l_{aB} 时，可直锚；弯锚时应伸至端柱对边后弯折 15d。

④ 剪力墙钢筋配置多于两排时，中间排水平分布筋端柱处构造与位于端柱内部的水平分布筋相同。

⑤ 当剪力墙水平分布筋向端柱外侧弯折所需尺寸不够时，也可向柱中心方向弯折。

8.2.5　剪力墙竖向钢筋构造详图

剪力墙竖向钢筋顶部构造详图如图 8-25 所示。

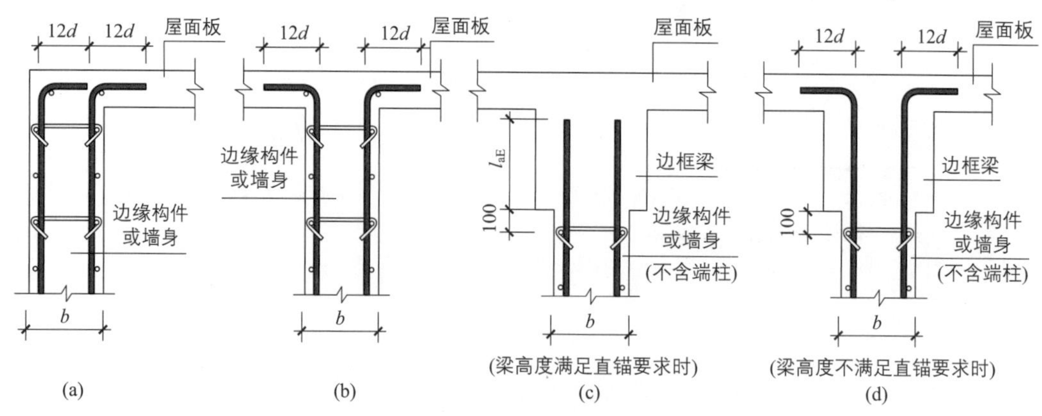

图 8-25 剪力墙竖向钢筋顶部构造详图

剪力墙竖向钢筋梁高度满足直锚要求时的三维图如图 8-26 所示。

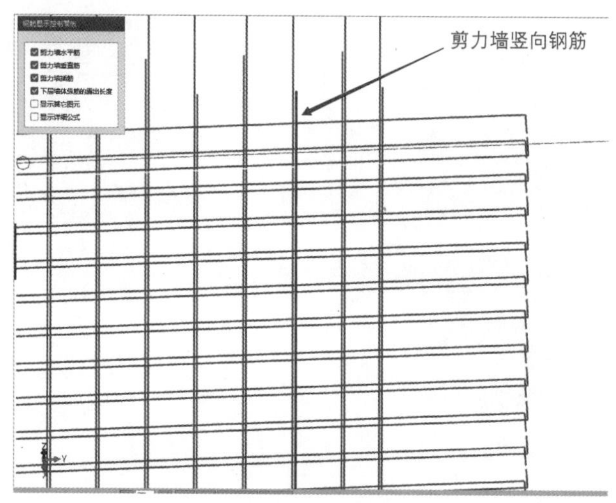

图 8-26 剪力墙竖向钢筋梁高度满足直锚要求时的三维图

剪力墙上起边缘构件纵筋排布构造如图 8-27 所示。

剪力墙上起边缘构件纵筋排布构造三维图如图 8-28 所示。

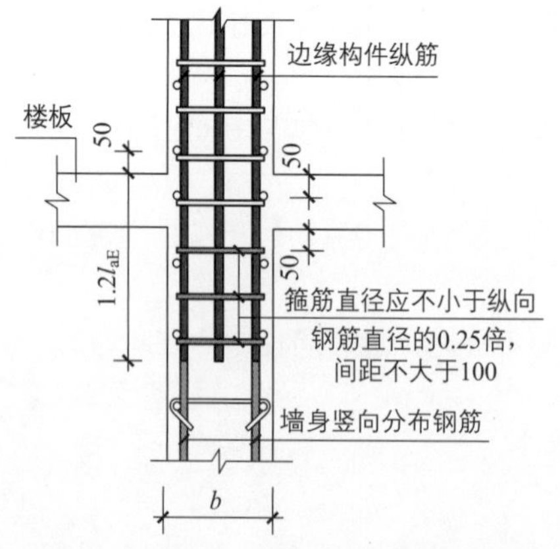

图 8-27 剪力墙上起边缘构件纵筋排布构造

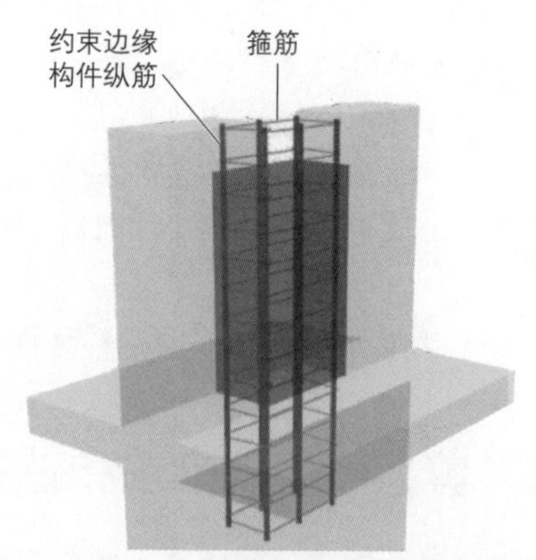

图 8-28 剪力墙上起边缘构件纵筋排布构造三维图

在图 8-28 中，错洞剪力墙洞边边缘构件做法需由设计人员指定。

剪力墙变截面处竖向钢筋构造详图如图 8-29 所示。

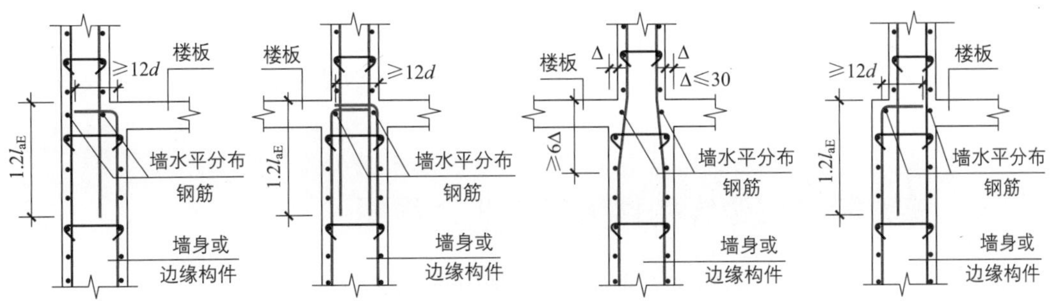

图 8-29　剪力墙变截面处竖向钢筋构造详图

剪力墙变截面处竖向钢筋构造三维图如图 8-30 所示。

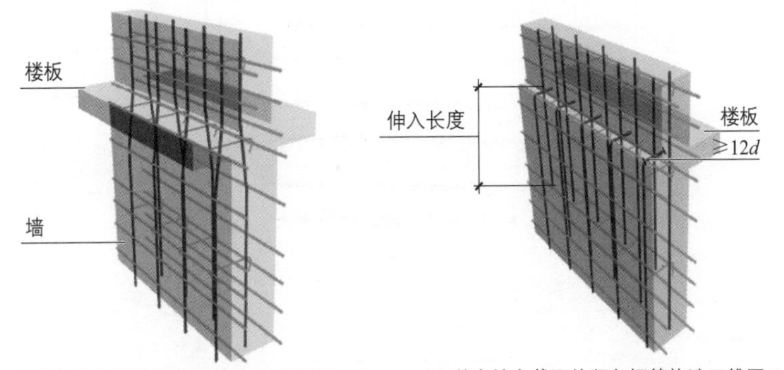

(a) 剪力墙变截面处竖向钢筋构造三维图(一)　　(b) 剪力墙变截面处竖向钢筋构造三维图(二)

楼板

弯折长度≥12d

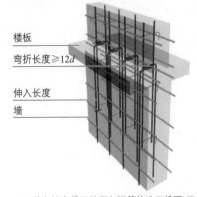

伸入长度

墙

(c) 剪力墙变截面处竖向钢筋构造三维图(三)

图 8-30　剪力墙变截面处竖向钢筋构造三维图

需要注意以下几点。

① 构件的具体尺寸及钢筋配置详见设计标注。

② 剪力墙层高范围最下一排水平分布钢筋距底部板顶 50mm, 最上一排水平分布钢筋距顶部板顶不大于 100mm。当层顶位置设有宽度大于剪力墙厚度的边框梁时，最上一排水平分布筋距顶部边框梁底 100mm（并同时设置拉筋），边框梁内部不设置水平分布钢筋。

③ 剪力墙层高范围最下一排拉结筋位于底部板顶以上第二排水平分布筋位置处，最上一

排拉结筋位于层顶部板底（梁底）以下第一排水平分布筋位置处。

④ 剪力墙竖向钢筋顶部构造详图 8-25（a）中，当设计指定板端上部钢筋与墙体外侧竖向钢筋搭接传力时，剪力墙外侧竖向钢筋弯折 15d。

⑤ 当剪力墙外墙外侧室外地面上、下位置墙身尺寸不变，仅地面以下墙体混凝土保护层加厚时，宜采用不改变剪力墙整向钢筋和水平钢筋位置，仅向外侧增加混凝土保护层厚度的做法。

8.2.6 剪力墙约束边缘构件钢筋排布立面图

剪力墙约束边缘构件钢筋排布立面图（一）如图 8-31 所示。

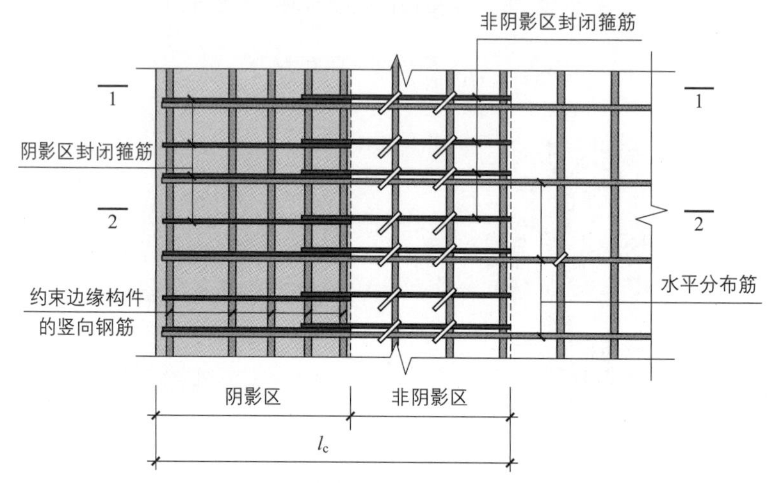

图 8-31　剪力墙约束边缘构件钢筋排布立面图（一）

在图 8-31 中，非阴影区采用外圈矩形封闭箍筋加拉筋。

剪力墙约束边缘构件钢筋排布立面图（二）如图 8-32 所示。

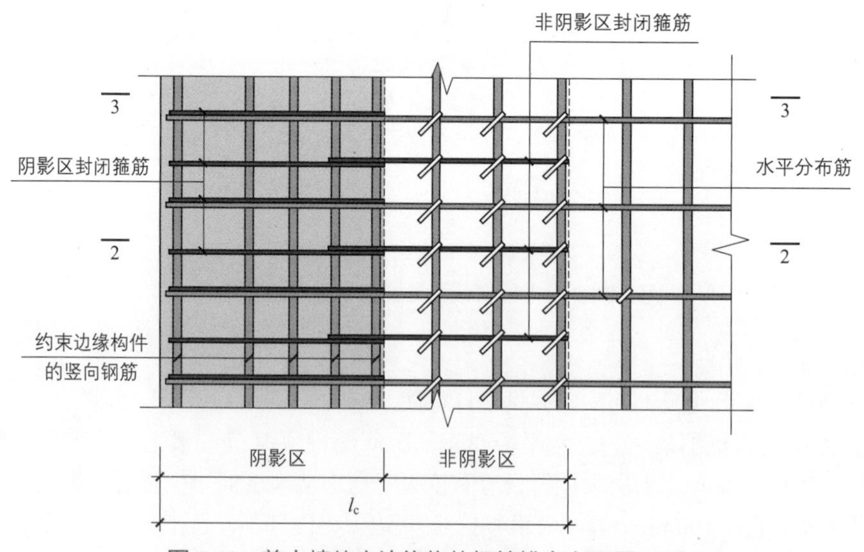

图 8-32　剪力墙约束边缘构件钢筋排布立面图（二）

在图 8-32 中，与墙体水平分布筋相同标高的非阴影区仅设置拉筋。

剪力墙约束边缘构件钢筋排布立面图（三）如图 8-33 所示。

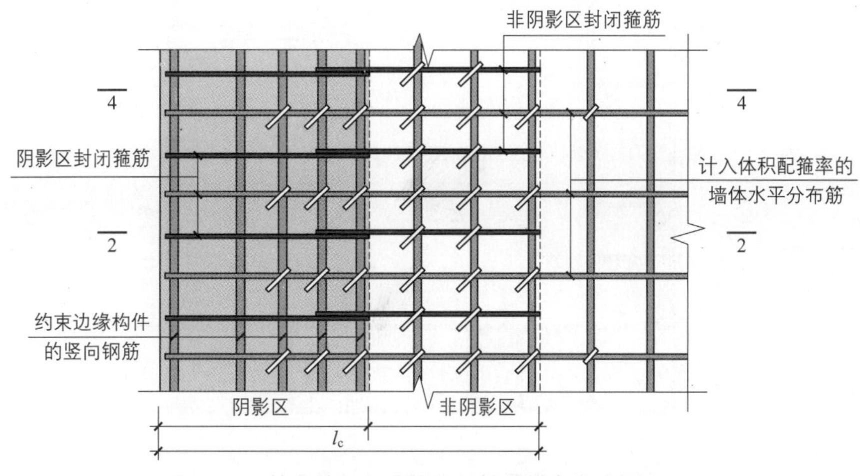

图 8-33　剪力墙约束边缘构件钢筋排布立面图（三）

在图 8-33 中，墙体水平分布筋计入约束边缘构件体积配箍率。

需要注意以下几点。

① 构件的具体尺寸及钢筋配置详见设计标注；阴影区、非阴影区长度由设计指定；立面图中拉（结）筋位置仅为示意，具体以剖面图为准。

② 非阴影区封闭箍筋或拉筋的直径由设计指定，与阴影区相同时可不注；非阴影区拉筋或箍筋的竖向间距、构造做法同阴影区。

③ 图 8-31 ～图 8-33 为剪力墙约束边缘构件钢筋排布做法。仅当设计明确指定时方可采用图 8-33 中墙体水平分布筋计入约束边缘构件体积配箍率的构造做法，且计入的墙体水平分布钢筋不应大于总体积配箍率的 30%；当设计未指定墙体水平分布筋计入约束边缘构件体积配箍率时，仅可采用图 8-31、图 8-32 的构造做法。

④ 图 8-31 中构造做法表示所有非阴影区采用外圈封闭箍筋；图 8-32 构造做法表示约束边缘构件内的箍筋、拉筋位置（标高）与墙体水平分布筋相同时，非阴影区取消外圈封闭箍筋而仅设拉筋的做法。

⑤ 施工钢筋排布时，剪力墙约束边缘构件的竖向钢筋外皮与剪力墙竖向分布筋外皮应位于同一垂直平面，边缘构件箍筋内皮与墙身水平分布筋内皮位于同一垂直面。

8.2.7　剪力墙约束边缘构件（转角墙）钢筋排布构造详图

剪力墙约束边缘构件（转角墙）钢筋排布构造详图（一）如图 8-34 所示。

需要注意以下几点。

① 构件的具体尺寸及钢筋配置详见设计标注；阴影区、非阴影区长度由设计指定。

② 施工钢筋排布时，剪力墙约束边缘构件的竖向钢筋外皮与剪力墙竖向分布筋外皮应位于同一垂直平面，边缘构件箍筋与墙身水平分布筋内皮位于同一垂直面。

③ 非阴影区外圈封闭箍筋沿墙厚方向的短肢应套在阴影区内第二列（从阴影区和非阴影区交界处算起）或更靠近墙端部的纵筋上，且不应套在阴影区和非阴影区交界处的阴影区纵筋上。位于阴影区内部的箍筋肢可计入阴影部分体积配箍率。

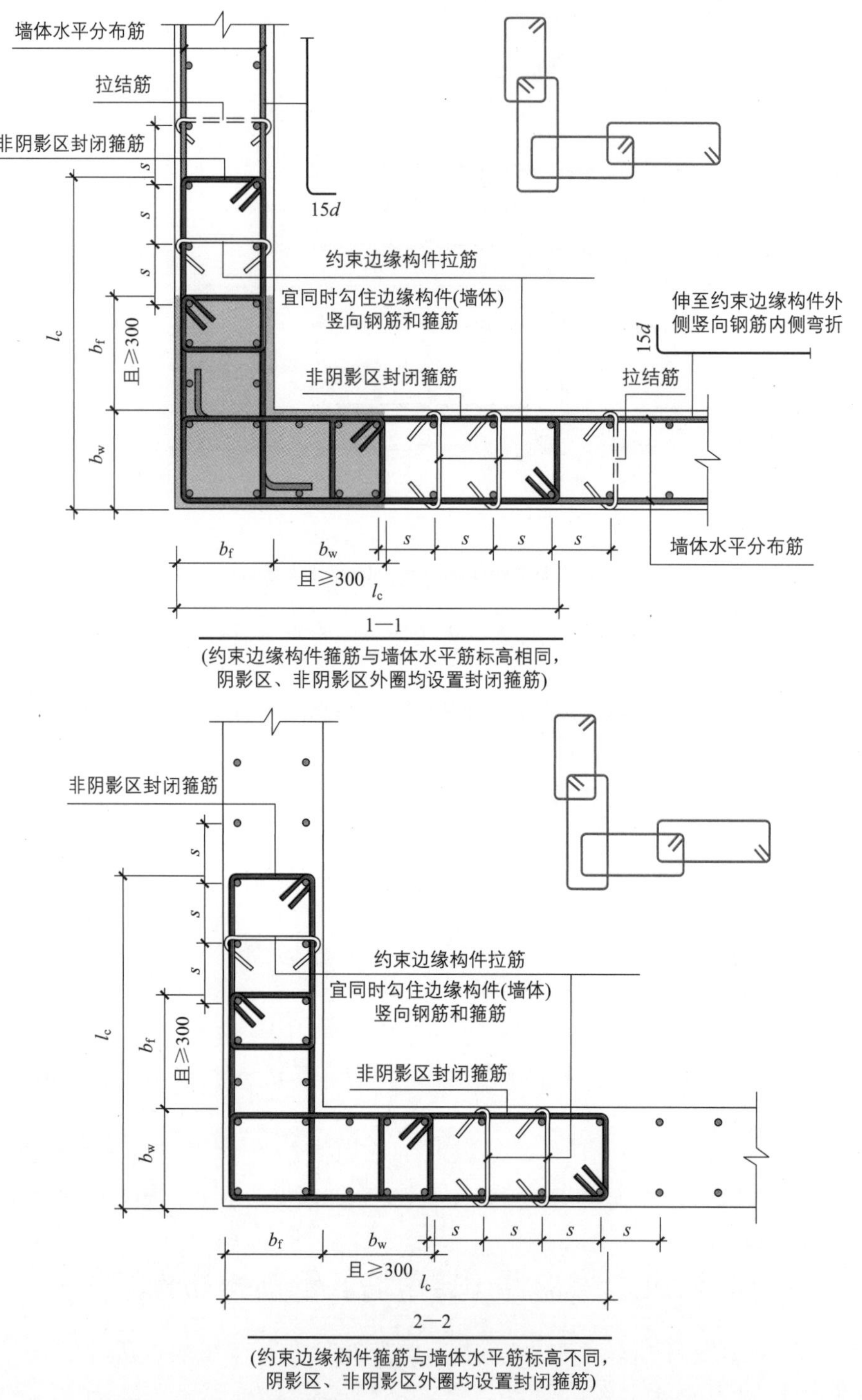

图 8-34　剪力墙约束边缘构件（转角墙）钢筋排布构造详图（一）

④ 剪力墙约束边缘构件（暗柱、翼墙、转角墙、不含端柱）沿墙肢长度 l_c 范围内，拉筋宜同时勾住竖向钢筋和箍筋。

⑤ 沿约束边缘构件外封闭箍筋周边，箍筋局部重叠不宜多于两层。

⑥ 施工安装绑扎时，边缘构件矩形封闭箍筋弯钩位置应沿纵向受力钢筋方向错开设置。

⑦ 剪力墙钢筋配置多于两排时，中间排水平分布筋端部构造同内侧水平分布筋。
⑧ 图 8-34 中虚线表示剪力墙墙身拉结筋。

剪力墙约束边缘构件（转角墙）钢筋排布构造详图（二）如图 8-35 所示。

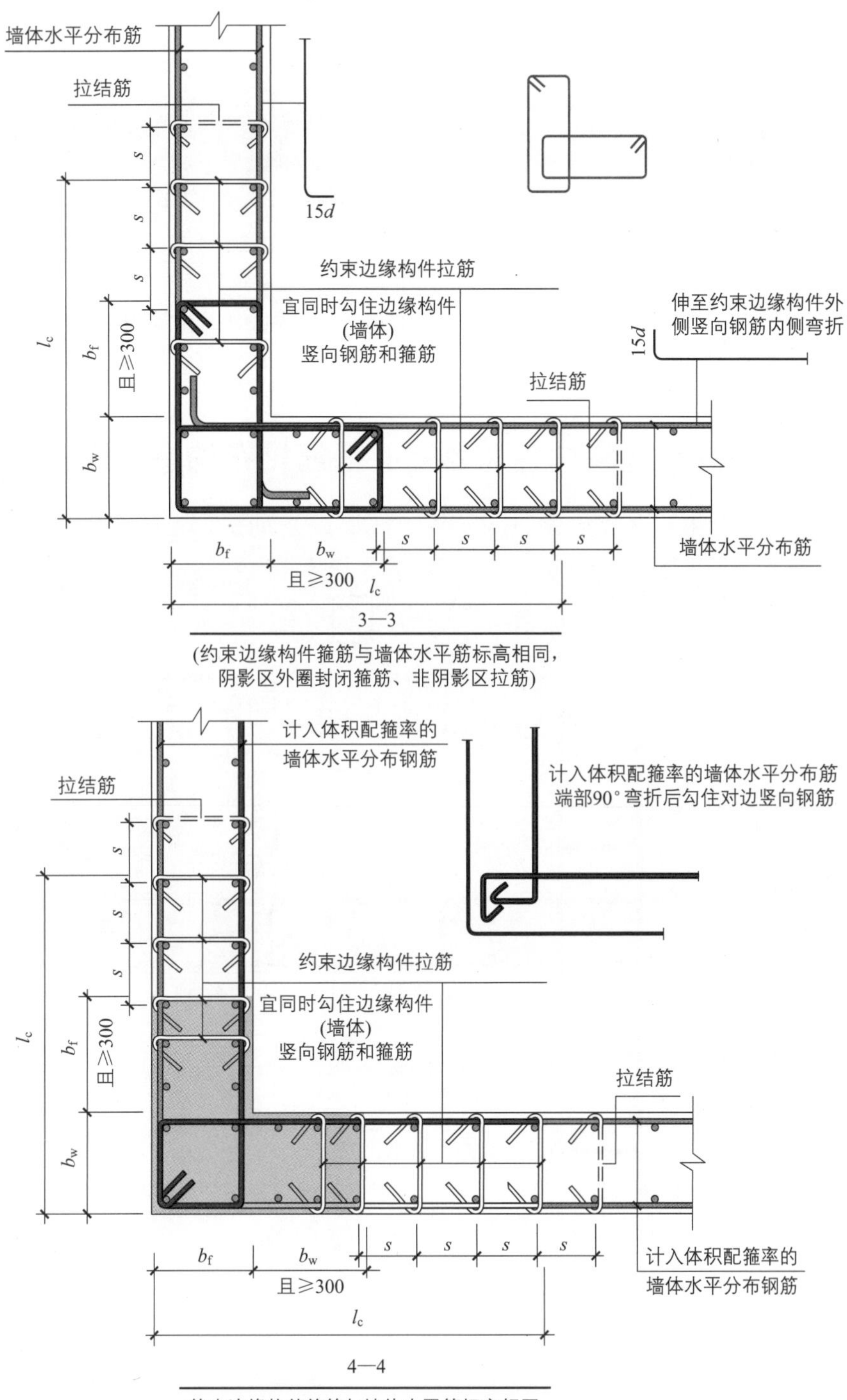

图 8-35　剪力墙约束边缘构件（转角墙）钢筋排布构造详图（二）

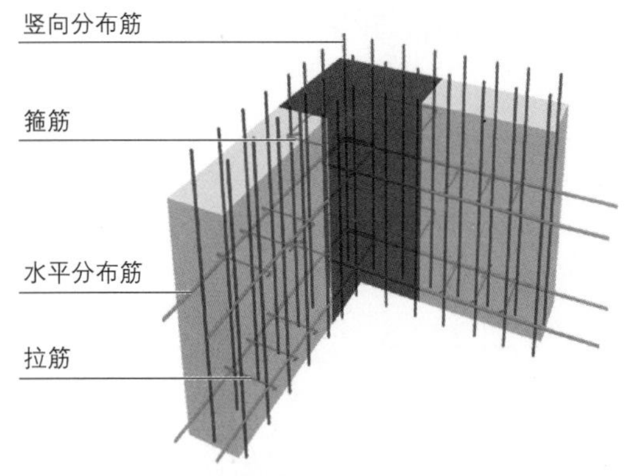

图 8-36　剪力墙约束边缘构件（转角墙）钢筋排布构造三维图

剪力墙约束边缘构件（转角墙）钢筋排布构造三维图如图 8-36 所示。

需要注意以下几点。

① 仅当设计在施工图中明确指定时，方可采用图 8-35 中剖面 4—4 中墙体水平分布筋计入约束边缘构件体积配箍率的构造做法，且计入的墙体水平分布钢筋不应大于总体积配箍率的 30%。

② 图 8-35 剖面 4—4 中，墙体水平分布筋伸入约束边缘构件，在墙的端部竖向钢筋外侧 90° 水平弯折，然后延伸到对边并在端部做 135° 弯钩钩住竖向钢筋。弯折后平直段长度为 10d（d 为水平分布钢筋直径）。

8.2.8　剪力墙约束边缘构件（翼墙）钢筋排布构造详图

剪力墙约束边缘构件（翼墙）钢筋排布构造详图（一）如图 8-37 所示。

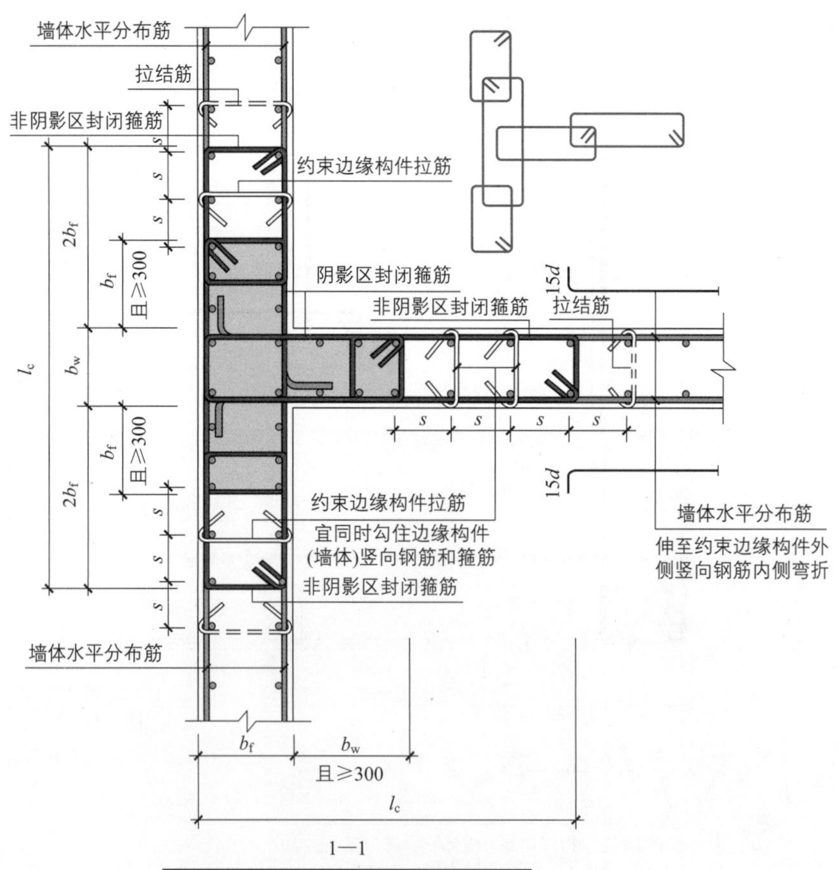

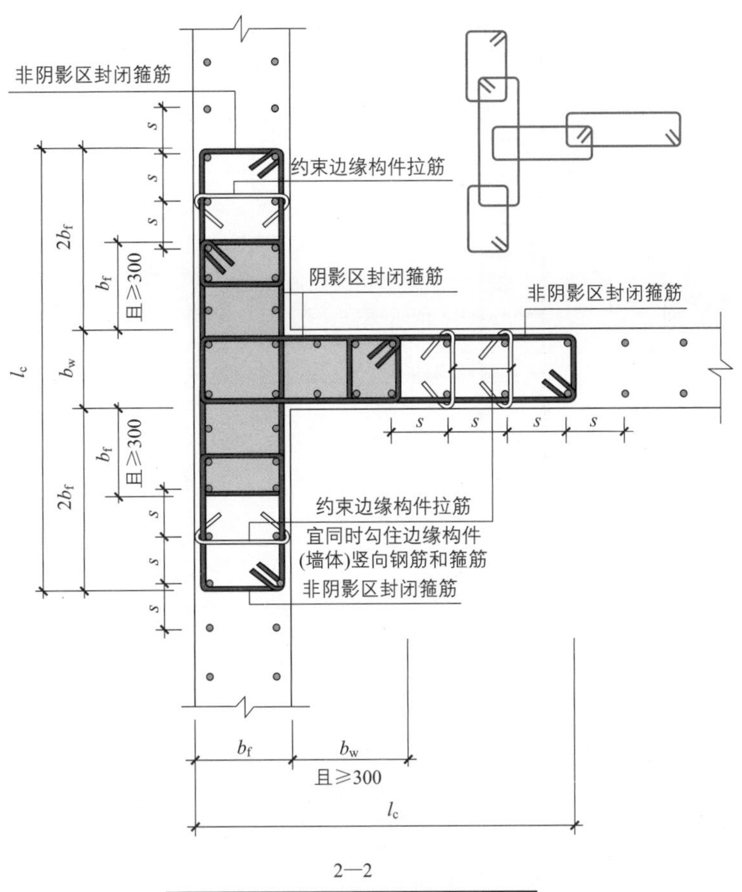

2—2

(约束边缘构件箍筋与墙体水平筋标高不同，阴影区、非阴影区外圈均设置封闭箍筋)

图 8-37　剪力墙约束边缘构件（翼墙）钢筋排布构造详图（一）

剪力墙约束边缘构件（翼墙）钢筋排布构造（一）三维图如图 8-38 所示。

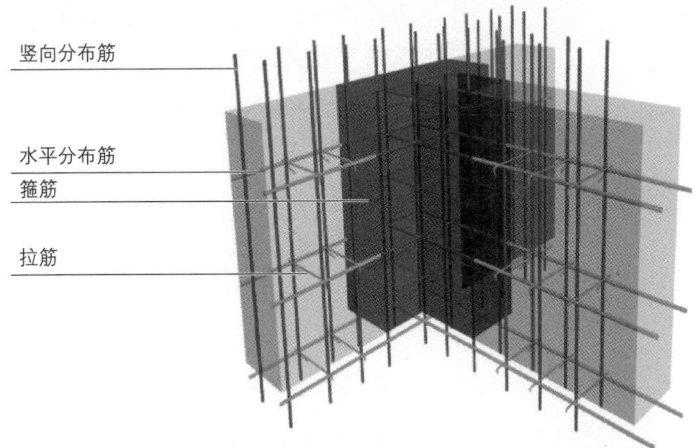

图 8-38　剪力墙约束边缘构件（翼墙）钢筋排布构造（一）三维图

剪力墙约束边缘构件（翼墙）钢筋排布构造详图（二）如图 8-39 所示。

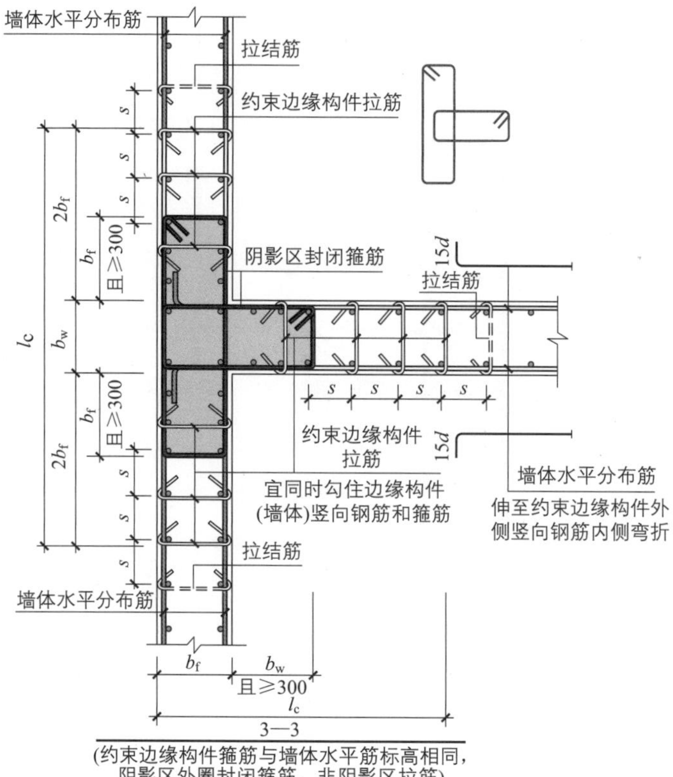

(约束边缘构件箍筋与墙体水平筋标高相同，
阴影区外圈封闭箍筋、非阴影区拉筋)

(a) 3—3剖面

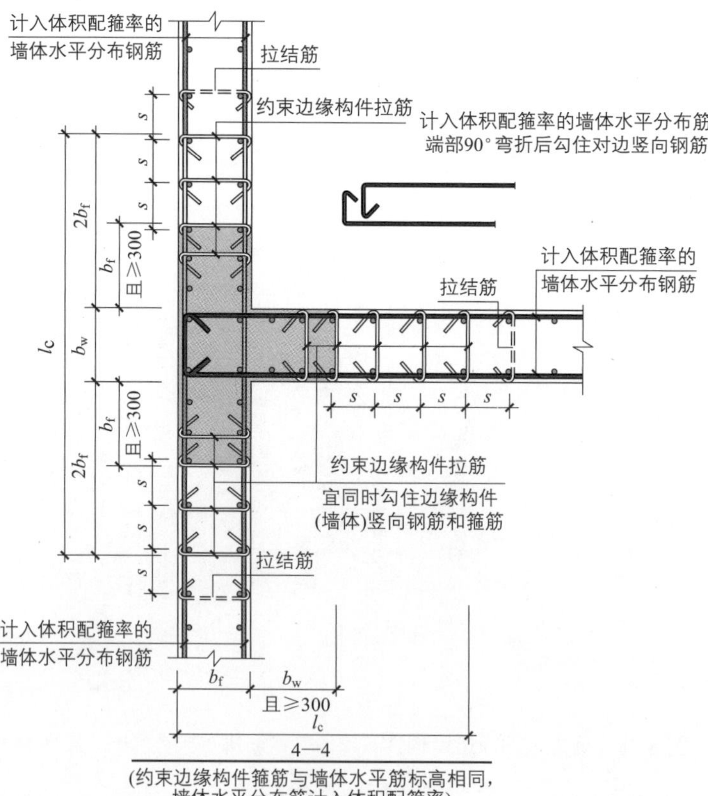

(约束边缘构件箍筋与墙体水平筋标高相同，
墙体水平分布筋计入体积配箍率)

(b) 4—4剖面(一)

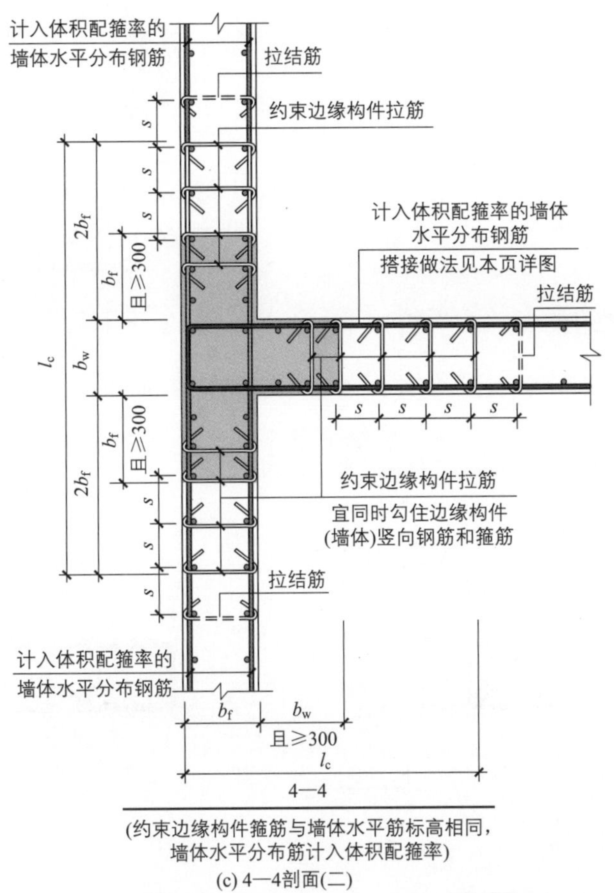

(c) 4—4剖面(二)

图 8-39　剪力墙约束边缘构件（翼墙）钢筋排布构造详图（二）

计入体积配箍率的墙体水平分布钢筋搭接做法（连接区域在 l_c 范围外）如图 8-40 所示。

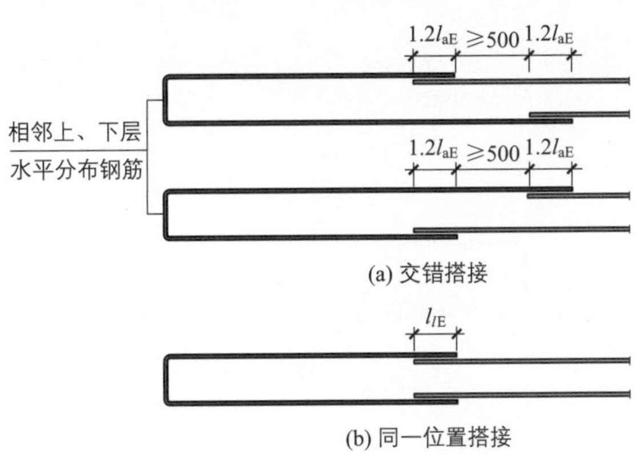

(a) 交错搭接

(b) 同一位置搭接

图 8-40　计入体积配箍率的墙体水平分布钢筋搭接做法

需要注意以下几点。

① 仅当设计在施工图中明确指定时，方可采用图 8-39 剖面 4—4 中墙体水平分布筋计入约束边缘构件体积配箍率的构造做法。

② 图 8-39（b）剖面 4—4 做法中，墙体水平分布筋伸入约束边缘构件，在墙的端部竖

向钢筋外侧 90° 水平弯折，然后延伸到对边并在端部做 135° 弯钩钩住竖向钢筋。弯折后平直段长度为 10d（d 为水平分布钢筋直径）。

③ 图 8-39（c）剖面 4—4 做法中采用 U 形钢筋与剪力墙水平分布钢筋搭接做法，U 形钢筋的直径应不小于箍筋直径。

④ 图 8-39（c）剖面 4—4 做法中，墙体水平分布筋搭接位置应在约束边缘构件 l_c 范围外，宜优先选用错开搭接的做法［图 8-39（b）］，也可在同一位置搭接［图 8-39（c）］。

8.2.9　剪力墙约束边缘构件（暗柱）钢筋排布构造详图

剪力墙约束边缘构件（暗柱）钢筋排布构造详图（一）如图 8-41 所示。

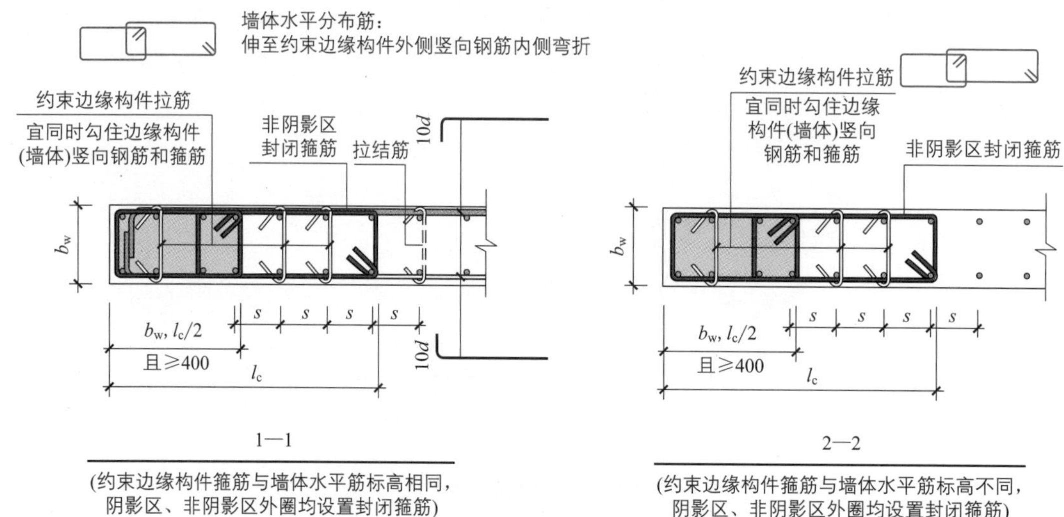

图 8-41　剪力墙约束边缘构件（暗柱）钢筋排布构造详图（一）

剪力墙约束边缘构件（暗柱）钢筋排布构造详图（一）三维图如图 8-42 所示。

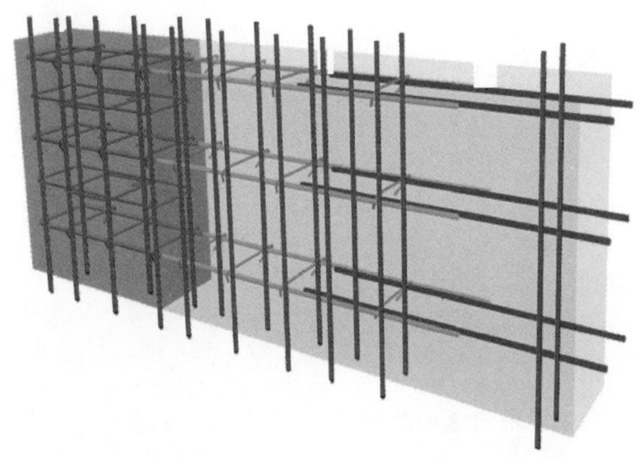

图 8-42 剪力墙约束边缘构件（暗柱）钢筋排布构造详图（一）三维图

剪力墙约束边缘构件（暗柱）钢筋排布构造详图（二）如图 8-43 所示。

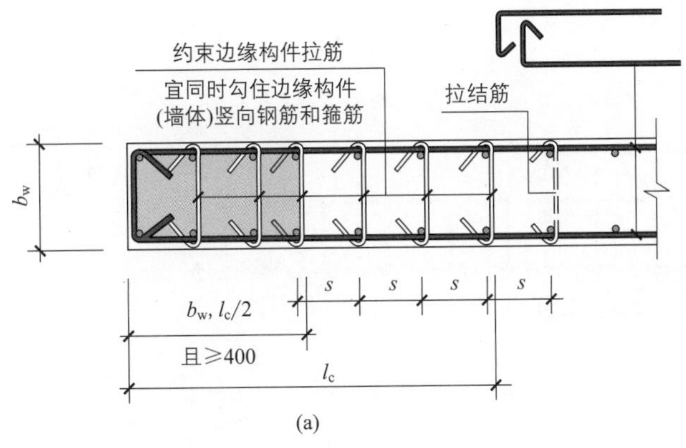

(a)

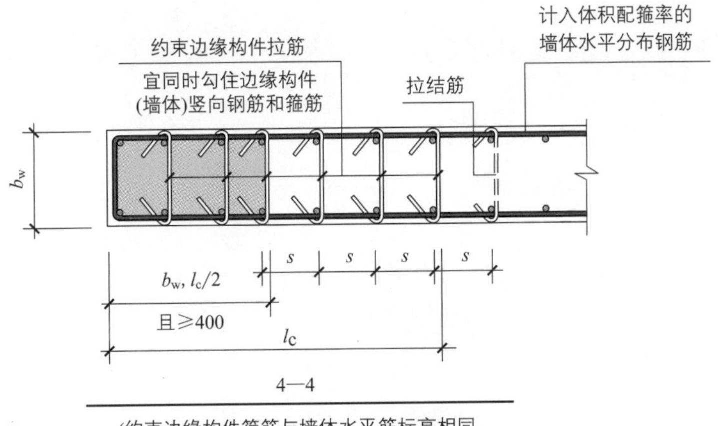

(约束边缘构件箍筋与墙体水平筋标高相同，
墙体水平分布筋计入体积配箍率)

(b)

图 8-43 剪力墙约束边缘构件（暗柱）钢筋排布构造详图（二）

剪力墙约束边缘构件（暗柱）钢筋排布构造详图（二）三维图如图 8-44 所示。

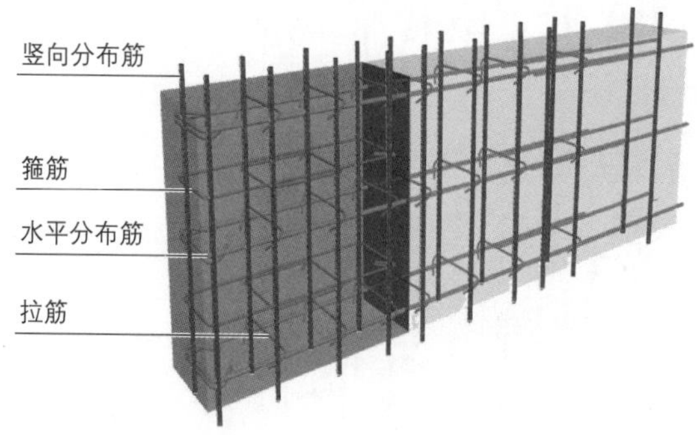

图 8-44　剪力墙约束边缘构件（暗柱）钢筋排布构造详图（二）三维图

需要注意的是：墙体水平分布筋伸至约束边缘构件外侧竖向钢筋内侧弯折。

8.2.10　剪力墙约束边缘构件（端柱）钢筋排布构造详图

剪力墙约束边缘构件（端柱）钢筋排布构造详图（一）如图 8-45 所示。

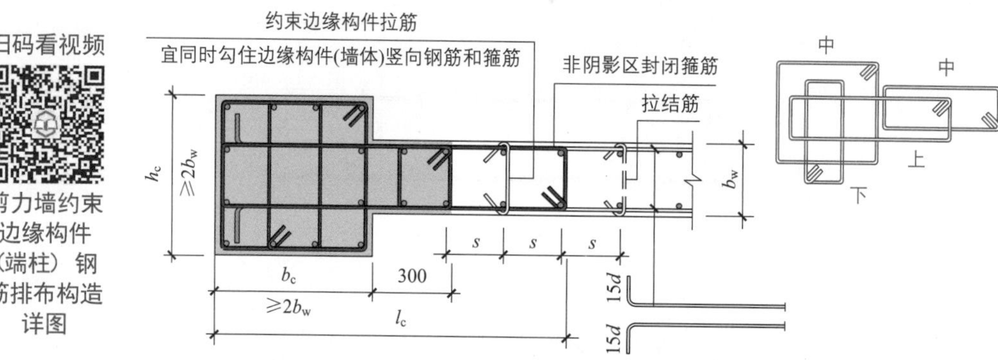

图 8-45　剪力墙约束边缘构件（端柱）钢筋排布构造详图（一）

在图 8-45 中，约束边缘构件箍筋与墙体水平筋标高相同，阴影区、非阴影区外圈均设置封闭箍筋。

剪力墙约束边缘构件（端柱）钢筋排布构造详图（一）三维图如图 8-46 所示。

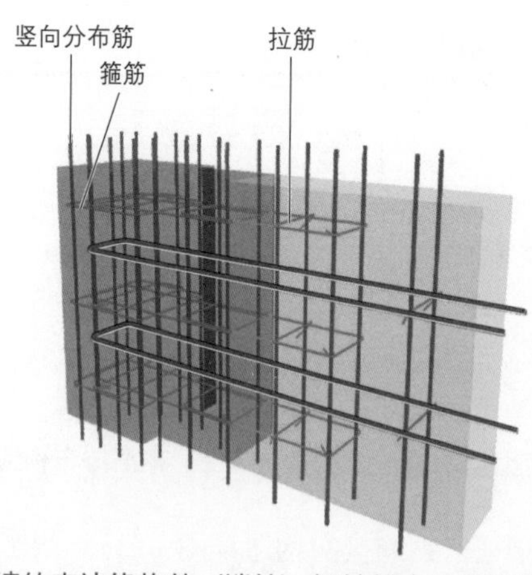

图 8-46　剪力墙约束边缘构件（端柱）钢筋排布构造详图（一）三维图

剪力墙约束边缘构件（端柱）钢筋排布构造详图（二）如图 8-47 所示。

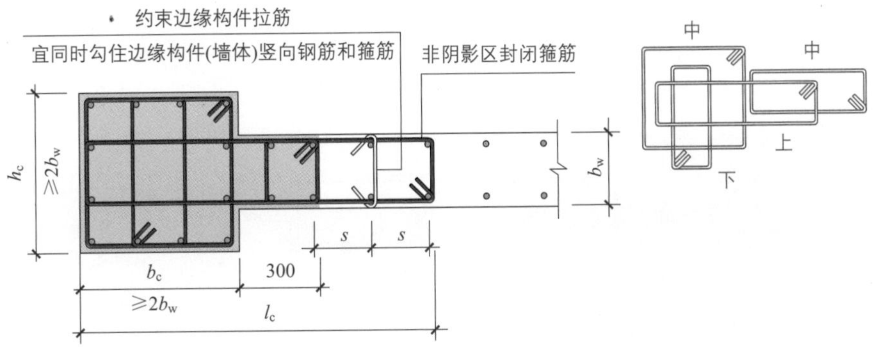

图 8-47 剪力墙约束边缘构件（端柱）钢筋排布构造详图（二）

在图 8-47 中，约束边缘构件箍筋与墙体水平筋标高不同，阴影区、非阴影区外圈均设置封闭箍筋。

剪力墙约束边缘构件（端柱）钢筋排布构造详图（二）三维图如图 8-48 所示。

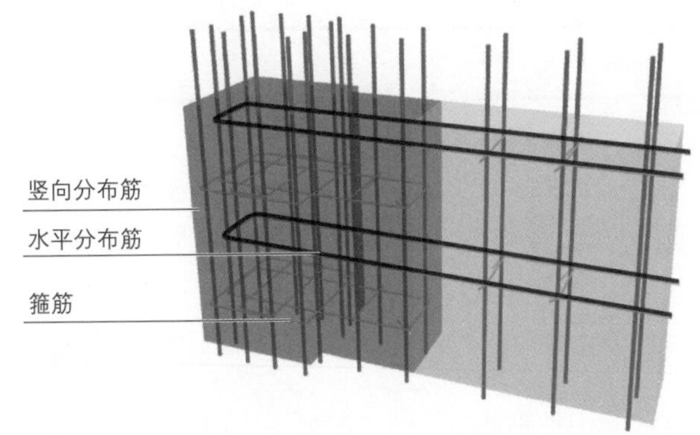

图 8-48 剪力墙约束边缘构件（端柱）钢筋排布构造详图（二）三维图

剪力墙约束边缘构件（端柱）钢筋排布构造详图（三）如图 8-49 所示。

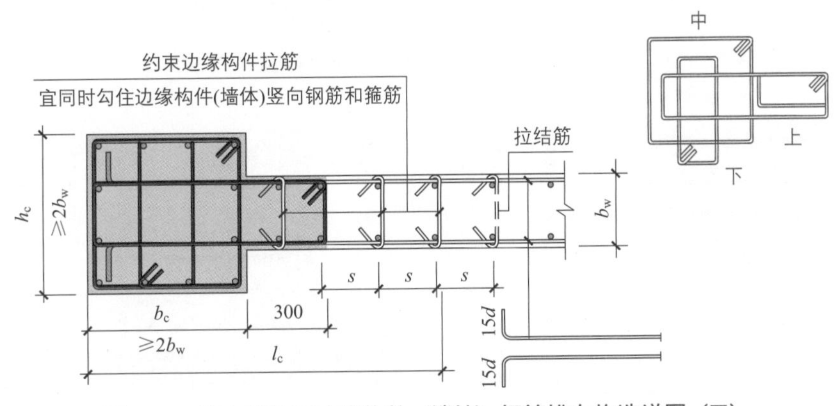

图 8-49 剪力墙约束边缘构件（端柱）钢筋排布构造详图（三）

在图 8-49 中，约束边缘构件箍筋与墙体水平筋标高相同、阴影区外圈设置封闭箍筋、非阴影区拉筋。

剪力墙约束边缘构件（端柱）钢筋排布构造详图（四）如图 8-50 所示。

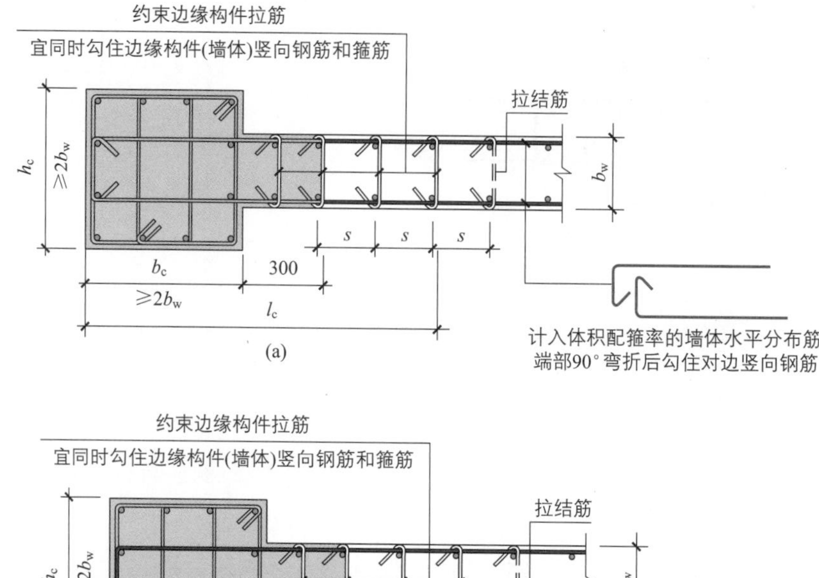

图 8-50 剪力墙约束边缘构件（端柱）钢筋排布构造详图（四）

在图 8-50 中，约束边缘构件箍筋与墙体水平筋标高相同，墙体水平分布筋计入体积配箍率。计入体积配箍率的墙体水平分布钢筋搭接做法见图 8-40。

8.2.11 剪力墙构造边缘构件钢筋排布构造详图

剪力墙构造边缘构件钢筋排布构造立面图如图 8-51 所示。

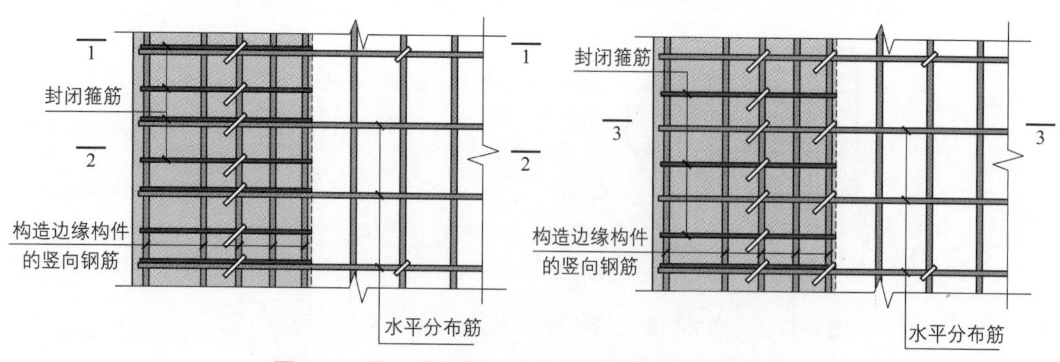

图 8-51 剪力墙构造边缘构件钢筋排布构造立面图

剪力墙构造边缘构件（转角墙）钢筋排布构造详图 1—1 如图 8-52 所示。

在图 8-52 中，构造边缘构件箍筋与墙体水平筋标高相同，外圈设置封闭箍筋。

剪力墙构造边缘构件（转角墙）钢筋排布构造详图 2—2 如图 8-53 所示。

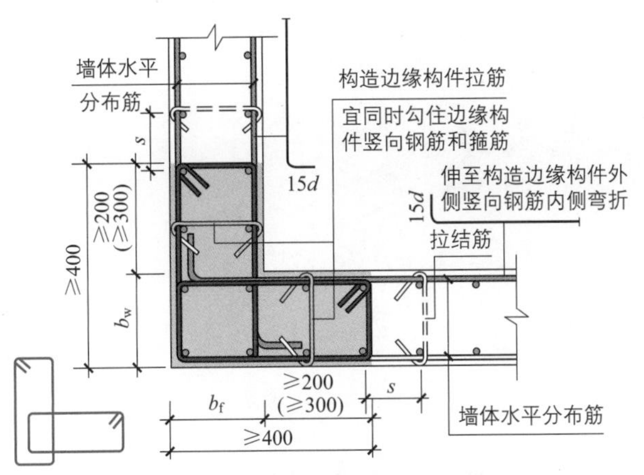

图 8-52 剪力墙构造边缘构件（转角墙）钢筋排布构造详图 1—1

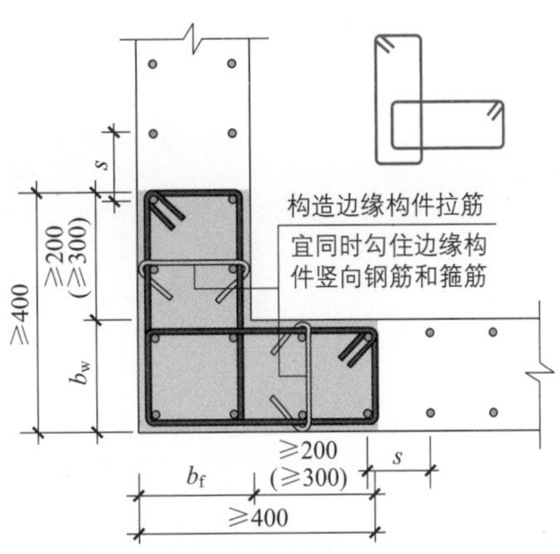

图 8-53 剪力墙构造边缘构件（转角墙）钢筋排布构造详图 2—2

在图 8-53 中，构造边缘构件箍筋与墙体水平筋标高不同，外圈设置封闭箍筋。

剪力墙构造边缘构件（转角墙）钢筋排布构造详图 3—3 如图 8-54 所示。

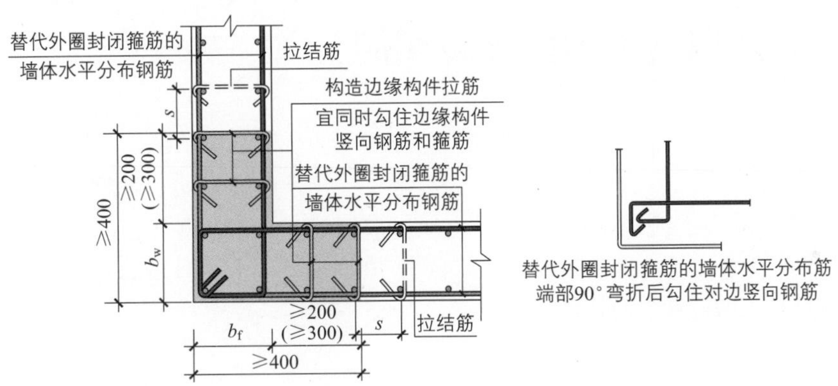

图 8-54 剪力墙构造边缘构件（转角墙）钢筋排布构造详图 3—3

在图 8-54 中，构造边缘构件箍筋与墙体水平筋标高相同，墙体水平分布筋替代外圈封闭箍筋。

剪力墙构造边缘构件（转角墙）钢筋排布构造三维图如图 8-55 所示。

需要注意以下几点。

① 构件的具体尺寸及钢筋配置详见设计标注；立面图中拉（结）筋位置仅为示意，具体以剖面为准。

② 图 8-51 中 1—1、3—3 剖面表示构造边缘构件箍筋与墙体水平分布筋在同一标高位置处，2—2 剖面表示不在同一标高位置。

③ 施工钢筋排布时，剪力墙构造边缘构件的竖向钢筋外皮与剪力墙竖向分布筋外皮应位于同一垂直平面，边缘构件箍筋与墙身水平分布筋内皮位于同一垂直面。

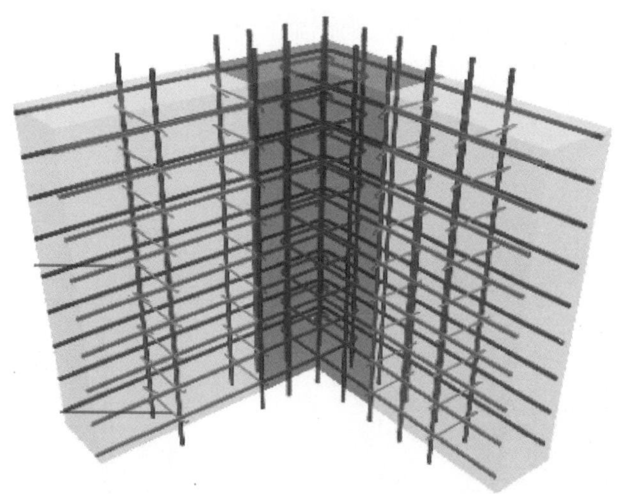

图 8-55　剪力墙构造边缘构件（转角墙）钢筋排布构造三维图

④ 沿构造边缘构件外封闭箍筋周边，箍筋局部重叠不宜多于两层。

⑤ 施工安装绑扎时，边缘构件矩形封闭箍筋弯钩位置应沿纵向受力钢筋方向错开设置。

⑥ 剪力墙钢筋配置多于两排时，中间排水平分布筋端部构造同内侧水平分布筋。

⑦ 以上图中括号内数值用于高层建筑。

8.3　剪力墙构件钢筋计算实例

8.3.1　剪力墙柱钢筋计算

【例 8-1】　某工程顶层暗柱纵筋 12Φ18，采用 HPB300 级钢筋，混凝土强度等级为 C25，非抗震等级钢筋，如图 8-56 所示。层高为 3000mm，板厚为 100mm，下层非连接区为 500mm，试计算顶层墙柱纵筋长度。

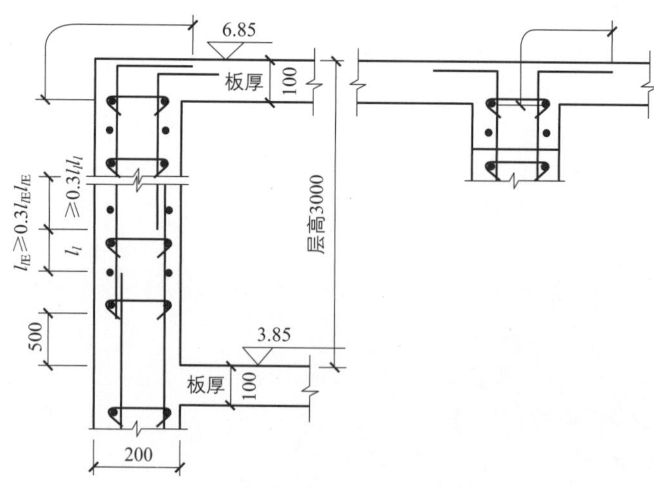

图 8-56　顶层暗柱纵筋构造图

【解】 顶层墙柱纵筋长度 L =顶层净高－板厚＋顶层锚固长度

$=(3000-500)-100+34d=2400+34\times18=3012$（mm）

8.3.2 剪力墙身钢筋计算

【例 8-2】 某建筑工程剪力墙中间层竖向分布钢筋如图 8-57 所示，剪力墙水平分布钢筋如图 8-58 所示，墙厚 300mm，保护层厚度 15mm，楼板厚度均为 100mm，该工程剪力墙水平分布筋规格为 ⌀12@200，垂直分布筋规格为 ⌀12@200，拉筋规格为 ⌀6@200。l_{aE}、l_{lE} 取值按 22 G101-3 图集第 59 页、62 页的规定选取。试计算该工程剪力墙中间层钢筋工程量。

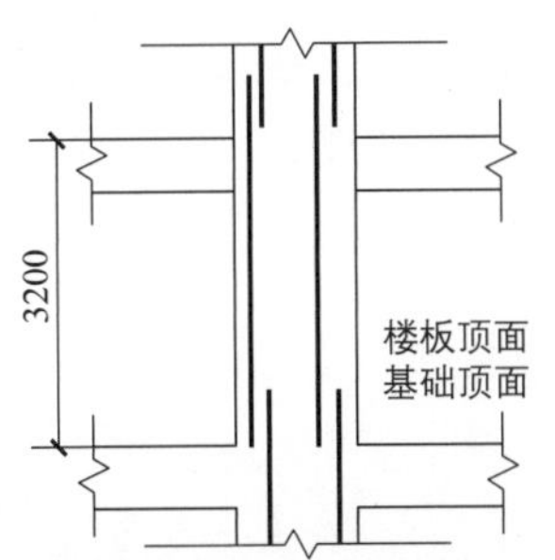

图 8-57 剪力墙中间层竖向分布钢筋

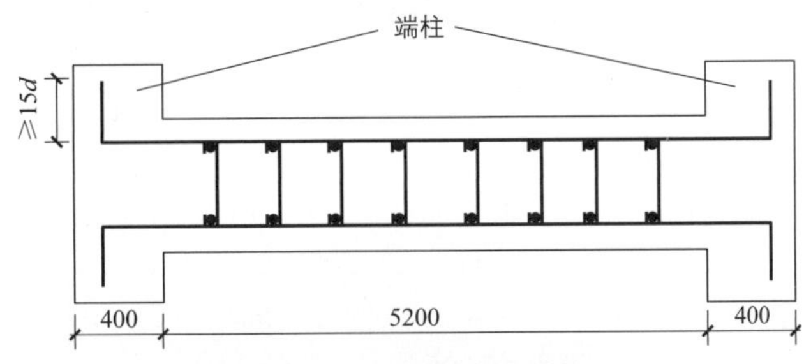

图 8-58 剪力墙水平分布钢筋

【解】（1）中间层水平分布筋的计算

中间层水平分布筋长度 L =（左端柱长度－保护层）＋墙净长＋（左端柱长度－保护层厚度）＋ 2× 弯折长度

$=(400-15)+5200+(400-15)+2\times15d=6330$（mm）

中间层水平分布筋根数 N =排数 ×（墙净高 ÷ 间距＋ 1）

$=2\times[(3200-100)\div200+1]=33$（根）

（2）中间层垂直分布筋的计算

中间层垂直分布筋 L =层高＋上面搭接长度 l_{lE}

$=3200+1.6\times l_{aE}=3200+1.6\times35\times12=3872$（mm）

中间层水平分布筋根数 N =排数 ×［（墙净长－ 50×2）÷ 间距＋ 1］

$=2\times[(5200-50\times2)\div200+1]=53$（根）

（3）中间层拉筋的计算

中间层拉筋 L =墙厚－ 2× 保护层厚度＋ 2× 直径

$=300-2\times15+2\times6=282$（mm）

中间层拉筋根数 N =（墙高 ÷ 间距）×（墙净长 ÷ 间距）

$=[(3200-100)\div200]\times(5200\div200)=403$（根）

8.3.3 剪力墙梁钢筋计算

【例 8-3】 某工程剪力墙平面图如图 8-59 所示，层高 3600mm，板厚为 100mm，LL1 上部纵筋、下部纵筋均为 6⌀24，洞口宽度为 2000mm。试求 LL1 钢筋工程量。

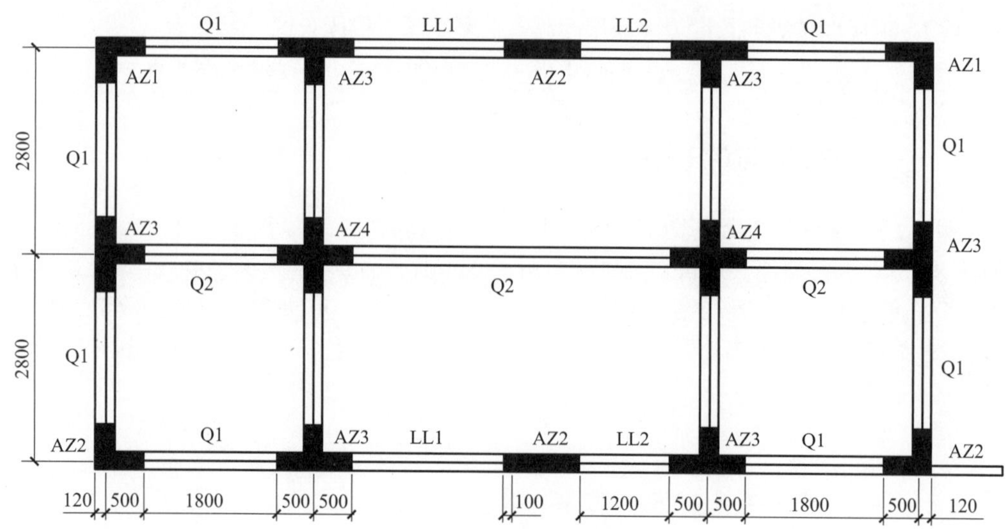

图 8-59　某工程剪力墙平面图

【解】 因左右支座均为非端支座，所以可以确定右纵筋可以直锚。

max（l_a，600）＝max（39d，600）＝max(39×24,600)＝936（mm）

LL1 上部纵筋 L ＝洞口宽度＋ 2×max（l_a，600）

＝2000 ＋ 2×936

＝3872（mm）

LL1 下部纵筋工程量计算同 LL1 上部纵筋（LL2、LL3 纵筋工程量计算与 LL1 类似）。

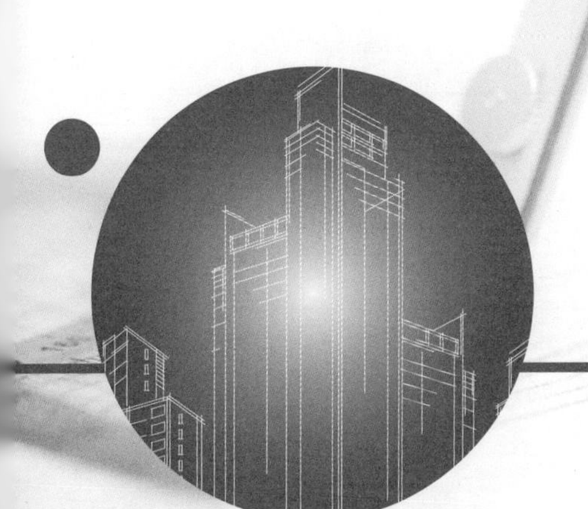

9 柱构件

9.1 柱构件平法识图

9.1.1 柱构件平法识图学习方法

（1）关键数据法

如果一些关键的数据不能很好地掌握，那么使用的时候就会不熟练。平法图集中几个关键的数据，如 l_{aE}、$0.5l_{aE}$、$1.2l_{aE}$、$1.5l_{aE}$、$1.6l_{aE}$、l_{lE}、$12d$、$15d$ 等还有一些简单的组合，只要掌握了这几个数据，慢慢地就能融会贯通，问题也将迎刃而解。

（2）构件对比法

在学习的过程中如果一味地记数据会比较困难，可以对各种构件进行对比，梁和柱有没有关系，大家肯定会说有，但究竟是什么关系呢，很多人会说柱是梁的支座，其实不仅仅是这些，柱躺倒了就是梁，梁立起来就是柱，它们有很多相似的地方，如果看图集时把这些相同的和不同的进行对比，记忆起来就会容易得多。

（3）联想记忆法

联想记忆法是利用识记对象与客观现实的联系、已知与未知的联系、材料内部各部分之间的联系来记忆的方法，是一种事物和另一种事物相类似时，往往会从这一事物引起对另一事物的联想。把记忆的材料与自己体验过的事物连接起来，记忆效果会更好。

9.1.2 柱构件平法识图内容

扫码看视频

柱内钢筋的组成

9.1.2.1 柱内钢筋的组成

柱构件作为建筑结构的竖向承重构件，其内部的钢筋主要分为纵筋和箍筋两种。柱内钢筋骨架如表 9-1 所示。

柱内钢筋骨架如图 9-1 所示。

表 9-1　柱内钢筋骨架

纵筋	角筋
	b 边中部筋
	h 边中部筋
箍筋	非复合箍
	复合箍

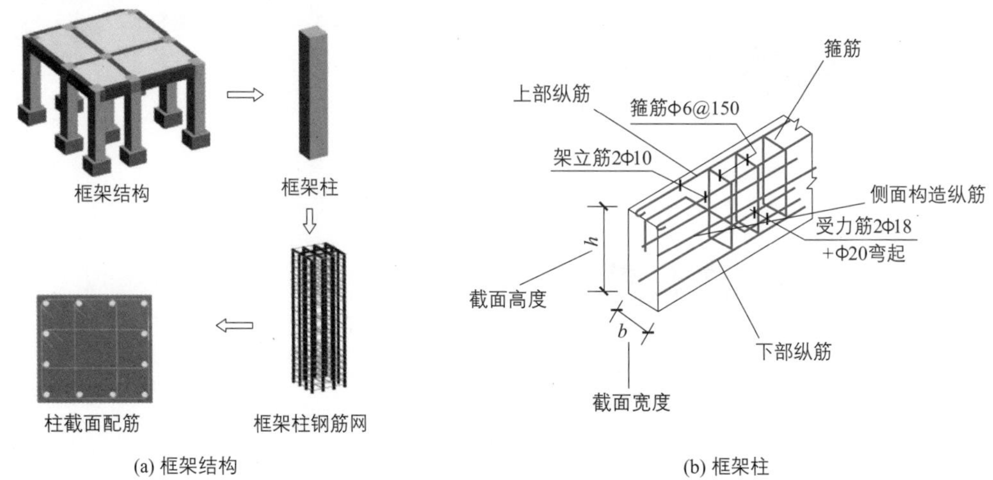

(a) 框架结构　　(b) 框架柱

图 9-1　柱内钢筋骨架示意

（1）角筋

角筋是护角钢筋的简称，位于梁、柱子的角部或者在墙体的转角处铺设的钢筋。其作用是分散转移荷载，防止墙体开裂，避免出现应力集中的不利情况，以致对建筑物造成破坏。角筋有两种，一种是对梁或剪力墙板的转角部位给予加强的护角钢筋，还有一种是现浇板整体结构在梁或墙的转角部位，板内的板面和板底两个不同方向的护角钢筋。柱内角筋如图 9-2 所示。

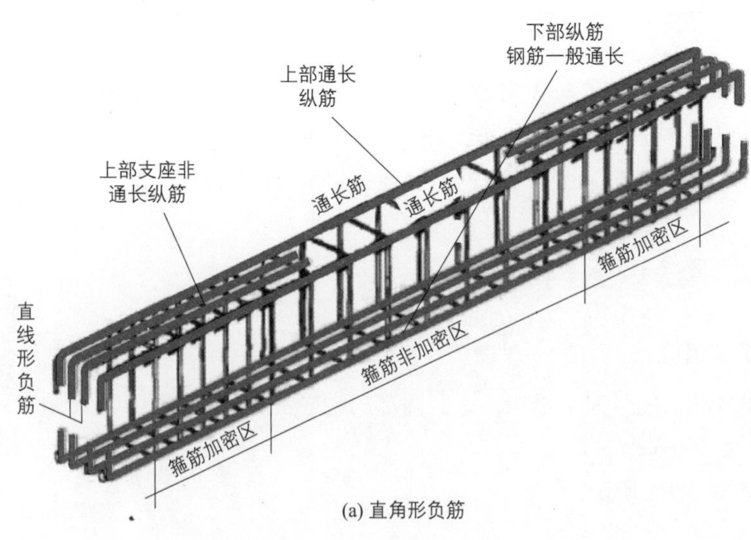

(a) 直角形负筋

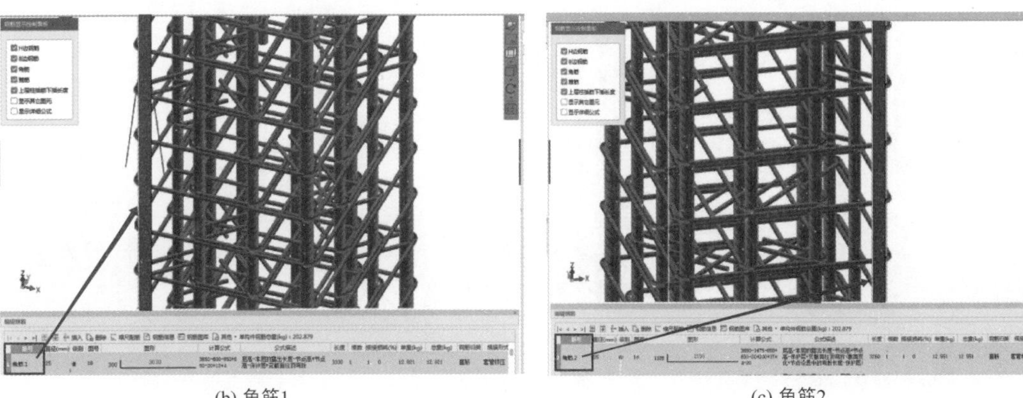

(b) 角筋1　　(c) 角筋2

图 9-2　柱内角筋示意

(2) *b* 边纵筋

b 边一般指代的是柱矩形长度水平方向的纵筋，*h* 边是矩形宽度方向的纵筋。

在软件当中，平面图中横向代表的是 *b* 边，纵向方向代表的是 *h* 边。*b* 边纵筋如图 9-3 所示。*h* 边纵筋如图 9-4 所示。

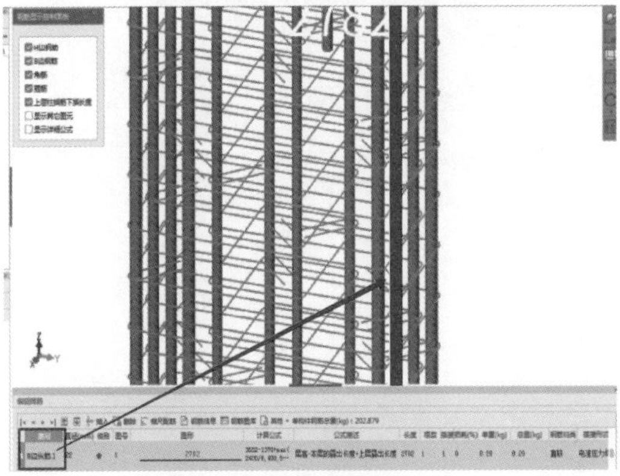

(a) *b*边纵筋1 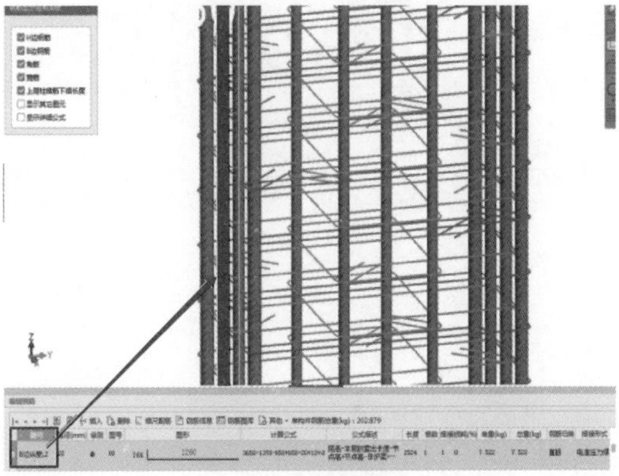　　(b) *b*边纵筋2

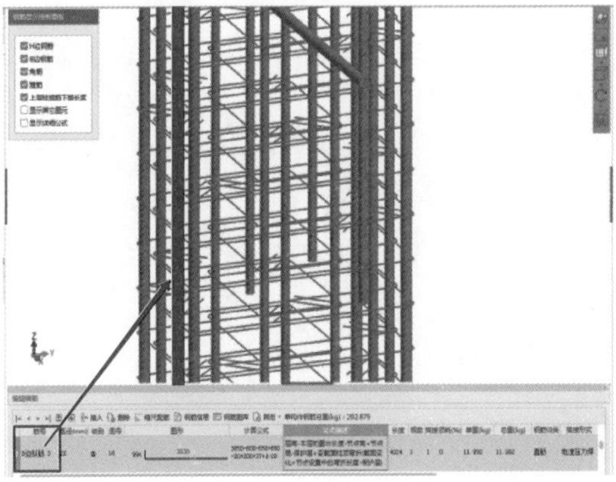

(c) *b*边纵筋3 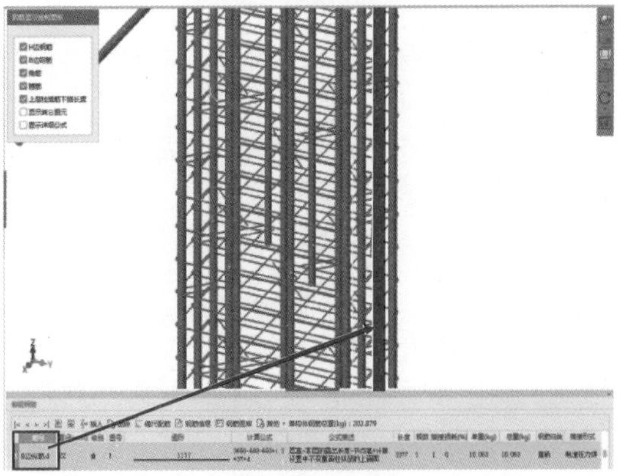　　(d) *b*边纵筋4

图 9-3　*b* 边纵筋示意

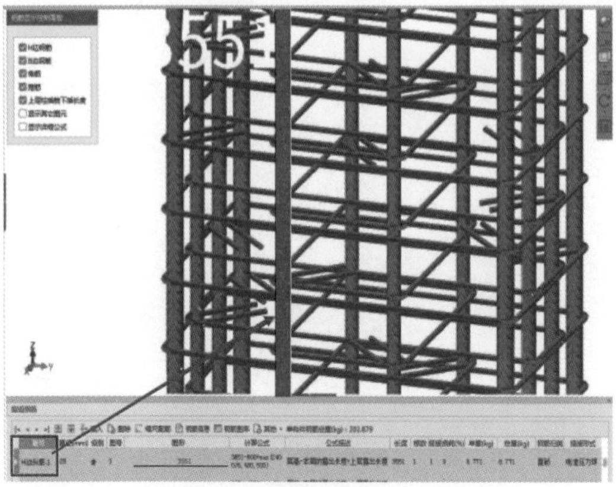

(a) h边纵筋1

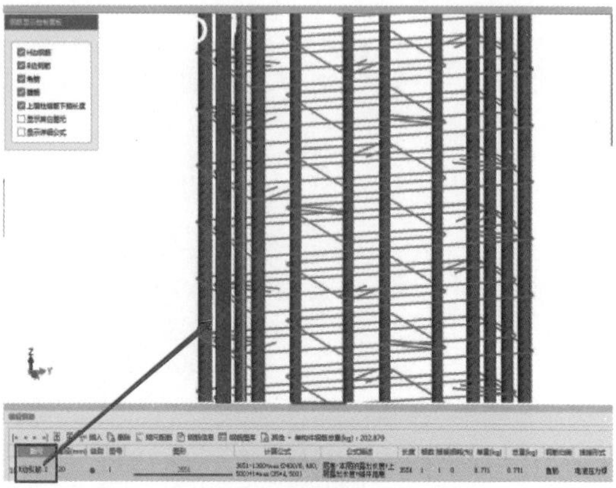

(b) h边纵筋2

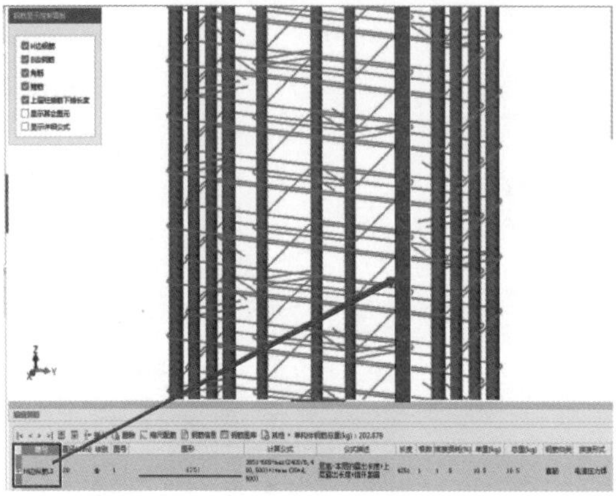

(c) h边纵筋3

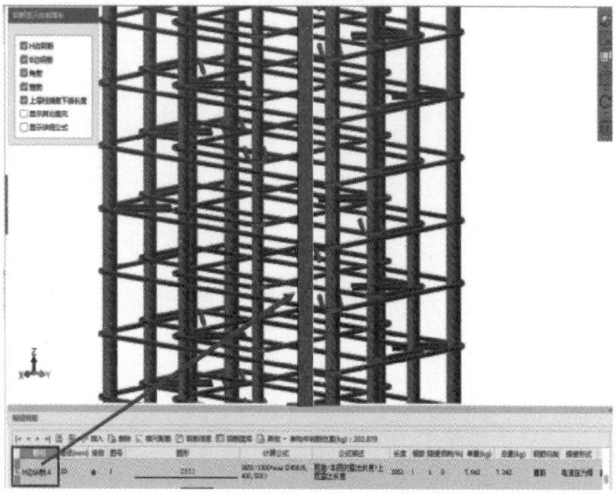

(d) h边纵筋4

图 9-4　h 边纵筋示意

（3）箍筋

用来满足斜截面抗剪强度，并连接受力主筋和受压区混筋骨架的钢筋。包括单肢箍筋、开口矩形箍筋、封闭矩形箍筋、菱形箍筋、多边形箍筋、井字形箍筋和圆形箍筋等。箍筋如图 9-5、图 9-6 所示。

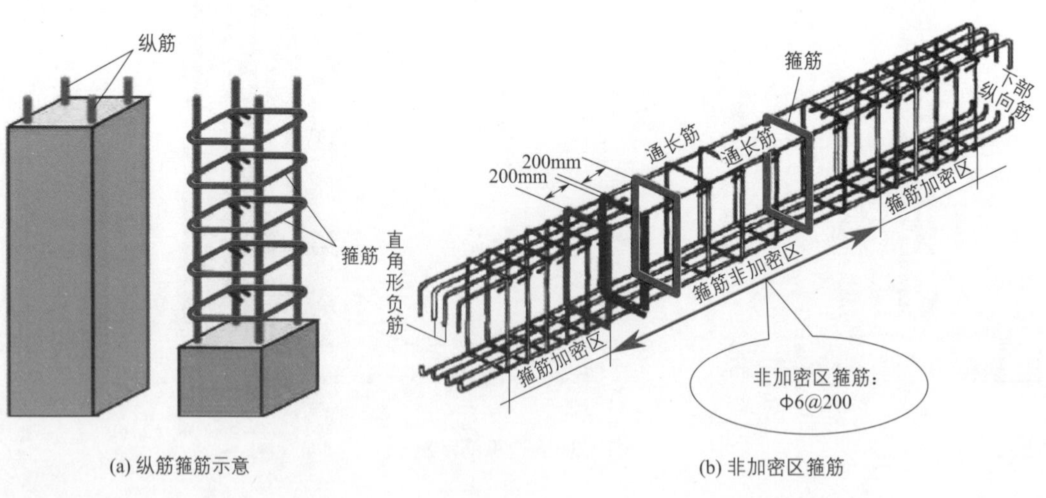

(a) 纵筋箍筋示意

(b) 非加密区箍筋

(c) 加密箍筋

图 9-5　箍筋示意图

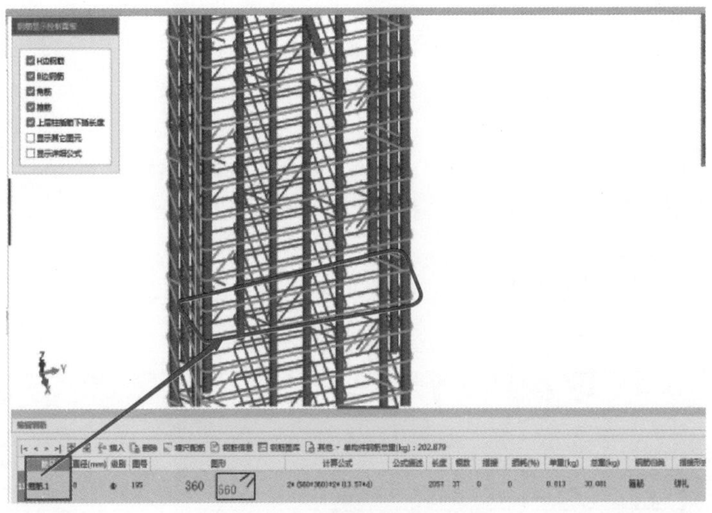

(a) 箍筋1

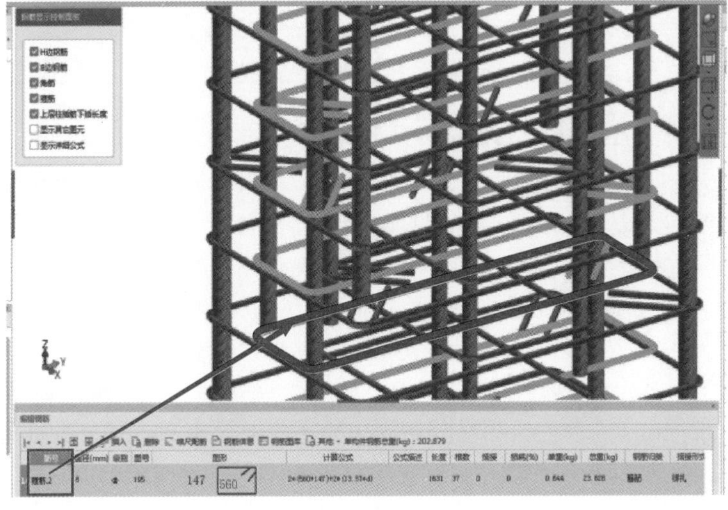

(b) 箍筋2

图 9-6

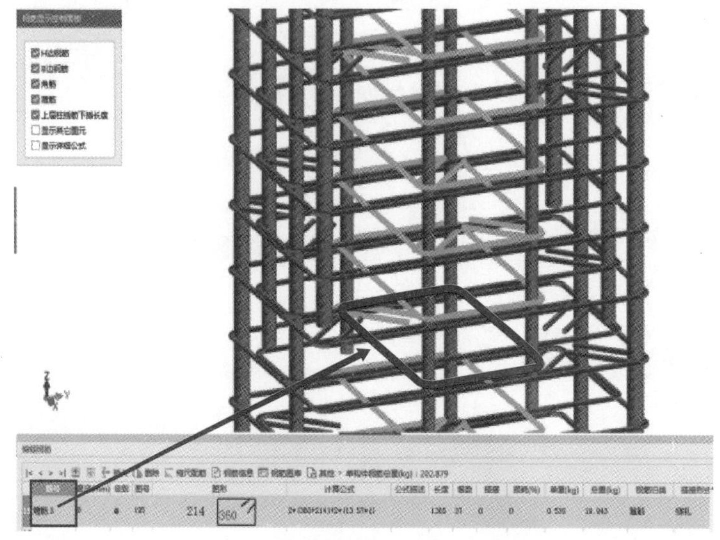

(c) 箍筋3

图 9-6　箍筋在软件中的位置示意

9.1.2.2　柱平法识图

柱平法施工图系在柱平面布置图上采用列表注写方式或截面注写方式表达。

（1）列表注写方式

① 注写柱编号　柱编号由类型代号和序号组成。柱编号如表 9-2 所示。

表 9-2　柱编号

柱类型	代号	序号
框架柱	KZ	××
转换柱	ZHZ	××
芯柱	XZ	××
梁上柱	LZ	××
剪力墙上柱	QZ	××

② 注写各段柱的起止标高　自柱根部往上以变截面位置或截面未变但配筋改变处为界分段注写。梁上起框架柱的根部标高系指梁顶面标高；剪力墙上起框架柱的根部标高为墙顶面标高。从基础起的柱，其根部标高系指基础顶面标高。当屋面框架梁上翻时，框架柱顶标高应为梁顶面标高。芯柱的根部标高系指根据结构实际需要而定的起始位置标高。

③ 注写截面尺寸　对于矩形柱，注写柱截面尺寸 $b\times h$ 及与轴线关系的几何参数代号 b_1、b_2 和 h_1、h_2 的具体数值，需对应于各段柱分别注写。其中 $b=b_1+b_2$，$h=h_1+h_2$。当截面的某一边收缩变化至与轴线重合或偏到轴线的另一侧时，b_1、b_2、h_1、h_2 中的某项为零或为负值。

对于圆柱，表中 $b\times h$ 一栏改用在圆柱直径数字前加 d 表示。为表达简单，圆柱截面与轴线的关系也用 b_1、b_2 和 h_1、h_2 表示，并使 $d=b_1+b_2=h_1+h_2$。

设计人员也可在柱平面布置图中注明柱截面尺寸及与轴线的关系，此时柱表中无需重复注写。

对于芯柱，根据结构需要，可以在某些框架柱的一定高度范围内，在其内部的中心位置设置（分别引注其柱编号）。芯柱中心应与柱中心重合，并标注其截面尺寸，按 22 G101-1 图集标准构造详图施工。当设计者采用与标准图集不同的做法时，应另行注明芯柱定位随框架柱，不需要注写其与轴线的几何关系。

④ 注写柱纵筋　当柱纵筋直径相同，各边根数也相同时（包括矩形柱、圆柱和芯柱），将纵筋注写在“全部纵筋”一栏中；除此之外，柱纵筋分角筋、截面 b 边中部筋和 h 边中部筋三项分别注写（对于采对称配筋的矩形截面柱，可仅注写一侧中部筋，对称边省略不注；对于采用非对称配筋的矩形截面柱，必须每侧均注写中部筋）。

⑤ 注写箍筋类型号及箍筋肢数　在箍筋类型栏内注写按规定的箍筋类型号与肢数。箍筋肢数可有多种组合，应在表中注明具体的数值：m、n 及 Y 等。

⑥ 注写柱箍筋　包括钢筋级别、直径与间距。用斜线“/”区分柱端箍筋加密区与柱身非加密区长度范围内箍筋的不同间距。施工人员需根据标准构造详图的规定，在规定的几种长度值中取其最大者作为加密长度。当框架节点核心区内箍筋与柱端箍筋设置不同时，应在括号中注明核心区箍筋直径及间距。

（2）截面注写方式

截面注写方式，系在柱平面布置图的柱截面上，分别在同一编号的柱中选择一个截面，以直接注写截面尺寸和配筋具体数值的方式来表达柱平法施工图。

柱平面布置图的柱截面分别在同一编号的柱中选择一个截面，按另一种比例原位放大绘制柱截面配筋图。

在各配筋图上继其编号后注写截面尺寸 $b\times h$、角筋或全部纵筋、箍筋的具体数值以及在柱截面配筋图上标注柱截面与轴线关系的 b_1、b_2、h_1、h_2 的具体数值。

框架柱嵌固部位不在地下室顶板，但仍需考虑地下室顶板对上部结构实际存在嵌固作用时，可在层高表地下室顶板标高下使用双虚线注明，此时首层柱端箍筋加密区长度范围及纵筋连接位置均按嵌固部位要求设置。

柱平面布置图，可采用适当比例单独绘制，也可与剪力墙平面布置图合并绘制。

在柱平法施工图中，应注明各结构层的楼面标高、结构层高及相应的结构层号，尚应注明上部结构嵌固部位位置。

上部结构嵌固部位的注写要求如下。

① 框架柱嵌固部位在基础顶面时，无需注明。

② 框架柱嵌固部位不在基础顶面时，在层高表嵌固部位标高下使用双细线注明，并在层高表下注明上部结构嵌固部位标高。

③ 框架柱嵌固部位不在地下室顶板，但仍需考虑地下室顶板对上部结构实际存在嵌固作用时，可在层高表地下室顶板标高下使用双虚线注明，此时首层柱端箍筋加密区长度范围及纵筋连接位置均按嵌固部位要求设置。

9.2 柱构件钢筋构造

9.2.1 基础内柱插筋构造

柱插筋在基础中的锚固构造如图 9-7 所示。

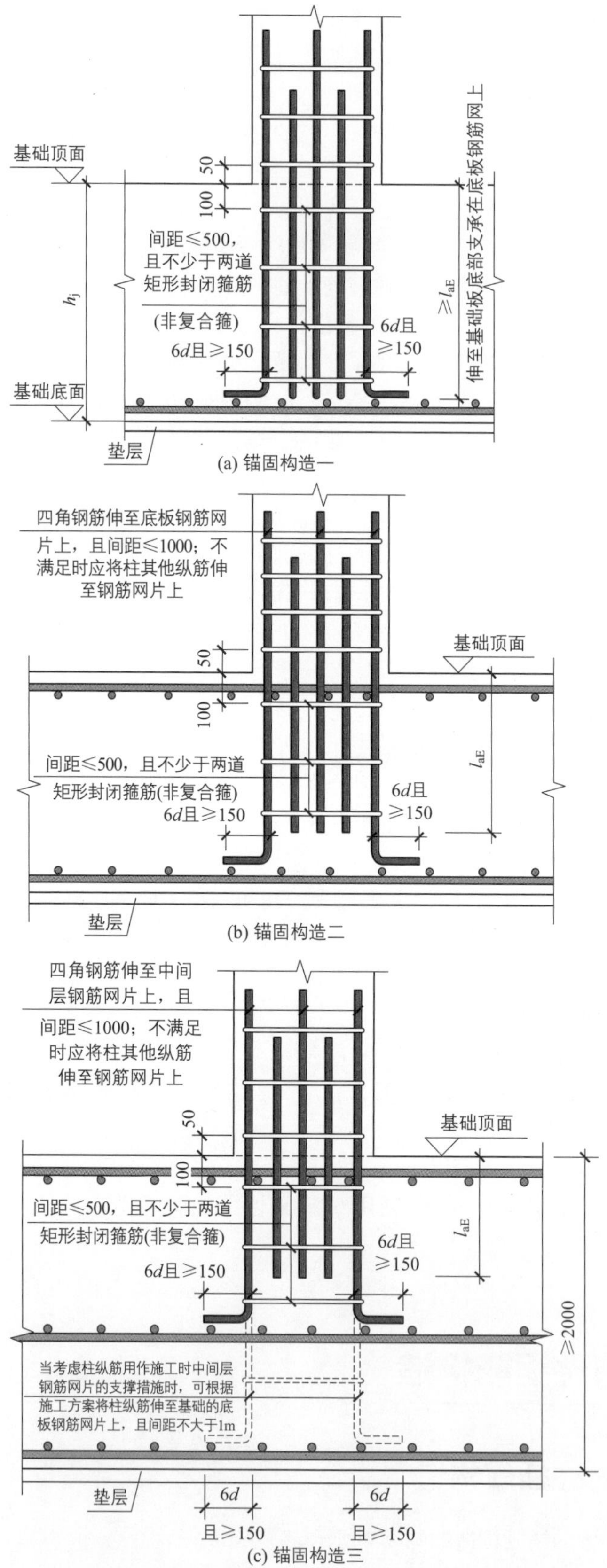
基础顶面
50
100
间距≤500，
且不少于两道
矩形封闭箍筋
(非复合箍)
h_j
6d且≥150
6d且
≥150
≥l_{aE}
伸至基础板底部支承在底板钢筋网上
基础底面
垫层
(a) 锚固构造一
四角钢筋伸至底板钢筋网
片上，且间距≤1000；不
满足时应将柱其他纵筋伸
至钢筋网片上
基础顶面
50
100
l_{aE}
间距≤500，且不少于两道
矩形封闭箍筋(非复合箍)
6d且≥150
6d且
≥150
垫层
(b) 锚固构造二
四角钢筋伸至中间
层钢筋网片上，且
间距≤1000；不满足
时应将柱其他纵筋
伸至钢筋网片上
基础顶面
50
100
间距≤500，且不少于两道
矩形封闭箍筋(非复合箍)
l_{aE}
6d且≥150
6d且
≥150
≥2000
当考虑柱纵筋用作施工时中间层
钢筋网片的支撑措施时，可根据
施工方案将柱纵筋伸至基础的底
板钢筋网片上，且间距不大于1m
垫层
6d
且≥150
6d
且≥150
(c) 锚固构造三

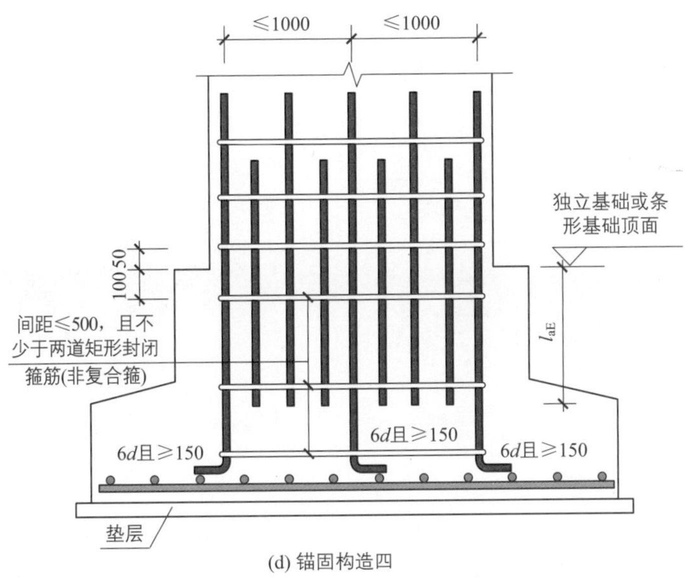

(d) 锚固构造四

图 9-7 柱插筋在基础中的锚固构造

柱插筋构造如图 9-8 所示。

柱插筋构造角筋插筋三维图如图 9-9 所示。

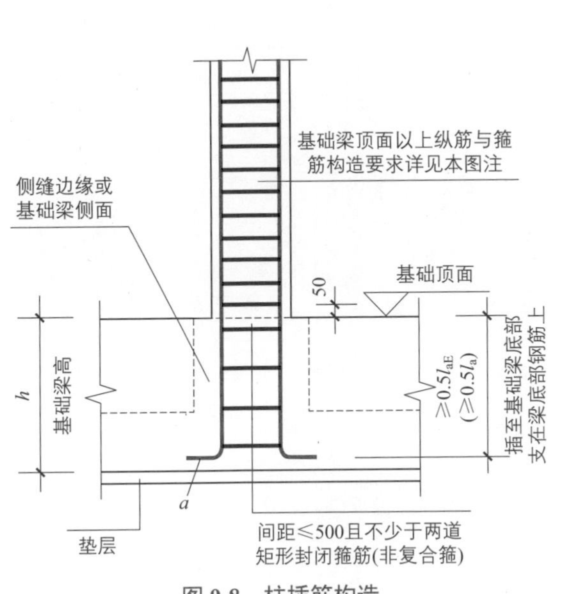

图 9-8 柱插筋构造

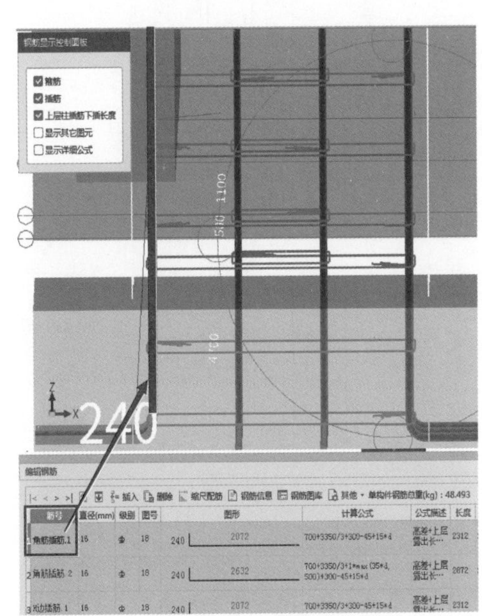

图 9-9 柱插筋构造角筋插筋三维图

柱插筋构造 h 边插筋三维图如图 9-10 所示。

柱插筋构造 b 边插筋三维图如图 9-11 所示。

9.2.2 地下室框架柱钢筋构造

地下室框架柱钢筋的绑扎搭接构造如图 9-12 所示。

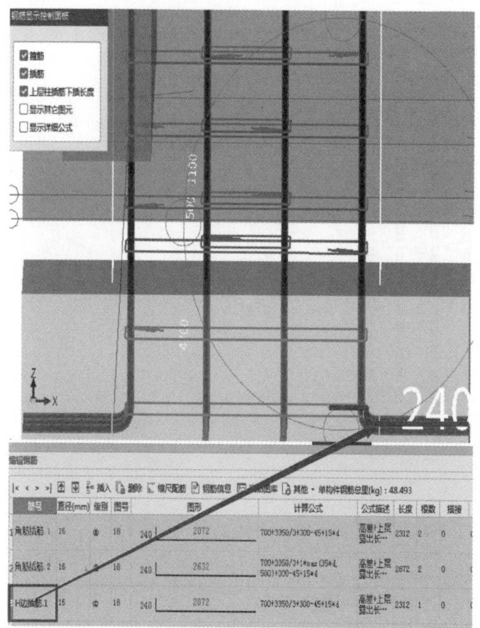

图 9-10　柱插筋构造 *h* 边插筋三维图

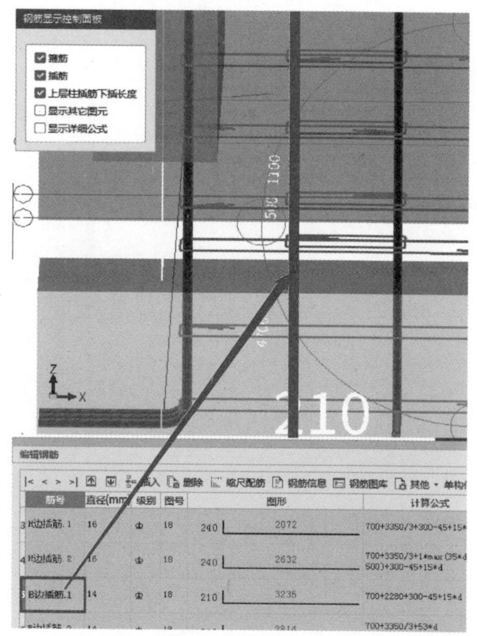

图 9-11　柱插筋构造 *b* 边插筋三维图

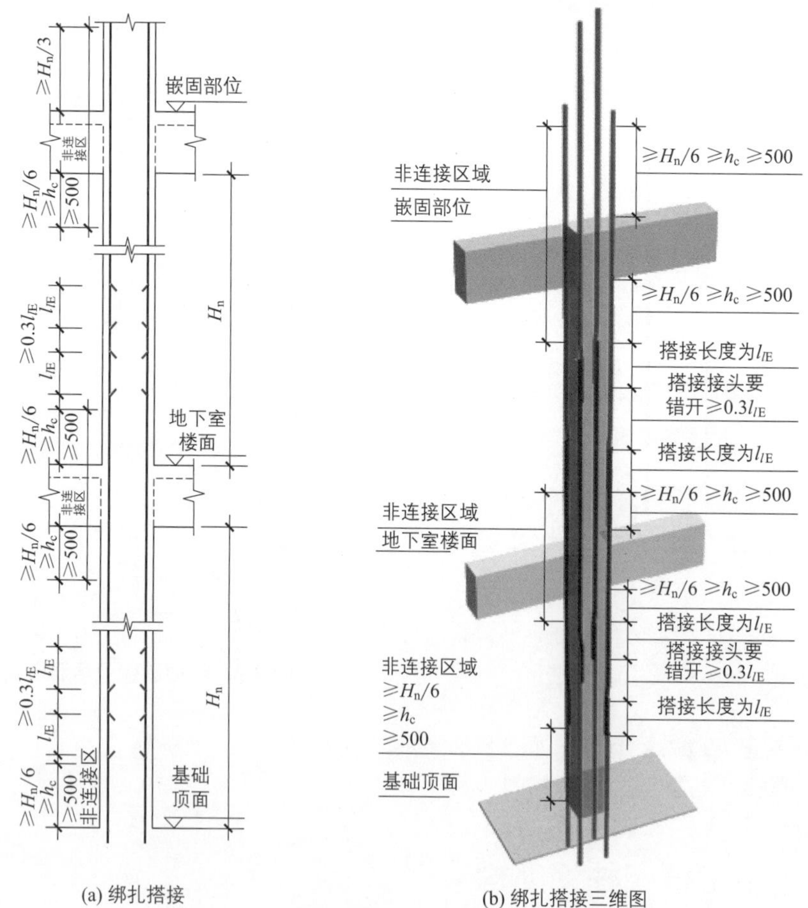

(a) 绑扎搭接　　(b) 绑扎搭接三维图

图 9-12　地下室框架柱钢筋的绑扎搭接构造

地下室框架柱钢筋的绑扎搭接构造角筋插筋三维图如图 9-13 所示。

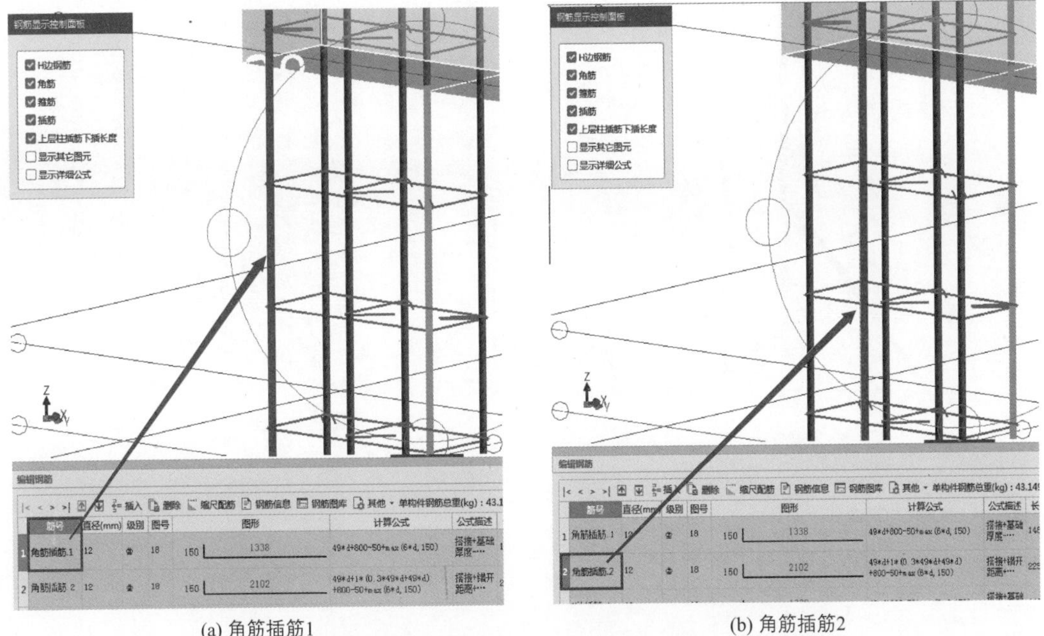

(a) 角筋插筋1　　(b) 角筋插筋2

图 9-13　地下室框架柱钢筋的绑扎搭接构造角筋插筋三维图

地下室框架柱钢筋的绑扎搭接构造 *h* 边插筋三维图如图 9-14 所示。

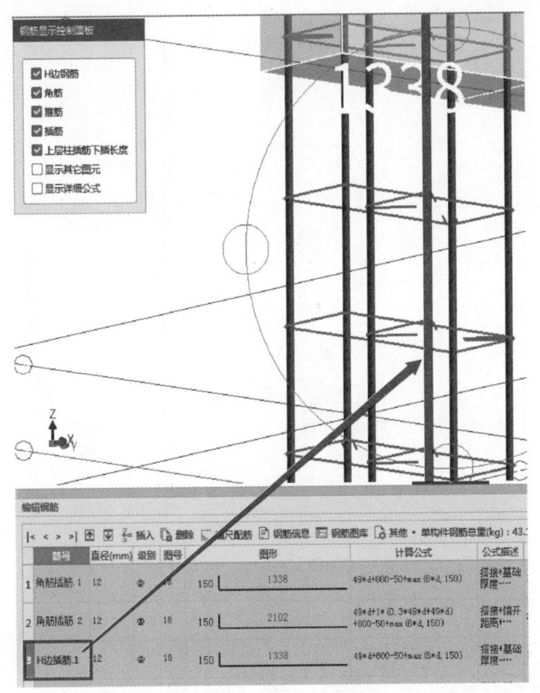

图 9-14　地下室框架柱钢筋的绑扎搭接构造 *h* 边插筋三维图

地下室框架柱钢筋的绑扎搭接构造角筋三维图如图 9-15 所示。

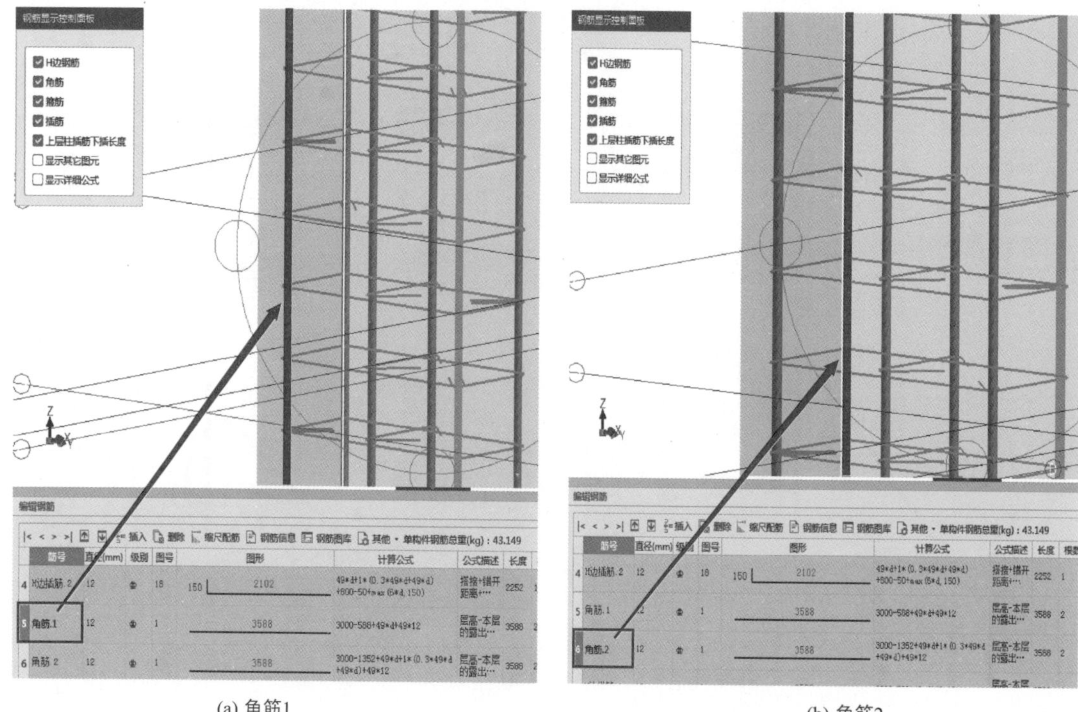

(a) 角筋1　　(b) 角筋2

图 9-15　地下室框架柱钢筋的绑扎搭接构造角筋三维图

地下室框架柱钢筋的绑扎搭接构造 *h* 边纵筋三维图如图 9-16 所示。

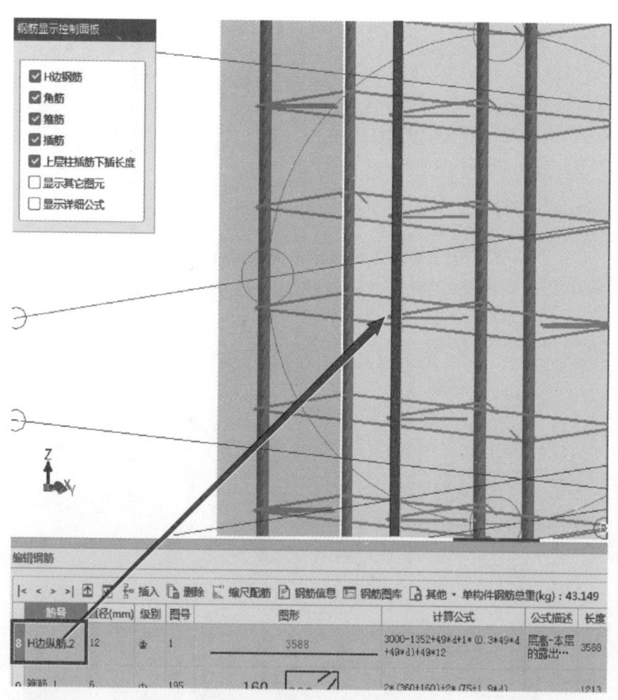

图 9-16　地下室框架柱钢筋的绑扎搭接构造 *h* 边纵筋

地下室框架柱钢筋的绑扎搭接构造箍筋三维图如图 9-17 所示。

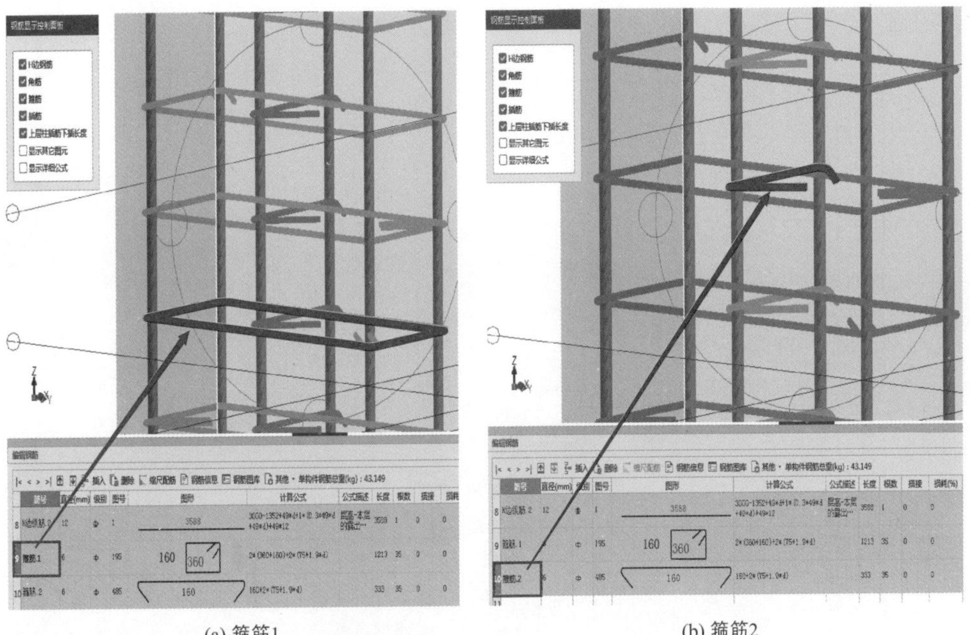

(a) 箍筋1　　(b) 箍筋2

图 9-17　地下室框架柱钢筋的绑扎搭接构造箍筋三维图

地下室框架柱钢筋的机械连接构造如图 9-18 所示。

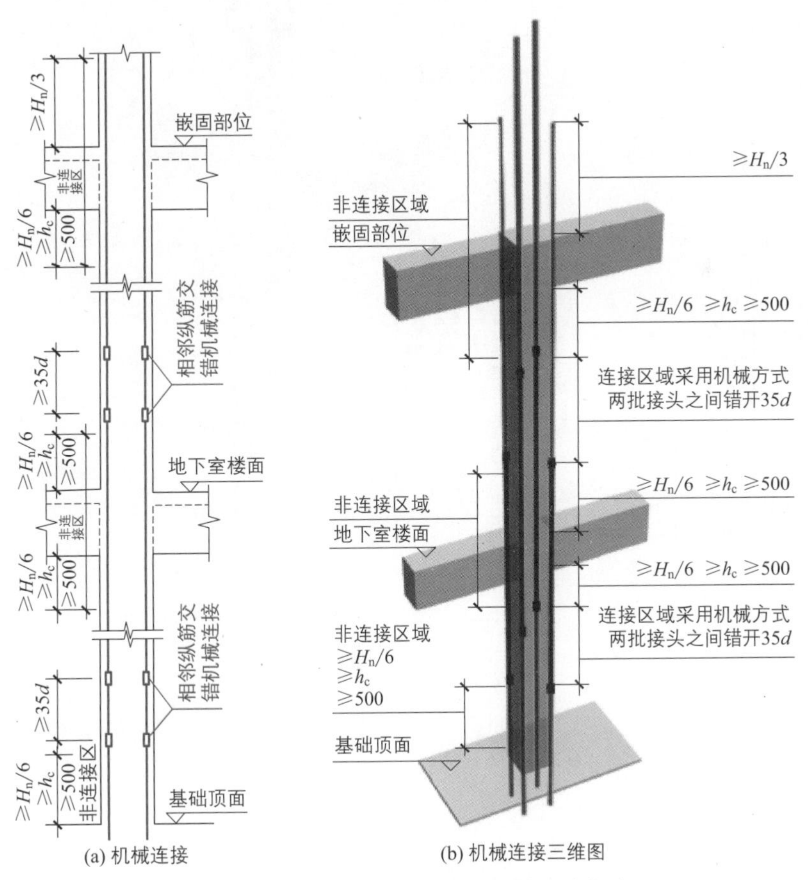

(a) 机械连接　　(b) 机械连接三维图

图 9-18　地下室框架柱钢筋的机械连接构造

地下室框架柱钢筋的焊接连接构造如图 9-19 所示。

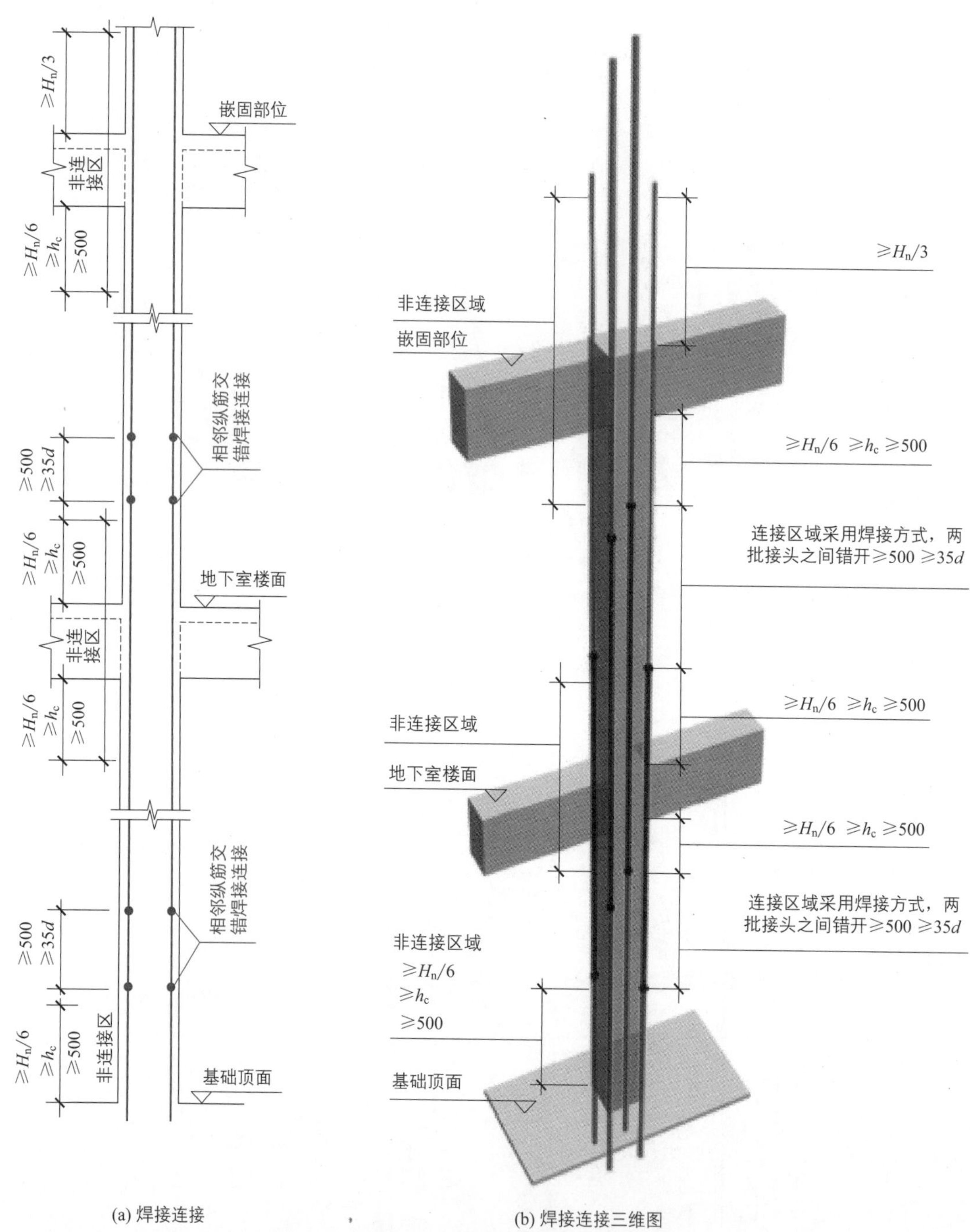

(a) 焊接连接　　(b) 焊接连接三维图

图 9-19　地下室框架柱钢筋的焊接连接构造

地下室框架柱的箍筋加密区范围如图 9-20 所示。

地下一层增加钢筋在嵌固部位的锚固构造如图 9-21 所示。[注：仅用于按《建筑抗震设计规范》（GB 50011—2010）（2016 年版）第 6.1.14 条在地下一层增加的钢筋。由设计指定，未指定时表示地下一层比上层柱多出的钢筋。]

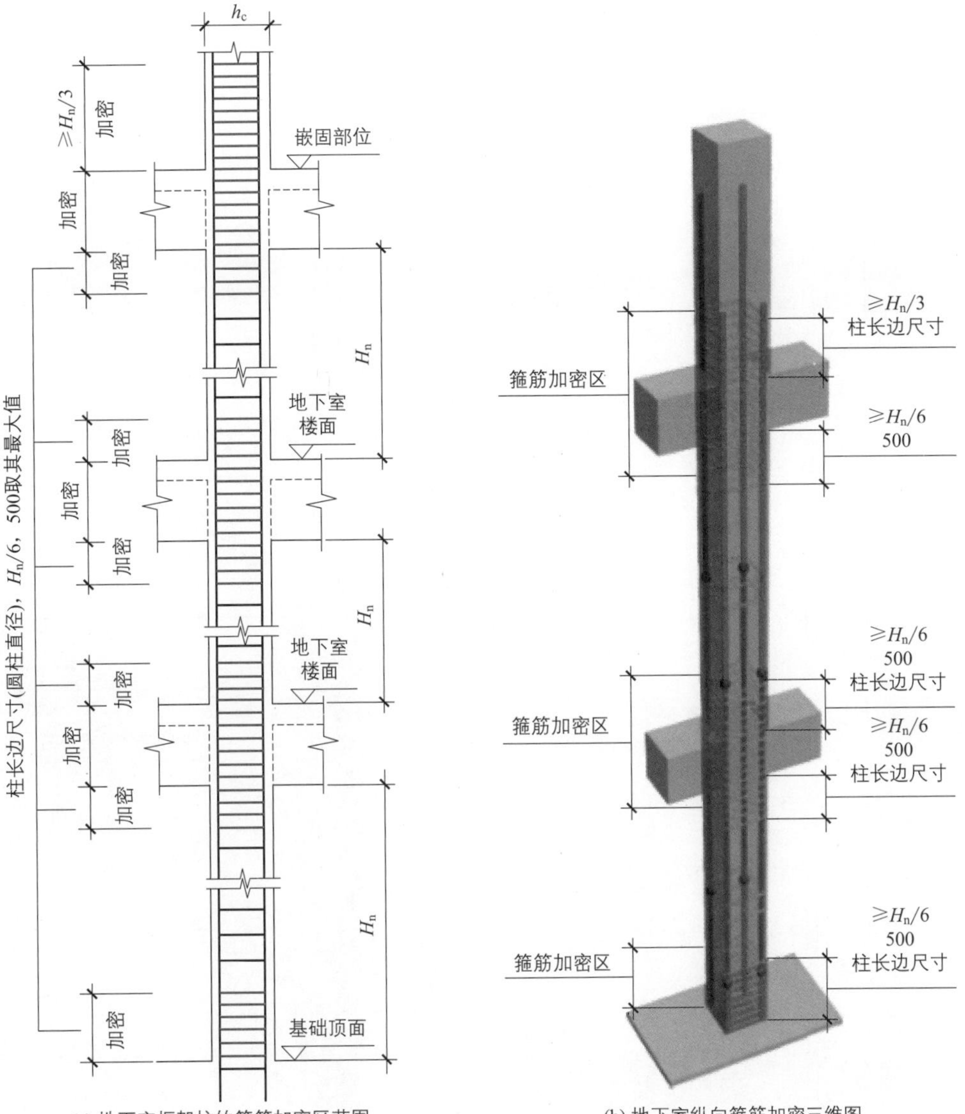

(a) 地下室框架柱的箍筋加密区范围

(b) 地下室纵向箍筋加密三维图

图 9-20 地下室框架柱的箍筋加密区范围

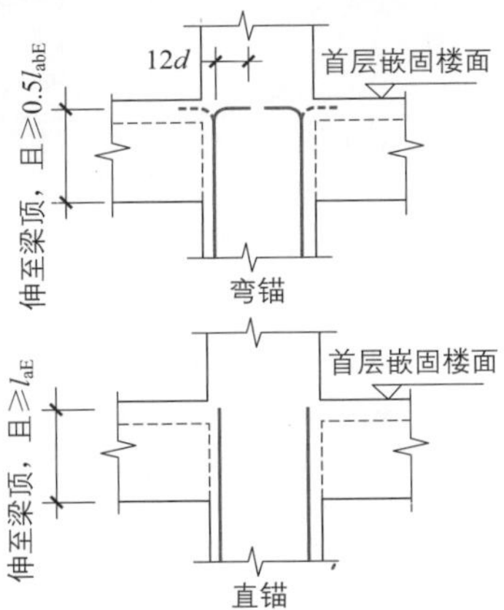

图 9-21 地下一层增加钢筋在嵌固部位的锚固构造

9.2.3 中间层柱钢筋构造

中间层柱的纵筋绑扎搭接配置图如图 9-22 所示。

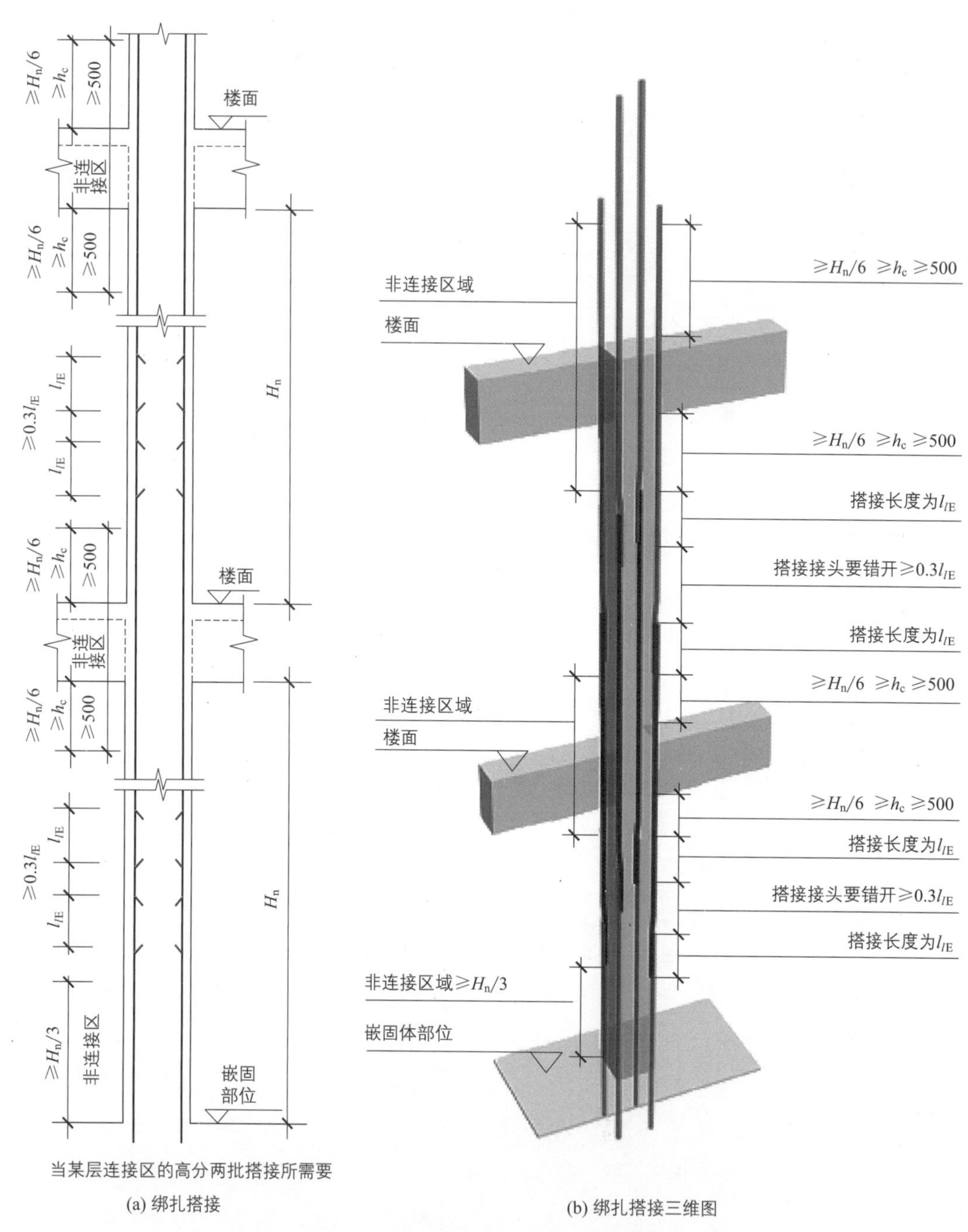

(a) 绑扎搭接

(b) 绑扎搭接三维图

图 9-22 中间层柱的纵筋绑扎搭接配置

中间层柱的纵筋绑扎搭接全部纵筋三维图如图 9-23 所示。

中间层柱的纵筋绑扎搭接箍筋三维图如图 9-24 所示。

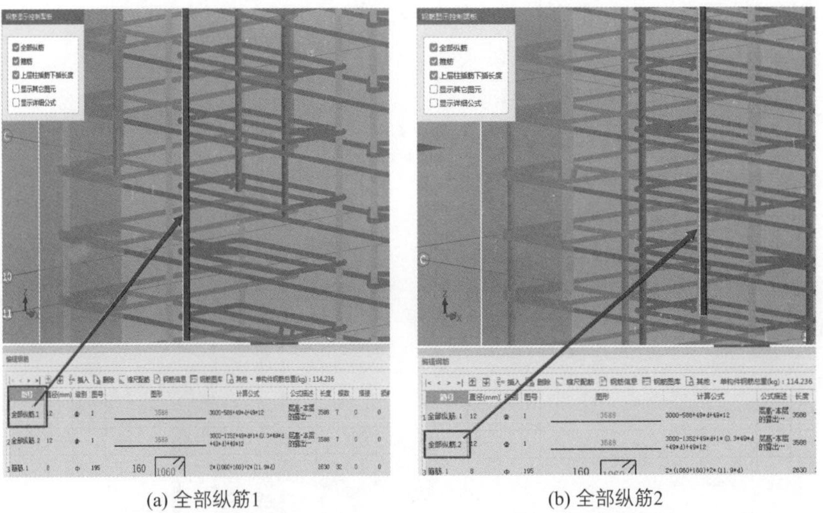

(a) 全部纵筋1　　(b) 全部纵筋2

图 9-23　中间层柱的纵筋绑扎搭接全部纵筋三维图

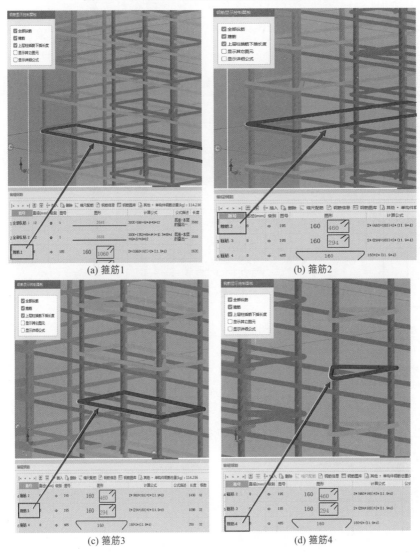

(a) 箍筋1　　(b) 箍筋2

(c) 箍筋3　　(d) 箍筋4

图 9-24　中间层柱的纵筋绑扎搭接箍筋三维图

中间层柱的纵筋机械连接配置如图 9-25 所示。

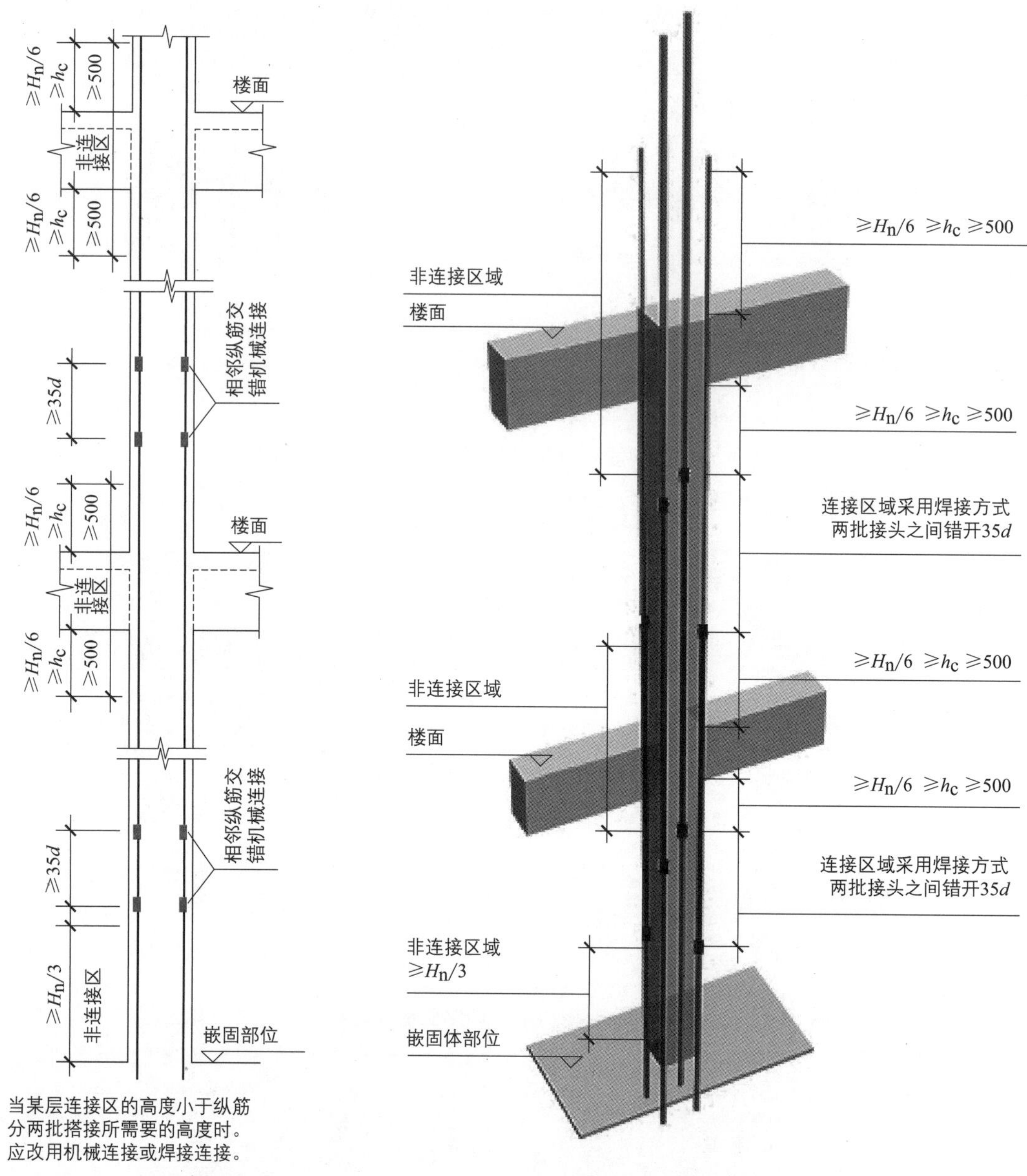

(a) 机械连接

(b) 机械连接三维图

图 9-25　中间层柱的纵筋机械连接配置

中间层柱的纵筋焊接连接配置如图 9-26 所示。

柱中间层箍筋构造如图 9-27 所示。

9.2.4　顶层柱钢筋构造

顶层角柱及边柱纵筋配置如图 9-28 所示。

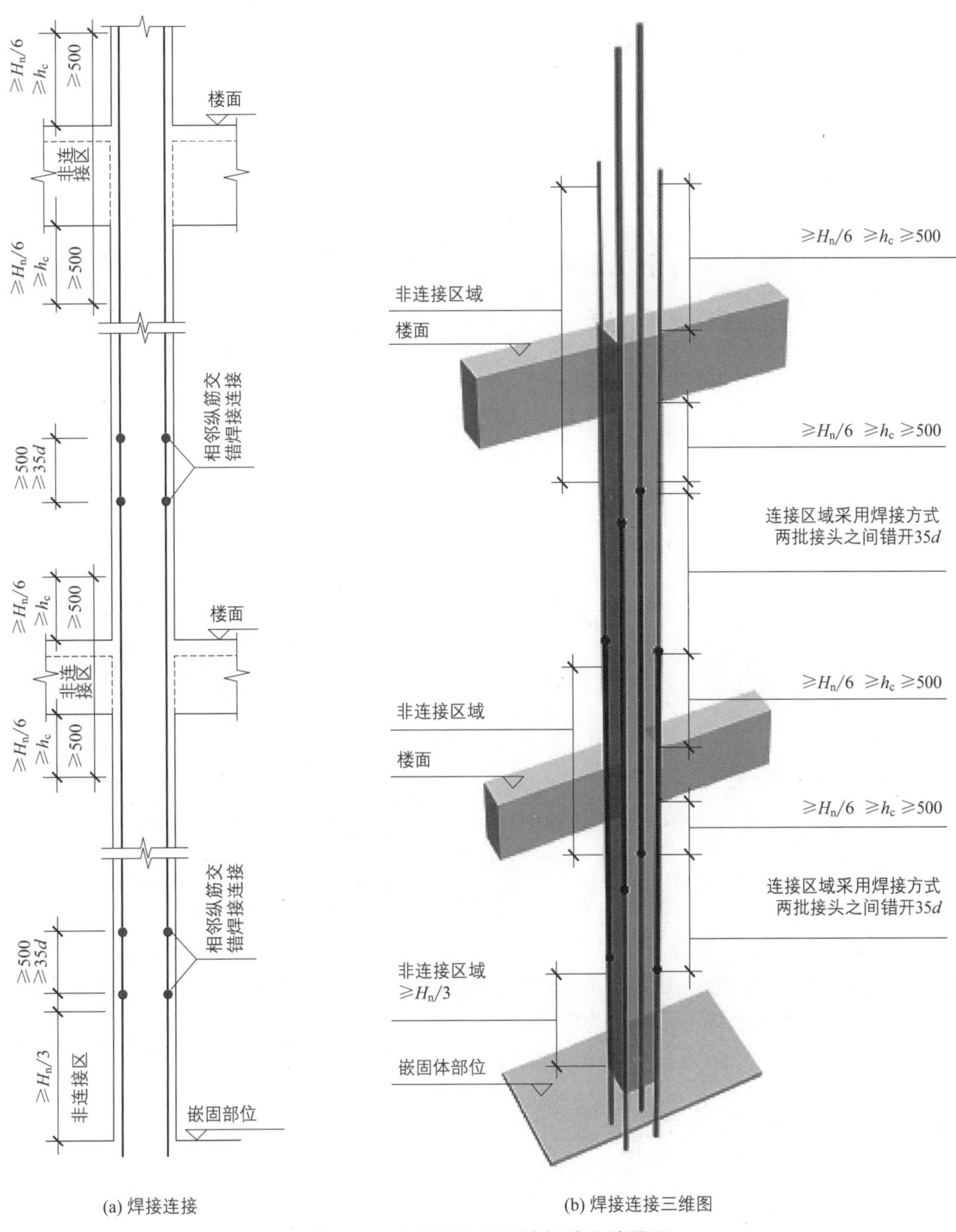

(a) 焊接连接　　(b) 焊接连接三维图

图 9-26　中间层柱的纵筋焊接连接配置

（1）柱筋作为梁上部钢筋使用时

① 当柱外侧纵向钢筋直径不小于梁上部钢筋直径时，柱外侧纵向钢筋可直接弯入梁内做梁上部纵筋。

② 当柱纵筋直径≥ 25mm 时，在柱宽范围的柱箍筋内侧设置不少于 3Φ10 的角部附加钢筋，间距大于 150mm。

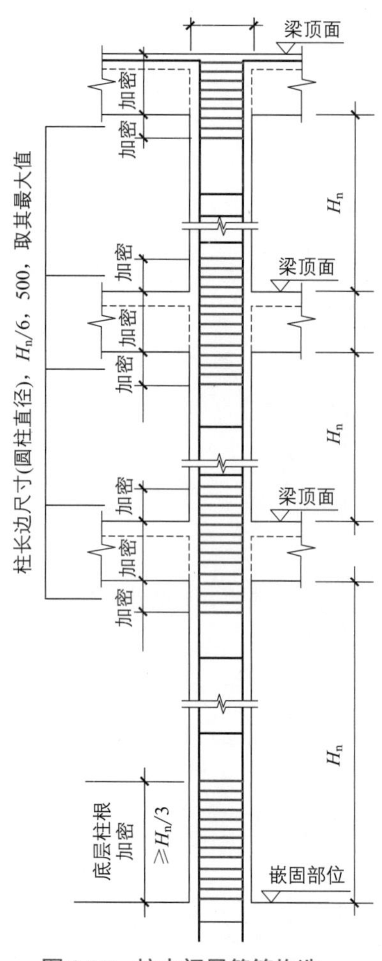

图 9-27　柱中间层箍筋构造

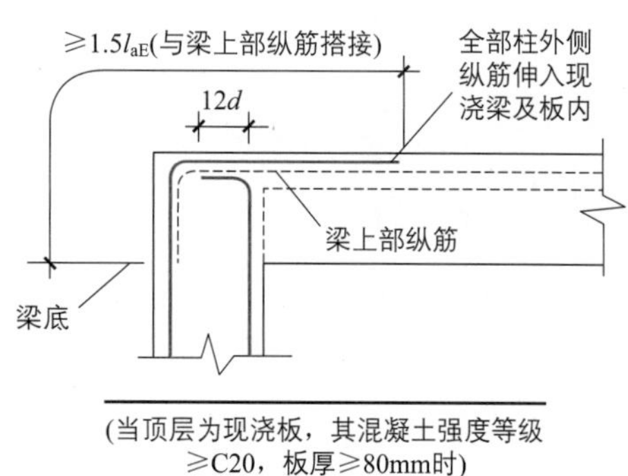

(当顶层为现浇板，其混凝土强度等级≥C20，板厚≥80mm时)

图 9-28　顶层角柱及边柱纵筋配置

l_{aE}—受拉钢筋抗震锚固长度

③ 柱内侧纵筋向上伸至梁纵筋下面弯锚，弯锚平直段长度为 12d。

（2）柱外侧纵向钢筋配筋率＞ 1.2% 时

① 柱外侧纵筋向上伸至梁上部纵筋之下进行弯锚。

② 柱外侧纵筋配筋率＞ 1.2% 时，柱外侧纵筋伸入梁内弯锚的纵筋应当分两批截断，第一批纵筋伸入梁内的长度从梁底算起≥ 1.5l_{abE}，第二批纵筋的断点与第一批应相互错开，错开距离≥ 20d。

③ 当柱纵筋直径≥ 25mm 时，在柱宽范围的柱箍筋内侧设置不少于 3 Φ 10 的角部附加钢筋，间距大于 150mm。

④ 柱内侧纵筋向上伸至梁纵筋下面弯锚，弯锚平直段长度为 12d。

⑤ 梁上部纵筋伸至柱外侧纵筋内侧弯折至梁底位置，弯折段长度≥ 15d。

（3）梁上部纵向钢筋配筋率＞ 1.2% 时

① 柱外侧纵筋向上伸至柱顶。

② 梁上部纵筋伸至柱外侧纵筋内侧向下弯锚。

③ 梁上部纵筋配筋率＞ 1.2% 时，伸入柱内的梁上部纵筋应当分两批截断，第一批纵筋伸入柱内竖直段长度为≥ 1.7l_{abE}，第二批纵筋的断点与第一批应相互错开，错开距离≥ 20d。

当梁上部纵向钢筋为两排时，要先断第二排钢筋。

④ 当柱纵筋直径≥ 25mm 时，在柱宽范围的柱箍筋内侧设置不少于 3Φ10 的角部附加钢筋，间距大于 150mm。

⑤ 柱内侧纵筋向上伸至梁纵筋下面弯锚，弯锚平直段长度为 12d。

（4）柱外侧钢筋未伸入梁内时

① 当柱外侧纵筋未伸入梁内时，柱顶第一层钢筋伸至柱内侧向下弯折 8d，柱顶第二层钢筋伸至柱内边。

② 柱内侧纵筋向上伸至梁纵筋下面弯锚，弯锚平直段长度为 12d。

③ 当柱纵筋直径≥ 25mm 时，在柱宽范围的柱箍筋内侧设置不少于 3Φ10 的角部附加钢筋，间距大于 150mm。

顶层中柱纵筋配置如图 9-29 所示。

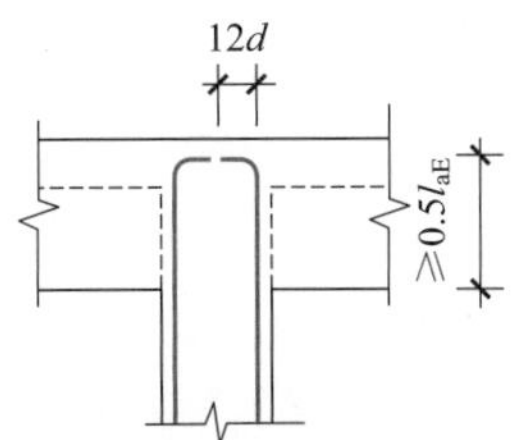

(a) 当直锚长度<l_{aE}时

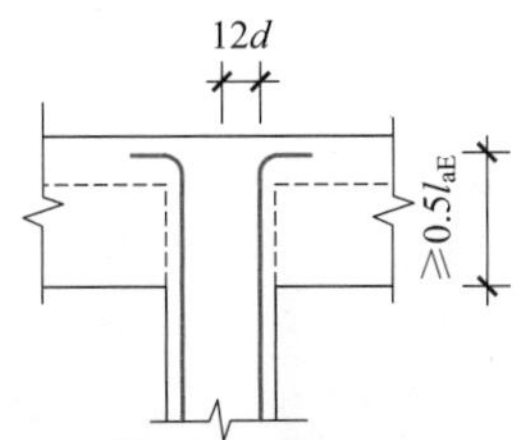

(b) 当直锚长度<l_{aE}且顶层为现浇混凝土板，其强度等级≥C20，板厚≥80mm时

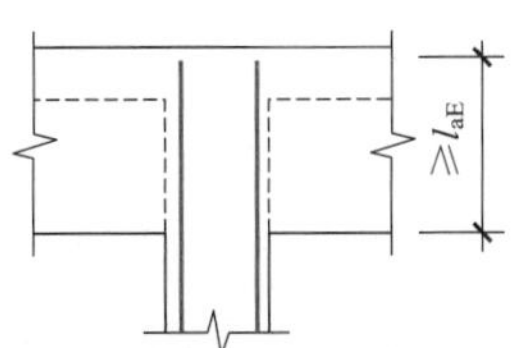

(c) 当直锚长度≥l_{aE}时

图 9-29　顶层中柱纵筋配置

顶层中柱钢筋构造全部纵筋三维图如图 9-30 所示。

顶层中柱钢筋构造箍筋三维图如图 9-31 所示。

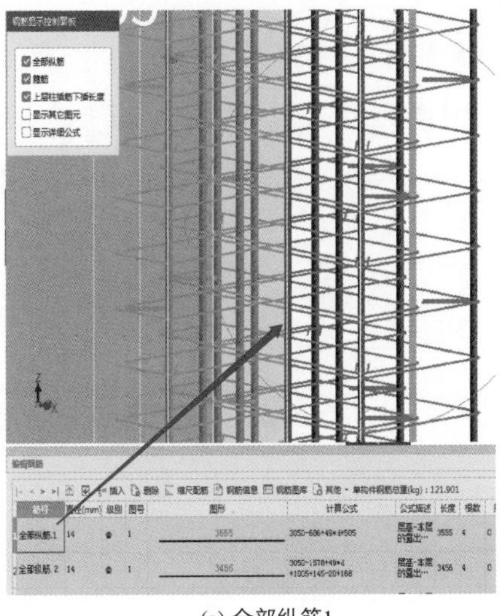

(a) 全部纵筋1

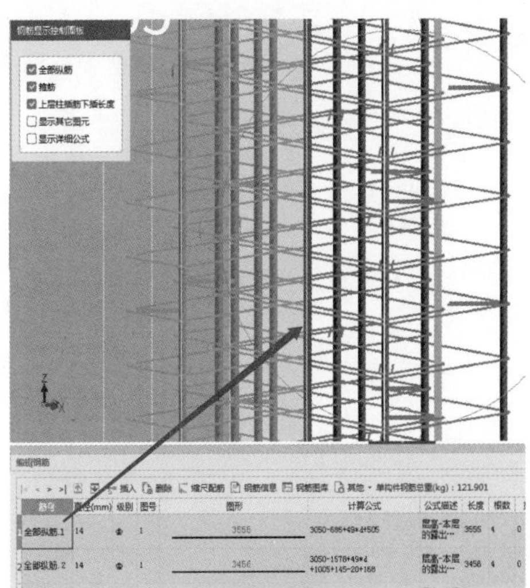

(b) 全部纵筋2

图 9-30

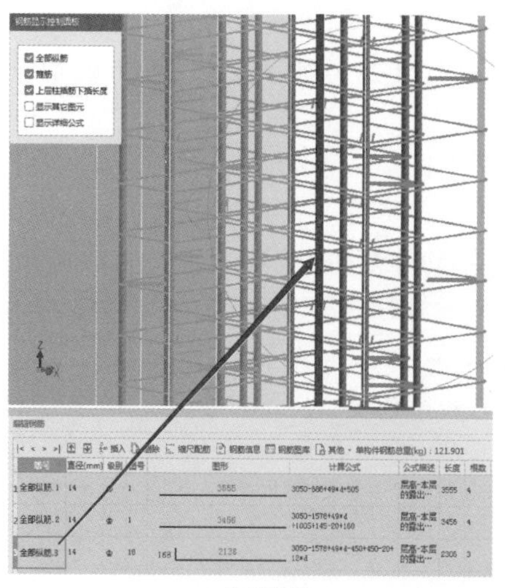
(c) 全部纵筋3

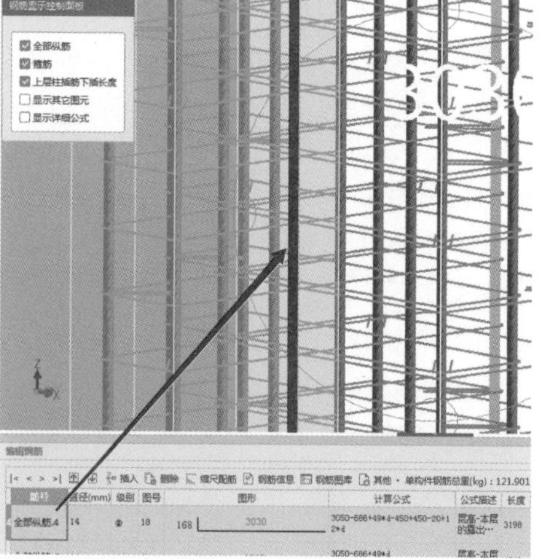
(d) 全部纵筋4

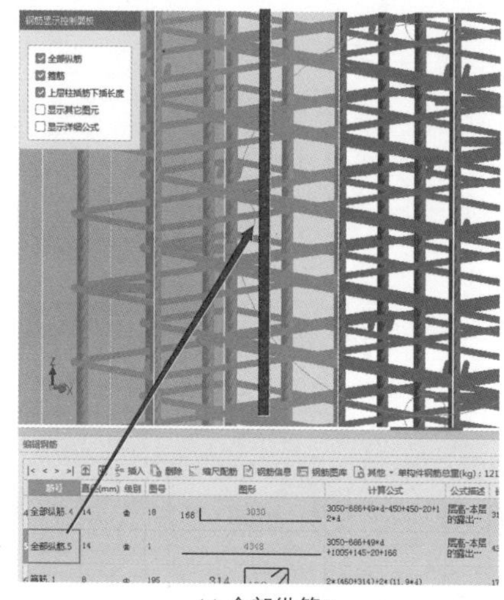
(e) 全部纵筋5

图 9-30　顶层中柱钢筋构造全部纵筋三维图

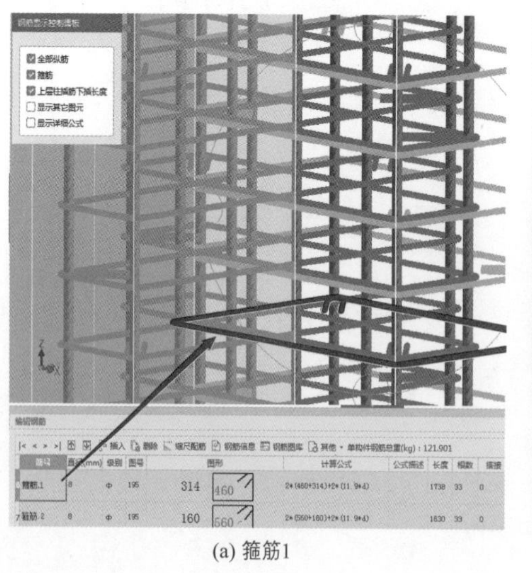
(a) 箍筋1

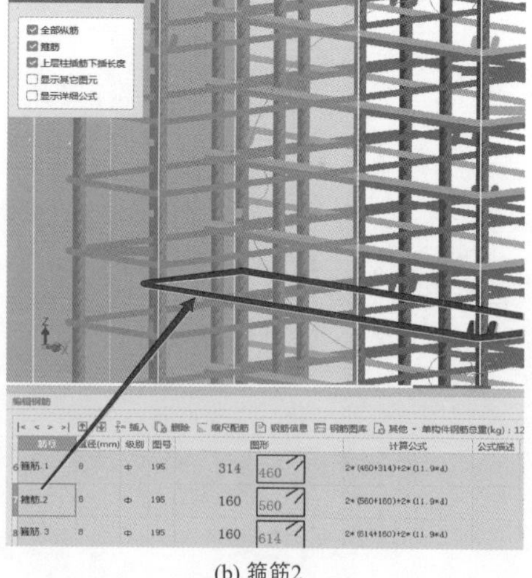
(b) 箍筋2

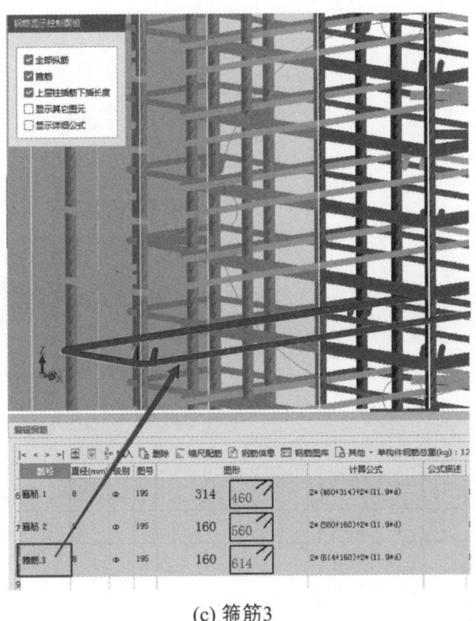

(c) 箍筋3

图 **9-31** 顶层中柱钢筋构造箍筋三维图

扫码看视频

框架柱箍筋构造

9.2.5 框架柱箍筋构造

① 柱及其他受压构件中的周边箍筋应做成封闭式；对圆柱中的箍筋末端应做成 135° 弯钩，弯钩末端平直段长度不应小于箍筋直径的 5 倍。

② 箍筋间距不应大于 400mm 及构件截面的短边尺寸，且不应大于 15d（d 为纵向受力钢筋的最小直径）。

③ 箍筋直径不应小于 d/4，且不应小于 6mm（d 为纵向钢筋的最大直径）。

④ 当柱中全部纵向受力钢筋的配筋率大于 3% 时，箍筋直径不应小于 8mm，间距不应大于纵向受力钢筋最小直径的 10 倍；且不应大于 200mm；箍筋末端应做成 135° 弯钩且弯钩末端平直段长度不应小于箍筋直径的 10 倍；箍筋也可焊成封闭环式。

⑤ 当柱截面短边尺寸大于 400mm 且各边纵向钢筋多于 3 根时，或当柱截面短边尺寸不大于 400mm 但各边纵向钢筋多于 4 根时，应设置复合箍筋。

⑥ 加密区的箍筋最大间距和箍筋最小直径如表 9-3 所示。

表 **9-3** 柱箍筋加密区的构造要求

抗震等级	箍筋最大间距 /mm（两者取最小值）	箍筋最小直径 /mm
一	6d，100	10
二	8d，100	8
三	8d，150（柱根 100）	8
四	8d，150（柱根 100）	6（柱根 8）

注：底层柱的柱根系指地下室的顶面或无地下室情况的基础顶面；柱根加密区长度应取不小于该层柱净高的 1/3；当有刚性地面时，除柱端箍筋加密区外尚应在刚性地面上、下各 500mm 的高度范围内加密箍筋。d 为纵向钢筋直径。

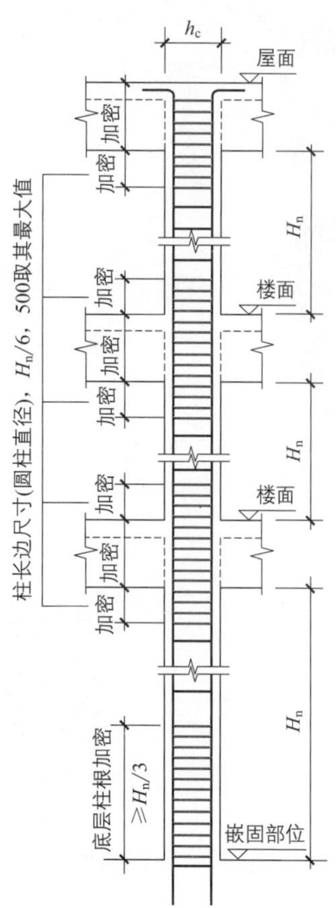

图 9-32　框架柱箍筋加密区范围

⑦ 框支柱应在柱全高范围内加密箍筋，且箍筋间距不应大于 100mm。

⑧ 二级抗震等级的框架柱，当箍筋直径不小于 10mm、间距不大于 200mm 时，除柱根外，箍筋间距应允许采用 150mm；三级抗震等级框架柱的截面尺寸不大于 400mm 时，箍筋最小直径应允许采用 6mm；四级抗震等级框架柱剪跨比不大于 2 时，箍筋直径不应小于 8mm。

⑨ 框架柱的箍筋加密区长度，应取柱截面长边尺寸（或圆形截面直径）、柱净高的 1/6 和 500mm 中的最大值。一、二级抗震等级的角柱应沿柱全高加密箍筋。

⑩ 柱箍加密区内的箍筋间距：一级抗震等级不宜大于 200mm；二、三级抗震等级不宜大于 250mm 和 20 倍箍筋直径中的较大值；四级抗震等级不宜大于 300mm。此外，每隔一根纵向钢筋宜在两个方向有箍筋或拉筋约束；当采用拉筋时，拉筋宜紧靠纵向钢筋并勾住封闭箍筋。

⑪ 在柱箍筋加密区外，箍筋的体积配筋率不宜小于加密区配筋率的 1/2；对一、二级抗震等级，箍筋间距不应大于 10d；对三、四级抗震等级，箍筋间距不应大于 15d（d 为纵向钢筋直径）。

框架柱箍筋加密区范围如图 9-32 所示。

9.3　柱构件钢筋计算实例

9.3.1　柱纵筋变化钢筋计算

9.3.1.1　上层柱钢筋根数比下层多

当上层柱钢筋根数比下层多时柱纵钢筋如图 9-33 所示。

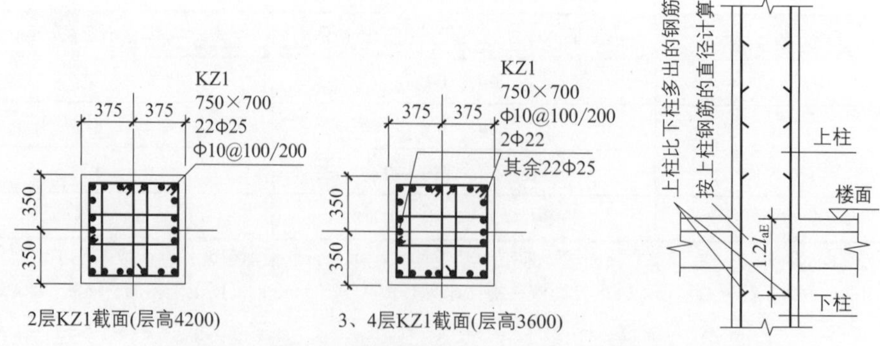

图 9-33　当上层柱钢筋根数比下层多时柱纵钢筋示意

当上层柱钢筋根数比下层多时柱纵钢筋三维图如图 9-34 所示。

纵筋长度＝ 3 层层高＋ 4 层非连接区＋搭接长度 l_{lE} ＋ $1.2l_{aE}$

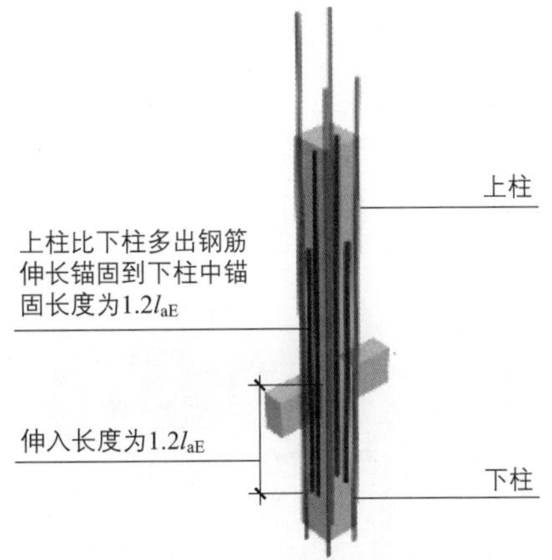

图 9-34 当上层柱钢筋根数比下层多时柱纵钢筋三维图

9.3.1.2 上层柱钢筋直径比下层大

当上层柱钢筋直径比下层大时柱纵钢筋如图 9-35 所示。

三层：长度＝ 3 层层高＋ 4 层非连接区＋搭接长度 l_{lE} ＋梁高＋ 2 层梁下非连接区＋搭接长度 l_{lE}

一、二层：长度＝ 1 层层高＋ 2 层层高－一层 $H_n/3$ －二层梁下非连接区－二层梁高

9.3.1.3 下层柱钢筋根数比上层多

下层柱钢筋根数比上层多时柱纵钢筋如图 9-36 所示。

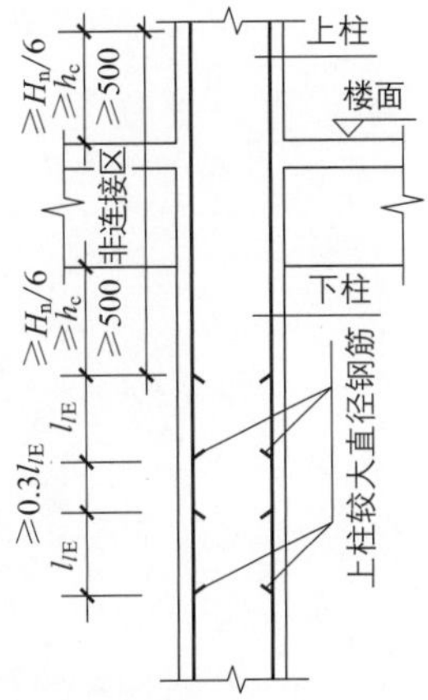

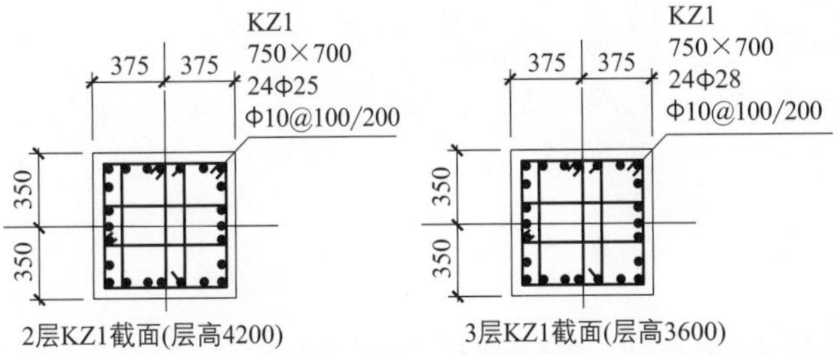

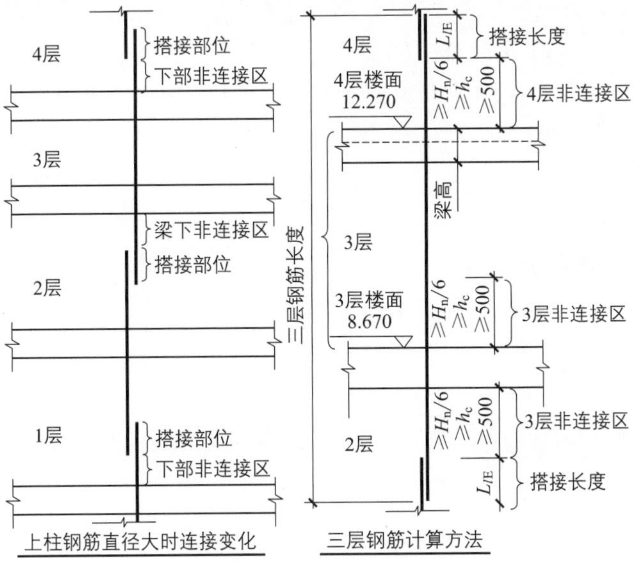

图 9-35 当上层柱钢筋直径比下层大时柱纵钢筋图

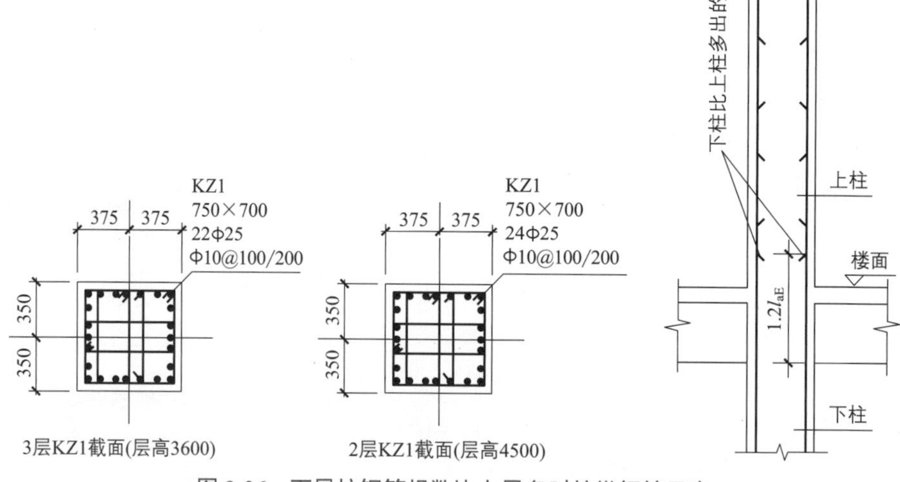

图 9-36　下层柱钢筋根数比上层多时柱纵钢筋示意

下层柱钢筋根数比上层多时柱纵钢筋三维图如图 9-37 所示。

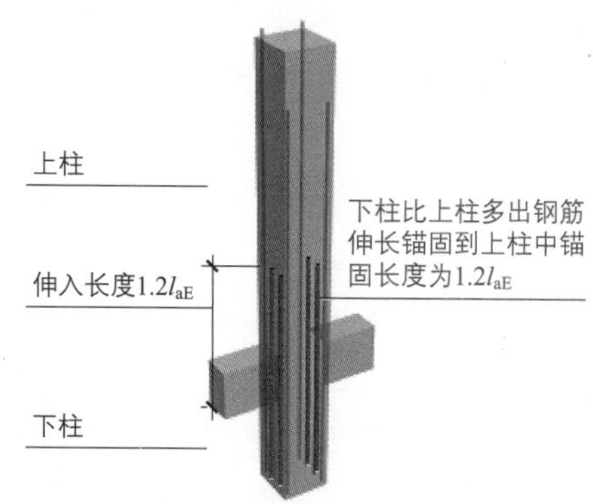

图 9-37　下层柱钢筋根数比上层多时柱纵钢筋三维图

【例 9-1】 已知某 KZ7 平法施工图如图 9-38 所示。混凝土强度等级为 C30；抗震等级为一级抗震；基础底部保护层厚度为 40mm；柱混凝土保护层厚度为 20mm；钢筋连接方式为电渣压力焊；l_{aE}、l_a 长度分别为 33d、29d。计算简图如图 9-39 所示。试计算①号筋的钢筋用量。

层号	顶标高/m	层高/m	顶梁高/mm
4	15.87	3.5	600
3	12.27	3.5	600
2	8.67	4.2	600
1	4.47	4.5	600
基础	−1.03	基础厚0.8	—

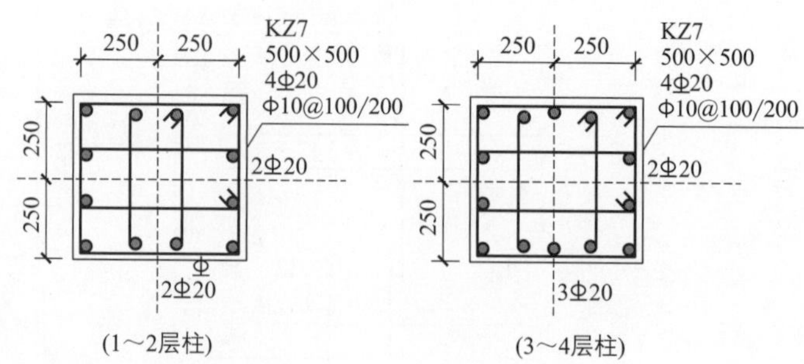

图 9-38　KZ7 平法施工图

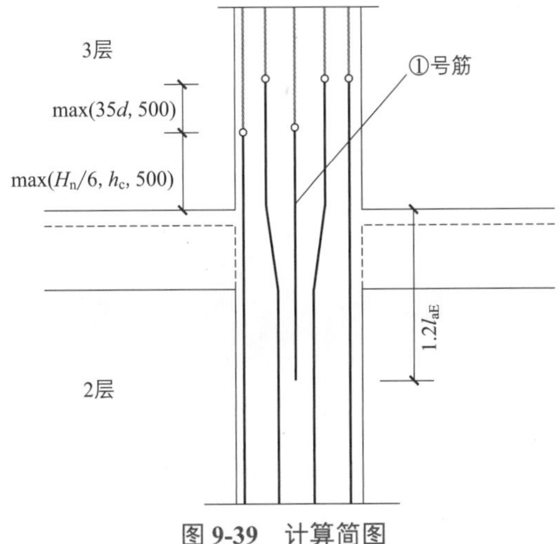

图 9-39　计算简图

【解】 钢筋长度＝本层非连接区高度＋伸入下层的高度

故，①号筋在本层（3 层）非连接区高度＝ max（H_n/6，h_c，500）

＝ max [（3500 － 600)/6,500,500] ＝ 500（mm）

①号筋伸入下层的长度＝ $1.2l_{aE}$ ＝ 1.2×33×20 ＝ 792（mm）

①号筋总长＝ 500 ＋ 792 ＝ 1292（mm）

9.3.2　柱箍筋计算

9.3.2.1　柱箍筋的拆分

柱箍筋的拆分如图 9-40 所示。

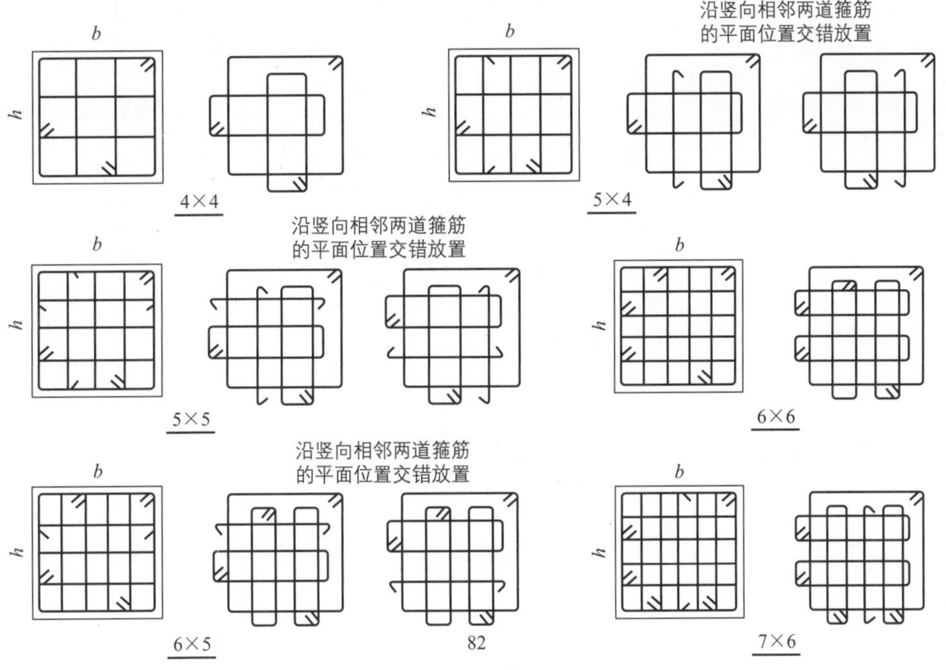

图 9-40　柱箍筋的拆分

9

9.3.2.2 柱箍筋长度的计算

1 号箍筋图如图 9-41 所示。

1 号箍筋长度 =（$b+h$）×2 − 保护层 ×8 + 8d + 1.9d×2 + max（10d，75mm）×2

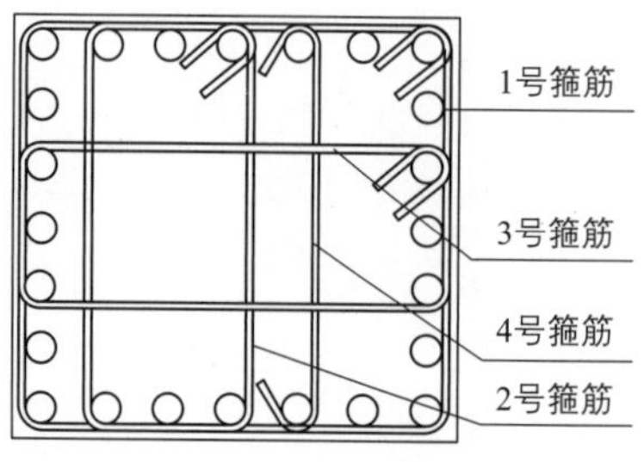

图 9-41　1 号箍筋图

2 号箍筋图如图 9-42 所示。

2 号箍筋长度 = [（b − 保护层 ×2 − D)/6×2 + D] ×2 +（h − 保护层 ×2）×2 + 8d + 8 + 8d + 1.9d×2 + max（10d，75mm）×2

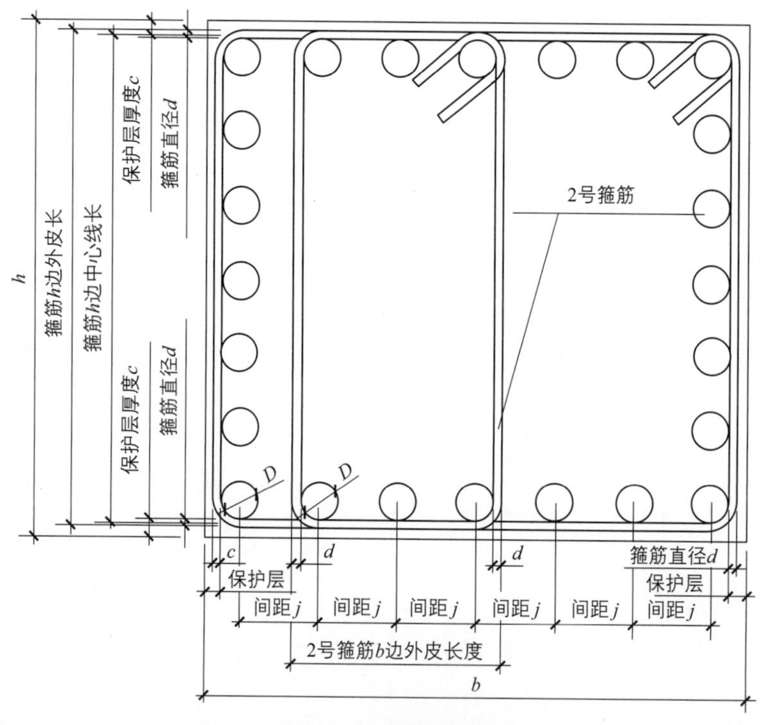

图 9-42　2 号箍筋图

D—纵向钢筋直径

3 号箍筋图如图 9-43 所示。

3 号箍筋长度 =[（h − 保护层 ×2 − D)/6×2 + D]×2 +（b − 保护层 ×2）×2 + 8d + 11.9d×2

4 号箍筋图如图 9-44 所示。

4 号箍筋长度（勾住主筋的那一部分长度）1 =（h − 保护层 ×2 + 2d）+ 11.9d×2

4 号箍筋长度（勾住主筋和箍筋的那一部分长度）2 =（h －保护层 ×2 ＋ 4d）＋ 11.9d×2

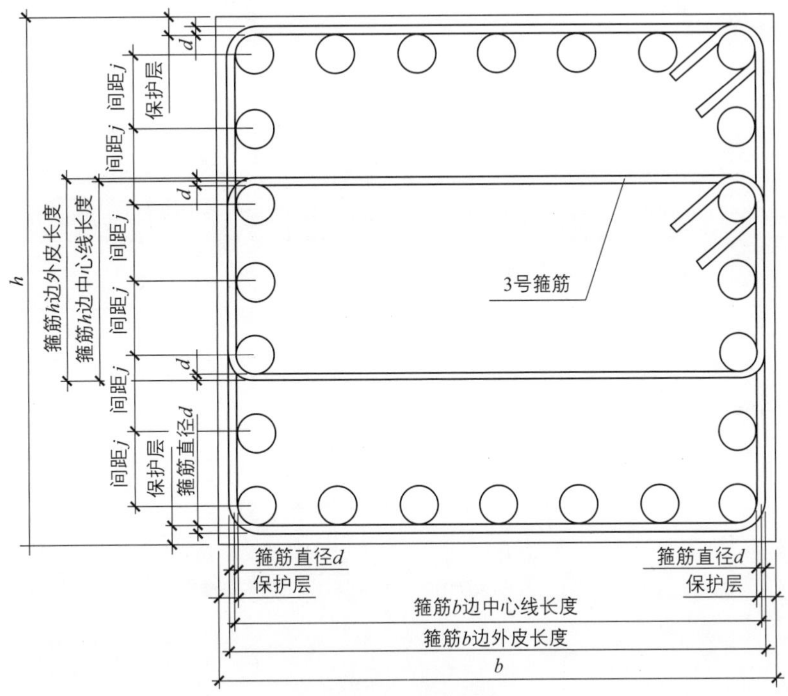

图 9-43　3 号箍筋图

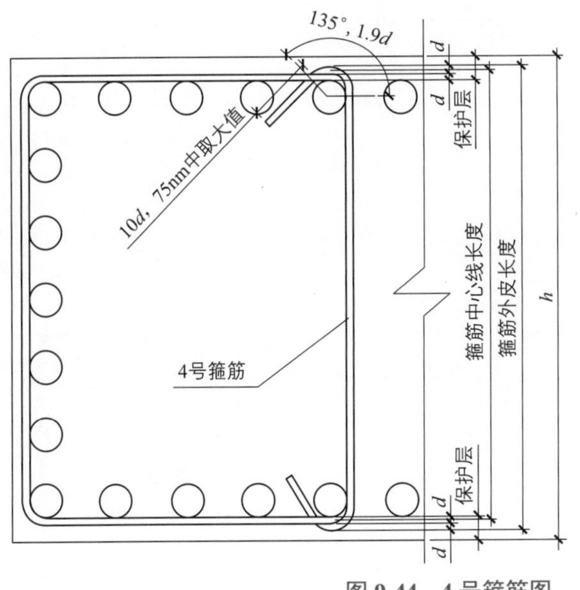

图 9-44　4 号箍筋图

9.3.2.3　箍筋根数的计算

（1）基础层

根数＝（基础高度－基础保护层）/ 间距－ 1

（2）基础相邻层或一层

基础相邻层或一层的箍筋根数计算如表 9-4 所示。

表 9-4　基础相邻层或一层的箍筋根数计算

序号	部位	范围	是否加密	加密长度	全高加密箍筋根数计算公式	非全高加密箍筋根数计算公式
1	基础根部	$h_n/3$	加密	（层高－梁高）/3 = A	如果 $A+B+C+D$ 大于层高，说明为全高加密。箍筋根数=（层高－ 50）/ 加密区间距＋ 1	（A － 50）/ 加密区间距＋ 1
2	搭接范围	$l_{lE}+0.3l_{lE}+l_{lE}$	加密	$2.3l_{lE}=B$		B/ 加密区间距
3	梁下部位	$\max(h_c,h_n/6,500)$	加密	$\max(h_c,h_n/6,500)=C$		C/ 加密区间距＋ 1
4	梁高范围	梁高	加密	梁高－保护层= D		D/ 加密区间距
5	非加密部位	剩余部分	非加密	层高－（$A+B+C+D$）= E		E/ 加密区间距－ 1

总根数=序号 1 根数＋序号 2 根数＋序号 3 根数＋序号 4 根数＋序号 5 根数

（3）中间层

中间层的箍筋根数计算如表 9-5 所示。

表 9-5　中间层的箍筋根数计算

序号	部位	范围	是否加密	加密长度	全高加密箍筋根数计算公式	非全高加密箍筋根数计算公式
1	某层非连接区	$\max(h_c,H_n/6,500)$	加密	取大值= A	如果 $A+B+C+D$ 大于层高，说明为全高加密。箍筋根数=（层高－ 50）/ 加密区间距＋ 1	（A － 50）/ 加密区间距＋ 1
2	搭接范围	$l_{lE}+0.3l_{lE}+l_{lE}$	加密	$2.3l_{lE}=B$		B/ 加密区间距
3	梁下部位	$\max(h_c,H_n/6,500)$	加密	取大值= C		C/ 加密区间距＋ 1
4	梁高范围	梁高	加密	梁高－保护层= D		D/ 加密区间距
5	非加密部位	剩余部分	非加密	层高－（$A+B+C+D$）= E		E/ 加密区间距－ 1

总根数=序号 1 根数＋序号 2 根数＋序号 3 根数＋序号 4 根数＋序号 5 根数

（4）顶层

顶层的箍筋根数计算如表 9-6 所示。

表 9-6　顶层的箍筋根数计算

序号	部位	范围	是否加密	加密长度	全高加密箍筋根数计算公式	非全高加密箍筋根数计算公式
1	顶层根部非连接区	$\max(h_c,H_n/6,500)$	加密	取大值= A	如果 $A+B+C+D$ 大于层高，说明为全高加密。箍筋根数=（层高－ 50）/ 加密区间距＋ 1	（A － 50）/ 加密区间距＋ 1
2	搭接范围	$l_{lE}+0.3l_{lE}+l_{lE}$	加密	$2.3l_{lE}=B$		B/ 加密区间距
3	梁下部位	$\max(h_c,H_n/6,500)$	加密	取大值= C		C/ 加密区间距＋ 1
4	梁高范围	梁高	加密	梁高－保护层= D		D/ 加密区间距
5	非加密部位	剩余部分	非加密	层高－（$A+B+C+D$）= E		E/ 加密区间距－ 1

总根数=序号 1 根数＋序号 2 根数＋序号 3 根数＋序号 4 根数＋序号 5 根数

当柱纵筋采用搭接连接时，应在柱纵筋搭接长度范围内均按≤ $5D$（D 为搭接钢筋较小直径）及≤ 100mm 的间距加密箍筋。

【例 9-2】 某一楼层的层高为 4.10m，抗震框架柱 KZ1 的截面尺寸为 650mm×600mm，箍筋标注为 Φ10@100/200，该层顶板的框架梁截面尺寸为 300mm×700mm。求该楼层的框架柱箍筋根数。

【解】 （1）短柱的判断

本层楼的柱净高为 $H_n = 4100 - 700 = 3400$（mm）

框架柱截面长边尺寸 $h_c = 650$mm

$H_n/h_c = 3400/650 = 5.2 > 4$，由此可以判断该框架柱不是“短柱”，所以

加密区长度＝max（$H_n/6$，h_c，500）

＝max（3300/6,650,500）＝650（mm）

（2）上部加密区箍筋根数的计算

加密区长度＝max（$H_n/6$，h_c，500）＋ h_b

＝650＋700＝1350（mm）

上部加密区的箍筋根数＝［max（$H_n/6$，h_c，500）＋ h_b］/ 间距

＝1350/100＝13.5（根）≈ 14 根

上部加密区实际长度＝上部加密区的箍筋根数 × 间距

＝14×100＝1400（mm）

（3）下部加密区箍筋根数计算

加密区长度＝max（$H_n/6$，h_c，500）＝650（mm）

下部加密区的箍筋根数＝［max（$H_n/6$，h_c，500）＋ h_b］/ 间距

＝650/100＝6.5（根）≈ 7 根

下部加密区实际长度＝下部加密区的箍筋根数 × 间距

＝7×100＝700（mm）

（4）中间非加密区箍筋根数的计算

非加密区的长度＝楼层层高－上部加密区的实际长度－下部加密区的实际长度

＝4100－1400－700＝2000（mm）

非加密区的根数＝（楼层层高－上部加密区的实际长度－下部加密区的实际长度）/ 间距

＝2000/200＝10（根）

（5）本层箍筋根数计算

本层箍筋根数＝上部加密区箍筋根数＋下部加密区箍筋根数＋中间非加密区箍筋根数

＝14＋7＋10＝31（根）

【例 9-3】 计算如图 9-45 所示现浇框架结构Ⓐ轴与①轴相交的 KZ 首层钢筋工程量。已知建筑物抗震等级为一级抗震，首层层高 4.2m，首层柱净高 3.75m，二层层高 3.15m，柱净高 3.6m，梁柱混凝土强度等级为 C30，保护层厚度取 25mm，基础底部保护层厚度取 40mm。试求箍筋的长度和根数。

【解】 （1）箍筋长度

首层柱箍筋为复合四肢箍，其长度由以下三部分组成：

$L_{外箍筋} = 2(b + h) - 8c + 2\times$ 弯钩长

$= 2\times(600 + 600) - 8\times 25 + 2\times 11.9\times 8 \approx 2390$（mm）

$L_{内矩形筋1} = L_{内矩形筋2}$

$= \left(\dfrac{b-2c}{3} + h - 2c\right)\times 2 + 2\times$ 弯钩长

$$=\left(\frac{600-2\times25}{3}+600-2\times25\right)\times2+2\times11.9\times8\approx1657\text{（mm）}$$

单根箍筋长度＝ 2390 ＋ 1657×2 ＝ 5704（mm）＝ 5.704m

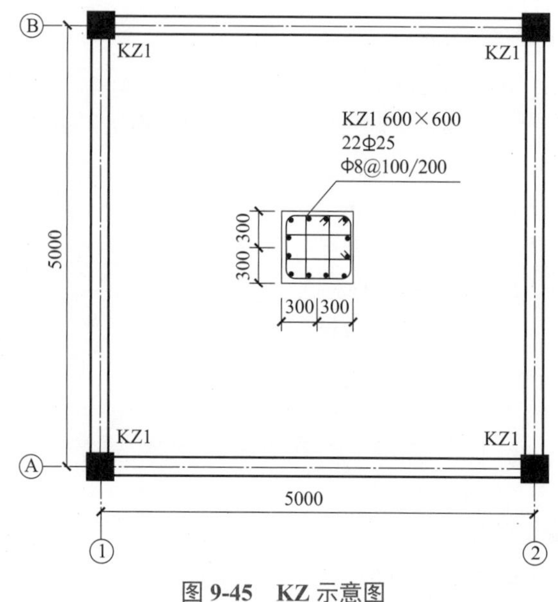

图 9-45　KZ 示意图

（2）箍筋根数

柱箍筋根数＝（柱下部加密区长度 / 加密区间距＋ 1）＋

（柱中部非加密区长度 / 非加密区间距－ 1）＋（柱上部加密区长度 / 加密区间距＋ 1）

其中：

① 首层柱下部加密区长度＝ $H_n/3$ ＝ 3.75/3 ＝ 1.25（m）

② 首层柱上部加密区高度＝ max［$H_n/6$，柱长边尺寸（圆柱取直径），500］＋梁高

＝ max（3750/6，600，500）＋ 450 ＝ 1075（mm）＝ 1.075m

③ 首层柱非加密区高度＝ 4.2 － 1.25 － 1.075 ＝ 1.875（m）

柱箍筋根数＝ 1.25/0.1 ＋ 1.875/0.2 ＋ 1.075/0.1 ＋ 1 ≈ 33（根）

箍筋总长＝ 33×5.704 ＝ 188.232（m）

9.3.3　梁上柱插筋计算

梁上柱绑扎搭接、机械连接及焊接连接如图 9-46 所示。

9.3.3.1　绑扎搭接

短插筋的长度＝梁高－梁保护层厚度－∑［梁底部钢筋直径＋ max（25，d）］＋ 15d ＋ max（$H_n/6$，500，h_c）＋ l_{lE}

长插筋的长度＝梁高－梁保护层厚度－∑［梁底部钢筋直径＋ max（25，d）］＋ 15d ＋ max（$H_n/6$，500，h_c）＋ 2.3l_{lE}

9.3.3.2　焊接连接

短插筋长度＝梁高－梁保护层厚度－∑［梁底部钢筋直径＋ max（25，d）］＋ 15d ＋

max（$H_n/6$，500，h_c）

长插筋的长度=梁高－梁保护层厚度－［梁底部钢筋直径＋max（25，d）］＋15d＋max（$H_n/6$，500，h_c）＋max（35d，500）

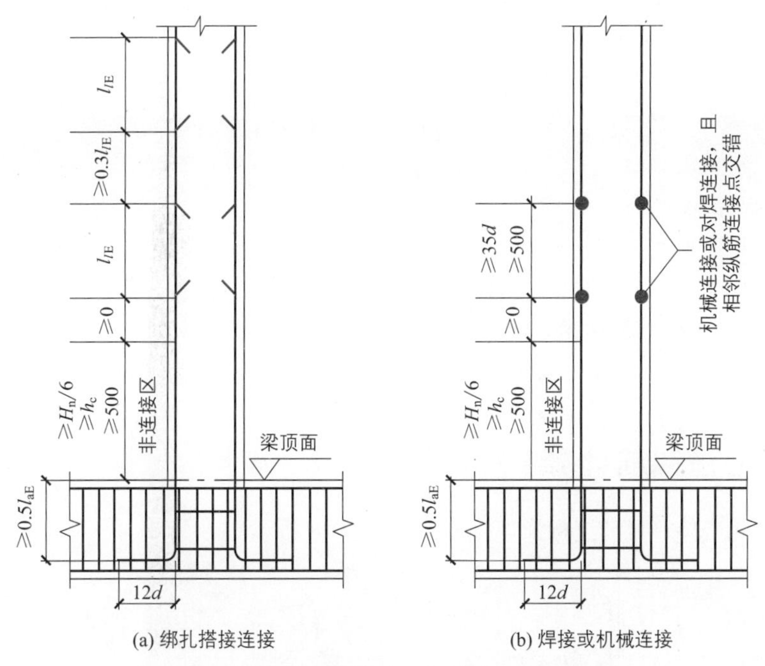

(a) 绑扎搭接连接　(b) 焊接或机械连接

图 9-46　梁上柱绑扎搭接、机械连接及焊接连接

9.3.3.3　机械连接

短插筋长度=梁高－梁保护层厚度－∑［梁底部钢筋直径＋max（25，d）］＋15d＋max（$H_n/6$，500，h_c）

长插筋长度=梁高－梁保护层厚度－∑［梁底部钢筋直径＋max（25，d）］＋15d＋max（$H_n/6$，500，h_c）＋35d

【例 9-4】 梁上柱 LZ1 平面布置图如图 9-47 所示。梁上柱 LZ1 的截面尺寸和配筋信息为 250mm×300mm、6⌀20、Φ8@200、$b_1=b_2=150$mm、$h_1=h_2=200$mm，楼层层高为 3.6m。试计算梁上柱 LZ1 的纵筋及箍筋。

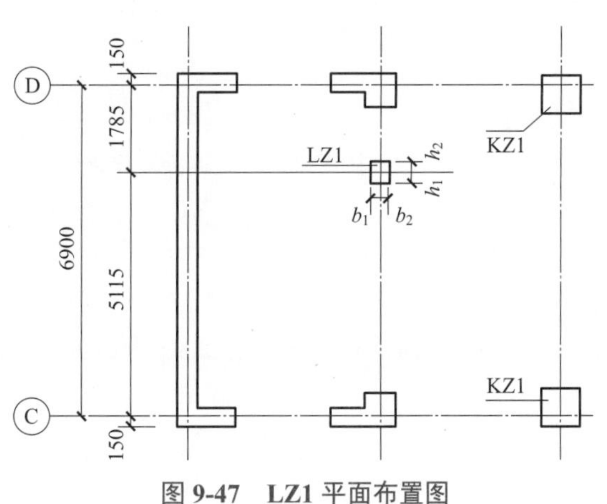

图 9-47　LZ1 平面布置图

【解】（1）梁上柱 LZ1 纵筋的计算

LZ1 的梁顶相对标高高差＝－ 1.800m，则 L1 的梁顶距下一层楼板顶的距离为 3600 － 1800 ＝ 1800（mm）

柱根下部的 KL3 截面高度＝ 650mm

LZ1 的总长度＝ 1800 ＋ 650 ＝ 2450（mm）

柱纵筋的垂直段长度＝ 2450 －（20 ＋ 8）－（22 ＋ 20 ＋ 10）＝ 2370（mm）

其中，20 ＋ 8 为柱的保护层厚度，mm，20 ＋ 10 为梁的保护层厚度，mm，22 为梁纵筋直径，mm。

柱纵筋的弯钩长度＝ 12×18 ＝ 216（mm）

柱纵筋的每根长度＝ 216 ＋ 2370 ＋ 216 ＝ 2802（mm）

（2）梁上柱 LZ1 箍筋的计算

LZ1 的箍筋根数＝ 2370/200 ＋ 1 ＝ 12.85（根）≈ 13 根

箍筋的每根长度＝（190 ＋ 240）×2 ＋ 26.5×8 ＝ 1072（mm）

9.3.4 墙上柱插筋计算

墙上柱绑扎搭接、机械连接及焊接连接如图 9-48 所示。

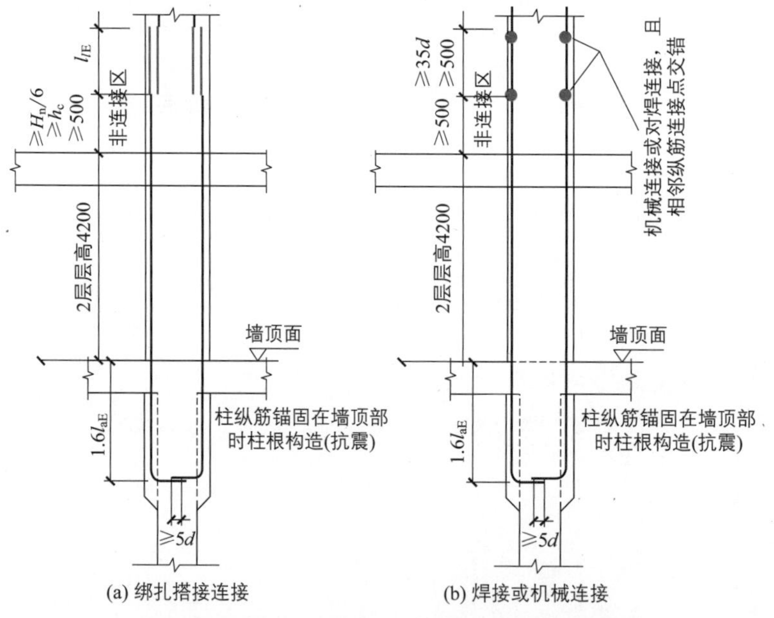

图 9-48　墙上柱绑扎搭接、机械连接及焊接连接

9.3.4.1　绑扎搭接

短插筋的长度＝ $1.2l_{aE}$ ＋ max（$H_n/6$，500，h_c）＋ $2.3l_{lE}$ ＋弯折（$h_c/2$ －保护层厚度＋ $2.5d$）

长插筋的长度＝ $1.2l_{aE}$ ＋ max（$H_n/6$，500，h_c）＋ $2.3l_{lE}$ ＋弯折（$h_c/2$ －保护层厚度＋ $2.5d$）

9.3.4.2　机械连接

短插筋的长度＝ $1.2l_{aE}$ ＋ max（$H_n/6$，500，h_c）＋弯折（$h_c/2$ －保护层厚度＋ $2.5d$）

长插筋的长度＝ $1.2l_{aE}$ ＋ max（$H_n/6$，500，h_c）＋ $35d$ ＋弯折（$h_c/2$ －保护层厚度＋ $2.5d$）

9.3.4.3 焊接连接

短插筋的长度＝ $1.2l_{aE}$ ＋ max（H_n/6，500，h_c）＋弯折（h_c/2 －保护层厚度＋ 2.5d）

长插筋的长度＝ $1.2l_{aE}$ ＋ max（H_n/6，500，h_c）＋ max（35d，500）＋弯折（h_c/2 －保护层厚度＋ 2.5d）

9.3.5 顶层中柱钢筋计算

【例 9-5】 已知某顶层中柱平法施工图如图 9-49 所示，计算简图如图 9-50 所示。混凝土强度等级 C30；抗震等级为一级抗震；基础底部保护层厚度为 40mm；柱混凝土保护层为 20mm，钢筋连接方式为电渣压力焊，l_{aE}、l_a 分别为 33d、29d。试计算该中柱的钢筋长度。

层号	顶标高/m	层高/m	梁高/mm
4	15.9	3.5	600
3	12.3	3.5	600
2	8.7	4.2	600
1	4.5	4.5	600
基础	-0.8	—	基础厚度：500

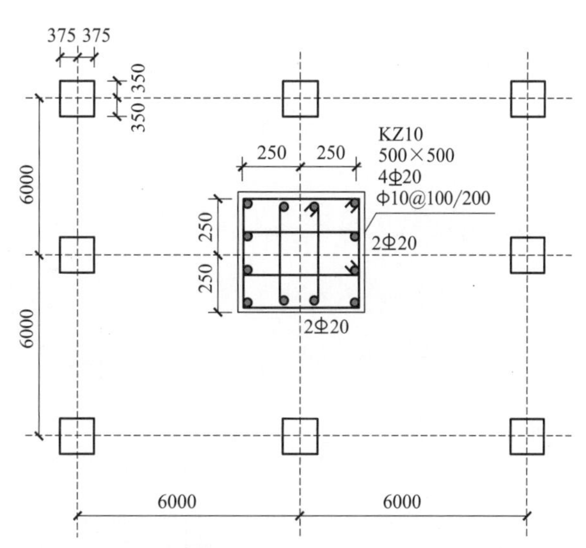

图 9-49 某顶层中柱平法施工图

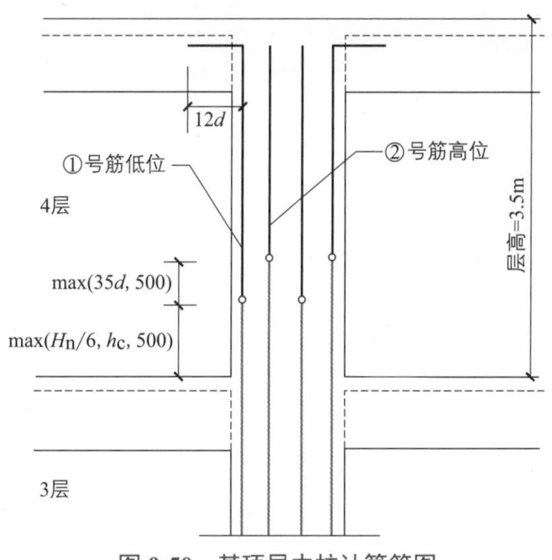

图 9-50 某顶层中柱计算简图

【解】 锚固方式判别：h_b（＝ 600mm）＜ l_{aE}[=33d ＝ 33×20 ＝ 660（mm）]，故本例中

柱所有纵筋伸入顶层梁板内弯锚。

（1）①号筋低位

计算公式＝本层净高－本层非连接区高度＋（梁高－保护层＋ 12d）

本层非连接区高度＝ max（H_n/6，h_c，500）

＝ max［（3500 － 600)/6,500,500］＝ 500（mm）

①号筋低位总长＝（3500 － 600）－ 500 ＋（600 － 20 ＋ 12d）

＝（3500 － 600）－ 500 ＋（600 － 20 ＋ 12×20）＝ 3220（mm）

（2）②号筋高位

计算公式＝本层净高－本层非连接区高度－错开连接高度＋（梁高－保护层＋ 12d）

本层非连接区高度＝ max（H_n/6，h_c，500）

＝ max［（3500 － 600)/6,500,500］＝ 500（mm）

错开连接高度＝ max（35d，500）＝ 700（mm）

②号筋高位总长＝（3500 － 600）－ 500 － 700 ＋（600 － 20 ＋ 12d）

＝（3500 － 600）－ 500 － 700 ＋（600 － 20 ＋ 12×20）＝ 2520（mm）

9.3.6 顶层边角柱纵筋计算

顶层边角柱图如图 9-51 所示。

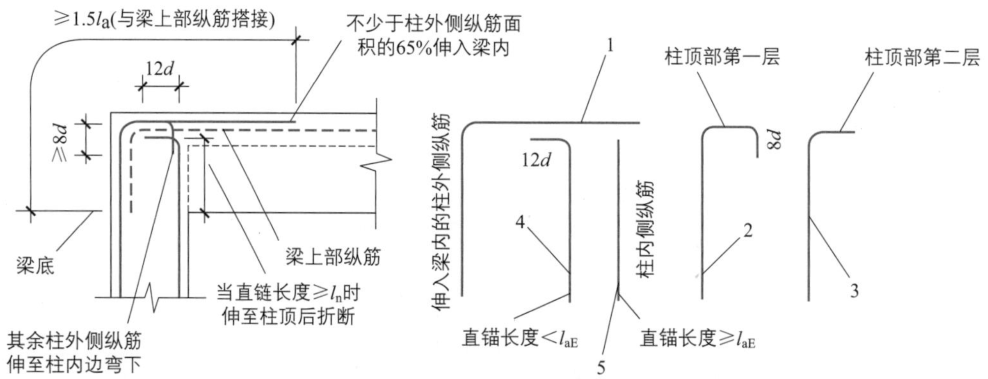

图 9-51 顶层边角柱

顶层边角柱纵筋长度计算公式如下：

1 号纵筋长度＝顶层层高－顶层非连接区－梁高＋ 1.5l_{aE}

2 号纵筋长度＝顶层层高－顶层非连接区－梁高＋(梁高－保护层＋柱宽－ 2× 保护层＋ 8d)

3 号纵筋长度＝顶层层高－顶层非连接区－梁高＋（梁高－保护层＋柱宽－ 2× 保护层）

4 号纵筋长度＝顶层层高－顶层非连接区－梁高＋（梁高－保护层＋ 12d）

5 号纵筋长度＝顶层层高－顶层非连接区－梁高＋（梁高－保护层）

【例 9-6】 顶层的层高为 3.50m，抗震框架柱 KZ1 的截面尺寸为 550mm×500mm，柱纵筋为 22 ⌀ 18，顶层顶板的框架梁截面尺寸为 300mm×700mm，混凝土强度等级为 C30，二级抗震等级，试计算顶层框架柱纵筋尺寸。

【解】 （1）顶层框架柱纵筋伸到框架梁顶部弯折 12d

顶层的柱纵筋净长度 H_n ＝ 3500 － 700 ＝ 2800（mm）

根据地下室的计算，$H_2 = 750\text{mm}$

① 与短筋相接的柱纵筋。

垂直段长度 $H_n = 3500 - 30 - 750 = 2720$（mm）

每根钢筋长度$= H_a + 12d$

$= 2720 + 12\times18 = 2936$（mm）

② 与长筋相接的柱纵筋。

垂直段长度 $H_b = 3500 - 30 - 750 - 35\times25 = 1845$（mm）

每根钢筋长度$= H_b + 12d = 1845 + 12\times18 = 2061$（mm）

（2）框架柱外侧纵筋从顶层框架梁的底面算起，锚入顶层框架 $1.5l_{abE}$

首先，计算框架柱外侧纵筋伸入框架梁之后弯钩的水平段长度 l。

柱纵筋伸入框架梁的垂直段长度$= 700 - 30 = 670$（mm）

所以 $l = 1.5l_{abE} - 670 = 1.5\times40\times20 - 670 = 530$（mm）

① 与短筋相接的柱纵筋。

垂直段长度 $H_a = 3500 - 30 - 750 = 2720$（mm）

加上弯钩水平段的每根钢筋长度$= H_a + l = 2720 + 530 = 3250$（mm）

② 与长筋相接的柱纵筋。

垂直段长度 $H_b = 3500 - 30 - 750 - 35\times25 = 1845$（mm）

加上弯钩水平段的每根钢筋长度$= H_b + l = 1845 + 530 = 2375$（mm）

【例 9-7】 抗震等级为二级，柱梁保护层厚度为 20mm，梁高 500mm，层高 3.5m，柱梁混凝土等级为 C30，求 KZ1 角柱顶层钢筋的长度。基本参数见表 9-7。

表 9-7 某 KZ1 基本参数

柱号	标高 /m	$B\times H$/mm×mm	角筋	B 每侧中部筋	H 每侧中部筋
KZ1	基础顶～ 3.800	500×500	4 Φ 22	3 Φ 18	3 Φ 18
	3.800 ～ 14.400	500×500	4 Φ 22	3 Φ 16	3 Φ 16

【解】 （1）内侧钢筋

$l_{aE} = 33d$

$33d = 33\times22 = 726$（mm）$> 500 - 20 = 480$（mm）

$33d = 33\times16 = 528$（mm）$> 500 - 20 = 480$（mm）

d 为 22mm 和 16mm 分别判断，不管 22mm 或 16mm 都比梁高间保护层大，所以都要弯锚。

d 为 22mm 时的内侧钢筋长度$= 3500 - \max[(3500 - 500)/6，500，500] - 20 + 12\times22$

$= 3244$（mm）

d 为 16mm 时的内侧钢筋长度$= 3500 - \max[(3500 - 500)/6，500，500] - 20 + 12\times16$

$= 3172$（mm）

（2）外侧钢筋

$1.5\times33\times22 = 1089$（mm）$>$（480 + 480）mm

$1.5l_{abE} = 1.5\times33\times16 = 792$（mm）

直径为 22mm 时的纵筋长度$= 3500 - 500 - 500 + 1.5\times33\times22 = 3589$（mm）

直径为 16mm 时的纵筋长度$= 3500 - 500$（本层底部非连接区）$- 20 + 15\times16 = 3220$（mm）

9.3.7 地下室框架柱钢筋计算

地下室框架柱纵筋长度＝地下室层高－本层净高 $H_n/3$ ＋首层楼层净高 $H_n/3$ ＋与首层纵筋搭接 l_{lE}（如采用焊接时，搭接长度为 0）。

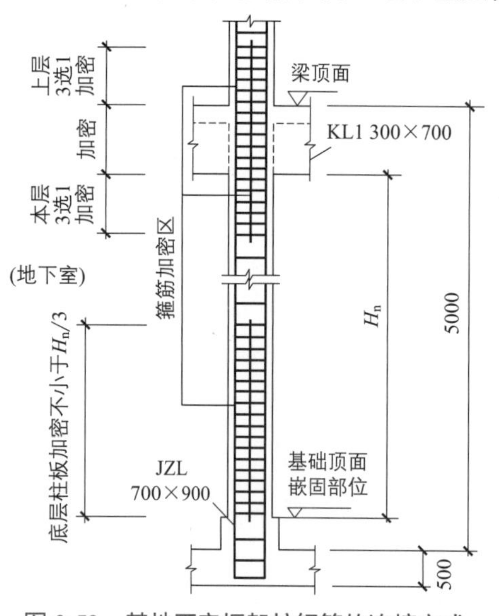

图 9-52 某地下室框架柱钢筋的连接方式

注：当纵筋采用绑扎连接且某个楼层连接区的高度小于纵筋分两批搭接所需要的高度时，应改用机械连接或焊接。

【例 9-8】 某地下室层高为 5m，地下室的抗震框架柱 KZ1 的截面尺寸为 750mm×700mm，柱纵筋为 22⌀25。地下室顶板的框架梁截面尺寸为 300mm×700mm。地下室上一层的层高为 5m，地下室上一层的框架梁截面尺寸为 300mm×700mm，混凝土强度等级为 C30，二级抗震等级。地下室下面是筏板基础，基础主梁的截面尺寸为 700mm×900mm，下部纵筋为 9⌀25。筏板的厚度为 580mm，筏板的纵向钢筋都是 ⌀18@200，如图 9-52 所示。试计算地下室的柱纵筋长度。

【解】（1）地下室顶板以上部分的长度

上一层楼的柱净高 $H_n = 5000 - 500 - 700 = 3800$（mm）

max（$H_n/6$，h_c，500）＝ max（3800/6，750，500）＝ 750（mm）

所以，H_1 ＝ max（$H_n/6$，h_c，500）＝ 750（mm）

（2）地下室顶板以下部分的长度

地下室的柱净高 $H_n = 5000 - 700 - (900 - 500) = 3900$（mm）

$H_2 = H_n + 700 - H_n/3 = 3900 + 700 - 1300 = 3300$（mm）

（3）地下室柱纵筋的长度

地下室柱纵筋的长度＝ $H_1 + H_2 = 750 + 3300 = 4050$（mm）

【例 9-9】 地下室层高为 4.50m，地下室下面是“正筏板”基础，基础主梁的截面尺寸为 700mm×800mm，下部纵筋为 9⌀25。筏板的厚度为 500mm，筏板的纵向钢筋都是 ⌀18@200。地下室的抗震框架柱 KZL 的截面尺寸为 700mm×650mm，柱纵筋为 22⌀25，混凝土强度等级 C30，二级抗震等级，地下室顶板的框架梁截面尺寸为 300mm×700mm。地下室上一层的层高为 4.50m，地下室上一层的框架梁截面尺寸为 300mm×700mm。试求该地下室的框架柱纵筋尺寸。

【解】 分别计算地下室柱纵筋的两部分长度。

（1）地下室顶板以下部分的长度 H_1

地下室的柱净高 $H_n = 4500 - 600 - (800 - 500) = 3600$（mm）

所以 $H_1 = H_n + 650 - H_n/3 = 3600 + 650 - 1200 = 3050$（mm）

（2）地下室顶板以上部分的长度 H_2

上一层楼的柱净高 $H_n = 4000 - 650 = 3350$（mm）

所以 H_1 ＝ max（$H_n/6$，h_c，500）＝ max（3350/6，700，500）＝ 700（mm）

（3）地下室柱纵筋的长度

地下室柱纵筋的长度＝ $H_1 + H_2 = 3050 + 700 = 3750$（mm）

10 梁构件

10.1 梁构件平法识图

扫码看视频

梁构件基础知识

10.1.1 梁构件基础知识

10.1.1.1 梁的定义

由支座支承，承受的外力以横向力和剪力为主，以弯曲为主要变形的构件称为梁。梁承托着建筑物上部构架中的构件及屋面的全部重量，是建筑上部构架中最为重要的部分。依据梁的具体位置、详细形状、具体作用等的不同有不同的名称。大多数梁的方向，都与建筑物的横断面一致。梁结构如图 10-1 所示。

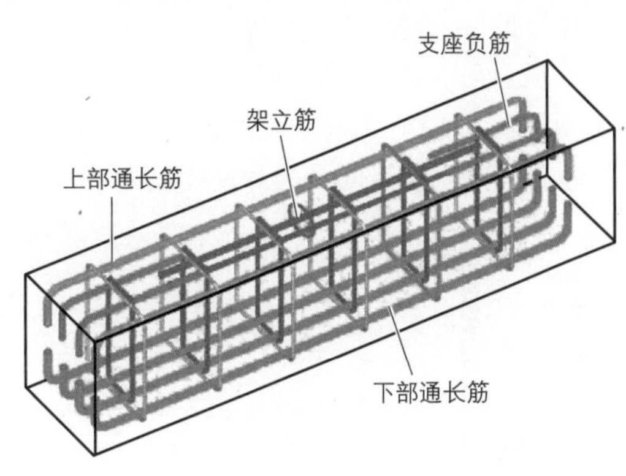

图 10-1　梁结构

10.1.1.2 梁的力学作用

梁的力学作用主要是承受垂直于梁的轴线方向的荷载，包括集中荷载和分布荷载，集中荷载产生于与该梁垂直的次梁（偶尔也有立于梁上的柱子）传来的荷载，分布荷载来源于楼板传来的荷载和自重。

10.1.1.3 梁的受力特点

与其他的横向受力构件（桁架、拱、索）相比，梁的受力性能是最差的，这主要体现在弯矩的作用下，梁截面上受力很不均匀。例如，简支梁的跨中弯矩最大，支座处的弯矩等于零；另外在梁的横截面上、下表面分别受到最大压应力和拉应力，而截面中心轴向应力等于零。

10.1.1.4 梁的材料分类

按照材料的不同，梁分为石梁、木梁、钢梁、钢筋混凝土梁等。

（1）石梁

石梁是西方古代建筑中应用很广泛的构件，跨度可达到 8 ～ 9m。石材的抗压强度很高，但抗拉强度很低，所以石梁的截面高度往往很大，不仅笨重，而且柱网尺寸会受到限制。

（2）木梁

木梁是我国古代的建筑中应用极为广泛的构件。由于木梁的自重轻，抗压抗拉强度均较大，因此木梁比石梁的截面小，跨度大，柱网布置灵活，使用方便。但是木材防腐、防蛀、防火性能差，且资源有限，因此在现代建筑结构中逐渐被淘汰。

（3）钢梁

钢梁的材料强度高，施工方便，使用范围广。尽管钢材密度大，但由于材料强度高，所需的截面尺寸较小，故钢梁的自重比相同跨度的钢筋混凝土梁要轻。但钢梁的防火、防腐性能差。

（4）钢筋混凝土梁

钢筋混凝土梁是目前应用最为广泛的梁。利用混凝土受压，纵向钢筋受拉，箍筋受剪，具有受力明确、构造简单、施工方便、造价低廉等优点。但其自重大，跨度一般不超过 12m。

10.1.1.5 梁的截面形式分类

（1）钢梁的截面形式

一般为工字形截面。其截面形式最符合梁在最大弯矩截面的应力分布规律。由于梁承受的弯矩大小沿着跨度方向有明显变化，因此钢梁的截面高度和上下翼缘钢板厚度可以有所变化，其原则为，弯矩大处截面高度大，弯矩小处高度可以适当变小。工字形截面的机理就是将材料集中在上下表面，最大限度发挥材料的力学性能。工字形截面如图 10-2 所示。

（2）钢筋混凝土梁的截面形式

钢筋混凝土梁的截面形式很多，最简单的是矩形截面。截面高度应大于截面宽度，这样能充分发挥材料的强度作用，梁的刚度较大。为了使得梁的受力更好，可将梁的截面分别设计成工字形、T 形、箱形截面梁。普通钢筋混凝土梁的跨度为 6 ～ 12m，预应力钢筋混凝土梁的跨度为 12 ～ 18m。钢筋混凝土梁截面形式常用的有矩形、T 形、倒 T 形、花篮形、凸形等，目的是适应不同受力和使用需要。钢筋混凝土梁的截面形式如图 10-3 所示。

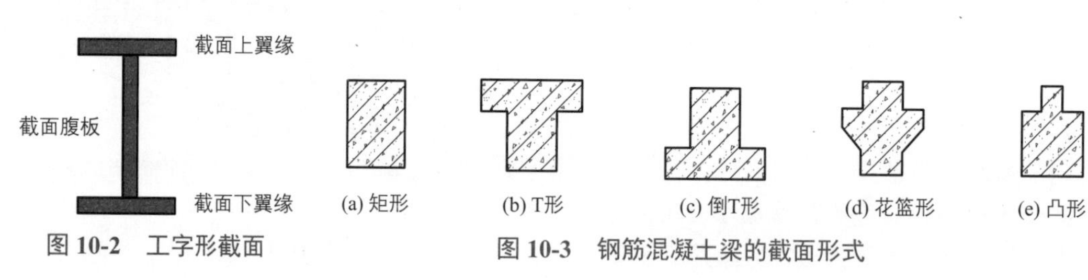

图 10-2 工字形截面

图 10-3 钢筋混凝土梁的截面形式

10.1.2 梁构件平法识图内容

10.1.2.1 梁平法施工图的表示方法

梁平法施工图系在梁平面布置图上采用平面注写方式或截面注写方式表达。

10.1.2.2 平面注写方式

平面注写方式，系在梁平面布置图上，分别在不同编号的梁中各选一根梁，在其上注写截面尺寸和配筋具体数值的方式来表达梁平法施工图。

平面注写包括集中标注与原位标注，集中标注表达梁的通用数值，原位标注表达梁的特殊数值。当集中标注中的某项数值不适用于梁的某部位时，则将该项数值原位标注，施工时，原位标注取值优先。平面注写方式如图 10-4 所示。

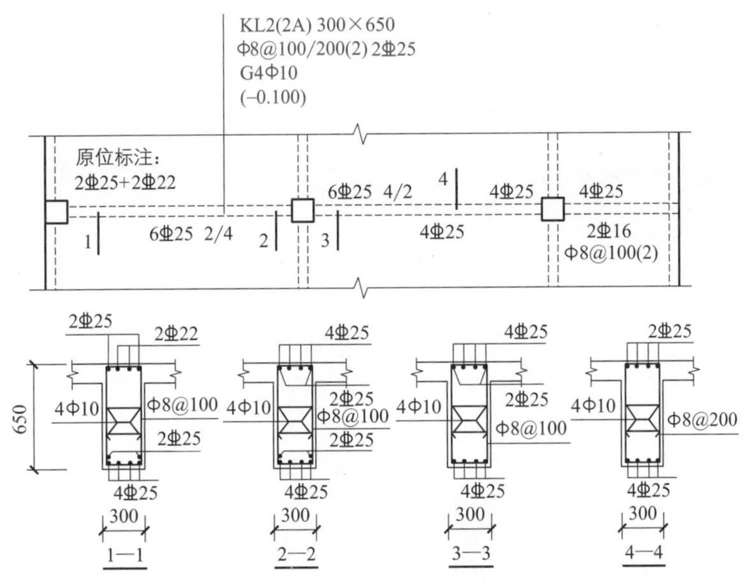

图 10-4　梁平面注写方式示例

10.1.2.3　截面注写方式

截面注写方式，系在分标准层绘制的梁平面布置图上，分别在不同编号的梁中各选择一根梁用剖面号引出配筋图，并在其上注写截面尺寸和配筋具体数值的方式来表达梁平法施工图。截面注写方式既可以单独使用，也可与平面注写方式结合使用。

10.1.2.4　梁编号

梁编号由梁类型代号、序号、跨数及有无悬挑代号几项组成，并应符合图 10-5 的规定。梁代号如表 10-1 所示。

表 10-1　梁编号

梁类型	代号	序号	跨数及是否带有悬挑
楼层框架梁	KL	××	（××）、（××A）或（××B）
楼层框架扁梁	KBL	××	（××）、（××A）或（××B）
屋面框架梁	WKL	××	（××）、（××A）或（××B）
框支梁	KZL	××	（××）、（××A）或（××B）
托柱转换梁	TZL	××	（××）、（××A）或（××B）
非框架梁	L	××	（××）、（××A）或（××B）
悬挑梁	XL	××	（××）、（××A）或（××B）
井字梁	JZL	××	（××）、（××A）或（××B）

注：1.（××A）为一端有悬挑，（××B）为两端有悬挑，悬挑不计入跨数。

2. 楼层框架扁梁节点核心区代号 KBH。

3. 本表中非框架梁 L、井字梁 JZL 表示端支座为铰链；当非框架梁 L、井字梁 JZL 端支座上部纵筋为充分利用钢筋的抗拉强度时，在梁代号后加“g”。

10.2 梁构件钢筋构造

10.2.1 梁构件的钢筋骨架

10.2.1.1 梁的配筋

梁的配筋如图 10-5 所示。

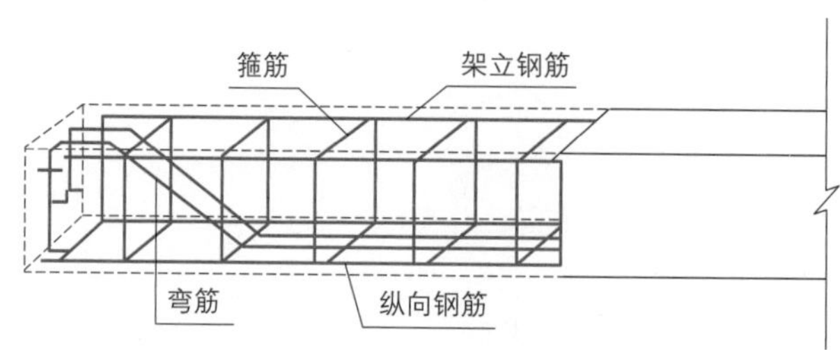

图 10-5 梁的配筋

10.2.1.2 梁的纵向受力钢筋

梁的纵向受力钢筋主要承受由弯矩在梁内产生的拉力，其位置放在梁的受拉一侧。常见的受弯梁下部或上部就是受力钢筋，一般在梁的跨中的下方及梁的支座的上方的钢筋是受拉力；一般在梁的跨中的上方及梁的支座的下方的钢筋是受压力。

（1）纵向受力钢筋确定原则

① 根据构件在承受荷载作用及地震等其他因素作用下，在结构中产生的效应（强度、刚度、抗裂度）的计算结果。

② 应不小于该类构件的最小配筋率。

③ 满足最小配筋要求来配置的钢筋，比如《混凝土结构设计规范》（GB 50010—2010）（2015 年版）第 9.2.1 条的规定：钢筋混凝土梁纵向受力钢筋的直径，当梁高 $h \geqslant 300$mm 时，不应小于 10mm；当梁高 $h < 300$mm 时，不应小于 8mm 必须满足。

（2）相关规定

先说什么是“纵向”，这一般指构件方向。“横向”指垂直构件方向。再说什么是“纵向受力钢筋”的受力情况：只有受拉、受压两种情况。纵向受力钢筋和纵向受压钢筋的关系是包含关系。另外还有横向钢筋，比如抗弯、抗剪、抗扭矩的箍筋，抗纯剪的抗剪件等。

① 纵向受力钢筋直径 d 不宜小于 12mm，宜选用直径较粗的钢筋，以减少纵向弯曲，防止纵筋过早压屈，一般在 12 ～ 32mm 范围内选用。

② 纵向受力钢筋通常采用 HRB335 级、HRB400 级或 RRB400E 级钢筋，不宜采用高强度钢筋受压，因为构件在破坏时，钢筋应力最多只能达到 400N/m^2。

③ 钢筋调直可采用机械调直和冷拉调直。当采用冷拉调直时，必须控制钢筋的伸长率。对于 HRB335 级、HRB400 级和 RRB400E 级钢筋的冷拉伸长率不宜大于 1%。

④ 全部纵向受压钢筋的配筋率 ρ' 不宜超过 5%，也不应小于 0.6%；当采用 HRB400 级、RRB400E 级钢筋时，全部纵向受压钢筋强度的配筋率不应小于 0.5%。

⑤ 纵向钢筋应沿截面四周均匀布置，钢筋净距不应小于 50mm，其中距亦不应大于 300mm；矩形截面钢筋根数不得少于 4 根，以便与箍筋形成刚性骨架；圆形截面钢筋根数不

宜少于 8 根。

10.2.1.3 梁的箍筋

梁的箍筋承受由剪力和弯矩在梁内引起的主拉应力。通过绑扎或焊接把其他钢筋联系在一起，形成钢筋骨架。

梁的箍筋三维图如图 10-6 所示。

扫码看视频

梁的弯起钢筋

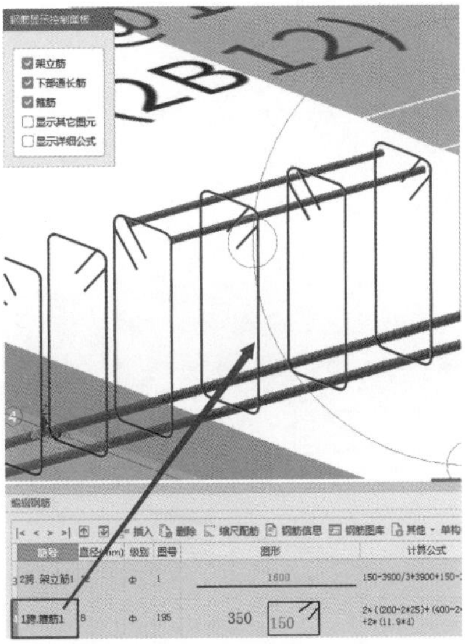

图 10-6 梁的箍筋三维图

10.2.1.4 梁的弯起钢筋

梁的弯起钢筋由纵向受力钢筋弯起成形的。其作用当在跨中时承受正弯矩产生的拉力；靠近支座时承受负弯矩和剪力共同产生的主拉应力。建筑工程梁弯起钢筋布置要求如下。

① 梁中弯起钢筋的弯起角 α，一般为 45°；当梁高＞ 800mm 时，宜取 60°。

② 弯起钢筋的弯终点外应留有锚固长度，在受拉区不应小于 $20d$，在受压区不应小于 $10d$，对光圆钢筋在末端应设置弯钩，弯起钢筋端部构造如图 10-7 所示。

③ 弯起钢筋应在同一截面中与梁轴线对称成对弯起，当两上截面中各弯起一根钢筋时，这两根钢筋也应沿梁轴线对称弯起。梁底（顶）层钢筋中的角部钢筋不应弯起。

④ 在梁的受拉区中，弯起钢筋的弯起点可设在按正截面受弯承载力计算不需要该钢筋截面之前；但弯起钢筋与梁中心线交点应在不需要该钢筋的截面之外，同时，弯起点与计算充分利用该钢筋的截面之间的距离不应小于 $h_0/2$，弯起钢筋弯起点与弯矩图形的关系如图 10-8 所示。

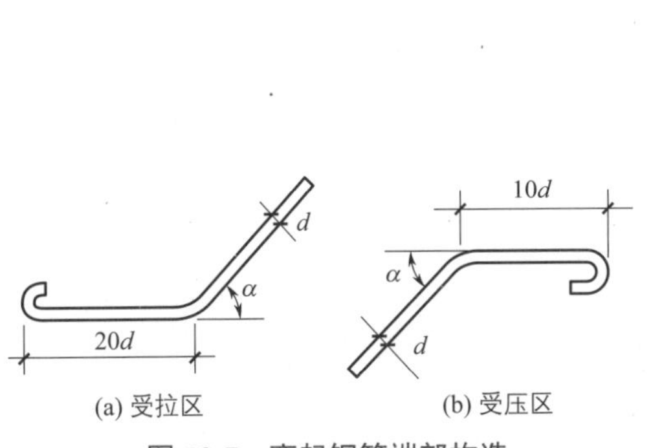

图 10-7 弯起钢筋端部构造

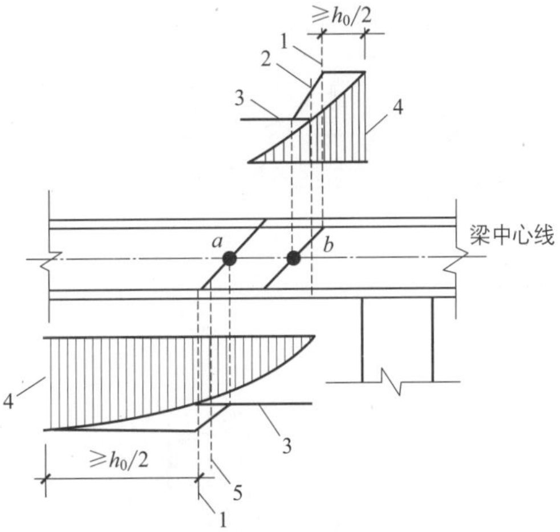

图 10-8 弯起钢筋弯起点与弯矩图形的关系

1—在受拉区域中的弯起点；2—按计算不需要钢筋“b”的截面；3—正截面受弯承载力图形；4—按计算钢筋强度充分利用的截面；5—按计算不需要钢筋“a”的截面

⑤ 弯起钢筋前排的弯起点至后一排的弯终点的距离，不应大于箍筋的最大间距。

⑥ 当纵向受力钢筋不能在需要的位置弯起，或弯起钢筋不足以承受剪力时，需增设附加

斜钢筋，且其两端应锚固在受压区内（鸭筋），不得采用浮筋，附加斜钢筋（鸭筋）的设置如图 10-9 所示。

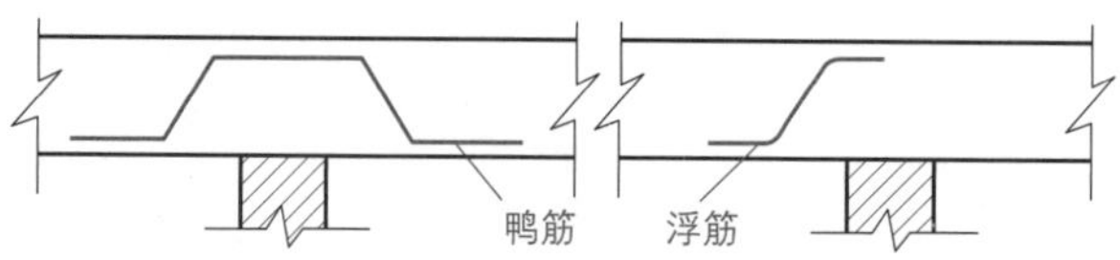

图 10-9　附加斜钢筋（鸭筋）的设置

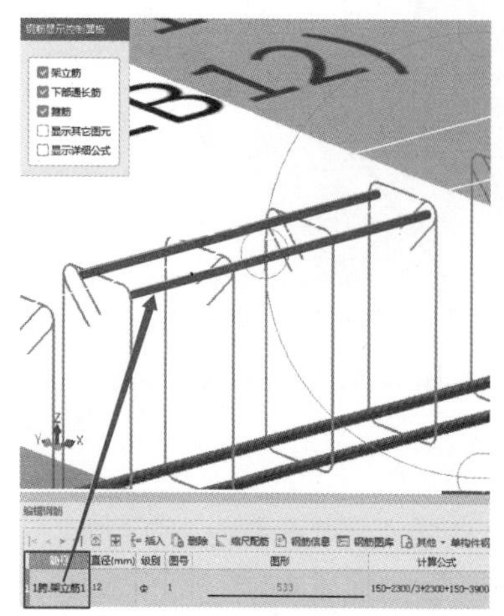

图 10-10　梁的架立筋三维图

10.2.1.5　梁的架立筋

为了固定箍筋的正确位置和形成钢筋骨架，在梁的受压区外缘两侧，布置平行于纵向受力钢筋的为架力筋。架立筋还可承受因温度变化和混凝土收缩而产生的应力，防止发生裂缝。

梁的架立筋三维图如图 10-10 所示。

10.2.1.6　梁的吊筋

为了防止斜裂缝的发生引起局部破坏，应在次梁支承处的主梁内设置附加横向钢筋。主梁的附加横向钢筋如图 10-11 所示。

梁的吊筋三维图如图 10-12 所示。

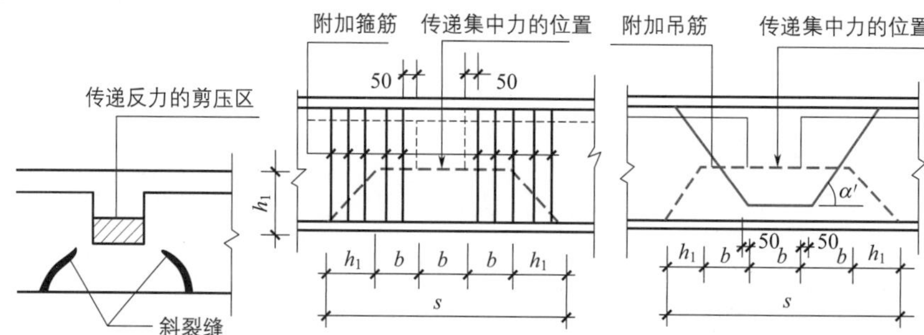

图 10-11　主梁的附加横向钢筋

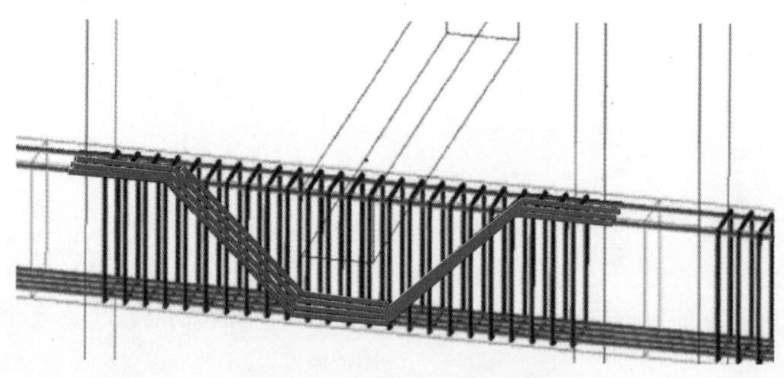

图 10-12　梁的吊筋三维图

10.2.1.7　梁的上部通长筋

通长筋指梁上部受力筋沿梁的长度方向不截断，梁的上部通长筋如图 10-13 所示。

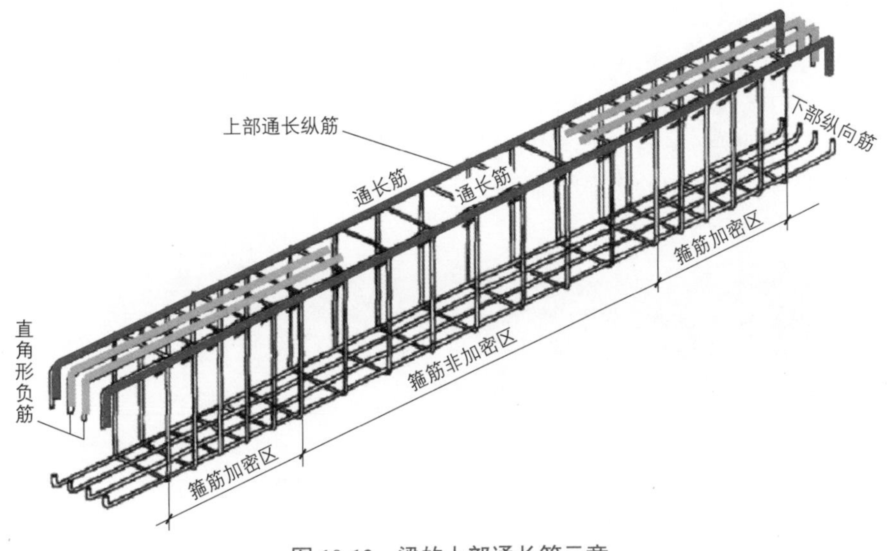

图 **10-13** 梁的上部通长筋示意

10.2.2 楼层框架梁钢筋构造

楼层框架梁 KL 纵向钢筋构造如图 10-14 所示。

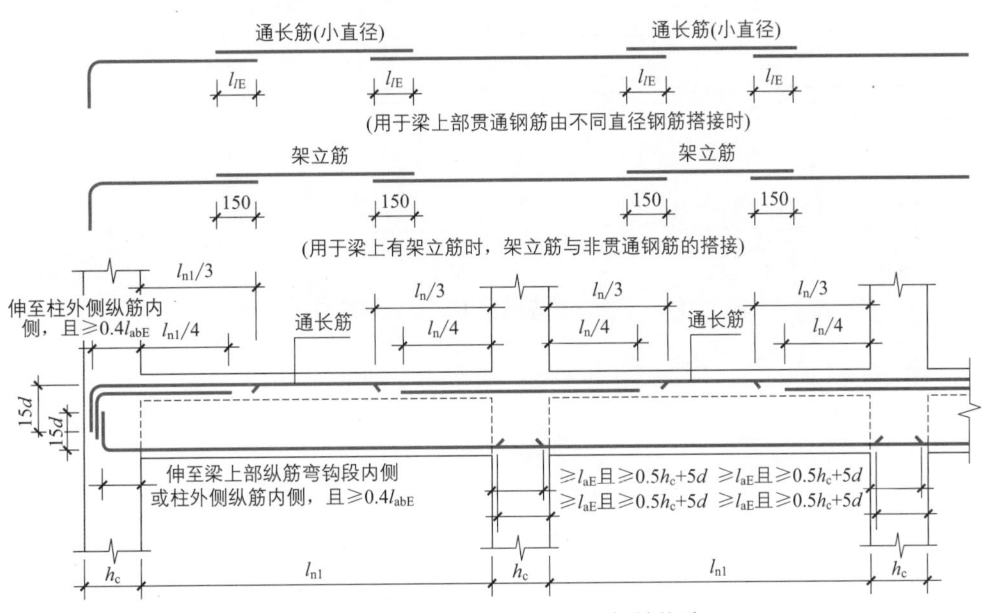

图 **10-14** 楼层框架梁 **KL** 纵向钢筋构造

① 两端支座和中间支座上部非通长筋截断位置（$l_n/3$，$l_n/4$，多余 3 排由设计师定，注意 l_n 的取值）。

② KL 上部通长筋连接位置。当支座负筋直径＞上部通长筋时，在一跨的两端 $L_n/3$ 的地方与其连接；当支座负筋直径＝上部通长筋的直径时，在跨中 $L_n/3$ 范围内连接；上部非贯通筋与架立筋连接时，其搭接长度为 150mm。

③ KL 下部纵筋在中间支座锚固。一般按跨布置，在中间支座内锚固，纵筋伸入中间支座锚固长度为 max [l_{aE}，$0.5h_c + 5d$]。对于大跨度梁，不能在柱内锚固时，在节点外大于等于 $1.5h_c$ 处进行搭接。相邻钢筋直径不同时，在小直径跨内搭接。

④ KL上、下部纵筋在端支座锚固要求。端支座锚固形式分 3 种：弯锚、直锚、锚板锚固；弯锚和锚板锚伸入柱内的水平段锚固长≥ $0.4l_{aE}$。端支座加锚头（锚板）锚固及端支座直锚如图 10-15、图 10-16 所示。

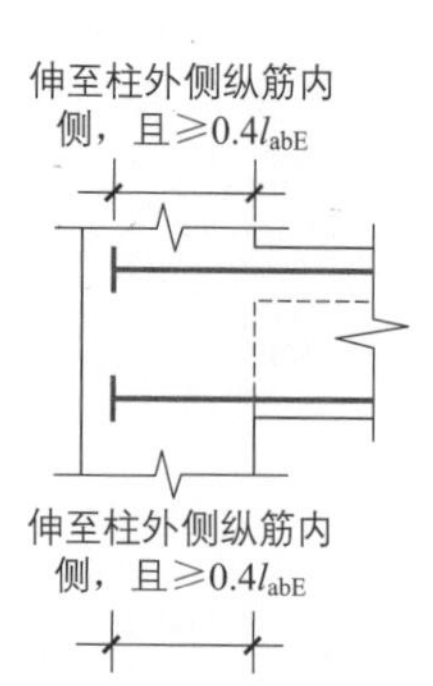

图 10-15　端支座加锚头（锚板）锚固

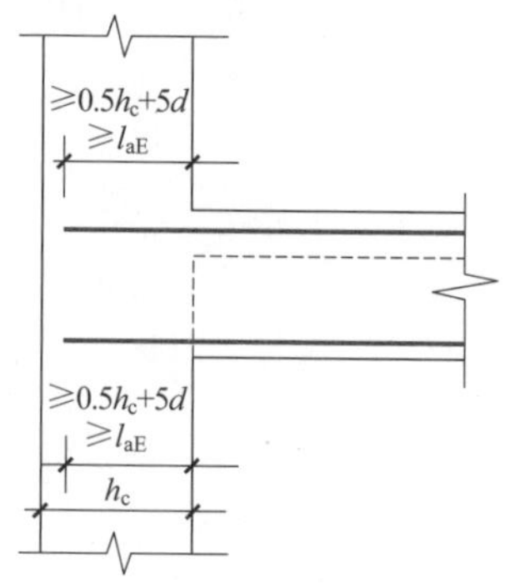

图 10-16　端支座直锚

⑤ KL 下部不伸入支座筋构造如图 10-17 所示。

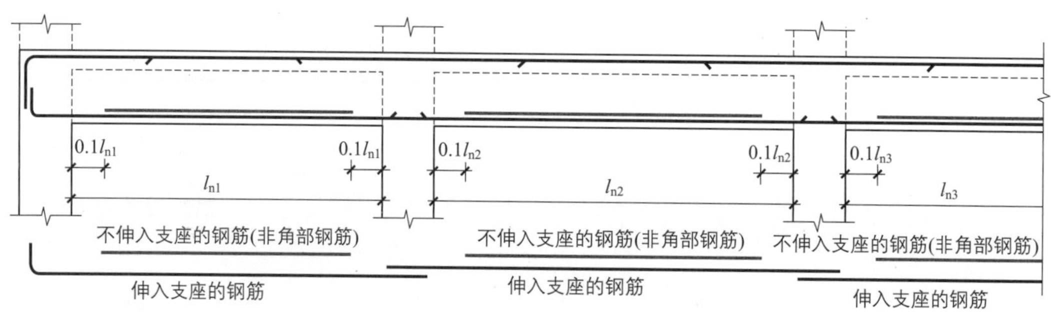

图 10-17　不伸入支座的梁下部纵向钢筋断点位置

⑥ KL 侧面构造钢筋 G。22 G101-1 图集第 97 页，两侧面构造筋搭接和锚固长度可取 15d；梁腹板高度 h_w ≥ 450mm 时，设置侧面纵向构造筋，间距≤ 200mm，呈对称布置。

⑦ KL 侧面抗扭钢筋 N。锚固方式同 KL 下部纵筋锚固方式。

⑧ 拉筋。当没有多排拉筋时，上下两排拉筋竖向错开设置。

⑨ KL 箍筋的构造。箍筋有加密区和非加密区之分，第一道箍筋在距支座边缘 50mm 处开始设置，当为多肢复合箍筋时采用大箍套小箍的方式。框架梁箍筋加密区范围如图 10-18 所示。

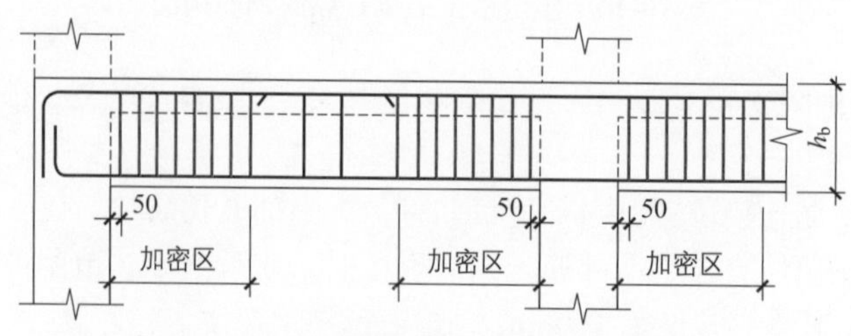

图 10-18　框架梁 KL 箍筋加密区范围

⑩ KL 变截面处钢筋构造如图 10-19 所示。

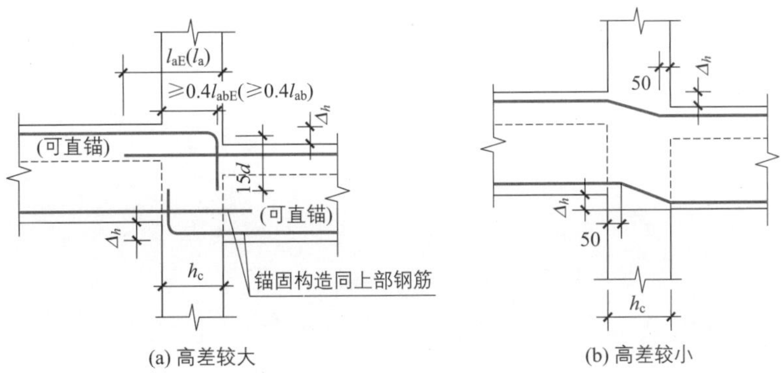

(a) 高差较大　　(b) 高差较小

图 10-19　KL 变截面处钢筋构造

楼层框架梁钢筋构造的三维图如图 10-20 所示。

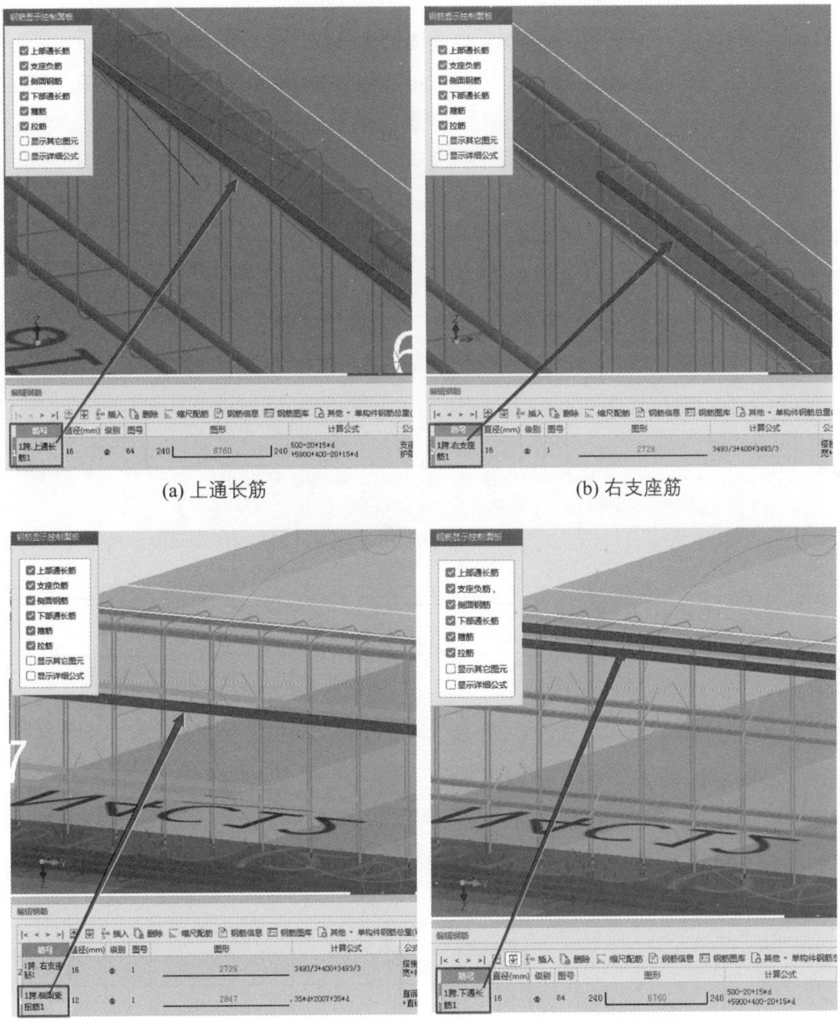

(a) 上通长筋　　(b) 右支座筋

(c) 侧面受扭筋　　(d) 下通长筋

图 10-20

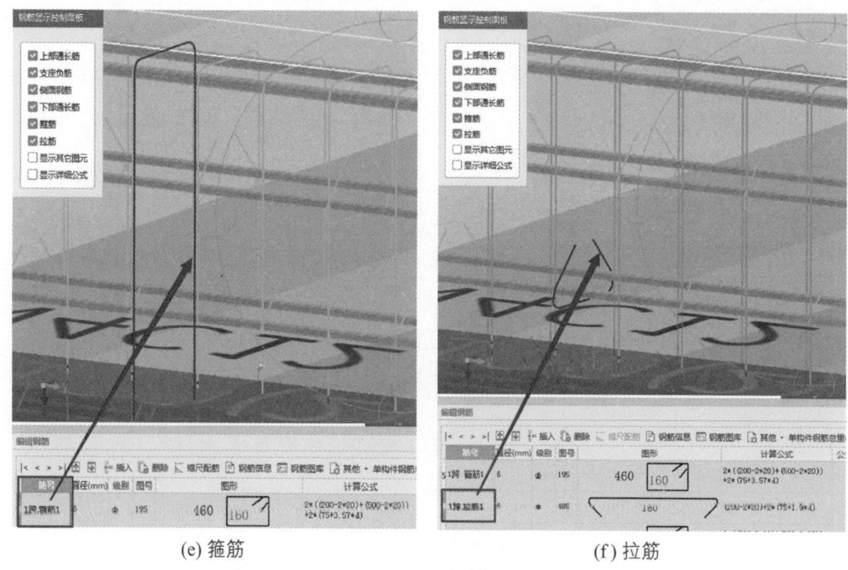

(e) 箍筋　　　　(f) 拉筋

图 10-20　楼层框架梁钢筋构造的三维图

10.2.3　屋面框架梁 WKL 钢筋构造

① 屋面框钢筋架梁 WKL 纵向构造如图 10-21 所示。

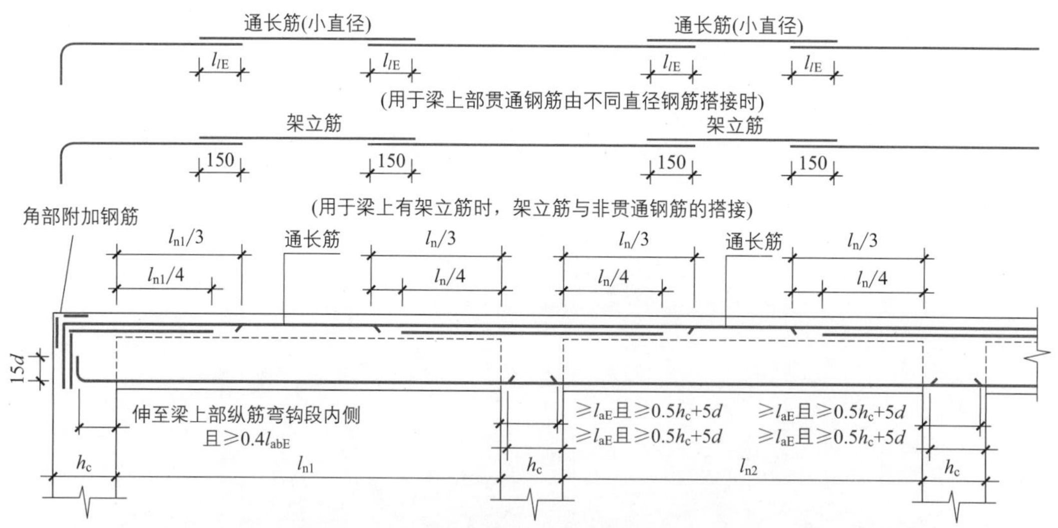

图 10-21　屋面框钢筋架梁 WKL 纵向构造

② 顶层端节点梁下部钢筋端头加锚头（锚板）锚固如图 10-22 所示。

③ 顶层端支座梁下部钢筋直锚如图 10-23 所示。

④ 顶层中间节点梁下部钢筋在节点外搭接如图 10-24 所示。梁下部钢筋不能在柱内锚固时，可在节点外搭接。相邻跨钢筋直径不同时，搭接位置位于较小直径一跨。

⑤ 屋面框架梁 WKL 箍筋加密区范围如图 10-25 所示。

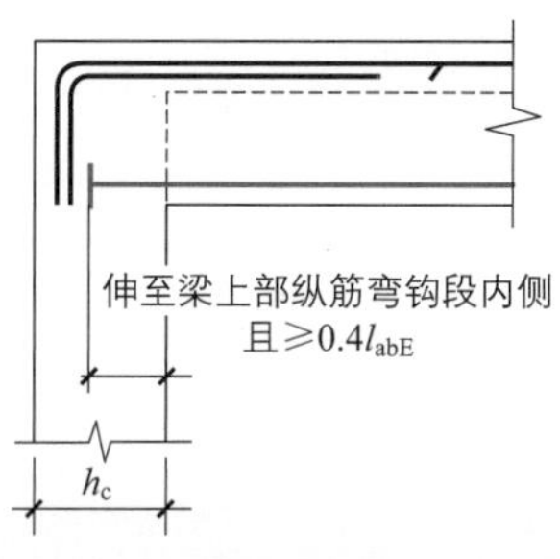

图 10-22 顶层端节点梁下部钢筋端头加锚头（锚板）锚固

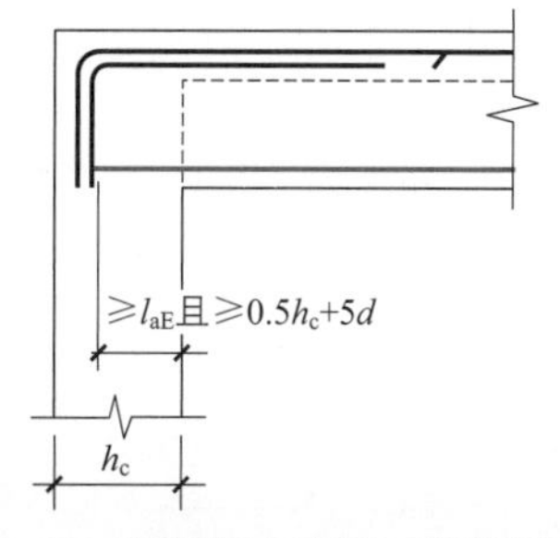

图 10-23 顶层端支座梁下部钢筋直锚

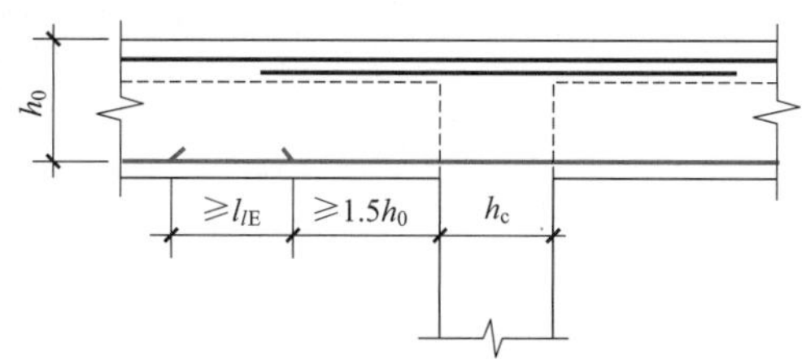

图 10-24 顶层中间节点梁下部钢筋在节点外搭接

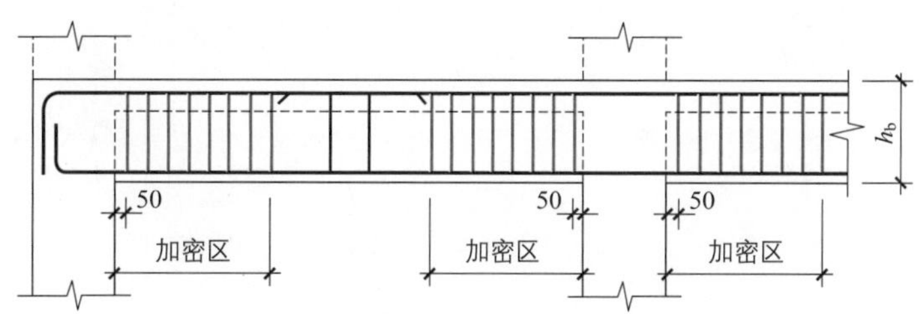

图 10-25 屋面框架梁 WKL 箍筋加密区范围

⑥ 屋面框架梁钢筋构造三维图如图 10-26 所示。

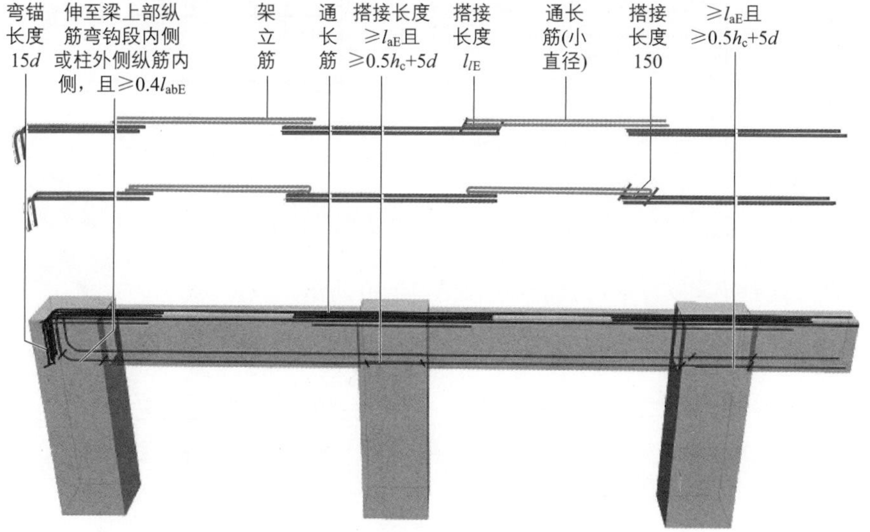

图 10-26 屋面框架梁钢筋构造三维图

10.2.4 非框架梁 L 及井字梁 JZL 钢筋构造

10.2.4.1 非框架梁 L 钢筋构造

① 非框架梁 L 的配筋构造如图 10-27 所示。

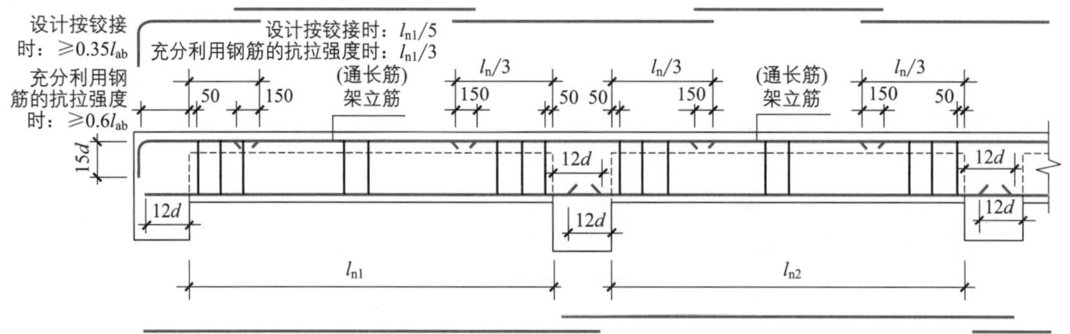

图 10-27 非框架梁配筋构造

② 端支座非框架梁下部纵筋弯锚构造如图 10-28 所示。

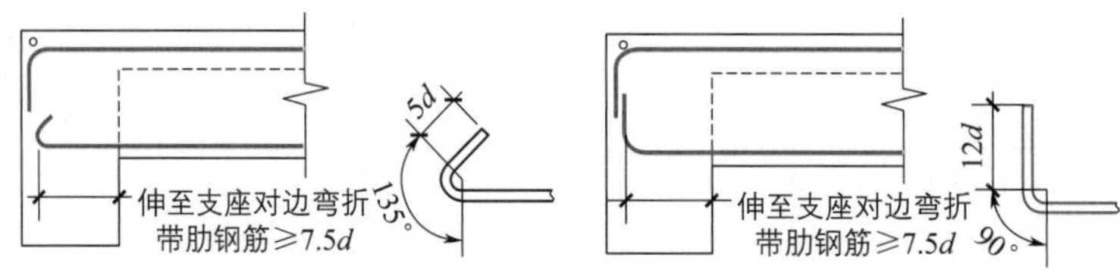

图 10-28 端支座非框架梁下部纵筋弯锚构造

③ 受扭非框架梁纵筋构造如图 10-29 所示。

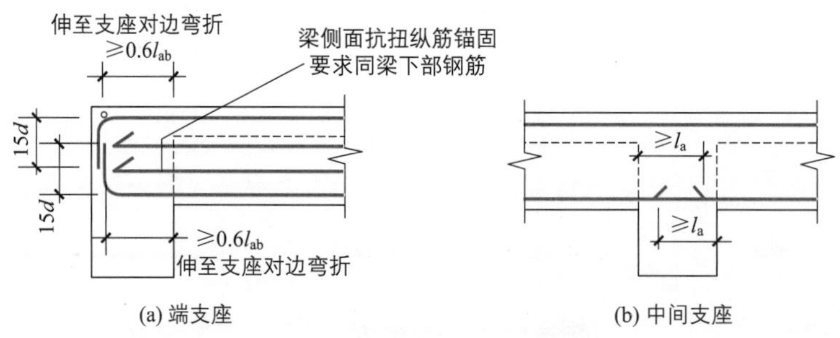

图 10-29 受扭非框架梁纵筋构造

④ 非框架梁 L 中间支座纵向钢筋构造如图 10-30 所示。

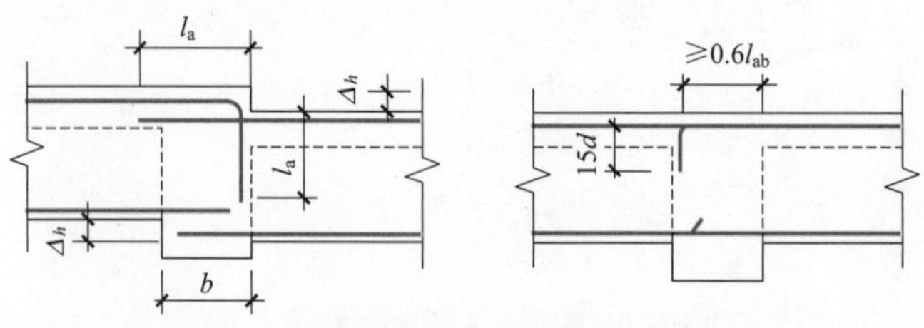

图 10-30 非框架梁 L 中间支座纵向钢筋构造

10.2.4.2　井字梁 JZL 钢筋构造

① 井字梁 JZL2（2）配筋构造如图 10-31 所示。

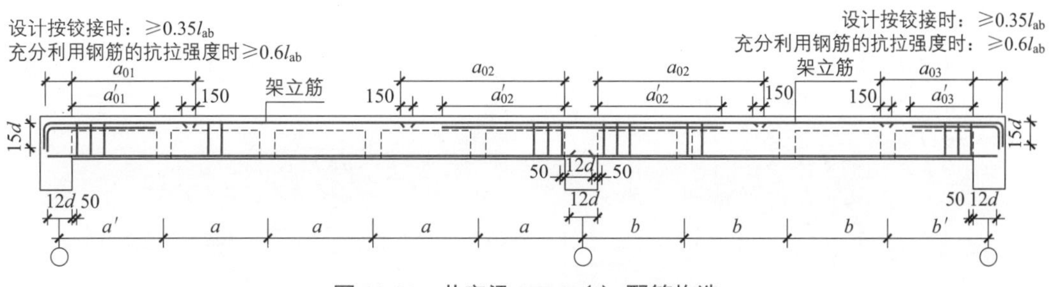

图 10-31　井字梁 JZL2（2）配筋构造

② 井字梁 JZL5（1）配筋构造如图 10-32 所示。

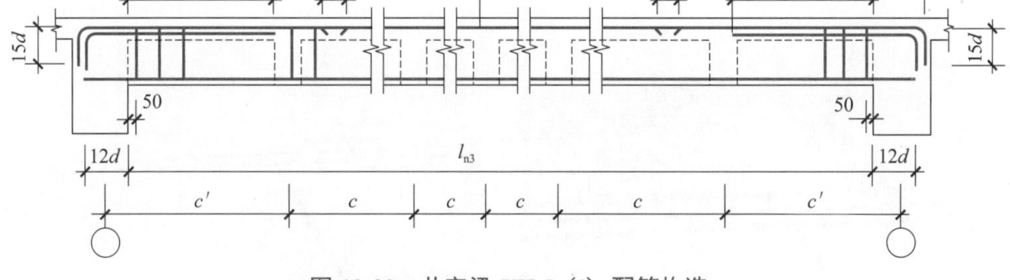

图 10-32　井字梁 JZL5（1）配筋构造

③ 井字梁交叉节点钢筋排布构造示意图如图 10-33 所示。

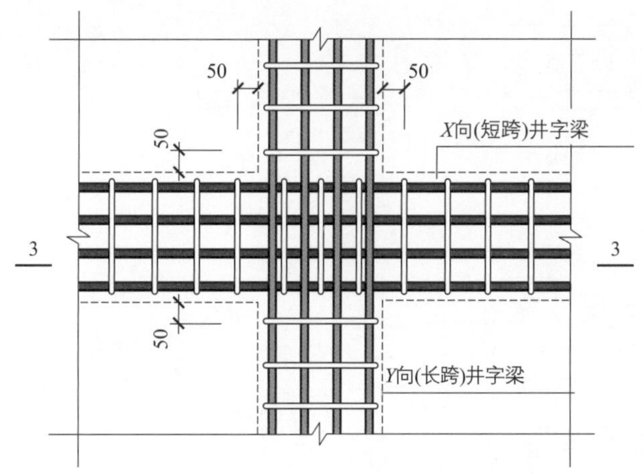

图 10-33　井字梁交叉节点钢筋排布构造示意图

10.2.4.3　非框架梁 L 钢筋构造的三维图

非框架梁 L 钢筋构造的三维图如图 10-34 所示。

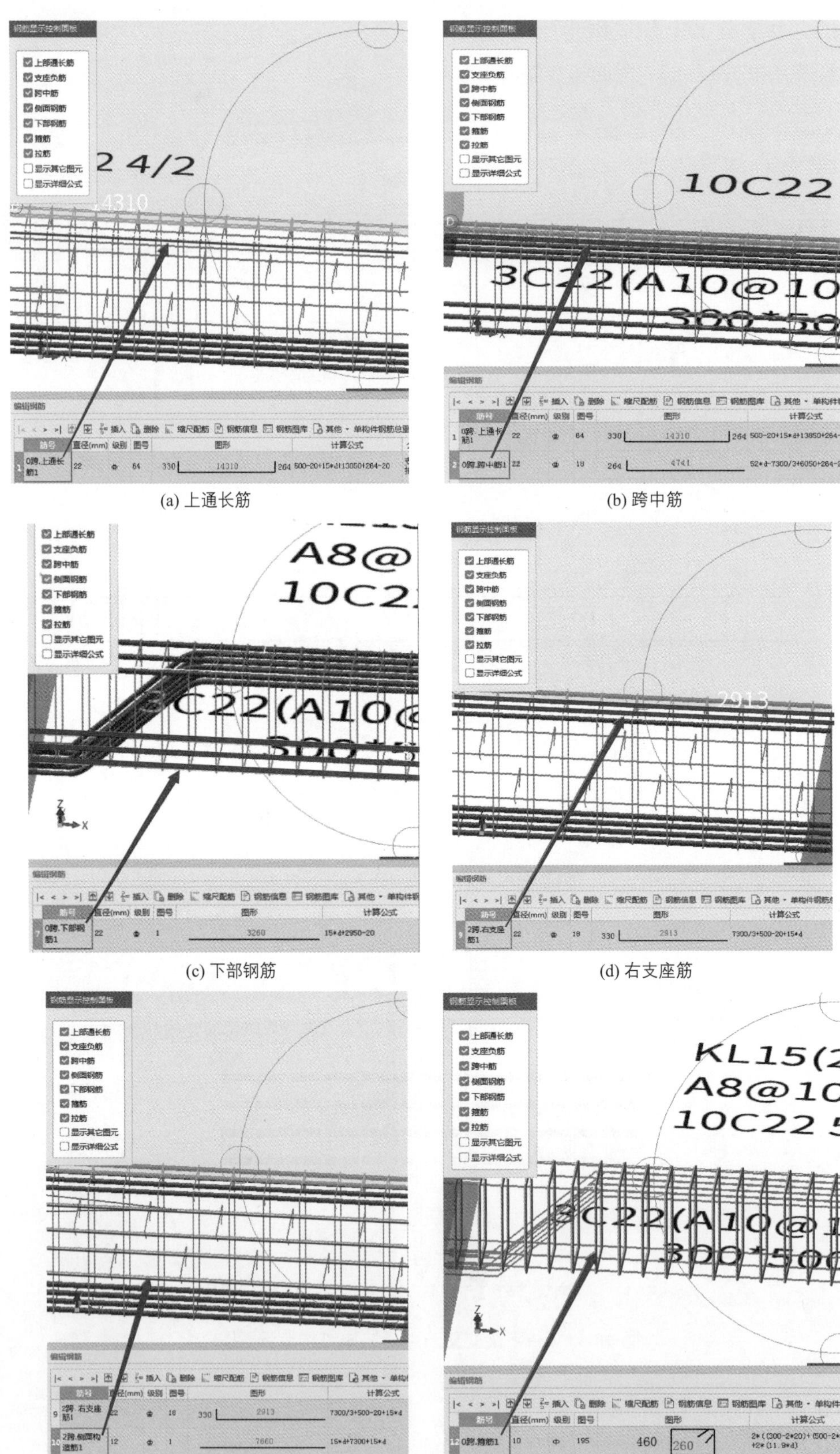

(a) 上通长筋

(b) 跨中筋

(c) 下部钢筋

(d) 右支座筋

(e) 侧面构造筋

(f) 箍筋

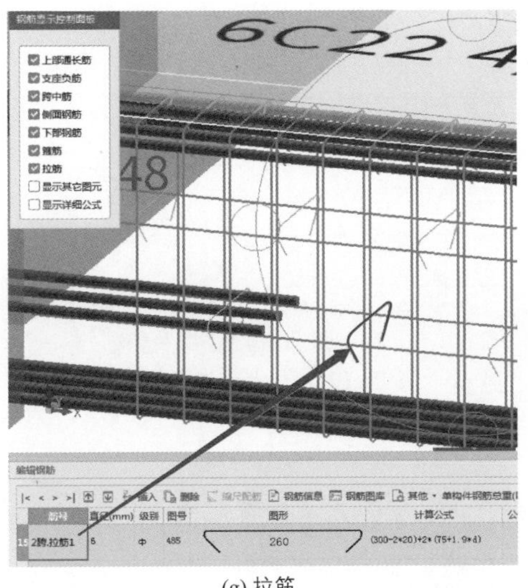

(g) 拉筋

图 10-34　非框架梁 L 钢筋构造的三维图

10.2.4.4　井字梁 JZL 钢筋构造的三维图

井字梁 JZL2（2）配筋构造三维图如图 10-35 所示。

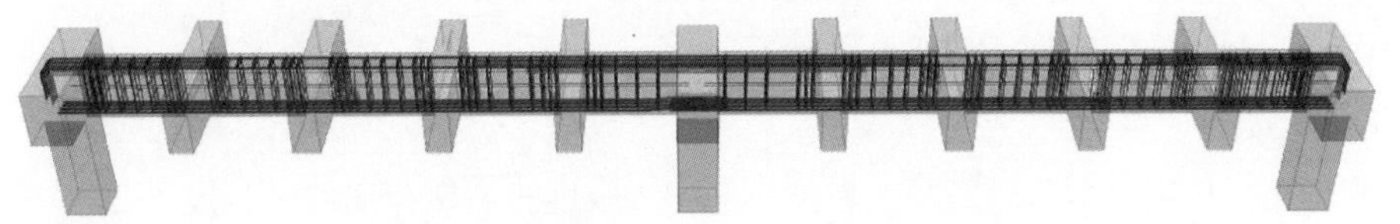

图 10-35　井字梁 JZL2（2）配筋构造三维图

井字梁 JZL5（1）配筋构造三维图如图 10-36 所示。

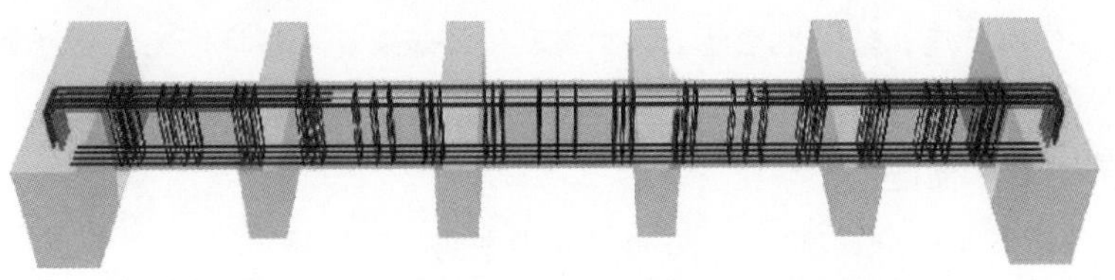

图 10-36　井字梁 JZL5（1）配筋构造三维图

10.3 梁构件钢筋计算实例

10.3.1　楼层框架梁钢筋计算

10.3.1.1　上部通长筋

计算公式：长度＝各跨长之和 $L_{净长}$－左支座内侧 a_2－右支座内侧 a_3＋左锚固长度。

注：如果存在搭接情况，还需要把搭接长度加进去。

上部通长筋如图 10-37 所示。

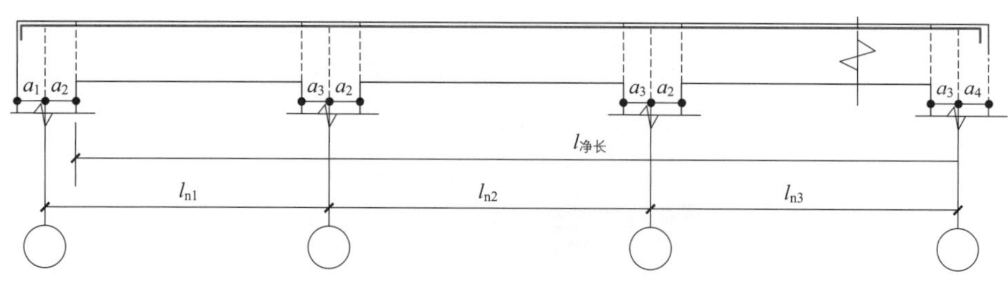

图 10-37　上部通长筋

10.3.1.2　端支座负筋

计算公式：第一排钢筋长度＝本跨净跨长 /3 ＋锚固长度

第二排钢筋长度＝本跨净跨长 /4 ＋锚固长度

注：①锚固同梁上部贯通筋端锚固；②当梁的支座负筋有三排时，第三排钢筋的长度计算同第二排。

10.3.1.3　中间支座负筋

计算公式：第一排钢筋长度＝ 2×l_n/3 ＋支座宽度

第二排钢筋长度＝ 2×l_n/4 ＋支座宽度

注：l_n 为相邻梁跨大跨的净跨长。

10.3.1.4　架立筋

计算公式：长度＝本跨净跨长－左侧负筋伸入长度－右侧负筋伸入长度＋ 2× 搭接长度

注：当梁上部既有贯通筋又有架立筋时，搭接长度为 150mm。

10.3.1.5　下部通长筋

计算公式：长度＝各跨长之和－左支座内侧 a_2 －右支座内侧 a_3 ＋左锚固＋右锚固

注：端支座锚固长度取值同框架梁上部钢筋取值；如果存在搭接情况，还需要把搭接长度加进去。

10.3.1.6　下部不伸入支座筋

计算公式：长度＝净跨长度－ 2×0.1l_n（l_n 为本跨净跨长度）

10.3.1.7　侧面纵向构造钢筋

计算公式：当 h_w ≥ 450mm 时，需要在梁的两个侧面沿高度配置纵向构造钢筋，间距 a ≤ 200mm；长度＝净跨长度＋ 2×15d

10.3.1.8　侧面纵向抗扭钢筋

计算公式：长度＝净跨长度＋ 2× 锚固长度

10.3.1.9　拉筋

计算公式：长度＝梁宽－ 2× 保护层＋ 2×11.9d ＋ 2d

注：当梁宽≤ 350mm 时，拉筋直径为 6mm; 梁宽＞ 350mm 时，拉筋直径为 8mm。

10.3.1.10　吊筋

计算公式：长度＝ 2×20d ＋ 2× 斜段长度＋次梁宽度＋ 2×50

注：斜段长度取值：当主梁高＞800mm，角度为60°；当主梁高≤800mm，角度为45°。

10.3.1.11 次梁加筋

计算公式：次梁加筋箍筋长度同箍筋长度计算。

10.3.1.12 加腋钢筋

计算公式：长度＝加腋斜长＋2×锚固长度

注：当梁结构平法施工图中加腋部位的配筋未注明时，其梁腋的下部斜纵筋为伸入支座的梁下部纵筋根数 n 的 $n-1$ 根（且不少于两根），并插空放置，其箍筋与梁端部的箍筋相同。

10.3.1.13 箍筋

计算公式：长度＝单根长 × 根数

根数＝2×［（加密区长度－50）/ 加密间距＋1］＋（非加密区长度 / 非加密间距－1）

注：箍筋加密区长度取值：当结构为一级抗震时，加密长度为 max（2× 梁高，500）

当结构为二至四级抗震时，加密长度为 max（1.5× 梁高，500）。

【例 10-1】 某 KL1 的平法施工图如图 10-38 所示，其计算条件见表 10-2。计算参数：柱保护层厚度 $c=30$mm；梁保护层厚度＝25mm；$l_{aE}=33d$；双肢箍长度计算公式：$(b-2c)\times2+(h-2c)\times2+(1.9d+10d)\times2$；箍筋起步距离＝50mm。试计算钢筋长度。

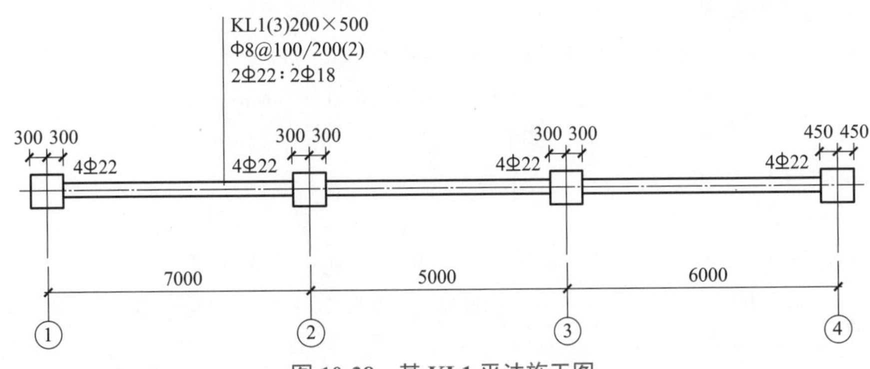

图 10-38 某 KL1 平法施工图

表 10-2 某 KL1 计算条件

参数	混凝土强度	抗震等级	纵筋连接方式	钢筋定尺长度	h_c	h_b
取值	C30	一级抗震	对焊	9000	柱宽	梁高

【解】 （1）上部通长筋

① 判断两端支座锚固方式

左端柱子支座尺寸 600mm＜l_{aE}，因此左端支座内弯锚；右端柱子支座尺寸 900mm＞l_{aE}，因此右端支座内直锚。

② 上部通长筋长度

上部通长筋长度＝净长＋（支座宽－保护层＋15d）＋max（l_{aE}，0.5h_c＋5d）

$$=7000+5000+6000-300-450+(600-30+15\times22)+\max(33\times22,\ 0.5\times600+5\times22)=18876\ (\text{mm})$$

接头个数＝18876/9000－1≈2（个）

（2）支座1负筋

① 左端支座锚固同上部通长筋；跨内延伸长度 $l_n/3$

② 支座负筋长度＝600－30＋15d＋(7000－600)/3

＝600－30＋15×22＋(7000－600)/3≈3034（mm）

（3）支座2负筋

长度＝两端延伸长度＋支座宽度＝2×(7000－600)/3＋600＝4867（mm）

（4）支座3负筋

长度＝两端延伸长度＋支座宽度＝2×(6000－750)/3＋600＝4100（mm）

（5）支座4负筋

支座负筋长度＝右端支座锚固同上部通长筋＋跨内延伸长度 $l_n/3$

＝max（33×22，0.5×600＋5×22）＋（6000－750)/3

＝2476（mm）

（6）下部通长筋

① 判断两端支座锚固方式

左端柱子支座尺寸600mm＜l_{aE}，因此左端支座内弯锚；右端柱子支座尺寸900mm＞l_{aE}，因此右端支座内直锚。

② 下部通长筋长度

下部通长筋长度＝7000＋5000＋6000－300－450＋(600－30＋15d)＋max(33d，300＋5d)

＝7000＋5000＋6000－300－450＋（600－30＋15×18）＋max（33×18，300＋5×18）＝18684（mm）

接头个数＝18684/9000－1≈2（个）

（7）箍筋长度

箍筋长度＝（b－2c）×2＋（h－2c）×2＋（1.9d＋10d）×2

＝（200－2×25）×2＋（500－2×25）×2＋2×11.9×8＝1390.4（mm）

（8）每跨箍筋根数

箍筋加密区长度＝2×500＝1000（mm）

加密区根数＝2×［（1000－50)/100＋1］＝21（根）

非加密区根数＝（7000－600－2000)/200－1＝21（根）

第一跨＝21＋21＝42（根）

加密区根数＝2×［（1000－50)/100＋1］＝21（根）

非加密区根数＝（5000－600－2000)/200－1＝11（根）

第二跨＝21＋11＝32（根）

加密区根数＝2×[（1000－50）/100＋1]＝21（根）

非加密区根数＝（6000－750－2000)/200－1≈16（根）

第三跨＝21＋16＝37（根）

总根数＝42＋32＋37＝111（根）

【例10-2】 楼层框架梁KL1的平法表示如图10-39所示。KL1的纵筋直锚构造如图10-40所示。梁只有上、下通长筋，且柱子截面较大，保护层厚度为20mm，混凝土强度等级为C30，二级抗震等级，采用HRB335级钢筋。试计算上、下通长筋的长度。

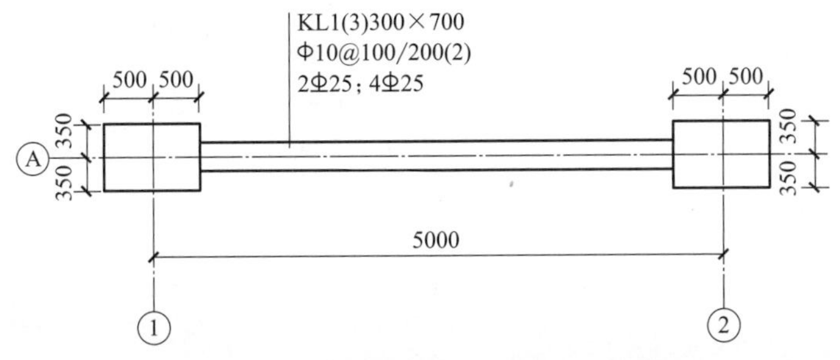

图 10-39 某楼层框架梁 KL1 的平法图

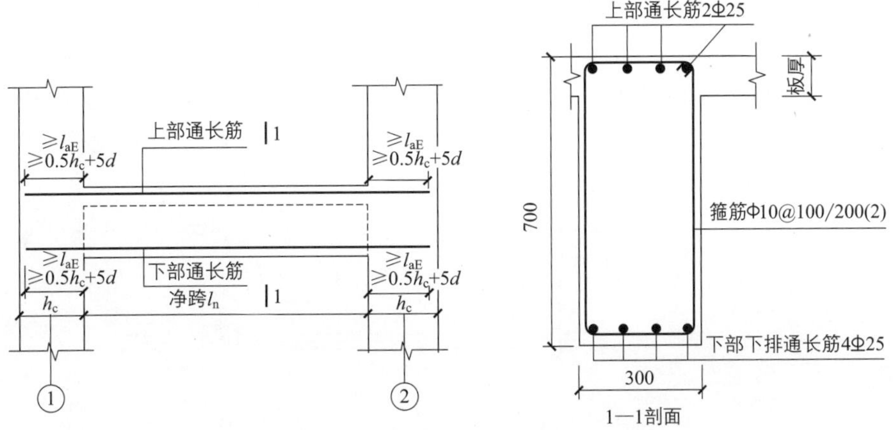

图 10-40 某楼层框架梁 KL1 纵筋直锚构造

【解】 首先要判断钢筋是否直锚在端支座内。由图 10-40 可知，在柱子宽 h_c －保护层 ≥ l_{aE} 时，纵筋直锚在端支座里。支座宽 h_c ＝ 1000mm。

锚固长度 l_{aE} ＝ 33d ＝ 33×25 ＝ 825（mm）

柱子宽 h_c －保护层厚度＝ 1000 － 20 ＝ 980（mm）

因为柱子宽 h_c －保护层厚度≥ l_{aE}，所以判断纵向钢筋必须直锚。

（1）梁上部通长筋长度的计算

梁上部通长筋长度＝ 0.5h_c ＋ 5d ＝ 0.5×700 ＋ 5×25 ＝ 475（mm）

楼层框架梁上部贯通钢筋长度＝跨净长 l_n ＋左锚入支座内长度 max（l_{aE}，0.5h_c ＋ 5d）＋右锚入支座内长度 max（l_{aE}，0.5h_c ＋ 5d）＝（5000 － 500 － 500）＋ max（825，475）＋ max（825，475）＝ 5650（mm）

（2）梁下部通长筋长度计算

梁下部通长筋长度计算方法与上部通长筋的一样。

楼层框架梁下部贯通钢筋长度＝跨净长 l_n ＋左锚入支座内长度 max（l_{aE}，0.5h_c ＋ 5d）＋右锚入支座内长度 max（L_{aE}，0.5h_c ＋ 5d）＝（5000 － 500 － 500）＋ max（825,475）＋ max（825，475）＝ 5650（mm）

10.3.2 屋面框架梁钢筋计算

屋面框架梁计算配图如图 10-41 所示。

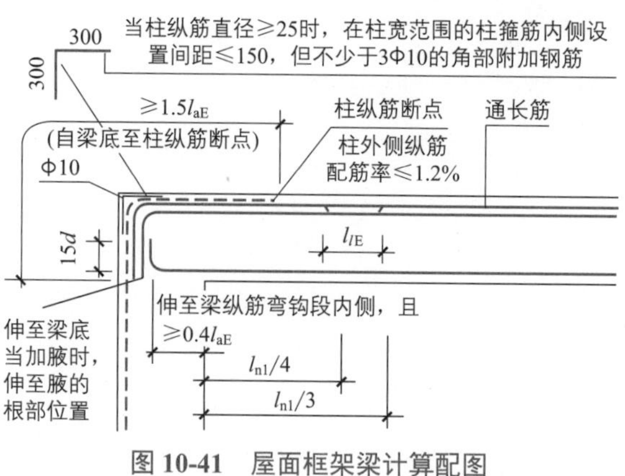

图 10-41　屋面框架梁计算配图

【例 10-3】　某一屋面框架梁 WKL1 的平法表示如图 10-42 所示。保护层厚度为 25mm，每 8000mm 搭接一次，混凝土强度等级为 C35，一级抗震等级，采用 HRB335 级钢筋。试计算该屋面框架梁的钢筋。

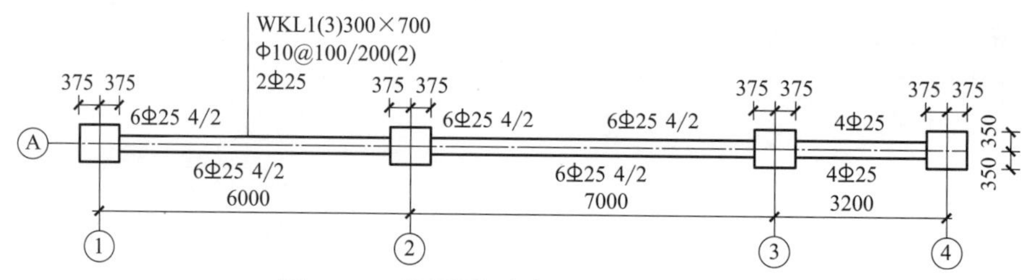

图 10-42　某屋面框架梁 WKL1 的平法图

【解】（1）上部通长筋的计算

屋面框架梁上部贯通筋长度＝通跨净长＋（左端支座宽－保护层厚度）＋（右端支座宽－保护层厚度）＋弯折（梁高－保护层厚度）×2＝（6000＋7000＋3200－375－375）＋（750－25）＋（750－25）＋（700－25）×2＝18350（mm）

（2）第一跨下部钢筋计算

根据“混凝土强度等级为 C35，一级抗震等级，采用 HRB335 级钢筋”已知条件，及锚固长度表可知：$l_{aE}=31d=31\times25=775$（mm）

支座宽 h_c －保护层厚度＝ 750 － 25 ＝ 725（mm）

因为支座宽 h_c －保护层厚度＜ l_{aE}，所以判断出纵向钢筋必须弯锚。

左支座锚固＝ max（$0.4l_{abE}+15d$，支座宽 h_c －保护层厚度＋ $15d$）

＝ max（0.4×31×25 ＋ 15×25，750 － 25 ＋ 15×25）＝ 1100（mm）

右支座锚固＝ max（l_{aE}，$0.5h_c+5d$）＝ max（775，0.5×750 ＋ 5×25）＝ 775（mm）

第一跨下部钢筋长度＝通跨净长＋左支座锚固＋右支座锚固

＝（6000 － 375 － 375）＋ 1100 ＋ 775 ＝ 7125（mm）

（3）第二跨下部钢筋计算

左、右支座锚固＝ max（l_{aE}，$0.5h_c+5d$）

＝ max（775，0.5×750 ＋ 5×25）＝ 775（mm）

第一跨下部钢筋长度＝通跨净长＋左支座锚固＋右支座锚固

＝（7000 － 375 － 375）＋ 775 ＋ 775 ＝ 7800（mm）

（4）第三跨下部钢筋计算

左支座锚固＝ max（l_{aE}，$0.5h_c + 5d$）＝ max（775，0.5×750 ＋ 5×25）＝ 775（mm）

右支座锚固＝ max（$0.4l_{abE} + 15d$，支座宽 h_c －保护层厚度＋ $15d$）＝ max（0.4×31×25 ＋ 15×25，750 － 25 ＋ 15×25）＝ 1100（mm）

第三跨下部钢筋长度＝通跨净长＋左支座锚固＋右支座锚固

＝（3200 － 375 － 375）＋ 1100 ＋ 775 ＝ 4325（mm）

（5）第三跨跨中钢筋计算

右锚固长度＝（支座宽－保护层厚度）＋（梁高－保护层厚度）

＝（750 － 25）＋（700 － 25）＝ 1400（mm）

第三跨跨中钢筋长度＝第三跨净跨长＋支座宽＋第二跨净跨长 /3 ＋右锚固长度

＝（3200 － 375 － 375）＋ 750 ＋（7000 － 375 － 375)/3 ＋ 1400

≈ 6683（mm）

【例 10-4】　WKL1 的平法施工图如图 10-43 所示。柱保护层厚度 c ＝ 30mm，梁保护层厚度＝ 25mm，l_{aE} ＝ 34d，箍筋起步距离＝ 50mm，锚固方式采用梁包柱的锚固方式。试计算 WKL1 的钢筋用量。

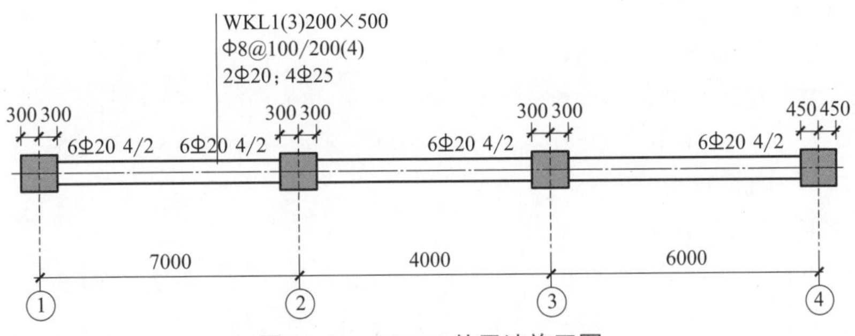

图 10-43　WKL1 的平法施工图

【解】　双肢箍长度计算公式＝ $(b - 2c + d)\times2 + (h - 2c + d)\times2 + (1.9d + 10d)\times2$

（1）上部通长筋 2 Φ 20

按梁包柱锚固方式，两端均伸至端部下弯 $1.7l_{aE}$，则

上部通长筋长度＝ 7000 ＋ 4000 ＋ 6000 ＋ 300 ＋ 450 － 60 ＋ 2×$1.7l_{aE}$

＝ 7000 ＋ 4000 ＋ 6000 ＋ 300 ＋ 450 － 60 ＋ 2×1.7×34×20

＝ 20002（mm）

接头个数＝ 20002/9000 － 1

≈ 2 个（只计算接头个数，不考虑实际连接位置，小数值均向上进位。）

（2）支座 1 负筋，上排 2 Φ 20，下排 2 Φ 20

左端支座锚固同上部通长筋。

跨内延伸长度：上排为 l_n/3，下排为 l_n/3。（l_n 的取值：端支座为该跨净跨值，中间支座为支座两边较大的净跨值。）

上排支座负筋长度＝ $1.7l_{aE}$ ＋（7000 － 600)/3 ＋ 600 － 30

＝ 1.7×34×20 ＋（7000 － 600)/3 ＋ 600 － 30 ≈ 3860（mm）

下排支座负筋长度＝ $1.7l_{aE}$ ＋（7000 － 600)/4 ＋ 600 － 30

＝ 1.7×34×20 ＋（7000 － 600)/4 ＋ 600 － 30 ＝ 3326（mm）

（3）支座 2 负筋，上排 2 Φ 20，下排 2 Φ 20

支座负筋长度＝端支座锚固长度两端延伸长度

上排支座负筋长度＝ 2×（7000 － 600)/3 ≈ 4267（mm）

下排支座负筋长度＝ 2×（7000 － 600)/4 ＝ 3200（mm）

（4）支座 3 负筋，上排 2 Φ 20，下排 2 Φ 20

支座负筋长度＝端支座锚固长度两端延伸长度

上排支座负筋长度＝ 2×（6000 － 750)/3 ＝ 3500（mm）

下排支座负筋长度＝ 2×（6000 － 750)/4 ＝ 2625（mm）

（5）支座 4 负筋，上排 2 Φ 20，下排 2 Φ 20

右端支座锚固同上部通长筋。

跨内延伸长度：上排为 $l_n/3$，下排为 $l_n/3$。

上排支座负筋长度＝ $1.7l_{aE}$ ＋（6000 － 750)/3 ＋ 900 － 30

＝ 1.7×34×20 ＋（6000 － 750)/3 ＋ 900 － 30 ＝ 3776（mm）

下排支座负筋长度＝ $1.7l_{aE}$ ＋（6000 － 750)/4 ＋ 900 － 30

＝ 1.7×34×20 ＋（6000 － 750)/4 ＋ 900 － 30 ≈ 3339（mm）

（6）下部通长筋 4 Φ 25

两端支座锚固长度为伸到对边弯折 $15d$。

上部通长筋长度＝ 7000 ＋ 4000 ＋ 6000 ＋ 300 ＋ 450 － 60 ＋ 2×$15d$

＝ 7000 ＋ 4000 ＋ 6000 ＋ 300 ＋ 450 － 60 ＋ 2×15×25 ＝ 18440（mm）

接头个数＝ 18440/9000 － 1 ≈ 2（个）

（7）箍筋长度（4 肢箍）

双肢箍长度计算公式＝（b － 2c ＋ d）×2 ＋（h － 2c ＋ d）×2 ＋（1.9d ＋ 10d）×2

外大箍筋长度＝（200 － 2×25 ＋ 8）×2 ＋（500 － 2×25 ＋ 8）×2 ＋ 2×11.9×8

≈ 1423（mm）

里小箍筋长度＝ 2×{[（200 － 50)/3 ＋ 25 ＋ 8] ＋（500 － 50 ＋ 8）} ＋ 2×11.9×8

≈ 1273（mm）

注："（200 － 50)/3 ＋ 25 ＋ 8"为中间小箍筋宽度，箍住中间两根纵筋。

（8）每跨箍筋根数

箍筋加密区长度＝ 2×500 ＝ 1000（mm）（一级抗震箍筋加密区为 2 倍梁高）

第一跨加密区箍筋根数＝ 2×[（1000 － 50)/100 ＋ 1] ＝ 21（根）

第一跨非加密区箍筋根数＝（7000 － 600 － 2000)/200 － 1 ＝ 21（根）

第一跨箍筋根数＝ 21 ＋ 21 ＝ 42（根）

第二跨加密区箍筋根数＝ 2×[（1000 － 50)/100 ＋ 1] ＝ 21（根）

第二跨非加密区箍筋根数＝（4000 － 600 － 2000)/200 － 1 ＝ 6（根）

第二跨箍筋根数＝ 21 ＋ 6 ＝ 27（根）

第三跨加密区箍筋根数＝ 2× [（1000 － 50)/100 ＋ 1] ＝ 21（根）

第三跨非加密区箍筋根数＝（6000 － 750 － 2000)/200 － 1 ≈ 16（根）

第三跨箍筋根数＝ 21 ＋ 16 ＝ 37（根）

箍筋总根数＝ 42 ＋ 27 ＋ 37 ＝ 106（根）

10.3.3 非框架梁钢筋计算

10.3.3.1 非框架梁上部钢筋计算

【例 10-5】 某非框架梁 L_1 平法施工图如图 10-44 所示。计算条件如表 10-3 所示。试计算该非框架梁上部钢筋用量。

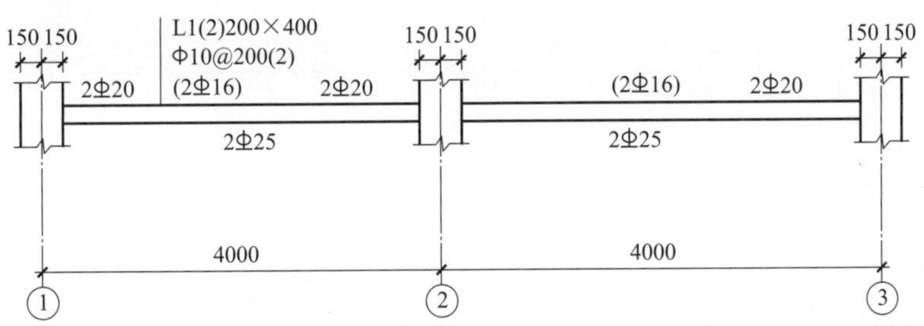

图 10-44 某非框架梁 L_1 平法施工图

表 10-3 某非框架梁 L_1 计算条件

混凝土强度	梁混凝土保护层厚度/mm	支座外侧混凝土保护层厚度/mm	抗震等级	定尺长度/mm	连接方式	l_a
C30	20	20	不抗震	9000	对焊	29*d*

【解】（1）支座 1 负筋

支座 1 负筋长度＝端支座锚固长度＋延伸长度

端支座锚固长度＝支座宽度－ c ＋ $15d$ ＝ 300 － 20 ＋ 15×20 ＝ 580（mm）

延伸长度＝ $l_n/5$ ＝ (4000 － 300)/5 ＝ 740（mm）（说明：端支座负筋延伸长度为 $l_n/5$）

支座 1 负筋总长度＝ 580 ＋ 740 ＝ 1320（mm）

（2）第 1 跨架立筋

第 1 跨架立筋长度＝净长－两端支座负筋延伸长度＋ 2×150

＝ 3700 － 740 －(4000 － 300)/3 ＋ 2×150 ≈ 2027（mm）

（3）支座 2 负筋

支座 2 负筋长度＝支座宽度＋两端延伸长度

＝ 300 ＋ 2×(4000 － 300)/3 ≈ 2767（mm）（说明：中间支座负筋延伸长度为 $l_n/3$）

（4）第 2 跨架立筋

第 2 跨架立筋长度＝净长－两端支座负筋延伸长度＋ 2×150

＝ 3700 － 740 －（4000 － 300)/3 ＋ 2×150 ≈ 2027（mm）

（5）支座 3 负筋

支座 3 负筋长度＝端支座锚固长度＋延伸长度

端支座锚固长度＝支座宽度－ c ＋ $15d$

＝ 300 － 20 ＋ 15×20 ＝ 580（mm）

延伸长度＝ $l_n/5$ ＝（4000 － 300)/5 ＝ 740（mm）（说明：端支座负筋延伸长度为 $l_n/5$）

总长＝ 580 ＋ 740 ＝ 1320（mm）

10.3.3.2 非框架梁下部钢筋及箍筋计算

【例 10-6】 某非框架梁 L4 平法施工图如图 10-45 所示。其计算条件如表 10-4 所示。试计算该非框架梁 L4 下部钢筋及箍筋用量。

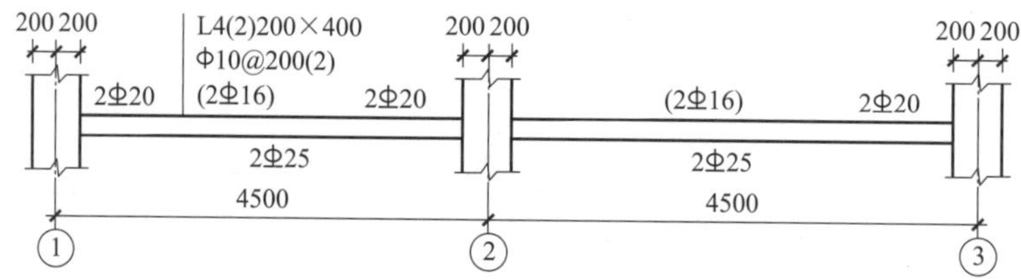

图 10-45 某非框架梁 L4 平法施工图

表 10-4 某非框架梁 L4 计算条件

混凝土强度	梁混凝土保护层厚度 /mm	支座外侧混凝土保护层厚度 /mm	抗震等级	定尺长度 /mm	连接方式	l_a
C30	20	20	不抗震	9000	对焊	29d

【解】（1）第 1 跨下部筋

第 1 跨下部筋长度＝净长＋两端锚固长度（12d）

第 1 跨下部筋长度＝ 4500 － 400 ＋ 2×12d

＝ 4500 － 400 ＋ 2×12×25 ＝ 4700（mm）

（2）第 2 跨下部筋

第 2 跨下部筋长度＝净长＋两端锚固长度（12d）

第 2 跨下部筋长度＝ 4500 － 400 ＋ 2×12d

＝ 4500 － 400 ＋ 2×12×25 ＝ 4700（mm）

（3）箍筋长度

箍筋长度＝周长＋ 2×11.9d

箍筋长度＝ 2×［（200 － 40）＋（400 － 40）］＋ 2×11.9×10 ＝ 1278（mm）（外皮长度）

（4）第 1 跨箍筋根数

箍筋根数＝（4500 － 500)/200 ＋ 1 ＝ 21（根）（每边 50mm 起步距离）

（5）第 2 跨箍筋根数

箍筋根数＝（4500 － 500)/200 ＋ 1 ＝ 21（根）（每边 50mm 起步距离）

10.3.4 框支梁钢筋计算

10.3.4.1 上部通长筋计算公式

上部通长筋长度＝净长＋锚固长度

锚固长度＝柱子的高度 h_c －保护层的厚度 c ＋梁截面的有效高度 h_b －保护层的厚度 c ＋受拉钢筋抗震锚固长度 l_{aE}

10.3.4.2 支座负筋计算公式

端支座负筋长度＝延伸长度＋锚固＝ $l_n/3$ ＋ max（$0.4l_{abE}$ ＋ $15d$，l_{aE}）

中支座负筋长度＝中支座宽＋左边延伸长度＋右边延伸长度＝中支座宽＋ $2l_n/3$

10.3.4.3 侧部纵筋计算公式

侧部纵筋长度=净长+锚固长度

锚固长度：当直锚时取 l_{aE}；

弯锚时取 max（$0.4l_{abE}+15d$，l_{aE}）。

10.3.4.4 箍筋计算公式

箍筋长度计算同楼层框架梁

箍筋数量计算：加密区数量= max（$0.2l_n$，$1.5h_b$）/ 加密区间距+ 1

非加密区数量=非加密区范围 / 非加密区间距- 1

【例 10-7】 某 KZL 平法施工图如图 10-46 所示。其计算条件如表 10-5 所示。试计算该 KZL 的钢筋用量。

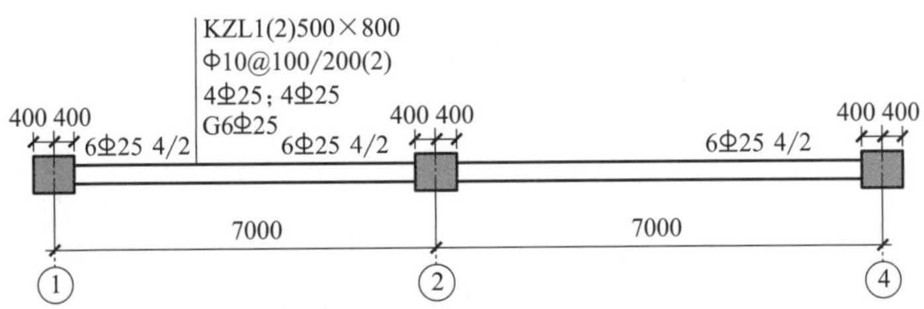

图 10-46 某 KZL 平法施工图

表 10-5 某 KZL 计算条件

混凝土强度	梁混凝土保护层厚度 /mm	支座外侧混凝土保护层厚度 /mm	抗震等级	定尺长度 /mm	连接方式	l_{aE}/l_a
C30	20	20	一级抗震	9000	对焊	$33d/29d$

【解】（1）上部通长筋

上部通长筋长度=净长+两端支座锚固长度

端支座锚固长度= $h_c-c+h_b-c+l_{aE}$

$= 800-20+800-20+34\times25=2410$（mm）

总长= $7000\times2-800+2\times2410=18020$（mm）

接头个数= $18020/9000-1\approx2$（个）

（2）支座 1 负筋

支座 1 负筋长度=端支座锚固长度+延伸长度

端支座锚固长度= $h_c-c+15d=800-20+15\times25=1155$（mm）

延伸长度= $l_n/3=(7000-800)/3\approx2067$（mm）

总长= $1155+2067=3222$（mm）

（3）支座 2 负筋

支座 2 负筋长度=支座宽度+两端延伸长度

延伸长度= $l_n/3=(7000-800)/3\approx2067$（mm）

总长= $800+2067=2867$（mm）

（4）支座 3 负筋

支座 3 负筋长度=端支座锚固长度+延伸长度

端支座锚固长度= $h_c-c+15d=800-20+15\times25=1155$（mm）

延伸长度＝l_n/3 ＝（7000 － 800）/3 ＝ 2067（mm）

总长＝ 1155 ＋ 2067 ＝ 3222（mm）

（5）下部通长筋

下部通长筋长度＝净长＋两端支座锚固长度

端支座锚固长度＝ $h_c - c + 15d$ ＝ 800 － 20 ＋ 15×25 ＝ 1155（mm）

总长＝ 7000×2 － 800 ＋ 2×1155 ＝ 15510（mm）

接头个数＝ 15510/9000 － 1 ≈ 1（个）

（6）侧部钢筋

侧部钢筋长度＝净长＋两端支座锚固长度

端支座锚固长度＝ $h_c - c + 15d$ ＝ 800 － 20 ＋ 15×25 ＝ 1155（mm）

总长＝ 7000×2 － 800 ＋ 2×1155 ＝ 15510（mm）

接头个数＝ 15510/9000 － 1 ≈ 1（个）

（7）拉筋长度

拉筋长度＝ 500 － 40 ＋ 2×8 ＋ 2×11.9×8 ≈ 666（mm）（外皮长度）

（8）拉筋根数（2 跨、3 排）

拉筋根数＝ 14×2×3 ＝ 84（根）

（9）箍筋长度

箍筋长度＝周长＋ 2×11.9d

＝（500 － 40 ＋ 800 － 40）×2 ＋ 2×11.9×10 ＝ 2678（mm）（外皮长度）

（10）第 1 跨箍筋根数

加密区长度＝ max（0.2l_n，1.5h_b）

＝ max（0.2×6200，1.5×800）＝ 1240（mm）

加密区根数＝（1240 － 50)/100 ＋ 1 ≈ 13（根）

非加密区根数＝（6200 － 2480)/200 － 1 ≈ 18（根）

总根数＝ 13×2 ＋ 18 ＝ 44（根）

（11）第 2 跨箍筋根数

加密区长度＝ max（0.2l_n，1.5h_b）＝ max（0.2×6200，1.5×800）＝ 1240（mm）

加密区根数＝（1240 － 50)/100 ＋ 1 ≈ 13（根）

非加密区根数＝（6200 － 2480)/200 － 1 ≈ 18（根）

总根数＝ 13×2 ＋ 18 ＝ 44（根）

10.3.5 悬挑梁钢筋计算

10.3.5.1 纯悬挑梁上部第一排纵筋计算公式

悬挑部分长度＋锚固长度＝ $L - c + 12d + h_c - c + 15d$（弯锚且第一排不下弯的钢筋）

＝ $L - c + 12d + L_a$ 或 $0.5h_c + 5d$（直锚且第一排不下弯的钢筋）

＝ $10d + L - 10d - (h_b - 2c)/\tan45° + (h_b - 2c)/\sin45° + h_c - c + 15d$（弯锚且第一排下弯的钢筋）

＝ $10d + L - 10d - (h_b - 2c)/\tan45° + (h_b - 2c)/\sin45° + L_a$ 或 $0.5h_c + 5d$（直锚且第一排下弯的钢筋）

10.3.5.2 纯悬挑梁上部第二排纵筋计算公式

悬挑部分长度＋锚固长度＝ $10d + 0.75L + (h_b - 2c)/\sin45° + h_c - c + 15d$

（弯锚且第二排下弯的钢筋）

$= 10d + 0.75L + (h_b - 2c)/\sin45° + L_a$ 或 $0.5h_c + 5d$

（直锚且第二排下弯的钢筋）

10.3.5.3 纯悬挑梁下部纵筋计算公式

悬挑部分长度＋锚固长度＝ $L - c + 15d$（直锚且不考虑竖向地震作用）

悬挑部分长度＋锚固长度＝ $L - c + l_{ae}$（直锚且考虑竖向地震作用）

10.3.5.4 箍筋长度计算公式

L ＝构件周长－ $8c + 2\times6.9d$（不考虑竖向地震作用）

L ＝构件周长－ $8c + 2\times11.9d$ 或 $2\times(1.9d + 75)$（不考虑竖向地震作用）

注：一般计算钢筋长度都需要按箍筋外皮计算；若悬挑梁为变截面可取平均高度计算箍筋

【例 10-8】 某悬挑梁平法施工图如图 10-47 所示。其计算条件如表 10-6 所示。试计算该悬挑梁钢筋用量。

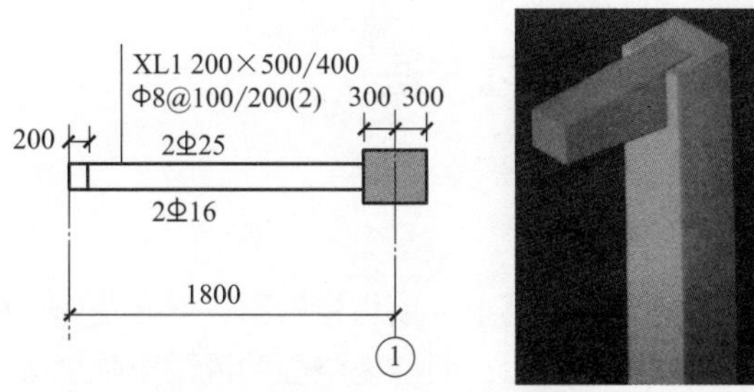

图 10-47 某悬挑梁平法施工图

表 10-6 某悬挑梁计算条件

混凝土强度	梁混凝土保护层厚度 /mm	支座外侧混凝土保护层厚度 /mm	抗震等级	定尺长度 /mm	连接方式	l_{aE}/l_a
C30	20	20	一级抗震	9000	对焊	$33d/29d$

【解】（1）上部钢筋

上部钢筋长度＝净长＋悬挑远端下弯长度＋端支座锚固长度

端支座锚固长度计算：因为 l_a [＝ 29×25 ＝ 725（mm）] ＞ h_c（＝ 600mm），故需要弯锚。

弯锚长度＝ 600 － 20 ＋ 15×25 ＝ 955（mm）

悬挑远端下弯长度＝ 12×25 ＝ 300（mm）

总长度＝ 1800 － 300 － 20 ＋ 955 ＋ 300 ＝ 2735（mm）

（2）下部钢筋

下部钢筋长度＝净长＋锚固长度

下部钢筋长度＝ 1800 － 300 － 20 ＋ $15d$

＝ 1800 － 300 － 20 ＋ 15×16 ＝ 1720（mm）

11 板构件

11.1 板构件平法识图

扫码看视频

板构件平法识图学习方法

11.1.1 板构件平法识图学习方法

11.1.1.1 板构件平法识图步骤

① 查看图名、比例。

② 校核轴线编号及其间距尺寸，要求必须与建筑图、梁平法施工图保持一致。

③ 阅读结构设计总说明或图纸说明，明确现浇板的混凝土强度等级及其他要求。

④ 明确现浇板的厚度和标高。

⑤ 明确现浇板的配筋情况，并参阅说明，了解未标注的分布钢筋情况等。

11.1.1.2 板构件的分类

（1）根据板所在标高位置分

根据板所在标高位置可以将板分为楼板和屋面板。楼板和屋面板的平法表达方式及钢筋构造相同，因此，本书不专门区分楼板与屋面板，都简称为板构件，如图 11-1 所示。

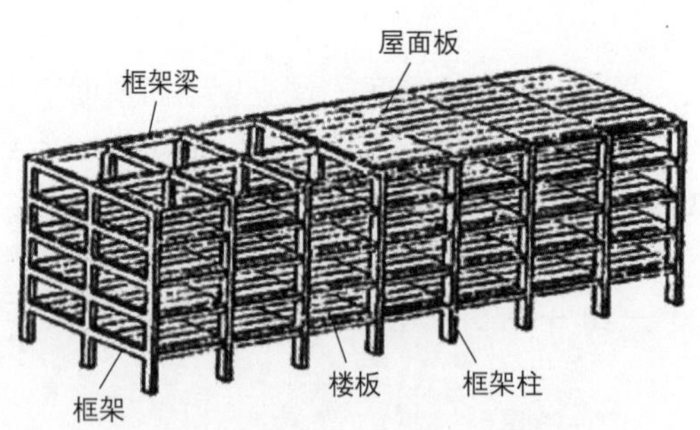

图 11-1　板的分类（楼板和屋面板）

（2）根据板的组成形式分

根据板的组成形式可以将板分为有梁楼盖板和无梁楼盖板。无梁楼盖板是由柱直接支撑板的一种楼盖体系，在柱与板之间根据情况设计柱帽，如图 11-2、图 11-3 所示。

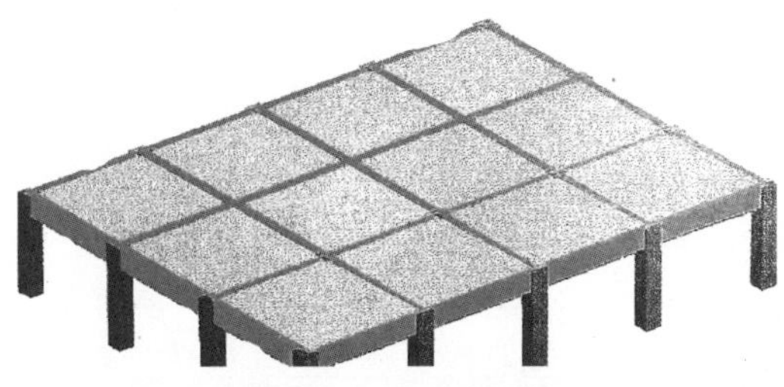

图 11-2 有梁楼盖板

图 11-3 无梁楼盖板

无梁楼盖板由柱上板带与跨中板带组成，如图 11-4 所示。

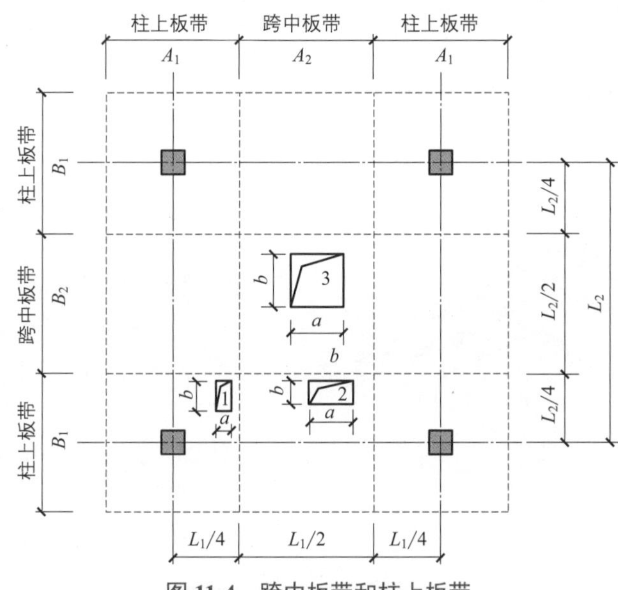

图 11-4 跨中板带和柱上板带

（3）根据板的平面位置分

根据板的平面位置，可以将板分为普通板、延伸悬挑板、纯悬挑板，如图 11-5 所示。

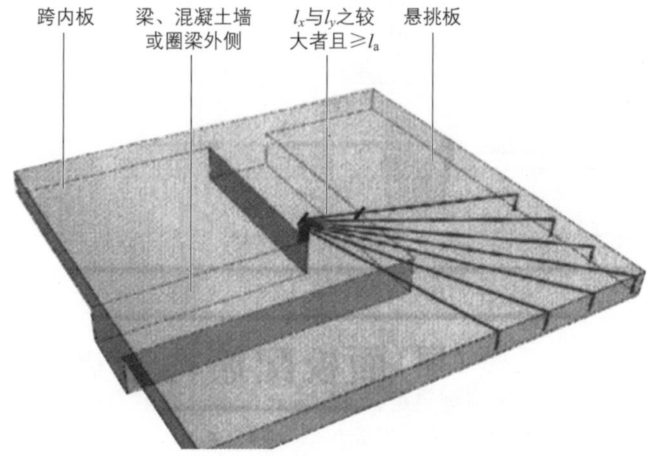

图 11-5 普通板与悬挑板

11.1.1.3　板的钢筋骨架

板的钢筋骨架分类如表 11-1 所示。

表 11-1　板的钢筋骨架的分类

板的钢筋骨架	主要钢筋	板底筋
		板顶筋
		支座负筋
	附加钢筋	温度筋
		角部附加放射筋
		洞口附加筋

板钢筋骨架示意图如图 11-6 所示。

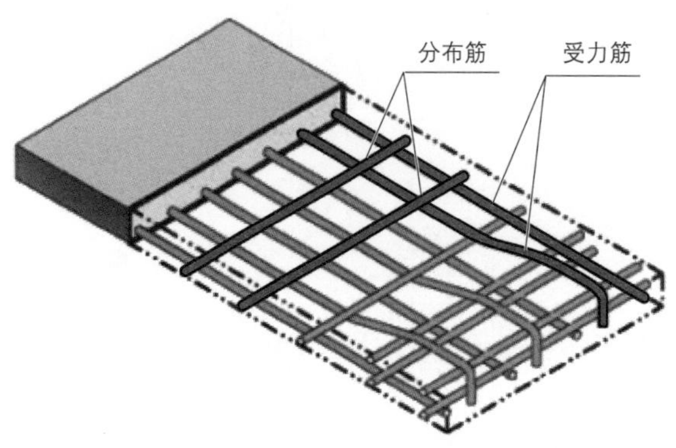

图 11-6　板钢筋骨架

11.1.2　有梁楼盖板平法识图

11.1.2.1　有梁楼盖板平法施工图

有梁楼盖板平法施工图是在楼面板和屋面板布置图上，采用平面注写的表达方式。板平面注写主要包括板块集中标注和板支座原位标注。采用平面注写方式表达的楼面板平法施工图如图 11-7 所示。

扫码看视频

有梁楼盖板平法施工图

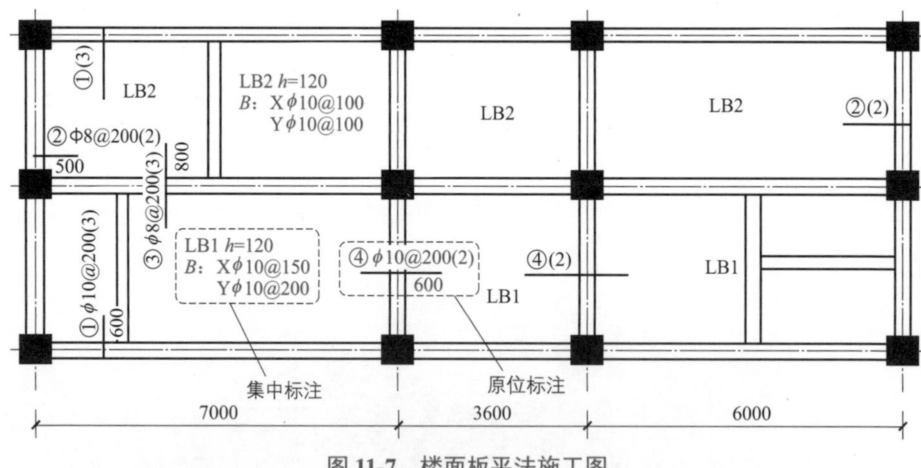

图 11-7　楼面板平法施工图

11.1.2.2　平面坐标方向

为方便设计表达和施工识图，规定结构平面的坐标方向如图 11-8 所示。具体规定如下：

① 当两向轴网正交布置时，图面从左至右为 X 向，从下至上为 Y 向；

② 当轴网转折时，局部坐标方向顺轴网转折角度做相应转折；

③ 当轴网向心布置时，切向为 X 向，径向为 Y 向。

图 11-8 平面坐标方向

此外，对于平面布置比较复杂的区域，如轴网转折交界区域、向心布置的核心区域等，其平面坐标方向应由设计者另行规定并在图上明确表示。

11.1.2.3 板块集中标注

板块集中标注示意图如图 11-9 所示。

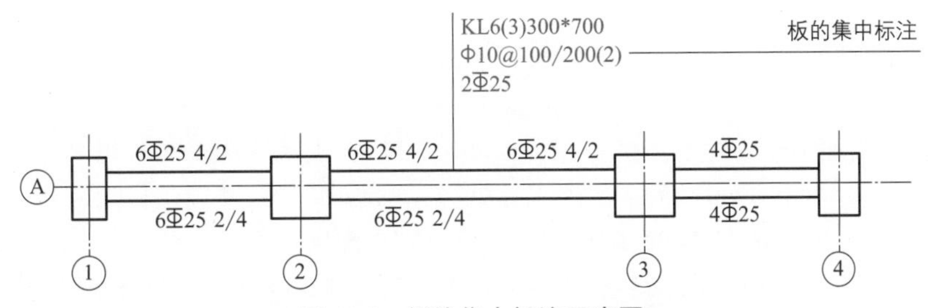

图 11-9 板块集中标注示意图

板块集中标注的内容包括板块编号、板厚、上部贯通纵筋，下部纵筋，以及当板面标高不同时的标高高差。

对于普通楼面，两向均以一跨为一板块；对于密肋楼盖，两向主梁（框架梁）均以一跨为一板块（非主梁密肋不计）。所有板块应逐一编号，相同编号的板块可择其做集中标注，其他仅注写置于圆圈内的板编号，以及当板面标高不同时的标高高差。

(1) 板块编号

板块编号的表达方式如表 11-2 所示。

表 11-2 板块编号

板类型	代号	序号
楼面板	LB	××
屋面板	WB	××
悬挑板	XB	××

(2) 板厚

板厚的注写方式为 h = ×××（为垂直于板面的厚度）；当悬挑板的端部改变截面厚度时，用“/”分隔根部与端部的高度值，注写方式为 h = ×××/×××；当设计已在图注中统一注明板厚时，此项可不注。

（3）贯通纵筋

板构件的贯通纵筋，按板块的下部和上部分别注写（当板块上部不设贯通纵筋时则不注），并以 B 代表下部，以 T 代表上部，B&T 代表下部与上部；*X* 向贯通纵筋以 X 打头，*Y* 向贯通纵筋以 Y 打头，两向贯通纵筋配置相同时则以 X&Y 打头。

① 当为单向板时，分布筋可不必注写，而在图中统一注明。

② 当在某些板内（例如悬挑板 XB 的下部）配置有构造钢筋时，则 *X* 向以 XC、*Y* 向以 YC 打头注写。

③ 当 *Y* 向采用放射配筋时（切向为 *X* 向，径向为 *Y* 向），设计者应注明配筋间距的定位尺寸。

④ 当贯通纵筋采用两种规格钢筋“隔一布一”方式时，表达为 ××/**@×××，表示直径为 ×× 的钢筋和直径为 ** 的钢筋二者之间间距为 ×××，直径 ×× 的钢筋的间距为 ××× 的 2 倍，直径 ** 的钢筋的间距为 ××× 的 2 倍。

板面标高高差，系指相对于结构层楼面标高的高差，应将其注写在括号内，且有高差则注，无高差不注。

例如，当有一楼面板块注写为：LB5*h* = 110；B：XC12@120；YC10@110，表示 5 号楼面板，板厚 110mm，板下部配置的纵筋 *X* 向为 ⏀12@120，*Y* 向为 ⏀10@110；板上部未配置贯通纵筋。

又例如，当有一楼面板块注写为：LB5*h* = 110；B：XC10/12@120；YC10@110，表示 5 号楼面板，板厚 110mm，板下部配置的纵筋 *X* 向为 ⏀10、⏀12，且隔一布一，⏀10 与 ⏀12 之间间距为 100mm；*Y* 向为 ⏀10@110；板上部未配置贯通纵筋。

当有一悬挑板注写为：XB2*h* = 150/100；B：Xc&YcC8@200，表示 2 号悬挑板，板根部厚 150mm，端部厚 100mm，板下部配置构造钢筋双向均为⏀80@200（上部受力钢筋见板支座原位标注）。

（4）当板面标高不同时的标高高差

同编号板块的类型、板厚和纵筋均应相同，但板面标高、跨度、平面形状以及板支座上部非贯通纵筋可以不同，如同一编号板块的平面形状可为矩形、多边形及其他形状等。施工预算时，应根据其实际平面形状，分别计算各块板的混凝土与钢材用量。

设计与施工应注意：单向或双向连续板的中间支座上部同向贯通纵筋，不应在支座位置连接或分别锚固。当相邻两跨的板上部贯通纵筋配置相同，且跨中部位有足够空间连接时，可在两跨任意跨的跨中连接部位连接；当相邻两跨的上部贯通纵筋配置不同时，应将配置较大者越过其标注的跨数终点或起点伸至相邻跨的跨中连接区域连接。

设计应注意板中间支座两侧上部纵筋的协调配置，施工及预算应按具体设计和相应标准构造要求实施。等跨与不等跨板上部纵筋的连接有特殊要求时，其连接部位及方式应由设计者注明。对于梁板式转换层楼板，板下部纵筋在支座内的锚固长度不应小于 l_a；当悬挑板需要考虑整向地震作用时，下部纵筋伸入支座内长度不应小于 l_{aE}。

11.1.2.4 板块原位标注

板块原位标注示意图如图 11-10 所示。

板支座原位标注的内容为：板支座上部非贯通纵筋和悬挑板上部受力钢筋。

板支座原位标注的钢筋应在配置相同跨的第一跨表达（当在梁悬挑部位单独配置时则在原位表达）。在配置相同跨的第一跨（或梁悬挑部位），垂直于板支座（梁或墙）绘制一段适宜长度的中粗实线（当该筋通长设置在悬挑板或短跨板上部时，实线段应画至对边或贯通短跨），以该线段代表支座上部非贯通纵筋，并在线段上方注写钢筋编号（如①、②等）、配筋值、横向连续布置的跨数（注写在括号内，且当为一跨时可不注），以及是否横向布置到梁的悬挑端。

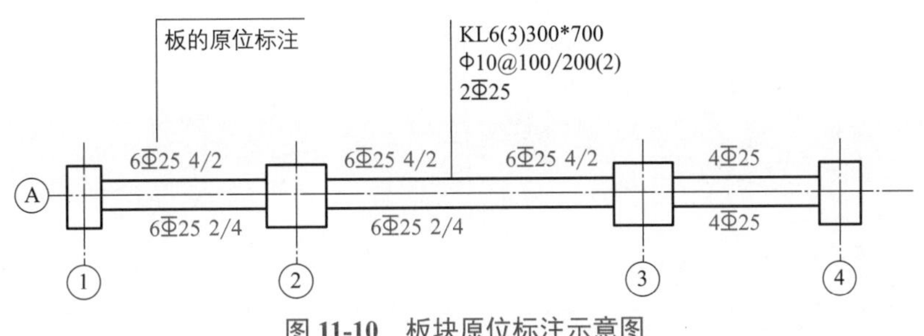

图 11-10　板块原位标注示意图

（××）为横向布置的跨数，（××A）为横向布置的跨数及一端的悬挑梁部位，（××B）为横向布置的跨数及两端的悬挑梁部位。

板支座上部非贯通筋自支座中线向跨内的伸出长度，注写在线段的下方位置。

当中间支座上部非贯通纵筋向支座两侧对称伸出时，可仅在支座一侧线段下方标注伸出长度，另一侧不注，如图 11-11 所示。

当向支座两侧非对称伸出时，应分别在支座两侧线段下方注写伸出长度，如图 11-12 所示。

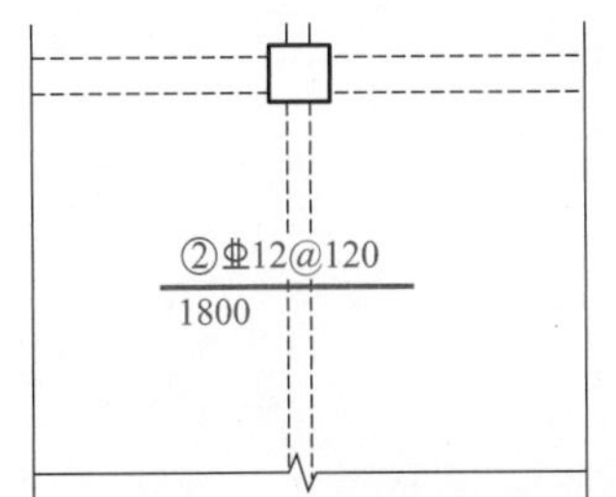

图 11-11　板支座上部非贯通筋对称伸出

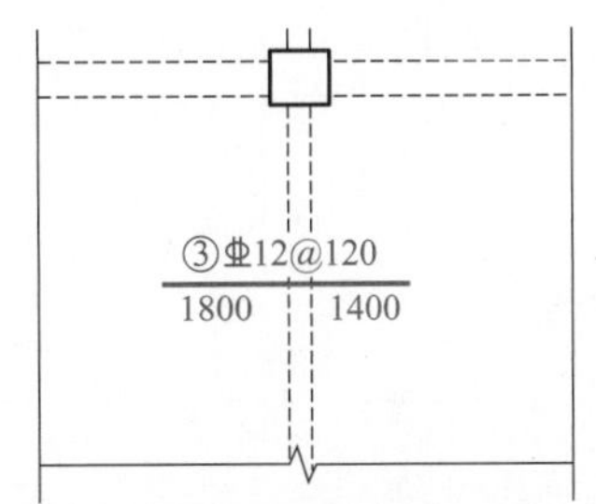

图 11-12　板支座上部非贯通筋非对称伸出

对线段画至对边贯通全跨或贯通全悬挑长度的上部通长纵筋，贯通全跨或伸出至全悬挑一侧的长度值不注，只注明非贯通筋另一侧的伸出长度值，如图 11-13 所示。

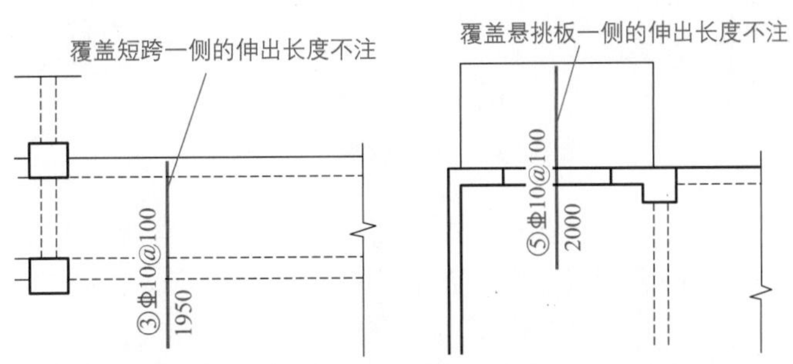

图 11-13　板支座非贯通筋贯通全跨或伸出至悬挑端

当板支座为弧形，支座上部非贯通纵筋呈放射状分布时，设计者应注明配筋间距的度量位置并加注“放射分布”四字，必要时应补绘平面配筋图，如图 11-14 所示。

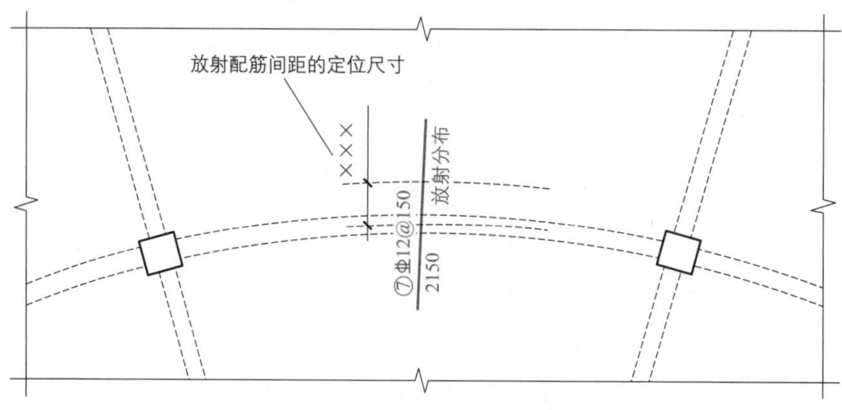

图 11-14　弧形支座处放射钢筋

关于悬挑板的注写方式如图 11-15 所示。当悬挑板端部厚度不小于 150mm 时，设计者应指定板端部封边构造方式，当采用 U 形钢筋封边时，尚应指定 U 形钢筋的规格、直径。

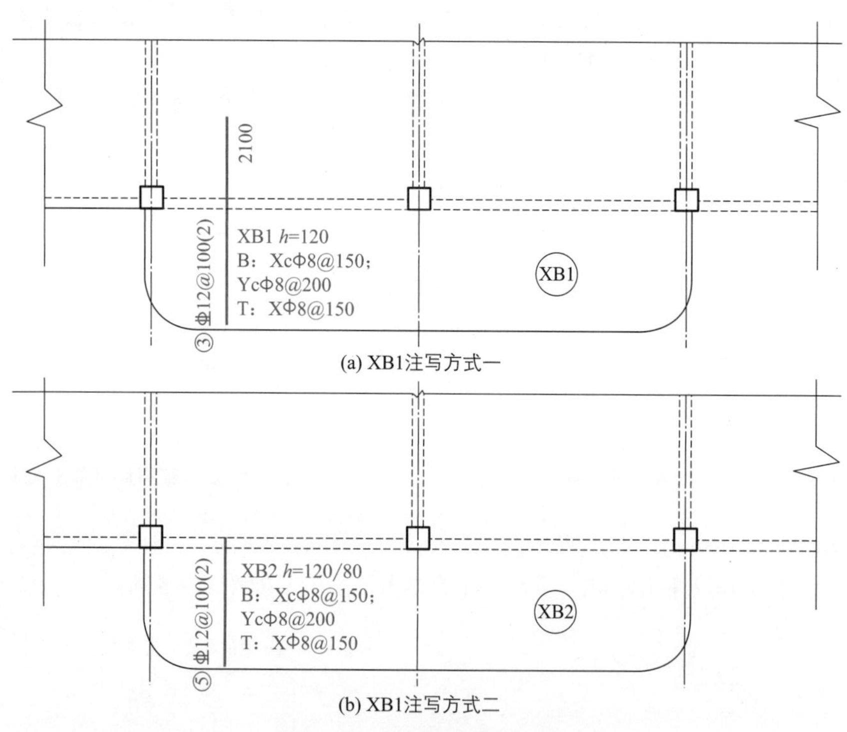

图 11-15　悬挑板的注写方式

在板平面布置图中，不同部位的板支座上部非贯通纵筋及悬挑板上部受力钢筋，可仅在一个部位注写，对其他相同者则仅需在代表钢筋的线段上注写编号及按本条规则注写横向连续布置的跨数即可。

在板平面布置图某部位，横跨支承梁绘制的对称线段上注有④ C12@100（5A）和 1500mm，表示支座上部④号非贯通纵筋为 ⏀12@100，从该跨起沿支承梁连续布置 5 跨加梁一端的悬挑端，该筋自支座中线向两侧跨内的伸出长度均为 1500mm。

此外，与板支座上部非贯通纵筋垂直且绑扎在一起的构造钢筋或分布钢筋，应由设计者在图中注明。

当板的上部已配置有贯通纵筋，但需增配板支座上部非贯通纵筋时，应结合已配置的同向贯通纵筋的直径与间距采取“隔一布一”方式配置，如图 11-16 所示。

“隔一布一”方式，为非贯通纵筋的标注间距与贯通纵筋相同，两者组合后的实际间距为各自标注间距的 1/2。当设定贯通纵筋为纵筋总截面面积的 50% 时，两种钢筋应取相同直径；当设定贯通纵筋大于或小于总截面面积的 50% 时，两种钢筋则取不同直径。

“隔一布一”钢筋构造图如图 11-17 所示。

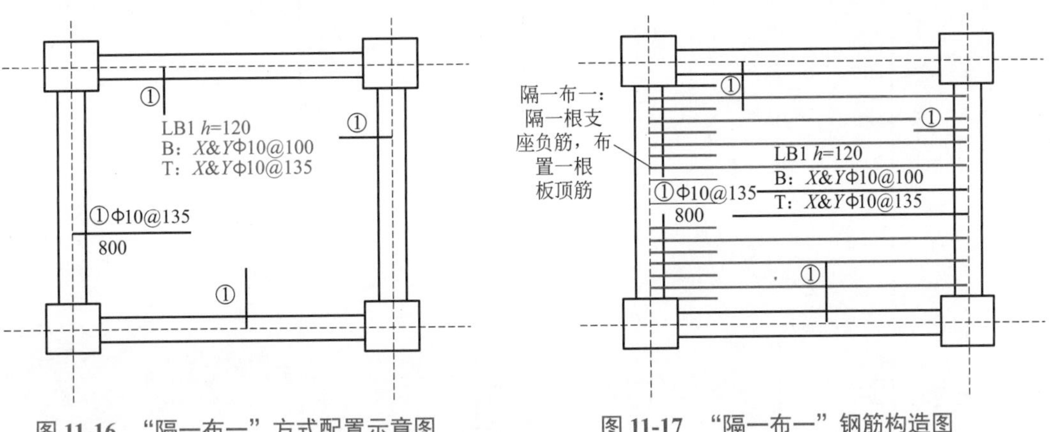

图 11-16 “隔一布一”方式配置示意图　　图 11-17 “隔一布一”钢筋构造图

从图 11-16 可知，板上部已配置贯通纵筋 Φ10@135，该跨同向配置的上部支座非贯通纵筋为① Φ10@135。这表示与板顶筋同向的支座负筋 Φ10@135，该位置的实际钢筋间距为支座负筋和板顶筋标注间距的 1/2，长度为 800mm。

施工应注意：当支座一侧设置了上部贯通纵筋（在板集中标注中以 T 打头），而在支座另一侧仅设置了上部非贯通纵筋时，如果支座两侧设置的纵筋直径、间距相同，应将二者连通，避免各自在支座上部分别锚固。

11.1.2.5 其他

① 当悬挑板需要考虑竖向地震作用时，设计应注明该悬挑板纵向钢筋抗震锚固长度按何种抗震等级。

② 板上部纵向钢筋在端支座（梁、剪力墙顶）的锚固要求，22 G101-1 图集标准构造详图中规定：当设计按铰接时，平直段伸至端支座对边后弯折，且平直段长度≥ $0.35l_{ab}$，弯折段投影长度 12*d*（*d* 为纵向钢筋直径）；当充分利用钢筋的抗拉强度时，平直段伸至端支座对边后弯折，且平直段长度≥ $0.6l_{ab}$，弯折段投影长度为 12*d*。设计者应在平法施工图中注明采用何种构造，当多数采用同种构造时可在图注中写明，并将少数不同之处在图中注明。

③ 板支承在剪力墙顶的端节点，当设计考虑墙外侧竖向钢筋与板上部纵向受力钢筋搭接传力时，应满足搭接长度要求，设计者应在平法施工图中注明。

④ 板纵向钢筋的连接可采用绑扎搭接、机械连接或焊接，其连接位置见相应的标准构造详图。当板纵向钢筋采用非接触方式的搭接连接时，其搭接部位的钢筋净距不宜小于 30mm，且钢筋中心距不应大于 $0.2l_l$ 及 150mm 的较小者（非接触搭接使混凝土能够与搭接范围内所有钢筋的全表面充分黏结，可以提高搭接钢筋之间通过混凝土传力的可靠度）。

⑤ 采用平面注写方式表达的楼面板平法施工图示例如图 11-18 所示。

层号	标高/m	层高/m
屋面2	65.670	
塔层2	62.370	3.30
屋面1（塔层1）	59.070	3.30
16	55.470	3.60
15	51.870	3.60
14	48.270	3.60
13	44.670	3.60
12	41.070	3.60
11	37.470	3.60
10	33.870	3.60
9	30.270	3.60
8	26.670	3.60
7	23.070	3.60
6	19.470	3.60
5	15.870	3.60
4	12.270	3.60
3	8.670	3.60
2	4.470	4.20
−1	−0.030	4.50
−1	−4.530	4.50
−2	−9.030	4.50

结构层楼面标高
结构层高

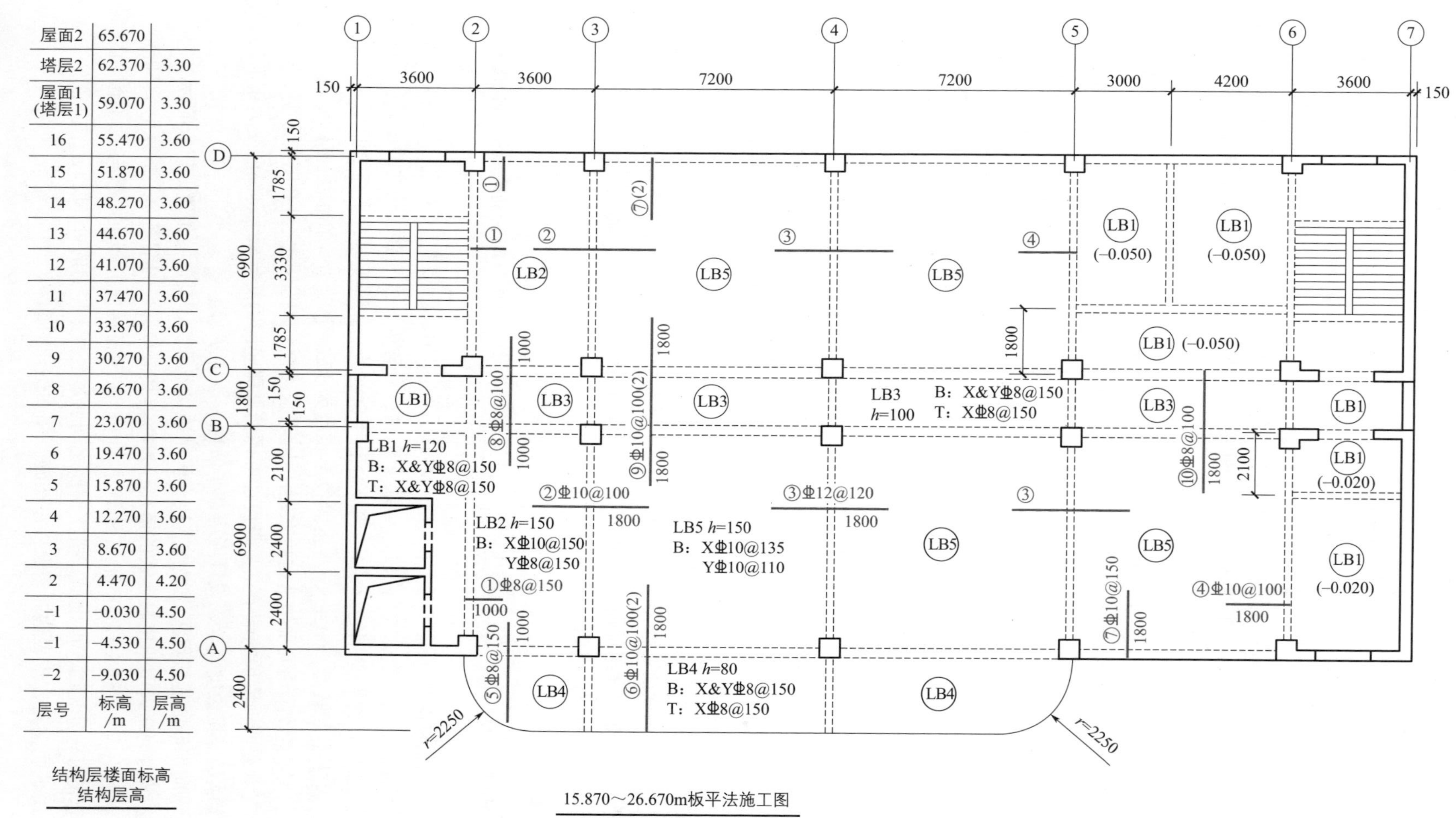

15.870～26.670m板平法施工图
（未注明分布筋为⌀8@250）

图 11-18 楼面板平法施工图示例

11.2 现浇板（楼板 / 屋面板）钢筋构造

11.2.1 现浇板纵向钢筋连接接头允许范围

现浇板纵向钢筋连接接头允许范围如图 11-19 所示。

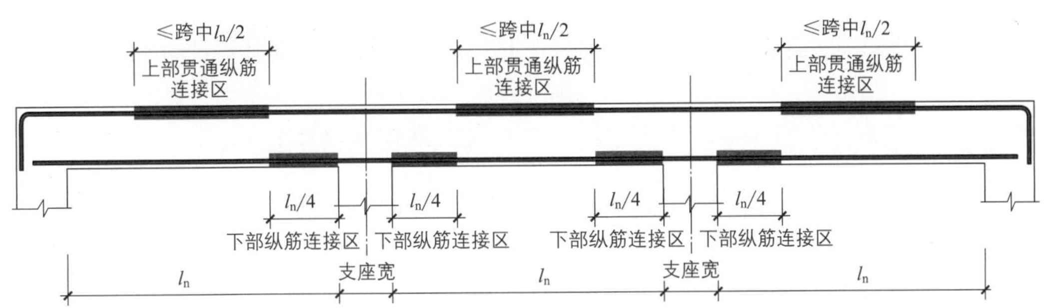

图 11-19　现浇板纵向钢筋连接接头允许范围

现浇板纵向钢筋连接接头允许范围三维示意图如图 11-20 所示。

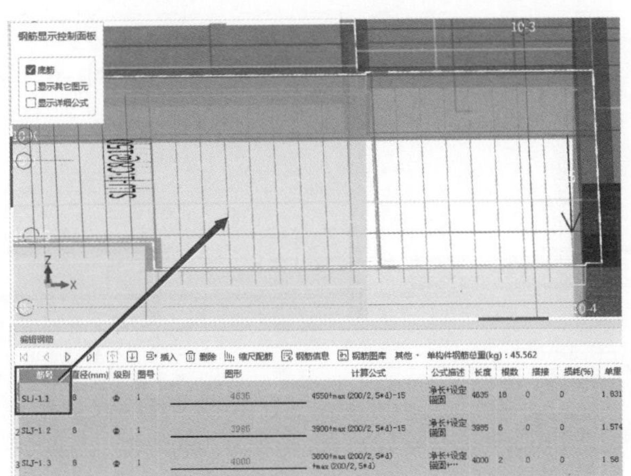

(a) 现浇板纵向钢筋连接接头允许范围示意图

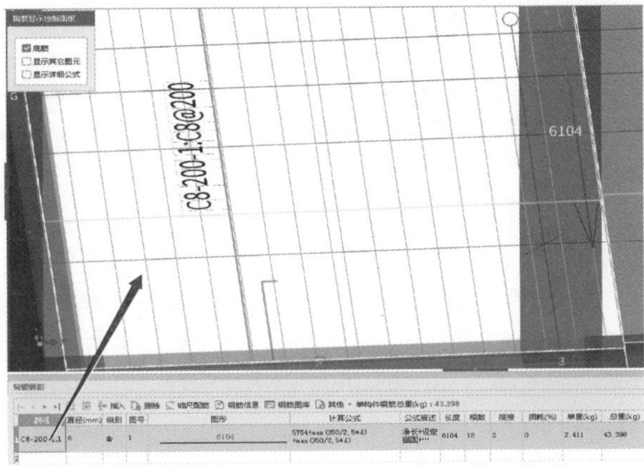

(b) 现浇板纵向钢筋连接接头允许范围三维示意图

图 11-20　现浇板纵向钢筋连接接头允许范围三维图

① 当相邻等跨或不等跨的上部贯通纵筋配置不同时，应将配置较大者越过其标注的跨数终点或起点，伸出至相邻跨的跨中连接区域连接。

② 板纵筋可采用搭接连接、机械连接或焊接，且同一连接区段内钢筋接头百分率不宜大于 50%，具体何种钢筋采用何种连接方式，应以设计要求为准。

③ 现浇板上下部纵向钢筋连接接头位置详见图 11-19 所示的连接区，且相邻钢筋的连接接头应在支座两侧交错并间隔设置。现浇板同一根多跨通长纵筋宜少设置连接接头，悬臂板悬挑方向纵向钢筋不得设置连接接头。

④ 板位于同一层面的两向交叉纵筋何向在下、何向在上，应按具体设计说明。

11.2.2 不等跨板上部贯通纵向钢筋连接排布构造

不等跨板上部贯通纵向钢筋连接排布构造如图 11-21 所示。

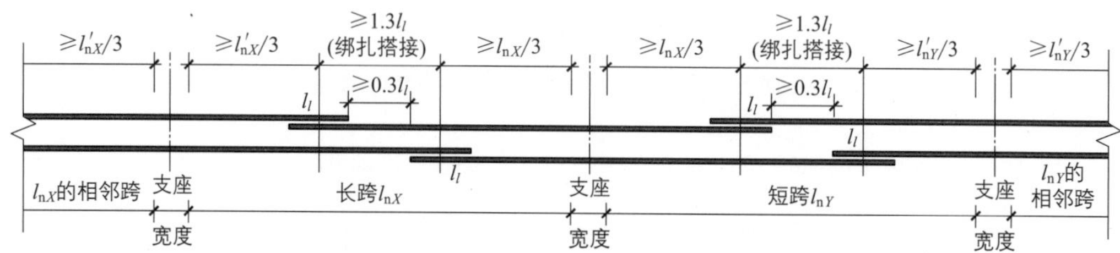

(a) 不等跨板上部贯通纵向钢筋连接排布构造(短跨满足两批连接要求时)

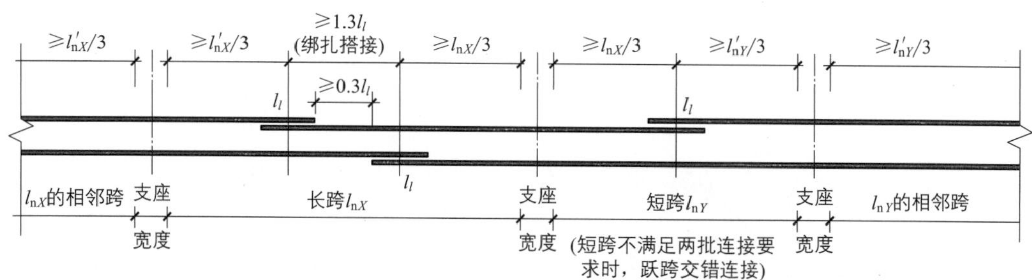

(b) 不等跨板上部贯通纵向钢筋连接排布构造(某短跨连接要求且不满足两批连接要求时)

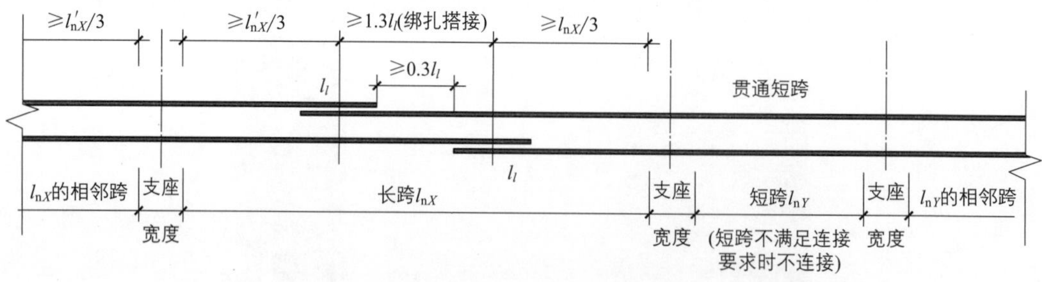

(c) 不等跨板上部贯通纵向钢筋连接排布构造(某短跨不满足连接要求时)

图 11-21　不等跨板上部贯通纵向钢筋连接排布构造

l'_{nX}、l'_{nY}—相邻两跨的较大净跨度值

① 当钢筋足够长时能通则通。

② 当相邻连续板的跨度相差大于 20% 时，板上部钢筋伸入跨内的长度应由设计确定。

③ 除图 11-21 所示分批搭接连接外，也可分批采用机械连接或焊接。

④ 板贯通钢筋无论采用搭接连接，还是机械连接或焊接，其位于同一连接区段内的钢筋接头面积百分率不应大于 50%。具体何种钢筋采用何种连接方式，应以设计要求为准。

⑤ 板相邻跨贯通钢筋配置不同时，应将配置较大者延伸到配置较小者跨中连接区域内连接。

11.2.3 现浇板钢筋在支座部位的锚固构造

现浇板钢筋在支座部位的锚固构造如图 11-22 所示。

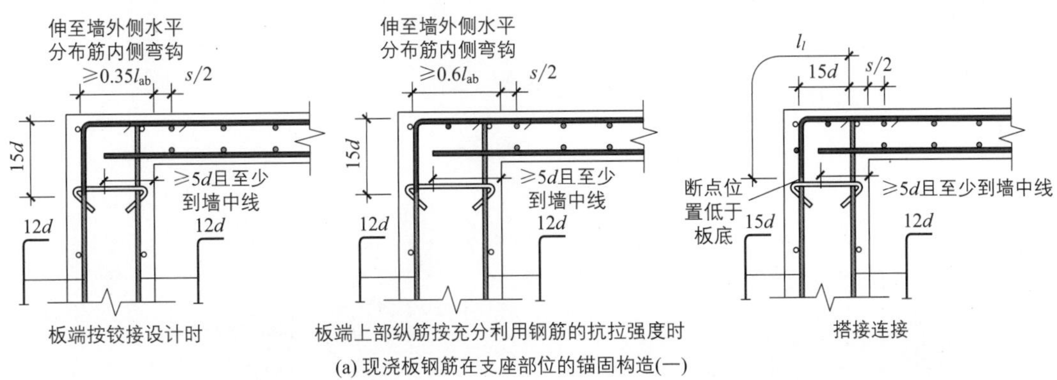

(a) 现浇板钢筋在支座部位的锚固构造(一)

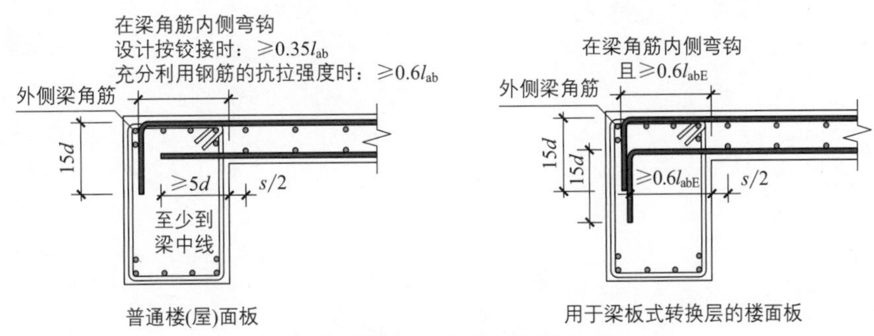

(b) 现浇板钢筋在支座部位的锚固构造(二)

图 11-22 现浇板钢筋在支座部位的锚固构造

s—楼板钢筋间距

现浇板钢筋在支座部位三维示意图如图 11-23 所示。

① 图 11-23 中板上部纵筋在端支座应伸至梁或墙支座外侧纵筋内侧后弯折 15*d*；当平直段长度分别≥ l_a、≥ l_{aE} 时可不弯折。

② 图 11-23 中“设计按铰接时”“充分利用钢筋的抗拉强度时”由设计指定。

③ 梁板式转换层的板中 l_{abE}、l_{aE} 的取值，当设计指定时按设计，设计未指定时按震等级四级取值。

④ 当锚固钢筋的保护层厚度不大于 5*d* 时，锚固钢筋长度范围内应设置横向构造钢筋，其直径不应小于 *d*/4（*d* 为锚固钢筋的最大直径），间距不应大于 10*d*，且均不应大于 100mm（*d* 为锚固钢筋的最小直径）。

⑤ 图 11-22（a）中的“板端上部纵筋按充分利用钢筋的抗拉强度时”和“搭接连接”

中，板纵筋在支座部位的锚固长度范围内保护层厚度不大于 $5d$ 时，与其交叉的另一个方向纵筋间距需满足锚固区横向钢筋的要求。如不满足，应补充锚固区附加横向钢筋（如图中带颜色的横向水平分布筋所示）。

⑥ 板端部支座为剪力墙墙顶时，图 11-22（a）中采用何种做法由设计指定。

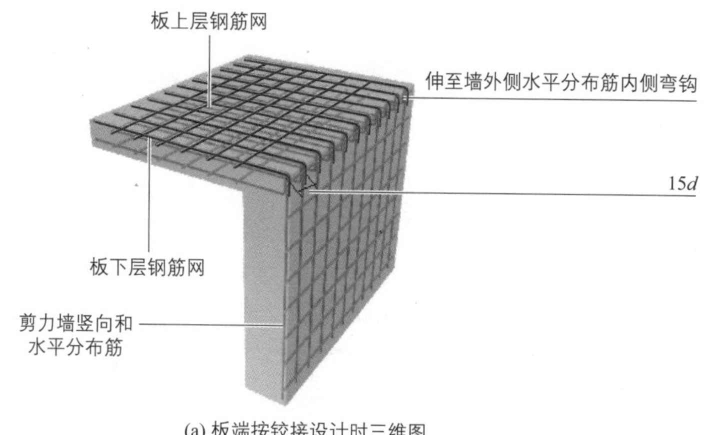

(a) 板端按铰接设计时三维图

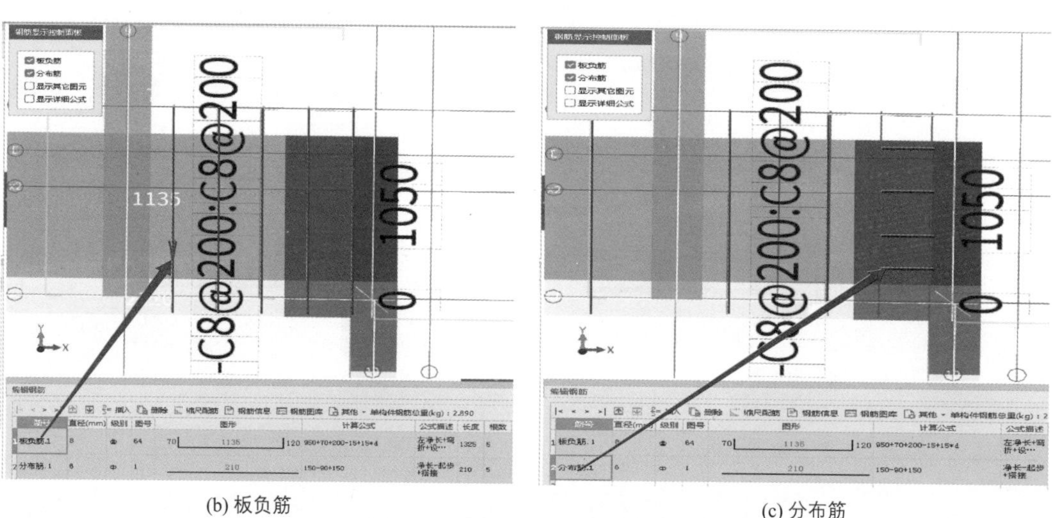

(b) 板负筋　　　　(c) 分布筋

图 11-23　现浇板钢筋在支座部位三维示意图

11.2.4　楼板、屋面板下部钢筋排布构造

楼板、屋面板下部钢筋排布构造如图 11-24 所示。

① 图 11-24 中板支座均按梁绘制，当板支座为混凝土剪力墙时，板下部钢筋排布构造相同。

② 双向板下部双向交叉钢筋上、下位置关系应按具体设计说明排布；当设计未说明时，短跨方向钢筋应置于长跨方向钢筋之下。

③ 当下部受力钢筋采用 HPB300 级钢筋时，其末端应做 180° 弯钩。

④ 图 11-24 中括号内的锚固长度适用于以下情形：a. 在梁板式转换层的板中，受力钢筋伸入支座的锚固长度应为 l_{aE}；b. 当连续板内温度、收缩应力较大时，板下部钢筋伸入支座锚

固长度应按设计要求；当设计未指定时，取为 l_a。

⑤ 当下部贯通筋兼作抗温度钢筋时，其在支座的锚固由设计指定。

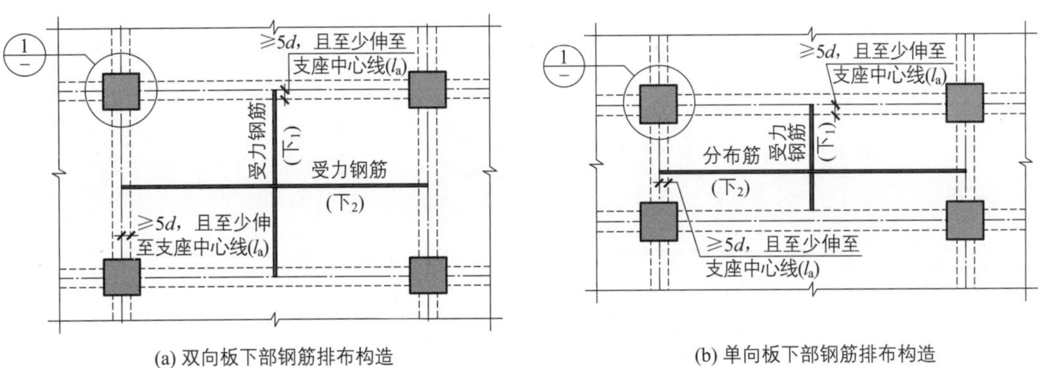

(a) 双向板下部钢筋排布构造 (b) 单向板下部钢筋排布构造

图 11-24 楼板、屋面板下部钢筋排布构造

11.2.5 楼板、屋面板上部钢筋排布构造

楼板、屋面板上部钢筋排布构造如图 11-25 所示。

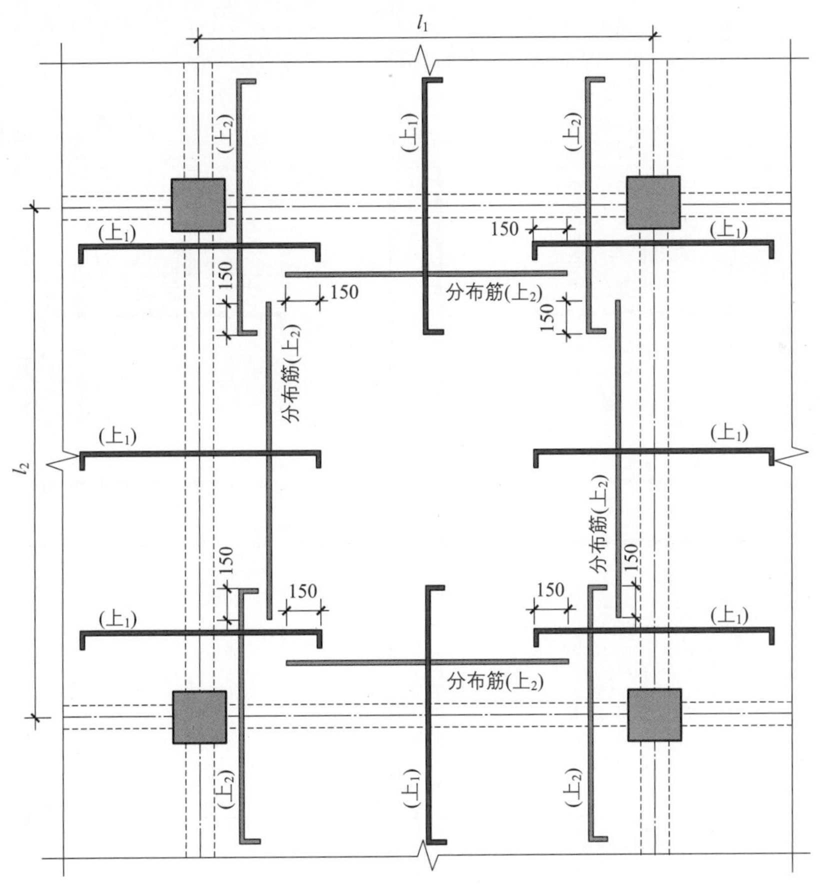

(a) 双(单)向板(一)$l_2 \geq l_1$；无抗温度、收缩应力构造钢筋

图 11-25

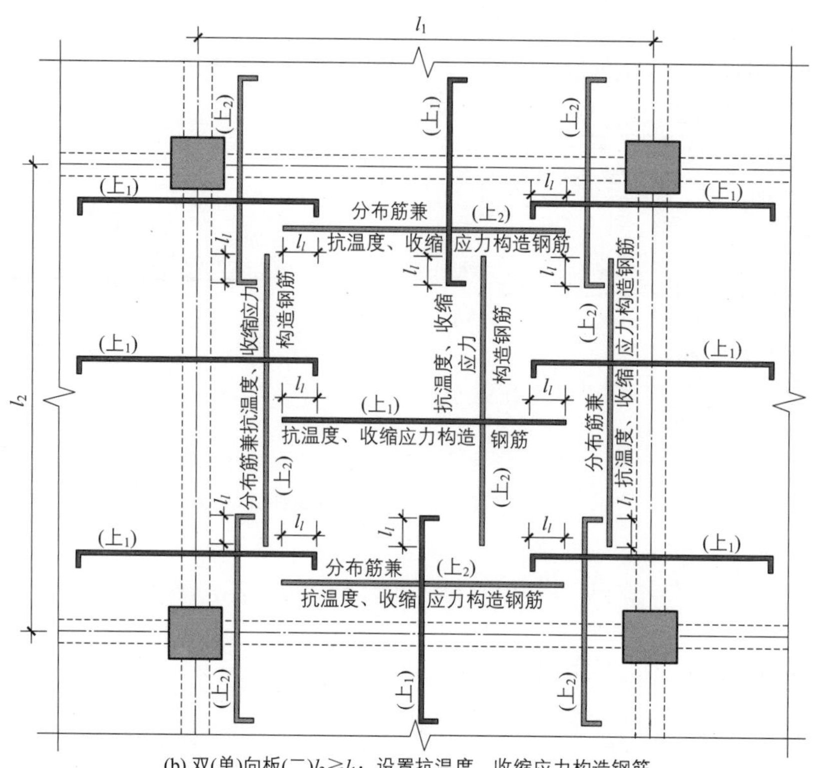

(b) 双(单)向板(二)$l_2 \geqslant l_1$；设置抗温度、收缩应力构造钢筋

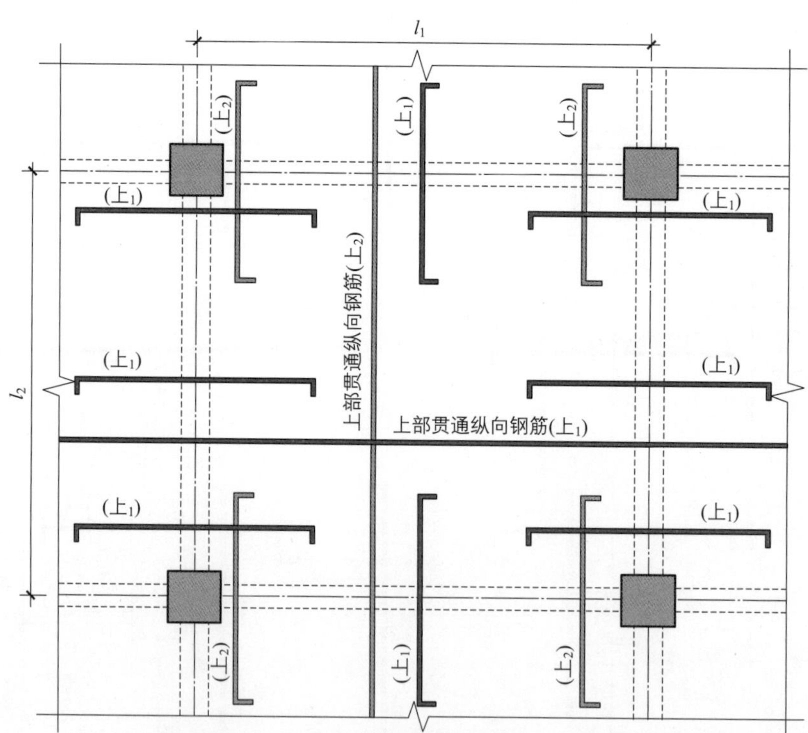

(c) 双(单)向板(三)$l_2 \geqslant l_1$；部分贯通式配筋(兼抗温度、收缩应力构造钢筋)

图 11-25　楼板、屋面板上部钢筋排布构造

① 图 11-25 中板支座均按梁绘制，当支座为混凝土剪力墙时，板上部钢筋排布规则相同。

② 抗温度、收缩应力构造钢筋自身及其与受力主筋搭接长度为 l_l。

③ 分布筋自身及与受力主筋、构造钢筋的搭接长度为 150mm；当分布筋兼作抗温度、收缩应力构造钢筋时，其自身及与受力主筋、构造钢筋的搭接长度为 l_l，其在支座中的锚固按受拉要求考虑。

④ 双向或单向连续板中间支座上部贯通纵筋不应在支座位置连接或分别锚固。

⑤ 当相邻两跨板的上部贯通纵筋配置相同，且跨中部位有足够空间连接时，可在两跨任意一跨的跨中连接部位进行连接；当相邻两跨的上部贯通纵筋配置不同时，应将配置较大者越过其标注的跨数终点或起点伸至相邻跨的跨中连接区域连接。

⑥ 当板的上部已配置有贯通纵筋，但需增配板支座上部非贯通纵筋时，应结合已配置的同向贯通纵筋的直径与间距采取“隔一布一”的方式布置。

⑦ 抗温度、收缩应力构造钢筋可利用原有钢筋贯通布置，也可另行设置钢筋与原有钢筋按受拉钢筋的要求搭接或在周边构件中锚固。板上、下贯通纵筋可兼作抗温度、收缩应力构造钢筋。

11.2.6 悬挑板阴角钢筋排布构造

悬挑板阴角钢筋排布构造如图 11-26 所示。

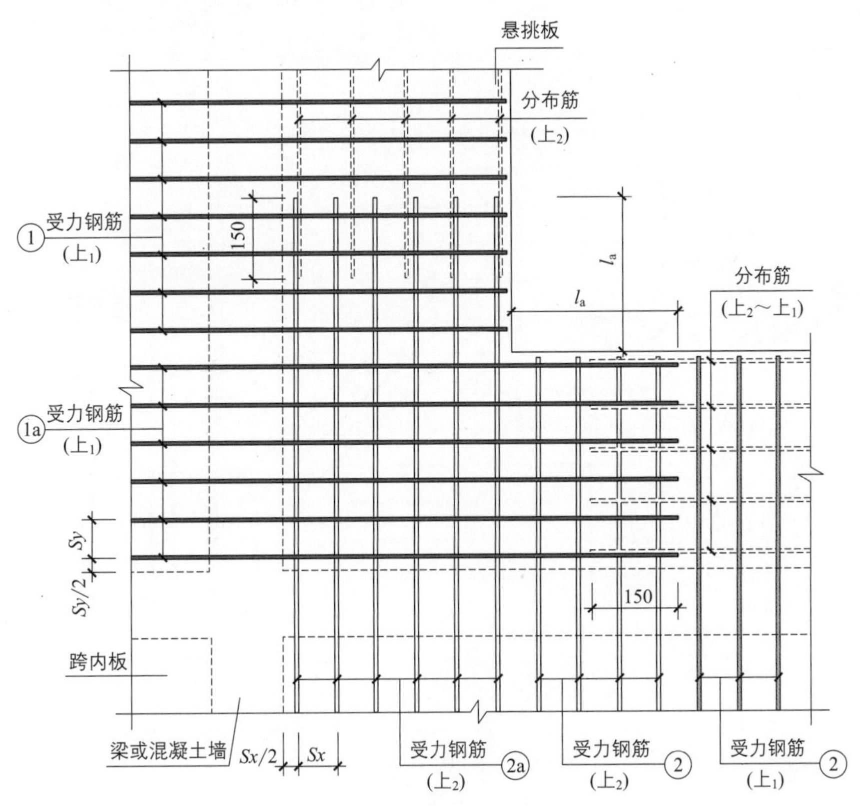

(a) 悬挑板阴角钢筋排布构造1

图 11-26

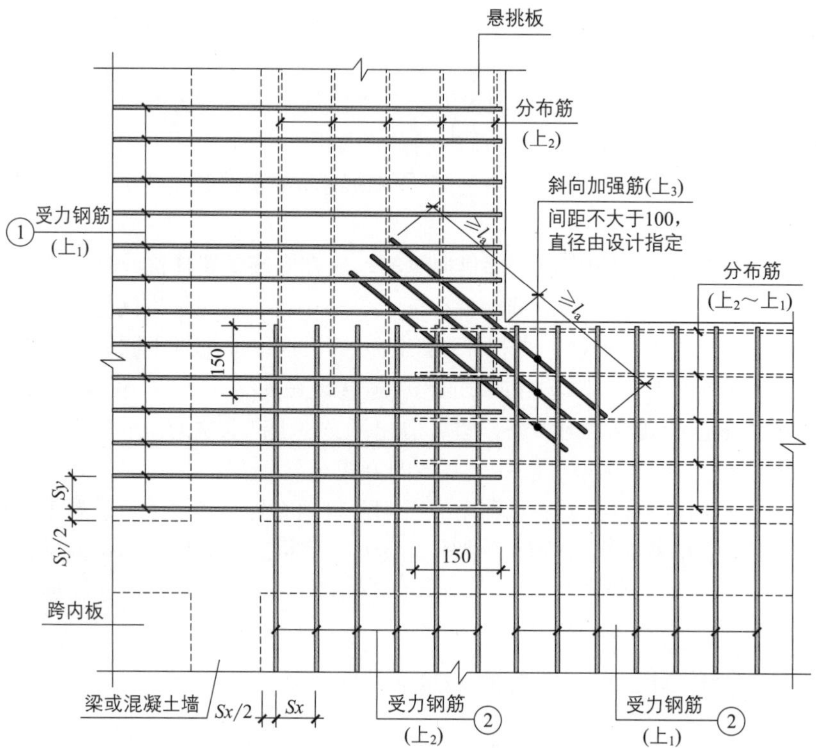

(b) 悬挑板阴角钢筋排布构造2

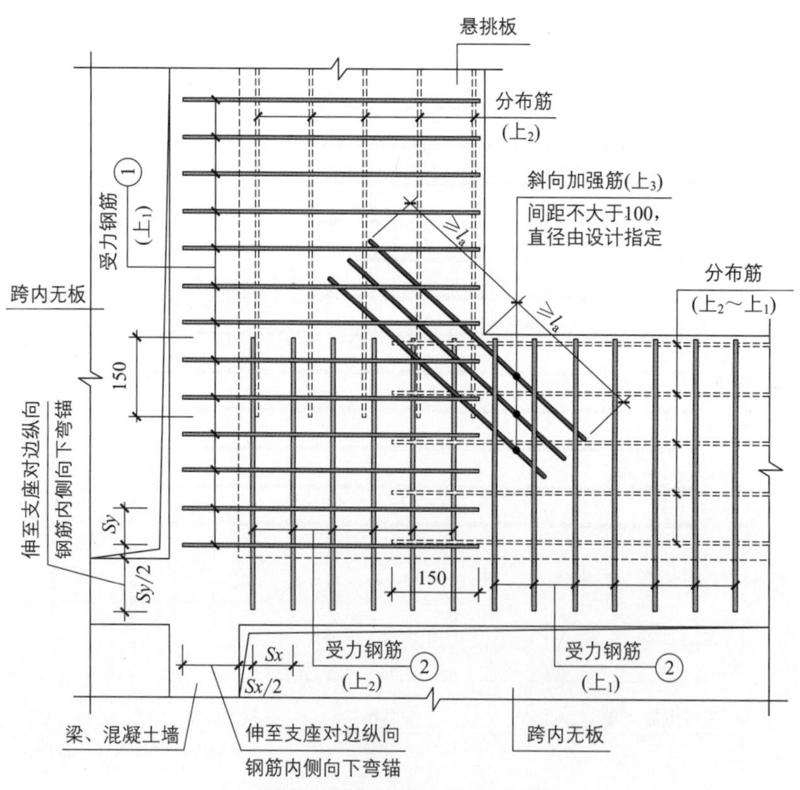

(c) 悬挑板阴角钢筋排布构造3(纯悬挑板)

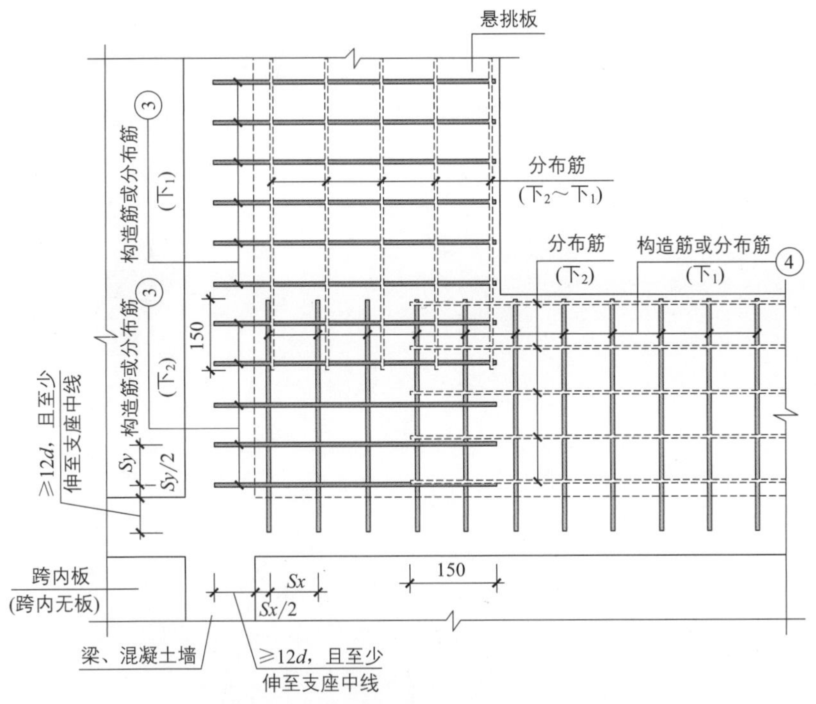

(d) 悬挑板阴角钢筋排布构造4(延伸悬挑板、纯悬挑板)

图 11-26　悬挑板阴角钢筋排布构造

① 分布筋上$_2$～上$_1$的做法详见角柱位置板上部钢筋排布构造。

② 板分布筋自身及与受力主筋、构造钢筋的搭接长度为150mm；当分布筋兼作抗温度、收缩应力构造钢筋时，其自身与受力主筋、构造钢筋的搭接长度为l_l；其在支座的锚固按受拉要求考虑。

③ 当采用抗温度、收缩应力构造钢筋时，其自身及与受力主筋搭接长度为l_l。

悬挑板阴角钢筋三维示意图如图11-27所示。

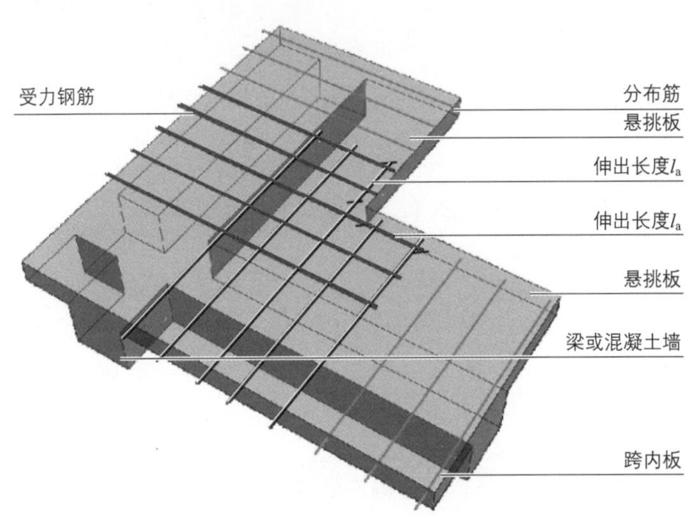

(a) 悬挑板阴角钢筋排布构造1

图 11-27

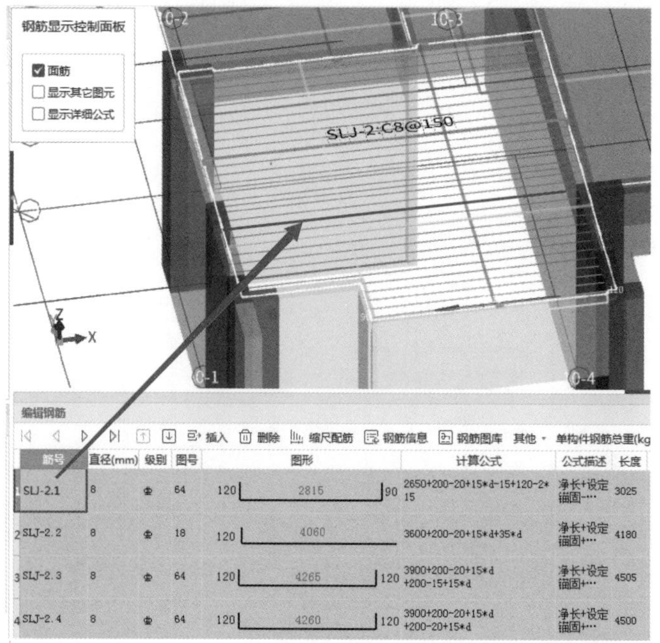

(b) 悬挑板阴角钢筋排布构造2

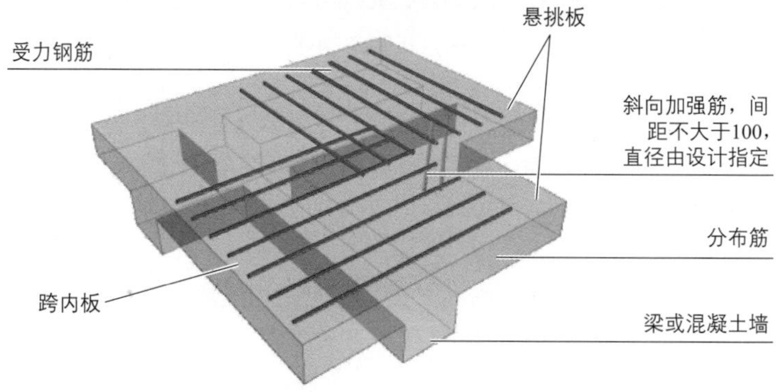

(c) 悬挑板阴角钢筋排布构造3

图 11-27　悬挑板阴角钢筋三维示意图

① 板分布筋自身及与受力主筋、构造钢筋的搭接长度为 150mm；当分布筋兼作抗温度、收缩应力构造钢筋时，其自身与受力主筋、构造钢筋的搭接长度为 l_l；其在支座的锚固按受拉要求考虑。

② 当采用抗温度、收缩应力构造钢筋时，其自身及与受力主筋搭接长度为 l_l。

11.2.7　悬挑板阳角钢筋排布构造

悬挑板阳角钢筋排布构造如图 11-28 所示。

① 板分布筋自身及与受力主筋、构造钢筋的搭接长度为 150mm；当分布筋兼作抗温度、收缩应力构造钢筋时，其自身与受力主筋、构造钢筋的搭接长度为 l_l；其在支座的锚固按受拉要求考虑。

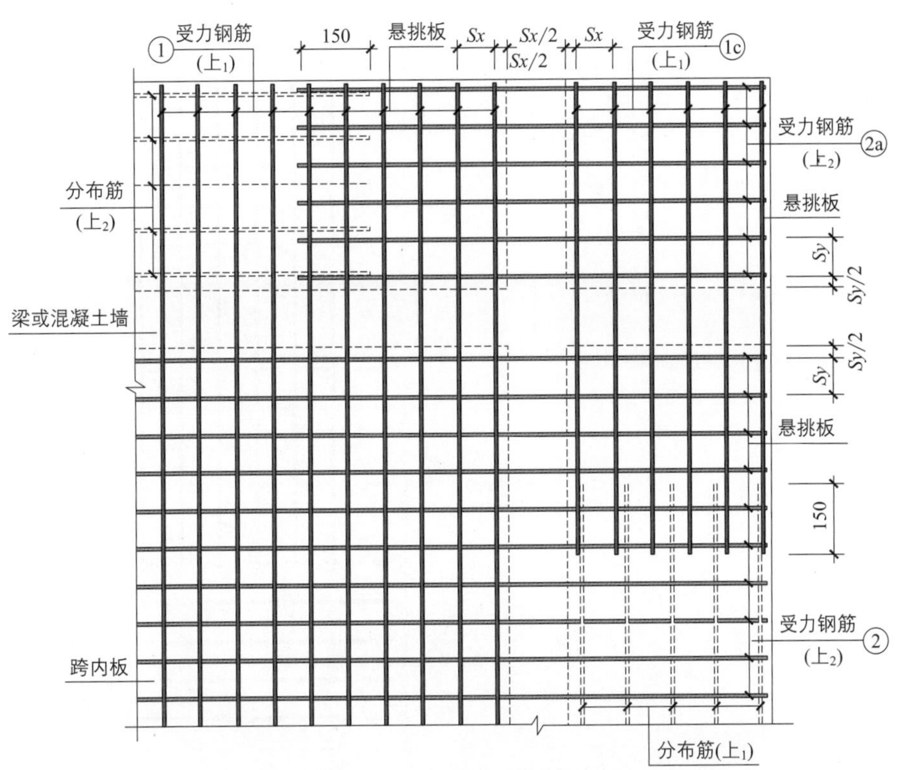

(a) 悬挑板阳角钢筋排布构造类型A1(延伸悬挑板、跨内板上部钢筋贯通)

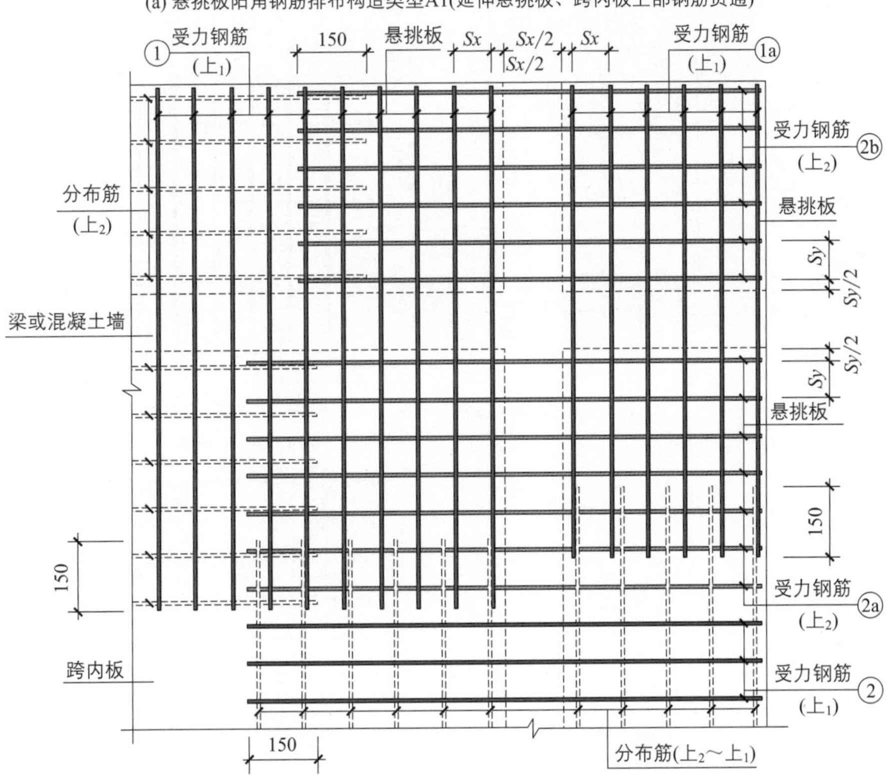

(b) 悬挑板阳角钢筋排布构造类型A2(延伸悬挑板、跨内板上部钢筋不贯通)

图 11-28

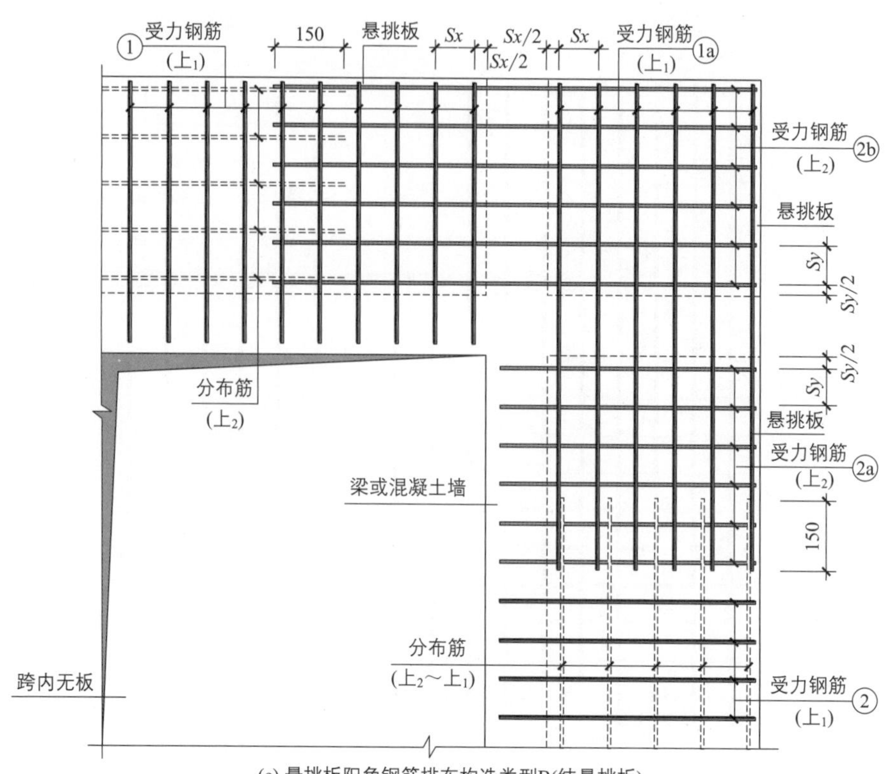

(c) 悬挑板阳角钢筋排布构造类型B(纯悬挑板)

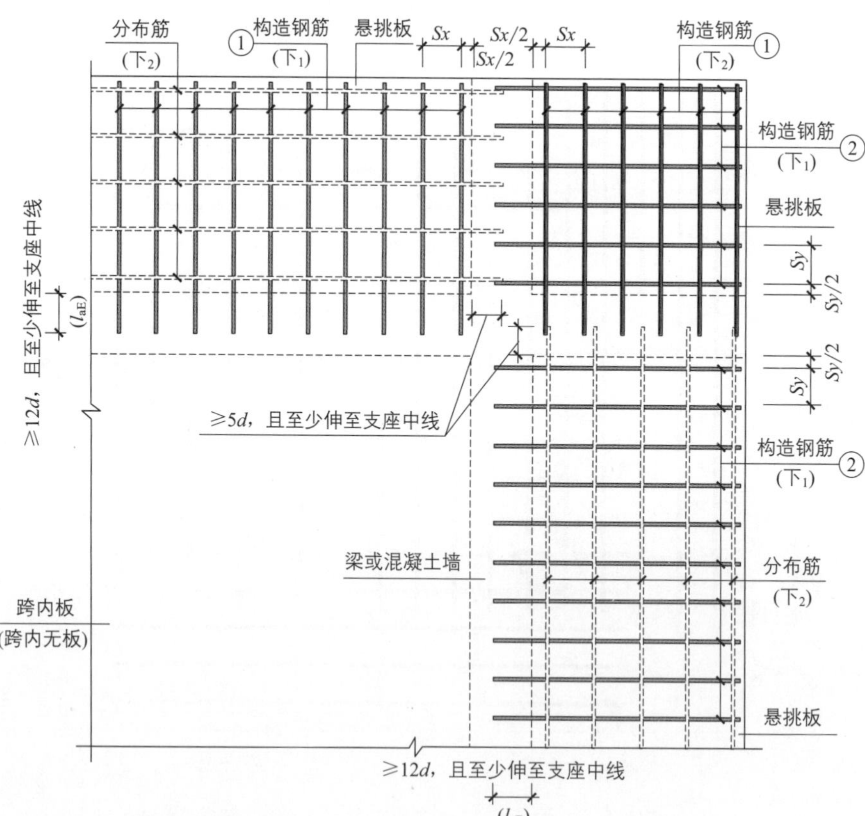

(d) 悬挑板阳角钢筋排布构造类型A、B(延伸悬挑板、纯悬挑板)

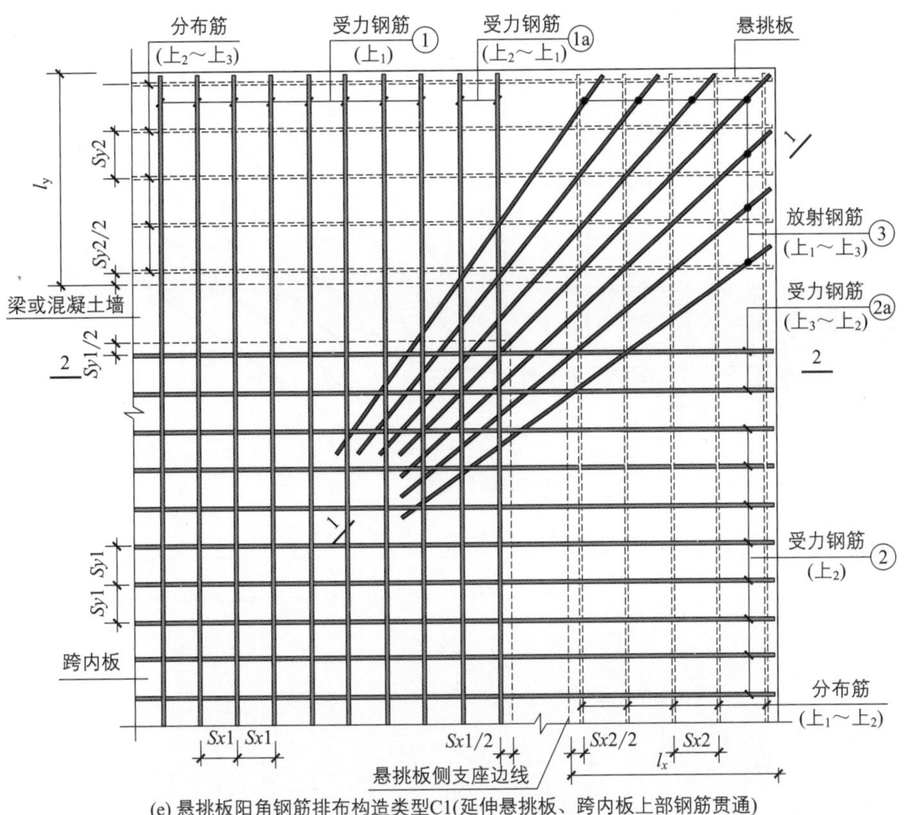

(e) 悬挑板阳角钢筋排布构造类型C1(延伸悬挑板、跨内板上部钢筋贯通)

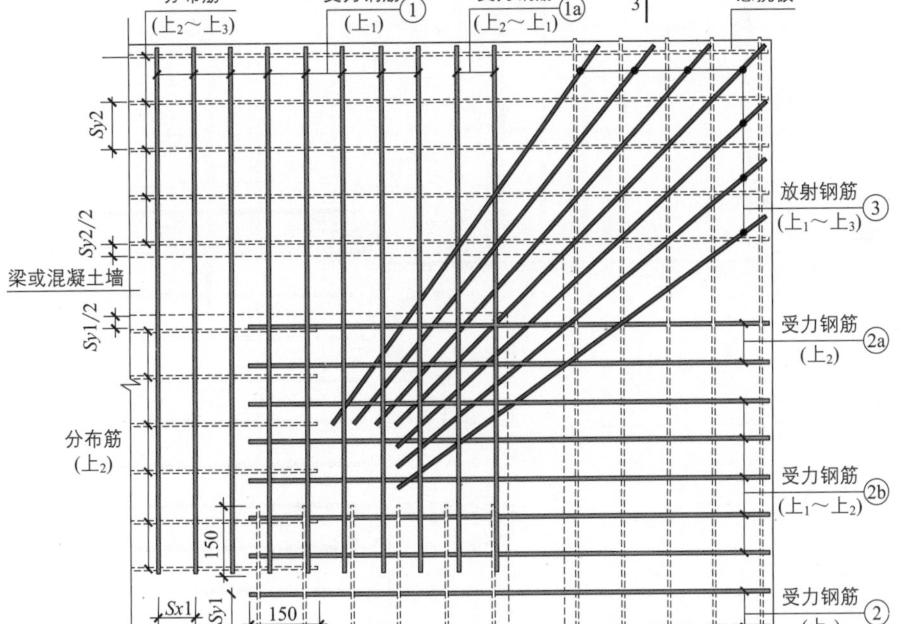

(f) 悬挑板阳角钢筋排布构造类型C2(延伸悬挑板、跨内板上部钢筋不贯通)

图 11-28

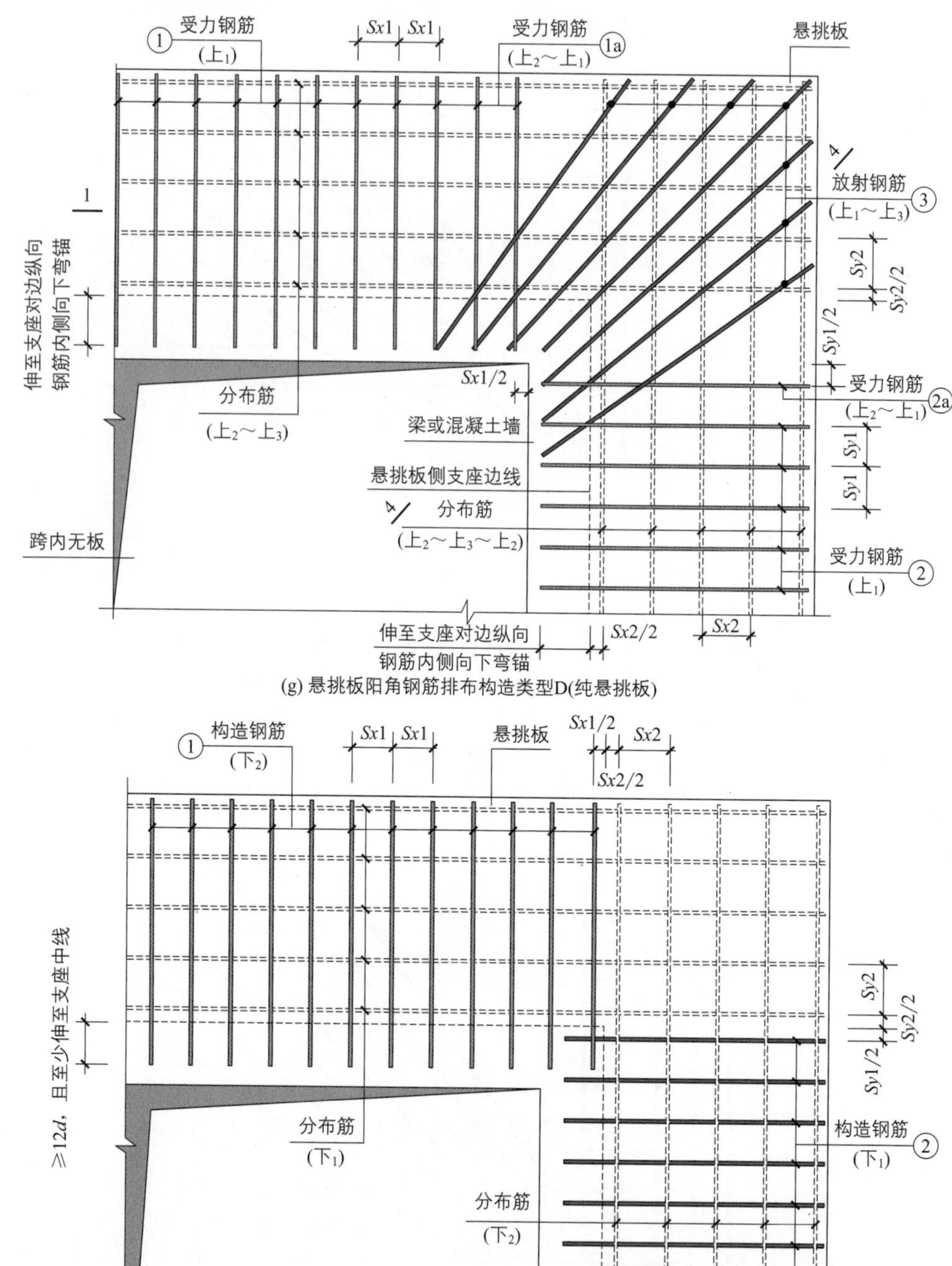

(g) 悬挑板阳角钢筋排布构造类型D(纯悬挑板)

(h) 悬挑板阳角钢筋排布构造类型C、D(延伸悬挑板、纯悬挑板)

图 11-28 悬挑板阳角钢筋排布构造

② 当采用抗温度、收缩应力构造钢筋时，其自身及与受力主筋搭接长度为 l_l。

③ 悬挑板外转角位置放射钢筋③位于上$_1$层，在支座和跨内（图 11-28 中表示为悬挑板侧支座边线以内）向下斜弯到悬挑板阳角所有上部钢筋之下至上$_3$层。

④ 图 11-28 中受力钢筋的上$_2$～上$_1$表示钢筋在悬挑板悬挑部位为上$_2$层、在支座和跨内位置斜弯至上$_1$层，弯折起始点为悬挑板侧支座边线。

⑤ 分布钢筋的上$_1$～上$_2$表示与放射钢筋相交位置由上$_1$层弯折至上$_2$层。

悬挑板阳角钢筋排布构造类型 C、D 悬挑板支座两侧有高差时钢筋排布构造如图 11-29 所示。

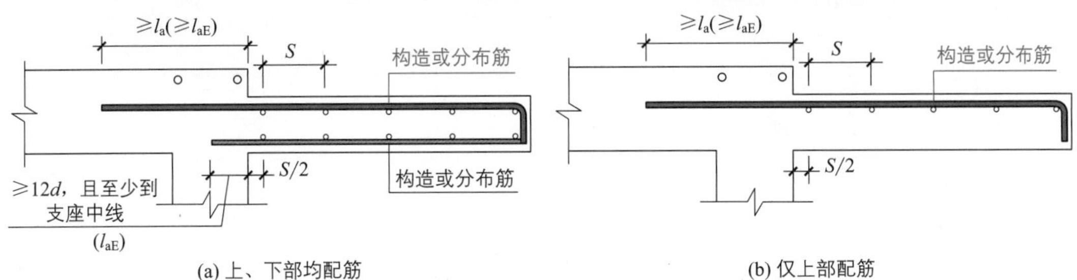

图 11-29　悬挑板阳角钢筋排布构造类型 C、D 悬挑板支座两侧有高差时钢筋排布构造

11.3　板构件钢筋计算实例

11.3.1　板底筋计算实例

【例 11-1】　板底筋单跨板梁支座 LB1 平法施工图如图 11-30 所示。混凝土强度等级为 C30，保护层厚度 $c_1 = 20$mm，板混凝土保护层 $c_2 = 15$mm，抗震等级为一级抗震，钢筋的定尺长度为 9000mm，钢筋的连接方式采用绑扎搭接，$l_{aE} = 35d$、$l_a = 29d$，试计算图 11-30 中钢筋的长度和根数。

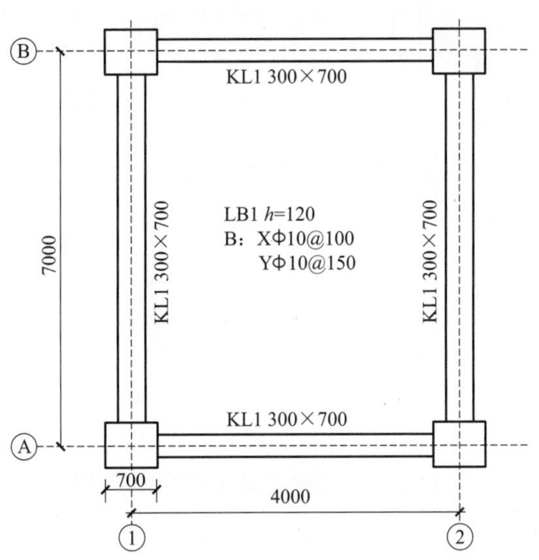

图 11-30　板底筋单跨板梁支座 LB1 平法施工图

【解】 （1）X ⌀ 10@100 的长度

计算公式=净长+端支座锚固长度+弯钩长度

端支座锚固长度= max（h_b，2.5d） = max（150，5×10） = 150（mm）

180° 弯钩长度= 6.25d

总长= 4000 − 300 + 2×150 + 2×6.25×10 = 4125（mm）

（2）X ⌀ 10@100 的根数

计算公式=（钢筋布置范围长度−起步距离）/ 间距+ 1

= （7000 − 300 − 100）/100 + 1 = 67（根）

（3）Y ⌀ 10@150 的长度

计算公式=净长+端支座锚固长度+弯钩长度

端支座锚固长度= max（h_b，2.5d）

= max（150，5×10） = 150（mm）

180° 弯钩长度= 6.25d

总长= 7000 − 300 + 2×150 + 2×6.25×10

= 7125（mm）

（4）Y ⌀ 10@150 的根数

计算公式=（钢筋布置范围长度−起步距离）/ 间距+ 1

= （4000 − 300 − 2×75）/150 + 1 ≈ 25（根）

【例 11-2】 板底筋多跨板 LB4 平法施工图如图 11-31 所示。混凝土强度等级为 C30，保护层厚度 c_1 = 20mm，板混凝土保护层 c_2 = 15mm，抗震等级为一级抗震，钢筋的定尺长度为 9000mm，钢筋的连接方式采用绑扎搭接，l_{aE} = 35d、l_a = 30d，试计算图 11-31 中钢筋的长度和根数。

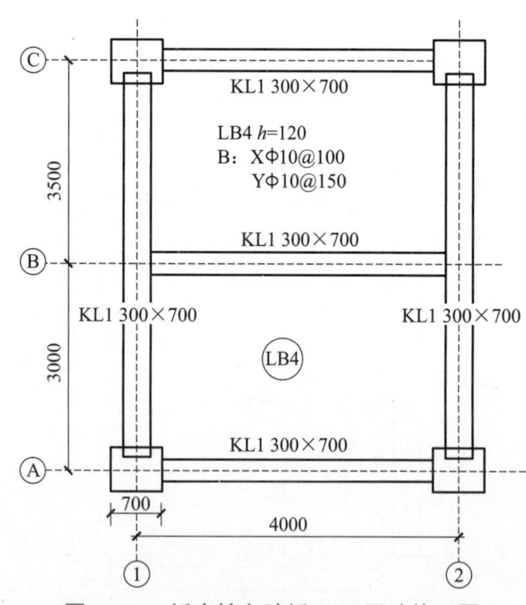

图 11-31 板底筋多跨板 LB4 平法施工图

【解】 （1）Ⓑ～Ⓒ轴 X ⌀ 10@100 的长度

计算公式=净长+端支座锚固长度+弯钩长度

端支座锚固长度＝ max（h_b，2.5d）

＝ max（150，5×10）＝ 150（mm）

180° 弯钩长度＝ 6.25d

总长＝ 4000 － 300 ＋ 2×150 ＋ 2×6.25×10 ＝ 4125（mm）

（2）X⏀10@100 的根数

计算公式＝（钢筋布置范围长度－起步距离）/ 间距＋ 1

＝（3500 － 300 － 100)/100 ＋ 1 ＝ 32（根）

（3）Ⓑ～Ⓒ轴 Y⏀10@150 的长度

计算公式＝净长＋端支座锚固长度＋弯钩长度

端支座锚固长度＝ max（h_b，2.5d）

＝ max（150，5×10）＝ 150（mm）

180° 弯钩长度＝ 6.25d

总长＝ 3500 － 300 ＋ 2×150 ＋ 2×6.25×10 ＝ 3625（mm）

（4）Ⓑ～Ⓒ轴 Y⏀10@150 的根数

计算公式＝（钢筋布置范围长度－起步距离）/ 间距＋ 1

＝（4000 － 300 － 2×75)/150 ＋ 1 ≈ 25（根）

（5）Ⓐ～Ⓑ轴 X⏀10@100 的长度

计算公式＝净长＋端支座锚固长度＋弯钩长度

端支座锚固长度＝ max（h_b，2.5d）

＝ max（150，5×10）＝ 150（mm）

180° 弯钩长度＝ 6.25d

总长＝ 4000 － 300 ＋ 2×150 ＋ 2×6.25×10 ＝ 4125（mm）

（6）Ⓐ～Ⓑ轴 X⏀10@100 的根数

计算公式＝（钢筋布置范围长度－起步距离）/ 间距＋ 1

＝（3500 － 300 － 100)/100 ＋ 1 ＝ 32（根）

（7）Ⓑ～Ⓒ轴 Y⏀10@150 的长度

计算公式＝净长＋端支座锚固长度＋弯钩长度

端支座锚固长度＝ max（h_b，2.5d）

＝ max（150，5×10）＝ 150（mm）

180° 弯钩长度＝ 6.25d

总长＝ 3500 － 300 ＋ 2×150 ＋ 2×6.25×10 ＝ 3625（mm）

（8）Ⓑ～Ⓒ轴 Y⏀10@150 的根数

计算公式＝（钢筋布置范围长度－起步距离）/ 间距＋ 1

＝（4000 － 300 － 2×75)/150 ＋ 1 ≈ 25（根）

11.3.2 板顶筋计算实例

【例 11-3】 板顶筋单跨板 LB7 平法施工图如图 11-32 所示。混凝土强度等级为 C30，保护层厚度 c_1 ＝ 20mm，板混凝土保护层 c_2 ＝ 15mm，抗震等级为一级抗震，钢筋的定尺长度为 9000mm，钢筋的连接方式采用绑扎搭接，l_{aE} ＝ 30d、l_a ＝ 30d，试计算图 11-32 中钢筋的长度和根数。

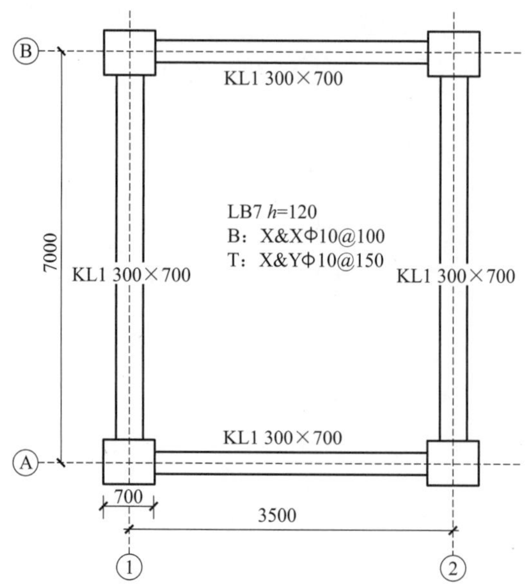

图 11-32　板顶筋单跨板 LB7 平法施工图

【解】（1）X Φ 10@150 的长度

长度计算公式＝净长＋端支座锚固长度

支座宽－ c（＝ 300mm － 20mm）＜ l_a（＝ 30×10mm），故采用弯锚，则

总长＝ 3500 － 300 ＋ 2×(300 － 20 ＋ 15×10) ＝ 4060（mm）

（2）X Φ 10@150 的根数

根数计算公式＝（钢筋布置范围长度－起步距离)/ 间距＋ 1

＝（7000 － 300 － 2×75)/150 ＋ 1 ≈ 45（根）

（3）Y Φ 10@150 的长度

长度计算公式＝净长＋端支座锚固长度

支座宽－ c（＝ 300mm － 20mm）＜ l_a（＝ 30×10mm），故采用弯锚，则

总长＝ 7000 － 300 ＋ 2×(300 － 20 ＋ 15×10) ＝ 7560（mm）

（4）Y Φ 10@150 的根数

根数计算公式＝（钢筋布置范围长度－起步距离)/ 间距＋ 1

＝（3500 － 300 － 2×75)/150 ＋ 1 ≈ 22（根）

【例 11-4】 板顶筋多跨板相邻跨配筋不同的 LB9、LB10 平法施工图如图 11-33 所示。混凝土强度等级为 C30，保护层厚度 c_1 ＝ 20mm，板混凝土保护层 c_2 ＝ 15mm，抗震等级为一级抗震，钢筋的定尺长度为 9000mm，钢筋的连接方式采用绑扎搭接，l_{aE} ＝ 30d、l_a ＝ 42d，试计算该图中钢筋的长度和根数。

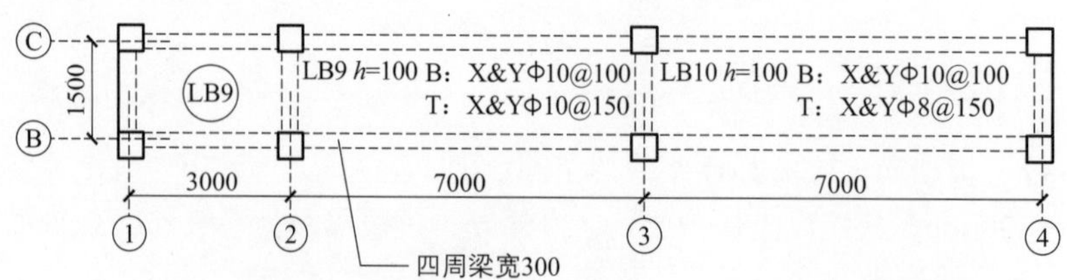

图 11-33　板顶筋多跨板相邻跨配筋不同的 LB9、LB10 平法施工图

【解】 (1) LB9 多跨板 X⏀10@150（①～②跨贯通计算）的长度

长度计算公式=净长+左端支座锚固长度+右端伸入③～④轴跨中连接长度

支座宽 − c（= 300mm − 20mm）< l_a =（30×10mm），故采用弯锚，则

总长= 3000 + 7000 − 150 +（300 − 20 + 15×10）+［7000/2 +（42/2）d］+ 42×10

= 3000 + 7000 − 150 +（300 − 20 + 15×10）+ 7000/2 + 21×10 + 42×10

= 14410（mm）

(2) LB9 多跨板 X⏀10@150（①～②跨贯通计算）的根数

根数计算公式=（钢筋布置范围长度−起步距离）/ 间距+ 1

=（1500 − 300 − 2×75）/150 + 1 = 8（根）

(3) LB9 多跨板 Y⏀10@150 的长度

长度计算公式=净长+端支座锚固长度

支座宽 − c（= 300mm − 20mm）< l_a（= 30×10mm），故采用弯锚，则

总长= 1500 − 300 + 2×（300 − 20 + 15×10）= 2060（mm）

(4) LB9 多跨板 Y⏀10@150 的根数

根数计算公式=（钢筋布置范围长度−起步距离）/ 间距+ 1

①～②轴的钢筋根数=（3000 − 300 − 2×75）/150 + 1 = 18（根）

②～③轴的钢筋根数=（7000 − 300 − 2×75）/150 + 1 ≈ 45（根）

(5) LB10 多跨板 X⏀8@150 的长度

长度计算公式= 1/2 跨长+左端与相邻跨伸过来的钢筋搭接长度+右端支座锚固长度

端支座直锚长度= 300 − 20 = 280（mm）

总长= 7000/2 +（42/2）d − 150 + 280

= 7000/2 + 21×8 − 150 + 280 = 3798（mm）

(6) LB10 多跨板 X⏀8@150 的根数

根数计算公式=（钢筋布置范围长度−起步距离）/ 间距+ 1

=（1500 − 300 − 2×75）/150 + 1 = 8（根）

(7) LB10 多跨板 Y⏀8@150 的长度

长度计算公式=净长+端支座锚固长度

端支座直锚长度= 29d = 29×8 = 232（mm）

总长= 1500 − 300 + 2×280 = 1760（mm）

(8) LB10 多跨板 Y⏀8@150 的根数

根数计算公式=（钢筋布置范围长度−起步距离）/ 间距+ 1

②～③轴的钢筋根数=（7000 − 300 − 2×75）/150 + 1 ≈ 45（根）

11.3.3 支座负筋计算实例

【例 11-5】 端支座负筋 LB1 平法施工图如图 11-34 所示。混凝土强度等级为 C30，保护层厚度 c_1 = 20mm，板混凝土保护层 c_2 = 15mm，抗震等级为一级抗震，钢筋的定尺长度为 9000mm，钢筋的连接方式采用绑扎搭接，l_{aE} = 35d、l_a = 30d，试计算图 11-34 中钢筋的工程量。

【解】 (1) ②号支座负筋 Φ8@100 的长度

长度计算公式=平直段长度+端支座锚固长度+弯折长度

弯折长度= h − 15×2 = 120 − 2×15 = 90（mm）

总长度＝ 800 ＋ 150 － 20 ＋ 15×8 ＋ 90 ＝ 1140（mm）

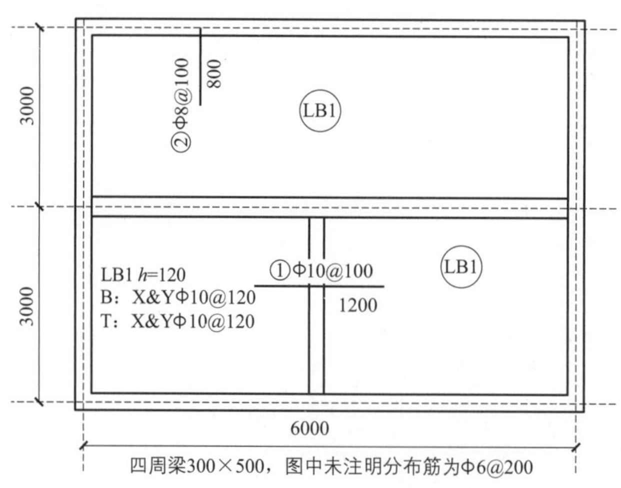

图 11-34　端支座负筋 LB1 平法施工图

（2）②号支座负筋 Φ 8@100 的根数

根数计算公式＝（布置范围净长－两端起步距离）/ 间距＋ 1

＝（6000 － 300 － 2×50）/100 ＋ 1 ＝ 57（根）

（3）②号支座负筋的分布筋的长度

负筋布置范围长＝ 6000 － 300 ＝ 5700（mm）

（4）②号支座负筋的分布筋的根数

根数计算公式＝（布置范围净长－两端起步距离）/ 间距＋ 1

＝（800 － 150）/200 ＋ 1 ≈ 5（根）

【例 11-6】 跨板支座负筋 LB1 平法施工图如图 11-35 所示。混凝土强度等级为 C30，保护层厚度 c_1 ＝ 20mm，板混凝土保护层 c_2 ＝ 15mm，抗震等级为一级抗震，钢筋的定尺长度为 9000mm，钢筋的连接方式采用绑扎搭接，l_{aE} ＝ 35d、l_a ＝ 30d，试计算图 11-35 中钢筋的工程量。

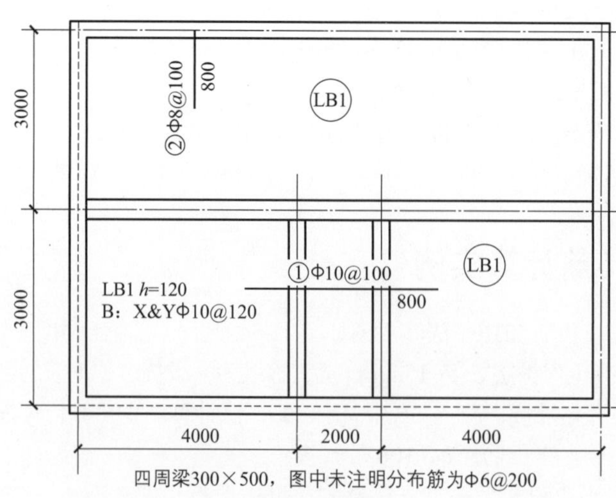

图 11-35　跨板支座支座负筋 LB1 平法施工图

【解】（1）①号支座负筋长度

长度计算公式＝平直段长度＋两端弯折长度

弯折长度＝ h － 15×2 ＝ 120 － 15×2 ＝ 90（mm）

总长度＝ 2000 ＋ 2×800 ＋ 2×90 ＝ 3780（mm）

（2）①号支座负筋根数

根数计算公式＝（布置范围净长－两端起步距离）/ 间距＋ 1

＝（3000 － 300 － 2×50）/100 ＋ 1 ＝ 27（根）

（3）①号支座负筋的分布筋长度

负筋布置范围长＝ 3000 － 300 ＝ 2700（mm）

（4）①号支座负筋的分布筋根数

根数计算公式＝单侧根数＝（800 － 150）/200 ＋ 1 ≈ 5（根）

中间根数＝（2000 － 300 － 100）/200 ＋ 1 ＝ 9（根）

总根数＝ 5 ＋ 9 ＝ 14（根）

12 无梁楼盖部分

12.1 无梁楼盖钢筋排布规则总说明

无梁楼盖由柱支座和无梁楼板共同构成。无梁楼板由沿各轴线分布且直接被柱子支承的柱上板带和被周围柱上板带及边框梁或剪力墙支承的跨中板带组成，如图 12-1 所示。

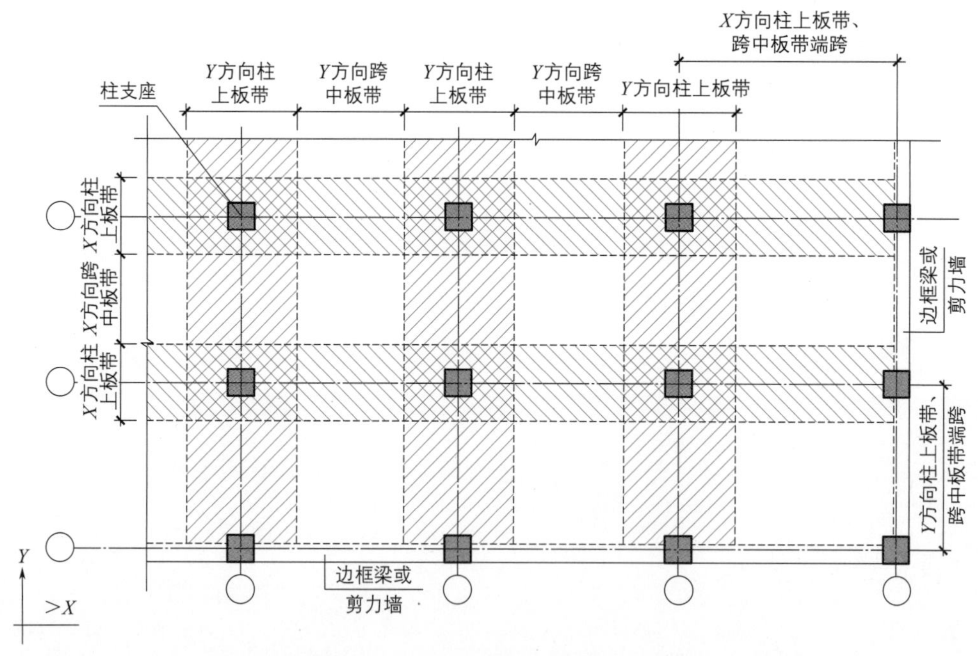

图 12-1　无梁楼板的板带划分示意图

无梁楼盖柱上板带支座设定规则：当柱上板带设有暗梁时，支座宽为本柱上板带暗梁宽；有柱帽和托板的柱上板带支座宽为柱帽和托板的有效宽度，有效宽度由设计者指定。

钢筋下料前，在满足设计意图的前提下，应预先对照施工图，结合《混凝土结构施工钢筋排布规则与构造详图》（18 G901-1）相关钢筋的排布规则和构造要求，统筹兼顾，结合施工实际制订出钢筋排布方案并绘制钢筋排布方案平面示意图。同时，该图应经设计方认同。钢筋配料要确保每种钢筋的形状、尺寸计算合理准确。钢筋算量应充分考虑所有钢筋彼此相邻或相关的影响因素，合理搭配后再进行统计。

板带钢筋在具体排布时恰当灵活地采用图 12-2 中的躲让方案，其中，*s* 为钢筋间距，需在现场确定。

本章无梁楼盖部分中，板厚范围内上、下部各层钢筋的定位顺序及表达方式如图 12-3 所示，本章中所指钢筋排放次序均按此原则表达。

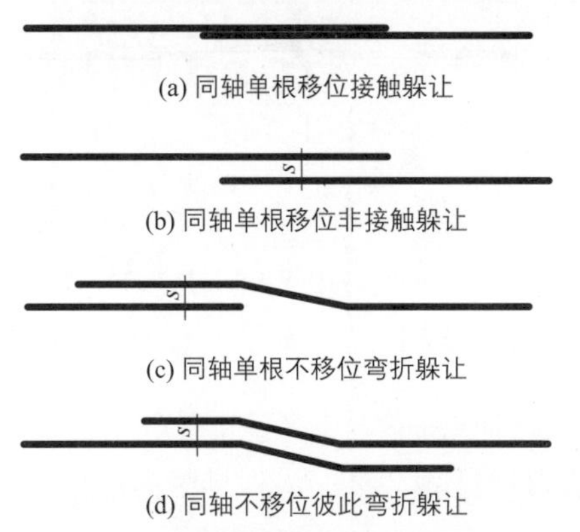

(a) 同轴单根移位接触躲让

(b) 同轴单根移位非接触躲让

(c) 同轴单根不移位弯折躲让

(d) 同轴不移位彼此弯折躲让

图 12-2　同轴纵向钢筋排布顺势躲让构造

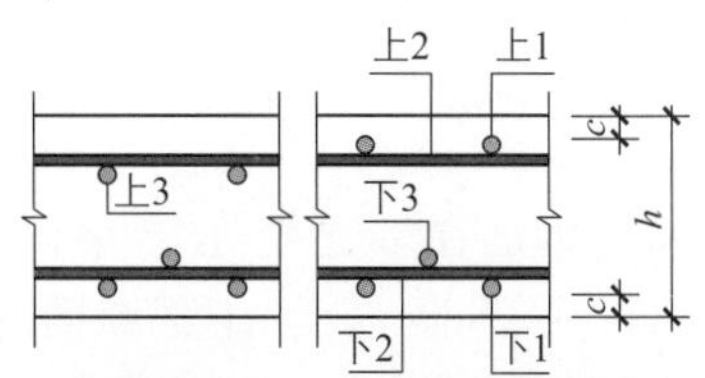

图 12-3　板厚范围内上、下部各层钢筋定位排序示意

c—混凝土保护层厚度；*h*—板厚范围内的高度

当板厚度较小时，应采用弯折躲让方案，以减小钢筋叠放的层数，进而避免板的有效高度被更多地削减。板带钢筋弯折躲让可采用顺势弯折方式（应确保钢筋的锚固或连接长度不被减少），其弯折坡度不宜大于 1/6。板带钢筋弯折躲让也可采用定形弯折方式，且定形弯折尺寸应由设计方确定。

现场钢筋排布顺序和要求如下。

① 柱上板带下部纵向钢筋在支座宽度范围内的排布如图 12-4（a）所示。对于长方形板块，应将无梁楼板长跨方向支座内的柱上板带下部纵筋置于下 1 层；短跨方向的柱上板带下部纵筋在跨中置于下 1 层，在柱支座边与长跨下 1 层纵筋交叉处，采用同层弯折躲让方案，置于长跨方向下 1 层纵筋之上，如图 12-4（b）所示。

② 柱上板带下部纵向钢筋在支座宽度范围外的排布，如图 12-5（a）所示。对于长方形板块，应将长跨方向柱上板带在柱支座两侧的其余下部纵筋置于下 1 层 [如图 12-5（b）所示]，在支座边与短跨方向柱上板带下 1 层纵筋交叉处再采用同层弯折躲让方案，置于短跨方向下 1 层纵筋之上，如图 12-5（c）所示。

短跨方向柱上板带在柱支座两侧的其余下部纵筋在跨中板带宽度范围内置于下 1 层，到长跨方向柱上板带边处再采用同层弯折躲让方案，置于长跨方向下 1 层纵筋之上，如图 12-5（d）所示。

③ 跨中板带下部纵向钢筋的排布。跨中板带下部各方向纵筋应根据与之相交柱上板带纵筋的排布方式来具体确定。

④ 暗梁。若柱上板带柱间设暗梁，各板带下部纵筋与暗梁相交处均置于暗梁下部纵筋之上。

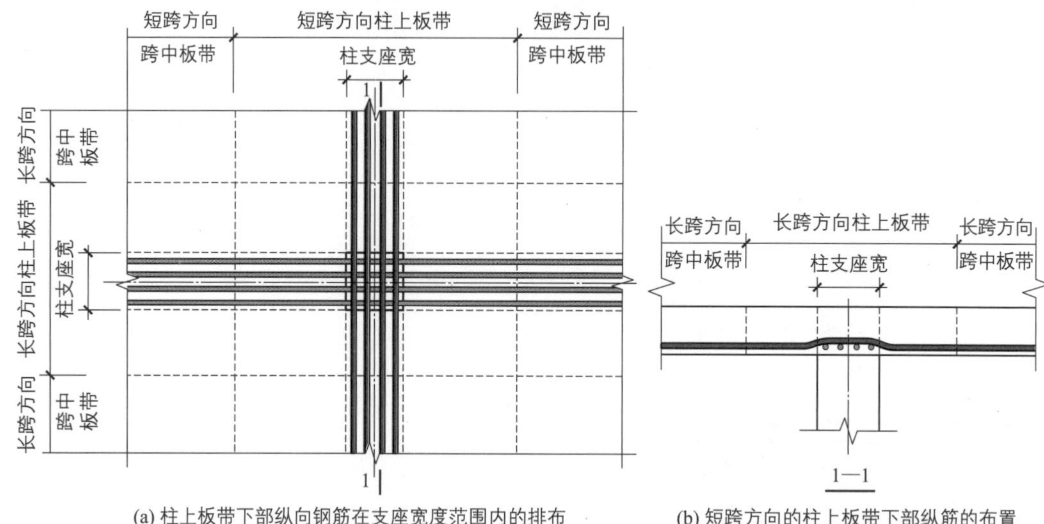

(a) 柱上板带下部纵向钢筋在支座宽度范围内的排布　　(b) 短跨方向的柱上板带下部纵筋的布置

图 12-4　柱上板带支座范围内下部钢筋排布图

暗梁纵向钢筋在端支座处弯折锚固时，上、下部纵筋竖向弯折段之间宜保持有净距25mm；当空间不够时，上、下部纵筋的竖向弯折段也可以贴靠。纵筋最外排竖向弯折段与柱外边纵向钢筋净距宜不小于25mm。

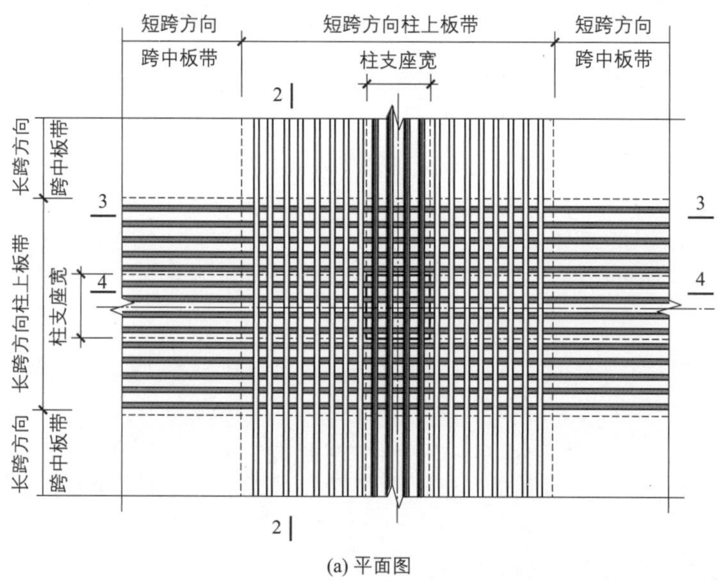

(a) 平面图

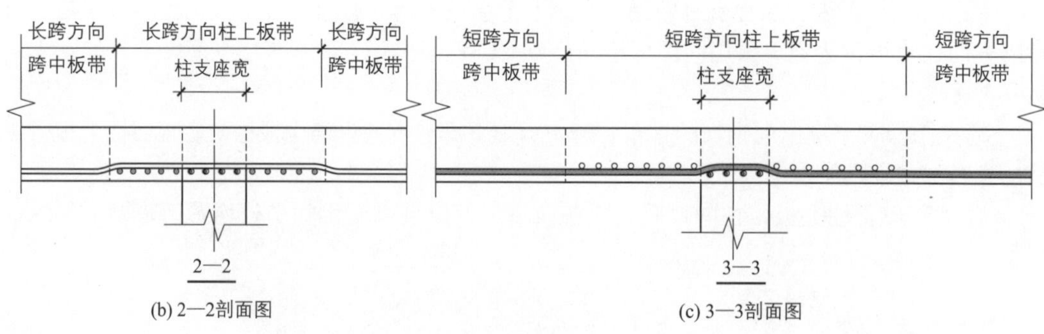

(b) 2—2剖面图　　(c) 3—3剖面图

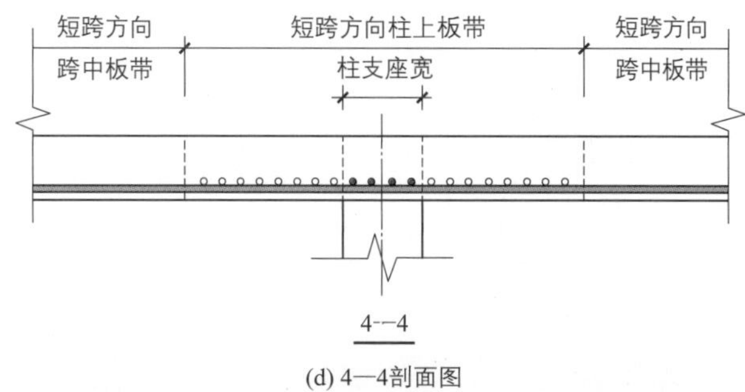

(d) 4—4剖面图

图 12-5　柱上板带支座两侧下部钢筋排布图

节点处弯折锚固的暗梁纵向钢筋的竖向弯折段，如需与相交叉的另一方向梁纵向钢筋排布躲让时，可调整其伸入节点的水平段长度。水平段向柱外边方向调整时，最长可伸至紧靠柱箍筋内侧位置。

弯折锚固的暗梁纵向钢筋弯折前水平段长度要求应在考虑排布躲让因素后，伸至能达到的最长位置处。

⑤ 各板带（包括柱上板带和跨中板带）的上部纵向钢筋均应将长跨方向置于上 1 层，短跨方向置于上 2 层，具体布置方式如图 12-6 所示。

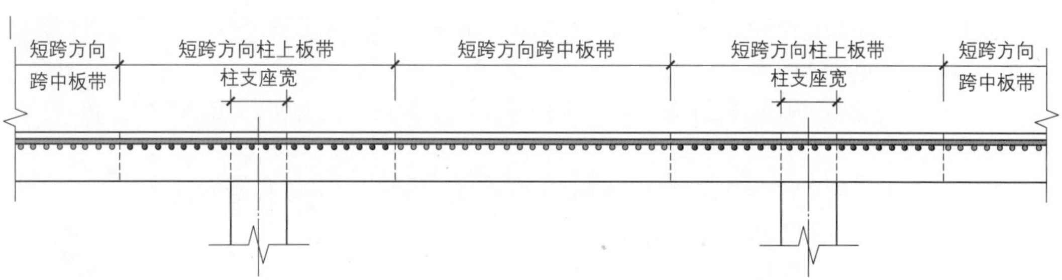

图 12-6　柱上板带与跨中板带上部纵向钢筋排布图

⑥ 对于正方形板块，可对照长方形板块，将某一方向拟定为长跨方向，将另一方向拟定为短跨方向进行各板带的钢筋排布。设计若有具体要求，以设计为准。

⑦ 不同长度、种类钢筋间隔布置，要遵循对称均匀的规则。先沿各板带的纵向划定中心线，然后将不同长度种类的钢筋以此线为轴向两侧对称间隔排布。

钢筋排布躲让时，上部纵筋向下（或下部纵筋向上）竖向位移距离不宜大于需躲让的纵筋直径。

板带和暗梁纵向钢筋交叉排布躲让可能对设计假定的截面有效高度 h_0 产生削弱影响，应在钢筋加工前，及时将该截面实际钢筋排布状态提交设计单位供其进行复核计算。

板顶或板底纵筋连接宜优先采用高质量焊接或机械连接，搭接仅用于板带暗梁（或柱支座）两旁其余板底纵筋。板底纵筋应分别在支座左侧、右侧交错并间隔排布连接接头（如图 12-7 所示），具体连接位置由设计确定。

板底纵向普通钢筋的连接位置，宜在距柱面 l_{aE} 且 2 倍板厚的较大值以外位置，连接方式如图 12-8 所示。图中，c 为板带保护层厚度。

当测算出某板的实际连接位置已超出 1/4 净跨，应及时通知设计方复核其是否处于受拉区，应避开受拉区且按设计方要求施工。

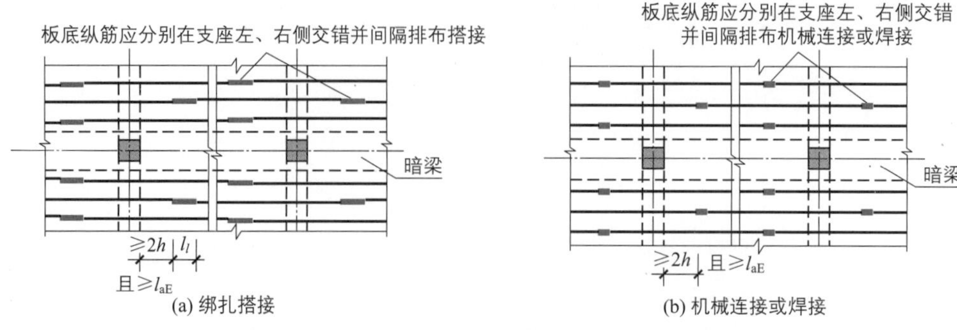

图 12-7　无柱帽柱上板带板底纵筋支座外连接平面示意图

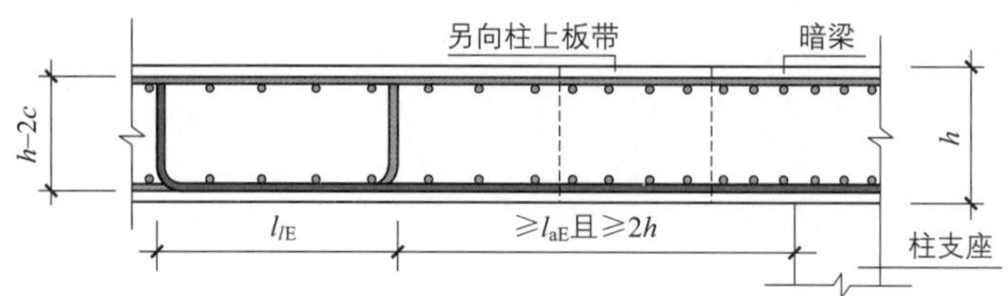

图 12-8　柱上板带板底纵筋支座外搭接构造剖面示意图

各种连接方式均应分两批以上，分别在支座两旁间隔、交错施行。

施工阶段由于设计变更或施工原因引发钢筋排布变故时，施工方应与设计方协商，并共同确定应对方案和具体措施。

人防无梁楼板钢筋排布构造应符合《人民防空地下室设计规范》（GB 50038—2005）的相关要求。

其他分布筋、构造筋的排布要求，板中开洞及洞边补强筋的排布构造均以设计为准。

钢筋排布其他具体要求以设计为准。

扫码看视频

无梁楼盖构造识图

12.2 无梁楼盖构造识图

无梁楼盖板平法施工图，是指在楼面板和屋面板的布置图上，采用平面注写的表达方式。无梁楼盖平法施工图平面注写主要有板带集中标注和板带支座原位标注两部分内容。

（1）板带集中标注

集中标注应在板带贯通纵筋配置相同跨的第一跨（*X* 向为左端跨，*Y* 向为下端跨）注写。相同编号的板带可择其一做集中标注，其他仅注写板带编号（注在圆圈内）。板带集中标注的具体内容包括板带编号、板带厚和板带宽及贯通纵筋。

① 板带编号按表 12-1 的规定注写。

表 12-1　板带编号

板带类型	代号	序号	跨数及有无悬挑
柱上板带	ZSB	××	（××）、（×A）或（××B）
跨中板带	KZB	××	（××）、（××A）或（××B）

注：跨数按柱网轴线计算（两相邻柱轴线之间为一跨）；（××A）为一端有悬挑，（××B）为两端有悬挑，悬挑不计入跨数。

② 板带厚注写为 $h = \times\times\times$，板带宽注写为 $b = \times\times\times$。当无梁楼盖整体厚度和板带宽度已在图中注明时，此项可不注。

③ 贯通纵筋按板带下部和板带上部分别注写，并以 B 代表下部，T 代表上部，B&T 代表下部和上部。当采用放射配筋时，应注明配筋间距的度量位置，必要时补绘配筋平面图。

应注意的是，相邻等跨板带上部贯通纵筋应在跨中 1/3 净跨长范围内连接；当同向连续板，带的上部贯通纵筋配置不同时，应将配置较大者越过其标注的跨数终点或起点伸至相邻跨的跨中连接区域连接。

【例 12-1】 设有一板带注写为 ZSB1（3A）$h = 280$，$b = 4000$

BC16@100；TC18@200

试分析其各代表什么含义。

【解】 该标注表示 1 号柱上板带有 3 跨且一端有悬挑；板带厚 280mm，宽 4000mm；板带配置贯通纵筋下部为 ⌀16@100，上部为 ⌀18@200。

④ 当局部区域的板面标高与整体不同时，应在无梁楼盖的板平法施工图上注明板面标高高差及分布范围。

（2）板带支座原位标注

板带支座原位标注的具体内容为板带支座上部非贯通纵筋。以一段与板带同向的中粗实线段代表板带支座上部非贯通纵筋；对柱上板带，实线段贯穿柱上区域绘制；对跨中板带，实线段横贯柱网轴线绘制。在线段上注写钢筋编号（如①、②）、配筋值及在线段的下方注写自支座中线向两侧跨内的伸出长度。

当板带支座非贯通纵筋自支座中线向两侧对称伸出时，其伸出长度可仅在一侧标注；当配置在有悬挑端的边柱上时，该筋伸出到悬挑尽端，设计不注。当支座上部非贯通纵筋呈放射分布时，设计者应注明配筋间距的定位位置。

不同部位的板带支座上部非贯通纵筋相同者，可仅在一个部位注写，其余则在代表非贯通纵筋的线段上注写编号。

【例 12-2】 假设有平面布置图的某部位，在横跨板带支座绘制的对称线段上注有⑤ ⌀16@250，在线段一侧的下方注有 1500，表示支座上部⑤号非贯通纵筋为 ⌀16@250，自支座中线向两侧跨内的伸出长度均为 1500mm。

当板带上部已经配有贯通纵筋，但需增加配置板带支座上部非贯通纵筋时，应结合已配同向贯通纵筋的直径与间距，采取“隔一布一”的方式配置。

【例 12-3】 设有一板带上部已配置贯通纵筋 ⌀16@240，板带支座上部非贯通纵筋为⑥ ⌀16@240，则板带在该位置实际配置的上部纵筋为 ⌀16@120，其中 1/2 为贯通纵筋，1/2 为⑥号非贯通纵筋（伸出长度略）。

【例 12-4】 设有一板带上部已配置贯通纵筋 ⌀16@240，板带支座上部非贯通纵筋为② ⌀18@240，则该板带在该位置实际配置的上部纵筋为 ⌀16 和 ⌀18 间隔布置，二者之间间距为 120mm（伸出长度略）。

（3）暗梁的表示方法

暗梁平面注写包括暗梁集中标注、暗梁支座原位标注。施工图中在柱轴线处画中粗虚线表示暗梁。

暗梁集中标注包括暗梁编号、暗梁截面尺寸（箍筋外皮宽度 × 板厚）、暗梁箍筋、暗梁上部通长筋或架立筋。暗梁编号见表 12-2。

表 12-2　暗梁编号

构件类型	代号	序号	跨数及有无悬挑
暗梁	AL	××	（××）、（××A）或（××B）

注：跨数按柱网轴线计算（两相邻柱轴线之间为一跨）；（××A）为一端有悬挑，（××B）为两端有悬挑，悬挑不计入跨数。

暗梁支座原位标注包括梁支座上部纵筋、梁下部纵筋。当在暗梁上集中标注的内容不适用于某跨或某悬挑端时，则将其不同数值标注在该跨或该悬挑端，施工时按原位注写取值。

柱上板带标注的配筋仅设置在暗梁之外的柱上板带范围内。

暗梁中纵向钢筋连接、锚固及支座上部纵筋的伸出长度等要求同轴线处柱上板带中纵向钢筋。

（4）平法设计中的其他规定

① 当悬挑板需要考虑竖向地震作用时，设计应注明该悬挑板纵向钢筋抗震锚固长度按何种抗震等级。

② 无梁楼盖板纵向钢筋的锚固和搭接需满足受拉钢筋的要求。

③ 无梁楼盖跨中板带上部纵向钢筋在梁端支座的锚固要求：22 G101-1 图集规定，当设计按铰接时，平直段伸至端支座对边后弯折，且平直段长度不小于 $0.35l_{ab}$，弯折段投影长度为 $12d$（d 为纵向钢筋直径）；当充分利用钢筋的抗拉强度时，直段伸至端支座对边后弯折，且平直段长度不小于 $0.6l_{ab}$，弯折段投影长度为 $12d$。设计者应在平法施工图中注明采用何种构造，当多数采用同种构造时可在图注中写明，并将少数不同之处在图中注明。

④ 无梁楼盖跨中板带支承在剪力墙顶的端节点，当板上部纵向钢筋充分利用钢筋的抗拉强度（锚固在支座中），直段伸至端支座对边后弯折，且平直段长度不小于 $0.6l_{ab}$，弯折段投影长度为 $12d$；当设计考虑墙外侧竖向钢筋与板上部纵向受力钢筋搭接传力时，应满足搭接长度要求；设计者应在平法施工图中注明采用何种构造，当多数采用同种构造时可在图注中写明，并将少数不同之处在图中说明。

⑤ 板纵向钢筋的连接可采用绑扎搭接、机械连接或焊接。当板纵向钢筋采用非接触方式的绑扎搭接时，其搭接部位的钢筋净距不宜小于 30mm，且钢筋中心距不应大于 $0.2l_l$ 及 150mm 的较小者。

非接触搭接使混凝土能够与搭接范围内所有钢筋的全表面充分黏结，可以提高搭接钢筋之间通过混凝土传力的可靠度。

无梁楼盖板平法施工图的示例如图 12-9 所示。

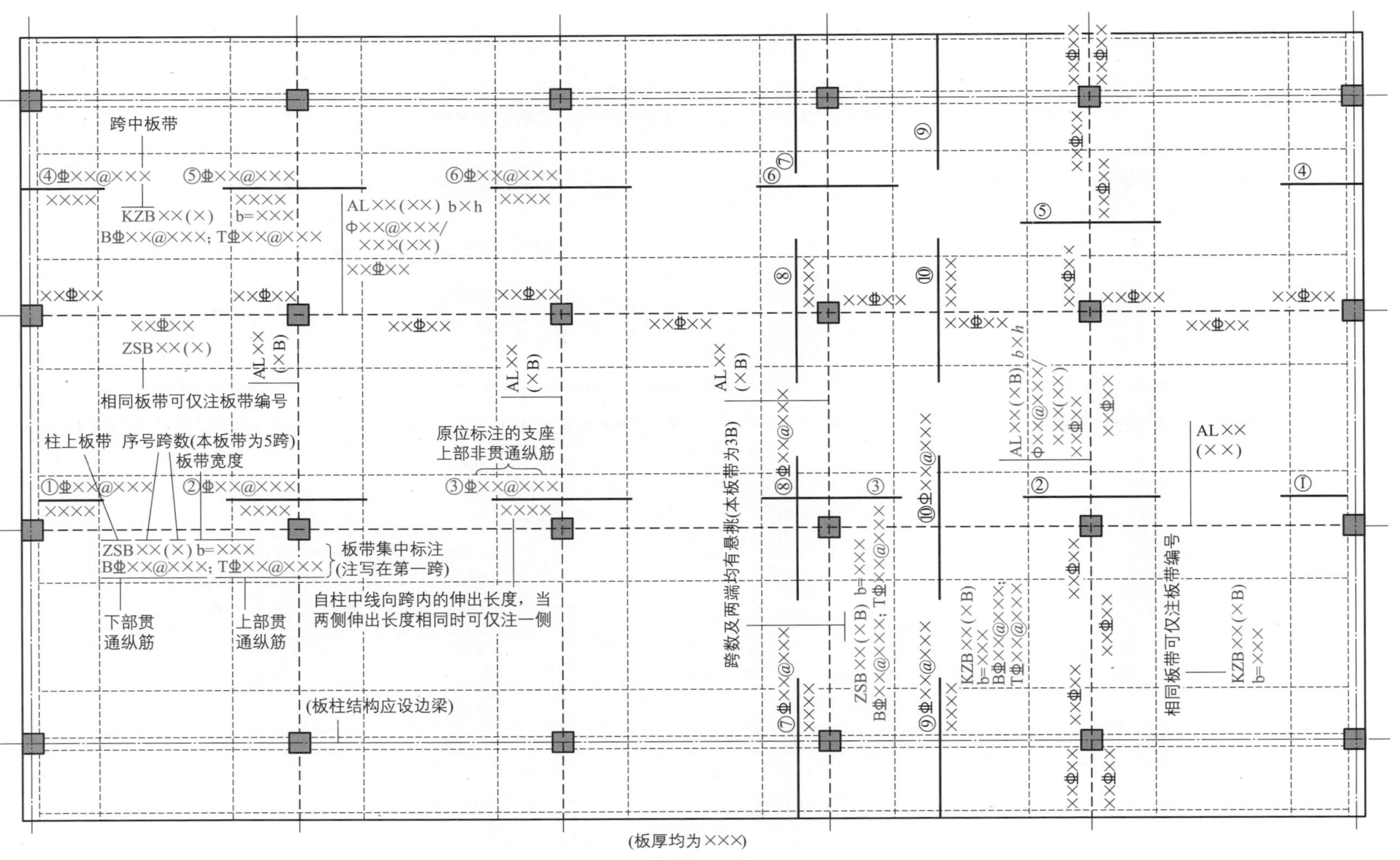

(板厚均为×××)

图 12-9 无梁楼盖板平法施工图

12.2.1　无梁楼盖柱上板带 ZSB 与跨中板带 KZB 纵向钢筋连接区示意图

当相邻等跨或不等跨的上部贯通纵筋配置不同时，应将配置较大者越过其标注的跨数终点或起点伸出至相邻跨的跨中连接区域连接。

无梁楼盖板底纵向普通钢筋的连接位置宜在距柱面 l_{aE} 与 2 倍板厚的较大值以外，且应避开板底受拉区范围。

采用平面注写方式表达的无梁楼盖柱上板带、跨中板带及暗梁标注图示如图 12-9 所示。柱上板带 ZSB 纵向钢筋连接区示意图如图 12-10 所示；跨中板带 KZB 纵向钢筋连接区示意图如图 12-11 所示；无梁楼盖柱上板带 ZSB 与跨中板带 KZB 纵向钢筋构造如图 12-12 所示。

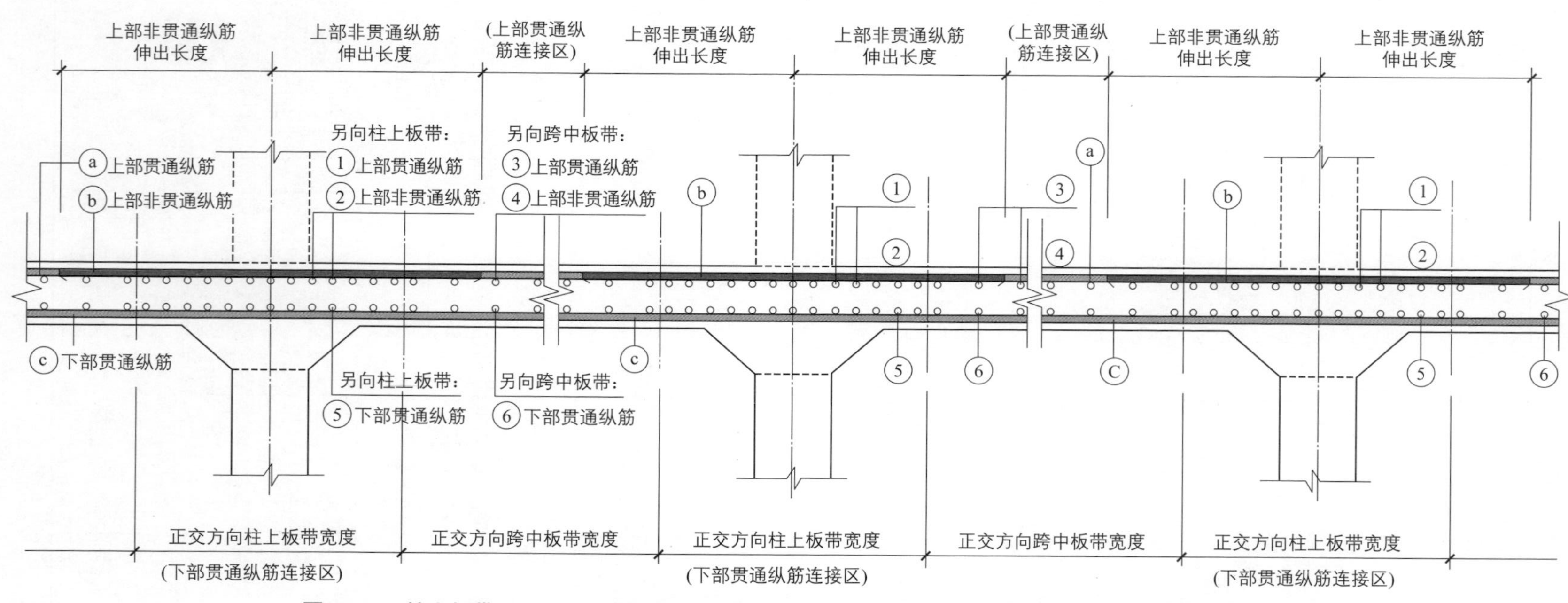

图 12-10　柱上板带 ZSB 纵向钢筋连接区示意图（板带上部非贯通纵筋向跨内伸出长度按设计标注）

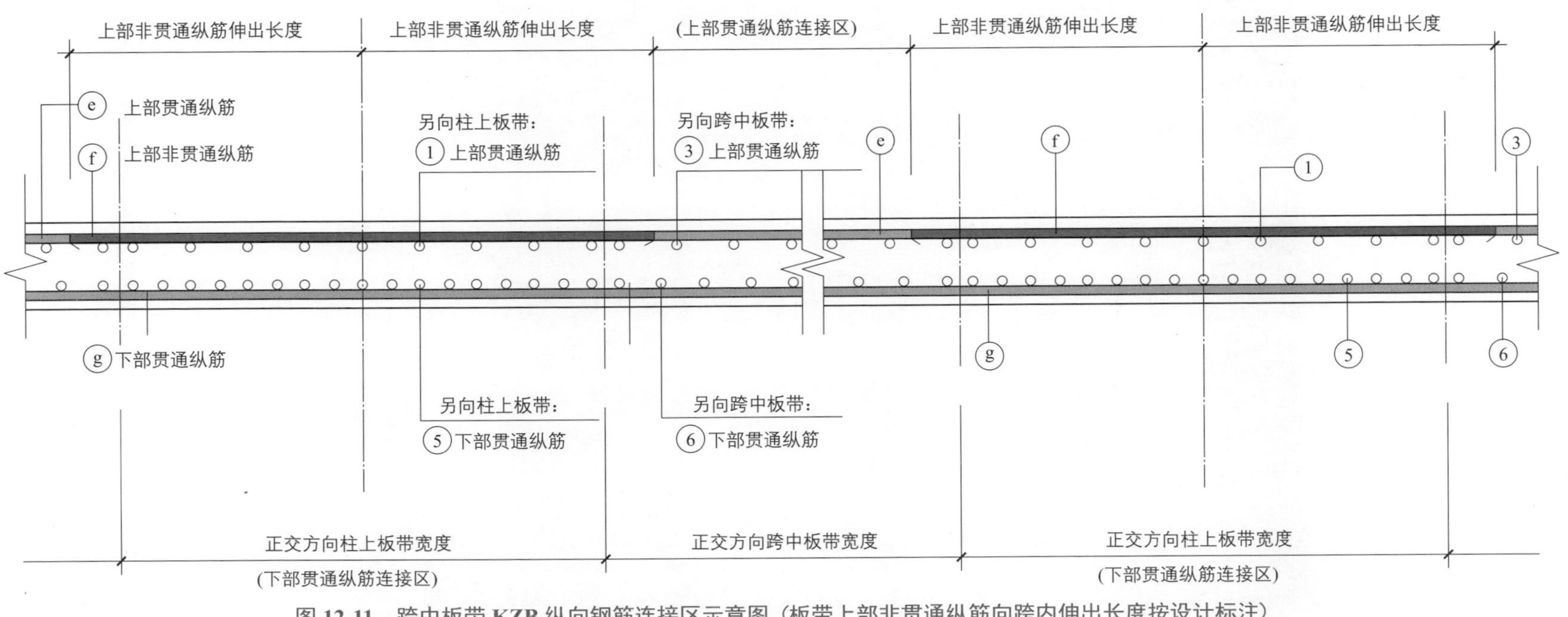

图 12-11　跨中板带 KZB 纵向钢筋连接区示意图（板带上部非贯通纵筋向跨内伸出长度按设计标注）

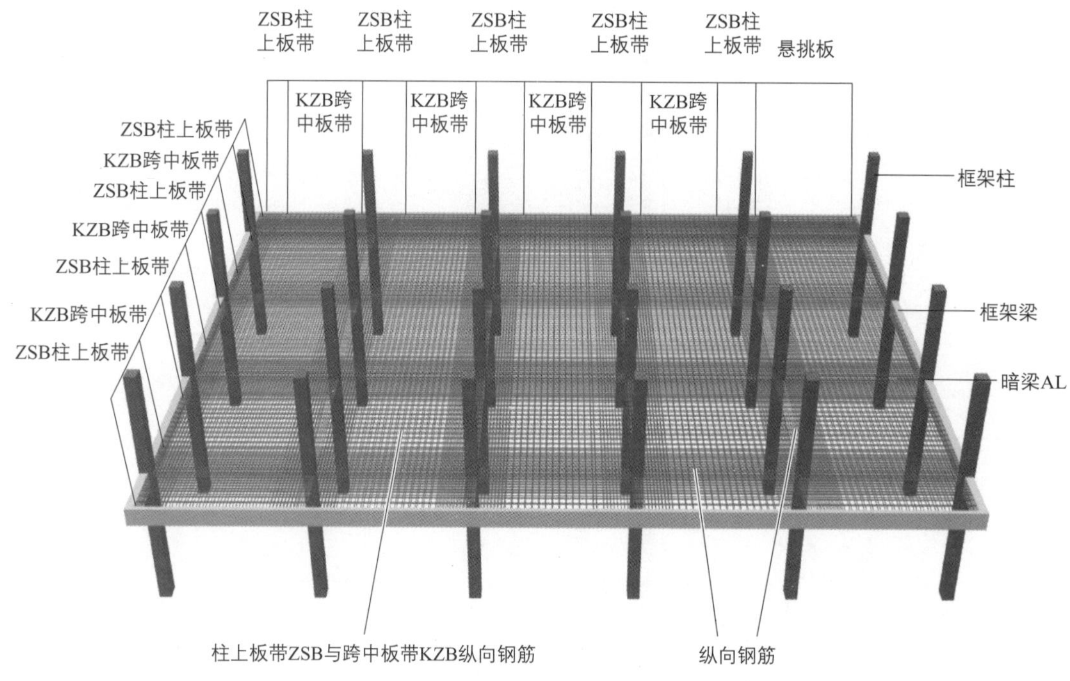

(a) 三维示意图1

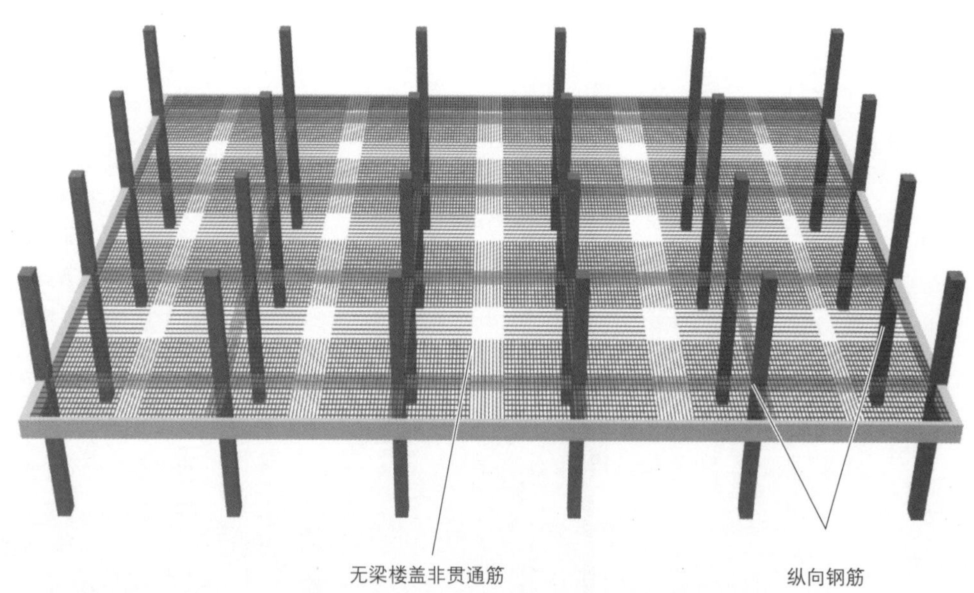

(b) 三维示意图2

图 12-12　无梁楼盖柱上板带 **ZSB** 与跨中板带 **KZB** 纵向钢筋构造图

12.2.2 有暗梁板带下部钢筋排布平面示意图

有暗梁板带下部钢筋排布平面示意图如图 12-13 所示。暗梁下部纵向钢筋不宜少于上部纵向钢筋截面面积的 1/2。

图 12-13 有暗梁板带下部钢筋排布平面示意图中有三个剖切符号，对应的三个剖面图如图 12-14 所示。各板带下部纵筋与暗梁相交处，板带纵筋均置于暗梁下部纵筋之上。

12.2.3 有暗梁板带上部钢筋排布平面示意图

有暗梁板带上部钢筋排布平面示意图如图 12-15 所示。

① 板带长跨方向纵筋置于上 1 层，短跨方向纵筋置于上 2 层；具体排布构造要求应以设计为准。

② 板带支座上部非贯通纵筋应结合已配同向贯通纵筋的直径与间距，采取“隔一布一”的方式配置，且伸出长度应以设计为准。

③ 暗梁支座上部纵向钢筋应不小于柱上板带纵向钢筋截面面积的 1/2，暗梁下部纵向钢筋不宜少于上部纵向钢筋截面面积的 1/2。

12.2.4 无暗梁板带下部钢筋排布平面示意图

无暗梁板带下部钢筋排布平面示意图如图 12-16 所示。

柱上板带下部纵筋在柱支座宽度范围内的直径、间距等应由设计方指定。

12.2.5 无暗梁板带上部钢筋排布平面示意图

① 板带长跨方向纵筋置于上 1 层，短跨方向纵筋置于上 2 层；具体排布构造要求应以设计为准。

② 板带支座上部非贯通纵筋应结合已配同向贯通纵筋的直径与间距，采取“隔一布一”的方式配置，且伸出长度应以设计为准。

③ 无暗梁无梁楼盖仅可用于非高层建筑，具体情况由设计方指定。

无暗梁板带上部钢筋排布平面示意图如图 12-17 所示。

12.2.6 板带钢筋在端部的排布平面示意图

板带钢筋在端部的排布平面示意图如图 12-18 所示。图中 S_{KZB} 为跨中板带的钢筋间距；S_{ZSB} 为柱上板带的钢筋间距。

① 板带上部纵筋排布规则如图 12-15、图 12-17 所示。

② 板带端支座纵筋的具体构造做法，如图 12-10 ～图 12-12 所示。

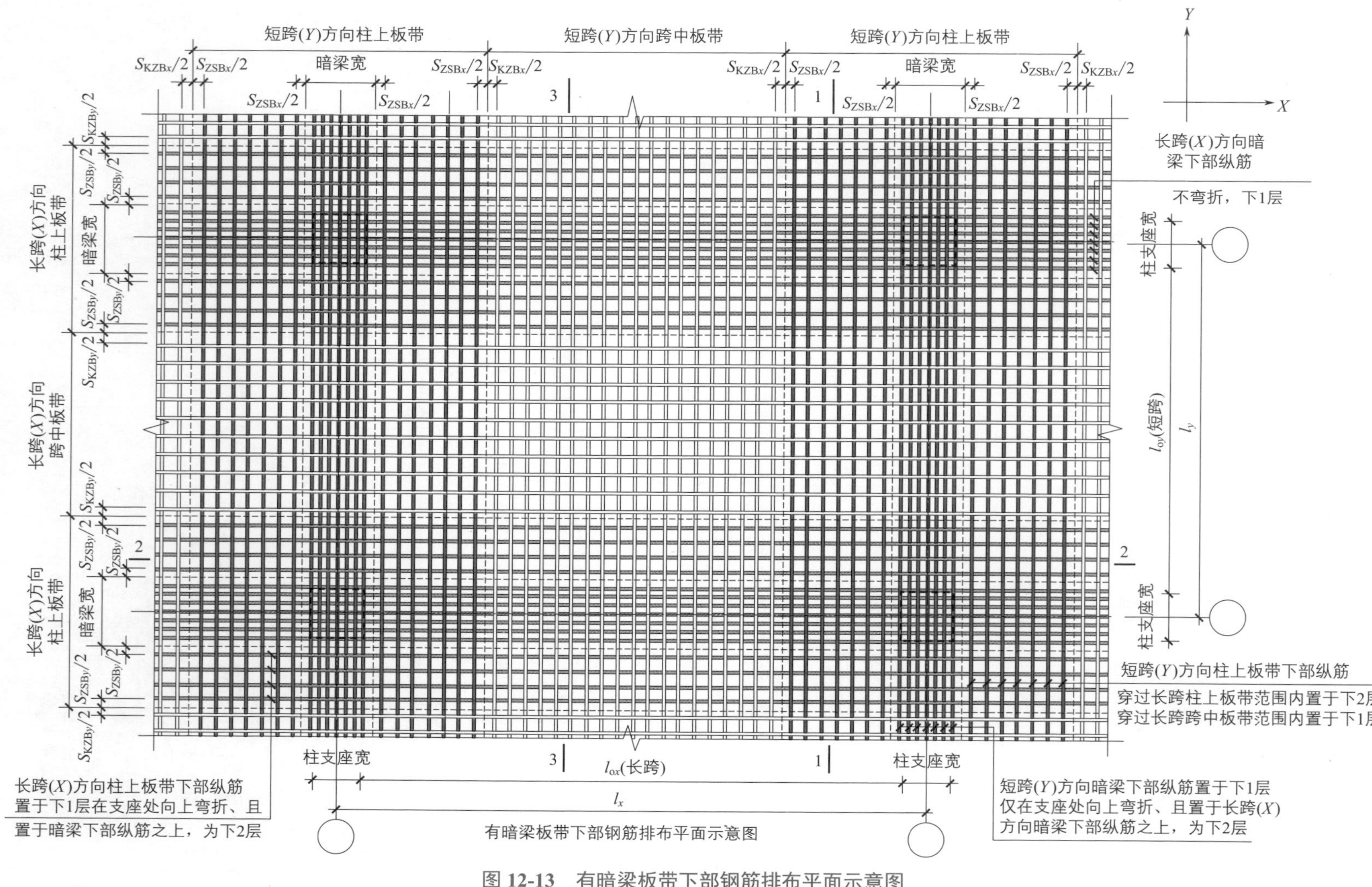

图 12-13　有暗梁板带下部钢筋排布平面示意图

S_{KZB}—跨中板带的钢筋间距；S_{ZSB}—柱上板带的钢筋间距

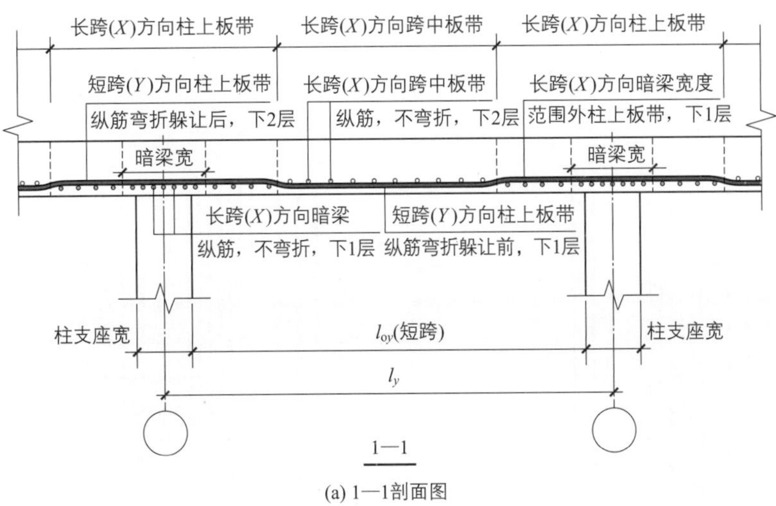

(a) 1—1剖面图

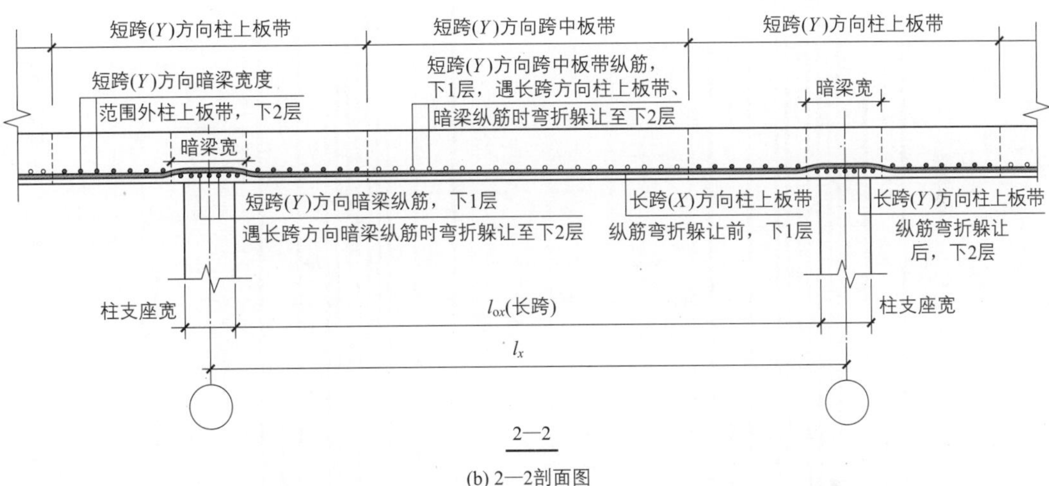

(b) 2—2剖面图

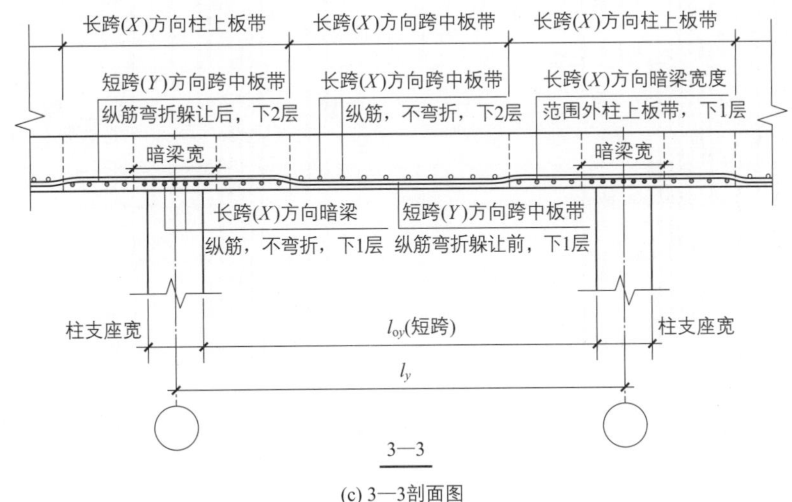

(c) 3—3剖面图

图 12-14 有暗梁板带下部钢筋排布剖面示意图

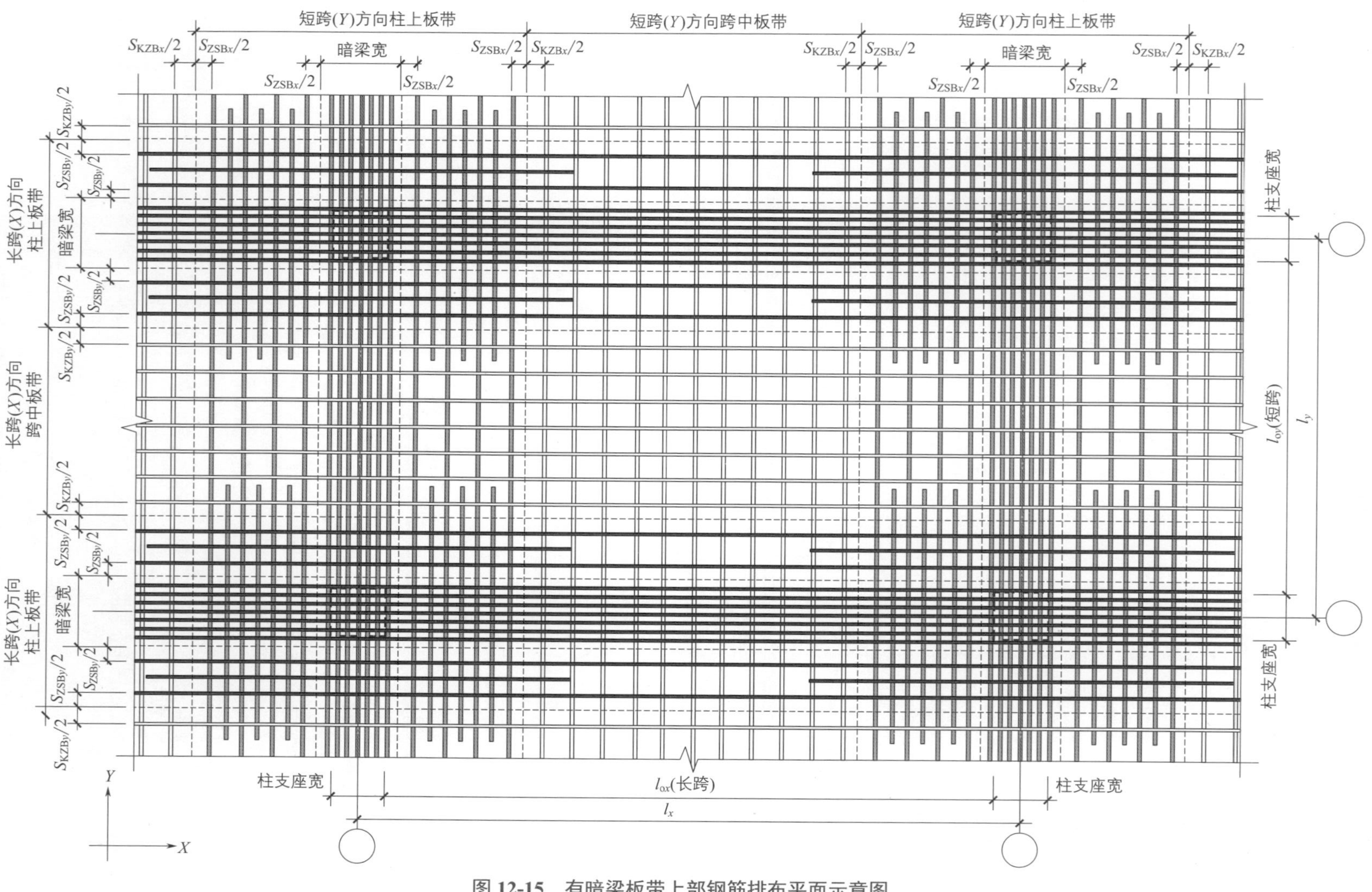

图 12-15　有暗梁板带上部钢筋排布平面示意图

S_{KZB}—跨中板带的钢筋间距；S_{ZSB}—柱上板带的钢筋间距

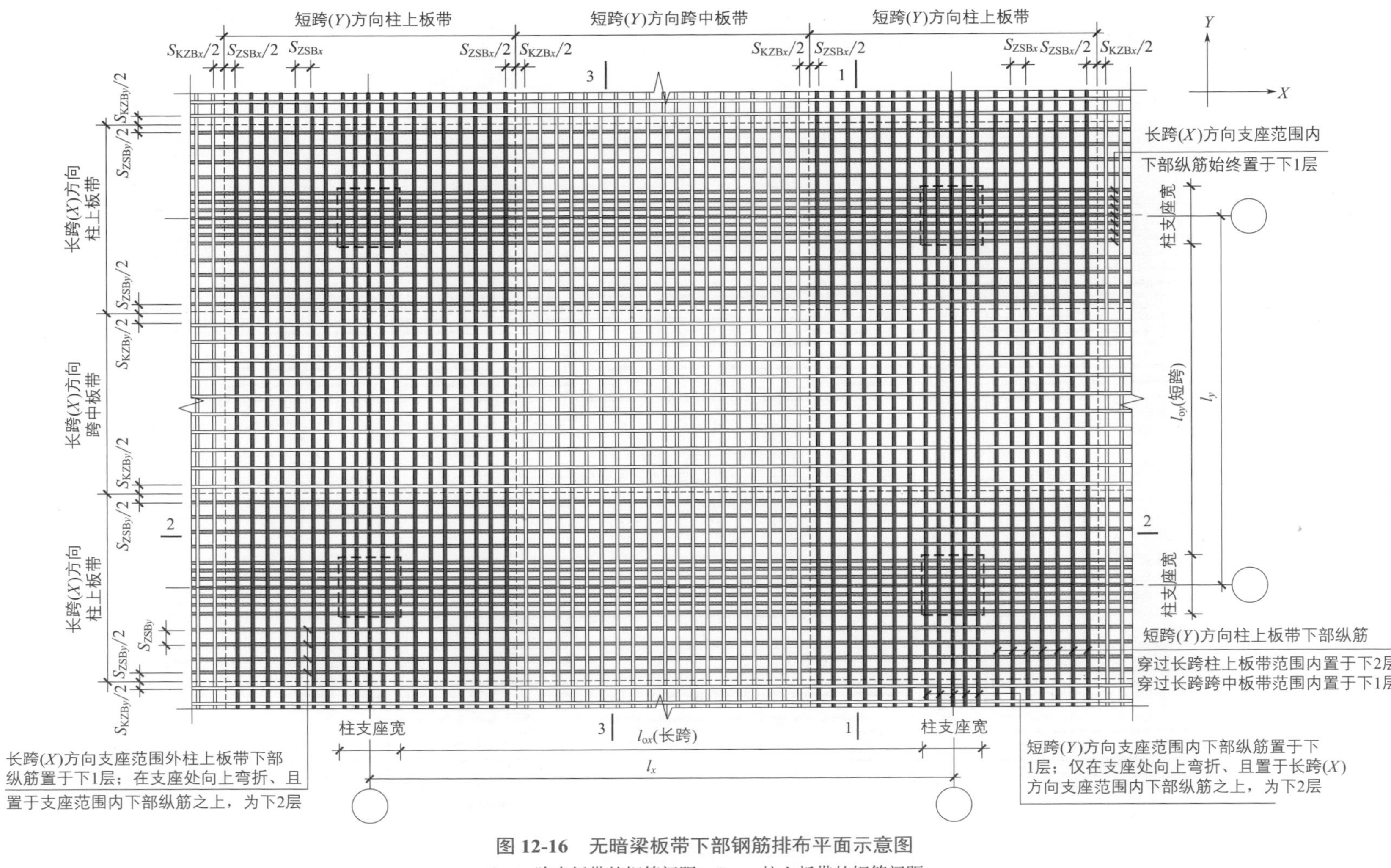

图 12-16　无暗梁板带下部钢筋排布平面示意图

S_{KZB}—跨中板带的钢筋间距；S_{ZSB}—柱上板带的钢筋间距

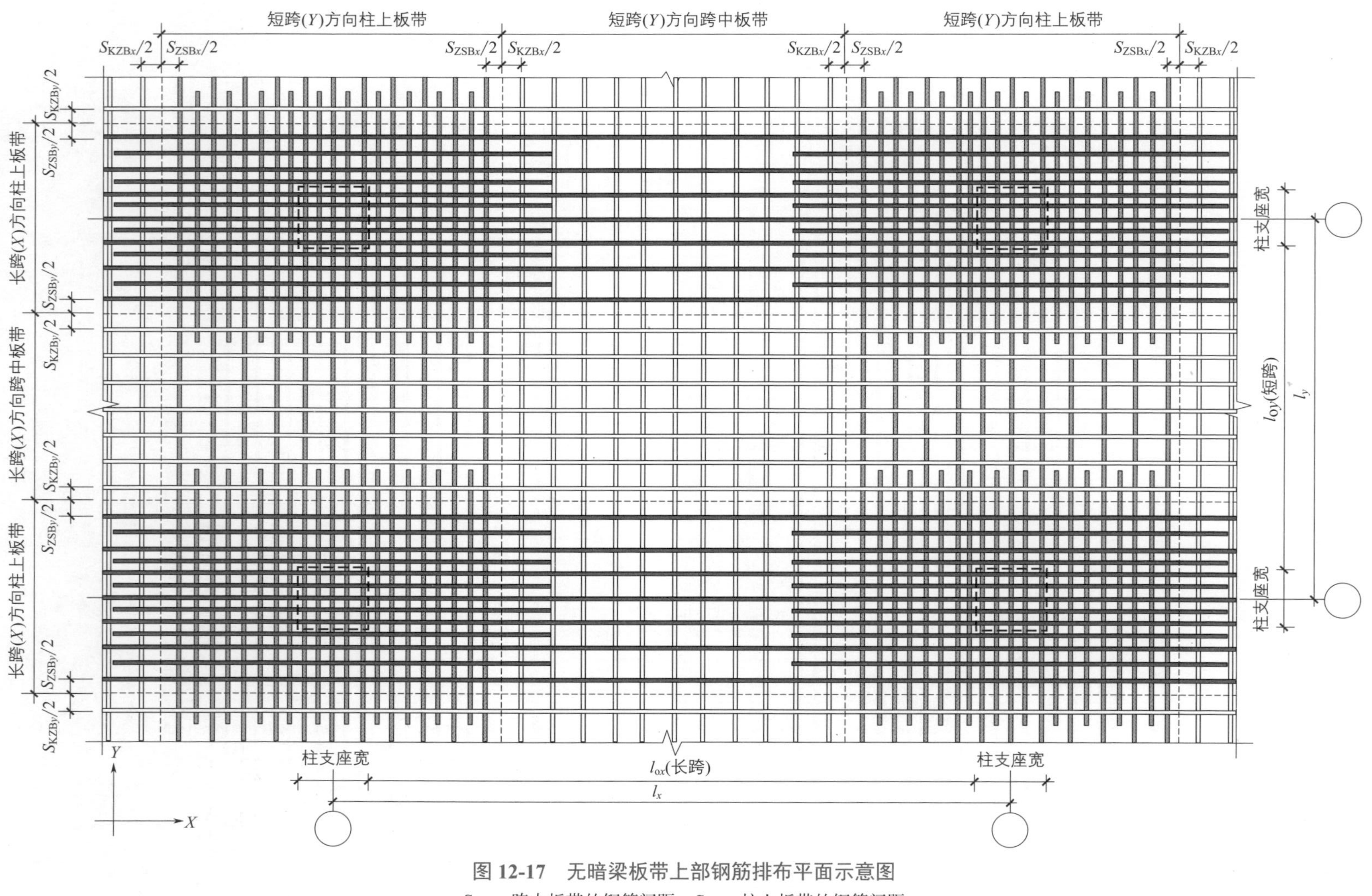

图 12-17　无暗梁板带上部钢筋排布平面示意图

S_{KZB}—跨中板带的钢筋间距；S_{ZSB}—柱上板带的钢筋间距

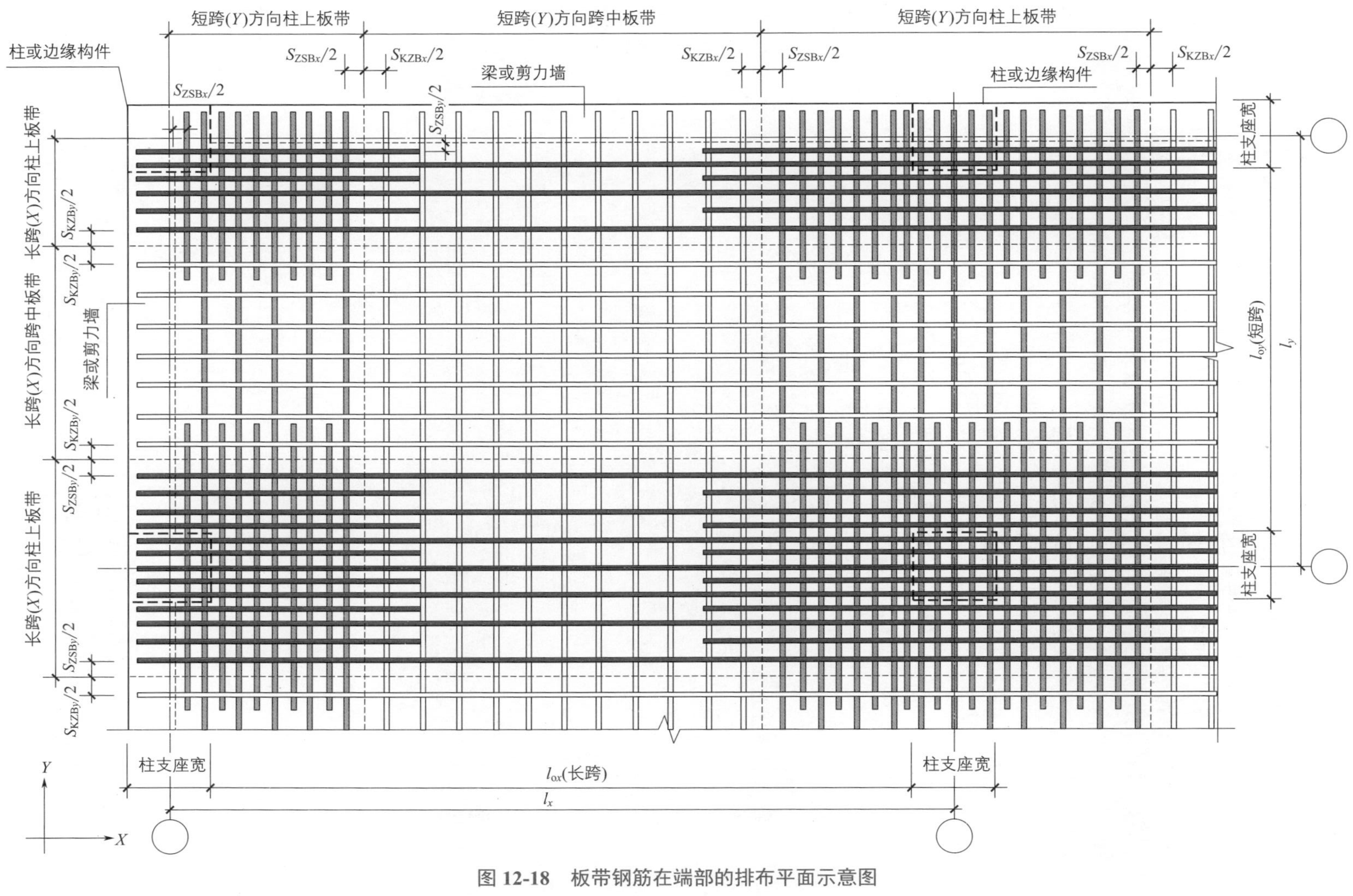

图 12-18　板带钢筋在端部的排布平面示意图

12.3 无梁楼盖计算实例

【例 12-5】 已知某两楼盖集中标注为“h = 120，B：XA10@150，YA10@120，T：A10@120”，无梁楼盖尺寸为 6m×3.5m，混凝土结构的环境类别为一类，板的最小保护层厚度为 15mm，梁的最小保护层厚度为 20mm。抗震等级为一级，混凝土强度等级为 C35。试计算此板的底部贯通纵筋的长度及根数。

【解】 （1）LB1 板 X 方向的下部贯通纵筋 Φ 10@150 工程量

钢筋长度＝板内净长＋ 2×15d ＝ 3500 ＋ 2×15×10 ＝ 3800（mm）＝ 3.8（m）

钢筋根数＝（y 方向板净跨长－ 2× 起步距离)/x 方向下部贯通纵筋间距＋ 1（向上取整）

＝（6000 － 2×200)/150 ＋ 1 ≈ 39（根）

（2）LB1 板 Y 方向的下部贯通纵筋 Φ 10@200 工程量

钢筋长度＝板内净长＋ 2×15d ＝ 6000 ＋ 2×15×10 ＝ 6300（mm）＝ 6.3（m）

钢筋根数＝（x 方向板净跨长－ 2× 起步距离)/y 方向负筋间距＋ 1（向上取整）

＝（3500 － 2×200)/200 ＋ 1 ≈ 17（根）

13 楼梯

13.1 楼梯平法识图

扫码看视频

楼梯平法识图学习方法

13.1.1 楼梯平法识图学习方法

13.1.1.1 楼梯的概念

楼梯是实现建筑垂直交通运输的构件，用于楼层之间和楼层高差较大时的交通联系。高层建筑尽管采用电梯作为主要垂直交通工具，但是仍然要保留楼梯供紧急时逃生之用。

13.1.1.2 楼梯的构造特点

设有踏步供建筑物楼层之间上下通行的通道称为梯段。踏步又分为踏面（供行走时踏脚的水平部分）和踢面（形成踏步高差的垂直部分）。

13.1.1.3 楼梯的分类

楼梯按梯段可分为单跑楼梯、双跑楼梯和多跑楼梯，如图 13-1 ～图 13-5 所示。梯段的平面形状有直线的、折线的和曲线的。按材料划分有钢结构楼梯、混凝土结构楼梯、木结构楼梯、绳梯等。本章重点介绍钢筋混凝土楼梯，其由连续梯级的梯段、平台和围护结构等组成。

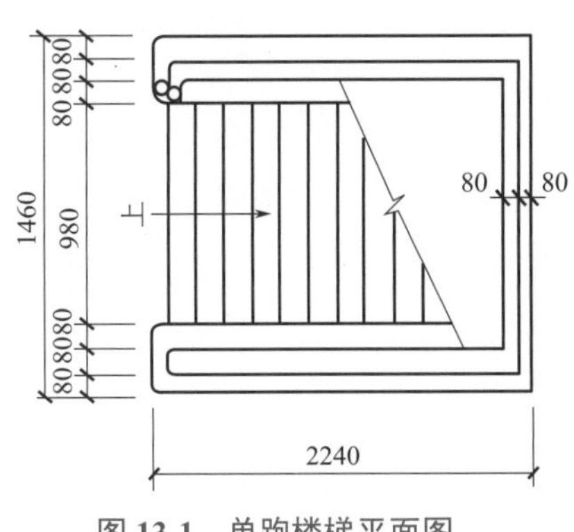

图 13-1 单跑楼梯平面图

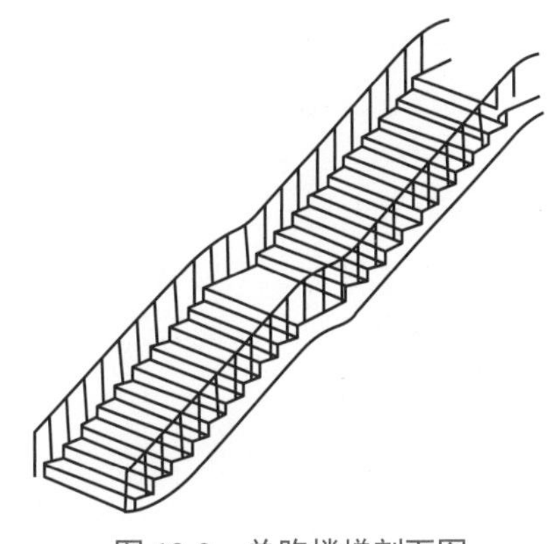

图 13-2 单跑楼梯剖面图

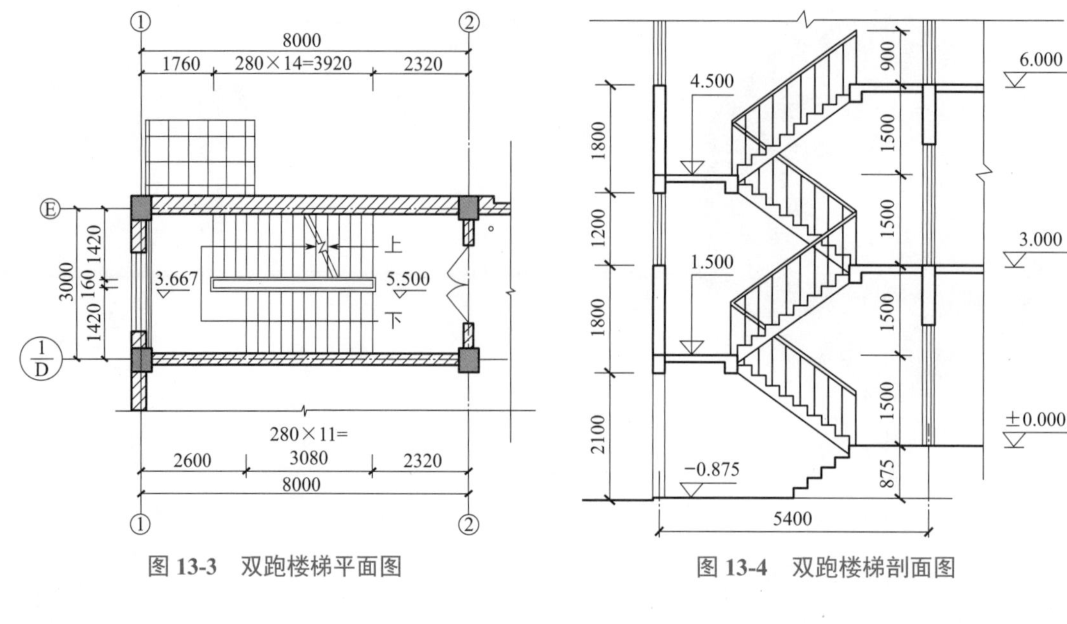

图 13-3　双跑楼梯平面图　　图 13-4　双跑楼梯剖面图

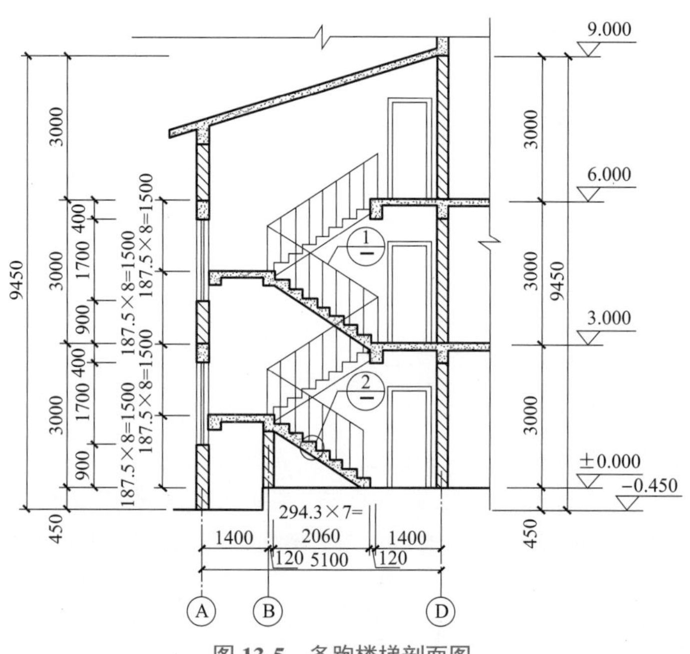

图 13-5　多跑楼梯剖面图

13.1.1.4　楼梯的特性

钢筋混凝土楼梯在结构刚度、耐火、造价、施工以及造型等方面都有较多的优点，应用最为普遍。钢筋混凝土楼梯的施工方法分为整体现场浇筑式的、预制装配式的、部分现场浇筑和部分预制装配的三种。

13.1.1.5　楼梯的类型

常见楼梯包含 12 种类型，详见表 13-1。各梯板截面形状与支座位置示意图见《混凝土结构施工钢筋排布规则与构造详图（现浇混凝土板式楼梯）》（18 G901-2）的详图部分。

表 13-1　楼梯的类型

楼梯代号	适用范围		是否参与结构整体抗震计算
	抗震构造措施	适用结构	
AT	无	剪力墙、砌体结构	不参与
BT			
CT	无	剪力墙、砌体结构	不参与
DT			
ET	无	剪力墙、砌体结构	不参与
FT			
GT	无	框架、剪力墙、砌体结构	不参与
ATa	有	框架结构、框剪结构中框架部分	不参与
ATb			不参与
ATc			参与
CTa	有	框架结构、框剪结构中框架部分	不参与
CTb			不参与

13.1.2　楼梯平法识图内容

现浇混凝土板式楼梯平法施工图有平面注写、剖面注写和列表注写三种表达方式。

13.1.2.1　楼梯平法施工图的平面标注识图方法

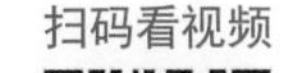

楼梯平法施工图的平面标注识图方法

（1）楼梯平面注写标注方式

楼梯平面注写方式，是在楼梯平面布置图上注写截面尺寸和配筋具体数值的方式来表达楼梯施工图，包括集中标注和外围标注。

（2）楼梯集中标注的有关内容

楼梯集中标注的内容有五项，具体规定如下。

① 梯板类型代号与序号，如 AT××。

② 梯板厚度，注写为 h = ××。当为带平板的梯板且梯段板厚度和平板厚度不同时，可在梯段板厚度后面括号内以字母 P 打头注写平板厚度。

③ 踏步段总高度和踏步级数，之间以“/”分隔。

④ 梯板上部纵向钢筋（纵筋）、下部纵向钢筋（纵筋），之间以“；”分隔。

⑤ 梯板分布筋，以 F 打头注写分布钢筋具体值，该项也可在图中统一说明。

⑥ 对于 ATc 型楼梯，集中标注中尚应注明梯板两侧边缘构件纵向钢筋及箍筋。

（3）楼梯外围标注的有关内容

楼体外围标注的内容包括楼梯间的平面尺寸、楼层结构标高、层间结构标高、楼梯的上下方向、梯板的平面几何尺寸、平台板配筋、梯梁及梯柱配筋等。

各类型梯板的平面注写要求见图集 22 G101-2 中“第二部分　标准构造详图”中的 AT ～ GT、ATa、ATb、ATc、BTb、CTa、CTb、DTb 型楼梯平面注写方式与适用条件。

13.1.2.2 楼梯平法施工图的剖面标注识图方法

（1）剖面注写的方式

剖面注写方式需在楼梯平法施工图中绘制楼梯平面布置图和楼梯剖面，注写方式分平面注写、剖面注写两部分内容。

（2）楼梯平面注写的有关内容

楼梯平面布置图注写内容与楼梯外围标注的有关内容一致。

（3）楼梯剖面注写的有关内容

楼梯剖面图注写内容包括梯板集中标注、梯梁梯柱编号、梯板水平及竖向尺寸、楼层结构标高、层间结构标高等。

（4）梯板集中标注的内容

梯板集中标注的内容有四项，具体规定如下。

① 梯板类型及编号，如 AT××。

② 梯板厚度，注写为 h = ×××。当梯板由踏步段和平板构成，且踏步段梯板厚度和平板厚度不同时，可在梯板厚度后面括号内以字母 P 打头注写平板厚度。

③ 梯板配筋，注明梯板上部纵筋和梯板下部纵筋，用分号“；”将上部与下部纵筋的配筋值分隔开来。

④ 梯板分布筋，以 F 打头注写分布钢筋具体值，该项也可在图中统一说明。

13.1.2.3 楼梯平法施工图的列表标注识图方法

（1）列表注写的有关内容

列表注写方式是用列表方式注写梯板截面尺寸和配筋具体数值的方式来表达楼梯施工图。

（2）列表注写方式示意

列表注写方式的具体要求同剖面注写方式，仅将剖面注写方式中的梯板配筋注写项改为列表注写项即可。

楼梯列表格式如表 13-2 所示。

表 13-2 楼梯列表格式

梯板编号	踏步段总高度 / 踏步级数	板厚 h	上部纵向钢筋	下部纵向钢筋	分布筋

注：对于 ATc 型楼梯尚应注明梯板两侧边缘构件纵向钢筋及箍筋。

13.1.2.4 其他

① 按平法绘制楼梯施工图时，与楼梯相关的平台板、梯梁和梯柱的注写编号由类型代号和序号组成。平台板代号为 PTB，梯梁代号为 TL，梯柱代号为 TZ。注写方式参见标准设计图集《混凝土结构施工图平面整体表示方法制图规则和构造详图 (现浇混凝土框架、剪力墙、梁、板)》（22 G101-1）。

② 楼层平台梁板配筋可绘制在楼梯平面图中，也可在各层梁板配筋图中绘制；层间平台梁板配筋在楼梯平面图中绘制。

③ 楼层平台板可与该层的现浇楼板整体设计。

④ AT ～ GT 各型梯板的标准构造详图中，梯板上部纵向钢筋向跨内伸出的水平投影长度，系默认长度值，工程设计时应予以校核；当不满足具体工程要求时，应另行注明。

⑤ 对于滑动支座垫板的做法，提供了 5mm 厚聚四氟乙烯板、钢板和厚度大于或等于 0.5mm 的塑料片。实际工程设计中也可选用其他能保证有效滑动的材料，其连接方式由设计者另行处理。

13.2 不同楼梯截面形状与支座位置示意图

13.2.1 AT、BT、CT 型楼梯截面形状与支座位置示意图

AT、BT、CT 型楼梯截面形状与支座位置示意图如图 13-6 所示。

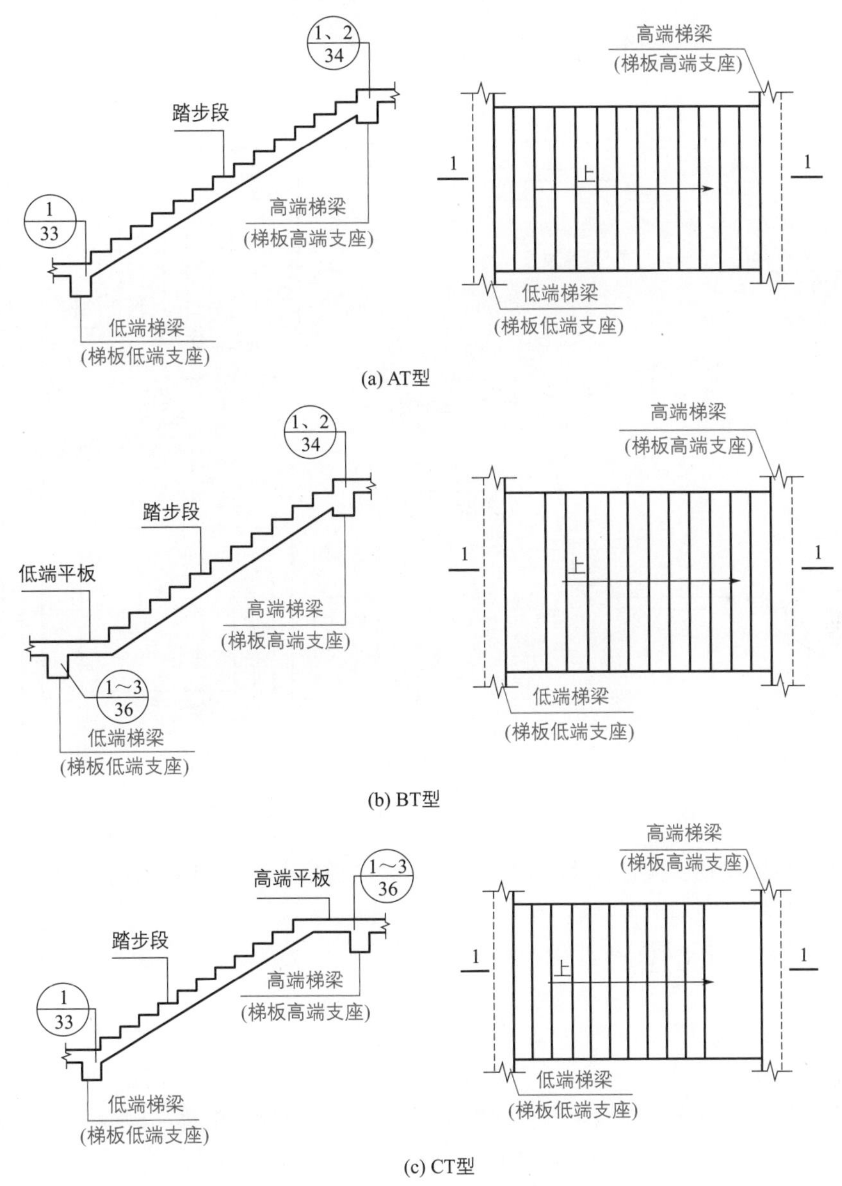

图 13-6 AT、BT、CT 型楼梯截面形状与支座位置示意图

AT、BT、CT 型板式楼梯代号代表一段带上下支座的梯板。梯板的主体为踏步段，除踏步段之外，梯板可包括低端平板、高端平板以及中位平板。

AT、BT、CT 各型梯板的截面形状为：① AT 型梯板全部由踏步段构成；② BT 型梯板由低端平板和踏步段构成；③ CT 型梯板由踏步段和高端平板构成。

AT、BT、CT 型梯板的两端分别以（低端和高端）梯梁为支座。

AT、BT、CT 型梯板的型号、板厚、上下部纵向钢筋及分布钢筋等内容由设计者在平法施工图中注明。梯板上部纵向钢筋向跨内伸出的水平投影长度见相应的标准构造详图，设计不注，但设计者应予以校核；当标准构造详图规定的水平投影长度不满足具体工程要求时，应由设计者另行注明。

13.2.2 DT、ET 型楼梯截面形状与支座位置示意图

DT、ET 型楼梯截面形状与支座位置示意图如图 13-7 所示。

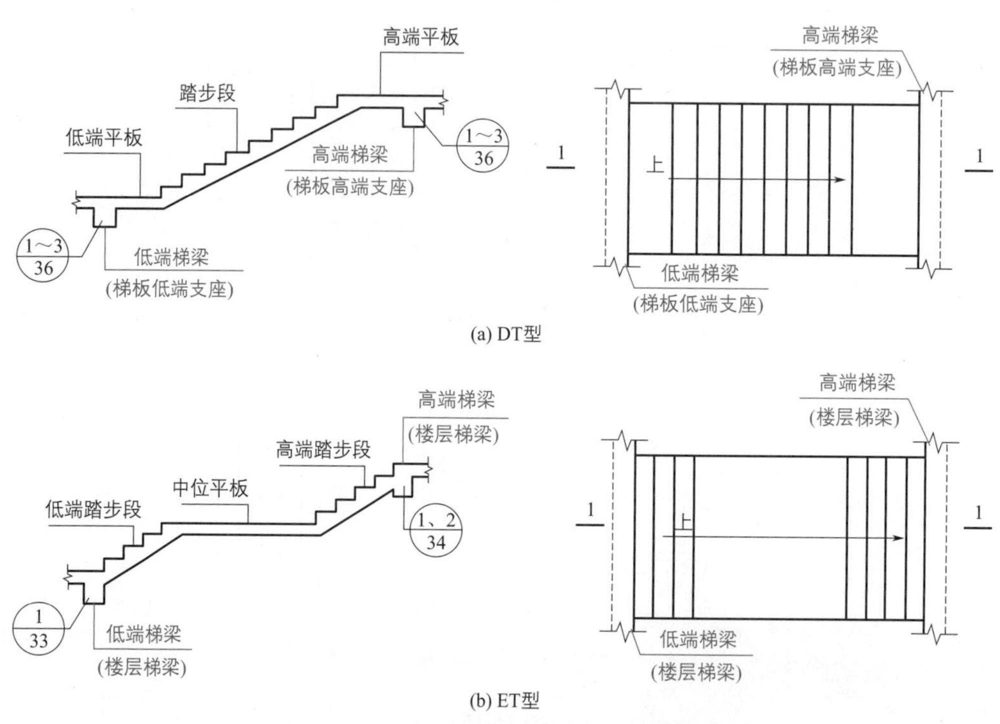

图 13-7　DT、ET 型楼梯截面形状与支座位置示意图

DT、ET 型板式楼梯代号代表一段带上下支座的梯板。梯板的主体为踏步段，除踏步段之外，梯板可包括低端平板、高端平板以及中位平板。

DT 型梯板由低端平板、踏步板和高端平板构成。ET 型梯板由低端踏步段、中位平板和高端踏步段构成。

DT、ET 型梯板的两端分别以（低端和高端）梯梁为支座。

DT、ET 型梯板的型号、板厚、上下部纵向钢筋及分布钢筋等内容由设计者在平法施工图中注明。梯板上部纵向钢筋向跨内伸出的水平投影长度见相应的标准构造详图，设计不注，但设计者应予以校核。当标准构造详图规定的水平投影长度不满足具体工程要求时，应由设计者另行注明。

13.2.3 FT、GT 型楼梯截面形状与支座位置示意图

FT、GT 型楼梯截面形状与支座位置示意图如图 13-8 所示。

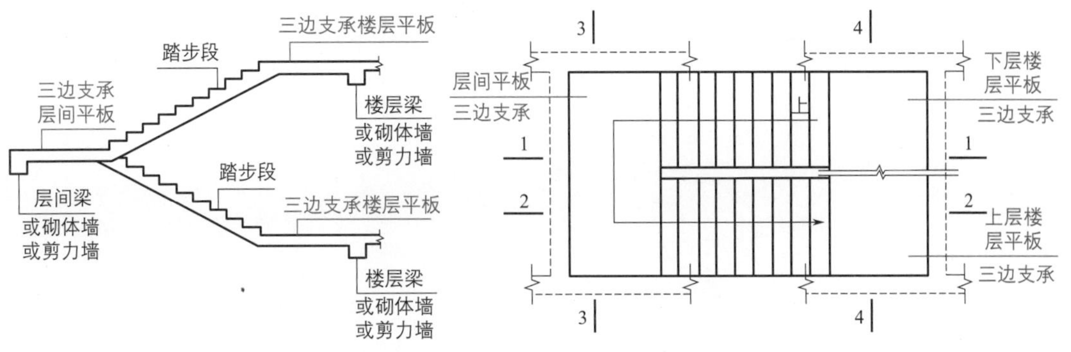

(a) FT型(有层间和楼层平台板的双跑楼板)

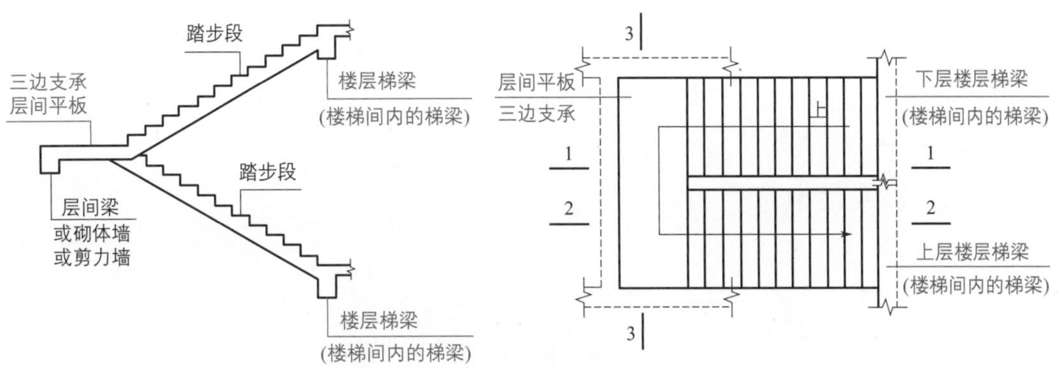

(b) GT型(有层间平台板的双跑楼梯)

图 13-8　FT、GT 型楼梯截面形状与支座位置示意图

FT、GT 每个代号代表两跑踏步段和连接它们的楼层平板及层间平板。

FT、GT 型梯板的构成分两类：第一类为 FT 型，由层间平板、踏步段和楼层平板构成；第二类为 GT 型，由层间平板和踏步段构成。

FT、GT 型梯板的支承方式如下：FT 型为梯板一端的层间平板采用三边支承，另一端的楼层平板也采用三边支承；GT 型为梯板一端的层间平板采用三边支承，另一端的梯板段采用单边支承（在梯梁上）。

FT、GT 型梯板的型号、板厚、上下部纵向钢筋及分布钢筋等内容由设计者在平法施工图中注明。FT、GT 型平台上部横向钢筋及其外伸长度在平面图中原位标注。梯板上部纵向钢筋向跨内伸出的水平投影长度见相应的标准构造详图，设计不注，但设计者应予以校核。当标准构造详图规定的水平投影长度不满足具体工程要求时，应由设计者另行注明。

13.2.4 ATa、ATb、ATc 型楼梯截面形状与支座位置示意图

ATa、ATb、ATc 型楼梯截面形状与支座位置示意图如图 13-9 所示。

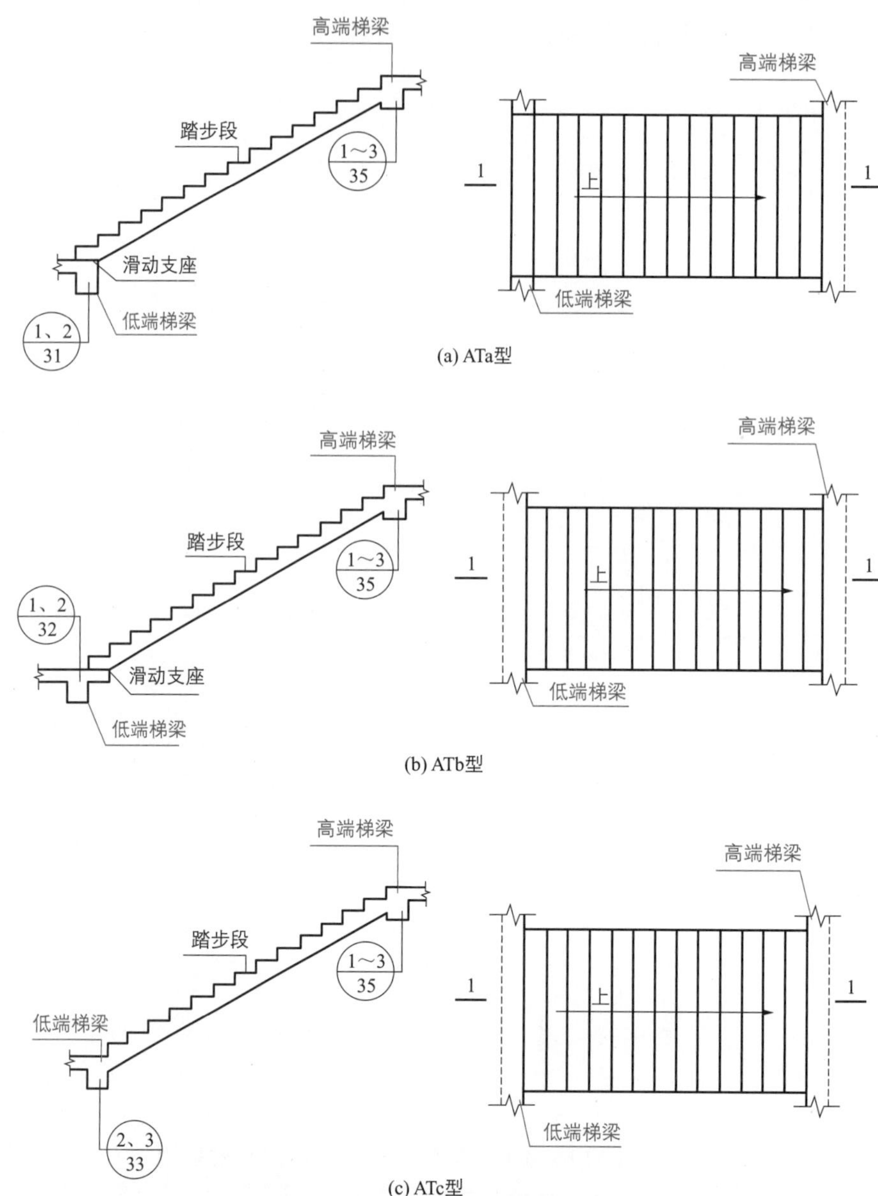

图 13-9　ATa、ATb、ATc 型楼梯截面形状与支座位置示意图

① ATa、ATb、ATc 型为带滑动支座的板式楼梯，梯板全部由踏步段构成。其支承方式为梯板高端均支承在梯梁上，ATa 型梯板低端带滑动支座支承在梯梁上，ATb 型梯板低端带滑动支座支承在挑板上。

② 滑动支座垫板可选用聚四氟乙烯板、钢板和厚度大于等于 0.5mm 的塑料片，也可选用其他能保证有效滑动的材料，其连接方式由设计者另行处理。

③ ATa、ATb、ATc 型梯板采用双层双向配筋。

④ 楼梯休息平台与主体结构可连接，也可脱开。

⑤ 梯板厚度应按计算确定，且不宜小于 140mm。梯板采用双层配筋。

⑥ 梯板两侧设置边缘构件（暗梁），边缘构件的宽度取 1.5 倍板厚；边缘构件纵筋数量，

当抗震等级为一、二级时不少于 6 根，当抗震等级为三、四级时不少于 4 根；纵筋直径不小于 Φ12 且不小于梯板纵向受力钢筋的直径；箍筋直径不小于 Φ6，间距不大于 200mm。平台板按双层双向配筋。

⑦ ATc 型楼梯作为斜撑构件，钢筋均采用符合抗震性能要求的热轧钢筋，钢筋的抗拉强度实测值与屈服强度实测值的比值不应小于 1.25；钢筋的屈服强度实测值与屈服强度标准值的比值不应大于 1.3，且钢筋在最大拉力下的总伸长率实测值不应小于 9%。

13.2.5 CTa、CTb 型楼梯截面形状与支座位置示意图

CTa、CTb 型楼梯截面形状与支座位置示意图如图 13-10 所示。

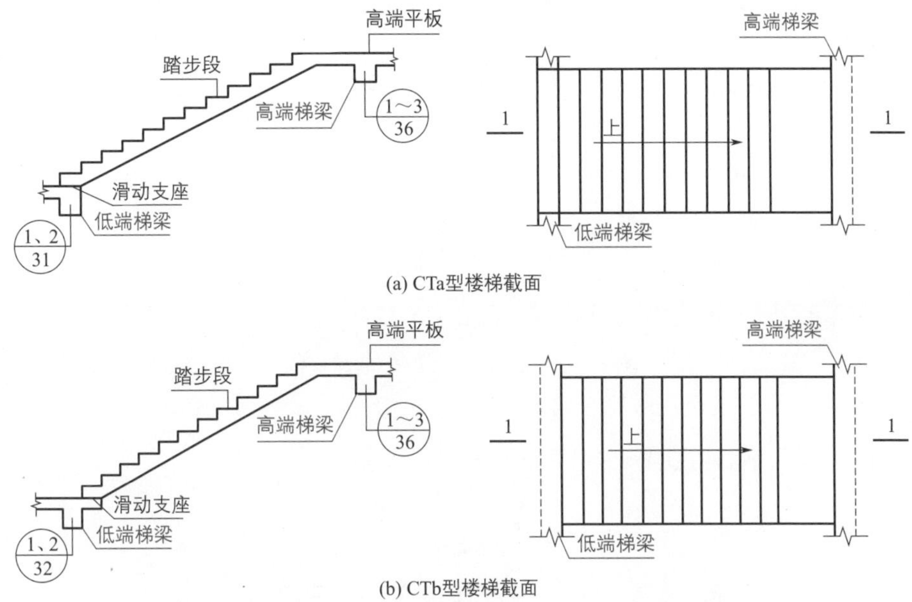

图 13-10 CTa、CTb 型楼梯截面形状与支座位置示意图

① CTa、CTb 型为带滑动支座的板式楼梯，梯板由踏步段和高端平板构成，其支承方式为梯板高端均支承在梯梁上。CTa 型梯板低端带滑动支座支承在梯梁上，CTb 型梯板低端带滑动支座支承在挑板上。

② 滑动支座垫板可选用聚四氯乙烯板、钢板和厚度大于等于 0.5mm 的塑料片，也可选用其他能保证有效滑动的材料，其连接方式由设计者另行处理。

③ CTa、CTb 型梯板采用双层双向配筋。

13.3 楼梯构造识图

13.3.1 AT 型楼梯梯板钢筋构造

AT 型楼梯梯板钢筋构造如图 13-11 所示。

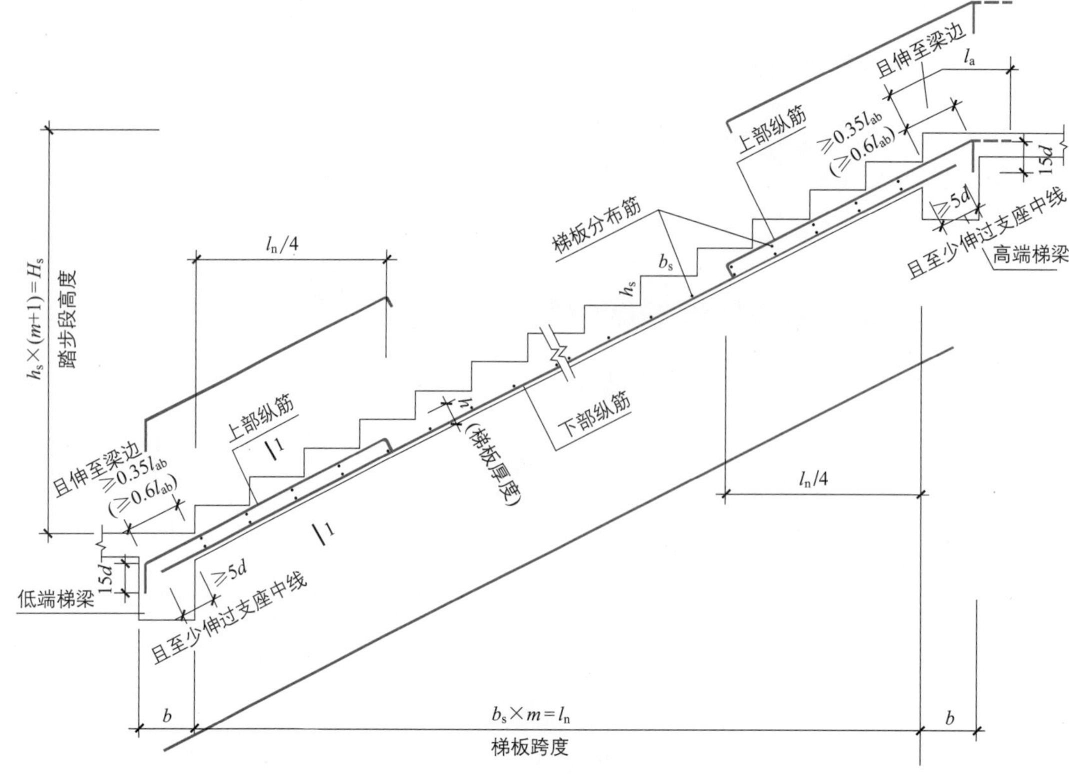

图 13-11　AT 型楼梯梯板钢筋构造

AT 型楼梯梯板钢筋构造 1—1 剖面图如图 13-12 所示。

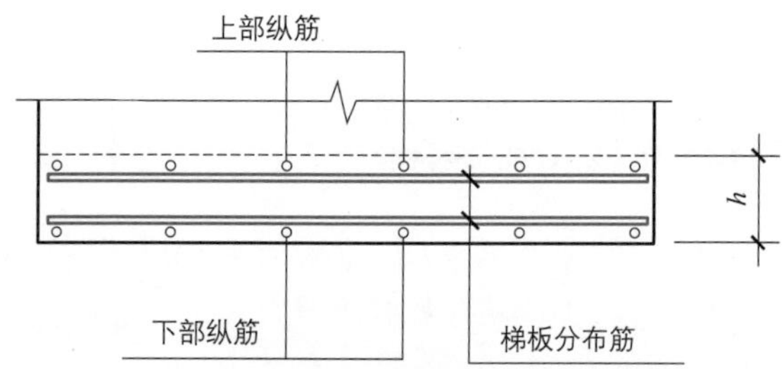

图 13-12　AT 型楼梯梯板钢筋构造 1—1 剖面图

AT 型楼梯梯板钢筋构造三维图如图 13-13 所示。

① 梯板踏步段内斜放钢筋长度的计算公式如下。

$$钢筋斜长＝水平投影长度 \times k$$

其中，$k = \dfrac{\sqrt{b_s^2 + h_s^2}}{b_s}$，其中 b_s 是指楼梯台阶的宽度，h_s 是指楼梯台阶的高度。

② 图 13-11 中上部纵筋锚固长度 $0.35l_{ab}$ 用于设计按铰接的情况，括号内数据 $0.6l_{ab}$ 用于设计考虑充分发挥钢筋抗拉强度的情况，具体工程中设计应指明采用何种情况。

③ 上部纵筋需伸至支座对边再向下弯折。上部纵筋有条件时可直接伸入平台板内锚固，从支座内边算起总锚固长度不小于 l_a，如图 13-11 中虚线所示。

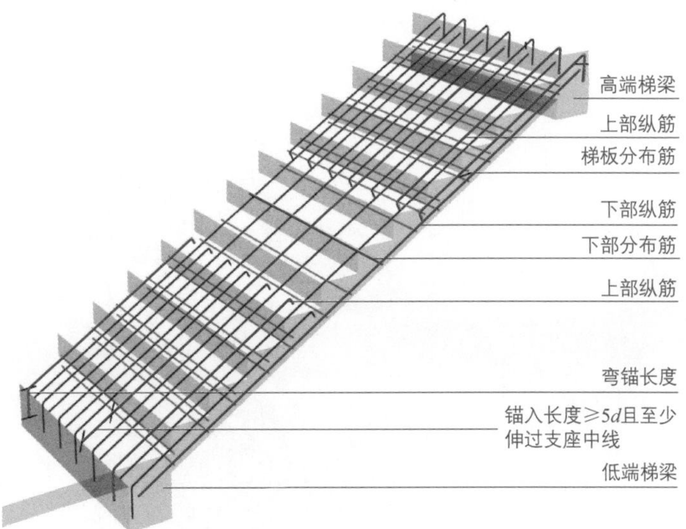

图 13-13 AT 型楼梯梯板钢筋构造三维图

13.3.2 BT 型楼梯梯板钢筋构造

BT 型楼梯梯板钢筋构造如图 13-14 所示。

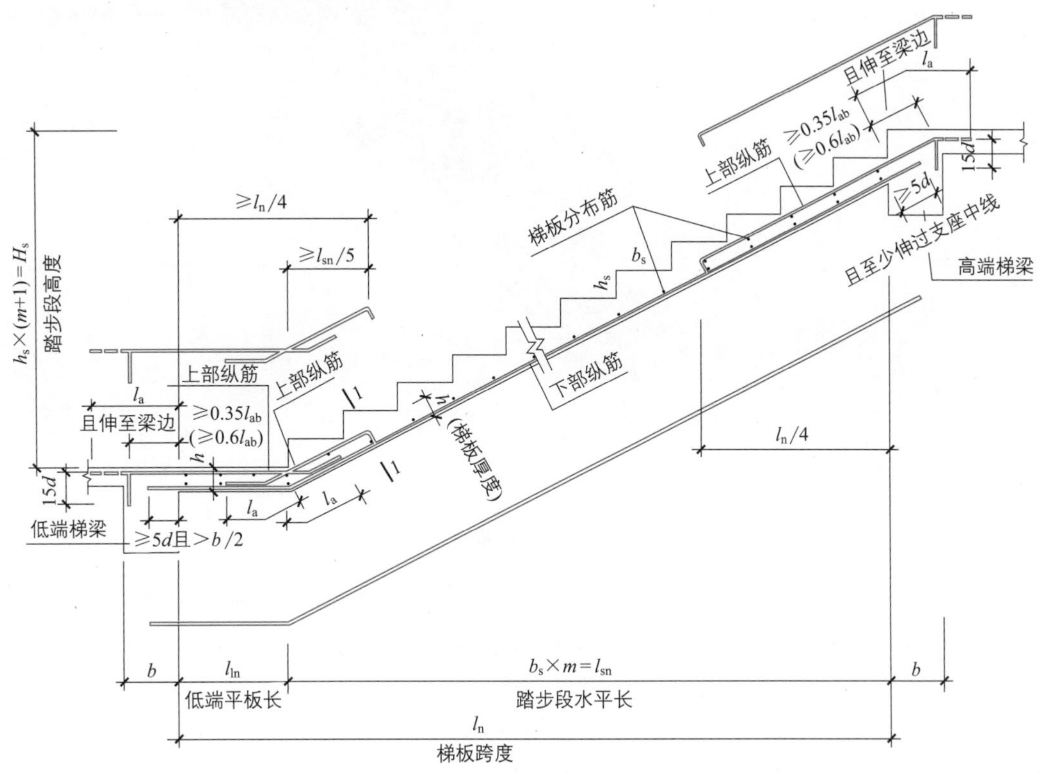

图 13-14 BT 型楼梯梯板钢筋构造

BT 型楼梯梯板钢筋构造 1—1 剖面图与 AT 型楼梯一样，如图 13-12 所示。

BT 型楼梯梯板三维示意图如图 13-15 所示。

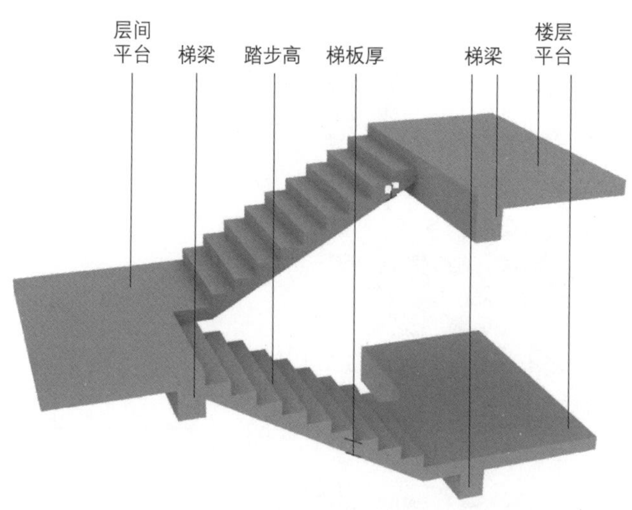

图 13-15　BT 型楼梯梯板三维示意图

BT 型楼梯梯板钢筋构造三维图如图 13-16 所示。

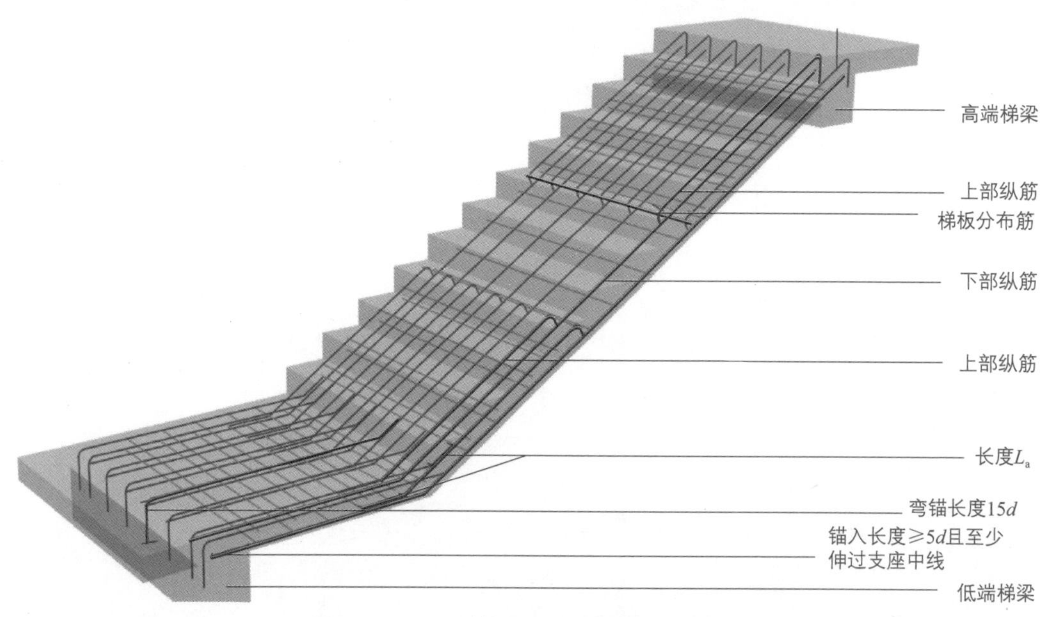

图 13-16　BT 型楼梯梯板钢筋构造三维图

AT 型楼梯、BT 型楼梯、CT 型楼梯、DT 型楼梯、ET 型楼梯分别指的是楼梯段的形式，在钢筋的构造识图与内容方面是一样的，对于 BT 型楼梯板构造的识图内容，可以参考 AT 型楼梯板钢筋构造。

13.3.3　CT 型楼梯梯板钢筋构造

CT 型楼梯梯板钢筋构造如图 13-17 所示。

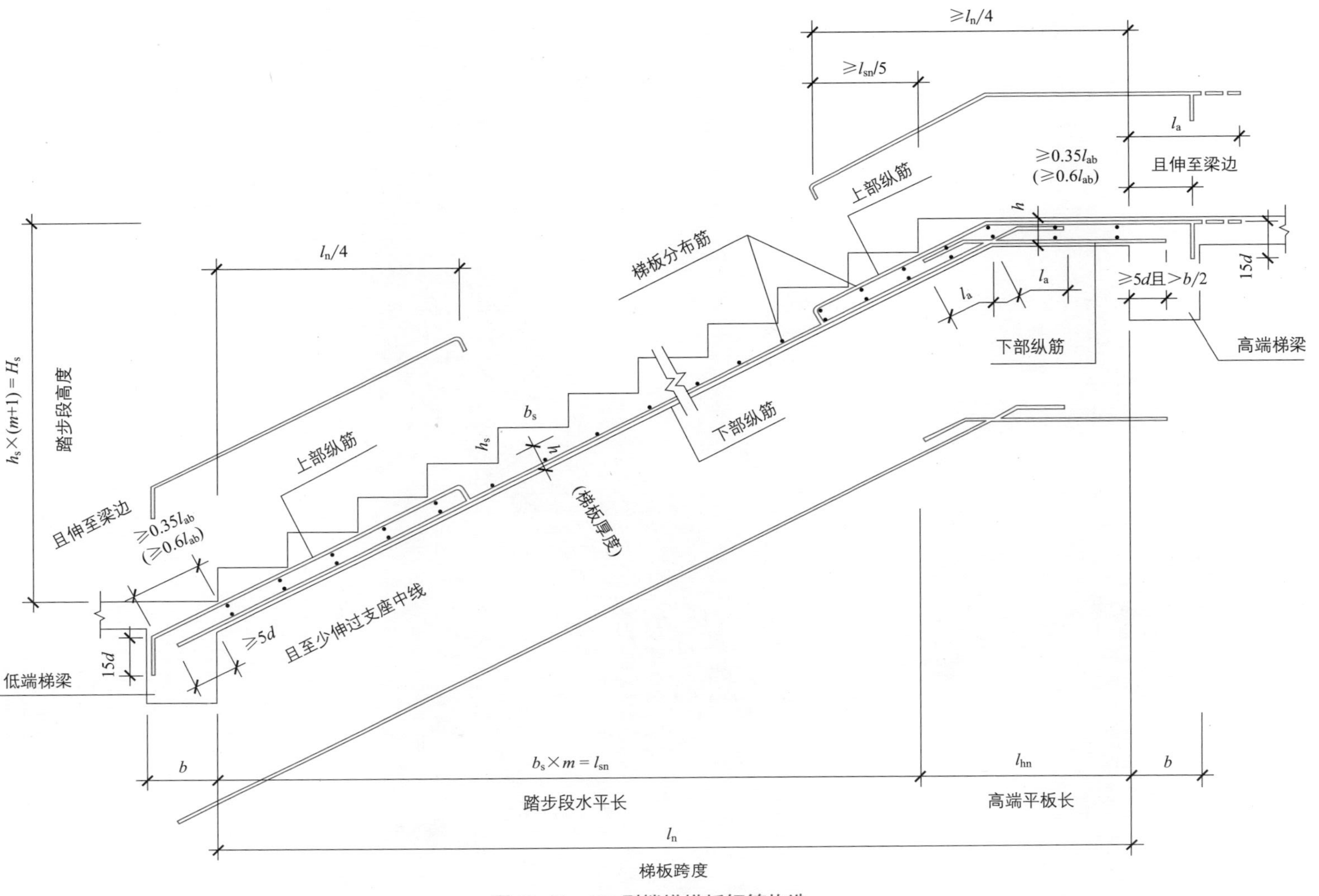

图 13-17　CT 型楼梯梯板钢筋构造

CT 型楼梯梯板三维示意图如图 13-18 所示。

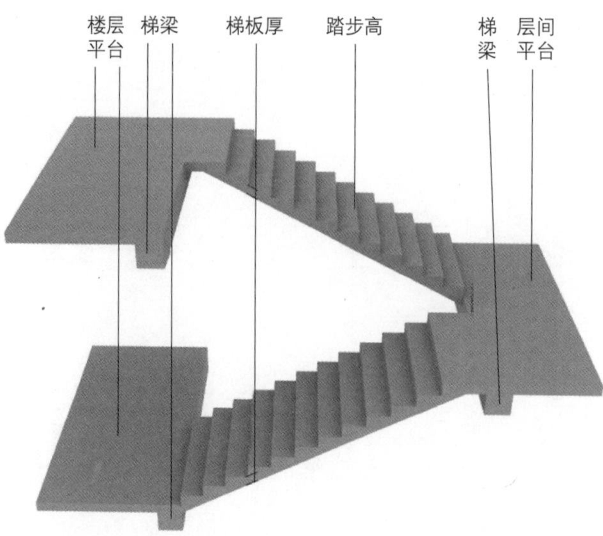

图 13-18　CT 型楼梯梯板三维示意图

CT 型楼梯梯板钢筋构造三维图如图 13-19 所示。

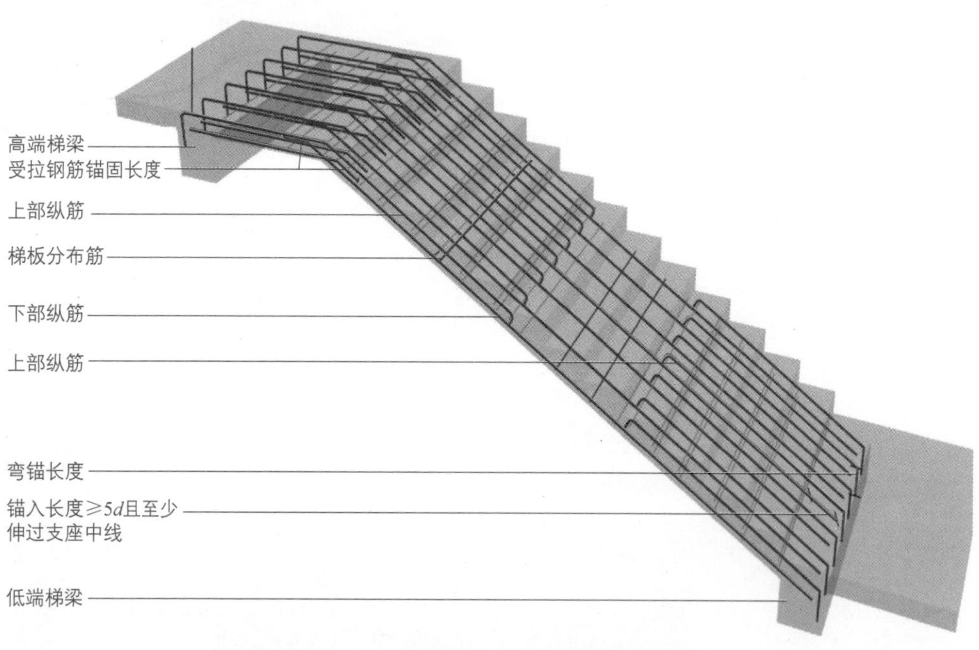

图 13-19　CT 型楼梯梯板钢筋构造三维图

CT 型楼梯梯板钢筋构造识图内容参见 AT 型楼梯梯板钢筋构造。

13.3.4　DT 型楼梯梯板钢筋构造

DT 型楼梯梯板钢筋构造如图 13-20 所示。

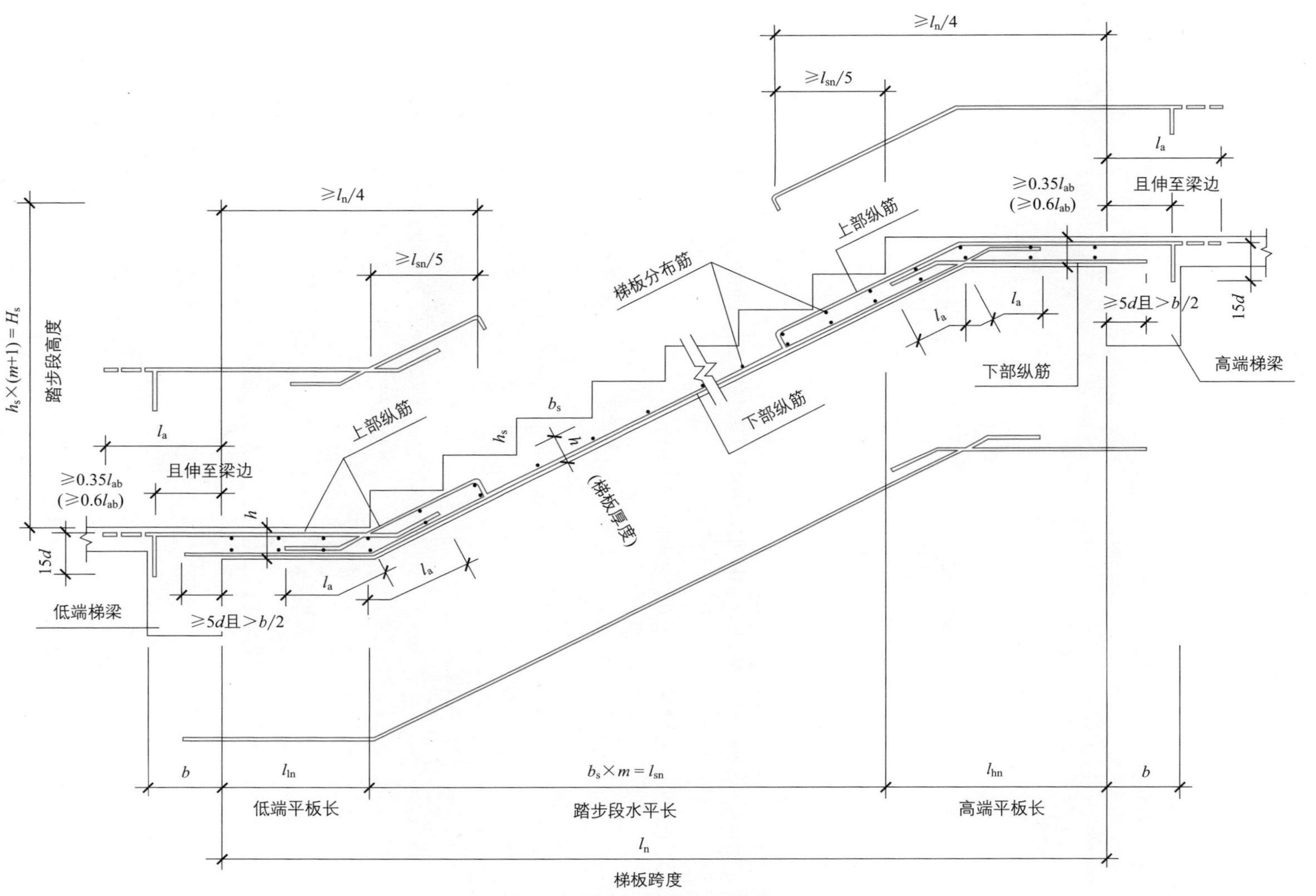

图 13-20 DT 型楼梯梯板钢筋构造

DT 型楼梯双分平行楼梯三维示意图如图 13-21 所示。

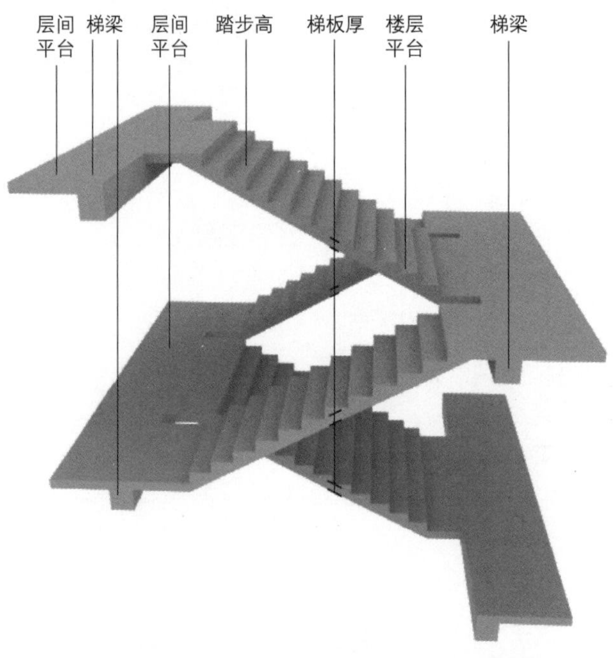

图 13-21　DT 型楼梯双分平行楼梯三维示意图

DT 型楼梯交叉楼梯三维示意图如图 13-22 所示。

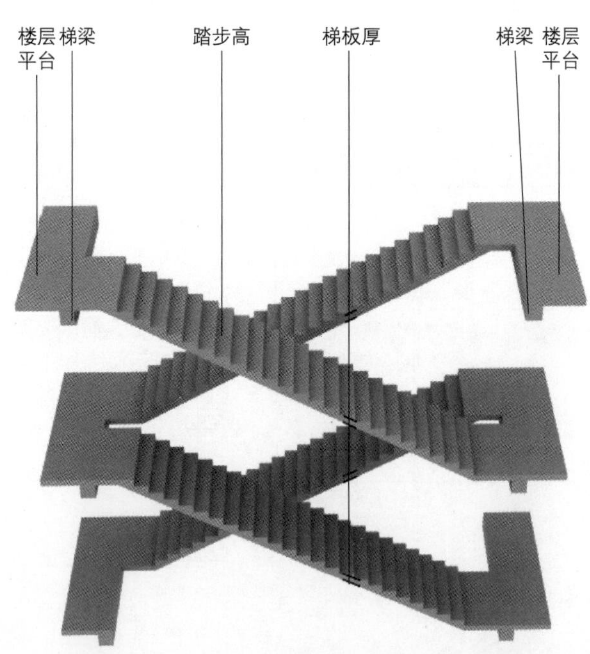

图 13-22　DT 型楼梯交叉楼梯三维示意图

DT 型楼梯剪刀楼梯三维示意图如图 13-23 所示。

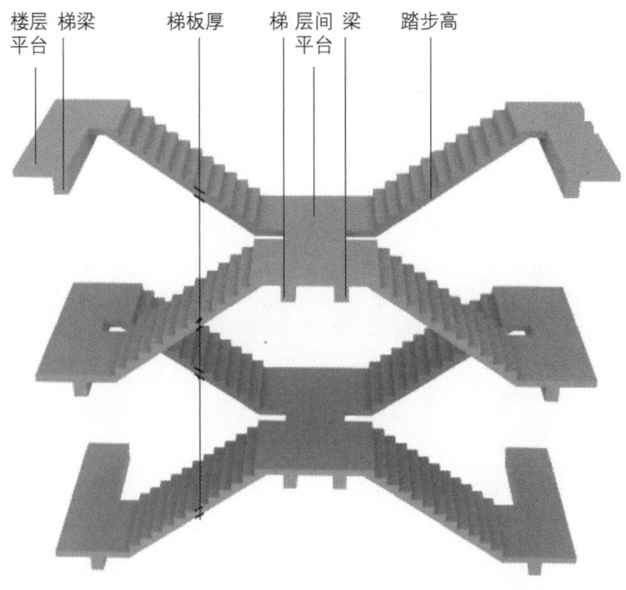

图 13-23 DT 型楼梯剪刀楼梯三维示意图

DT 型楼梯梯板钢筋构造三维图如图 13-24 所示。

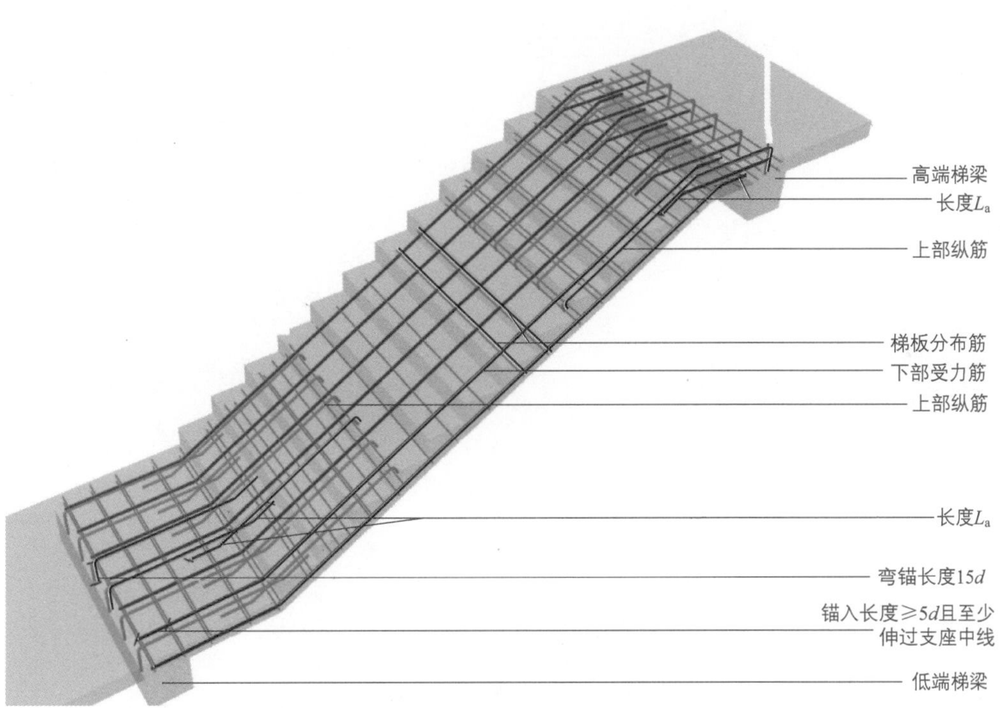

图 13-24 DT 型楼梯梯板钢筋构造三维图

DT 型楼梯梯板钢筋构造识图内容参见 AT 型楼梯梯板钢筋构造。

13.3.5 ET 型楼梯梯板钢筋构造

ET 型楼梯梯板钢筋构造如图 13-25 所示。

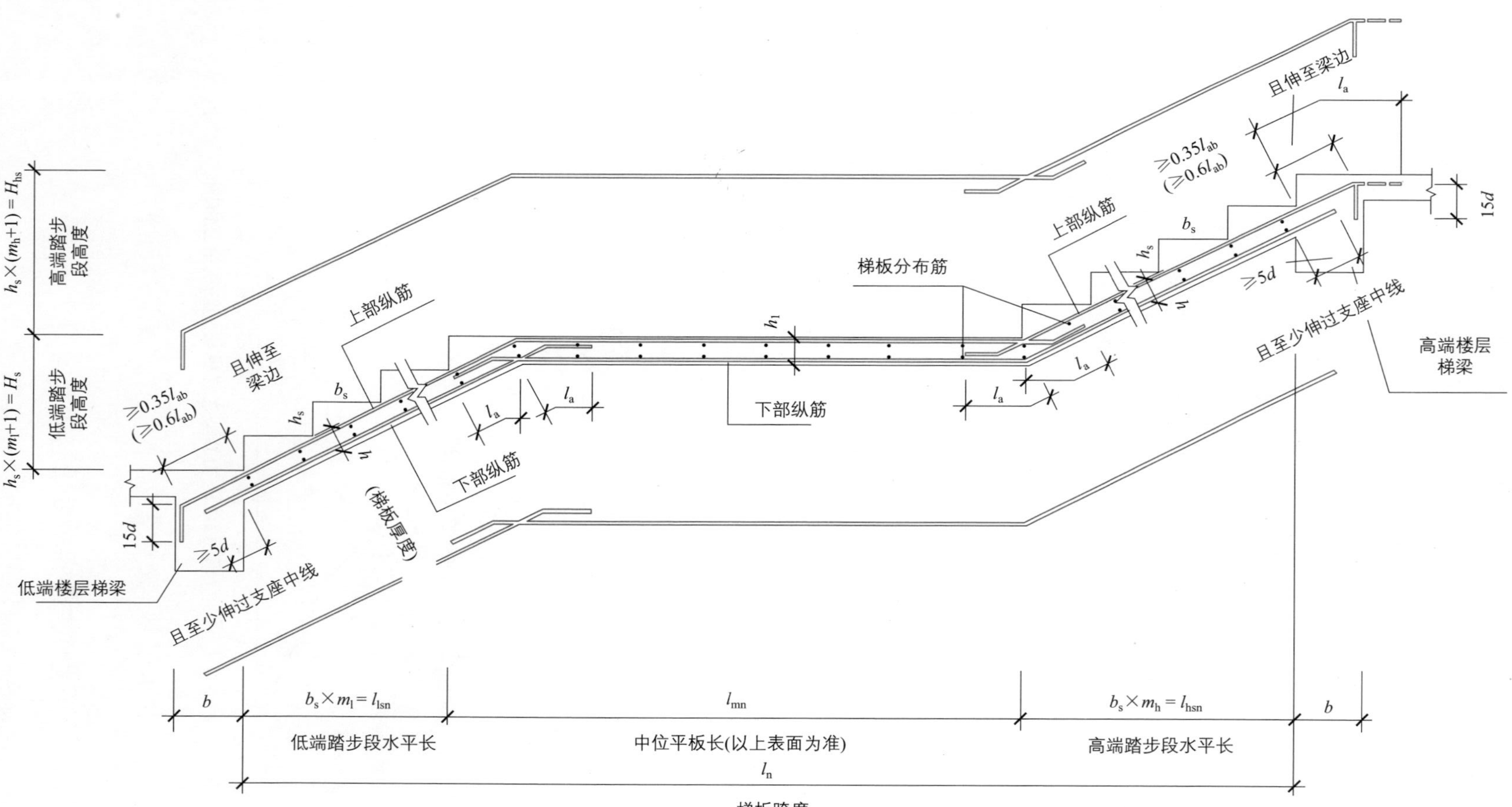

图 13-25 ET 型楼梯梯板钢筋构造

ET 型楼梯三维示意图如图 13-26 所示。

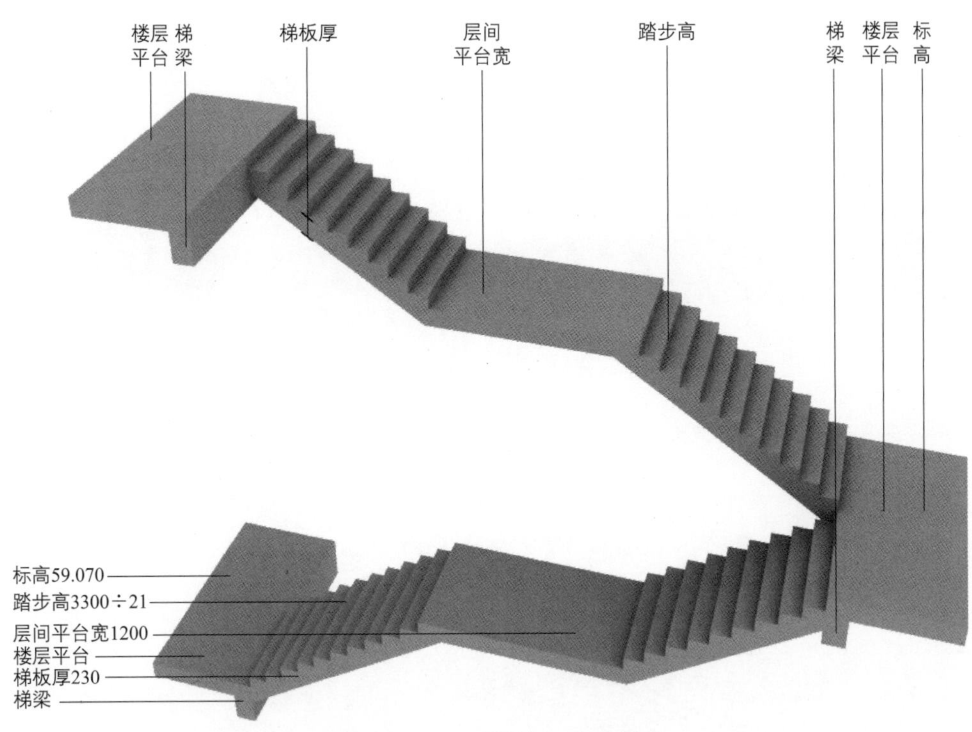

图 **13-26** ET 型楼梯三维示意图

ET 型楼梯梯板钢筋构造三维图如图 13-27 所示。

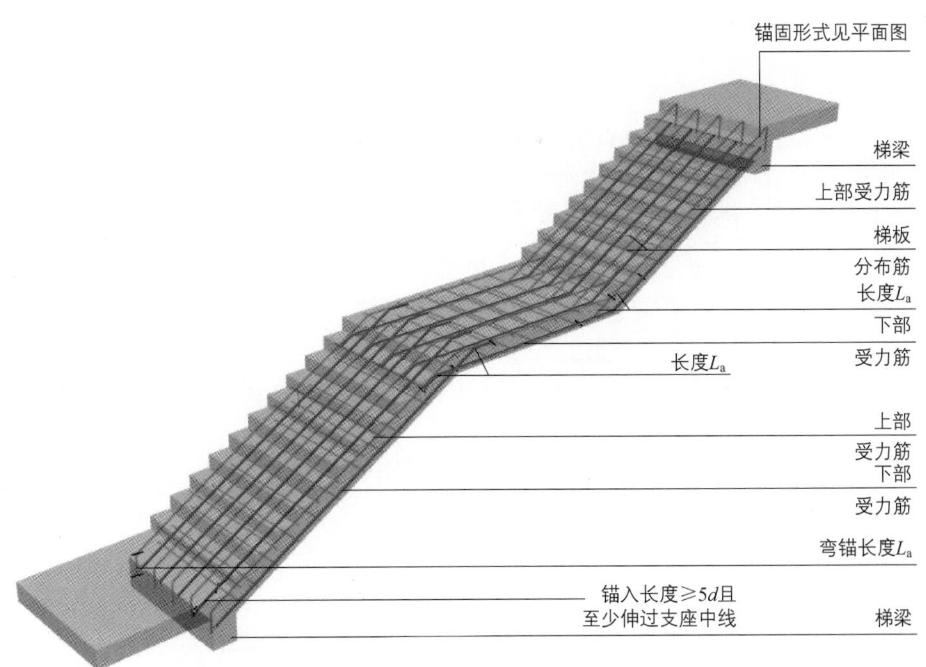

图 **13-27** ET 型楼梯梯板钢筋构造三维图

ET 型楼梯梯板钢筋构造识图内容参见 AT 型楼梯梯板钢筋构造。

13.3.6　ATa 型楼梯梯板钢筋构造

ATa 型楼梯设滑动支座，不参与结构整体抗震计算，其适用条件为：两梯梁之间的矩形梯板全部由踏步段构成，即踏步段两端均以梯梁连接为支座，且梯板低端支承处做成滑动支座，滑动支座直接落在梯梁上，框架结构中，楼梯中间平台通常设梯柱，梁、中间平台可与框架柱连接。

ATa 型楼梯梯板钢筋构造如图 13-28 所示。

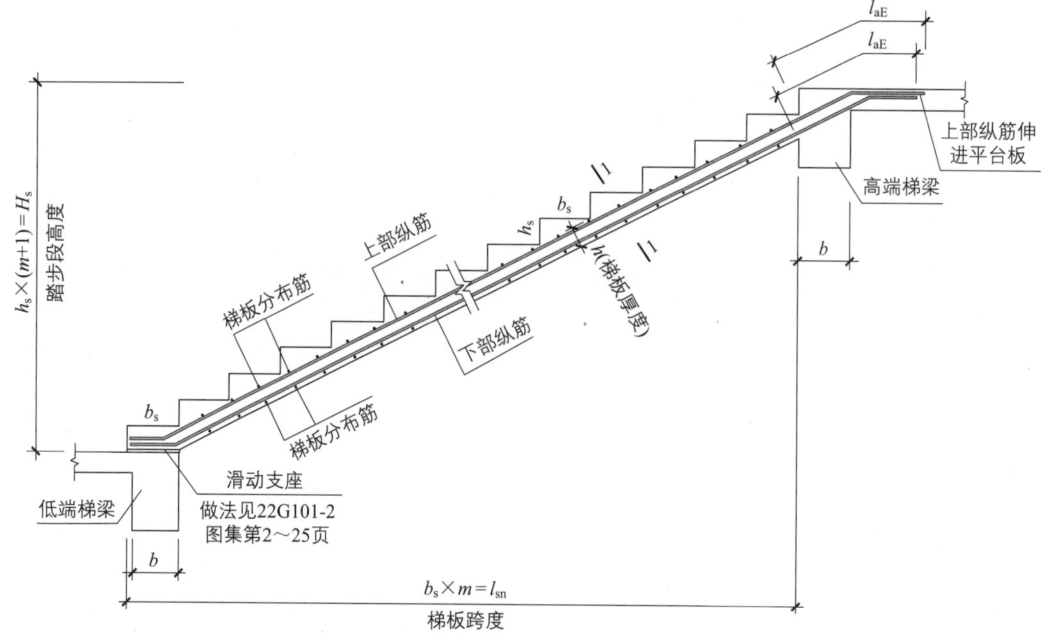

图 13-28　ATa 型楼梯梯板钢筋构造

ATa 型楼梯梯板钢筋构造 1—1 剖面图如图 13-29 所示。

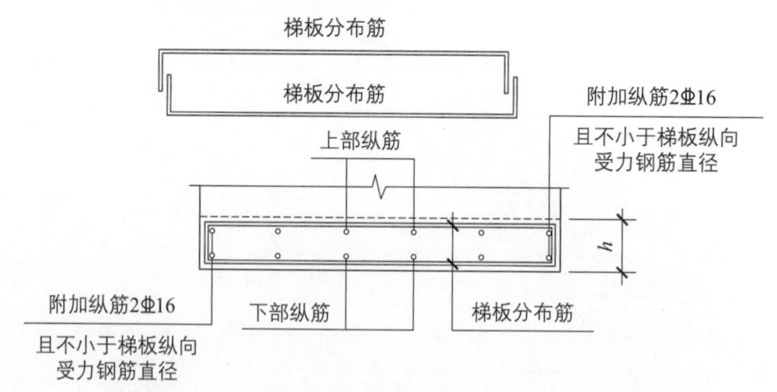

图 13-29　ATa 型楼梯梯板钢筋构造 1—1 剖面图

ATa 型楼梯下部纵筋在高端梯梁支座锚固做法如图 13-30 所示。

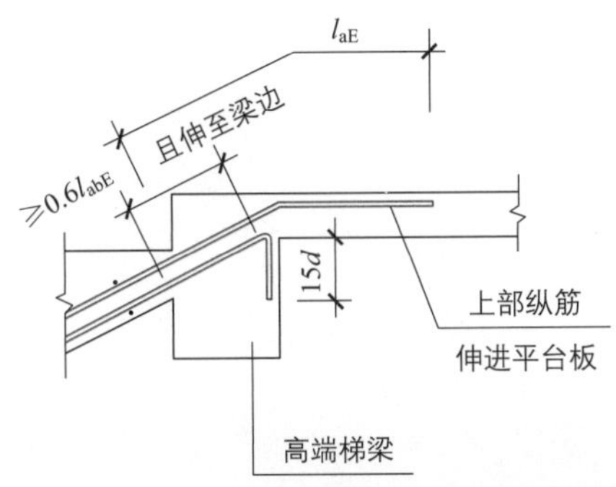

图 13-30　ATa 型楼梯下部纵筋在高端梯梁支座锚固做法

ATa 型楼梯三维示意图如图 13-31 所示。

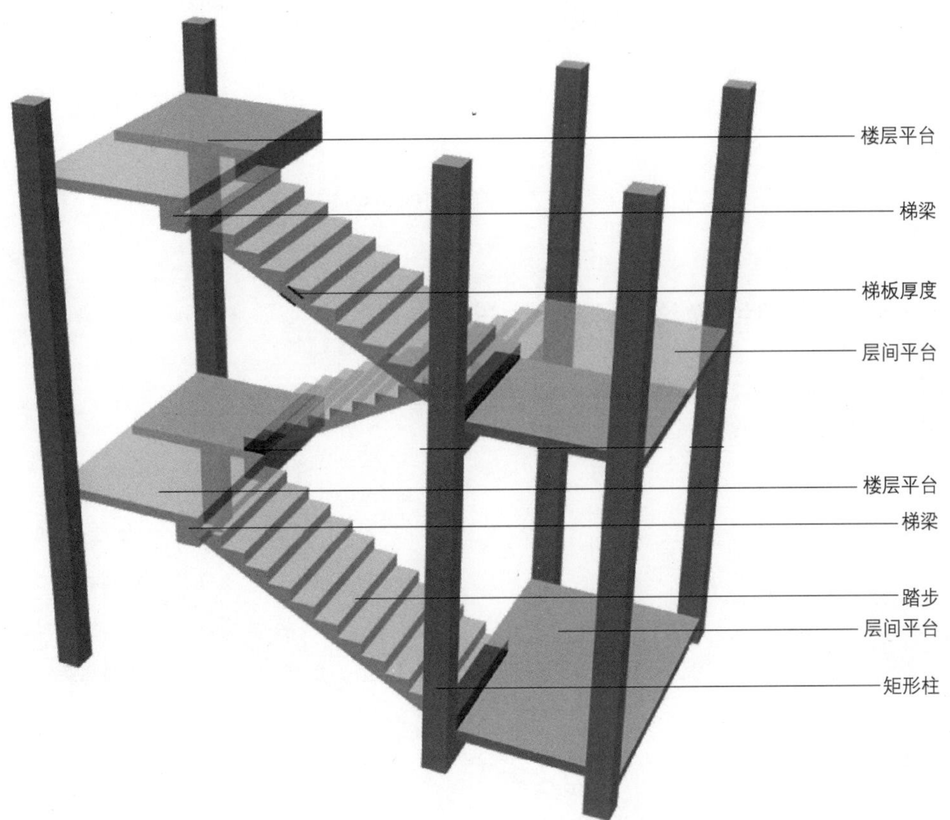

图 13-31　ATa 型楼梯三维示意图

ATa 型楼梯梯板钢筋构造三维图如图 13-32 所示。

① 梯板踏步段内斜放钢筋长度的计算公式如下。

$$钢筋斜长=水平投影长度\times k$$

其中，$k=\dfrac{\sqrt{b_s^2+h_s^2}}{b_s}$。

② 当梯板下部纵筋无法伸入高端梯梁处平台板中锚固时，可将其锚入高端梯梁内，详见本节图 13-31 楼梯下部纵筋在高端梯梁支座锚固做法。

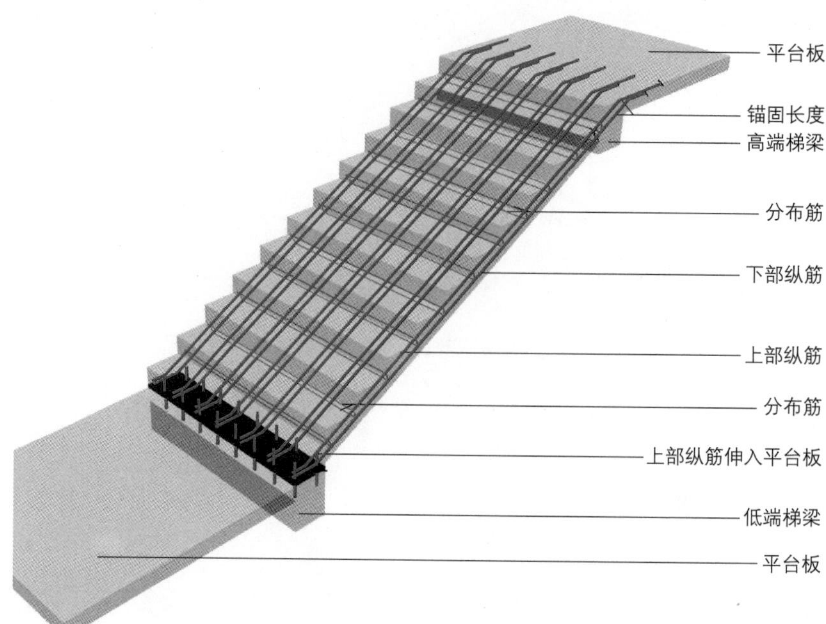

图 13-32　ATa 型楼梯梯板钢筋构造三维图

13.3.7　ATb 型楼梯梯板钢筋构造

ATb 型楼梯适用条件与 ATa 型楼梯一致。

ATb 型楼梯梯板钢筋构造如图 13-33 所示。

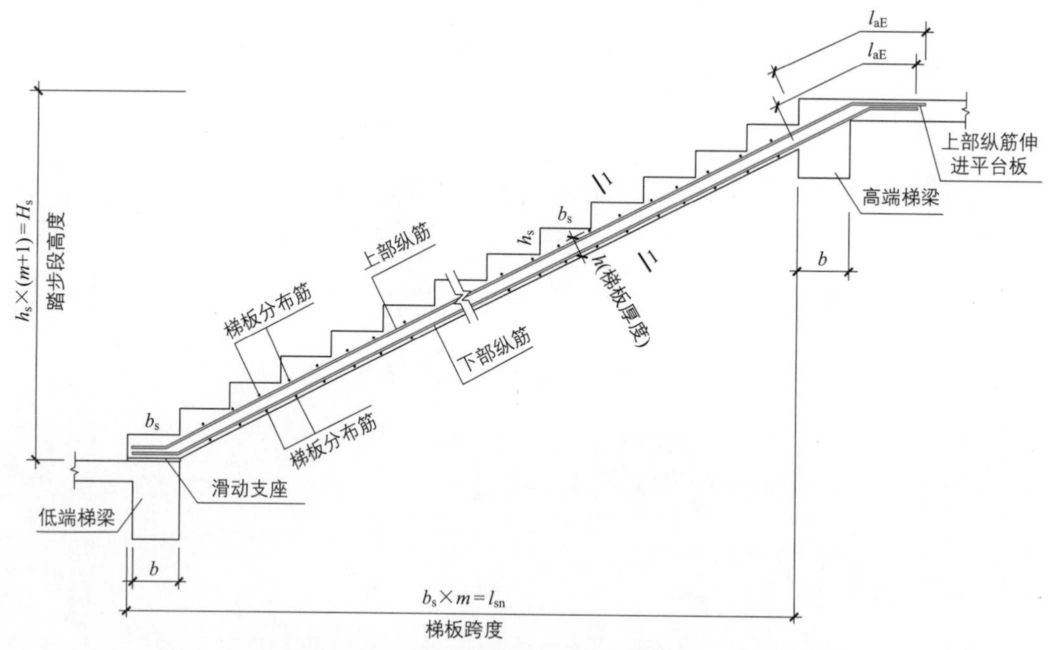

图 13-33　ATb 型楼梯梯板钢筋构造

ATb 型楼梯梯板钢筋构造 a—a 剖面图与 ATa 型楼梯梯板一样，如图 13-29 所示。

ATb 型楼梯下部纵筋在高端梯梁支座锚固做法如图 13-30 所示。

ATb 型楼梯三维示意图如图 13-34 所示。

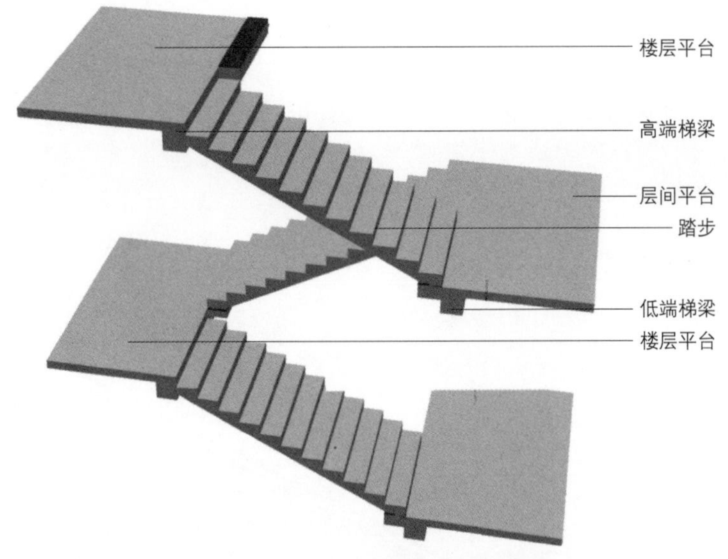

图 13-34　ATb 型楼梯三维示意图

ATb 型楼梯梯板钢筋构造三维图如图 13-35 所示。

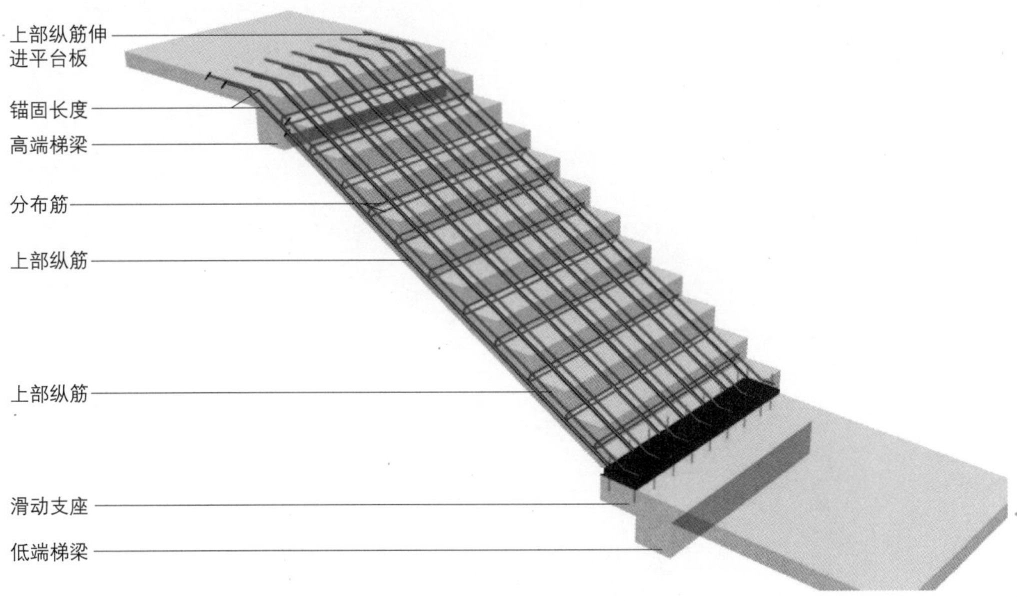

图 13-35　ATb 型楼梯梯板钢筋构造三维图

① 梯板踏步段内斜放钢筋长度的计算公式如下。

$$钢筋斜长 = 水平投影长度 \times k$$

其中，$k = \dfrac{\sqrt{b_s^2 + h_s^2}}{b_s}$。

② 当梯板下部纵筋无法伸入高端梯梁处平台板中锚固时，可将其锚入高端梯梁内，详见本节楼梯下部纵筋在高端梯梁支座锚固做法。

13.3.8 ATc 型楼梯梯板钢筋构造

ATc 型楼梯用于抗震设计，其适用条件为：两梯梁之间的矩形梯板全部由踏步段构成，即踏步段两端均以梯梁为支座，框架结构中，楼梯中间平台通常设梯柱，梁、中间平台可与框架柱连接。

ATc 型楼梯梯板钢筋构造如图 13-36 所示。

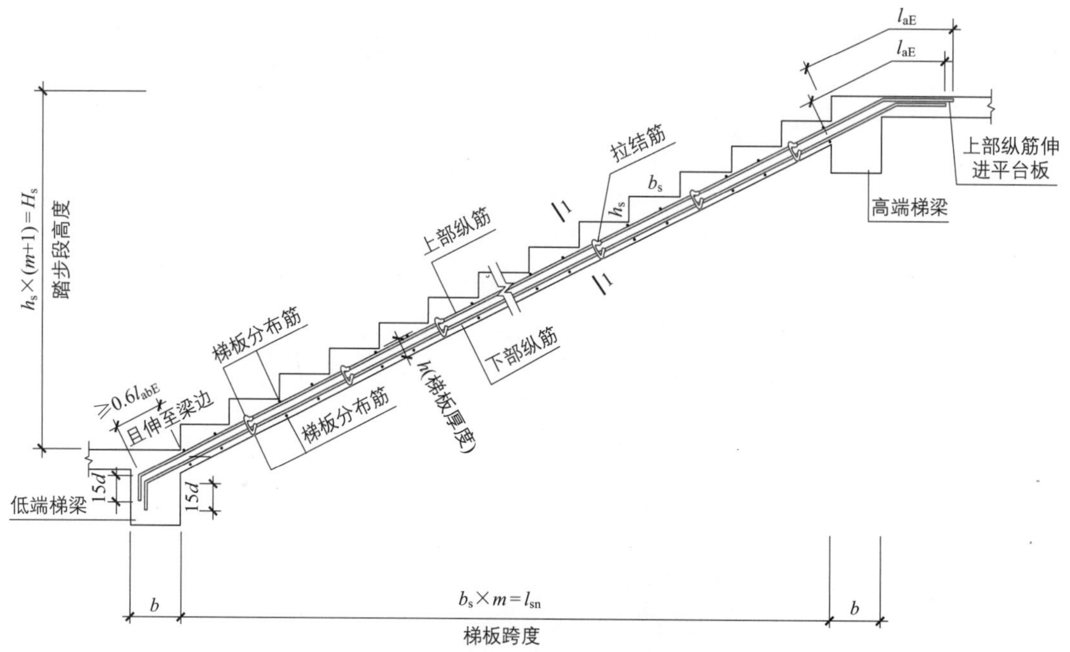

图 13-36 ATc 型楼梯梯板钢筋构造

ATc 型楼梯梯板钢筋构造 1—1 剖面图如图 13-37 所示。

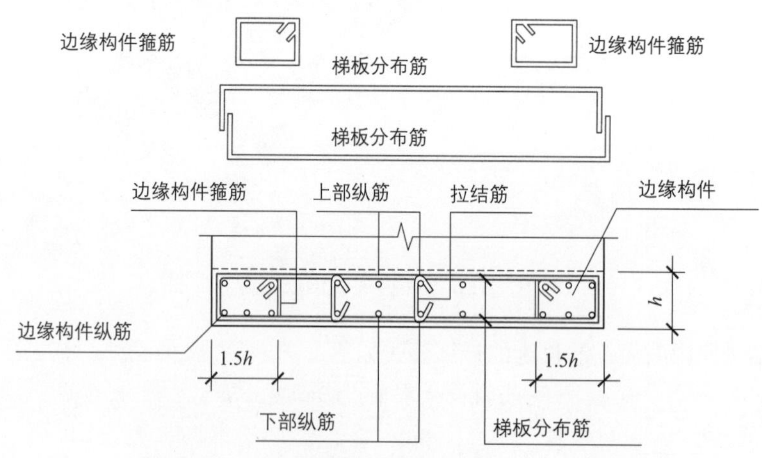

图 13-37 ATc 型楼梯梯板钢筋构造 1—1 剖面图

ATc 型楼梯下部纵筋在高端梯梁支座锚固做法如图 13-38 所示。

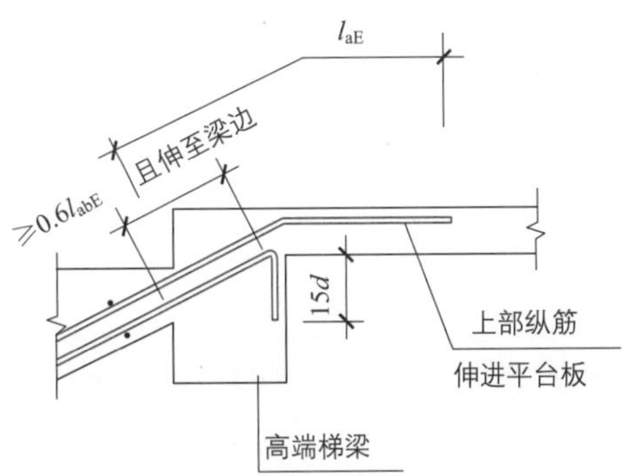

图 13-38　ATc 型楼下部纵筋在高端梯梁支座锚固做法

ATc 型楼梯梯板钢筋构造三维图如图 13-39 所示。

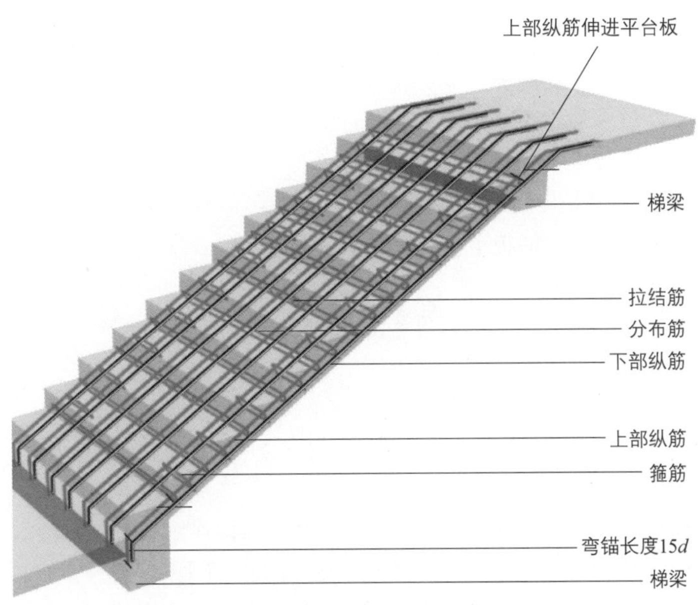

图 13-39　ATc 型楼梯梯板钢筋构造三维图

① 梯板踏步段内斜放钢筋长度的计算公式如下。

$$钢筋斜长=水平投影长度\times k$$

其中，$k=\dfrac{\sqrt{b_s^2+h_s^2}}{b_s}$。

② 当梯板下部纵筋无法伸入高端梯梁处平台板中锚固时，可将其锚入高端梯梁内，详见图 13-38 做法。

③ 梯板边缘构件的纵筋数量，当抗震等级为一、二级时不少于 6 根；当抗震等级为三、四级时不少于 4 根。纵筋直径不小于 Φ12 且不小于梯板纵向受力钢筋。

④ 钢筋均采用符合抗震性能要求的热轧钢筋（钢筋的抗拉强度实测值与屈服强度实测值的比值不应小于 1.25；钢筋的屈服强度实测值与屈服强度标准值的比值不应大于 1.3，且钢筋在最大拉力下的总伸长率实测值不应小于 9%）。

13.4 楼梯钢筋计算实例

13.4.1.1 AT 型楼梯板的基本尺寸数据

AT 型楼梯板的基本尺寸数据：梯板净跨度 l_n、梯板净宽度 b_n、梯板厚度 h、踏步宽度 b_s、踏步总高度 H_s 和踏步高度 h_s。

13.4.1.2 楼梯板斜坡系数 *k*

在钢筋计算中，经常需要通过水平投影长度计算斜长，斜长的计算公式如下。

$$斜长＝水平投影长度 \times 斜坡系数 k$$

其中，斜坡系数 k 可以通过踏步宽度和踏步高度来计算。斜坡系数 $k=\frac{\sqrt{b_s^2+h_s^2}}{b_s}$。

13.4.1.3 楼梯板钢筋计算

（1）梯板下部纵筋

梯板下部纵筋位于 AT 型楼梯踏步段斜板的下部，其计算依据为梯板净跨度 l_n 内下部纵筋两端分别锚入高端梯梁和低端梯梁。其锚固长度应满足不小于 $5d$ 且至少伸过支座中线。

在具体计算中，可以取锚固长度 $a=\max(5d, b/2)$（b 为支座宽度）。

根据上述分析，梯板下部纵筋的计算过程如下。

① 下部纵筋及分布筋长度的计算

$$梯板下部纵筋的长度 l=l_n k+2a$$

其中，$a=\max(5d, b/2)$。

$$分布筋的长度＝b_n-2\times 保护层厚度$$

② 下部纵筋及分布筋根数的计算

$$梯板下部纵筋根数＝(b_n-2\times 保护层厚度)/间距+1$$

$$分布筋根数＝(l_n k-50\times 2)/间距+1$$

（2）梯板低端扣筋

梯板低端扣筋位于踏步段斜板的低端，扣筋的一端扣在踏步段斜板上，直钩长度为 h_1。扣筋的另一端伸至低端梯梁对边再向下弯折 $15d$，弯锚水平段长度不小于 $0.35l_{ab}$（设计考虑充分发挥钢筋抗拉强度的情况时，锚固长度不小于 $0.6l_{ab}$）。扣筋的延伸长度水平投影长度为 $l_n/4$。

注：梯板扣筋弯锚水平段“不小于 $0.35l_{ab}$（不小于 $0.6l_{ab}$）”为验算“弯锚水平段（b －保护层厚度）× 斜坡系数 k”的条件。

根据上述分析，梯板低端扣筋的计算过程如下。

① 低端扣筋以及分布筋长度的计算

$$l_1=[l_n/4+(b-保护层厚度)]\times 斜坡系数 k$$

$$l_2=15d$$

$$h_1=h-保护层厚度$$

$$分布筋长度＝b_n-2\times 保护层厚度$$

② 低端扣筋及分布筋根数的计算

$$梯板低端扣筋的根数＝(b_n-2\times 保护层厚度)/间距+1$$

$$分布筋根数＝(l_n/4\times k)/间距+1$$

（3）梯板高端扣筋

梯板高端扣筋位于踏步段斜板的高端，扣筋的一端扣在踏步段斜板上，直钩长度为 h_1，扣筋的另一端锚入高端梯梁内，锚入直段长度不小于 $0.4l_a$，直钩长度 l_2 为 $15d$。扣筋的延伸长度水平投影长度为 $l_n/4$。

根据上述分析，梯板高端扣筋的计算过程如下。

① 高端扣筋及分布筋长度的计算

$$h_1 = h - \text{保护层厚度}$$

$$l_1 = [l_n/4 + (b - \text{保护层厚度})] \times \text{斜坡系数}\ k$$

$$l_2 = 15d$$

$$\text{分布筋} = b_n - 2 \times \text{保护层厚度}$$

② 高端扣筋及分布筋根数的计算

$$\text{梯板高端扣筋的根数} = (b_n - 2 \times \text{保护层厚度}) / \text{间距} + 1$$

$$\text{分布筋的根数} = (l_n/4 \times k) / \text{间距} + 1$$

【例 13-1】 AT3 楼梯平面布置如图 13-40 所示，其中支座宽度为 200mm，保护层厚度为 15mm，梯板净跨度 $l_n = 3080$mm，梯板净宽度 $b_n = 1600$mm，梯板厚度 $h = 120$mm，踏步宽度 $b_s = 280$mm，踏步总高度 $H_s = 1800$mm。试求该楼梯钢筋用量。

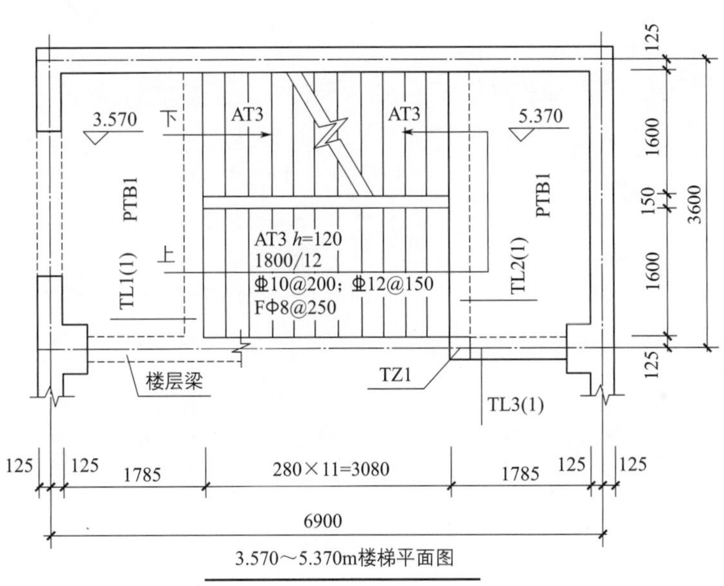

图 13-40　楼梯平面布置

【解】 ① 根据图 13-40 所示，可知 AT3 楼梯板的基本尺寸数据。

踏步高度 $h_s = 1800/12 = 150$（mm）

楼层平板和层间平板长度 $= 1600 \times 2 + 150 = 3350$（mm）

② 斜坡系数 k 的计算。

$$\text{斜坡系数}\ k = \frac{\sqrt{b_s^2 + h_s^2}}{b_s} = \frac{\sqrt{b_s^2 + h_s^2}}{b_s} = (280 \times 280 + 150 \times 150)/280 = 1.134$$

③ 楼梯下部纵筋的计算。

下部纵筋及分布筋长度 $a = \max(5d,\ b/2) = \max(5 \times 12,\ 200/2) = 100$（mm）

梯板下部纵筋长度 $l = l_n \times k + 2a = 3080 \times 1.134 + 2 \times 100 = 3692.72$（mm）

分布筋的长度＝ $b_n - 2\times$ 保护层厚度＝ $1600 - 2\times15 = 1570$（mm）

梯板下部纵筋根数＝（$b_n - 2\times$ 保护层厚度）/ 间距＋ 1

＝ $(1600 - 2\times15)/150 + 1 \approx 12$（根）

分布筋根数＝（$l_n\times k - 50\times2$）/ 间距＋ 1 ＝ $(3080\times1.134 - 100)/250 + 1 \approx 15$（根）

④ 梯板低端扣筋的计算。

l_1 ＝［l_n/4 ＋（b －保护层厚度）］× k

＝ $[3080/4 + (200 - 15)]\times1.134 = 1082.97$（mm）

$l_2 = 15d = 15\times10 = 150$（mm）

$h_1 = h$ －保护层厚度＝ $120 - 15 = 105$（mm）

梯板低端扣筋的根数＝（$b_n - 2\times$ 保护层厚度）/ 间距 +1

＝ $(1600 - 2\times15)/200+1 \approx 9$（根）

分布筋根数＝（$l_n/4\times k$）/ 间距 +1

＝ $(3080/4\times1.134)/250+1 \approx 5$（根）

⑤ 梯板高端扣筋的计算。

$h_1 = h$ －保护层厚度＝ $120 - 15 = 105$（mm）

l_1 ＝［l_n/4（b －保护层厚度）］× k ＝ $[3080/4 + (200 - 15)]\times1.134 = 1082.97$（mm）

$l_2 = 15d = 15\times10 = 150$（mm）

分布筋长度＝ $b_n - 2\times$ 保护层厚度＝ $1600 - 2\times15 = 1570$（mm）

梯板高端扣筋的根数＝（$b_n - 2\times$ 保护层厚度）/ 间距＋ 1

＝ $(1600 - 2\times15)/200 + 1 \approx 9$（根）

分布筋根数＝（$l_n/4\times k$）/ 间距＋ 1

＝ $(3080/4\times1.134)/250 + 1 \approx 5$（根）

注：上面只计算了一跑 AT3 的钢筋，一个楼梯间有两跑 AT3，就把上述的钢筋数量乘以 2。

参考文献

［1］ 中华人民共和国住房和城乡建设部.混凝土结构施工图平面整体表示方法制图规则和构造详图（现浇混凝土框架、剪力墙、梁、板）（22 G101-1）［S］.北京：中国计划出版社，2022.

［2］ 中华人民共和国住房和城乡建设部.混凝土结构施工图平面整体表示方法制图规则和构造详图（现浇混凝土板式楼梯）（22 G101-2）［S］.北京：中国计划出版社，2022.

［3］ 中华人民共和国住房和城乡建设部.混凝土结构施工图平面整体表示方法制图规则和构造详图（独立基础、条形基础、筏形基础、桩基础）（22 G101-3）［S］.北京：中国计划出版社，2022.

［4］ 中华人民共和国住房和城乡建设部.混凝土结构施工图平面整体表示方法制图规则和构造详图（现浇混凝土框架、剪力墙、梁、板）（16 G101-1）［S］.北京：中国计划出版社，2016.

［5］ 中华人民共和国住房和城乡建设部.混凝土结构施工图平面整体表示方法制图规则和构造详图（现浇混凝土板式楼梯）（16 G101-2）［S］.北京：中国计划出版社，2016.

［6］ 中华人民共和国住房和城乡建设部.混凝土结构施工图平面整体表示方法制图规则和构造详图（独立基础、条形基础、筏形基础、桩基础）（16 G101-3）［S］.北京：中国计划出版社，2016.

［7］ 中华人民共和国住房和城乡建设部.混凝土结构施工钢筋排布规则与构造详图（现浇混凝土框架、剪力墙、梁、板）（18 G901-1）［S］.北京：中国计划出版社，2018.

［8］ 中华人民共和国住房和城乡建设部.混凝土结构施工钢筋排布规则与构造详图（现浇混凝土板式楼梯）（18 G901-2）［S］.北京：中国计划出版社，2018.

［9］ 中华人民共和国住房和城乡建设部.混凝土结构施工钢筋排布规则与构造详图（独立基础、条形基础、筏形基础、桩基础）（18 G901-3）［S］.北京：中国计划出版社，2018.

［10］ 吴伟伟.平法钢筋识图与算量实例教程 剪力墙结构［M］.武汉：华中科技大学出版社，2017.

［11］ 梁瑶.G101 平法钢筋识图与算量从入门到精通［M］..北京希望电子出版社,2021.

［12］ 陈翮，石亚婷.平法钢筋识图与算量［M］.北京：中国建筑工业出版社，2020.

［13］ 张帅，赵春红，赵庆辉.平法识图与钢筋算量［M］.北京：北京理工大学出版社,2018.

［14］ 彭波.平法钢筋识图算量基础教程［M］.第 3 版.北京：中国建筑工业出版社，2018.

［15］ 杜贵成.平法钢筋识图与算量［M］.北京：中国建筑工业出版社，2017.